(av. 2 Prospectus)

V.

14144

HISTOIRE

DE

L'HORLOGERIE

DEPUIS SON ORIGINE JUSQU'A NOS JOURS,

PRÉCÉDÉE DE

RECHERCHES SUR LA MESURE DU TEMPS DANS L'ANTIQUITÉ,

ET SUIVIE DE LA BIOGRAPHIE

DES HORLOGERS LES PLUS CÉLÈBRES DE L'EUROPE,

PAR

PIERRE DUBOIS,

Horloger, vice-président de l'Athénée des sciences, arts et belles-lettres de Paris,
auteur de divers écrits sur l'horlogerie, etc., etc.

UN SPLENDIDE VOLUME IN-4° CARRÉ

(Format du *Moyen Age et la Renaissance*),

Édition illustrée de 4 peintures-miniatures, de plus de 200 gravures intercalées
dans le texte, et de 6 planches doubles de figures techniques,

EXÉCUTÉES

D'APRÈS LES MONUMENTS HISTORIQUES CONSERVÉS DANS LES PALAIS, MUSÉES, BIBLIOTHÈQUES
ET COLLECTIONS NATIONALES OU PARTICULIÈRES LES PLUS CÉLÈBRES DE L'EUROPE,

Par les Peintres, Dessinateurs et Graveurs du grand ouvrage:

LE MOYEN AGE ET LA RENAISSANCE,

SOUS LA DIRECTION ARTISTIQUE

DE FERDINAND SERÉ.

ON SOUSCRIT A PARIS, A L'ADMINISTRATION DU *MOYEN AGE ET LA RENAISSANCE*,

5, RUE DU PONT-DE-LODI;

ET CHEZ L'AUTEUR, FAUBOURG POISSONNIÈRE, 13.

1849

PROSPECTUS.

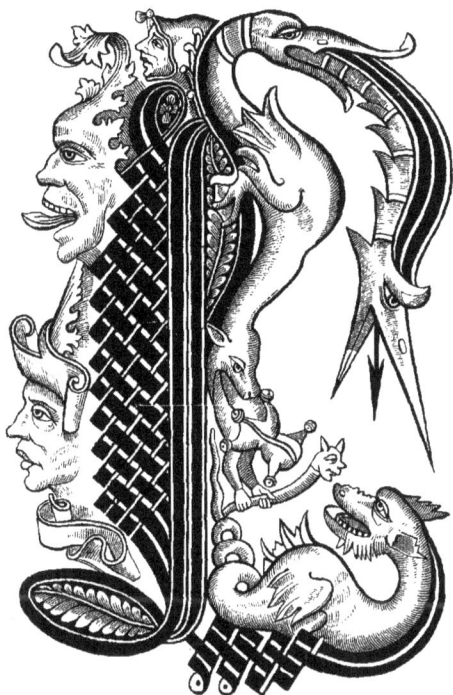

'HISTOIRE de l'horlogerie, qui a été si souvent traitée dans toutes les langues, est pourtant assez peu connue aujourd'hui ; la plupart des ouvrages relatifs à ce vaste et curieux sujet sont écrits en latin, et ne peuvent ainsi être à la portée de tout le monde ; en outre, ces ouvrages ne se trouvent presque plus dans le commerce. Il en est de même de ceux rédigés en français dans les deux derniers siècles, et dont la rareté prouve l'empressement avec lequel ils ont été recherchés au moment de leur publication. C'est donc rendre un véritable service aux personnes qui s'occupent de l'horlogerie, au point de vue pratique et théorique, que de rassembler en un seul corps les matériaux de son histoire, épars dans une foule de volumes et de mémoires.

Telle est la tâche longue et délicate que s'est proposée M. Pierre Dubois, horloger, vice-président de l'*Athénée des sciences, arts et belles-lettres* de Paris, auteur de divers écrits sur l'horlogerie ancienne et moderne, notamment de l'excellente monographie qui a paru dans le grand recueil intitulé : *Le Moyen âge et la Renaissance.*

L'auteur a divisé son travail en deux parties : la première, qui s'ouvre par l'histoire de la mesure du temps dans l'antiquité, remonte à l'origine de l'horlogerie, traverse rapidement le moyen âge, se développe avec la renaissance des arts en Europe, et se termine au règne de Louis XIII inclusivement. La seconde partie commence à Louis XIV, et fait passer successivement sous les yeux du lecteur les savantes et magnifiques inventions qui ont été faites dans l'horlogerie depuis le siècle du grand roi jusqu'à nos jours. L'ouvrage est suivi de la biographie des horlogers les plus célèbres, biographie neuve et piquante qui n'avait jamais été recueillie. Un pareil oubli devait être réparé.

Nous n'avons pas à nous prononcer sur le mérite de la partie purement scientifique de l'ouvrage, c'est aux hommes de l'art à la juger. Quant à la partie historique, nous pouvons dire que M. P. Dubois nous paraît réunir toutes les qualités d'érudition, de jugement et de style, nécessaires à l'historien d'une science et d'un art.

On peut d'avance apprécier la variété et l'intérêt que présenteront les annales de l'horlogerie, en voyant combien de noms illustres s'y rattachent, depuis Haroun al Raschild jusqu'à Charles-Quint, depuis Gerbert jusqu'à Galilée, depuis Pascal et Huyghens jusqu'à Breguet et autres savants contemporains français et étrangers. C'est un bonneur pour cette science que de compter Charles-Quint parmi ses adeptes les plus passionnés. Citons à ce sujet un beau passage du livre de M. P. Dubois :

« Charles-Quint fit plus que de s'intéresser à l'horlogerie, il aima passionnément cette belle science. On sait en effet qu'après avoir déposé volontairement sa couronne impériale, ce prince, voulant terminer sa vie dans la retraite, trouva dans son goût pour les arts mécaniques un secours assuré contre les ennuis résultant de la monotonie du cloître. Il engagea Jannellus Turianus, un des plus grands mathématiciens de son époque, à venir habiter avec lui le couvent de Saint-Just; et là, ces deux hommes, célèbres à divers titres, s'occupèrent à composer des pièces mécaniques fort curieuses, et dont les effets surprenants émerveillèrent les religieux du monastère. Turianus et son illustre émule construisirent successivement de grosses montres à quantième et à reveille-matin, des horloges portatives à automates, fort compliquées. Charles-Quint se fût trouvé heureux s'il eût pu parvenir à les régler simultanément; mais, quelles que fussent les peines qu'il se donnait, il gémissait de voir chacune de ses horloges varier plus ou moins, et sonner la même heure à quelques minutes d'intervalle. Le vainqueur de François Ier, et le plus profond politique du seizième siècle, tentait en effet l'impossible. On faisait à son époque des pièces d'horlogerie merveilleusement travaillées; mais il n'était donné à personne de les faire marcher sans perturbation. Galilée ne vivait pas encore ! Huyghens n'avait pas appliqué le pendule aux horloges ! »

M. P. Dubois ne s'est pas borné à écrire l'histoire de la mesure du temps chez les anciens et l'histoire de l'Horlogerie chez les modernes : chaque fois que l'occasion s'en présente, il donne, d'après les meilleures autorités, des règles techniques faciles à comprendre, même pour les personnes tout à fait étrangères à la science. Ainsi, on trouvera au milieu du récit différentes manières d'exécuter des cadrans solaires, des clepsydres simples et à rouages, des horloges monumentales, des montres marines et diverses autres pièces de haute horlogerie.

Les principaux auteurs qui, au dix-huitième siècle, ont écrit en France sur l'Horlogerie, sont Jacques Alexandre, Thiout l'aîné, Lepaute et Ferdinand Berthoud. Le livre du Père Alexandre, comme ceux de Thiout et de Lepaute, est précieux sans doute au point de vue de l'histoire de l'art; mais ces ouvrages ne peuvent plus être utiles aux horlogers actuels, qui, ayant suivi les progrès de la science, ont abandonné en partie les principes et les procédés de leurs devanciers. Les ouvrages de Berthoud conservent seuls quelque crédit parmi les praticiens, qui les consultent encore, surtout lorsqu'ils ont à exécuter des pièces compliquées. Berthoud mérite la faveur dont il a joui; comme horloger et comme savant, il a fait faire un grand pas à la science; ses livres n'ont que le tort d'avoir un peu vieilli, et de ne plus être à la hauteur de la chronométrie moderne. Si les ouvrages de Berthoud ont été les meilleurs du dernier siècle, c'est qu'il avait habilement mis en œuvre les recherches et les travaux de ses prédécesseurs, en les complétant et en les perfectionnant par ses propres travaux. Nous avons la conviction qu'aux livres de Berthoud on préférera bientôt celui que nous annonçons, parce que M. P. Dubois a puisé non-seulement aux mêmes sources que Berthoud, mais encore dans les livres de Berthoud lui-même; de plus, M. P. Dubois a pu profiter des expériences et des inventions qui ont eu lieu dans l'Horlogerie depuis un demi-siècle.

En un mot, l'Histoire de l'Horlogerie, par M. P. Dubois, remplacera une foule de traités aujourd'hui hors d'usage, qu'il serait bien difficile de rassembler à grands frais. Jamais livre d'ailleurs n'aura été illustré comme le sera celui-ci, puisqu'il contiendra 4 peintures-miniatures, 6 planches de figures techniques (format double) et plus de 200 gravures intercalées dans le texte, d'après les monuments historiques conservés dans les palais, Musées, Bibliothèques, collections nationales ou particulières de l'Europe.

Ce livre ne peut donc manquer d'être bientôt entre les mains de tous les horlogers. Nous pensons qu'il sera recherché également par toutes les personnes studieuses qui voudront connaître l'histoire d'une des plus belles sciences des temps modernes.

Conditions de la Souscription.

L'*Histoire de l'Horlogerie*, etc., sera divisée en 50 livraisons; il en paraîtra une le jeudi de chaque semaine, à partir du 12 avril 1849.

PRIX DE LA LIVRAISON : 60 CENTIMES.

ON SOUSCRIT A PARIS,

A L'ADMINISTRATION DU *MOYEN AGE ET LA RENAISSANCE*,
5, RUE DU PONT-DE-LODI;

CHEZ L'AUTEUR, FAUBOURG POISSONNIÈRE, 13;

ET CHEZ MESSIEURS :

BOCCA, libraire du roi, à Turin.
H. BOSSANGE, 21 *bis*, quai Voltaire.
V. DIDRON, place Saint-André-des-Arts, 30.
DUMOLARD frères, libraires, à Milan.

J. ISSAKOFF, à Saint-Pétersbourg, 22, Gastinoi-Dvore.
MARTINON, libraire, rue du Coq-Saint-Honoré, 4.
MONNIER, libraire de la Cour, à Madrid.
PÉRICHON, libraire, rue de la Montagne, à Bruxelles.

VAN STOCKHUM, libraire de la Cour, à La Haye;

Et chez tous les Libraires et Dépositaires de Publications pittoresques de la France et de l'Étranger.

HISTOIRE ET TRAITÉ

DE

L'HORLOGERIE

DEPUIS SON ORIGINE JUSQU'A NOS JOURS ;

PRÉCÉDÉS DE

RECHERCHES SUR LA MESURE DU TEMPS DANS L'ANTIQUITÉ,

ET SUIVIS DE LA

BIOGRAPHIE DES HORLOGERS LES PLUS CÉLÈBRES DE L'EUROPE,

PAR

PIERRE DUBOIS,

Horloger, vice-président de l'Athénée des Sciences, Arts et Belles-Lettres de Paris,
auteur de divers écrits sur l'Horlogerie, etc.

Un splendide volume in-4° carré.

Édition illustrée de 4 peintures-miniatures, de plus de 250 gravures intercalées dans le texte,
et d'un très-grand nombre de planches imprimées à part ;

SOUS LA DIRECTION ARTISTIQUE

DE FERDINAND SERÉ.

(*EXTRAIT DU PROSPECTUS.*)

L'histoire de l'Horlogerie, qui a été si souvent traitée dans toutes les langues, est pourtant assez peu connue aujourd'hui ; la plupart des ouvrages relatifs à ce vaste et curieux sujet sont écrits en latin, et ne peuvent ainsi être à la portée de tout le monde ; en outre, ces ouvrages ne se trouvent presque plus dans le commerce. Il en est de même de ceux rédigés en français dans les deux derniers siècles, et dont la rareté prouve l'empressement avec lequel ils ont été recherchés au moment de leur publication. C'est donc rendre un véritable service aux personnes qui s'occupent de l'Horlogerie, au point de vue pratique et théorique, que de rassembler en un seul corps les matériaux de son histoire, épars dans une foule de volumes et de mémoires.

Telle est la tâche longue et délicate que s'est proposée M. Pierre Dubois, horloger, vice-président de l'*Athénée des sciences, arts et belles-lettres* de Paris, auteur de divers écrits sur l'Horlogerie ancienne et moderne, notamment de l'excellente monographie qui a paru dans le grand recueil intitulé : *Le Moyen Age et la Renaissance.*

L'auteur a divisé son travail en deux parties. La première, qui s'ouvre par l'histoire de la mesure du temps dans l'antiquité, remonte à l'origine de l'horlogerie, traverse rapidement le Moyen Age, se développe avec la renaissance des arts en Europe, et se termine au règne de Louis XIII inclusivement. La seconde partie commence à Louis XIV, et fait passer successivement sous les yeux du lecteur les savantes et magnifiques inventions qui ont été faites dans l'Horlogerie depuis le siècle du grand roi jusqu'à nos jours. L'ouvrage est suivi de la biographie des horlogers les plus célèbres, biographie neuve et piquante qui n'avait jamais été recueillie. Un pareil oubli devait être réparé.

Nous n'avons pas à nous prononcer sur le mérite de la partie purement scientifique de l'ouvrage, c'est aux hommes de l'art à la juger. Quant à la partie historique, nous pouvons dire que M. P. Dubois nous paraît réunir toutes les qualités d'érudition, de jugement et de style nécessaires à l'historien d'une science et d'un art.

On peut d'avance apprécier la variété et l'intérêt que présenteront les annales de l'Horlogerie, en voyant combien de noms illustres s'y rattachent, depuis Haroun al Raschid jusqu'à Charles-Quint, depuis Gerbert jusqu'à Galilée, depuis Pascal et Huyghens jusqu'à Breguet et autres savants contemporains français et étrangers. C'est un honneur pour cette science, que de compter Charles-Quint parmi ses adeptes les plus passionnés. Citons à ce sujet un passage du livre de M. P. Dubois :

« Charles-Quint fit plus que de s'intéresser à l'Horlogerie; il aima passion-
» nément cette belle science. On sait, en effet, qu'après avoir déposé volontai-
» rement sa couronne impériale, ce prince, voulant terminer sa vie dans la
» retraite, trouva dans son goût pour les arts mécaniques un secours assuré
» contre les ennuis résultant de la monotonie du cloître. Il engagea Jannellus
» Turianus, un des plus grands mathématiciens de son époque, à venir habiter
» avec lui le couvent de Saint-Just, et là ces deux hommes, célèbres à divers
» titres, s'occupèrent à composer des pièces mécaniques fort curieuses, et dont
» les effets surprenants émerveillèrent les religieux du monastère. Turianus et
» son illustre émule construisirent successivement de grosses montres à quan-
» tième et à réveille-matin, des horloges portatives à automates fort compliquées.
» Charles-Quint se fût trouvé heureux s'il eût pu parvenir à les régler simulta-
» nément; mais, quelles que fussent les peines qu'il se donnait, il gémissait de
» voir chacune de ses horloges varier plus ou moins, et sonner la même heure
» à quelques minutes d'intervalle. Le vainqueur de François Ier, et le plus pro-
» fond politique du seizième siècle, tentait en effet l'impossible. On faisait à son
» époque des pièces d'Horlogerie merveilleusement travaillées; mais il n'était
» donné à personne de les faire marcher sans perturbation. Galilée ne vivait
» pas encore! Huyghens n'avait pas appliqué le pendule aux horloges! »

M. P. Dubois ne s'est pas borné à écrire l'histoire de la mesure du temps chez les anciens et l'histoire de l'Horlogerie chez les modernes : chaque fois que l'occasion s'en présente, il donne, d'après les meilleures autorités, des règles techniques faciles à comprendre, même pour les personnes tout à fait étrangères à la science. Ainsi, on trouvera, au milieu du récit, différentes manières d'exécuter des cadrans solaires, des clepsydres simples et à rouages, des horloges monumentales, des montres marines et diverses autres pièces de haute Horlogerie.

Les principaux auteurs qui au dix-huitième siècle ont écrit en France sur l'horlogerie sont Jacques Alexandre, Thiout l'aîné, Lepaute et Ferdinand Berthoud. Le livre du père Alexandre, comme ceux de Thiout et de Lepaute, est précieux sans doute au point de vue de l'histoire de l'art; mais ces ouvrages ne peuvent plus être utiles aux horlogers actuels, qui, ayant suivi les progrès de la science, ont abandonné en partie les principes et les procédés de leurs devanciers. Les ouvrages de Berthoud conservent seuls quelque crédit parmi les praticiens, qui les consultent encore, surtout lorsqu'ils ont à exécuter des pièces compliquées. Berthoud mérite la faveur dont il a joui; comme horloger et comme savant, il a fait faire un grand pas à la science; ses livres n'ont que le tort d'avoir un peu vieilli, et de ne plus être à la hauteur de la chronométrie moderne. Si les ouvrages de Berthoud ont été les meilleurs du dernier siècle, c'est qu'il avait habilement mis en œuvre les recherches et les travaux de ses prédécesseurs, en les complétant et en les perfectionnant par ses propres travaux. Nous avons la conviction qu'aux livres de Berthoud on préférera bientôt celui que nous annonçons, parce que M. P. Dubois a puisé non-seulement aux mêmes sources que Berthoud, mais encore dans les livres de Berthoud lui-même; de plus, M. P. Dubois a pu profiter des expériences et des inventions qui ont eu lieu dans l'Horlogerie depuis un demi-siècle.

En un mot, l'*Histoire de l'Horlogerie*, par M. P. Dubois, remplacera une foule de traités aujourd'hui hors d'usage, qu'il serait bien difficile de rassembler à grands frais. Jamais livre d'ailleurs n'aura été illustré comme le sera celui-ci, puisqu'il contiendra 4 peintures-miniatures, 6 planches de figures techniques (format double), 12 planches imprimées à part, et plus de 200 gravures intercalées dans le texte, d'après les monuments historiques conservés dans les palais, musées, bibliothèques, collections nationales ou particulières de l'Europe.

Ce livre ne peut donc manquer d'être bientôt entre les mains de tous les horlogers. Nous pensons qu'il sera recherché également par toutes les personnes studieuses qui voudront connaître l'histoire d'une des plus belles sciences des temps modernes.

PAUL LACROIX,
Bibliophile JACOB.

CONDITIONS DE LA SOUSCRIPTION.

L'*Histoire de l'Horlogerie*, etc., est divisée en 50 livraisons; il en paraît une le jeudi de chaque semaine, à partir du 12 avril 1849.

PRIX DE LA LIVRAISON : 60 C. POUR LA FRANCE, ET 75 C. POUR L'ÉTRANGER.

L'ouvrage est complet, mais on peut le retirer par livraisons.

ON SOUSCRIT, A PARIS,
CHEZ SERÉ, 5, RUE DU PONT-DE-LODI.

PARIS. — TYPOGRAPHIE PLON FRÈRES, RUE DE VAUGIRARD, 36.

HISTOIRE

DE

L'HORLOGERIE

IMP. LACRAMPE ET COMP., RUE DAMIETTE, 2.

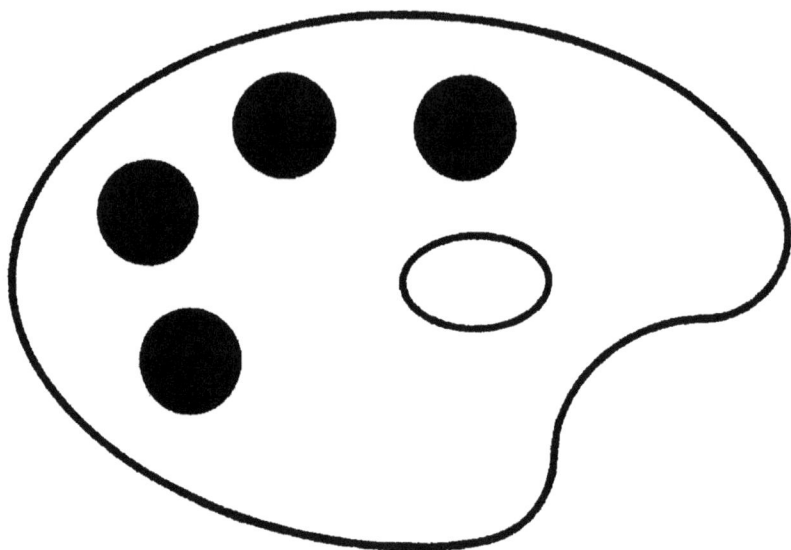

Original en couleur
NF Z 43-120-8

HORLOGE À POIDS, fin du XVIe siècle.

Appartenant à S. M. la Reine d'Angleterre.

I. Serie du XVI.

HISTOIRE

DE

L'HORLOGERIE

DEPUIS SON ORIGINE JUSQU'A NOS JOURS

PRÉCÉDÉE DE

RECHERCHES SUR LA MESURE DU TEMPS DANS L'ANTIQUITÉ

ET SUIVIE DE LA BIOGRAPHIE

DES HORLOGERS LES PLUS CÉLÈBRES DE L'EUROPE

PAR

PIERRE DUBOIS

Horloger, Vice-Président de l'Athénée des Sciences, Arts et Belles-Lettres de Paris, auteur de divers écrits
sur l'Horlogerie, etc., etc.

ILLUSTRATIONS ARCHÉOLOGIQUES

EXÉCUTÉES SOUS LA DIRECTION

DE FERDINAND SERÉ

Directeur artistique du grand ouvrage « LE MOYEN AGE ET LA RENAISSANCE. »

PARIS

ADMINISTRATION DU MOYEN AGE ET LA RENAISSANCE

5, RUE DU PONT-DE-LODI.

1849

A M. J.-J. Arnoux,

Rédacteur des beaux-arts au journal *la Patrie*, directeur de la rédaction des *Annales du Travail* (1).

MON CHER AMI,

Les auteurs, — quand la chose était encore de mode, — n'offraient la dédicace de leurs livres qu'à des personnages très-élevés, rois, princes, ministres, députés ou sénateurs..... Les hommages que l'on rendait ainsi à ces hauts dignitaires ont été fréquemment payés par des faveurs plus ou moins grandes, suivant l'importance du livre ou le nom de l'auteur.

Il serait vraiment curieux de faire l'histoire des dédicaces depuis Louis XIII, par exemple, jusqu'à nos jours : on verrait que des écrivains fort médiocres se sont enrichis, ou même ont reçu des lettres de noblesse, voire même des évêchés, rien que pour avoir écrit avec adresse quelques épîtres dédicatoires; on découvrirait dans certains trésors de famille des bijoux d'une grande valeur, tabatières, montres ou portraits enrichis de diamants, qui furent le prix d'un compliment exagéré mis en tête d'un livre à l'adresse d'un ministre en faveur, d'une femme bien en cour, d'un intendant des finances, d'un fermier général, ou de toute autre personne ayant la puissance ou la fortune.

Je n'imiterai pas ces auteurs: je ne chercherai pas à m'enrichir par des dédicaces. D'ailleurs, mon nom n'est pas connu dans les salons des grands : on ne le prononce guère que dans les ateliers, et c'est là seulement que se lisent quelquefois mes faibles essais scientifiques.

Je me suis donc promis de ne dédier ce livre qu'à un homme d'une condition égale à la mienne, mais très-élevé par son talent, très-estimé par sa loyale franchise, par l'excellence de son jugement, et c'est sur vous, mon cher Arnoux, que j'ai jeté les yeux; c'est à vous que je fais hommage de mon *Histoire de l'Horlogerie* : recevez-la, malgré son peu de mérite, comme une marque de haute considération et comme un gage de mon affectueux dévouement.

Vous ne me donnerez pas, j'en suis sûr, pour cette dédicace, la plus petite tabatière enrichie de diamants; mais, ce qui vaudra bien mieux pour moi, vous me continuerez, je l'espère, cette bonne amitié dont vous m'avez déjà donné plus d'une preuve.

C'est à Londres, c'est pendant l'Exposition universelle, que nous avons cimenté cette cordiale amitié, et c'est là le seul souvenir agréable qui me soit resté de la ville aux brouillards éternels.

(1) *Revue des sciences appliquées, des beaux-arts et de l'industrie.* — Rédacteurs-fondateurs : MM. Alcan, ingénieur civil, professeur à l'École centrale des arts et manufactures, membre du conseil de la Société d'encouragement. — Arnoux (J.-J.). — Bères (Émile), rédacteur au *Moniteur universel.* — Bois (Victor), ingénieur civil. — Gaffe (le docteur). — Corbin, secrétaire du conseil des prud'hommes. — Dubois (Pierre), rédacteur en chef du journal *la Tribune chronométrique*, etc. — Faure (Auguste), ingénieur civil. — Gaudin aîné, calculateur du bureau des longitudes. — Leclerc (Louis), rédacteur au *Constitutionnel.* — Rousseau (Émile), chimiste.

Le livre que je vous dédie, mon bon ami, est une œuvre qui m'a coûté bien des veilles et bien des ennuis, il est vrai qu'il m'a fait éprouver aussi plus d'un instant de bonheur ; car, en y travaillant, je savais que je me rendais utile à la société, et surtout à la corporation à laquelle j'ai l'honneur d'appartenir.

En ce qui concerne l'histoire de l'art, ce livre est plus complet et plus méthodique qu'aucun autre qui ait été fait jusqu'à présent. Quant à la partie technique, il laisse beaucoup à désirer sans doute ; mais, s'il est aujourd'hui bien imparfait, peut-être un jour aurai-je la facilité de l'améliorer. Toutefois, les démonstrations scientifiques que j'ai faites dans ce livre, les principes que j'y ai traités, ne passeront pas dès aujourd'hui inaperçus : cette partie de mon travail aura au moins pour effet de raviver le goût de l'art parmi les ouvriers, et peut-être ceux-ci voudront-ils pousser plus loin les études qu'ils auront commencées dans cet ouvrage.

D'ailleurs, le journal la Tribune chronométrique, que j'ai fondé il y a déjà plus d'un an, et dont le succès n'a pas été douteux un seul instant, sera pour ces ouvriers une source intarissable où ils pourront puiser l'enseignement professionnel, d'autant plus que je ne suis pas le seul auteur de ce journal : il sera l'œuvre collective des plus savants horlogers de l'Europe, qui ont déjà concouru ou qui concourront par la suite à sa rédaction.

Vous-même, mon cher ami, vous m'aiderez à propager l'art chronométrique, puisque le journal que vous fondez, et pour la rédaction duquel ma collaboration la plus active vous est acquise, me mettra bientôt à même de faire connaître à vos lecteurs les merveilleuses combinaisons mécaniques à l'aide desquelles on obtient l'exacte mesure du temps.

J'aurai aussi l'occasion de publier dans ce même journal un travail important dont je m'occupe depuis longtemps : c'est l'histoire des manufactures d'horlogerie des cantons helvétiques. Ce sujet n'est pas seulement intéressant au point de vue de l'histoire proprement dite, il offre aussi, croyez-le bien, un grand intérêt théorique et pratique ; car, en le traitant, je pourrai faire connaître aux ouvriers français les divers moyens de fabrication dont disposent les Suisses, et je ne manquerai pas de donner la description de la plupart des outils-machines dont ils font usage, et qui sont, entre leurs mains, des auxiliaires de la plus grande importance.

Votre journal, mon cher ami, écrit par les rédacteurs que vous avez choisis, et qui tous ont donné des preuves de leur haute capacité, notamment dans les lettres sur l'Exposition universelle, les Annales du Travail, dis-je, doivent obtenir et obtiendront, j'en ai la certitude, un succès aussi grand que bien mérité. Je vous en adresse d'avance mes sincères félicitations. Permettez-moi de vous remercier aussi pour l'honneur que vous m'avez fait en m'admettant comme rédacteur parmi les hommes distingués dont vous vous êtes entouré. Je sens tout le prix d'une telle faveur et je saurai m'en rendre digne, sinon par mon talent, du moins par mon zèle, qui ne vous fera jamais défaut.

Agréez, je vous prie, mon cher Arnoux, l'assurance de mon sincère et parfait dévouement. Votre ami et collaborateur,

PIERRE DUBOIS.

CHAPITRE I.

DE L'HORLOGERIE ANCIENNE ET MODERNE ET DE LA MESURE DU TEMPS
DANS L'ANTIQUITÉ.

ontaigne, le père Alexandre et bien d'autres auteurs l'ont dit, l'Horlogerie est une des plus belles inventions de l'esprit humain. Aussi, que de grands hommes, dans tous les siècles et dans toutes les contrées, ont concouru aux progrès de cette science! et combien il a fallu de temps, de travaux et de calculs de toute espèce, pour lui conquérir la place éminente qu'elle occupe aujourd'hui parmi les beaux-arts!

Quel est l'horloger véritable, qui n'est pas fier de pouvoir se dire : Avec du cuivre et de l'acier, je puis faire une machine qui me mesurera le temps avec une précision telle qu'elle ne variera pas d'une seconde en un jour! Je veux qu'elle me sonne les heures pendant le jour et pendant les ténèbres; je veux qu'elle m'éveille à un moment donné; qu'elle me marque le quantième du mois, et les jours de la semaine; je veux plus encore : il faut que cette machine me donne à chaque instant la position des astres qui roulent dans l'espace; qu'elle me fasse connaître le moment des éclipses, les heures des marées; je veux enfin..... Mais que peut-on vouloir qu'on ne puisse réaliser avec une science qui contient toutes les autres, et dont pas une ne peut se passer!

1

Et pourtant, faut-il le dire? à l'heure où nous écrivons ces pages, qui nous ont coûté bien des veilles, l'Horlogerie n'a plus, ou presque plus, d'apôtres parmi nous! Nous oublions les saintes traditions, les grands principes de nos pères. Autrefois, les étrangers étaient nos tributaires, et nous sommes aujourd'hui tributaires de l'étranger. Ce sont les montagnards de la Suisse qui nous fournissent des montres; et jadis les nôtres étaient recherchées sur tous les marchés du monde, surtout lorsqu'elles étaient signées Julien Le Roy, Dutertre, Thiout, Pierre Le Roy, Ederlin, Ferdinand Berthoud, d'Authiau, etc. — Hélas! que diraient ces grands horlogers du temps passé, si, sortant pour un jour de leur tombe, ils pouvaient voir ce qui se passe aujourd'hui parmi nous?

Nous l'avons dit au temps du dernier roi :

> « Les marchands de bijoux ont envahi le temple,
> Où le peuple ébahi, chaque jour, les contemple ;
> Les lévites de l'art, aux grands jours éprouvés,
> Fuyant devant Baal, inondent les pavés ;
> Et la faim dévorante en fait des mercenaires !
> Adieu l'art, pour toujours !... On nous disait naguère
> Que les rois s'en allaient, mais ils sont revenus ;
> Les horlogers s'en vont... Ils ne reviendront plus ! »

Cependant, hâtons-nous de le dire, nous avons exagéré le mal : la France possède encore de véritables artistes en Horlogerie, auxquels il ne manque, pour régénérer l'art, pour lui continuer sa marche ascendante, qu'un gouvernement qui les aide et les protège, et qui leur assure, pour prix de leurs travaux, le pain qu'ils auront gagné, la gloire qu'ils auront acquise.

Eh! mon Dieu! serait-il possible que le gouvernement de la République fît moins pour la suprématie de l'Horlogerie française, que ne firent, durant trois siècles, les Valois et les Bourbons! Nous espérons le contraire, pour l'honneur, et même dans l'intérêt du gouvernement; car il est prouvé qu'aux époques où notre Horlogerie fut en faveur, ses produits formaient une branche importante de notre commerce national, comme ils étaient une source de revenus pour l'Etat.

L'Horlogerie proprement dite est née au Moyen Age; mais elle est restée dans les langes jusqu'au quinzième siècle inclusivement.

Au seizième siècle, tous les beaux-arts se perfectionnèrent, les meubles et les ustensiles les plus communs devinrent des chefs-d'œuvre sous les mains d'obscurs ouvriers, devenus tout-à-coup de grands artistes, et aussi des historiens de l'ordre le plus élevé: car, à l'aide du ciseau et du burin, ils écrivirent, sur le marbre et la pierre de divers monuments publics et privés qui sont encore debout, des pages architecturales magnifiques, dans lesquelles ils font revivre les faits les plus saisissants de l'histoire sacrée et de la mythologie païenne.

A cette époque de régénération intellectuelle, l'Horlogerie ne pouvait pas rester stationnaire; aussi fit-elle alors de notables progrès, non-seulement en France, mais encore en Angleterre, en Allemagne, en Suisse, etc.

Le dix-septième siècle tient une place importante dans l'histoire de l'Horlogerie. Il la doit en grande partie aux travaux de Galilée, de Huyghens, de Hautefeuille et de plusieurs autres astronomes et mécaniciens de la France, de l'Angleterre et de l'Allemagne.

Quant au dix-huitième siècle, il surpassa de beaucoup les siècles antérieurs, par le grand nombre de savants horlogers qu'il produisit. Ceux-ci, par leurs magnifiques inventions, aussi bien que par l'irréprochable exécution de leurs œuvres chronométriques, sont restés les maîtres de l'art; car, jusqu'à présent, leurs émules du dix-neuvième siècle ne les ont pas surpassés; et cependant, plusieurs horlogers illustres ont honoré notre époque; et par là ils ont mérité une place dans l'histoire qui fait le sujet de ce livre.

GALILÉE, d'après une gravure de Jac-Ab-Hordau (XVIe siècle'.
« Collection des savants et littérateurs de l'Italie. » Cab. des Estampes.
Bibl. Nat. de Paris.

Nous allons retracer toutes les phases de cette belle science; nous dirons les noms des savants qui ont concouru à sa grandeur; nous décrirons leurs travaux; et, à l'aide de la gravure, nous mettrons sous les yeux des lecteurs les chefs-d'œuvre qu'ils ont produits. Mais comme nous ne devons pas nous borner à écrire l'histoire de l'Horlogerie, notre ouvrage devant être aussi bien un traité qu'une histoire, nous donnerons successivement, en nous appuyant sur les meilleurs principes, les règles les meilleures et les plus faciles pour exécuter toutes les pièces mécaniques ou astronomiques dont nous aurons précédemment donné la description.

C'est pour rester fidèle à notre programme, et pour ne pas intervertir l'ordre chronologique, que nous consacrons notre premier chapitre à l'histoire de la mesure du temps dans l'antiquité. Ce sujet n'a pas l'intérêt du roman, et ne sera pas goûté par les gens du monde; mais il doit être l'objet des méditations des horlogers qui s'occupent sérieusement de leur art, et veulent acquérir les connaissances qui s'y rapportent plus ou moins directement.

Avant d'entrer en matière, qu'il nous soit permis de remercier ceux de nos savants confrères qui ont bien voulu nous aider de leurs conseils, et qui nous ont promis leur concours pour le moment où nous traiterons la partie scientifique de cet ouvrage; sans eux, nous l'avouons humblement, nous n'aurions pas eu le courage ou la témérité de l'entreprendre. Que ne puissions-nous aussi remercier Sully, Thiout, Lepaute, F. Berthoud et quelques autres savants horlogers qui ne sont plus! C'est dans leurs œuvres que nous avons puisé la science; et les belles pages qu'ils ont écrites, on les retrouvera dans ce livre; elles y seront pour attester que nous n'avons pas méconnu le haut mérite qui les distingue.

Nous avons pu changer quelque chose à la forme, afin de rendre ces écrits plus précis et plus intelligibles; mais nous avons laissé subsister le fond. Le style peut vieillir, les mots peuvent quelquefois changer de signification ou tomber en désuétude; mais la science et le génie ne vieillissent pas.

ARTICLE PREMIER.

DE L'ANNÉE.

a nature et l'étude de l'astronomie ont donné aux hommes les divisions du temps par jours, semaines, mois et années. Si l'on remonte aux époques les plus éloignées, on voit que l'on ne comptait que par des jours, ensuite par des mois lunaires de trente jours; on n'eut longtemps d'autre mesure chez tous les peuples du monde, même chez les Égyptiens. L'année solaire était trop longue pour être aperçue aussitôt et aussi facilement que le retour des lunaisons ou des phases de la lune; cet astre, en changeant tous les jours d'une manière sensible le lieu de son lever et de son coucher, en variant sans cesse sa figure, et commençant ensuite un nouvel ordre de changements tout semblables, offrait une règle publique et des nombres faciles. sans le secours de l'écriture, des calculs, des dates, des almanachs; les peuples trouvaient dans le ciel un avertissement perpétuel de ce qu'ils avaient à faire; les familles, nouvellement formées et dispersées dans les campagnes, se réunissaient sans méprise, aux termes convenus de quelques phases de la lune. A l'époque des voyages de Cook, les habitants de l'île de Taïti comptaient encore par lunes.

Les travaux de l'agriculture dépendent de la vicissitude des saisons; et les premiers habitants de la terre s'étant aperçus qu'elles venaient des différentes situations du soleil par rapport à eux, s'attachèrent bientôt à connaître le nombre de jours, l'espace de temps que cet astre emploie à revenir au même point du ciel : cet intervalle, que les astronomes déterminèrent ensuite avec précision, fut nommé par eux année solaire ou astronomique.

Dans l'Écriture Sainte, ce que l'on a traduit par année s'appelait *min,* jours, c'est-à-dire assemblage de jours ; suivant d'autres auteurs, le mot hébreu *shanah,* d'où l'on a tiré le substantif que nous traduisons par année, ne signifie que *iteravit,* et peut s'appliquer à toute espèce de période ; le mot grec Mηνη, qui signifie la lune, paraît venir du mot hébreu ou chaldéen *Manah, numeravit, supputavit* (Voyez, sur cette année d'un mois, Diodore, Varron, Pline, etc.)

A l'année d'un mois succédèrent celles de deux mois, celles de trois et de quatre. Les années de quatre mois étaient naturelles en Égypte, par la manière dont le débordement du Nil partageait les saisons. Enfin celles de douze mois furent plus tard usitées chez les Egyptiens.

L'année des patriarches fut premièrement de 336 jours, ensuite de 354 ; elle en eut 360 du temps de Moïse, 1550 ans avant notre ère. Cette année fut formée, par les Egyptiens, de douze mois lunaires, chacun de trente jours en nombres ronds, et elle subsista dans l'usage civil, même dans le temps où l'on savait très-bien que les mois lunaires étaient de vingt-neuf jours et demi, et les années solaires de 365 jours.

La durée de l'année, déduite de la comparaison des équinoxes observés par Hipparque, est, suivant Lalande, de 365 jours 5 heures 48′ 48″. Ptolémée supposait 55′ 12″ ; Copernic, 49′ 16″ 23″ 1/2 : c'est la durée employée dans le calendrier grégorien, Flamsteed et Newton trouvaient 57″ 1/2 ; Hallay, 55″ ; Mayer, 51″ ; La Caille, 49″. On trouve encore 48″ 1/2, en comparant le résultat des observations de La Hire, calculées par La Caille.

Les années civiles ou communes sont, comme on sait, de 365 jours, excepté une, de quatre en quatre, de 366 jours, qu'on nomme année *bissextile.* Jules César fut l'auteur de cette addition d'un jour tous les quatre ans : il voulut faire correspondre les années astronomiques, en sorte qu'en la saison on comptât les mêmes mois, et qu'on pût dire que le printemps arrivait toujours au même temps de l'année.

Jules César était curieux d'astronomie ; il avait lui-même composé divers ouvrages :

> ..... Media inter prœlia semper
> Stellarum cœlique plagis superisque vacavi,
> Nec meus Eudoxi vincetur fastibus annus.
> *Phars.* X, 185.

C'est-à-dire : « Au milieu des combats, je portai mon attention sur les régions célestes et la marche des étoiles ; aussi, l'annuaire que j'ai réglé ne cédera point la palme au calendrier d'Eudoxe. »

César était à la fois dictateur et pontife ; le soin de régler le calendrier le regardait exclusivement ; il fit venir *Sosigènes,* mathématicien d'Egypte, qui s'occupa sérieusement de ce travail. (Pline XVIII, 25) fait l'éloge de l'application que Sosigènes y donna : *Ipse ternis commentationibus, quamquam diligentior esset cæteris, non cessavit tamen addubitare, ipse semet corrigendo.*

Le mathématicien d'Égypte fit sentir à César qu'on ne pouvait établir une forme constante dans les années, à moins d'abandonner la lune pour s'en tenir aux mouvements du soleil. En conséquence, il fut ordonné, l'an de Rome 708, qu'à chaque quatrième année, les six heures négligées dans chacune des précédentes, formeraient un trois cent-soixante-sixième jour, qu'on nommerait intercalaire ou bissextile.

Grégoire XIII, d'après une gravure vénitienne du XVIe siècle. Cabinet des Estampes, Bibl. Nat. de Paris.

Le jour intercalaire fut placé après le 23 février, ou le septième des calendes de mars et avant le régifuge, ou la fête instituée en mémoire de l'expulsion de Tarquin, qui se célébrait le 6 des calendes : ce jour, au lieu d'être le 24, se trouvait alors le 25 ; et le 24, qui était le jour intercalaire, s'appelait *bis sexto calendas martias*, parce que le jour du régifuge conservait son nom de *sexto calendas*, et se trouvait le 25 : de là vient le nom d'années bissextiles pour celles où le mois de février avait vingt-neuf jours, et où le 24 s'appelait *bis sexto calendas*.

Par cet expédient, l'année civile, fixée à 365 jours 6 heures, se trouva différer de l'année solaire seulement de 11' 12" en excès. Cette erreur, quoique imperceptible, produisait environ un jour en cent-trente-quatre années ; en sorte que, depuis la correction de César jusqu'à l'an 1582, où le pape Grégoire XIII fit une nouvelle réforme dans le calendrier, les équinoxes avaient remonté au commencement du mois où ils se trouvent ; et celui du printemps, autrement appelé *l'équinoxe pascal*, se rencontrait au 11 mars, au lieu de se trouver au 21 du même mois, où le concile de Nicée l'avait fixé, l'an 325.

Pour réparer ce dérangement, qui s'augmentait chaque année, et pour remettre les équinoxes dans la place déterminée par le concile, Grégoire XIII, d'après l'avis des plus célèbres astronomes, surtout de Clavius, ordonna, par une bulle, que l'an 1582, on retrancherait les dix jours d'erreur produits depuis le concile de Nicée, par l'excès des onze minutes de l'année Julienne sur l'année solaire ou astronomique, et que l'on compterait le 15 octobre, lorsque l'on ne devait compter que le 5. Et afin de prévenir une semblable erreur à l'avenir, il fut arrêté qu'en quatre cents ans on retrancherait trois bissextiles ; par conséquent, les années 1700 et 1800 n'ont pas été bissextiles, et l'an 1900 ne le sera pas non plus, parce que 1600 l'a été.

La forme du calendrier grégorien est d'une exactitude bien suffisante ; cependant comme la durée exacte de l'année diffère de 11' 12" de l'année julienne, au lieu de 10' 43" 35"' 1/2, cela fait un jour en cent vingt-huit ans, 57/00, ou sept jours en neuf cents ans ; il faudrait ôter vingt jours en trente siècles au lieu de vingt-sept qu'on ôte réellement. Ainsi l'an 5200, il faudrait ôter la bissextile, et dans ce cas-là il n'y en aurait pas depuis 4800 jusqu'en 5600.

Il reste à dire bien des choses intéressantes relatives aux réformes que les différents peuples du monde ont fait subir à l'année ; mais nous devons nous arrêter ici, car ces réformes sont bien plutôt du domaine de l'astronomie que de l'horlogerie, et il est de notre devoir d'abréger, autant que possible, tout ce qui n'a pas de rapport direct avec la science chronométrique. Si pourtant quelques-uns de nos lecteurs désiraient approfondir ce sujet, ils trouveraient de nombreux documents dans *Diodore, Varron, Lactance, Pline, Censorius, Plutarque, saint Augustin, Clément d'Alexandrie, Fréret, Allin. Janvier*, etc.

ARTICLE SECOND.

DU MOIS.

epuis des siècles, on distingue trois sortes de mois : le solaire ou astronomique, le lunaire, et le civil ou usuel. Le premier, sur lequel se règle l'année, est le temps employé par le soleil à parcourir une ligne du zodiaque; c'est-à-dire un peu plus de trente jours. Carouge observe que si l'on avait placé le commencement de l'année au solstice d'hiver, en faisant les trois premiers mois et les trois derniers de trente jours, le soleil entrerait dans chaque signe presque toujours le 1er du mois, et chaque saison occuperait précisément trois mois; et comme le mois de janvier est celui que le soleil parcourt dans le moindre temps, ce serait celui-là que l'on ferait de vingt neuf jours dans les années communes.

Le mois lunaire est ou périodique ou synodique. Le périodique est l'espace de temps que la lune emploie à revenir au même point du ciel; le synodique est celui qui s'écoule depuis une nouvelle lune jusqu'à la suivante. Ce dernier mois, le seul qui soit connu du peuple, est de vingt-neuf jours, douze heures, quarante-quatre minutes, trois secondes; et comme ces fractions du jour auraient été fort incommodes dans la stipulation ordinaire, on a supposé alternativement les mois lunaires d'un certain nombre de jours entiers, savoir : Janvier, Mars, et les autres mois non pairs, de vingt-neuf jours; Février, Avril, et les autres mois pairs, de trente jours. Ceux-ci sont appelés *pleins*, les autres *caves*.

Il reste encore quarante-quatre minutes, ou près de trois quarts d'heure de plus à chaque révolution de la lune; ces minutes. accumulées pendant trente-deux lunaisons, valent un jour entier, que l'on ajoute à l'un des mois simples; c'est ainsi qu'on fait accorder les lunaisons du calendrier avec celles qui sont marquées dans les tables astronomiques.

On peut aisément conclure de ce qui précède, que l'année composée de douze mois lunaires est de trois cent cinquante-quatre jours, et que, par conséquent, elle est de onze jours plus courte que l'année solaire.

A l'égard du mois civil ou usuel, c'est celui qui est accommodé à l'usage de chaque peuple.

Jules-César avait ordonné que les mois seraient alternativement de trente et trente-un jours, savoir : Janvier, Mars, et tous les mois impairs, de trente-un ; Avril, Juin, et les autres mois pairs, de trente, excepté Février, qui, dans les années communes, ne devait avoir que vingt-neuf jours, comme dans les années bissextiles. Cet ordre était fort commode ; mais Auguste, ne voulant pas que le mois qui portait son nom fût inférieur à celui de Jules-César, ou Juillet, prit un jour au mois de Février, pour le donner à celui d'Août.

Les Romains ne comptaient pas les jours du mois comme nous ; ils avaient trois points fixes dans chaque mois : les *Calendes*, les *Nones* et les *Ides*, desquels ils comptaient les autres jours. Les calendes étaient le premier jour de chaque mois ; les nones arrivaient le 7 dans les mois de Mars, de Mai, de Juillet et d'Octobre ; elles étaient le 5 des autres mois : les ides tombaient au 15, dans les mois de Mars, de Mai, de Juillet et d'Octobre ; elles arrivaient le 13 dans les autres mois. Les jours qui précédaient ces trois termes en ti-

raient leurs dénominations, c'est-à-dire que les jours compris entre les calendes et les nones étaient appelés les *Jours avant les Nones*, suivant le rang qu'ils tenaient avant ce jour ; ceux qui sont entre les nones et les ides étaient appelés les *Jours avant les Ides* ; enfin, les jours depuis les ides jusqu'aux calendes du mois suivant, étaient nommés les *Jours avant les Calendes* de ce mois. Les mois de Mars, de Mai, de Juillet et d'Octobre avaient six jours qui étaient dénommés par les nones : les autres mois n'en avaient que quatre. Tous les mois avaient huit jours qui tiraient leurs noms des ides.

César était né le 4 des ides du mois *Quintile* ; après sa mort, Antoine, qui était son collègue dans le consulat, fit ordonner par une loi que ce mois porterait le nom de Jules-César. Le mois *Sextile* fut ensuite appelé *Augustus*, Août, en vertu d'un sénatus-consulte, après la bataille d'Actium, non que cet empereur fût né dans le mois *Sextile*, car le jour de sa naissance était le 23 septembre ; mais,

comme le dit Macrobe, c'était dans le mois *Sextile* qu'il était parvenu au consulat, qu'il avait triomphé trois fois. conquis l'Égypte, terminé les guerres civiles; ce fut pourquoi le sénat, regardant ce mois comme le plus heureux de l'empire d'Auguste, ordonna qu'à l'avenir on l'appellerait du nom de ce prince.

Néron voulut aussi donner son nom au mois d'avril : Domitien, suivant l'exemple de ses prédécesseurs, donna le nom de *Germanicus* au mois de septembre, et celui de *Domitien* au mois d'octobre; mais, après la mort tragique de ce tyran, qui, par ses exactions, sa duplicité et ses cruautés inouïes, avait fait trembler Rome et toutes les villes d'Italie, le sénat romain. d'accord en cela avec le peuple, flétrit. par tous les moyens possibles, la mémoire du défunt empereur. Ses arcs de triomphe furent rasés, ses statues renversées, foulées aux pieds. Pour que le nom de Domitien restât dans un éternel oubli, le sénat ordonna qu'il ne paraîtrait jamais dans aucune inscription, ni dans les registres publics. et enfin. en haine de sa mémoire, les Romains changèrent jusqu'aux noms qu'il avait consacrés aux mois de l'année. (Voir les auteurs que nous avons déjà cités à la fin de l'article sur l'année.)

Néron en vainqueur aux jeux de la Grèce, d'après le buste antique du Musée du Louvre.

Numa Pompilius avait donné aux mois de Mars, de Mai, de Juillet et d'Octobre. plus de jours de nones qu'aux autres mois, parce qu'ils étaient alors les seuls qui avaient trente-un jours; et quoique. dans le calendrier de Jules-César, on eût attribué trente-un jours à d'autres mois, on retint cependant la disposition de Numa par rapport aux nones.

Dans les années bissextiles il y avait deux jours de suite au mois de février. dont chacun était appelé le sixième avant les calendes : on disait donc *bis sexto calendas*. en sous-entendant *antè* après *sexto*.

ARTICLE TROISIÈME.

DE LA SEMAINE.

ous devons dire, comme toutes les personnes qui ont étudié l'histoire, que l'usage de diviser le temps en semaines de sept jours est de la plus haute antiquité. On s'est servi de cette division chez les plus anciens peuples de l'Orient. Il était d'ailleurs naturel, d'après les phases de la lune, qui ne se montre que pendant quatre semaines ou vingt-huit jours, que les premiers hommes suivissent cette division; car les phases changent à peu près tous les sept jours. Si l'on eût voulu faire des semaines de huit jours, on eût trouvé un excès de trois jours au bout du mois. Les années solaires de 365 jours se partagent, à un jour près, en semaines de sept jours, tandis qu'il y en aurait eu cinq de reste si l'on eût fait les semaines de huit jours; ainsi l'usage des mois et des années paraît avoir dû entraîner celui d'une semaine de sept jours. Peut-être aussi, après que l'astronomie eut fait des progrès chez les hommes, composa-t-on la semaine de sept jours en l'honneur des sept planètes. Cela paraît d'autant plus vraisemblable, que chaque jour de la semaine porte le nom d'une de ces planètes. Ainsi lundi, *lunæ dies*, est le jour de la Lune; mardi, celui de Mars; mercredi, celui de Mercure; jeudi, celui de Jupiter; vendredi, celui de Vénus; samedi, celui de Saturne. Le nom du premier jour de la semaine est défiguré dans notre langue; mais la plupart de nos voisins en ont conservé l'origine. En anglais, par exemple, le dimanche est nommé *sunday*, ou jour du Soleil. Selon Laboubère, les Siamois donnent aux jours de la semaine les noms des planètes.

Hérodote fait les Égyptiens auteurs de cette attribution. Les Égyptiens, dit-il, *ont marqué quel dieu préside à chaque jour.*

L'ordre des planètes, dans les jours de la semaine, venait de l'influence qu'on leur supposait sur les différentes heures du jour. Le dimanche, au lever du soleil, la première heure était pour cet astre; ensuite venaient Vénus, Mercure et la Lune, qui étaient supposés au-dessous de lui; puis Saturne, Jupiter et Mars, qui étaient au-dessus; par là il arrivait que le lendemain commençait par la Lune; c'est la raison pour laquelle le lundi fut placé à la suite du jour consacré au Soleil (*Clavius, in Sphœram*).

Coguet observe que les Grecs furent longtemps les seuls qui ne divisèrent pas leurs mois en semaines de sept jours, mais en trois dizaines; ils ne comptaient jamais plus de dix jours de suite; le seize du mois s'appelait le *second sixième;* le vingt-quatre s'appelait le *troisième quatrième*, c'est-à-dire le quatrième de la troisième dizaine. (V. Mém. de l'acad. des Inscr. tome 4).

ARTICLE QUATRIÈME.

DU JOUR.

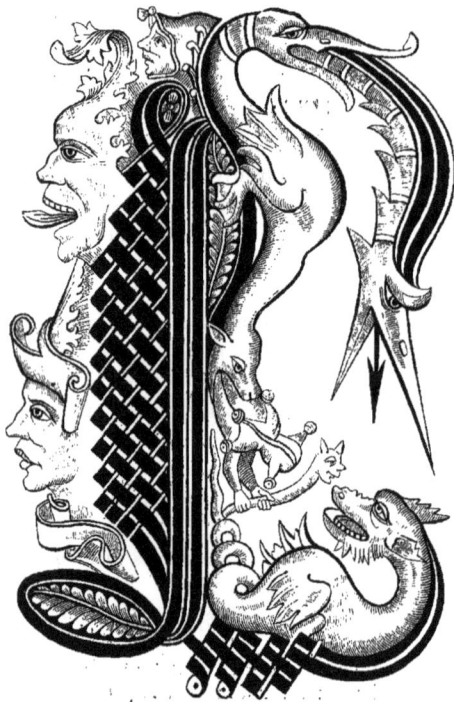

e jour est la division du temps, fondée sur l'apparition et la disparition successive du soleil. Il y a deux sortes de jours, le naturel et l'artificiel; le jour naturel est celui pendant lequel le soleil est au-dessus de l'horizon. Le jour artificiel, appelé aussi jour civil, est l'espace de temps que le soleil met à faire une révolution autour de la terre; ou, pour parler plus juste, c'est le temps que la terre emploie à faire une révolution autour de son axe. Les Grecs l'appellent *Nocthemeron*, qui signifie nuit et jour.

Les anciens Babyloniens, les Perses, les Syriens, et plusieurs autres peuples de l'Orient, ceux qui habitent aujourd'hui les îles Baléares, et les Grecs modernes, etc.. commencent leur jour au lever du Soleil.

Les anciens Athéniens et les Juifs, les Autrichiens, les Bohémiens, les Silésiens, les Chinois, etc., le commencent au coucher du soleil; les Umbriens et les anciens Arabes, aussi bien que les astronomes modernes, le commencent à midi; les Égyptiens et les Romains, les Français modernes, les Anglais, les Hollandais, les Allemands, les Espagnols et les Portugais, etc., à minuit.

C'était aussi à minuit que les anciens Égyptiens commençaient le jour. Le fameux Hipparque, qui avait introduit cette coutume dans l'astronomie, fut suivi en cela par Copernic et par plusieurs autres mathématiciens; mais nos astronomes modernes ont trouvé plus commode de commencer le jour à midi.

Les anciens Romains le commençaient à la douzième heure de la nuit; ils partagèrent l'espace d'un minuit à l'autre en plusieurs parties, auxquelles ils donnèrent des noms pour les distinguer. Ils appelèrent le minuit *inclinatio*; le temps de la nuit où les coqs ont pour habitude de chanter, *gallicinium*; le point du jour, *diluculum*; le midi, *meridies*; le coucher du soleil, *suprema tempestas*; le soir, *vespera*; la nuit, *prima fax*, parce que l'on allume des bougies, des lampes, des flambeaux, dès que la nuit commence; et la durée de la nuit, *concubium*.

Par rapport aux jours dont chaque mois est composé, ils les divisèrent en fastes, néfastes, jours de fêtes, jours ouvrables et féries. Les jours fastes étaient les jours d'audience, de palais, etc., les jours néfastes étaient ceux pendant lesquels le barreau était fermé. Les jours de fêtes étaient ceux où il n'était pas permis de travailler; et tantôt c'était le jour entier, tantôt jusqu'à midi seulement; et les féries qui, souvent, n'étaient pas jours de fêtes. (V. *faste*, *néfaste*, etc., dans l'Encyclopédie.)

Le premier jour de l'année a beaucoup varié chez les différents peuples par rapport au temps de sa célébration; mais il a toujours été en grande vénération.

C'est des Romains que nous tenons cette coutume si ancienne des compliments du nouvel an. Pendant ce jour ils se faisaient réciproquement des visites, et se donnaient des présents accompagnés de vœux et de souhaits pour leur bonheur, etc. Lucien parle de cette coutume et la fait remonter jusqu'à Numa. (V. *Hist. anc.*)

Ovide s'exprime ainsi dans le commencement de ses fastes :

Postera lux oritur linguisque animisque favete :
Nunc dicenda bono sunt bona verba die.

A ce que nous venons de dire sur les connaissances astronomiques des anciens, nous ajouterons que la science des astres était portée à un très-haut degré, dans la Chine, à une époque qui se perd dans la nuit des temps.

On lit dans les Mémoires du Père Amiot, missionnaire qui a résidé longtemps dans le Céleste Empire, et qui a traduit en partie la grande chronique chinoise :

« L'empereur *Yao*, qui régna 2,357 ans avant notre ère, faisait observer les corps célestes pour tâcher de découvrir les lois de leurs mouvements, et pour régler les affaires humaines sur les lois du ciel.

Yao ordonna à ses ministres *Hi* et *Ho* de suivre avec attention les règles pour la supputation de tous les mouvements des astres, du soleil et de la lune, de respecter le ciel suprême, et de faire connaître au peuple les temps et les saisons.

Quatre autres ministres astronomes furent envoyés dans la direction des quatre points cardinaux pour y déterminer la longueur du jour et la position de certains astres.

« Déjà ces astronomes chinois s'étaient rendu compte de la révolution annuelle du soleil. Ils avaient la connaissance exacte de l'*année Julienne*, le partage de cette même année en quatre saisons, et l'intercalation d'un mois lunaire. »

On lit encore dans l'ancienne chronique chinoise :

« L'empereur appela Hi et Ho (grands de l'Empire, présidents du tribunal d'astronomie), et leur dit : Remarquez une période de 365 jours : l'intercalation d'une lune et la détermination de quatre saisons servent à la disposition parfaite de l'année. Cela étant exactement réglé, chacun s'acquittera suivant les temps et la saison, de son emploi, et tout sera dans le bon ordre. »

Boussole marine des Chinois, portant les divers signes, symboles et dénominations des rumbs.

Le Père Gaubil dit que *Chan*, qui succéda à Yao, réforma le calendrier, et lui donna la forme qu'il conserve encore aujourd'hui chez les Chinois, et d'après laquelle l'équinoxe du printemps doit être dans la seconde lune, celui d'automne dans la cinquième, le solstice d'été dans la huitième, et celui de l'hiver dans la onzième.

Plus de onze cents ans avant notre ère, les Chinois avaient déjà la connaissance de la boussole marine et terrestre : mais ils ne se servaient que de cette dernière, parce qu'ils ignoraient encore, alors, l'art de la navigation.

La boussole terrestre leur servait à diriger des *chars magnétiques* à l'aide desquels ils se transportaient à volonté, du nord au midi ou de l'est à l'ouest.

Une particularité remarquable c'est que l'aiguille aimantée de leur boussole montrait le sud, quoique la propriété de cette aiguille est de se tourner vers le nord avec plus ou moins de déclinaison.

Observatoire de Delhi.

Les Indiens étaient aussi très-savants en astronomie à cette époque très-reculée. Leurs califes avaient fait construire de nombreux observatoires à Delhi, au Caire et dans plusieurs autres villes de l'Orient.

ARTICLE CINQUIÈME.

DE LA DIVISION DU JOUR.

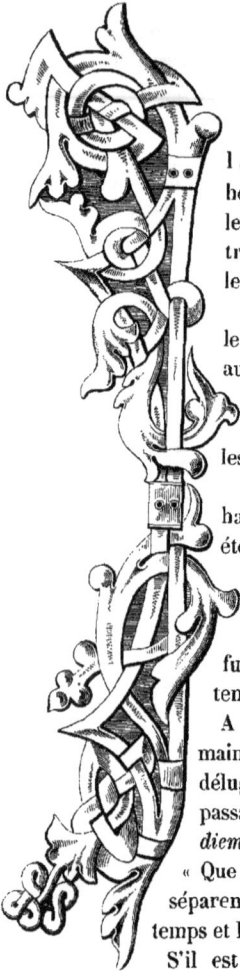

l est présumable que longtemps avant Noé, les descendants du premier homme, disséminés sur une partie de la surface du globe, cherchèrent les moyens de mesurer le temps, afin de régler plus facilement leurs travaux, leurs repas, et les autres actions que nécessitaient les besoins de leur existence.

D'abord ils se rendirent compte de la durée d'un jour, comprise entre le lever et le coucher du soleil, et de celle d'une nuit, qui, commençant au crépuscule, finissait à l'aube du matin. Bientôt, sans doute, l'élévation du soleil au-dessus de l'horizon, et son inclinaison plus ou moins avancée vers le point opposé, leur apprirent à connaître et à diviser les différentes parties d'un jour.

La nuit dut être plus difficile à diviser; cependant ces peuples pasteurs, habitués à la vie contemplative, remarquèrent que, tandis que certaines étoiles apparaissaient à l'horizon oriental, d'autres disparaissaient du côté de l'Occident. De nouvelles observations les initièrent à quelques secrets astronomiques; et ils s'en servirent pour diviser les parties de la nuit comme ils avaient déjà divisé celles du jour. Ce dut être ainsi que furent faits les premiers pas dans cette route immense de la mesure du temps.

A l'époque de Moïse, on connaissait la durée de l'espace par jours, semaines, mois et années. Le calcul que fait ce prophète, de la durée du déluge, en est la preuve matérielle, et cette preuve est corroborée par ce passage de la Genèse : « *Fiant luminaria in firmamento cœli, et dividant diem ac noctem, et sint in signa et tempora et dies et annos.* » C'est-à-dire : « Que des corps de lumière soient faits dans le firmament du ciel, afin qu'ils séparent le jour d'avec la nuit, et qu'ils servent de signes pour marquer le temps et les saisons, les jours et les années. » (Genèse, V. 14.)

S'il est incontestable que les connaissances que nous venons d'indiquer existaient à l'époque où furent écrits les livres sacrés, il ne l'est pas moins qu'on ne connaissait pas encore, alors, la division du jour par heures. Lorsqu'en effet Moïse veut constater le moment où un fait historique quelconque fut accompli, il emploie les formes que voici : « C'était au matin, ou c'était le soir, — c'était au moment de la plus grande chaleur du jour, — le soleil était à son déclin, — il faisait nuit, — les ténèbres étaient répandues sur la terre, — les étoiles brillaient au firmament, etc. »

Jusque-là le jour et la nuit n'avaient été divisés que d'une manière inégale et incomplète ; mais peu de temps après la mort de Moïse, les Babyloniens les fractionnèrent en douze parties que l'on nomma heures. Cette nouvelle manière de mesurer le temps fut bientôt mise en usage chez les Egyptiens, les Chaldéens, et il s'introduisit dans la Grèce, dès le commencement du règne du premier Ptolémée. Saumaise a cherché à prouver que les Grecs ne connaissaient pas les heures. C'est une erreur qu'a commise ce commentateur, en interprétant d'une manière inexacte un passage d'Horus Apollo. Timon, qui vivait vers la fin du règne du premier Ptolémée, parle d'un homme qui, moyennant un salaire, allait dans les maisons pour y faire connaître l'heure qu'il était. On sait, d'ailleurs, que c'était une coutume à Athènes, et dans d'autres parties de la Grèce, d'avoir un esclave, dont le soin était d'avertir son maître des différentes heures du jour. Enfin Machon, poëte qui vivait sous le règne du troisième Ptolémée, rapporte qu'un médecin, parlant à Philoxène, qui était gravement malade, lui dit : « Si vous avez à disposer de quelque chose, procédez-y sans retard, car vous mourrez à sept heures. » Ces citations prouvent donc que les heures étaient connues dans la Grèce, aux époques que nous avons mentionnées ; par conséquent il y avait alors des instruments propres à les faire connaître. Ces instruments étaient les Horloges solaires, que l'on a plus tard nommées *gnomons* ; et peut-être aussi les clepsydres ou Horloges d'eau, dont nous parlerons ultérieurement.

Ce n'est que parmi les Athéniens que l'on consultait la grandeur de l'ombre pour connaître où l'on en était du jour : eux seuls déterminaient le temps de leurs actions par l'ombre plus ou moins étendue ; c'est ainsi qu'ils se mettaient à table lorsque l'ombre avait douze pieds ; ils faisaient leurs ablutions lorsqu'elle en avait six. Aristophane, Ménandre, Lucien, imitateur des Attiques, ne se servent pas d'autres termes ; Palladius, à la fin de ses livres *De re Rustica*, a soin de remarquer de combien est l'ombre à chaque heure du jour ; il a fait cette comparaison aussi bien que celle des mois les uns avec les autres.

Hérodote et Diogène assurent qu'Anaximandre, de Milet, qui vivait 544 ans avant Jésus-Christ, fut l'inventeur du *style* ; qu'il le disposa sur une table de marbre, à l'aide de laquelle il fit une horloge qui marquait les heures, les équinoxes et les solstices. Cet instrument fut placé à Lacédémone, où il fit bientôt l'admiration du peuple.

Il est possible qu'Anaximandre soit l'inventeur du *style* ; mais les horloges solaires existaient bien avant ce mathématicien.

Le livre des Rois nous apprend que, 742 ans avant l'ère chrétienne, Achas, roi de Juda, avait fait construire une horloge au soleil, dans le temple ou près du temple de Jérusalem. Le même livre dit que pour rassurer Ezéchias contre les menaces d'une mort prochaine, et l'affermir dans la confiance d'une vie plus longue, comme la lui promettait le prophète Isaïe, Dieu fit retourner en arrière l'ombre sur l'horloge, par les dix degrés qu'elle avait déjà parcourus. Ce récit nous fait connaître la haute antiquité de l'invention de l'horloge, la division du jour en plusieurs parties, la désignation de ces parties, marquées et représentées par les *degrés*, sur le cadran du roi Achas.

Le mot *degrés*, que les auteurs emploient en parlant de ce cadran, est interprété de différentes manières ; la plupart des historiens de l'antiquité l'ont employé comme l'équivalent du mot division, appliqué aux fractions d'un cercle ; ils disent les degrés du cadran, comme ils diraient les divisions des heures marquées sur ce cadran. Quelques auteurs plus modernes, notamment saint Jérôme, donnent à ce mot une autre signification ; ils cherchent à prouver, en expliquant et en commentant le texte du *Livre des Rois*, et de quelques autres écrits de la même époque, que l'horloge du roi de Juda n'était qu'un escalier composé de douze marches ou degrés, disposés de telle sorte que le soleil y dardait ses rayons depuis son lever jusqu'à son coucher. Ainsi, d'après ces auteurs, aussitôt que le disque du soleil se levait au-dessus de l'horizon, les rayons de l'astre venaient frapper la première marche, ou mieux, le premier degré de l'escalier ; l'ombre que projetait ce degré marquait 6 heures du matin, l'ombre du second degré marquait 7 heures ; et ainsi de suite pour tous les autres degrés jusqu'au dernier, dont l'ombre affaiblie marquait 6 heures du soir : c'est le moment où, en Egypte, sauf une légère différence, le soleil se couche chaque jour de l'année.

L'horloge du roi Achas n'est pas la plus ancienne de toutes celles mentionnées par les auteurs anciens. Si l'on en croit Appion, ce fameux ennemi des Juifs (V. *Joseph*. l. 2 *contre Appion*), Moïse, dans les dernières années de sa vie, aurait fait dresser des colonnes au-dessus desquelles était un hémisphère concave, et placer au sommet de ces colonnes la figure d'un homme debout, dont l'ombre tournait à mesure que le soleil fournissait sa carrière ; et cette ombre, tombant sur l'hémisphère placé à la base de l'édifice, y marquait les différentes heures du jour. Si l'on en croyait ce récit d'Appion, l'usage du gnomon serait d'une antiquité encore plus reculée qu'on ne le suppose généralement. Nous avons prouvé plus haut que Moïse ne connaissait pas les heures, au moment où il écrivait les livres de la Genèse ; mais il serait possible qu'il les eût connues dans sa vieillesse ; et alors le récit d'Appion ne serait pas dénué de toute vraisemblance.

L'horloge solaire ne tarda pas à passer chez les Latins : suivant Pline, Lucius Papirius Cursor en fit construire une près du temple de Quirinus, vers l'an 460 de Rome, onze ans avant la guerre de Pyrrhus.

La Sicile, peu de temps après la prise de Catane, et par les soins de Valérius Messala, eut une horloge pareille à celle de Cursor ; bientôt ces instruments se propagèrent dans toutes les villes de l'Italie. C'est à l'occasion du cadran de Messala, que Plaute dit, dans sa comédie intitulée : *Bœotia* : *Puissent les dieux perdre celui qui a le premier apporté cette horloge. Autrefois la faim était pour moi la meilleure et la plus véritable qui m'avertissait ; mais aujourd'hui je ne puis manger que quand il plaît au soleil ; il faut en consulter le cours ; toute la ville est pleine d'horloges.* » C'est au commencement de la seconde guerre punique que Plaute parlait ainsi.

On voit qu'en donnant la plus haute antiquité à l'usage des horloges solaires chez les Latins, on est encore obligé de convenir, qu'avant Cursor et Messala, les Romains, et tous les autres peuples de l'Italie, vécurent pendant 450 ans sans se servir de ces horloges, qui étaient connues depuis plusieurs siècles dans presque toutes les contrées de l'Asie, et même dans la Grèce.

ARTICLE SIXIÈME.

DES GNOMONS CÉLÈBRES.

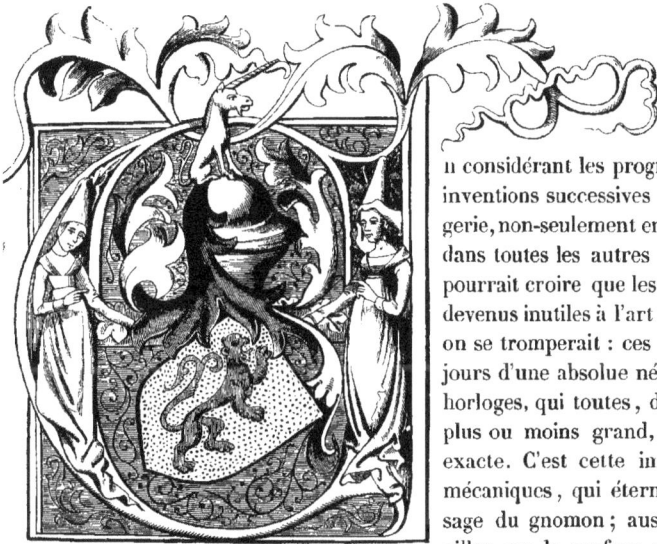

n considérant les progrès immenses que des inventions successives ont fait faire à l'Horlogerie, non-seulement en France, mais encore dans toutes les autres parties du Globe, on pourrait croire que les cadrans solaires sont devenus inutiles à l'art de mesurer le temps ; on se tromperait : ces instruments sont toujours d'une absolue nécessité pour régler les horloges, qui toutes, dans un laps de temps plus ou moins grand, s'écartent de l'heure exacte. C'est cette imperfection des pièces mécaniques, qui éternisera sans doute l'usage du gnomon ; aussi trouve-t-on peu de villes sur la surface de la terre, qui n'en possèdent au moins un, si ce n'est plusieurs. Des personnages de la plus haute distinction n'ont pas dédaigné de faire construire des méridiennes, et d'y attacher leur nom.

On voit encore à Rome les vestiges d'un magnifique obélisque, qu'Auguste avait fait élever dans le Champ-de-Mars, et dont Manlius profita pour en faire un gnomon. Pline dit qu'il avait cent-seize pieds trois quarts, et qu'il marquait les mouvements du soleil. *Ei qui est in Campo, divus Augustus addidit mirabilem usum ad deprehendendas solis umbras, dierumque ac noctium magnitudines*, etc. (Lib. 36, cap. 9, 10 et 11. — V. aussi l'ouvrage de Bandini : *Dell' Obelisco de Cesare-Augusto*, etc. Rome, 1750, in-folio.)

Ulug-Beg, prince tartare, petit-fils de Tamerlan,
vers 1430, se servit, à Samarkand, d'un gnomon
aussi élevé que la voûte du temple de Sainte-So-
phie, à Constantinople, ou de cent-quatre-vingts
pieds romains.

Paul Toscanelli, en 1467, pratiqua, dans la fa-
meuse coupole que Brunellesco avait faite à la cathédrale de Florence, un gnomon de deux cent-
soixante-dix-sept pieds et demi de hauteur : c'est
le plus grand qui existe. Le Père Ximénès l'a rétabli, et en a donné une ample description : *Del
Vecchio e nuovo Gnonome Fiorentino*, etc., in-4°.

En 1575, il y avait dans l'église de Sainte-Pé-
tronne, à Boulogne, une ligne tracée près d'un
méridien par *Eguazio Dante*; elle déclinait de 9 degrés. D. Cassini, en 1653, saisit l'occasion heureuse
qui se présenta de changer l'ouvrage de Dante et
de construire un gnomon parfait. On travaillait
alors à restaurer et augmenter le temple de Sainte-
Pétronne. Cassini, avec la permission du sénat de
Bologne, traça, à l'endroit de l'église qui lui parut
le plus convenable, une véritable et magnifique méridienne. Perpendiculairement au-dessus de cette
ligne, et à la hauteur de 1000 pouces, ou 125 pal-
mes bolonaises, qui font environ quatre-vingt-trois
pieds et demi de Paris, il plaça horizontalement
une plaque de bronze, solidement scellée dans la
voûte, et percée d'un trou circulaire qui a précisément un pouce de diamètre : c'est par cette ouverture qu'entre le rayon solaire qui forme tous les
jours, à midi, sur la méridienne, l'image elliptique
du soleil. Cet important travail fut achevé en 1656,
assez tôt pour faire l'observation de l'équinoxe du
printemps, à laquelle Cassini invita les astronomes.

Lorsqu'après trente ans de séjour en France, ce
savant mathématicien retourna dans sa patrie, il ne
manqua pas d'aller visiter son gnomon. Il reconnut
que le cercle de bronze qui lui sert de sommet était
un peu sorti de la ligne verticale où il devait être,

Obélisque d'Auguste, à Rome.

et que le pavé sur lequel était placée la méridienne s'était un peu affaissé. Cassini réta-

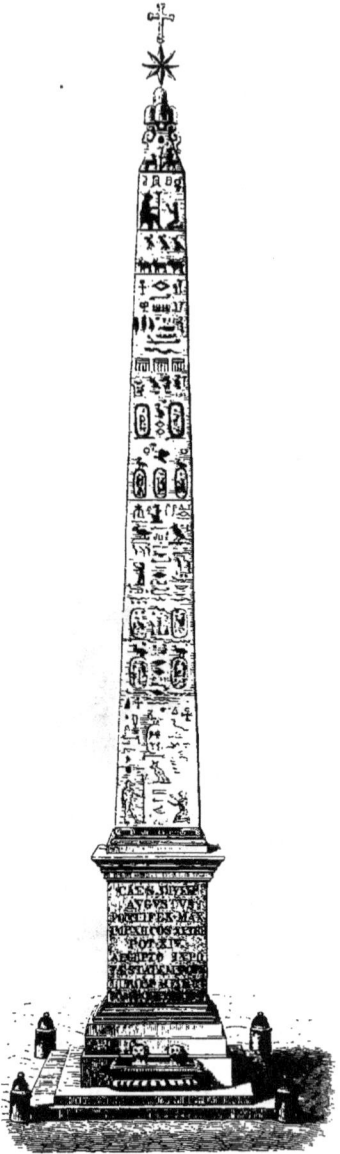

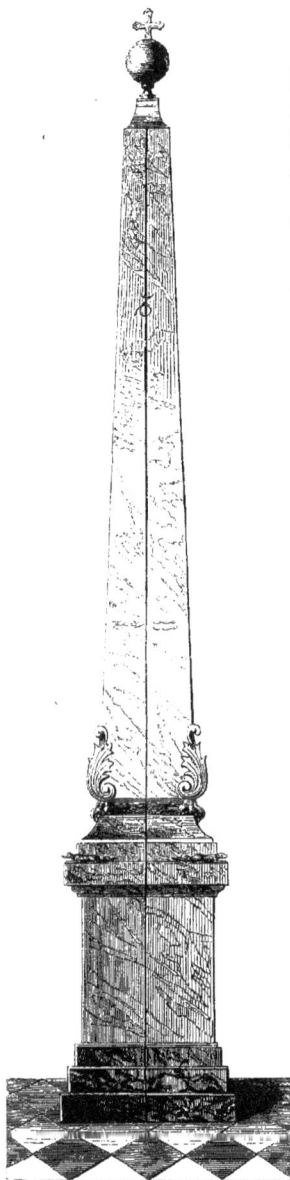

Méridienne de Saint-Sulpice à Paris

blit les choses dans leur premier état; et Guglielmini fut chargé, pour l'instruction de la postérité, de décrire les opérations. (V. le livre intitulé : *La Meridiana di S. Petronio, revisita*, etc.

La méridienne de la grande salle de l'Observatoire de Paris fut d'abord exécutée par Picard, en 1669; Cassini le fils, qui ne fut pas moins célèbre que son père, la refit en 1730. Elle fut ornée de marbres, sur lesquels on grava des divisions et des figures pour chaque signe. (*Mém. de l'Acad.*, 1730.)

Lalande, dans son *Voyage en Italie*, dit que la méridienne des Chartreux de Rome, aux Thermes de Dioclétien, est la plus ornée que l'on connaisse : elle a deux gnomons, l'un de 75 pieds de hauteur, l'autre de 62; cet ouvrage fut construit par Bianchini, en 1701.

La méridienne de Saint-Sulpice de Paris fut entreprise en 1727, par Sully, horloger, qui est inhumé vis-à-vis des portes du sanctuaire. M. Le Monnier l'a refaite avec autant de soin que de magnificence, en 1743. Le gnomon a 80 pieds de hauteur; il a un objectif de 80 pieds de foyer.

M. de Césaris et M. Reggio ont fait, pour la cathédrale de Milan, une méridienne qui n'est pas moins belle que celle de Saint-Sulpice : le gnomon a 73 pieds de hauteur. (*Eph. de Milan*, 1788.)

La petite ville de Tonnerre, en Bourgogne, est la seule en France, et probablement en Europe, où il y ait une grande et belle méridienne, avec la courbe du temps moyen. Elle est due à Beaudoin de Guémadeuc, ancien maître des requêtes, connu par différents mémoires sur les sciences positives. Ce savant avait choisi l'église de l'hôpital de Tonnerre pour y établir un gnomon. Plusieurs mathématiciens concoururent à l'exécution de ce monument : ce furent l'avocat Daret, versé dans les calculs astronomiques, Camille Ferouillat, et enfin l'astronome Lalande, qui fit exprès le voyage de Tonnerre, pour se rendre compte de la possibilité de l'exécution. La courbe du temps moyen, qu'on a tracée autour de cette méridienne, est une partie importante, que l'on devrait toujours employer; car le temps moyen est le seul que puissent suivre les horloges et les montres. Depuis déjà longtemps, en

Angleterre, à Genève, et en France, on ne se sert de l'heure apparente que comme règle de proportion.

Il ne nous suffit pas d'avoir indiqué les plus célèbres gnomons dont l'histoire fait mention; nous donnerons, d'après les auteurs les plus compétents, les règles les meilleures et les plus faciles pour exécuter ces sortes d'horloges; mais nous croyons qu'il est essentiel que nous donnions d'abord l'explication des principaux termes d'astronomie à ceux de nos lecteurs qui ne les connaissent pas : autrement, ils ne comprendraient pas toujours les démonstrations techniques que nous ferons dans le chapitre suivant; et moins encore celles que nous devons faire plus tard à propos des Horloges planétaires, et de diverses autres pièces astronomiques. Disons même tout de suite aux jeunes gens qui se destinent à l'Horlogerie, que s'ils veulent se distinguer dans cet art difficile, ils ne doivent pas négliger de s'instruire, autant que possible, dans les sciences mathématiques : nous les engageons à étudier particulièrment les principes et les lois de la mécanique, la géométrie et l'astronomie. Ces connaissances ne sont pas indispensables pour faire un bon artiste en horlogerie; mais, sans elles, on ne peut pas devenir un savant horloger.

Fig. 6.

Fig. 7.

Fig. 4.

Fig. 5.

Fig. 3.

Fig. 1.

Fig. 2.

Racinet père del.

Imprimé par Plon frères.

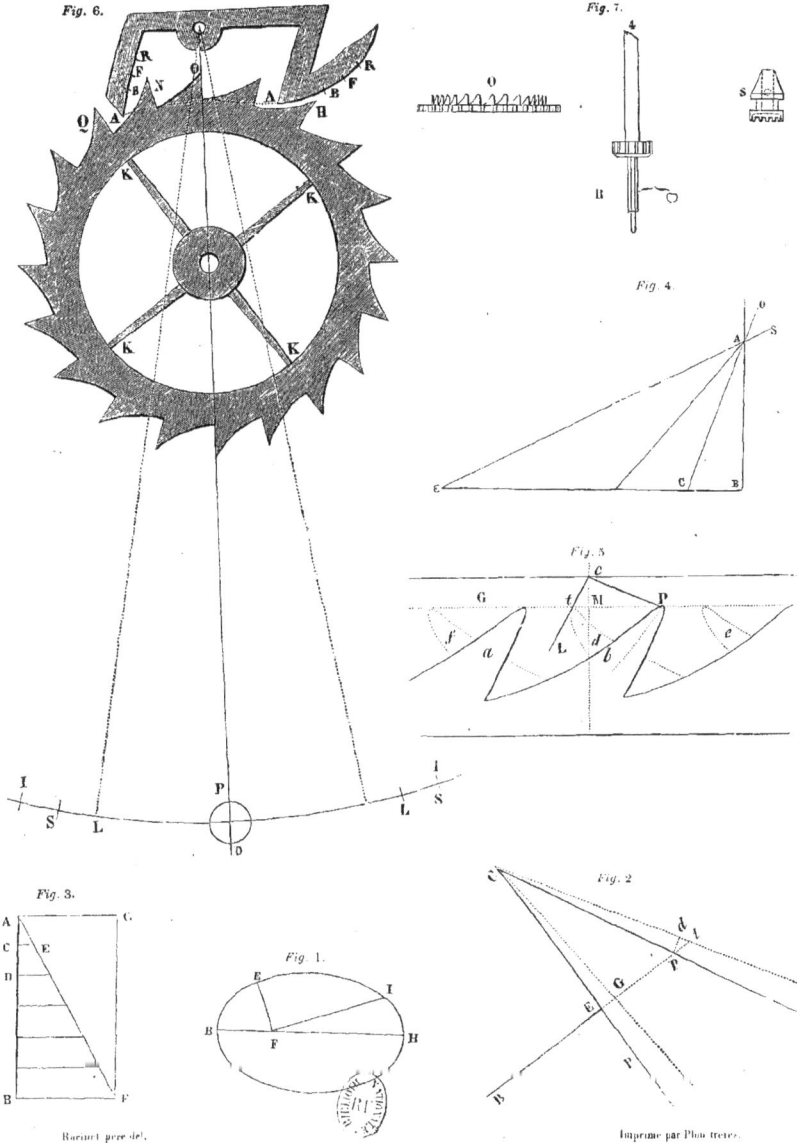

Fig 1, 2 et 3. Astronomie (page 23). — Fig. 4. Manière de tracer une méridienne (page 46). — Fig. 5. Échappement à verge (pages 118 et suivantes). — Fig. 6. Échappement à ancre du docteur Hook (pages 122 et suivantes). — Fig. 7. Complément des figures explicatives des montres à remontoir sans clef (pages 373 et 374).

CHAPITRE II.

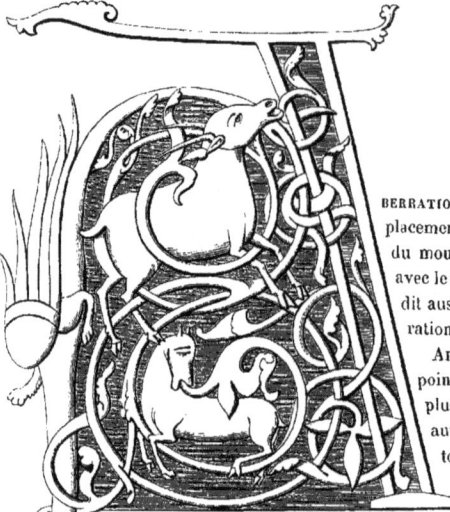

EXPLICATION DE QUELQUES TERMES D'ASTRONOMIE.

ABERRATION des étoiles : c'est le déplacement des étoiles, en conséquence du mouvement de la terre combiné avec le mouvement de la lumière. On dit aussi dans le même sens : Aberration de la lumière.

ABSIDES : ce sont les deux points où un astre se trouve le plus près et le plus loin d'un autre astre, autour duquel il tourne dans un cercle ou dans une ellipse. La ligne qui joint ces deux points s'appelle la ligne des absides. Dans l'ellipse, le grand axe est toujours la ligne des absides.

(*Voyez* Pl. I, fig. 1). Si le soleil est en F, l'astre qui décrit l'ellipse B H E est le plus éloigné en H, le plus près en B, et BH est la ligne des absides

AIRES : signifient des espaces. Les aires des secteurs elliptiques sont proportionnelles au temps.

ANOMALIE (l'angle d'anomalie) : c'est la distance d'une planète à son aphélie; il y en a de plusieurs espèces : anomalie moyenne, anomalie de l'excentrique, anomalie vraie. L'anomalie moyenne est celle qui aurait lieu si l'astre se mouvait uniformément; l'anomalie vraie est celle qui a lieu réellement dans la nature; l'anomalie de l'excentrique, ainsi que l'anomalie moyenne, sont fictives : ce sont des suppositions que l'on fait pour trouver l'anomalie vraie.

ANTARCTIQUE : est un adjectif qui désigne tout ce qui appartient à l'hémisphère méridional et au pôle austral.

ANTIPODES : ce sont des climats qui, sur la terre, sont diamétralement opposés à d'autres climats. Si on imagine une ligne qui, partant de Paris, traverse le globe et passe par son centre, le point opposé de la surface où elle se terminera marquera les antipodes de Paris.

APHÉLIE : les planètes décrivent des ellipses, dont le soleil occupe le foyer; le point de cette ellipse, où elles se trouvent le plus éloignées de cet astre, est leur aphélie. Le point H (Pl. 1, fig. 2) est l'aphélie, le soleil étant supposé en F. Si c'était la terre qui y fût supposée, alors le point H s'appellerait l'apogée. En général, aphélie signifie le lieu d'un astre, lorsqu'il est le plus loin du soleil; apogée, son lieu lorsqu'il est le plus loin de la terre. Périhélie et Périgée signifient, au contraire, les points où un astre se trouve le plus près du soleil ou de la terre. Si le soleil est en F (Pl. 1, fig. 3), le point B sera périhélie; si c'est la terre qui occupe ce point, celui B sera le périgée.

ARCTIQUE : est un adjectif qui désigne tout ce qui appartient à l'hémisphère septentrional, et au pôle nord où se trouve la constellation de l'Ourse.

ASCENSION DROITE : les ascensions droites sont des arcs de l'équateur; on les compte depuis le point de l'équinoxe du printemps. Si on imagine un cercle qui, partant du pôle, passe par un astre et vienne aboutir à l'équateur, il marquera le lieu de cet astre sur l'équateur; et l'arc de l'équateur, compris entre ce lieu et le point de l'équinoxe, sera son *ascension droite*. La distance de l'astre à l'équateur, mesurée sur le cercle qui part du pôle, s'appelle sa déclinaison.

ASPECT : situation d'une planète par rapport à une autre; les quadratures, les conjonctions, les oppositions, sont des aspects.

ASTROLABE : est un instrument composé de cercles pour observer les astres; et,

Grandeur et figure
des Étoiles.

☆ Première.
☿ Deuxième.
♀ Troisième.
• Quatrième.
• Cinquième.

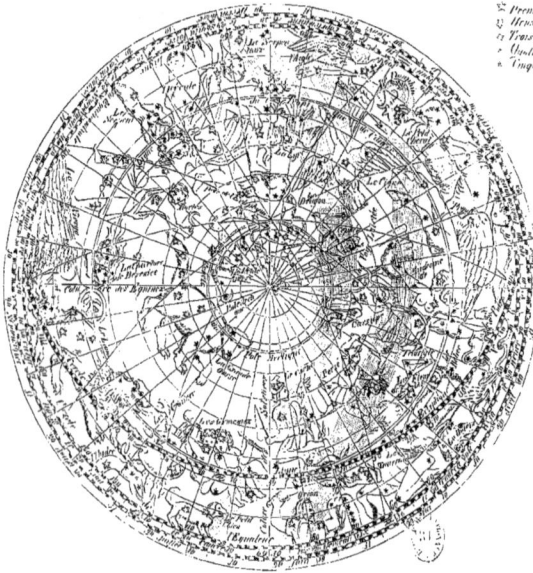
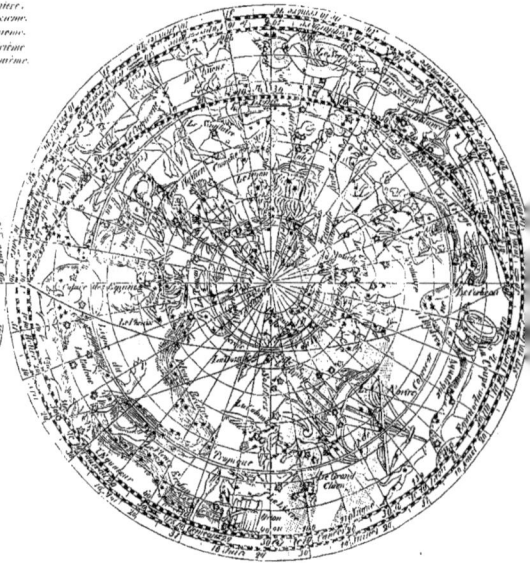

Graveur de l.

Bisson et Cottard sc.

PLANISPHÈRE CÉLESTE (page 25).

F. Sow del. sc.

dans ce sens, il est synonyme d'armilles (instruments dont se servaient les anciens pour mesurer les astres) : on a aussi donné le nom d'astrolabe à des cartes célestes. où sont proje'és et représentés les cercles et les constellations des deux moitiés du ciel: nous nommons aujourd'hui ces cartes planisphères. (*Voir* Pl. II.)

ATTRACTION : semble être une propriété de la matière, une faculté qui réside dans les corps pour forcer les corps voisins de s'approcher; et lorsque ces corps s'approchent, lorsqu'ils tombent vers les premiers, cette tendance, cette chute est l'effet de la pesanteur.

AXE : ligne autour de laquelle se fait le mouvement. Quand une roue tourne, l'essieu est l'axe du mouvement. La ligne, qui passe par le centre et par les deux pôles de la terre, est l'axe de sa rotation diurne. Ce sont les deux extrémités de cette ligne, que l'on nomme pôles. L'axe et les pôles sont immobiles, tandis que le reste du globe est en mouvement autour d'eux.

AZIMUT : les azimuts sont des arcs de l'horizon. On les compte depuis le point où le méridien coupe l'horizon. Si dans un moment quelconque on fait descendre un cercle qui passe par un astre et vienne aboutir à un point de l'horizon, l'arc compris entre ce point et le point où le méridien coupe l'horizon, est l'azimut de cet astre.

B

BORÉAL : est synonyme de septentrional.

C

CYCLE : synonyme de période et de révolution : intervalle de temps composé d'un certain nombre fixe d'années ou de jours, et qui ne finit que pour recommencer.

CIRCUMPOLAIRE : les étoiles circumpolaires sont celles qui avoisinent le pôle.

CLIMATS : les climats sur la terre sont réglés par la chaleur, ou, ce qui revient au même, par la présence du soleil et par la longueur des jours. On disait autrefois le climat de douze heures pour le climat de l'équateur, parce que toute l'année les jours y sont de douze heures. En s'élevant vers les pôles, on désignait ces climats par le plus long jour de l'été; on disait le climat de treize heures, et successivement jusqu'à vingt-quatre heures, qui est celui où le soleil ne se couche pas, le jour du solstice d'été; ensuite on ne comptait plus que par mois de deux, de quatre; le dernier était le climat de six mois; celui du pôle, où en effet le soleil est six mois sans se coucher pour l'hémisphère. Aujourd'hui nous désignons les climats par les degrés de latitude et par la distance de l'équateur. Paris est à 49 degrés de l'équateur; nous disons qu'il est sous le climat de 49 degrés.

COLURES : ce sont deux grands cercles perpendiculaires à l'équateur, qui se coupent aux deux pôles du monde, et qui passent, l'un par les points des deux solstices, et l'autre par les points des deux équinoxes; l'un est le colure des solstices, l'autre est celui des équinoxes.

CONJONCTION : est la réunion de deux astres dans le même point, ou dans la même partie du ciel. Elle dépend du lieu où l'on place le point de vue. Deux astres peuvent être en conjonction, soit à l'égard du soleil, soit à l'égard de la terre. La conjonction rigoureuse est celle qui a lieu précisément dans une même ligne, où l'un des deux astres est devant l'autre, et le couvre en tout ou en partie, comme cela arrive dans

les éclipses de lune et de soleil ; mais ces conjonctions rigoureuses, et dans le même point du ciel, sont rares. Les astronomes disent encore que deux astres sont en conjonction, lorsque, vus de la terre ou du soleil, ils ont la même longitude ou la même ascension droite, c'est-à-dire, lorsqu'ils répondent au même point de l'écliptique, ou au même point de l'équateur.

CONSTELLATIONS : groupes d'étoiles qui forment des districts et des divisions dans l'étendue du ciel. Pour mieux connaître les étoiles, les anciens les ont rangées sous soixante-six constellations, autrement nommées astérismes. On en compte douze dans le zodiaque, vingt-quatre dans la partie septentrionale et trente dans la méridionale. (*Voyez* les planisphères.)

D

DEGRÉS : ce sont les divisions des cercles que l'on partage en 360 parties. Cette division est commune à tous les cercles du ciel et de la terre. Un degré de l'écliptique ou de l'équateur est la 360ᵉ partie de chacun de ces cercles ; il en est de même pour tous les autres cercles astronomiques.

DENSITÉ : est la quantité de matière renfermée dans un corps, relativement à son volume. Un corps égal à un autre pour le volume, s'il contient deux fois plus de matière, a deux fois plus de densité.

DICHOTOME : signifie partagé en deux : la lune dichotome est la lune à moitié éclairée, dans le premier et dans le troisième quartier.

DIFFRACTION : est le détour de la lumière lorsqu'elle passe infiniment près des corps solides. On dit aussi dans le même sens l'inflexion des rayons de lumière.

DISTANCES : lorsque les astronomes parlent des distances des planètes, cette expression signifie ou une ligne ou un angle. Tantôt ils entendent la distance en ligne droite d'un astre à un autre, la distance qu'il faudrait faire pour parvenir de l'un à l'autre ; c'est absolument une distance semblable à celle de nos distances itinéraires : tantôt ils entendent l'arc céleste compris entre les deux lieux des deux astres ; alors la distance est un angle formé par les rayons visuels, menés à cette planète. Lorsque l'astre est assez éloigné pour qu'il n'y ait pas de parallaxe, cet angle est le même à la surface qu'il serait au centre de la terre. Les circonstances déterminent parfaitement les deux sens différents du mot distance.

E

ÉCLIPTIQUE : est le cercle décrit par le soleil, ou plutôt par la terre ; il est ainsi nommé parce que les éclipses de soleil et de lune n'arrivent jamais que lorsque la lune se rencontre dans l'écliptique, ou lorsqu'elle en est très-près.

ÉLÉMENTS : ce sont les connaissances nécessaires à la théorie d'une planète, les connaissances qui mettent en état de calculer son mouvement et sa position. Les principaux de ces éléments sont au nombre de huit : le premier c'est l'époque, c'est-à-dire la longitude, le lieu où un astre a été vu dans un instant déterminé. Les sept autres sont la position de son aphélie et de son nœud pour le même instant, le moyen mouvement de la planète, le mouvement de cette aphélie et de ce nœud dans un intervalle de temps connu, l'inclinaison de l'orbite de la planète sur l'écliptique, enfin l'excentricité de l'ellipse qu'elle décrit, d'où dépend l'inégalité de son mouve-

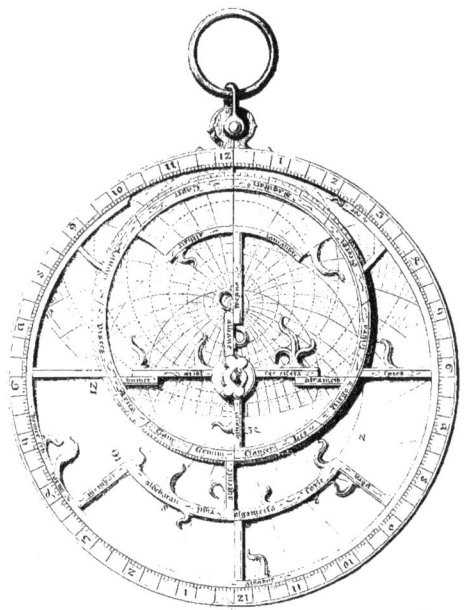

ASTROLABE DU XVIᵉ SIÈCLE

FACE ET REVERS.

Calqué sur l'original appartenant à M. Vallet de Viriville.

T. XIXᵉ (CXCII)

ment. Ces éléments connus et réunis forment ce qu'on appelle la théorie d'une planète.

ELLIPSE : courbe qui s'engendre en coupant un cône obliquement à son axe : c'est celle que les planètes et les comètes décrivent autour du soleil, et les satellites autour de leurs planètes principales (*Voyez* Pl. I, fig. 4). Elle a deux points F, F également éloignés de son centre C, que l'on nomme ses foyers. Plus ces points sont distants du centre, plus l'ellipse s'allonge, s'aplatit et s'éloigne du cercle. La distance C F du foyer au centre s'appelle l'excentricité.

ÉPACTE : c'est l'âge de la lune au moment de la fin de l'année, c'est-à-dire le nombre de jours écoulés depuis que la lune est renouvelée, ou depuis sa conjonction avec le soleil.

ÉPOQUE : désigne une observation qui sert de base à tous les calculs d'une planète. Lorsque le mouvement d'un astre est bien connu, il ne s'agit que d'avoir une observation du lieu où il a été vu dans un temps passé, pour calculer le lieu où il doit être dans un temps futur. Cette observation première est ce qu'on nomme l'époque.

ÉQUATEUR : grand cercle qui divise la terre et le ciel, chacun en deux hémisphères, l'écliptique s'élève également au-dessus et au-dessous; et lorsque le soleil se rencontre dans ce cercle, les jours sont égaux aux nuits; c'est de là qu'il a tiré son nom.

ÉQUATIONS : ce sont les quantités par lesquelles on tient compte des inégalités des astres. On suppose, pour la facilité du calcul, que leurs mouvements sont uniformes; on corrige ensuite cette supposition par une quantité proportionnée à l'inégalité, et cette quantité ajoutée ou retranchée, se nomme l'équation; et comme le mouvement de l'astre peut être varié, troublé par plusieurs causes, on emploie autant d'équations que cet astre a d'inégalités. La lune en a un très-grand nombre.

ÉQUINOXES : ce sont les points où l'écliptique coupe l'équateur. C'est dans ces points que le soleil fait les jours égaux aux nuits, d'où leur est venu le nom d'équinoxes.

ÉTHER : fluide infiniment subtil, qu'on suppose remplir les espaces célestes entre les planètes et notre atmosphère.

ÉTOILES : astres qui sont fixes dans le ciel ou sensiblement fixes, qui luisent par eux-mêmes, et qui sont sans doute des soleils semblables au nôtre. D'après Ptolémée et Kepler, les plus belles étoiles du ciel sont au nombre de quinze; ce sont, par ordre de grandeur : Arcturus, la Lyre, l'œil du Taureau, Capella, le cœur du Lion, la Queue du Lion, l'épi de la Vierge, Tomahau, le cœur de l'Hydre, le cœur du Scorpion, Rigel, Acarnor, Sirius, Canope, le pied droit du Centaure.

G

GNOMON : instrument pour prendre la hauteur du soleil déterminée par la longueur de son ombre.

H

HAUTEUR : est la distance d'un astre à l'horizon.

HÉLIAQUE : le lever héliaque, c'est le temps où une étoile commence à se dégager des rayons du soleil, et à briller le matin avant lui sur l'horizon. Le coucher héliaque est le temps où elle se plonge dans les rayons du soleil, et où elle cesse de paraître le soir sur l'horizon, après le coucher de cet astre.

PARALLAXE HORIZONTALE : la parallaxe qui naît de la grandeur du globe, diminue à mesure que les astres s'élèvent sur l'horizon, et s'évanouit au zénith. La plus grande de toutes, celle qui a lieu à l'horizon, est la parallaxe horizontale.

PARALLÈLES : on donne ce nom aux cercles qui sont parallèles à l'équateur terrestre ou céleste. On dit que Paris est sous le parallèle de 49 degrés, c'est-à-dire sous le cercle parallèle à l'équateur terrestre, et qui en est éloigné de 49 degrés. On dit que le soleil est dans le parallèle de l'étoile nommée Régulus, ou le cœur du Lion ; c'est-à-dire qu'il est dans un cercle parallèle à l'équateur céleste, et qui passe par cette étoile.

PARALLÉLISME DE L'AXE DE LA TERRE : c'est l'inclinaison constante de l'axe de rotation de notre globe sur le plan de l'écliptique.

PENDULE : corps suspendu à un fil, ou à une verge de fer, qui oscille autour d'un centre : son isochronisme a été découvert par Galilée, et Huyghens l'appliqua aux horloges.

PÉNOMBRE : c'est l'ombre légère qui commence et qui termine les éclipses de lune. Elle se répand sur les points de la lune qui voient encore une partie du soleil, et où l'ombre épaisse, l'ombre vraie, n'arrive que lorsque le soleil leur est entièrement caché.

PRÉCESSION DES ÉQUINOXES : c'est la quantité dont l'intersection de l'équateur et de l'écliptique rétrograde sur ce dernier cercle. Le point de l'équinoxe recule et va au devant du soleil, ce qui fait que l'équinoxe arrive plus tôt. En même temps, les étoiles quoique immobiles, paraissent s'avancer le long de l'écliptique : leur longitude croît continuellement ; d'où il résulte que précession des équinoxes, rétrogradation des points équinoxiaux, progression ou mouvement des étoiles en longitude, sont des expressions identiques.

PROJECTION : c'est la méthode de rapporter un nombre d'objets différemment placés, dans différents plans, à un seul et même plan, que l'on suppose placé entre l'œil et les objets, ou derrière les objets mêmes. Un tableau est une projection coloriée. Les cartes célestes ou terrestres, sont également des projections. On suppose l'œil hors du globe de la sphère, regardant tous les objets qui y sont contenus, et marquant le lieu de ces objets sur un plan déterminé et convenu.

Projection, est aussi l'action de lancer un corps ; la force qui le lance est appelée la force de projection.

Q

QUADRATURE : c'est la phase de la lune, qui a lieu entre la conjonction et l'opposition ; entre l'opposition et la conjonction. C'est ce qu'on appelle le premier et le troisième quartier. C'est, en général, pour tous les astres, le temps où une planète, vue de la terre, est éloignée du soleil de 90 degrés, ou du quart du ciel.

R

RÉFRACTION : c'est le détour de la lumière, en passant d'un milieu dans un autre, en passant, par exemple, de l'éther dans l'air, ou de l'air dans le verre ou dans l'eau.

ROTATION : mouvement d'une planète autour de son axe, d'une roue sur sa tige ou sur son pignon, etc.

S

SECTEUR : instrument d'astronomie qui embrasse une portion quelconque de la

ZÉNITH

POLE ARTIQUE
Nort

MERIDIEN

TICES

CERCLE AR

TROPIQVE DE

MONDE

ÉQVINOCCTIQVE

ZODIAQVE

SOLS

LIGNE EQVI

VIRGO

CER

Terre

ORISON   *Orient*

NOCTI

DES TRO

COVVRE

AXE DV

OVE

DES

ALE

CERCLE

AXE

COVVRE DE CAPRICORNE

ANTAR

POLE ANTARTIQVE
Sud

RACINET PÈRE DEL.

BISSON ET COTTARD EXC.

SYSTÊME DU MONDE, D'APRES PTOLÉMEE.

Calque d'une des planches de PRATIQUE ET DÉMONSTRATION DES HORLOGES SOLAIRES, par SALOMON DE CAUS, Paris, 1624, in-folio.

F. SERÉ DIREXIT.

circonférence. Un secteur de cercle, un secteur d'ellipse, est un espace renfermé dans une portion de la courbe, et par deux rayons menés, ou au centre du cercle, ou au foyer de l'ellipse.

SEXTANT : instrument d'astronomie, ainsi nommé parce qu'il embrasse la sixième partie du cercle.

SIDÉRAL : signifie ce qui concerne les étoiles. L'année sidérale est celle qui est réglée par le retour du soleil à une même étoile.

SINUS : si, par les extrémités d'un arc du cercle, on mène une ligne droite, cette ligne est nommée la corde de cet arc, et la moitié de cette ligne est le sinus de ce même arc. Ces sinus sont d'un grand usage dans la géométrie et dans l'astronomie.

SOLSTICES : c'est le point de l'orbite du soleil, où cet astre s'élève le plus haut, ou s'abaisse le plus bas sur notre horizon. Dans ce point, à l'instant du solstice, il cesse de monter et commence à descendre, ou bien il cesse de descendre pour recommencer à monter.

SPHÈRE : comme la vue s'étend de toutes parts à la même distance, tout ce que nous voyons paraît rond ou sphérique. Le monde prend la figure d'une boule; c'est pourquoi nous disons la sphère céleste, pour désigner la concavité apparente qui nous environne. Nous donnons encore le nom de sphère à la représentation artificielle de ces cercles. On dit l'inclinaison de la sphère, pour désigner la position de ces cercles sur l'horizon.

SPHÉROÏDE : solide qui n'est qu'un globe aplati ou allongé. Le sphéroïde diffère d'un globe, comme l'ellipse diffère d'un cercle.

STYLE : le style d'un cadran solaire est une pointe élevée, dont l'ombre montre les heures; style se dit aussi d'un gnomon.

SYSTÈME DU MONDE, d'après Ptolémée.

Suivant ce système, le globe de la terre et de l'eau est au centre de l'univers. Autour du globe terrestre est la région de l'air. Ensuite et toujours autour de la terre comme centre, sont décrits les cercles des mouvements des planètes, qui sont ceux de la Lune, de Mercure, de Vénus, du Soleil, de Mars, de Jupiter et de Saturne.

Au-dessus des planètes est la sphère des étoiles fixes, que l'on nomme firmament ou huitième ciel.

Quelques astronomes ont ajouté trois autres sphères au-dessus du firmament : les deux premières ont été nommées cristallines, la dernière a reçu le nom de premier mobile, parce que, étant au-dessus des dix sphères célestes, elle les emporte toutes dans son mouvement de rotation autour de la terre.

Par ce système on compte onze cieux mobiles, auxquels ajoutant celui que l'on nomme empirée, où s'élève le trône de Dieu, on trouve douze cieux dans toute l'étendue de l'univers. (*Voyez* pl. III.)

SYSTÈME DU MONDE, d'après Copernic.

Copernic n'est pas le premier qui a eu la pensée de faire tourner toutes les planètes autour du soleil, et qui ait eu le pressentiment du mouvement de la terre. Ce savant astronome n'a fait que perfectionner, par ses observations et ses calculs, ce que longtemps avant lui avaient imaginé Nicétas de Syracuse, Aristarque de Samos, Anaximandre Seleucus, Philolaüs, pythagoricien, et plusieurs autres savants, de sorte que l'hypothèse de Copernic n'est qu'une ancienne opinion rétablie et renouvelée; mais il a su, par ses savants travaux, la rendre évidente à tous les yeux, et a mérité l'hon-

neur, que personne ne lui conteste, d'être l'inventeur de ce magnifique système qui doit éterniser son nom. (*Voyez* pl. IV.)

T

Temps vrai ou apparent : c'est celui que marque chaque jour le soleil. Le temps moyen est celui qui aurait lieu si le soleil se mouvait toujours d'une manière uniforme. Les astronomes et les horlogers tiennent compte de la différence de ces deux temps, par le moyen d'une équation qu'ils nomment l'équation du temps. Il y a des horloges qui, par le moyen d'une ellipse, marquent cette équation.

Trajectoires : est la courbe décrite par un corps en mouvement. Les ellipses des planètes, les paraboles que les comètes semblent décrire, en approchant du soleil, la courbe que suit un rayon de lumière dans l'atmosphère, sont des trajectoires.

Tropiques : ce sont des cercles parallèles à l'équateur, où le soleil atteint sa plus grande distance de ce cercle : arrivé là, il commence à s'en rapprocher, il semble retourner en arrière; c'est pourquoi les anciens ont donné à ces cercles le nom de tropiques.

V

Variation : troisième inégalité de la lune, découverte par Tycho.

Z

Zénith : c'est le point du ciel qui est perpendiculairement au-dessus de notre tête. En changeant de lieu, on change de zénith.

Zodiaque : espace ou zone céleste d'environ 17 degrés de largeur, qui fait le tour du ciel, dont l'écliptique occupe le milieu, et qui comprend tous les points du ciel où les planètes se rencontrent.

Zone : espace compris sur la surface d'une sphère entre deux cercles parallèles entre eux. La zone comprise entre les deux tropiques est la zone torride : si l'on imagine deux cercles parallèles à l'équateur, et de part et d'autre à 66 degrés de distance, ces cercles seront les cercles polaires. La zone comprise de chaque côté entre l'un de ces cercles et l'un des tropiques, est la zone tempérée : au delà de ce cercle polaire est la zone glaciale qui s'étend jusqu'au pôle.

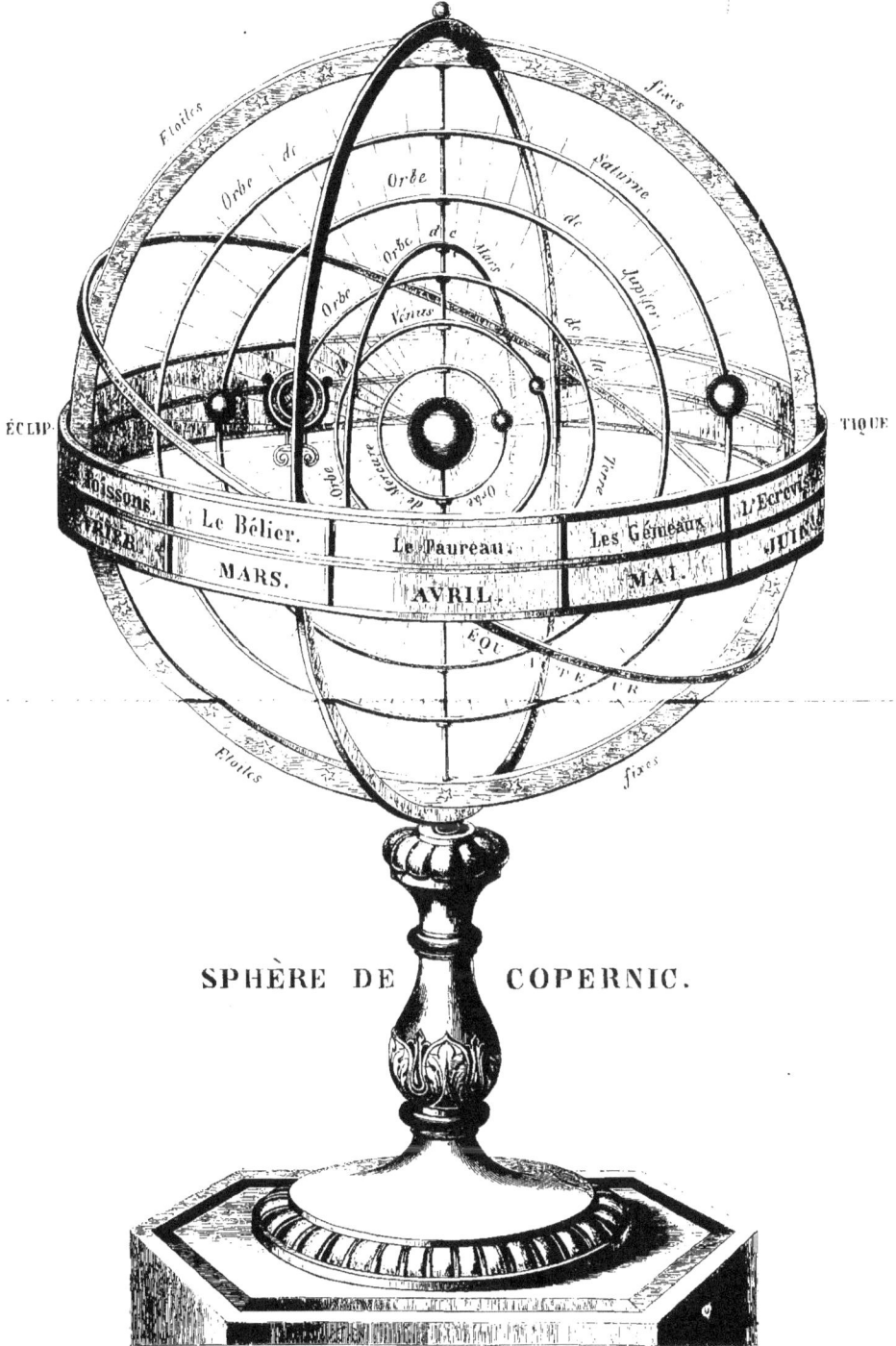

POLE DE L'ECLIPTIQUE

Etoiles   fixes

Orbe de

Orbe   Saturne

Orbe de Mars   de

Orbe de   Vénus   Jupiter

de la

ÉCLIP   TIQUE

Poissons   Le Bélier.   Le Taureau.   Les Gémeaux   L'Ecrevis

ARIES   JUIN

MARS.   AVRIL   MAI

EQU   ATE   UR

Etoiles   fixes

SPHÈRE DE COPERNIC.

Racinet père del.   Bisson et Cottard exc.

SYSTÈME DU MONDE D'APRÈS COPERNIC.

F. SERÉ DIREXIT

CHAPITRE III.

THÉORIE DES CADRANS SOLAIRES.

omme nous l'avons vu plus haut, on faisait dans l'antiquité des méridiennes monumentales ; mais, après la chute de Rome, et pendant les premiers siècles de la monarchie française, et même jusqu'au seizième siècle inclusivement, on ne se servait que de cadrans fort simples.

Le plus ancien auteur que nous connaissions, qui a donné, en français, des règles pour tracer les *solaires*, fut Elie Vinet, qui vivait au commencement du règne de François Ier : cet auteur, dans le style naïf et coloré de l'époque, nous donne d'excellents principes

pour exécuter des cadrans horizontaux et verticaux. Nous croyons faire plaisir à nos
lecteurs en donnant ici le texte d'un cadran horizontal de ce vieux mathématicien.
nous pourrions traduire ce texte et nous l'approprier, nous aimons mieux nous effacer
pour laisser parler l'auteur, en respectant même son orthographe. Nous reprodui-
sons aussi les figures de son livre. Élie Vinet s'exprime ainsi :

uand tu voudras doncques fere solaire horizontal, trouve-moi
« une table de bois d'érable, de noier, de poirier ou de tel
« autre bois plus propre à pourtraire que l'ourmeau ou chesne
« d'un pié de large, ou plus ou moins, selon la grandeur du
« pourtrait que voudras fere, mais plus longue quatre ou cinq
« fois.

« Droisse-la d'vn côté, et la poli proprement ; et a deus ou
« trois dois d'un bout, tire une ligne droite par le travers, et une autre du long
« quelque peu plus après d'une orée, que de l'autre : et que ces lignes ici tumbent
« à plomb et facent trait carré l'une sur l'autre, c'est à dire, queles se croizent fort
« justement. Car en cette afere
« une petite faute en amenerait
« aizéement une grande et lourde.
« Les massons et charpentiers se
« servent de leur equerre a fere ces
« trais quarrés : mais si tu n'as d'é-
« querre, voici comment tu pourras
« fere. Tire une ligne droite sur la
« table comme d'A a B. Mes l'un
« pié de ton compas, qu'on apele le
» centre du compas, sur le bout de la
« ligne ou est A. Il faut avoir ici un
« compas fort prime (juste) et une re-
« gle bien droissée. Et l'autre pié ou-
« vre-le de demi pouce ou d'un deus pouces, comme bon te semblera : et de ce pié la
« fait un point en la dite ligne, comme à C. Fai puis apres sans bouger de la le centre
« du compas, et sans plus l'ouvrir, ni fermer, un demi cercle, ou partie, dessus ou
« dessous la dite ligne de la part, que voudras fere la ligne a plomb, ainsi que te
« montre la figure. Transporte apres le centre de ton compas au point C : et fai un
« autre cercle, qui coupe le premier comme au point D. Mais il n'est pas necessaire que
« faces cercle a cette fois, ains suffit que marques, ou le compas donnera dans le cercle
« premier, comme au dit point D. Couche maintenant ta regle sur les points C D, et
« sur ce rond dernier fait : et regarde, ou ele le coupera : et fai là un point ; comme
« a E. Finalement tire une ligne droite de ce point E, jusques a A, bout de la première

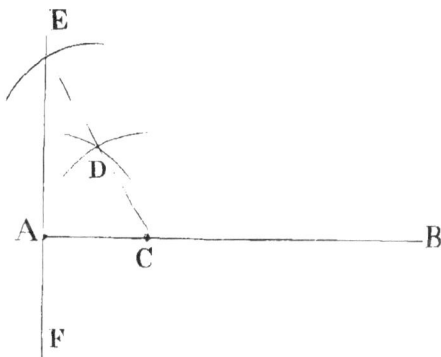

« ligne, et la passe outre, si tu veus comme E F : tele ligne est a plomb sur le niveau A
« B, et les angles qui font a A sont drois et quarrés. Ainsi pourras tu fere ligne aplomb
« sur tout tel point, qu'auraz choizi dans une ligne. Mais venons à notre propos.

« Tire une ligne du travers de la table, comme dizions, qui soit A B en la figure A A
« V. page 38 : et puis une ligne a plomb sur icelle, comme C D : ce fait mets le centre du
« compas sur le point C, ou les lignes se touchent : et est en l'autre vers A ou B, loin du
« dit C, selon que tu voudras fere grand ton solaire. Et prenons le cas, que ce soit a
« quatre dois loin de C, vers A. Et fai là un point, comme ou tu vois un E ; et tenant
« ferme le centre du compas sur E, fai un rond, entier, si tu veus toutefois, il suffit
« que ce soit un quart de cercle, lequel tu trouveras fai en en tele sorte. Ton compas
« estant aresté sur E, fai de la part de D, par le point C, un arc, comme tu vois C F.
« Apres transporte ton compas ainsi ouvert, qu'il est, sur la ligne C D : et la part, ou
« ce pié viendra choir, comme a P, tien le là ferme : et tourne l'autre de C vers F,
« jusque qu'il vienne choir en la ligne de la rondeur du dit cercle, laquelle les Gregeois
« apelent Peripherée, nous communemant circumferance : et fai là un point, comme ou
« tu vois G. Puis tire une ligne d'E jusques au dit point de la Peripherée tu verras
« ainsi un quart de cercle parfait E G C. Ceci fait, va partir la Peripherée G C en sis
« parties égales ; et fai des points à la divizion des dites parties, comme à la figure
« aux lettres H, I, K, L, M. Puis apres couche ta regle sur le centre du cercle E, et sur
« chacun des dits points H, I, K, L, M, soint connues en la ligne C D, fai seulement de
« petits points en la dite ligne C D, en la rencontre des dites lignes, comme là où sont
« les lettres N, O, P, Q, R. Ces sis égaus espaces de la Peripherée G C nous donnerons
« sis heures, comme l'on verra bien tost : desqueles sis heures si tu veus avoir les moi-
« tiés, c'est a dire si tu veus en ton solaire avoir heures et demies heures, divize ces sis
« espaces là, un chacun d'eus par la moitié justement : puis par les points et marques
« de ces moitiés, tire du centre E, des lignes qui viennent jusques à la ligne C D divi-
« zées en douze parties égales qui te feront douze demies heures ci après. Et si tu vou-
« lais avoir des tiers d'heures et des quarts comme as fait en deus.

« Ce quart de cercle ainsi également parti, est pour faire solaire vertical au pais de
« dessous l'équinoctial, la ou le jour et la nuit sont tousjours egaus, et ne nous peut
« ainsi servir de solaire a nous qui sommes loin de là, mais seulement nous guide au
« compassement de celui qui sera propre pour nous. Saches doncques la latitude du
« lieu ou tu es, et pour lequel tu veus fere ton solaire. Les mathematiciens apelent la
« latitude d'un lieu la distance, qu'il y a de la jusques au milieu de la terre. Apres que
« tu auras la latitude susdite : il te la faut prendre pour fere un solaire horizontal et
» conter ces degrés en la Peripherée du quart de cercle G C, en descendant de G vers
« C. Ce que tu endras mieus commant ce doit fere, si tu sais premièrement, que les
« Mathematiciens divizent leurs cercles en 360 parties égales qu'ils apelent degrés : du-
« quel nombre la quarte partie est nonante. Et à cete cauze chaque quartier de cercle
« doit avoir nonante de ses degrés pour sa part des dis 360.

« Prenons donc, dis-je maintenant, qu'il nous faille fere un solaire horizontal pour
« la ville d'Orleans, qu'on me dit avoir 48 degrés de latitude : il faut conter ces degrés
« en la Peripherée de notre susdit quart, en venant de G vers C. Il y a doncques sept
« degrés et demi despuis G jusques à la prochaine ligne : et autres sept et demi despuis
« la dite seconde ligne jusques à H, qui sont quinze degrés de G a H. De même sorte
« on trouvera quinze de H a I, qui font trante : puis quinze aussi de I a K, et feront 45.
« Il ne nous en reste plus que trois pour avoir notre conte de quarante-huit : lesquels
« trois, il nous faut prendre des quinze qui sont de K à L. Or trois font la cinquieme
« partie de quinze : parquoi divizon en cinq pars la Peripherée K L et en prenon un cin-
« quieme, qui vaudra trois degrés, comme de K jusques à S, en la figure B B. Nous au-
« rons ainsi 48 degrés de G jusques à S. Couche maintenant ta regle sur le centre E et
« le point S, et tire une ligne des le dit centre par S, jusques à rencontrer la ligne C D
« au point de T; cette ligne E T est la demi-diamètre du solaire horizontal que tu veux
« ici fere. Pourquoi pran icele ligne avec ton compas sur le point C, et tournant l'autre
« vers B qui viendra en la présante figure tomber au point où est V : et alors tien a pié
« sur V et de l'autre fai devers C D, une tele partie de cercle qu'est la precedante. Il
« n'est besoing ici non plus, que d'un quart de cercle : lequel feras a la mode qu'avons
« dit l'autre. Icelui fait, comme tu vois V C X, couche ta regle sur le centre V et l'estan
« vers et sur les points et marques faites à la ligne C D par les onze trais qui nous ont
« divizé la Peripherée G C, en douze parties égales : et tire des lignes des le dit centre V,
« jusques au dit onze points si tu veus, et si tu ne veus il suffira que les dites lignes se
« tracent a la Peripherée C X. Tu as ainsi la dicte C X, divizée en douze pars, aussi bien
« que G C, mais non égales comme ele : et toutefois estant de telle sorte inégales, eles
« font égaus espaces de temps qui sont douze demies heures entre lesqueles les heures
« entières sont marquées et distinctes par les lignes qui viennent des lettres N, O,
« P, Q, R.

« Voilà nostre solaire horizontal achevé en un seul quartier de cercle, qui nous sufira
« pour faire tout nostre dit solaire; il ne reste plus maintenant qu'avoir la pierre en
« laquelle nous le voudrons fere qui soit de la plus fine qu'on puisse trouver, et qui se
« défende le mieux contre l'air, quelque peu plus longue que large, comme d'un pié de
« long, si elle a trois quars de large. Epesse, tant, qu'elle ne s'escarte aizemant, et
« quarrée ainsi qu'on le fait communemant. Tire une ligne à travers la longueur d'icele
« et droit par le milieu; tout outre d'une orée a autre. Tires-en une autre à plomb du tra-
« vers de cete là a deus ou trois pouces plus haut que le milieu, comme tu vois ci après
« E F et G H en la pierre A B C D. Ce fait va t'en à ton pourtrait et pren par le compas,
« le demi diamètre de ton solaire, qui est V C ou V X en la figure B B, et l'emporte en
« la pierre. Et metant un pié sur le point I ou les deux lignes se croisent, fai un cercle
» presque entier, comme tu vois K L M. La demi diamètre I L, partie de la ligne G H,
« est la ligne en laquelle tombera l'ombre à midi, et à cete cauze, apelée la ligne du
« midi. La ligne I N, en laquele tombera l'ombre savoir à sis heures : ces deux lignes

« regardent et montrent le vrai Orient et Occident quand le solaire est assis comme il
« doit : et s'apelent les lignes de sis heures, comme les autres lignes prenent leur nom
« de l'heure, qu'eles montrent ; mais
« nous avons à faire principalement,
« ici, de conoître les lignes du midi
« et des sis heures.

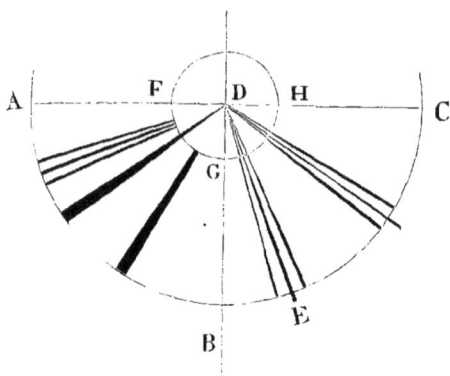

« Revenons à notre pourtrait : et
« pozant l'un pié du compas sur C,
« étan l'autre par la peripherée jus-
« ques a la ligne V a. Cela est l'espace
« de demi heure devant midi et de
« demi heure après ; lequel tu trans-
« porteras en la pierre, pozeras l'un
« pié de ton compas dans le point L,
« la ou la ligne du midi G H, et la
« peripherée se coupent ; et tournant

« l'autre pié des deux cotés de ce point là, feras en la dite peripherée deux petits points.
« par lesquels et par le centre I tu tireras, puis après deux lignes qui aboutiront a la
« dite peripherée ; et auras ainsi les lignes I P, de demie heure devant midi, et I Q de
« demie après. Il n'est pas nécessaire toutes fois que toutes ces lignes aillent ainsi de la
« peripherée jusques au centre justement, comme on verra en pluzieurs figures ci après,
« mais bien que tousiours la régle les adresse là. Revien à C ; mets, comme devant un
« pié de compas sur le dit C et étan l'autre jusque là ou la ligne V R touche la periphe-
« rée C X ; et aporte cete espace qui est C b, à ta pierre sur la peripherée L O et L N, et
« fai comme devant, et tu auras I R et I S. les lignes d'une heure devant midi, qui sont
« onze heures du matin, et d'une heure d'après midi. Retourne à ton C, et ouvre le
« compas de C jusques ou la ligne V c tranche la peripherée, et transporte cela sur la
« dite pierre en L O, et L N, et fai les lignes comme tu vois I T, et I V. Pour faire court,
« transporte de cette manière tout ce qui est de C a X sur L O et L N jusques a ce que
« ton compas soit venu d'L, jusques a N et sis du soir, c'est-à dire d'après midi, d'L
« jusques a O. Mais ce n'est pas assés pour ton horizontal, car il y a des lieus en nostre
« Gaule ou l'été on voit le soleil levé dès les quatre heures du matin et ne se couche jus-
« ques aux huit heures du soir, qui sont seze heures que le soleil demeure sur terre en
« tel pays. Autres lieus i a en nostre dite Gaule, ou il se leve plus tard et se couche plus
« tôt, mais de peu, de manière qu'il faut que notre solaire de plateforme aie les lignes de
« seze heures. Or nous en avons déjà pour douze : ajoutons pour quatre heures, qui res-
« tent, quatre lignes de chaque côté au dessus des lignes des sis heures en cete sorte.
« Mets un pié du compas sur O, ou sur N ; et étan l'autre par la peripherée jusques a
« la prochaine ligne de dessous qui est de demi heure, comme a été dit ; et virant ton
« compas, mets cete espace au dessus d'O et d'N en les arcs O K et N M, et fai là des

« points; puis sans bouger le pié de ton compas de O ou de N, étan l'autre pié jusques
« a la seconde ligne de dessous les dits O et N par les dites peripherées; et transporte
« les espaces sur les sus dits arcs O K et N M, et fai la entres deus points, un de chaque
« côté; pren de meme sorte encores deus espaces au dessous de ceus qu'as maintenant
« prins, et les transporte au dessus des autres, et les marque, comme avons dit les
« premiers. Quoi fait, tire des lignes du centre I, jusques aus dits points faits en O K et
« N M; et tu auras de chaque côté de ton solaire deus heures avec les sis qui y étoient :
« et finalement trouveras en trente et deus demies, les seze heures que demandions;
« et sera ton solaire horizontal achevé de tracer, auquel tu aviseras deus choses. La
« première, que les espaces d'entre les lignes des heures sont inégaus, iaçoit qu'en
« iceux se trouve les heures égales. La segonde, que les espaces et intervales des lignes

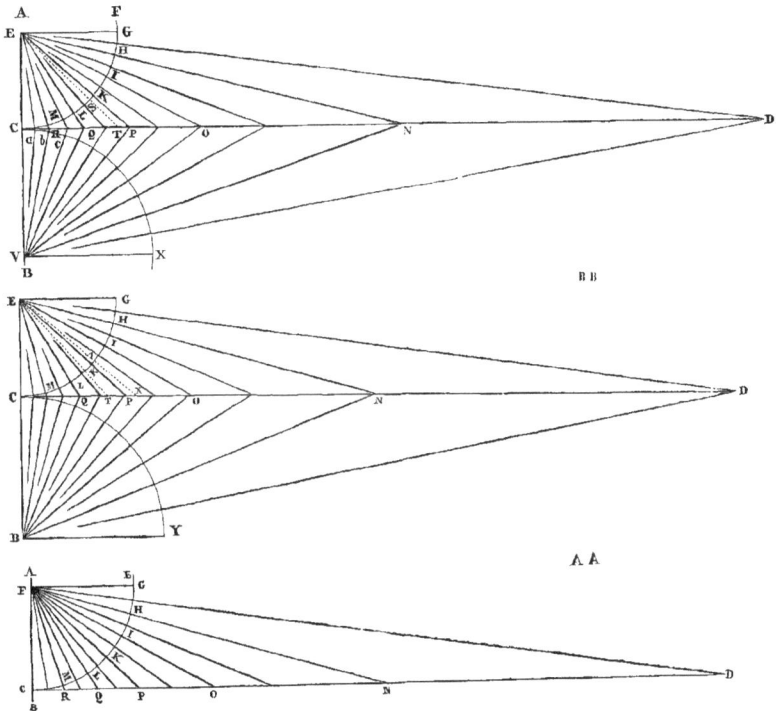

« des heures, ceus de devant midi, sont de même largeur que ceus d'après midi; et
« ainsi ceus de devant les sis heures, de même largeur que ceus d'après. Au moïen de
« quoi, qui a compassé un quart de solaire, en a assés, pour tout le solaire.

« Je te dirai davantage, que le solaire ici compassé pour Orléans, servira si tu veus,
« non seulement pour celui là et tout autre qui aura pareille latitude de 48 degrés,
« mais aussi pour Paris qui en a 48 et demi ; et bref, par tous les lieux voisins qui se-
« ront plus près ou plus loin de l'équinoctial, que n'est Orléans, de vingt, de trente, de
« quarante lieues. Ainsi celui qui aura été fait pour Bourdeaux, sera bon pour Tou-
« louse, Saintonge et autres lieus autour du Bordelais. »

Après avoir donné des conseils aux faiseurs de solaires, notre auteur les engage à

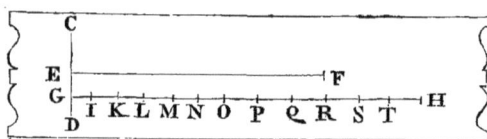

avoir toujours sur eux une règle semblable à celle qui est gravée ci-dessus, puis il
continue sa démonstration.

« Mais achevons notre solaire A B C D. Il est tracé. Il ne faut plus que graver nos

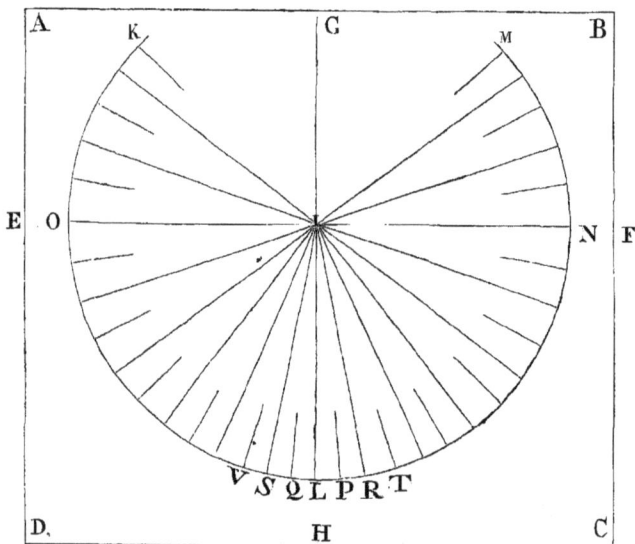

« lignes, et les nombres des heures, et puis nous lui donnerons sa broche. En ceci

« donques il nous faut aviser combien notre solaire doit être mis loin de notre
« veüe ; et selon cete distance nous gouverner au compassement tant des lettres et écri-
« tures que des lignes et rais ; et quant est de ces rais et lignes, on a accoutumé de
« les faire en cette sorte : comme, que le solaire soit A B C, et D E la ligne de
« quelque heure entre midi et sis heures, il faut des deus côtés d'E fere en la peri-
« pherée deus petits points qui comprennent la grosseur du rai, et tirer deus lignes
« de D jusques aux dits deux points comme tu vois en la figure présente. »

« Puis, graver ce que comprennent les dites deus lignes des la peripherée, jusques
« au centre, ou jusques a un petit rond ou carré, ou autre figure, que feras a deus
« dois du centre comme tu voi ici FGH. Ainsi faudra fere à toutes les autres lignes
« hormis celle des douze heures, comme dirons ci-après et celles des demies heures,
« pour lesqueles demies heures marquer, sufira quelque gros point gravé en la peri-
« pherée, comme se verra ci après en des figures.

« Notre solaire gravé, il ne reste
« qu'à lui donner ce qui fera l'ombre
« en icelui, par laquele en cognoit
« l'heure. Cela est communement
« une branche de fer fichée dedans
« le centre du solaire, lequel centre
« étoit I en la pierre en A B C D, et
« se baissant sur I L autant qu'en
« notre premier pourtrait, la ligne
« E T sur C T ; mais je trouve bien
« aussi bon, que ce soit une platine et
« bannière de leton ou de fer, fort
« également batue et plaine, autant
« épaisse pour le moins que les tes-
« tons qu'on fait communement, afin
« que la rouille ne l'aie sitôt mangée;
« laquele se doit tailler toute tele
« qu'est le triangle E C T, et que la pointe qui a l'angle E T C soit au centre du so-
« laire et la ligne E T couchée sur la ligne du midi I L (page précédente) qui viendra
« des I jusques a L : combien qu'il se trouve plus beau que ce soit C T qui soit
« couchée sur la dite ligne du midi, et si se pourra croistre de cele part qui voudra.
« Car il suffit que l'angle d'icele, qui se met au centre soit justement tel, que celui qui
« est a T ; et que la ligne qui est en l'air, soit continuée fort droite un peu avalée et
« rondie par les deux côtés. Ceci gardé, qu'on face du reste comme on voudra ; il n'y
« a danger : mais pour ce qu'il faut que cette platine soit antée dedans la pierre, il lui
« faudra bailler de l'avantage pour deus tenons de son épaisseur, et d'environ un
« doi de hauteur : au reste fais et tailles de la manière que montre la présente

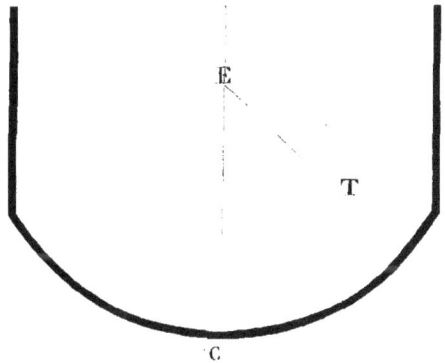

« figure F G H. Le coin et pointe d'icelui qui doit être au centre du solaire est F I K
« et L M sont les tenons que dizions, fait à queue d'i-
« ronde d'une part pour mieus tenir en la pierre en
« laquelle ils entreront, et sur icele tiendront le dit
« triangle F G H. Laquele pierre, il faudra en la ligne
« du midi, et la ou viendront choir I K et L M, fendre
« et creuser de sorte que les fentes et trous soient larges
« par le bas quelque peu plus que par le haut : et par
« le haut autant qu'il faudra pour l'epesseur de la
« dite banière, et pour mettre du plomb dedans comme
« disons. Enfin après qu'auras posé solidement ton
« triangle, et fixé son cadran en la place que tu voudras , pourvu qu'il soit fort juste-
« ment paralele à l'horizon, tu pouras diviser tes heures, et demies, comme tu vois en
« la figure : pour ce il te faut servir d'une horloge déjà faite et fort prime ; et quant le
« soleil dardera sur ton pourtrait, tu auras grant soin de voir ou l'ombre de ton triangle

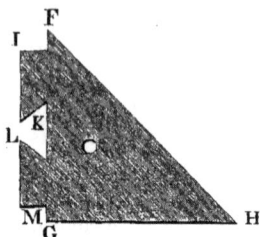

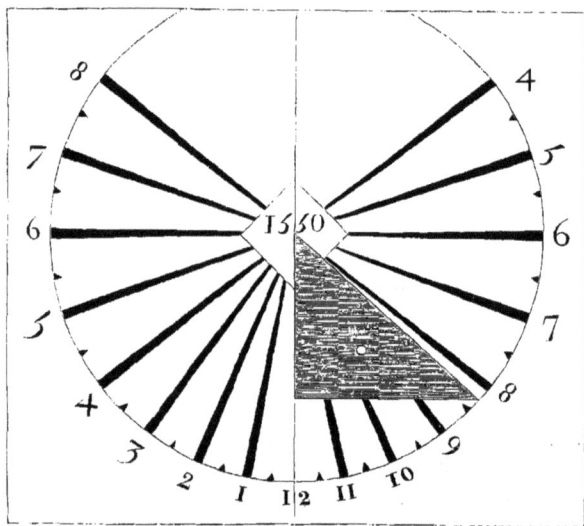

« porte sur la pierre a chaque heure, et demie ; et la tu tireras tes lignes et graveras les
« seze heures comme tu les vois en la figure, et ton solaire horizontal sera fait. Mais
« pour que tes lignes ne s'efacent point de sitot, il les faut graver proufondement en
« la pierre, et toutes se venant joindre sans faute ou est le centre de ton pourtrait. »

ARTICLE SECOND.

HORLOGE SOLAIRE, D'APRÈS SALOMON DE CAUS.

es Horloges polaires sont celles qui ont le plan où sont marquées les heures parallèles à l'axe du monde. Pour faire une Horloge de cette sorte, il faut s'y prendre de la manière suivante :

Tirer un ligne A B (Voy. Pl. 2, Horl. supérieure), traversant l'axe du monde C D à angles droits, laquelle sera élevée suivant la hauteur du pôle sur l'horizon; ensuite on tirera le demi-cercle de l'équateur F H L, qui sera divisé en 12 parties égales; puis du centre du demi-cercle D, on tirera des lignes que l'on fera passer par les points des divisions qui sont sur la demi-circonférence et qui vont sur la ligne A B. Après, on fera une parallèle à A B, marquée M N, distante de A B du diamètre du cercle de l'équateur; puis alors on devra tirer toutes les lignes des heures qui sont procédées du cercle équateur sur la ligne A B, et les tirer sur la ligne M N, parallèle à l'axe du monde; et ainsi on aura les divisions des heures, depuis sept heures du matin jusqu'à cinq heures du soir; car les six heures, aussi bien du matin que du soir, n'y peuvent être représentées, parce qu'alors l'ombre du gnomon est parallèle au plan, ce qui est cause qu'elles n'y peuvent pas figurer. Pour donner une idée précise de la disposition de cette Horloge, nous en donnons le plan en perspective. Il reste à montrer de quelle manière il faut marquer les heures d'été à l'Horloge inférieure; car depuis que le soleil est entré au signe d'*Aries* (ou du Bélier), jusqu'à ce qu'il retourne au signe de *Libra* (ou des Balances), les heures qui précèdent six heures du matin, et celles qui sont après six heures du soir, ne peuvent se distinguer sur l'Horloge supérieure, le soleil ne pouvant y donner sa lumière, à cause de l'obliquité du plan de l'Horloge : c'est pourquoi il faudra désigner lesdites heures sur le côté du dessous du plan, comme on le voit par la planche gravée pour cette démonstration.

Il faut faire un plan semblable au premier, et un cercle équateur, où seront marquées les heures du matin et du soir, et les prolonger comme nous l'avons indiqué ci-dessus; puis les rapporter sur le plan inférieur de l'Horloge; ou autrement il faudrait prendre les distances de midi à sept heures du matin sur l'Horloge supérieure, et en faire une semblable de l'axe du monde, à cinq heures du matin, à l'Horloge inférieure; on prendra ensuite la distance de midi à huit heures du matin, dans le plan supérieur, et on la rapprochera à celui qui est au-dessous.

Horloge polaire supérieure à 45 degrés,
40 minutes d'eslévation.

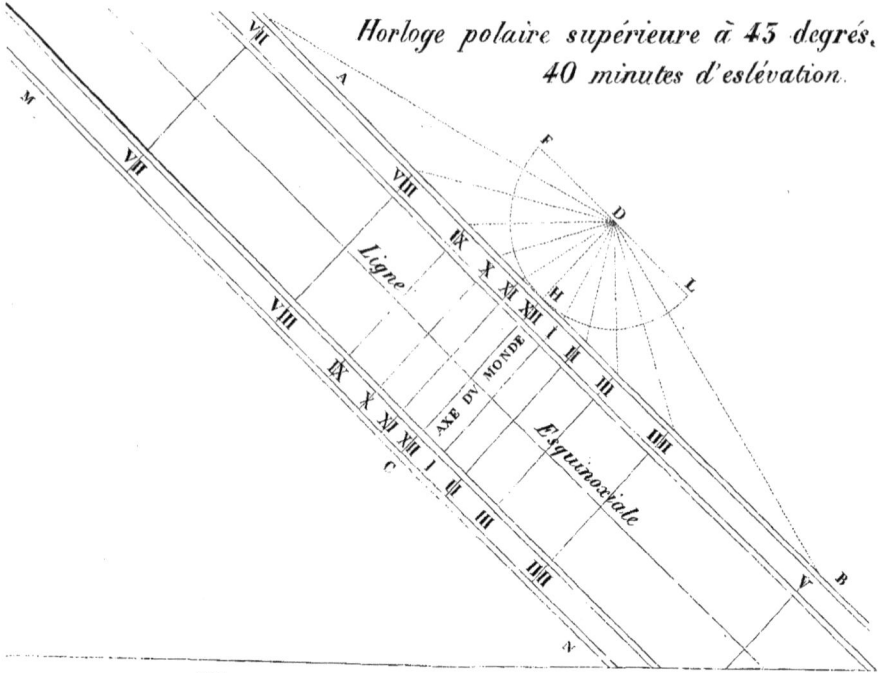

Plan perspectif de la susdite horloge.

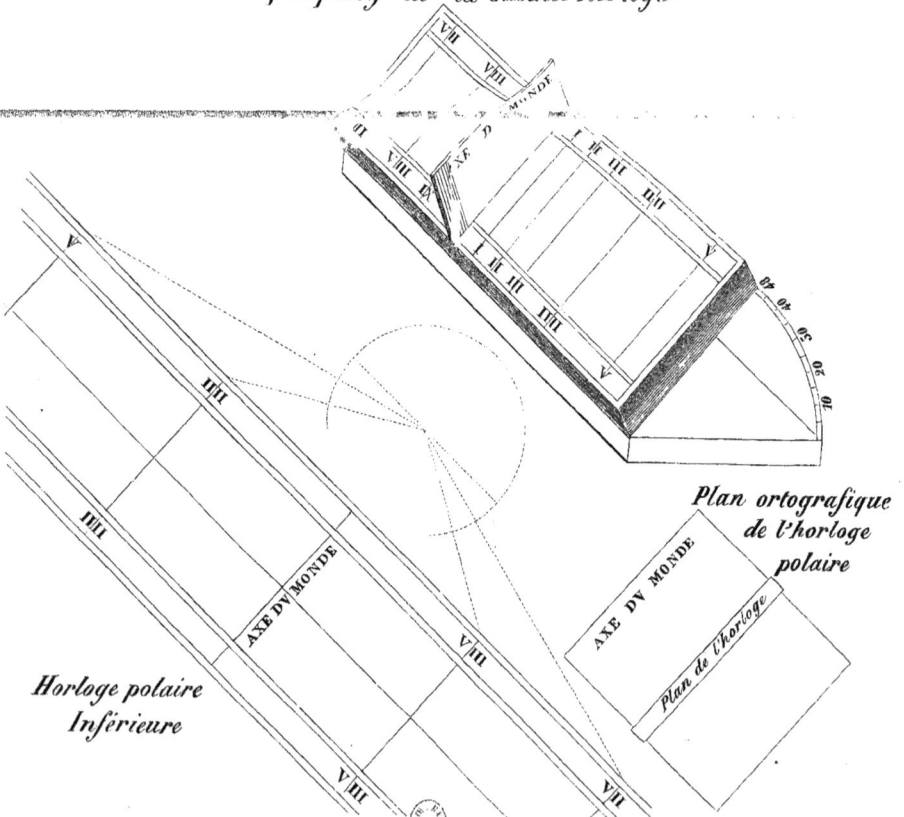

Plan ortografique
de l'horloge
polaire

Horloge polaire
Inférieure

AXE DV MONDE

Plan de l'horloge

RACINET PÈRE DEL.

BISSON ET COTTARD SÇG.

HORLOGE POLAIRE SUPÉRIEURE et HORLOGE POLAIRE INFÉRIEURE

Calquées sur les planches de : PRATIQUE ET DÉMONSTRATION DES HORLOGES SOLAIRES, par SALOMON DE CAUS, Paris, 1624, in-folio.

F. SERÉ DIREXIT.

ARTICLE TROISIÈME.

MANIÈRE DE FAIRE UN CADRAN HORIZONTAL, D'APRÈS LE PÈRE ALEXANDRE.

Il faut avoir un quart de cercle divisé en 90 degrés, et prendre dans la table les angles des heures, pour les transporter de part et d'autre depuis la méridienne : ou bien un compas de proportion sur lequel on prendra les mêmes angles.

TABLE
des Angles des Lignes Horaires avec la Méridienne.

Heures du matin	D	M	D	M	D	M	D	M	D	M	D	M	D	M	Heures du soir
	48	0	48	Io	48	20	48	3o	48	4o	48	5o	49	0	
XII	0	0	0	0	0	0	0	0	0	0	0	0	0	0	XII
+	5	35	5	36	5	37	5	38	5	38	5	39	5	40	+
XI	11	15	11	17	11	19	11	21	11	23	11	25	11	26	I
+	17	6	17	8	17	11	17	13	17	16	17	18	17	21	+
X	23	13	23	16	23	19	23	23	23	26	23	19	23	32	II
+	29	42	29	46	29	50	29	53	29	56	30	1	30	4	+
IX	36	37	36	41	36	46	36	5o	36	54	36	58	37	2	III
+	44	5	44	9	44	13	44	17	44	22	44	26	44	31	+
VIII	52	9	52	13	52	18	52	22	52	26	52	30	52	35	IIII
+	60	52	60	56	60	59	61	3	61	7	61	11	61	15	+
VII	70	10	70	13	70	16	70	18	70	21	70	24	70	27	V
+	79	57	79	59	80	0	80	2	80	3	80	5	80	6	+
VI	90	0	90	0	90	0	90	0	90	0	90	0	90	0	VI
+	100	3	100	2	100	0	99	59	99	57	99	56	99	54	+
V	109	50	109	47	109	44	109	41	109	39	109	36	109	33	VII
+	119	8	119	4	119	0	118	56	118	53	118	49	118	45	+
IIII	127	51	127	46	127	42	127	38	127	34	127	29	127	25	VIII
+															+

Faites la ligne occulte D B E en égale distance de C A F, que F E est éloigné de A B.

Divisez A B en 1,000 parties égales, dont on fait l'échelle qui est en bas, sur laquelle on prend la tangente de chaque angle des lignes horaires, pour la transporter depuis B vers D et E.

Pour les heures qui tombent sur C D et F E, il faut prendre la tangente de complément, que l'on transportera depuis C ou F vers D et E, selon qu'il sera besoin.

Pour les heures qui sont avant six heures du matin ou après six heures du soir, elles ne sont autres que celles que l'on a déjà, et qu'il faut conduire au-delà du centre.

La méthode par le moyen des angles transportés, est la meilleure pour les cadrans horizontaux, qui, pour l'ordinaire, sont sur de petits plans disposés sur un marbre, une ardoise, etc.

L'axe qui doit marquer les heures, fait toujours le même angle avec la sousstylaire

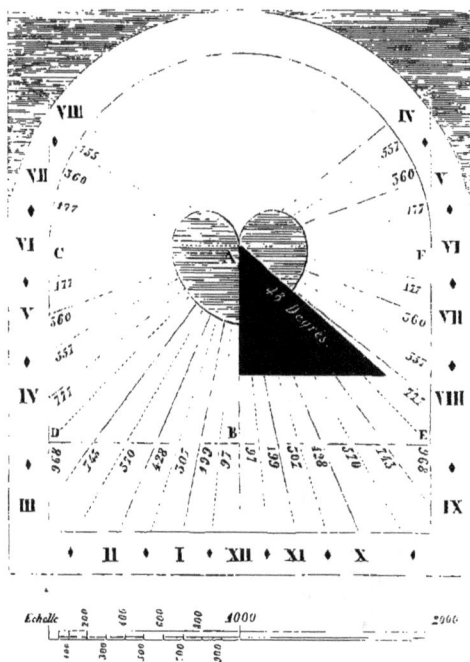

et méridienne, au centre du cadran horizontal, que l'élévation du pôle sur l'horizon.

Sur les cadrans horizontaux, il faut toujours marquer l'axe entier. (V. J. Alexandre.)

7

ARTICLE QUATRIÈME.

MANIÈRE DE TRACER UNE MÉRIDIENNE.

'observation des hauteurs méridiennes du soleil, par le moyen du gnomon ou de la longueur des ombres, a dû être une des premières méthodes employées pour mesurer l'année et le retour des saisons; cette méthode paraît avoir été fort en usage chez les Égyptiens, les Chinois, les Japonais, etc.

On appelle gnomon une hauteur perpendiculaire, prise au dessus d'une méridienne horizontale, et terminée au sommet par une pointe ou par un petit trou qui donne passage au rayon du soleil. On mesure sur la méridienne la distance entre l'image lumineuse du soleil et la verticale qui marque le pied du style ou gnomon, et l'on a la tangente de la distance du soleil au zénith, la hauteur du style étant prise pour rayon.

Soit A B (Pl. I. fig. 5.) un gnomon, un style quelconque élevé verticalement, ou une ouverture A faite dans un mur A B, pour laisser passer un rayon du soleil; soit S A E le rayon au solstice d'hiver, B E l'ombre du style; O A C le rayon au solstice d'été, et B C l'ombre solsticiale la plus courte; dans le triangle A B C, rectangle en B, et dont on connaît les côtés A B, B C, il n'est pas difficile de trouver le nombre de degrés que contient l'angle A C B, qui exprime la hauteur du soleil au solstice d'été; on en fera autant pour le triangle A B E, et l'on aura l'angle E égal à la hauteur du soleil au solstice d'hiver. C'est ainsi que, suivant Pythéas, la hauteur du gnomon était à la longueur de l'ombre, en été, à Byzance et à Marseille, 320 ans avant notre ère, comme 120 sont à 41 4/5. Il suffit de faire un triangle comme A B C, dont A B soit de 120 parties et B C à 41 parties 4/5; on trouve avec un demi-cercle sur le papier, ou par le moyen de la trigonométrie rectiligne, en employant le calcul, que l'angle C est de 78 degrés 48 minutes : c'est la hauteur du soleil.

Nous donnerons, pour terminer ce chapitre, une méthode·facile pour tracer un cadran équinoxial.

ARTICLE CINQUIÈME.

MANIÈRE DE FAIRE UN CADRAN ÉQUINOXIAL.

n nomme cadran équinoxial, celui dont le plan est parallèle à l'équateur. Supposons le plan donné : son axe ou la flèche destinée à marquer l'ombre ne sera pas fort difficile à élever; car il doit être parallèle à l'axe sur lequel la terre tourne, c'est-à-dire, perpendiculaire au plan de l'équateur, que représente celui du cadran équinoxial. Or, il est mille moyens pour élever perpendiculairement une ligne ou un style sur une surface plane. Il ne nous reste donc plus qu'à placer sur le plan de ce cadran, les lignes horaires.

Cette opération deviendra fort simple, lorsque nous aurons observé que la distance du soleil à nous, qui est de trente-quatre millions de lieues, est si grande par rapport au demi-diamètre de notre terre, qui n'est que d'environ quinze cents lieues, que nous pouvons, selon un des principes fondamentaux de la gnomonique, négliger ces quinze cents lieues sans erreur sensible, et regarder l'axe de notre cadran comme faisant partie de celui du monde.

Cela posé pour avoir nos lignes horaires, nous ferons d'abord, suivant une des méthodes ci-devant prescrites, une méridienne sur le plan; ensuite nous attacherons un fil à l'axe; et, le tenant tendu, nous décrirons un cercle avec son extrémité, et nous le diviserons en vingt-quatre parties égales (le soleil par son mouvement apparent parcourt un espace égal dans chaque heure). Nous ferons attention à ce que la méridienne tracée fasse une des divisions; nous tirerons une ligne partant du pied de l'axe à chacun des points donnés par cette division; nous écrirons à l'extrémité de chaque ligne l'heure qu'elle indique, et l'opération sera terminée.

Le cadran que nous venons de tracer ne peut servir que dans les six mois de l'année où le soleil est dans la partie septentrionale de son orbite, le plan de ce cadran restant dans l'ombre les six autres mois. C'est pourquoi, si on emploie une plaque de métal pour le faire, on en trace un sur chaque plan. Le supérieur est appelé cadran équinoxial supérieur.

CHAPITRE IV.

DU SABLIER, ET DES CLEPSYDRES ANCIENNES ET MODERNES.

ARTICLE PREMIER.

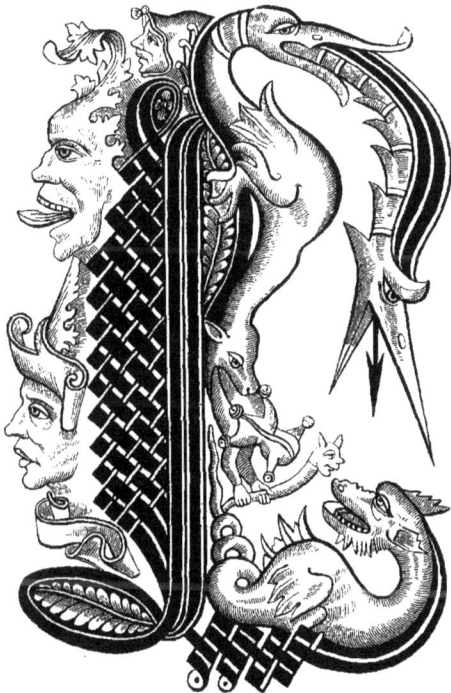

orsque les hommes eurent découvert le moyen de mesurer le temps à l'aide des rayons solaires, ils ne tardèrent pas à s'apercevoir de l'insuffisance de cette mesure, qui était nulle pendant la nuit, et aussi pendant le jour lorsque le ciel était couvert de nuages. Pour remédier à ces inconvénients, ils créèrent, sans doute après bien des tentatives infructueuses, le sablier et la clepsydre.

Le sablier est d'une origine fort ancienne. Les peuples de l'Asie en faisaient usage longtemps avant Jésus Christ; Winkelman parle d'un bas-relief antique, représentant les noces de Thétis et Pelée, dans lequel on voit Morphée tenant à la main gauche une Horloge de sable ressemblant aux sabliers modernes. Cet instrument est trop connu pour que nous en donnions ici la description; disons seulement que sa marche a toujours été défectueuse. Cependant on s'en servit longtemps dans les monastères du moyen âge, et l'on en fait encore usage aujourd'hui dans la marine.

La clepsydre est d'une antiquité très-reculée : elle était connue chez les Égyptiens, dans la Judée, à Babylone, dans la Chaldée, dans la Phénicie, etc., et enfin chez les Grecs et les Romains, bien avant l'ère chrétienne. Cet instrument, d'après la description qu'en donne Athénée, était d'une extrême simplicité; il consistait en un vase d'argile ou de métal, que l'on emplissait d'eau, et que l'on suspendait dans une niche pratiquée pour cet objet. A l'extrémité inférieure du vase était un tuyau étroit, par lequel l'eau s'échappait goutte à goutte, et venait tomber dans son récipient sur lequel les heures étaient divisées. L'eau, en atteignant successivement chacune de ces divisions, marquait ainsi les différentes parties du jour ou de la nuit. Cette machine était susceptible de perfectionnement : ceux qu'elle reçut par les soins de Ctésibius d'Alexandrie, l'an 660 de Rome, en firent un instrument nouveau. Cet habile mécanicien ajouta à la clepsydre un rouage qui, mû par la pesanteur de l'eau, servait à plusieurs usages, comme à sonner de la trompette, à jeter des pierres, etc., etc., et enfin à marquer les heures, les jours, les mois, et même les signes du zodiaque. Nous donnons plus loin une description de ce genre de clepsydre.

Plutarque, dans la *Vie de Dion*, cite une machine hydraulique comparable à celle de Ctésibius.

Une autre pièce fort remarquable fut celle qui avait appartenu à Sapor, roi de Perse. Elle était tout en cristal, et assez spacieuse à l'intérieur, pour qu'un homme pût s'y asseoir commodément. Cardan, qui cite cette machine, dit que le roi s'y installait souvent pour suivre le cours des astres.

La sphère d'Archimède fut encore un des instruments qui devaient être mus par l'eau ou le vent, sinon par des poids, des poulies et des ressorts. On ne sait rien de positif à cet égard. Cicéron et quelques autres auteurs, disent que cette sphère imitait le cours du soleil, de la lune, et des planètes connues à cette époque, c'est-à-dire vers l'an 620 de Rome.

Sablier du seizième siècle, d'après Shaw.

La meilleure description qui nous reste de la sphère d'Archimède est dans ces vers de Claudien :

> Jupiter in parvo cum cerneret æthera vitro,
> Risit et ad superos talia dicta dedit :
> Huccine mortalis progressa potentia curæ ?
> Jam meus in fragili luditur orbe labor.
> Jura poli, rerumque fidem, legesque deorum
> Ecce Syracusius transtulit arte senex.
> Inclusus variis famulatur spiritus astris,
> Et vivum certis motibus urget opus.
> Percurrit proprium mentitus signifer annum,
> Et simulata novo Cynthia mense redit.
> Jamque suum volvens audax industria mundum
> Gaudet, et humanâ sidera mente regit.
> Quid falso insontem tonitru Salmonea miror ?
> Æmula naturæ parva reperta manus.

Massi a traduit comme il suit les vers du poëte latin :

> Jupiter, ayant vu la fragile machine
> Qui fait mouvoir les cieux sous une glace fine,
> Dit aux dieux, en riant : Un vieux Syracusain
> A tâché d'imiter l'ouvrage de ma main ;
> Des décrets éternels, de cet ordre immuable,
> Qui régit l'univers par un art admirable,
> Archimède prétend contrefaire les lois.
> Un esprit qui conduit mille astres à la fois
> Enfermé dans le sein d'un nouvel édifice,
> Dans ce monde apparent le soleil j'aperçois ;
> Chaque an finit son cours, la lune chaque mois.
> Ce mortel enivré de l'ardeur qui l'inspire,
> Les voit avec orgueil soumis à son empire.....
> Du fils d'Éole en vain ai-je détruit les feux :
> Un autre veut encor se comparer aux dieux.

Les contemporains d'Archimède étaient persuadés que sa sphère était mue, non par une force matérielle, mais bien par un esprit enfermé dans l'intérieur de la machine.

On conçoit que ces instruments compliqués ne pouvaient se propager dans le monde à cause de la difficulté de leur exécution, et de celle des réparations partielles dont ont souvent besoin les pièces d'un rouage ou d'un mécanisme quelconque, mis en action. Ce fut donc la clepsydre primitive, dont nous avons parlé plus haut, qui fut adoptée pour mesurer la durée dans presque toutes les parties du monde connu.

César dit, en parlant de l'Angleterre, qu'il a vu, par les Horloges d'eau en usage dans cette contrée, que les nuits y étaient plus longues que dans les Gaules.

Les Jésuites français et espagnols qui nous ont donné des détails intéressants sur les mœurs et les usages des Chinois, nous font connaître que longtemps avant l'incarnation du Christ, on se servait de la clepsydre pour diviser le jour et la nuit par heures, dans toutes les parties de la Chine, au Japon et dans les îles circonvoisines.

Cicéron et d'autres écrivains de l'antiquité nous apprennent que le barreau d'Athènes, et plus tard celui de Rome, employaient la clepsydre pour mesurer le temps que l'on accordait aux plaidoyers des avocats. On versait trois parts d'eau égales dans le vase, une pour l'accusateur, l'autre pour l'accusé, la troisième pour le juge. Il y avait un préposé à la garde de la clepsydre : il était chargé d'avertir l'orateur, aussitôt que sa portion d'eau était épuisée. On arrêtait l'écoulement de l'eau pendant la déposition des témoins, la lecture d'un décret, etc.; c'était là : *aquam sustinere.* Lorsque, dans les cas extraordinaires, les juges doublaient le temps qui était accordé aux orateurs par la loi, c'était : *clepsydras clepsydris addere.*

Platon, Quintilien, Pline, Cicéron, etc., font allusion, dans leurs ouvrages, à cette coutume bizarre et gênante. Platon déclare que, de son temps, les philosophes étaient bien plus heureux que les orateurs : « Ceux-ci, dit-il, sont esclaves d'une misérable clepsydre, tandis que ceux-là sont libres d'étendre leurs discours autant qu'ils le veulent. » Ajoutons qu'on finit par imaginer toutes sortes de ruses pour accélérer ou retarder l'écoulement de l'eau, soit en employant des eaux plus ou moins épaisses, soit en détachant ou en ajoutant de la cire à la capacité du verre. Enfin la corruption, surtout à Rome, ne connut plus de bornes; les injustices se multiplièrent; et il arriva que Cicéron ne put obtenir qu'une demi-heure pour la défense de Rabirius, tandis que les accusateurs de Milon eurent deux heures pour l'attaquer.

ARTICLE DEUXIÈME.

Nous avons dit précédemment les raisons pour lesquelles les Horloges du genre de celles de Ctésibius ne se propagèrent pas en Asie, non plus qu'en Grèce et à Rome, ni dans les diverses contrées de l'Europe. Mais l'invention du grand mécanicien d'Alexandrie ne fut pas à jamais perdue pour le monde; elle resta comme un jalon jeté sur la route de la science; et les savants le retrouvèrent encore debout, après bien des siècles, pendant lesquels des villes magnifiques et des empires puissants s'étaient écroulés, sans qu'il fût resté dans la mémoire des hommes autre chose que le souvenir de leur grandeur passée, et peut-être aussi les noms des empereurs ou des guerriers illustres qui les avaient fondés et gouvernés. C'est que les puissants de la terre font rarement la félicité des peuples, tandis que les inventions dans les arts ou les sciences concourent presque toujours au bonheur et à la gloire du genre humain.

Ainsi donc, après plusieurs siècles d'oubli, les magnifiques inventions de Ctésibius et d'Archimède devaient de nouveau apparaître en Asie, dans Rome chrétienne, et même dans les murs de Lutèce, régénérée et sanctifiée par la religion du Christ. C'était de Damas, de Bagdad, d'Alexandrie, de Constantinople, et de plusieurs autres villes de l'Orient, que les peuples du Nord et de l'Occident faisaient venir tous les objets d'art et de luxe dont ils voulaient jaire usage.

L'Italie, si florissante encore au temps de ses derniers empereurs, avait été abandonnée par ses plus riches habitants; son commerce était nul, ses terres étaient restées sans culture, ses arts ne brillaient plus que par les monuments qui lui restaient de son histoire ancienne.

Les Gaules, après avoir été ravagées par des invasions, réparaient leurs ruines sous le règne un peu moins agité de Chilpéric.

A cette époque, quelques savants tels que Proclus, Boëce, Cassiodore, etc., firent de louables efforts pour ranimer le flambeau des sciences et des arts; et, à l'aide de leurs écrits dont quelques-uns sont venus jusqu'à nous, ils firent connaître aux peuples de l'Europe les œuvres artistiques et scientifiques de la Grèce et de Rome.

Boëce exécuta un clepsydre à rouages qui rappelait celles qui ont été décrites dans le neuvième livre de Vitruve; Cassiodore inventa aussi une Horloge à eau, compliquée de plusieurs rouages, servant à l'indication des heures, des jours et des mois : on sait que ce savant, secrétaire de Théodoric, s'étant

CASSIODORE, d'après une gravure du commencement du XVIIe siècle, *Imagines sanctorum*, de Ch. Stengel.

retiré, sur ses vieux jours, dans un couvent de la Calabre, s'y amusait à construire des cadrans solaires, des clepsydres de plusieurs sortes, et des lampes perpétuelles.

L'histoire ne nous dit pas quelle était la nature de ces lampes; mais il est probable qu'elles étaient à rouages, dont le moteur était l'eau.

Sous Pépin-le-Bref, les sciences firent aussi de notables progrès : dans le silence des cloîtres, les moines se livraient à de sérieuses études; les académies d'Autun, de Toulouse, de Bordeaux et de Paris s'encombraient d'étudiants de toutes qualités. Le roi lui-même protégeait les arts; et sa bibliothèque était déjà nombreuse, comme on le voit par l'inventaire que l'on fit de son mobilier après sa mort. Paul Ier, qui occupait alors le trône pontifical, savait aussi récompenser les artistes d'élite et les savants; il envoya à Pépin-le-Bref une Horloge hydraulique qui sans doute valait celles de Boëce et de Cassiodore.

Au huitième siècle, la clepsydre avait reçu, dans l'empire chinois, de notables perfectionnements. V. Hang, astronome, avait construit une Horloge dont les rouages étaient mus par l'eau. Elle représentait le mouvement propre et le mouvement commun du soleil, de la lune et des cinq planètes; les conjonctions, les oppositions, les éclipses solaires et lunaires, les occultations des étoiles et des planètes. Deux styles ou aiguilles marquaient jour et nuit le Ké (la centième partie du jour). A chaque fois que l'aiguille était sur cette division, on voyait paraître une petite statue de bois, qui donnait un coup de marteau sur un timbre, puis soudain elle disparaissait : quand le style était sur l'heure, une autre statue venait remplir l'office de la première. (*Histoire de l'Astronomie moderne*, tome 1er.)

Au commencement du neuvième siècle, le khalife des Abassides envoya à Charlemagne des présents d'un grand prix, parmi lesquels était une clepsydre à rouages, qui passa pour une merveille. Éginhard en fait un pompeux éloge : elle était en airain damasquiné d'or; elle marquait les heures sur un cadran; et, au moment où chacune d'elles venait à s'accomplir, un nombre égal de petites boules de fer tombaient sur un timbre et le faisaient tinter autant de fois qu'il y avait d'heures

Charlemagne, empereur, tenant le globe et l'épée de justice, d'après une miniature des registres de la nation d'Allemagne. (*Arch. de l'Université de Paris, ministère de l'Instruction publique.*)

8

marquées par l'aiguille. Alors douze fenêtres s'ouvraient, et l'on en voyait sortir un nombre égal de cavaliers, armés de pied en cap, qui, après diverses évolutions, rentraient dans l'intérieur du mécanisme, et les fenêtres se refermaient.

Peu de temps après l'apparition en France de l'Horloge du khalife Aroun-al-Raschid, Pacificus, archevêque de Vérone, en acheva une bien supérieure à celles de ses devanciers : elle marquait, outre les heures, le quantième du mois, les jours de la semaine, les phases de la lune, etc.; mais ce n'était encore qu'une clepsydre perfectionnée et savamment exécutée : il lui manquait le poids moteur et l'échappement. Ce fut au commencement du dixième siècle que ces deux inventions furent faites, et de là seulement date le véritable art de l'Horlogerie.

CHAPITRE V.

DESCRIPTION DE DEUX CLEPSYDRES MONUMENTALES, A ROCA-
GES, D'APRÈS VITRUVE, ET DE DEUX CLEPSYDRES SIMPLES,
D'APRÈS LE MÊME AUTEUR.

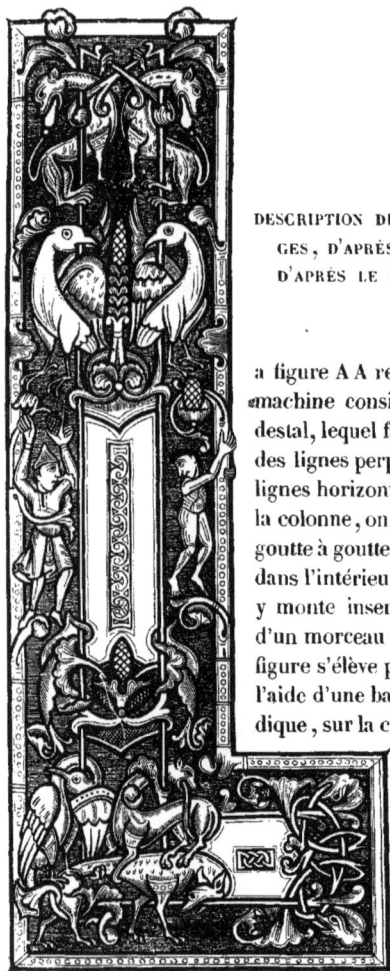

a figure A A représente la clepsydre dite de Ctésibius. Cette machine consiste en une colonne qui tourne sur son piédestal, lequel fait son tour en un an. Sur cette colonne, il y a des lignes perpendiculaires qui marquent les mois, et des lignes horizontales indiquant les heures. A l'un des côtés de la colonne, on a placé la figure d'un enfant, qui laisse couler goutte à goutte l'eau de la clepsydre : cette eau, étant tombée dans l'intérieur de la machine par un conduit long et étroit, y monte insensiblement et l'emplit; alors, par le moyen d'un morceau de liége qui flotte sur l'eau, une autre petite figure s'élève peu à peu, avec le liége qui la supporte; et, à l'aide d'une baguette qu'elle tient à la main droite, elle indique, sur la colonne, les différentes heures qui s'y trouvent marquées. La figure B B fait voir l'intérieur de la machine : A est le tuyau par où l'eau monte dans la figure de l'enfant, qui la laisse tomber de ses yeux dans le carré M, d'où elle passe par le trou qui est auprès de M, pour aller vers B tomber dans le conduit carré, long et étroit, marqué B C D. Dans ce conduit est le morceau de liége D, qui, flottant sur l'eau et montant avec elle, lève la petite colonne C D, qui hausse progressivement l'enfant qu'elle soutient et qui montre les heures. Lorsque, pendant vingt-quatre heures, l'eau a rempli le tuyau long et étroit, et aussi celui F B, qui fait une partie du syphon F B E, elle se vide par la partie B E, et tombe sur le moulin K, qui.

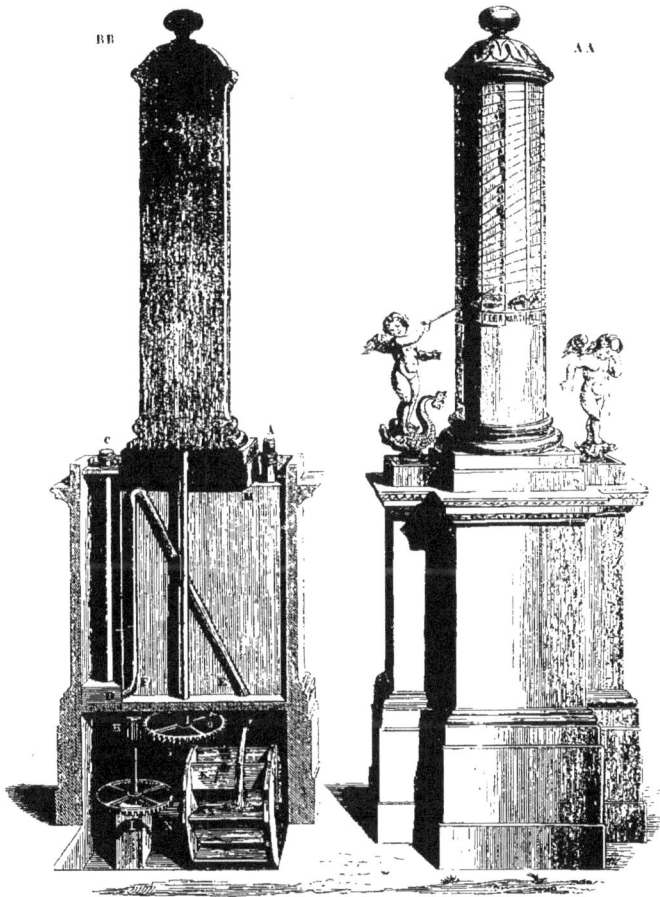

étant composé de six caisses, fait son tour en six jours. Le pignon N, qui lui est attaché, a six dents et donne l'impulsion à la roue I, qui en a soixante, laquelle gouverne le pignon H, qui a dix dents pour mettre en mouvement la roue G O, qui, ayant soixante et une dents, fait son tour en 366 jours.

Or, cette dernière roue G O, par le moyen de son pivot O L, fait tourner la colonne L, sur laquelle les signes, les heures et les mois sont marqués; en sorte que, la colonne faisant tous les jours une soixante-sixième partie de son tour, elle met en regard du bout de la baguette de la petite figure, une des lignes divisées en 24 parties par d'autres lignes, tracées horizontalement, suivant les proportions que les heures du jour et de la nuit avaient anciennement les unes à l'égard des autres.

La figure C C représente la clepsydre dite à deux cônes. A est le cône creux, dans lequel il faut concevoir qu'il tombe de l'eau suffisamment pour en fournir la quantité qui est nécessaire, lorsque le trou placé à la pointe du cône en laisse plus sortir, et concevoir encore que ce qui est de reste, lorsque le même trou en laisse moins sortir, s'écoule par un conduit qui empêche qu'elle ne tombe au même endroit où tombe celle qui sort par la pointe du cône : ce conduit, non plus que l'autre, ne sont pas représentés, parce qu'ils ne sont pas particuliers à cette clepsydre. B est le cône solide qui emplit toute la cavité du cône creux, quand il est baissé tout à fait, et qui laisse couler plus ou moins d'eau à proportion qu'il est plus ou moins levé. E est la règle en manière de coin qui lève plus ou moins le cône solide selon qu'elle est plus ou moins poussée, et en raison des marques qu'elle a pour chaque jour.

La figure D D est une variation de la clepsydre d'Athénée, dont nous avons déjà donné la description; elle n'en diffère que parce que les heures sont divisées sur le cône au lieu de l'être sur le récipient, comme elles le sont dans la clepsydre primitive.

La figure E E représente la clepsydre à tambour ou tympan : A est le réservoir dans lequel l'eau tombe et au haut duquel est un conduit

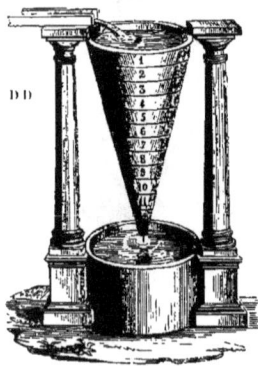

qui reçoit le trop-plein. B est le tuyau par lequel l'eau passe du réservoir dans le grand tympan CNM. qui a vers le haut un trou par lequel l'eau qui sort du tuyau B entre dans le petit tympan ODL, qui, lorsqu'il est emboîté dans le grand tympan, fait comme un canal qui tourne tout autour, et qui, étant d'inégale largeur, reçoit une quantité plus ou moins grande de l'eau qui lui vient par le trou du grand tympan. F est le tuyau qui reçoit l'eau et la transporte par le trou G, pour être versée dans le réceptacle H, dans lequel l'eau montant élève le vase renversé marqué I, auquel est attachée la chaîne qui suspend le contre-poids K, par le moyen duquel l'axe qui porte l'aiguille reçoit l'impulsion. N représente la ligne écliptique. Les pointes O et L s'adressent aux points marqués tout autour du cadran. La pointe L est pour le jour, et celle O est pour la nuit.

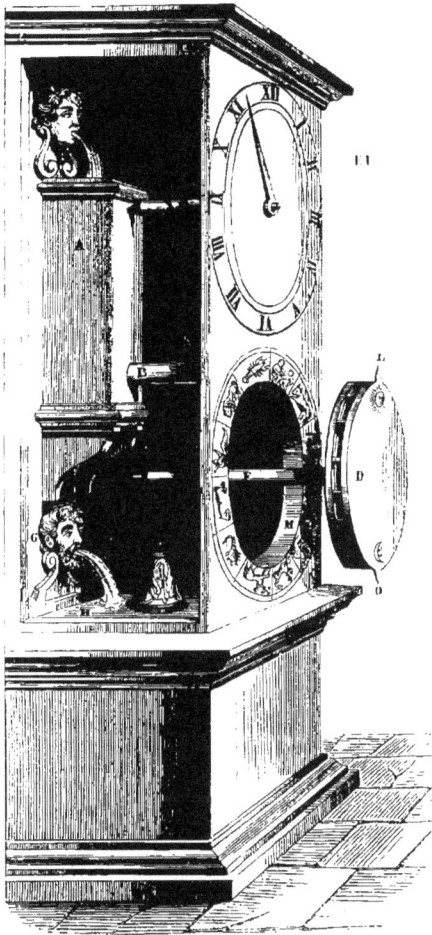

La figure FF, qui se trouve sur la planche gravée pour le livre 9 de l'architecture de Vitruve, représente un ancien gnomon, qui servait sans doute à marquer les hauteurs méridiennes du soleil. (Voir la *Traduction de Vitruve*, par Perrault.)

THÉORIE DES CLEPSYDRES,
PAR VARIGNON.

Il faut diviser un vaisseau cylindrique en parties qui puissent se vider dans les divisions de temps marquées, les temps dans lesquels le vaisseau total et chaque partie étant donnés doivent se vider.

Supposons, par exemple, un vaisseau cylindrique tel que l'eau totale qu'il contient doive se vider en douze heures, et qu'il faille diviser en parties dont chacune mette une heure à se vider.

1° Dites : comme la partie du temps 1 est au temps total 12, ainsi le même temps 12 est à une quatrième proportionnelle 144.

2° Divisez la hauteur du vaisseau en 144 parties égales, et la partie supérieure tombera dans la dernière heure, les trois suivantes dans l'avant-dernière, les cinq voisines dans la dixième, etc., enfin les vingt-trois d'en bas dans la première heure. Car, puisque les temps croissent suivant la série des nombres naturels 1, 2, 3, 4, 5, etc., et que les hauteurs sont en raison des carrés des nombres impairs 1, 3, 5, 9, etc., pris dans un ordre rétrograde, depuis la douzième heure, les hauteurs comptées depuis cette douzième heure seront comme les carrés des temps 1, 4, 9, 16, 25, etc., d'où il suit que le carré 144 du nombre de divisions du temps doit être égal au nombre des parties de la hauteur du vaisseau qui doit se vider. Or, la liqueur descend d'un mouvement retardé, et l'expérience prouve qu'un fluide qui s'échappe d'un vase cylindrique a une vitesse qui est à peu près comme la racine carrée de la hauteur du fluide ; de sorte que les espaces qu'il parcourt en temps égaux décroissent comme les nombres impairs.

Varignon a généralisé ce problème, et il a donné la méthode pour diviser ou graduer une clepsydre d'une figure quelconque, en sorte que les parties du fluide contenues entre les divisions s'écoulent dans des temps donnés.

Une des grandes difficultés qu'on rencontre dans la théorie des clepsydres, c'est de déterminer avec exactitude la vitesse du fluide qui sort par le trou de cet instrument.

Lorsque le fluide est en mouvement et qu'il est encore à une certaine hauteur, cette vitesse est à peu près égale à celle que ce même fluide aurait acquise en tombant, par sa pesanteur, d'une hauteur égale à celle du fluide ; mais, lorsque la liqueur contenue dans le vase commence à se mouvoir, ou lorsqu'elle est peu élevée au-dessus du trou par lequel elle s'échappe, cette loi n'a plus lieu et devient extrêmement fautive. D'ailleurs il ne suffit pas, comme on pourrait le penser d'abord, de connaître à chaque instant la vitesse du fluide et du frottement contre les parois du vase, les particules du fluide ne sortant point du vase suivant des directions parallèles. Newton a observé que ces particules ont des directions convergentes, et que la veine du fluide qui sort va en diminuant de grosseur jusqu'à une certaine

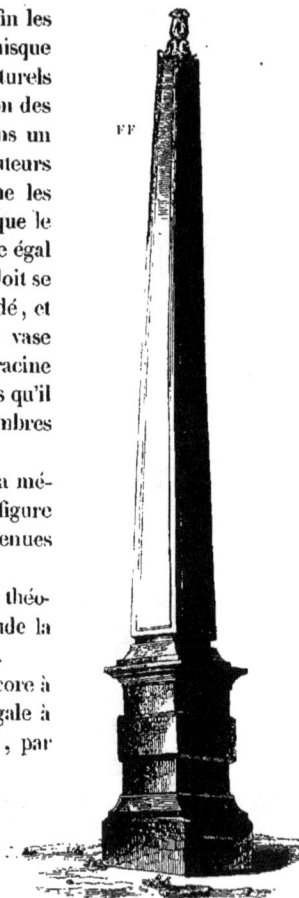

distance de l'ouverture, distance qui est d'autant plus étendue que l'ouverture elle-même est plus grande.

CLEPSYDRE A TAMBOUR D'APRÈS LE PÈRE ALEXANDRE.

La meilleure clepsydre moderne que nous connaissions est celle dont le Père Alexandre nous a donné la description dans son Traité général des Horloges. Cette clepsydre fut inventée par Dom Charles Vailly, religieux bénédictin. Il fit construire la machine, en 1690, par Régnard, étamier de la ville de Sens, en Bourgogne.

Cette invention consiste en une boîte, ronde d'un côté et plate des deux autres, semblable à un tambour, dans lequel on met de l'eau qui se partage en différentes cellules, et qui passe successivement d'une cellule à l'autre par le moyen d'un petit trou, du diamètre d'une aiguille, qui est au bas des plans inclinés ou cloisons qui forment les cellules. Ce tambour étant suspendu par deux petites cordes roulées sur l'axe qui passe par le milieu, celles-ci le tiennent dans une disposition propre à un mouvement continuel, parce que, ces cordes étant éloignées du centre de gravité du tambour de la moitié de la grosseur de l'axe, le tambour, par son propre poids, tend à descendre ; mais, comme il y a de l'eau dans les cellules qui sont du côté opposé, cette eau fait un contre-poids qui tient l'instrument en équilibre.

Plan d'une Cloison.

Ce tambour demeurerait immobile si l'eau n'avait aucune ouverture pour s'écouler ; mais, comme ces cellules ont un petit trou en bas par lequel l'eau s'écoule, cette partie du tambour où était l'eau devient plus légère et lui laisse la liberté de tourner et de descendre ; mais cette légèreté est continuellement réparée par les cellules qui sont dessous

. Racinet fils del.

A. Lavieille sc

GERBERT,

ELU PAPE SOUS LE NOM DE SYLVESTRE II

D'après la statue de David d'Angers pour la ville d'Aurillac.

F. Seré direxit

et qui prennent la place de celles dont l'eau s'est écoulée. Cette combinaison, extrêmement ingénieuse, fait descendre graduellement le tambour par un mouvement presque insensible et toujours uniforme.

On voit dans la figure ci-jointe la disposition de l'eau dans les cellules; de quelle manière elle passe de l'une à l'autre; comment se fait le mouvement, et comment l'eau passe toujours au moins par deux trous en même temps.

La manière la plus simple et la plus facile pour faire marquer les heures au tambour que nous venons de décrire est de le suspendre avec deux petites cordes de boyaux : plus elles seront longues, plus le tambour marquera d'heures. Ce tambour étant suspendu, il faut que son axe soit parallèle à l'horizon. (V. la figure.) Après que les heures auront été disposées comme elles le sont sur la gravure, on comprend que, à mesure que le tambour descendra avec son axe, les deux extrémités de celui-ci marqueront les différentes heures du jour ou de la nuit. C'est à l'horloger qui construit la machine, à faire en sorte que, par la quantité d'eau qu'il mettra dans les cellules et par la grosseur de l'axe du tambour, celui-ci ne descende pas plus ni moins qu'il ne faut pour arriver exactement à l'heure marquée par les Horloges bien réglées.

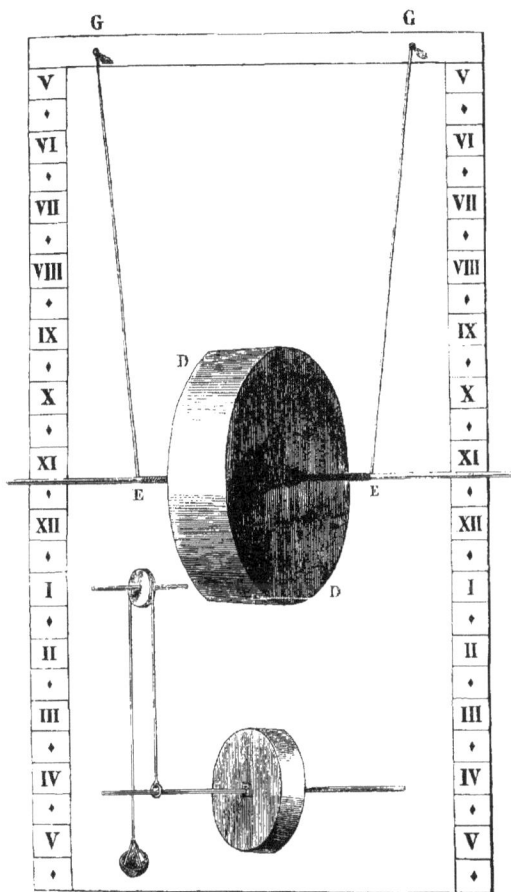

Il faut encore faire attention à ne verser dans le tambour que de l'eau parfaitement pure. (V. le Père Alexandre.)

Voici la description d'une petite clepsydre assez simple et d'une facile exécution :

9

Ayez un bocal de verre ou seulement un vase cylindrique en faïence d'environ un pied de haut sur quatre pouces de diamètre. Percez ce vase par le bas et mastiquez-y un petit tuyau de verre de quatre à cinq lignes de diamètre, et dont le bout ait été diminué de grosseur à la lampe d'un émailleur, de manière qu'il ne laisse échapper l'eau que goutte à goutte et très-lentement. Ce vase ainsi préparé sera couvert d'un cercle de bois, au centre duquel on ménagera une ouverture circulaire de cinq à six lignes de diamètre. On se procurera ensuite un tube de verre d'un pied de hauteur et de trois lignes de diamètre, ayant à une de ses extrémités un petit vase de même matière, au-dessous duquel on mettra un petit poids qui le tienne en équilibre sur l'eau, ou bien on insérera, par l'ouverture supérieure du tube, un peu de vif-argent. On colle un papier blanc autour de ce tube, afin de pouvoir le graduer. Cet appareil étant fait, on remplit le vase d'eau, on y met le tube et on place le cercle de bois; l'eau doit insensiblement s'écouler du vase dans un autre vase placé au-dessous. On tient une montre bien réglée sur l'heure de midi; on marque un trait sur le papier du tube, à l'endroit où il touche le bord supérieur du couvercle; à chaque heure on fait une pareille marque, jusqu'à ce qu'on ait indiqué sur ce papier douze ou vingt-quatre heures, selon la capacité que l'on aura donnée au vase, ou eu égard à la petitesse de l'ouverture par laquelle l'eau s'échappe. Une clepsydre faite de cette manière donnera l'heure assez exactement si on a le soin, chaque jour, de la remplir d'eau suffisamment pour que le tube, divisé comme nous l'avons dit, indique l'heure prise au moment sur une montre ou une Horloge bien réglée.

Nous ferons observer qu'il ne faut pas, après que l'on aura réglé la distance d'une heure sur le tube, se servir de cette même mesure pour les autres, attendu que l'eau ne s'écoule pas uniformément dans le même intervalle de temps; car le vase peut ne pas être parfaitement cylindrique; on peut seulement diviser chaque heure en quatre parties égales, afin d'en avoir les demies et les quarts, sans qu'il se trouve une différence sensible.

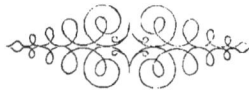

CHAPITRE VI.

DES HORLOGES PUREMENT MÉCANIQUES.

ARTICLE PREMIER.

'Horloge la plus commune, à l'aide de sa cloche suspendue au faîte d'un édifice, ne cesse d'adresser la parole au peuple. Elle veille la nuit comme le jour; elle réitère, dans des espaces de temps égaux, les avertissements dont profitent les hommes. On la consulte pour ouvrir ou fermer les portes des villes, pour convoquer les assemblées; elle annonce successivement le moment de la prière, celui du travail ou du repos; elle est, en un mot, la règle invariable qui gouverne la société. Ces secours que nous recevons de l'art de mesurer le temps ne sont ignorés de personne; mais ce qu'on ne sait pas généralement, c'est que cet art est l'auxiliaire obligé de presque toutes les sciences positives, qui, sans lui, seraient demeurées stationnaires.

Depuis le siècle dernier, on a multiplié les Horloges de telle sorte, qu'il est peu de villages en Europe qui n'en possèdent au moins une; chaque jour on en crée de

nouvelles, qui peuvent être remarquables au point de vue de l'art; mais le peuple ne s'en préoccupe nullement : il les considère comme tous ces monuments vulgaires que le génie industriel érige dans nos murs, et qui ne sont utiles à personne.

Au Moyen Age, l'érection d'une Horloge, dans une ville, était un événement mémorable, et d'autant plus grand, que les mécaniciens, qui exécutaient ces Horloges, les ornaient d'automates propres à frapper l'imagination du peuple. Parfois c'étaient les Mages qui, à chaque heure, venaient se prosterner devant la Vierge et l'Enfant divin; ou bien c'étaient Jacquemart et sa femme, qui, grotesquement accoutrés, et armés l'un et l'autre d'un marteau, frappaient les heures sur la cloche. Toutes ces merveilles impressionnaient les esprits; et lorsque, dans le silence de la nuit, l'Horloge, du haut du clocher de l'église ou de la tour du monastère, faisait entendre sa voix métallique, les femmes et les enfants tressaillaient d'effroi : il leur semblait qu'une puissance surnaturelle présidait aux mouvements qui s'accomplissaient dans la machine aux rouages d'airain.

Depuis le commencement de la monarchie française jusqu'au neuvième siècle inclusivement, les ténèbres de la barbarie enveloppaient l'Europe entière; l'ignorance et la superstition, les guerres atroces, insensées, les exactions, les brigandages, l'oppression, la famine, les maladies pestilentielles et tous les autres fléaux de l'humanité décimaient les peuples de ces époques à jamais déplorables. Ce fut seulement au dixième siècle que quelques lueurs de civilisation apparurent sur divers points de l'Europe. Hugues Capet occupait alors le trône de Charlemagne. Sous le règne de ce premier roi de la troisième dynastie, l'Horlogerie prit rang parmi les sciences exactes. Un homme, grand par son talent comme par son caractère, vivait alors en France, il s'appelait Gerbert; les montagnes de l'Auvergne l'avaient vu naître. Il avait passé son enfance à garder des troupeaux près d'Aurillac. Un jour, des moines de l'ordre de Saint-Benoît le rencontrèrent dans la campagne; ils s'entretinrent avec lui, et, comme ils lui trouvèrent une intelligence précoce, ils le recueillirent dans leur couvent de Saint-Gérard. Là, Gerbert ne tarda pas à prendre goût pour la vie monastique. Ardent à s'instruire, tous les moments dont il pouvait disposer, il les consacrait à l'étude, si bien, qu'en quelques années il devint le plus savant de la communauté. Après qu'il eut prononcé ses vœux, le désir d'augmenter ses connaissances scientifiques le fit partir pour l'Espagne. Durant plusieurs années, il fréquenta assidûment les Universités de la péninsule Ibérique. Bientôt il devint trop savant pour l'Espagne; et, malgré sa piété vraiment sincère, d'ignorants fanatiques l'accusèrent de sorcellerie. Cette accusation pouvant avoir des suites fâcheuses pour lui, il ne voulut pas en attendre le dénoûment; et, quittant précipitamment la ville de Salamanque, sa résidence habituelle, il vint à Paris, où il ne tarda pas à se faire de puissants amis. Enfin, après avoir été successivement moine, supérieur du couvent de Bobio, en Italie, archevêque de Reims, précepteur de Robert Ier, roi de France, et d'Othon III, empereur d'Allemagne, qui lui donna le siége de Ravenne, Gerbert, sous le nom de Sylvestre II, monta au trône pontifical, où il mourut en 1003. Ce grand homme fit honneur à son pays et à son siècle. Il possédait presque toutes les langues mortes ou vivantes. Il était mécanicien, astronome, physicien, géomètre, algébriste, etc. Il importa en France les chiffres arabes. Au fond de sa cellule de moine, comme au sein de son palais archiépiscopal, son occupation favorite fut la mécanique. Il était habile dans l'art de construire des cadrans solaires, des clepsydres, des sabliers, des orgues hydrauliques, etc. Ce fut lui qui, le premier, si l'on en croit Haeften, Moreri, Marlot, le président Hénault, les *Annales Bénédictines*, etc., appliqua le poids moteur aux Horloges. Il est, suivant

les mêmes autorités, l'inventeur de ce mécanisme admirable que l'on nomme l'*échappement*, la plus belle, la plus nécessaire de toutes les inventions qui ont été faites dans l'Horlogerie.

Nous n'ignorons pas que plusieurs écrivains et savants qui nous ont précédé dénient à Gerbert le mérite de ces deux inventions. Nous savons que nulle preuve, ni pour ni contre, n'existe à ce sujet. Les moines qui ont écrit les *Annales Bénédictines* affirment que Gerbert fut l'inventeur des Horloges à rouages marchant sans le secours de l'eau; le président Hénault répète cette assertion dans le premier volume de son *Histoire de France;* beaucoup d'autres auteurs anciens et modernes sont du même avis, mais aucun d'eux ne parvient à faire partager son opinion aux lec-

Gerbert, élu pape sous le nom de Sylvestre II, tiré des *Acta sanctorum des Hollandistes.*

teurs. D'un autre côté, les savants qui assurent que Gerbert ne fut pas l'auteur de ces inventions sont loin de donner des raisons valables à l'appui de leur opinion : les dissertations qu'ils font à ce sujet commencent à peu près toutes comme il suit : « Il est peu probable que Gerbert soit l'inventeur de..., » etc. — Ou bien : « On attribue au moine Gerbert l'invention du poids moteur et de l'échappement; c'est une erreur : il est probable que..., » etc. — Ou bien encore : « Nous croyons savoir que l'Horloge que Gerbert fit à Magdebourg était un cadran solaire..., etc., etc. »

Ces auteurs ne sont pas non plus d'accord sur l'époque où furent inventées les Horloges purement mécaniques. Les uns font remonter cette invention au sixième siècle, d'autres au huitième ou au neuvième; d'autres enfin en font honneur à Jean Muller, qui florissait au quinzième siècle. Quant aux Horloges des sixième, huitième et neuvième siècles, il est bien prouvé qu'elles étaient mues par l'eau; il ne l'est pas moins que l'on faisait des Horloges à poids et à échappement plusieurs siècles avant Muller, ou Régiomontanus, comme on l'appelle communément.

Le rouage de la sonnerie, qui ne fut adapté aux Horloges que longtemps après l'invention du poids moteur et de l'échappement, était en usage, comme nous le verrons ci-après, dès le commencement du douzième siècle; et il nous est permis de croire qu'on s'en servait déjà depuis nombre d'années, ce qui nous rapproche beaucoup de l'époque où vivait Gerbert, qui, comme nous l'avons dit, mourut au commencement du onzième siècle. C'est en effet vers ce temps-là que furent faites les inventions dont nous parlons. On nous accordera bien que le poids moteur, et surtout l'échappement, n'ont pu être inventés que par un homme ayant de grandes connaissances en géométrie, en mécanique et dans d'autres sciences exactes; eh bien! à l'époque de Gerbert, nul homme en France ne fut savant dans aucune de ces sciences, si ce n'est Gerbert lui-même, qui les possédait toutes à un degré éminent. Ce grand dignitaire de l'Église fut le seul flambeau dont la vive lumière dissipa pour un instant (la vie d'un homme ne compte que pour un instant dans l'histoire des peuples) les épaisses ténèbres qui enveloppaient encore les dixième et onzième siècles. Si l'on considère que lui seul alors pouvait étudier avec fruit les œuvres sorties de l'école d'Alexandrie et celles des philosophes de la Grèce, et qu'en outre il avait pu lire Vitruve, Boëce, Cassiodore, et méditer sur toutes les inventions qui avaient été faites, avant lui, dans la mécanique; si l'on considère, disons-nous, que, d'après les rapports des écrivains de son époque, il faisait lui-même, avec un grand succès, toutes sortes d'Horloges et diverses autres pièces mécaniques, on en conclura naturellement qu'il est évidemment l'inventeur des pièces importantes qui font le sujet de cette digression. Pour nous, ce fait ne fait pas doute; et, s'il n'existe pas encore de preuves positives à l'appui de notre opinion, le jour n'est pas éloigné où, en fouillant dans les archives de l'histoire, on découvrira ces preuves, qui ajouteront un fleuron de plus à la couronne scientifique du moine Gerbert et du pape Sylvestre II.

Nous n'entreprendrons pas de donner ici la description de ces deux inventions; elles sont connues de toutes les personnes qui possèdent les premiers éléments de l'Horlogerie. Nous nous bornerons à dire que le poids est encore maintenant le seul moteur des grosses Horloges. Quant à l'échappement dont nous parlons, il a été uniquement employé en France et dans le monde entier jusqu'à la fin du dix-septième siècle.

Malgré l'importance de ces deux inventions, on s'en servit peu pendant les onzième, douzième et treizième siècles. Durant cette période de trois cents ans, les clepsydres et les sabliers continuèrent d'être presque exclusivement en usage. On en fabriquait qui, ornés et ciselés avec beaucoup d'élégance, contribuaient à la décoration des appartements, comme aujourd'hui les bronzes et les pendules plus ou moins riches.

Au onzième siècle, le rouage de la sonnerie n'était pas encore inventé et adapté aux Horloges. Le besoin de cette sonnerie se faisait particulièrement sentir dans les monastères, où les moines étaient obligés de veiller la nuit, à tour de rôle, pour avertir les membres de la communauté des devoirs religieux qu'ils avaient à remplir. Il y avait aussi des veilleurs de nuit dans toutes les villes de l'Europe; ils étaient chargés de parcourir les rues et places publiques pour annoncer à haute voix l'heure que marquaient les clepsydres, les Horloges ou les sabliers. Cet usage s'est conservé jusqu'à nos jours; et les veilleurs de nuit existent encore en Allemagne, en Hollande, en Angleterre, et même dans quelques villes de France.

L'histoire ne nous dit pas quel fut l'inventeur de la sonnerie; mais il est du moins positif, comme nous l'avons déjà dit, que ce rouage existait au commencement du douzième siècle. La première mention des Horloges à sonnerie se trouve dans les *Usages de l'ordre de Cîteaux*, compilés vers 1120, livre où il est prescrit (chap. 114) au sacristain de régler l'Horloge de manière qu'elle sonne et l'éveille avant les matines. Dans un autre chapitre du même livre, il est ordonné aux moines de prolonger la lecture jusqu'à ce que l'Horloge sonne. (Voy. Dom Calmet, *Commentaire littéral sur la règle de saint Benoît*, t. I, p. 279-280.)

Huet, dans son *Origine de Caen*, dit qu'en 1314 on voyait sur le pont de Caen une Horloge sur le timbre de laquelle était gravée cette inscription :

> Puisque la ville me loge
> Sur ce pont pour servir d'orloge,
> Je ferai les heures ouïr
> Pour le commun peuple réjouir.

Cette Horloge sonnante fut faite par Beaumont, horloger de Caen.

A l'exception de l'importante invention du rouage de la sonnerie, l'Horlogerie resta stationnaire jusqu'à la fin du treizième siècle; mais au commencement du siècle suivant elle reprit son essor, et l'art ne s'arrêta plus.

En 1324, Wallingfort, bénédictin anglais, construisit pour le couvent de Saint-Alban, dont il était abbé, une Horloge mécanique. Elle était à sonnerie; elle marquait, outre les heures, le quantième du mois, les jours de la semaine, le cours des planètes, les heures des marées, etc. Quelques années plus tard, en 1344, Jacques de Dondis, citoyen de Padoue, composa une Horloge qui, exécutée par les soins d'un excellent ouvrier nommé Antoine, et placée au sommet de la tour du palais de sa ville natale, a été longtemps l'admiration de tous les savants. Pour donner une idée de cette merveilleuse machine, il suffira de reproduire ici ce que Philippe de Maizières, qui vivait à l'époque de Jacques de Dondis, en a dit dans un des premiers écrits où il soit question de l'Horlogerie ancienne; cet ouvrage, intitulé le *Songe du vieil Pèlerin*, est encore inédit et par conséquent peu connu; nous lui empruntons textuellement cet écrit.

l est à savoir que, en Italie, y a aujourd'huy ung homme en phi-
» losophie, en médecine et en astronomie, en son degré singu-
» lier et solempnel, par commune renommée, excellent ès dessus
» trois sciences, de la cité de Pade. Son surnom est perdu : et est
» appelé maistre *Jehan des Horloges*, lequel demeure à présent
» avec le comte de Vertus, duquel pour science trebbe (triple)
» il a chacun an des gaiges et de bienfaits deux mille flourins ou
» environ. Cettay maistre *Jehan des Horloges* a fait, de son
» temps, grandes œuvres ès trois sciences dessus touchiées, qui,
» par les clercs d'Italie, d'Allemagne et de Hongrie, sont auto-
» risées et en grant réputation : entre lesquelles œuvres il a fait
» un instrument, par aucuns appelé Sphère, ou Orloge du mou-
» vement du ciel : auquel instrument sont tous les mouvements
» des signes et des planettes avec leurs cercles et épicycles, et
» différences par multiplications, roes sans nombre, avec toutes
» leurs parties, et chacune planette en ladite sphère particuliè-
» rement. Par telle nuit, on voit clairement en quel signe et
» degré les planettes sont et estoiles du ciel : et est faite si soub-
» tilement cette sphère, que, nonobstant la multitude des roes,
» qui ne se pourroient nombrer bonnement sans défaire l'instru-
» ment, tout le mouvement d'icelle est gouverné par un tout seul
» contrepoids, qui est si grant merveille, que les solempnels
» astronomiens de lointaines régions viennent visiter en grant
» révérence ledit maistre Jehan et l'œuvre de ses mains; et dient tous les grans clercs
» d'astronomie, de philosophie et de médecine, qu'il n'est mémoire d'homme, par
» escrit ne autrement, que, en ce monde, ait fait si soubtil ne si solempnel instrument
» du mouvement du ciel, comme l'orloge dessusdite; l'entendement soubtil dudit
» maistre Jehan, il, de ses propres mains, forgea ladite orloge, toute de laiton et cui-
» vre, sans aide d'aucune autre personne, et ne fit autre chose en seize ans tout entiers,
» comme de a esté informé l'escrivain de cettuy livre, qui a eu grand amitié audit maistre
» Jehan. » (Voy. à la Biblioth. Nation. de Paris, plusieurs manuscrits du *Songe du riel
Pèlerin.*)

L'Horloge de Jacques de Dondis excita partout l'émulation. Tous les princes de
l'Europe voulurent en avoir de pareilles. Des ouvriers de la France et de l'étranger en
firent successivement pour des châteaux et pour plusieurs églises ou monastères.

Parmi les plus belles Horloges qui furent faites au quatorzième siècle, on doit citer
celle de la cathédrale de Dijon, que Philippe-le-Hardi enleva à la ville de Courtrai après
la bataille de Rosebecq.

« Le duc de Bourgogne, dit Froissart, fit oster des halles un orologe qui sonnoit les
» heures, l'un des plus beaux qu'on sceut trouver delà ne deçà la mer; et celuy orologe

» mettre tout par membres et par pièces sur chars, et la cloche aussi. Lequel orologe
» fut amené et charroyé en la ville de Dijon en Bourgogne, et fut là remis et assis, et y
» sonne les heures vingt-quatre, entre jour et nuit. »

Ajoutons que cette Horloge était surmontée, comme elle l'est encore aujourd'hui, de deux automates en fer (l'homme et la femme) qui frappaient les heures sur la cloche.

Ces deux personnages étaient nommés *Jacquemart*. Les historiens ne s'accordent pas sur la formation et la signification de ce mot. Ménage croit qu'il vient du mot latin *jaccomarchiadus* (jaque de maille, habillement de guerre). On sait qu'au Moyen Age on avait l'habitude de placer, au sommet des tours ou des clochers, des hommes chargés de veiller au repos public, pour avertir de l'approche de l'ennemi, ainsi que des incendies, des vols et des meurtres qui avaient lieu dans l'intérieur des villes. Plus tard, une meilleure organisation de la police permit de supprimer ces sentinelles nocturnes; peut-être a-t-on voulu en conserver le souvenir en fabriquant des hommes en fer qui sonnaient les heures. Différents écrivains cherchent à prouver que le mot *Jacquemart* vient du nom de l'horloger Jacques Marck, qui vivait au quatorzième siècle, et qui serait, suivant eux, l'inventeur de ces sortes d'Horloges.

Le savant Gabriel Peignot, auteur d'une dissertation sur le Jacquemart de Dijon, est d'un avis contraire à celui de la plupart des auteurs qui ont écrit sur l'origine des Jacquemarts. Il établit qu'en 1422, un nommé Jacquemart, *horlogeur et serrurier*, demeurant dans la ville de Lille, travaillait pour le duc de Bourgogne, et qu'il reçut 22 livres pour les *besognes* qu'il avait faites à l'Horloge de Dijon. De ce document authentique, M. Peignot tire l'induction suivante : « Ce Jacquemart de Lille ne serait-il pas le fils ou le petit-fils de celui qui aurait fait l'Horloge de Courtrai, transportée à Dijon en 1382, et qui a dû être faite peu de temps auparavant, c'est-à-dire de 1375 à 1380 ? Le peu de distance de Lille à Courtrai le donnerait à penser. Alors il serait présumable que le nom de notre Jacquemart proviendrait de celui de son fabricateur, le vieux Jacquemart de Lille. »

Toutes ces inductions sont plus ou moins concluantes; mais, au total, ce ne sont que des inductions, et aucune d'elles ne prouve d'une manière irréfragable l'origine

10

du mot *Jacquemart*. Quant à nous, il ne nous convient pas de prendre parti dans ce grave différend; disons seulement qu'à la fin du quatorzième siècle et au commencement du quinzième, beaucoup d'églises en Allemagne, en Italie, en Angleterre, en France et ailleurs, avaient déjà des Jacquemarts.

Pour terminer ce que nous avions à dire sur l'Horloge de la cathédrale de Dijon, nous ajouterons ceci : l'Horloge dont nous parlons, qui a aujourd'hui trois figures, Jacquemart, sa femme et un enfant, n'en avait probablement que deux dans l'origine. Ainsi, tous les auteurs qui ont écrit sur l'Horloge de Dijon postérieurement au dix-septième siècle ne font mention que de deux automates, lesquels ont été renouvelés plusieurs fois sans doute, comme nous le verrons par des citations que nous allons faire, et que nous emprunterons au savant déjà cité, M. Gabriel Peignot. Vers la fin du seizième siècle, parut une pièce de vers en patois, intitulée : *Mariaige de Jaiquemar*. On l'attribue à Changenet, fameux vigneron de Dijon. Cette pièce paraît avoir été faite pour célébrer un renouvellement des figures de Jacquemart et de sa femme.

L'auteur commence par dire que tout le monde accourt vers la poissonnerie, c'est-à-dire dans la rue Musette, pour voir Jacquemart :

Compaire, voci core ce jan
Qui voi qu'alon contre Sain - Jean,
Tiran ai poissonnerie?

C'a qui von voi le braverie
De lai venue de Jaiquemar
Qui n'a ni sur tar ni sur mar....

Ensuite le poëte témoigne sa surprise de voir un nouveau Jacquemart, fort, nerveux comme un Hercule, au lieu d'un petit homme laid, mal fait, bossu, ressemblant à un Ésope, qui existait auparavant. Il exprime ainsi sa surprise :

I ne sai si j'aivoo trô bue,
Von si j'aivoo lés ébrelüe
Quan je le vi l'autre dè jor;
Ma je ne peu tomber d'accor
Qui çà Jaiquemer en personne.
Po Jaiquemar, c'étoo ein homme
De cote taille, aissé mau fai,
Qui resonne cés Isopai

Qui s'an-von sarran lés épaule
Qu'ai sanne ai voi dé fautépaule;
Ma cetu-qui, tôt et rebor,
A lai come ein homme bé for,
Come ein Rolan, ein Herculiesse,
Gran et pussan come Laiguesse
Lai meigne d'ein homme fâchai,
Sanne qu'ai veule tô frachai....

L'auteur, passant à la femme de Jacquemart, en fait le portrait suivant :

Tôt auprès de lu éne fanne
Belle bé grant et an bon pain,
Qui ressanne lai leugne en plain;
Son haibi ai lai pairisienne,
Elle ressanne daine Hélène
Qui demeure au-dessu du bor,
Qui fai fête de tô lé jor,
Lé fanne sont en rêverie

Porquoi Jaiquemar en anvie
Et le vouloi de s'en alai
Si lontam de çai et de lai
Por emennai cete envelôpe,
Qu'ai saichein bé que dans l'Europe
Ai n'y an é pas éne tei;
Elle à faite d'ein tei motei;
Que j'aimoi elle n'é aifaire

De meidecin, d'aipoticaire;
Et ça lai fanne lai pu saige
El lai pu pròpe au mairiaige
Que j'aimoi lai rarre é potai.

Elle a si plena de bontai
Que si Jaiquemar li fai teigne,
Elle é si pó qu'ai ne sò greigne,
Qu'lle ne fai que son vouloi....

A la suite de ces vers, vient un tableau peu gracieux des femmes qui font enrager leurs maris : la matière est ample. Puis, l'auteur déplore le sort de Jacquemart, qui ne peut contenter tout le monde ; il sonne trop tôt les heures pour les joueurs, pour les amoureux qui ont des rendez-vous; trop tard pour les paresseux, les *saouls-d'ouvrer*, etc., etc. ; malgré cela, dit-il,

Jacqaemart de ran ne s'étonne;
Le froid de l'hiver, de l'autonne,
Le chaud de l'étai, du printam,
Ne l'on su randre maucontan.

Qu'ai pleuve, qu'ai noge, qu'ai grole,
El lé sai tête dan saí camle,
El lé deu prié dans sé soulai;
Ai ne veu pa sòti de lai.

Pour les personnes qui ne connaissent pas le patois bourguignon, nous donnerons, toujours d'après M. Peignot, la traduction de ces vers :

Compère, où courent ces gens
Que je vois aller contre Saint-Jean,
Tirant à la poissonnerie ?
C'est qu'ils vont voir les belles choses
De la veuve de Jacquemar,
Qui n'est ni sur terre ni sur mer....
. . . .
. . . .
Je ne sais si j'avais trop bu,
Ou si j'avais la berlue,
Quand je le vis l'autre jour;
Mais je ne puis tomber d'accord
Que c'est Jacquemart, en personne.
Pour Jacquemart, c'était un homme
De courte taille, assez mal fait,
Qui ressemble à ces Ésope
Qui s'en vont serrant les épaules,
Qu'il semble voir de pauvres diables ;
Mais celui-ci, tout au rebours,
Est là comme un homme bien fort,
Comme un Roland, un Hercule,
Grand et puissant comme Laguesse ;
La mie d'un homme fàché
Il semble qu'il veuille tout briser...
. . . .
Tout auprès de lui, une femme
Belle et bien grande et en embonpoint,

Qui ressemble la lune en plein;
Son habit à la parisienne :
Elle ressemble dame Hélène,
Qui demeure audessus du bourg.
Qui fait fête de tous les jours. (*Elle était cabaretière.*)
Les femmes sont à chercher
Pourquoi Jaquemart eut l'envie
Et le vouloir de s'en aller
Si longtemps de çà de là,
Pour amener cette *enveloppe* (femme de moyenne
    vertu).
Qu'elles sachent bien que dans l'Europe
Il n'y en a pas une telle.
Elle est faite d'un tel mortier,
Que jamais elle n'a affaire
De médecin, d'apothicaire ;
De barbier elle s'en soucie moins
Qu'on ne le fait d'un sale essuie-main ;
Et c'est la femme la plus sage,
Et la plus propre au mariage
Que jamais la terre ait portée,
Elle est si pleine de bonté,
Que si Jaquemart lui cherche querelle,
Elle a si peur qu'il ne soit triste
Qu'elle ne fait que sa volonté....
. . . .
. . . .

Jaquemart de rien ne s'étonne ;
Le froid de l'hiver, de l'automne,
Le chaud de l'été, du printemps
N'ont pu le rendre mécontent.

Qu'il pleuve, qu'il neige, qu'il grêle,
Il a sa tête dans son bonnet,
Et ses deux pieds dans ses souliers;
Il ne veut pas sortir de là.

Il nous reste encore à constater ce fait, que l'enfant qui sonne aujourd'hui les quarts à l'Horloge de Dijon a été ajouté à cette Horloge par un serrurier ou un horloger nommé Saunois, qui vivait au commencement du dix-huitième siècle. Aimé Piron, grand-père de l'auteur de la *Métromanie*, nous fait connaître cette particularité dans une pièce de vers imprimée en 1714, par laquelle il invite les échevins de la ville de confier audit serrurier l'exécution d'un enfant chargé de sonner les *dindelles* (les petites cloches qui sonnent les quarts) :

Sônoi, ce moître óvrei si daigne
Ç'àt ein chèdeuvre qu'il é fai.
Por ansin, Messien, s'ai vo glai,
J'esperon dan lai concluance
De vote aidmirable prudance,
Qui n'é pa de paisoisse ai lei,
Q'on noiré bé ce Sarrurei,
Sarrurei qu'à tò pré de faire,
Po randre complaitte l'aifaire,
Po chéque raipeâ ein hairai.

Saunois ce maître ouvrier si digne,
C'est un chef-d'œuvre qu'il a fait.
Ainsi, messieurs, s'il vous plait,
Nous espérons, dans la conclusion
De votre admirable prudence,
Qui n'a pas sa pareille,
Qu'on paiera bien ce serrurier,
Serrurier qui est tout prêt à faire,
Pour compléter cette affaire,
Pour chaque rappel un enfant.

L'Horloge que Charles V fit construire en 1370, fut la première qu'ait possédée la capitale du royaume; elle fut exécutée par un habile ouvrier, nommé Henry de Vic, à qui le roi assigna six sous parisis par jour et un logement particulier dans la tour du palais où fut placée cette Horloge. Un peu plus tard, Maincourt, horloger de Paris, fut chargé d'en prendre soin; il recevait, pour gages, quatre sous parisis par jour. Sous le règne de Charles IX, le cadran de l'Horloge du palais fut orné de figures de terre cuite, exécutées par Germain Pilon. Lorsque, par ordre de Henri III, ce cadran fut réparé, on y mit les armes de France unies à celles de Pologne. Au-dessous on lisait ce vers latin : *Qui dedit ante duas, triplicem dabit ille coronam.* Autrement : celui qui a donné deux couronnes donnera une triple *couronne*. On lisait aussi sur une table de marbre ces deux vers de Passerat : *Machina quæ bis sex tam juste dividit horas, justitiam servare monet legesque tueri;* ou : la machine qui divise avec tant de justesse les douze heures du jour apprend à observer la justice et les lois. Ce fut la cloche de cette célèbre Horloge, qui, deux siècles après son exécution, donna le signal du massacre de la Saint-Barthélemy.

Celle du château de Montargis fut faite par Jean Jouvence, en 1380.

Autour du timbre de cette Horloge étaient gravés ces mots : *Charles-le-Quint, roi de France, me fit par Jean Jouvance l'an mil trois cent cinquante et trente* (1380).

L'Horloge de la cathédrale de Metz est une des plus anciennes qui aient été faites en

France; elle date de 1391. On ne sait pas quelle place elle occupait primitivement dans l'église; ce ne fut qu'en 1510, qu'on la plaça dans la tourelle orientale de l'édifice, où on la voit encore aujourd'hui. Sans doute qu'avant de la fixer dans cette tourelle, la ville y aura fait faire les réparations que nécessitait un service de 120 ans.

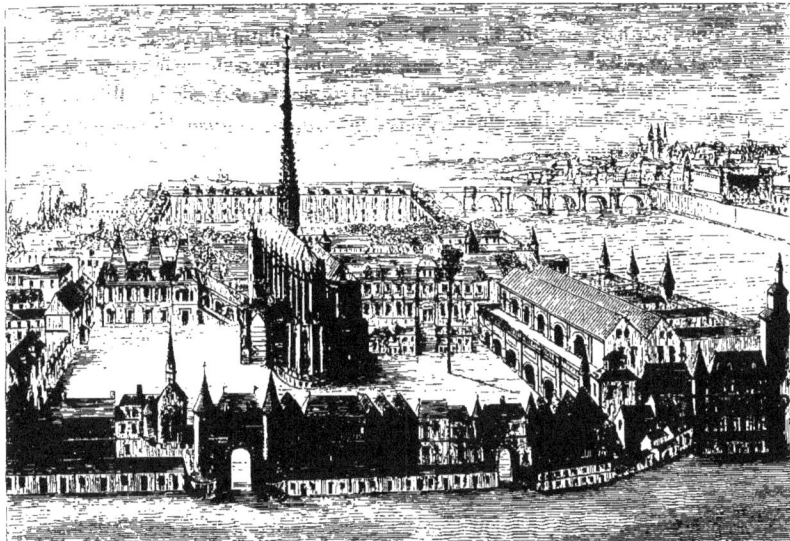

Le Palais de Saint-Louis, d'après une gravure du seizième siècle (Topographie des Estampes de Paris).

L'Horloge Messine sonnait autrefois, comme aujourd'hui, les heures, les demies et les quarts; elle marquait aussi le cours du soleil et les phases de la lune.

D'après les recherches faites par M. Bégin (voy. sa *Descript. de la cathédrale de Metz*, 2 vol. in-8°, 1843), en 1547, Marit (Joseph), horloger, maître du *gros Orloge*, remit cette machine en bon état pour la somme de six livres dix sous, payée par la ville.

En 1660, le 18 novembre, Gabriel Stiches, horloger, reçut 31 livres dix sous messins pour avoir fait diverses pièces à l'Horloge. Le mémoire de maître Stiches se termine de la manière suivante :

« Messieurs considéreront, s'il leur plaît, que le d. M^{tre} horlogier a employé cinq journées et demye et la plus grande partie des nuicts pour rendre le dit horloge en bon estat, où l'industrie estoit grandement requise avec un grand travail, parmy ce temps d'hyuer, tellement qu'il a si bien réussy que vous et le public en auez une grande satisfaction et contentement. » (Manuscrit autographe.)

G. Stiches eut pour successeur Claude Dubois, lequel fut remplacé par Harnax, qui occupa une maison attenant à la tour de l'Horloge. La corde de la cloche des heures tombait dans son appartement, afin qu'il pût sonner le guet.

Ceux de nos lecteurs qui seraient curieux de connaître les noms des horlogers qui remplirent successivement la charge d'horloger de la ville et de la cathédrale de Metz pourront lire cette nomenclature, et les faits curieux qui s'y rattachent, dans l'ouvrage de M. Bégin que nous avons cité.

On connaît plusieurs autres Horloges remarquables, exécutées vers la même époque : ce sont celles de Sens et d'Auxerre, et surtout celle de Lund, en Suède. Cette dernière, d'après la description qu'en donne le docteur Hélein, était des plus curieuses : lorsqu'elle sonnait les heures, deux cavaliers se rencontraient et se donnaient autant de coups qu'il y avait d'heures à sonner ; alors une porte s'ouvrait, et l'on voyait la vierge Marie, assise sur un trône, l'enfant Jésus entre ses bras, recevant la visite des rois Mages, suivis de leur cortége ; les rois se prosternaient et offraient leurs présents ; deux trompettes sonnaient pendant la cérémonie ; puis, tout disparaissait pour reparaître à l'heure suivante. L'Horloge d'Auxerre, un peu moins ancienne que celle de Sens, existe encore aujourd'hui ; mais elle a subi bien des réparations qui l'ont dénaturée. Elle est placée sous une arcade qui présente à la vue deux cadrans, opposés l'un à l'autre de chaque côté de cette arcade ; ces deux cadrans ont deux fois 12 heures avec une double aiguille : l'une marque les heures ; la seconde est terminée par un globe de cuivre, composé de deux cercles concentriques, mobiles, dont l'un rentre dans l'autre pour représenter, par leurs différentes couleurs, les phases de la lune.

Pour compléter cette nomenclature des principales Horloges du quatorzième siècle, nous citerons quelques fragments d'une pièce de vers de Froissart, intitulée : *L'Horloge amoureuse*. Ces fragments serviront à constater certains faits relatifs à l'Horlogerie de ce temps-là. D'après ce que dit Froissart, et ses descriptions sont parfaitement exactes, le rouage du mouvement des Horloges, comme celui de la sonnerie, se composait de deux roues (chacun de ces rouages en eut cinq à partir de la fin du quinzième siècle). Le cadran était mobile ; et, tournant sur lui-même, il portait à l'une des extrémités de sa circonférence un index servant à l'indication des heures tracées, au nombre de 24, sur un autre cadran, fixe et adhérent au premier. La verge, cette partie essentielle de l'échappement, n'était pas accompagnée d'un pendule ; elle portait un balancier placé horizontalement à son extrémité supérieure ; le plus ou moins de pesanteur de cette pièce déterminait le retard ou l'avance de l'Horloge. Sur chacun des bras du balancier était suspendu un poids que l'on pouvait rapprocher de la verge ; et par là on obtenait la pesanteur exactement nécessaire à la marche régulière de l'Horloge. C'est par le même système que l'on règle aujourd'hui le pendule.

Laissons maintenant parler Froissart :

> ..... L'Orloge est, au vrai considérer,
> Un instrument très-bel et très notable,
> Et s'est aussy plaisant et pourfltable,

Car nuit et iour les heures nous aprent
Par la soubtilité qu'elle comprent
En l'absence méisme dou soleil :
Dont on doit mieuls prisier son appareil,
Ce que les autres instruments ne font pas,
Tant soient faits par art et par compas :
Dont celi tiens pour vaillant et pour sage
Qui en trouva primièrement l'usage,
Quant par son sens il commença et fit
Chose si noble et de si grand profit....

Or, vœil parler de l'estat de l'Orloge :
La premeraine roe (*roue*) qui y loge,
Celle est la mere et li commencemens
Qui fait mouvoir les aultres mouvements
Dont l'Orloge a ordenance et maniere :
Pour ce, poet (*peut*) bien ceste roe premiere
Signifier très convignablement
Le vray Desir qui le coer d'omme esprent....

Le plonk (*le poids*) trop bien à la Beauté s'accorde.
Plaisance s'est montrée par la corde
Si proprement, qu'on ne poroit mieulz le dire :
Car tout ensi que le contrepois tire
La corde à lui, et la corde tirée,
Quant la corde est bien à droit atirée,
Retire à luy et le fait esmouvoir,
Qui aultrement ne se poroit mouvoir :
Ensi Beauté tire à soy et esveille
La Plaisance dou coer....

Après, affiert à parler dou dyal (*mouvement diurne*).
Et ce dyal est la roe iournal
Qui, en ung iour naturel seulement,
Se moet (*se meut*) et fait un tour precisement :
Ensi que le soleil fait un seul tour
Entour la terre en un naturel jour.
En ce dyal, dont grans est li mérites,
Sont les heures xxiiii descrites :

Pour ce porte-t-il xxiii brochettes (*les chevilles de la
roue qui lèvent la détente du marteau des heures*)
Qui font sonner les petites clochettes,
Car elles font la destente destendre,
Qui la roe chantore fait estendre
Et li mouvoir très ordonnément,
Pour les heures monstrer plus clerement.
Après, affiert dire quel chose il loge
En la tierce partie de l'Orloge :

C'est le derrain (*dernier*) mouvement qui ordonne
La sonnerie, ainsi qu'elle sonne.
Or, fault savoir comment elle se fait.
Par deux roes ceste œuvre se parfait :
Si parte o li (*avec elle*), ceste première roe,
Un contrepois par quoy e se roe (*elle se meut*)
Et qui le fait le mouvoir, selone m'entente,
Lorsque levée est à point la destente,
Et la seconde est la roe chantore (*roue de la sonnerie*).
Ceste a une ordenance très notore (*notable*)
Que d'atouchier les clochettes petites,
Dont nuit et iour les heures dessusdites
Sont sonnées, soit estés soit yvers,
Ensi qu'il apertient, par chants divers....
Et pour ce que li Orloge ne poet
Aller de soy, ne noient ne se moet,
Se il n'a qui le garde et qui en songne (*qui en prend soin*).
Pour ce il faut, à sa propre besongne,
Ung orlogier avoir, qui tart et tempre (*à propos*)
Diligemment l'administre et attempre,
Les plons (*les poids*) relieve et met à leur debvoir,
Et si les fait rieulement (*par ordre*) mouvoir.

Et les roes amodere et ordonne
Et de sonner ordenance l'ordonne,
Encores met li orlogiers a point
Le foliot (*le modérateur du balancier*) qui ne cesse point
Ce fuiselet et toutes les brochettes ;
Et la roe qui toutes les clochettes
Dont les heures qui ens ou dyal sont
De sonner très certaine ordenance ont :
Mais que levée à point soit destente.

Encore poet moult, solone m'entente,
Li orlogiers, quant il en a loisir,
Toutes les fois qu'il il vient à plaisir,
Faire sonner les clochettes petites
Sans derieuler (*dérégler*) les heures des susdites....

(Voy. le *Journal des Savants*, ann. 1785, in-4°.)

Les premières Horloges à poids et contre-
poids, destinées à donner l'heure dans les
appartements, parurent, en France, en Italie et en Allemagne, vers le commencement
du quatorzième siècle. Elles furent d'abord
un objet de haute curiosité, et leur prix exor-

HORLOGE DE SAINT-MARC, A VENISE,

exécutée en 1496

bitant les rendit accessibles seulement aux grands seigneurs et aux riches citadins. Plus tard, elles devinrent plus communes; et alors elles ornèrent les cellules des moines, les cabinets des savants et les salons de la bourgeoisie. Ces horloges se suspendaient ordinairement contre les murs des appartements, et particulièrement dans les dortoirs ou chambres à coucher. On les plaçait aussi sur des piédestaux en bois sculpté, lesquels étaient vides intérieurement pour laisser le libre passage aux plombs ou poids. Dans l'inventaire de Charles V, il est fait mention d'une de ces Horloges, dont toutes les pièces étaient en argent richement ciselé. Ce chef-d'œuvre d'art et de mécanisme avait appartenu à Philippe-le-Bel, qui l'avait acquis d'un habile ouvrier de Wurtemberg. (Voy. l'inventaire de Charles V, *Bibl. Nat.*)

Le quinzième siècle produisit de grandes choses en Horlogerie, notamment sous Louis XII. Alors, par la puissante volonté de George d'Amboise, tous les beaux-arts se réveillaient en France, comme ils s'étaient déjà réveillés en Italie à la voix de Jules II et des Médicis.

En 1401, la cathédrale de Séville s'enrichit d'une magnifique Horloge à sonnerie. En 1404, Lazare, Servien d'origine, en construisit une pareille pour Moscou. Celle de la ville de Lubeck fut faite en 1405 : elle était décorée des figures des douze apôtres. Nous citerons encore la célèbre Horloge que J.-Galéas Visconti fit construire pour la ville de Pavie, et surtout celle de Saint-Marc de Venise, exécutée en 1495. (Voyez la gravure.)

Horloge à roues et à poids (XVᵉ siècle).
Extrait d'un ms. de la Bibl. nat. de Paris.

L'époque de Charles VII, signalée par tant de graves événements politiques, fut pourtant fertile en belles inventions dans les sciences et dans les arts. L'Horlogerie lui en doit quelques-unes, et, entre autres, celles du ressort-spiral et du réveille-matin. Le ressort-spiral est une lame d'acier très-mince, qui, se roulant sur elle-même dans un tambour ou *barillet*, produit, en se détendant, l'effet du poids sur les rouages primitifs. Ce ressort, pouvant agir dans un espace très-étroit, permit de faire de très-petites Horloges. On en voyait, sous Louis XI, qui n'étaient pas plus grosses que nos pendules de voyage. Carovagius et divers horlogers contemporains en fabriquèrent de cette espèce, à quantième, à sonnerie et à réveille-matin. La forme que les ouvriers du quinzième siècle donnèrent à leurs horloges portatives fut des plus élégantes : elles étaient sculptées et gravées avec un art parfait. On cite celle du cabinet de M. de Bruges comme un chef-d'œuvre. Cette Horloge est en fer damasquiné; elle représente divers sujets pieux d'un travail admirable. Quelques autres Horloges portatives, non moins belles, sont parvenues jusqu'à nous; on en trouve dans les musées de l'Europe et dans les collections particulières.

Il est difficile de constater l'époque précise de l'invention des montres. Pancirole

11

assure que de son temps, vers le déclin du quinzième siècle, on en faisait qui n'étaient

pas plus grosses qu'une amande;
ouvriers qui s'illustrèrent dans ce
Verfdier, n'était pas moins habile
André Alciat, un *réveil* d'une beauté
l'heure marquée, et du même coup
Nous n'avons pas de raisons pour
de du Verfdier, dont les assertions
die des Sciences; et nous croyons
fort bien travaillées et pourtant
tout en Allemagne, dès la
que Péters Héle fabri-
poche à Nuremberg,
la forme d'un œuf, ce
les fit appeler *œufs de*
Ayant étudié, comme
logerie du seizième siè-
l'habileté des horlogers
ne regardons pas comme
été offert au duc d'Urbin,
vere, en 1542, une mon-
sée dans une bague. On
1575, Parker, archevè-
gua à son frère Ri-
une canne en bois
une montre in-
pomme.Henri VIII
très-petite mon-
chait huit
être re-
Nous de-
que, dans
la marche
tites Hor-
fort irrégu-

Myrmécides est cité comme un des
genre de travail. Carovagius, dit du
que Myrmécides : il exécuta, pour
incomparable ; ce *réveil* sonnait
battait le fusil et allumait une bougie.
douter de la véracité de Pancirole et
ont été recueillies dans l'Encyclopé-
qu'en effet il existait des montres.
très-petites, en France, et sur-
fin du règne de Louis XI:
quait des montres de
en 1500; elles avaient
qui pendant longtemps
Nuremberg.
nous l'avons fait, l'Hor-
cle, et pouvant apprécier
de cette époque, nous
invraisemblable qu'il ait
Guid' Ubaldo della Ro-
re à sonnerie, enchâs-
sait, du reste, qu'en
que de Cantorbéry, Ié-
chard, évêque d'Ély,
des Indes, ayant
crustée dans la
possédait aussi une
tre, qui mar-
jours sans
montée.
vous dire
l'origine.
de ces pe-
loges était
lière; mais

Horloge en fer damasquiné (XVe siècle), du cabinet de MM. de Bruge et Labarte, à Paris.

peu de temps après leur apparition en Europe, un ouvrier, dont le nom n'est pas connu.
inventa la *fusée*. Cette pièce, de la forme d'un cône tronqué par le haut, servit à égaliser la force du ressort. A la base de cette fusée était attachée une petite corde de boyau.
qui, se roulant en spirale jusqu'au sommet, venait s'attacher au *barillet*, dans lequel
était renfermé le ressort.

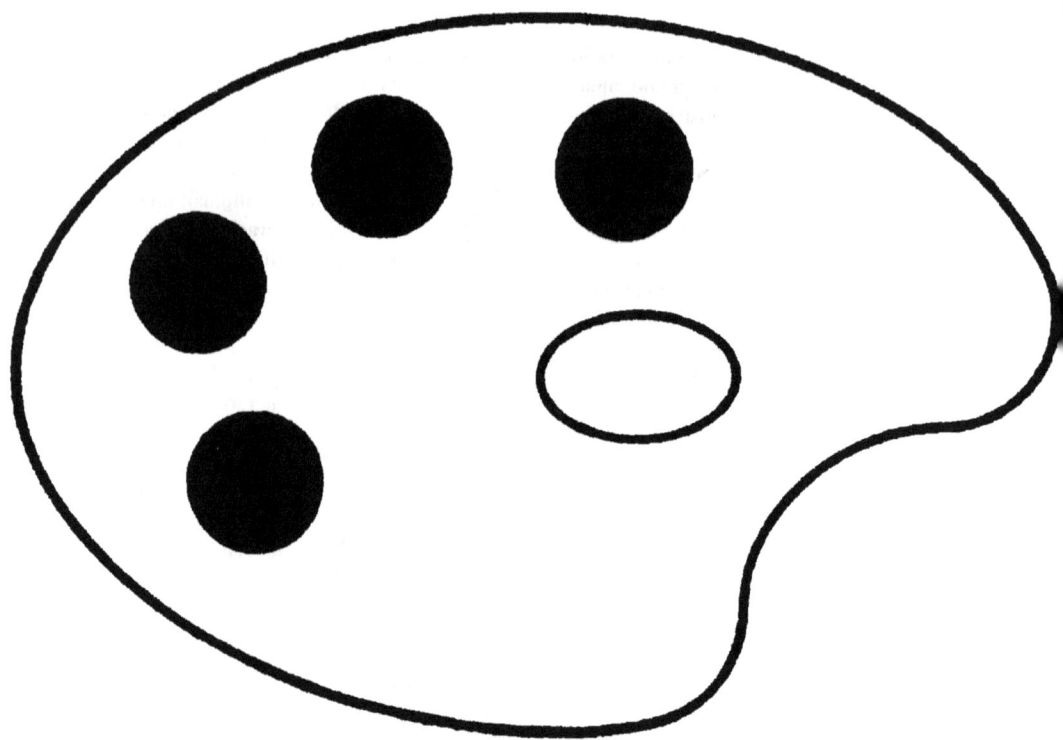

Original en couleur

NF Z 43-120-8

Voici en quoi consiste l'excellence de cette invention. Lorsqu'une montre est remontée jusqu'à son dernier point, le ressort a acquis une force considérable, et il pourrait entraîner le rouage avec une grande rapidité; mais, à ce moment, la chaîne venant agir sur le plus petit rayon de la *fusée* (c'est-à-dire au haut du cône), la force du moteur s'en trouve sensiblement diminuée. Si l'on suppose maintenant que la montre continue de marcher, il sera facile de se rendre compte de ceci : le ressort, en se détendant, perd progressivement de sa force; mais la chaîne, agissant simultanément sur les plus grands rayons du cône (la *fusée*), rétablit autant que possible l'équilibre, et la puissance du moteur sur le rouage reste uniforme.

L'inventeur de ce mécanisme rendit donc un important service à l'Horlogerie, puisque, par la *fusée*, on parvint à égaliser la marche des petites Horloges. Plus tard, un habile horloger, nommé Gruet, inventa les chaînes en acier, qui remplacèrent avantageusement les cordes de boyau, celles-ci ayant le grave inconvénient de se resserrer par la sécheresse et de se détendre par l'humidité.

Montres de l'époque des Valois (XVIe siècle). — Cabinet de M. Sauvageot, à Paris.

L'usage des montres se propagea rapidement en France et en Europe. Sous les règnes des Valois, il s'en fabriquait d'extrêmement petites : les formes que les artistes adoptaient de préférence étaient celles du gland, de l'amande, de la coquille, de la croix latine, de la croix de Malte. On en faisait aussi de carrées, d'oblongues, d'octogones, etc., la plupart artistement gravées, damasquinées, émaillées ; les cadrans étaient en cuivre doré ou en argent ciselé. L'aiguille qui marquait l'heure était presque toujours d'un travail admirable et d'une rare délicatesse ; quelquefois cette aiguille fut enrichie de pierres fines, incrustée d'émail. Quelques-unes de ces montres, par un mécanisme merveilleux, faisaient mouvoir des figures symboliques ou religieuses : c'étaient le Temps, Apollon, Diane, ou bien la Vierge, les douze Apôtres, etc. Vers le milieu du seizième siècle, il y avait à Paris une quantité assez considérable d'horlogers pour que l'on songeât à les réunir en communauté. Les statuts de cette communauté ayant été décrétés au commencement du règne de François Ier, nous les donnerons en substance, en engageant nos lecteurs à les méditer attentivement.

I.

l ne sera permis à aucun orfévre, ni autre, de quelque état et métier qu'il soit, de se mêler de travailler et négocier, directement ou indirectement, aucunes marchandises d'Horlogerie, grosses ou menues, vieilles ni neuves, achevées ou non achevées, s'il n'était reçu maître horloger à Paris, sous peine de confiscation des marchandises et amendes arbitraires.

II.

A l'avenir, ne sera reçu de la maîtrise d'horloger aucun compagnon d'icelui, ou qui ne soit capable de rendre raison en quoi consiste ledit art de l'horloger, par examen et par essai qui se fera en la boutique de l'un des gardes-visiteurs dudit art ; ensemble, que les chefs-d'œuvre qui se feront seront faits en la maison de l'un desdits gardes visiteurs, et que le compagnon ne soit apprenti de la ville.

III.

Nul ne pourra être reçu maître dudit art, qu'il ne soit de bonnes vie et mœurs, et qu'il n'ait fait et parfait le chef-d'œuvre, qui sera au moins un réveille-matin ; et seront tenus les gardes de prêter serment si ledit aspirant aura fait et parfait le chef-d'œuvre, et achevé le temps porté sur son brevet d'apprentissage, et montré quittance du maître qu'il aura servi.

IV.

Les maîtres dudit art d'horloger ne pourront prendre aucun apprenti pour moins de huit ans, et ne pourront lesdits maîtres prendre un second apprenti, que le premier n'ait fait les sept premières années de son apprentissage.

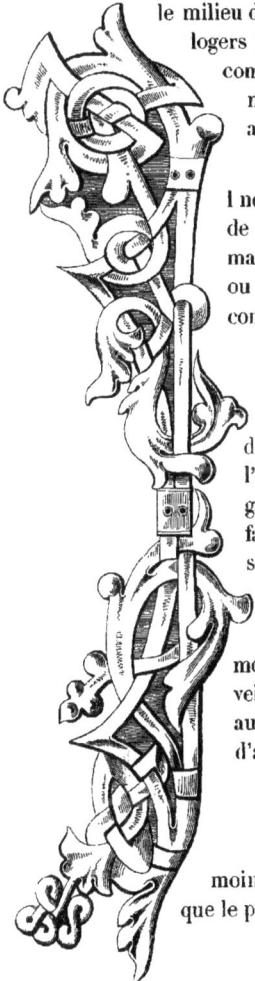

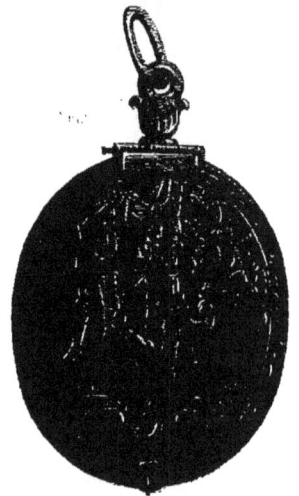

V.

Nul maître de ladite communauté ne pourra recevoir aucun apprenti qu'au-dessous de vingt ans.

VI.

Aucun ne sera reçu maître qu'il n'ait vingt ans accomplis.

VII.

Les maîtres horlogers pourront faire ou faire faire tous leurs ouvrages d'Horlogerie, tant les boîtes qu'autres pièces de leur art, de telle étoffe et matière qu'ils aviseront bon être pour l'embellissement de leurs ouvrages, tant d'or que d'argent et autres étoffes qu'ils voudront, sans qu'ils puissent en être empêchés ni recherchés par d'autres, sous peine de 15 livres d'amende.

VIII.

Il sera loisible à tous maîtres de ladite communauté de s'établir dans quelques villes, bourgs et lieux que leur semblera, et notamment dans les villes de Lyon, Rouen, Bordeaux, Caen, Tours et Orléans, et d'y exercer en toute liberté leur profession.

IX.

Les femmes veuves des maîtres dudit métier, durant leur viduité seulement, pourront tenir boutique et ouvroir du métier, et jouir du privilége d'icelui métier, pourvu que icelles ayent en leur maison hommes, sœurs et expert audit métier, dont elles répondront quand au besoin sera ; et, au cas où elles se remarieraient avec ceux dudit métier qui en seraient maîtres, faudrait et seraient tenus leurs seconds maris et étant de ladite qualité, faire chef-d'œuvre dudit métier, tel qu'il leur serait baillé et délibéré par les gardes-visiteurs, pour être faits et passés maîtres, s'ils étaient trouvés suffisants pour ledit chef-d'œuvre ; autrement lesdites veuves ainsi remariées ne jouiraient plus dudit métier ni des priviléges d'icelui.

ÉLECTIONS DES GARDES-VISITEURS.

I.

Avons statué et ordonné que la communauté des horlogers choisira ou élira deux prud'hommes, maîtres jurés dudit métier, lesquels, après ladite élection, seront institués gardes-visiteurs.

II.

Seront appelés aux élections des gardes-visiteurs horlogers les gardes en charge, les anciens maîtres qui ont passé la jurande, douze modernes et douze jeunes maîtres, lesquels y seront appelés alternativement tour à tour, selon l'ordre de leur réception.

III.

Lesdits gardes seront tenus de rendre compte de leur jurande quinze jours après qu'ils en seront sortis; l'élection desdits gardes sera faite annuellement quinze jours après la fête de Saint-Éloi; le tout en présence des anciens et autres maîtres, ainsi qu'il est accoutumé.

CONVOCATION D'ASSEMBLÉE ET REDDITION DE COMPTE.

Ordonnons que toutes les fois qu'il sera nécessaire d'assembler les maîtres pour délibérer sur les affaires de la communauté, ils seront tenus de se trouver en leur bureau, à peine de 3 livres d'amende contre chacun des défaillants, au profit de la communauté, s'ils n'en sont dispensés par cause légitime, en faisant avertir les gardes.

Les gardes en charge seront tenus de se charger de tous les effets généralement de la communauté, reçus ou non reçus, et d'en charger ceux qui leur succéderont.

Tout syndic, juré ou receveur comptable, entrant en charge dans la communauté des horlogers, sera tenu d'avoir un registre-journal qui sera coté et paraphé par le lieutenant-général de police à Paris, dans lequel il écrira les recettes et dépenses qu'il fera, au jour et à mesure qu'elles seront faites.

VISITES DES GARDES-VISITEURS CHEZ LES MAITRES.

I.

Pourront lesdits gardes-visiteurs faire visitation à tels jour et heure que bon leur semblera, appeler avec eux un sergent du Châtelet, sur tous les maîtres dudit art d'horloger en cette ville et banlieue de Paris, soit en général, soit en particulier; et, faisant icelle visitation, prendre, saisir et enlever les ouvrages achevés ou commencés qui se trouveront mal façonnés et de mauvaises étoffes, pour être par eux plus amplement vus et visités, et être représentés en justice.

II.

Les gardes-visiteurs feront, par chaque an, chez chaque maître et veuve de maître, autant de visites qu'ils jugeront nécessaires pour les maintenir dans la discipline qu'ils sont obligés d'observer, à condition que les maîtres n'en payeront que quatre.

La communauté des horlogers de Paris est de la juridiction du lieutenant de police, ainsi que les autres corps de cette ville; ce qui concerne le titre des matières d'or et d'argent dont on fait les boîtes de montre, dépend de la cour des monnaies.

Les parties qui concernent l'art de l'Horlogerie sont dépendantes de la communauté.

Ces statuts, que l'on peut lire en entier dans les ordonnances et les édits rendus par

François Ier, n'étaient préjudiciables qu'à l'ignorance et à la mauvaise foi ; ils servaient de frein au charlatanisme et à la cupidité.

Sous l'empire de ces sages institutions, protectrices du travail, les maîtres horlogers du seizième siècle n'avaient pas à redouter la concurrence des personnes étrangères à la corporation. S'ils se préoccupaient de la supériorité artistique de quelques-uns de leurs confrères, c'était dans le but tout moral de leur disputer les premières places et de les devancer dans la carrière qu'ils avaient à parcourir. Cette émulation était on ne peut plus favorable au développement de l'Horlogerie. Le travail du jour, supérieur à celui de la veille, était surpassé par celui du lendemain. Ce fut par ce concours incessant de l'intelligence et du savoir, par cette rivalité légitime et fortifiante de tous les membres de la même famille industrielle, que la science elle-même atteignit peu à peu l'apogée du bien et le sublime du beau. L'ambition des ouvriers était d'arriver à la maîtrise, et ils atteignaient ce but avec facilité lorsqu'ils étaient laborieux et capables. L'ambition des maîtres était de se faire un nom respectable par leur probité commerciale et par la bonne confection de leurs ouvrages ; c'était là ce qui les conduisait aux honneurs du syndicat, cette magistrature consulaire la plus honorable de toutes. car elle était le fruit de l'élection et la récompense des services rendus à l'art et à la communauté. Les rois qui se succédèrent en France, depuis François Ier jusqu'à Louis XIII, améliorèrent, par de bons édits, les statuts de la corporation des horlogers. Cependant, dans certaines circonstances, comme celles de la naissance d'un enfant de France, d'une entrée solennelle dans la ville, etc., les rois s'étaient réservé le droit d'exempter des lettres de maîtrise des ouvriers qui n'avaient pas encore rempli les obligations imposées à tous par les statuts de la corporation ; quelques abus furent la suite de ces royales faveurs : aussi furent-ils signalés à Louis XIV, à son avénement au trône, par les maîtres horlogers de Paris. Ce prince, par lettres patentes qu'on va lire, mit sagement fin aux abus qui s'étaient perpétués sous le règne de ses ancêtres.

LETTRES PATENTES QUI FURENT DONNÉES AUX MAITRES HORLOGERS DE PARIS, PAR LOUIS XIV, EN OCTOBRE 1652.

ouis, par la grâce de Dieu, etc.

Quoique les rois nos prédécesseurs n'aient perpétuellement rendu leurs intentions favorables aux vœux de leurs sujets qu'autant qu'ils étaient réduits sous la justice des soumissions capables de mériter l'honneur de leur bienveillance, nous avons toute-

fois, dès notre avénement à la couronne, pratiqué les maximes d'une politique moins rigoureuse, puisque nos peuples, en général, ont ressenti les effets de nos grâces dans la confirmation de leurs priviléges, avant qu'ils eussent presque fait la demande, et que les particuliers se sont insensiblement vus élevés au point d'une quiétude qu'ils n'osaient auparavant espérer. La nécessité des intelligences honnêtes de quelques négociants, les adresses de quelques personnes attachées à la curiosité des mécaniques, et les ouvrages ingénieusement faits de quelques artisans, nous ont obligé de les exempter de nos lettres de maîtrise, concédées soit en faveur de mariage, de naissance d'enfants de France, d'entrée en nos villes, ou pour autres considérations importantes à notre État; mais, parce que l'expérience nous a fait connaître, depuis notre heureux retour en notre bonne ville de Paris, est infiniment au-dessus de ceux que nous avons bien voulu gratifier, que par l'application d'un mouvement inconnu il fait découvrir les degrés du soleil, le cours de la lune, les effets des astres, la disposition des moments, des secondes, des minutes, des heures, des jours, des semaines, des mois et des années, les productions des métaux, les qualités des minéraux, et que toutes les sciences contribuent unanimement au succès favorable de ces objets; que le coup d'une Horloge, adroitement disposé, préserve la personne d'un malade des atta- ques funestes de ses douleurs, quand le remède lui est proportionnellement donné à l'heure prescrite par le médecin; qu'une bataille se trouve ordinairement au point de sa gloire par le secours d'un juste réveille-matin; et que l'invention de la montre doit effectivement passer pour le principal mobile du repos, de la douceur et de la tran- quillité des hommes. Nous estimons aussi qu'il est bien raisonnable d'empêcher que dorénavant nuls ne se puissent faire admettre audit art que ceux qui auront été réduits sous la discipline d'un apprentissage, d'un chef-d'œuvre conditionné et d'une expérience judicieusement imposée, puisque même les maitres jusqu'à présent reçus en notre dite ville se sont rendus si habiles que leur industrie surpasse de beaucoup celles des étran- gers, tant en la beauté de leurs ouvrages qu'en la bonté qu'ils se sont particulièrement étudiés d'y garder, dont nous tirons un avantage de si grande conséquence, que les plus considérables de notre Cour, les marchands et tous nos peuples ont perdu le désir d'en chercher ailleurs, et que par ce moyen le transport de nos monnaies ne se fait plus maintenant dans les pays éloignés, comme il se faisait ci-devant. C'est pourquoi les maîtres horlogers de notre dite ville, faubourgs et banlieux de Paris, nous ayant pré- senté requête en notre conseil à ce qu'il nous plût leur octroyer nos lettres nécessaires pour en leur faveur interdire lesdites lettres de maîtrise : nous, avant leur faire droit. l'aurions, par arrêt du 21 novembre 1651, renvoyé au prévôt de Paris, ou son lieute- nant-civil, afin de nous donner son avis sur les conclusions d'icelle, qu'il aurait délivré le 3 décembre en suivant, tel que nous pouvions le désirer, pour leur concéder nosdites lettres avec plus grande connaissance de cause. A ces *causes*, et pour plus étroitement obliger lesdits maîtres horlogers, en la continuation de leurs premières adresses, d'ex- celler en leur art, d'en pousser les avantages à un tel point, que les étrangers se voient

frustrés de l'espérance de les égaler, et pareillement éviter les abus qui se pourraient trop souvent glisser si toutes sortes de personnes y étaient admises sans l'usage de quelques précautions très-exactes, de l'avis de notre conseil, qui a vu la requête desdits exposants, ledit arrêt du 21 novembre 1651, et l'avis dudit lieutenant-civil, du 3 décembre en suivant; le tout si attaché sous le contre-cel de notre chancellerie; nous avons, par ces présentes, signées de notre main et de notre grâce spéciale, pleine puissance et autorité royale, dit et ordonné, disons et ordonnons qu'à l'avenir nos édits et lettres de maîtrise octroyées en faveur de mariage, naissance d'enfants de France, couronnements, entrées dans nos villes, etc., n'auront lieu ni effet pour ledit art d'Horlogerie, et n'en seront expédiées ni délivrées aucunes par notre chancelier et garde de nos sceaux de France, ce que nous interdisons et défendons; et, à cet effet, avons ledit art d'Horlogerie excepté et réservé de l'exécution des édits, faits et à faire par nous et les rois nos successeurs, pour la création des maîtres en l'étendue de notre royaume, sur quelque sujet que ce puisse être..... Voulons, au contraire, que nul ne puisse tenir boutique ouverte, ni travailler dudit art en notre dite ville, faubourgs et banlieue d'icelle, qu'il n'ait auparavant fait apprentissage, chef-d'œuvre et expérience, conformément aux statuts : cassant et révoquant dès à présent, comme pour lors, toutes lettres de maîtrise qui pourraient être expédiées par surprise ou autrement, au préjudice desdites présentes, et défendons à tous nos juges d'y avoir aucun égard. Si donnons en mandement à nos amés et féaux conseillers, les gens tenant notre cour de parlement à Paris, prévôt dudit lieu, ou son lieutenant-civil, et à tous nos autres justiciers et officiers qu'il appartiendra, que cesdites présentes ils aient à faire enregistrer, garder et observer inviolablement, et du contenu en icelles jouir et user lesdits maîtres horlogers pleinement et paisiblement, cessant et faisant cesser tous troubles et empêchement, et au contraire, et à ce faire contraindre et obéir tous ceux que besoin sera, nonobstant oppositions et appellations quelconques, statuts, priviléges, ordonnances et lettres au contraire, auxquelles et aux dérogatoires y contenues nous avons dérogé et dérogeons par cesdites présentes : car tel est notre bon plaisir, etc., etc.

Sous Charles IX et Henri III, beaucoup d'horlogers, en France et dans quelques autres parties de l'Europe, acquirent une réputation justement méritée. La plupart de ces artistes devaient posséder de grandes connaissances scientifiques; il fallait qu'ils connussent les mathématiques, la chimie, l'astronomie, la géométrie et la mécanique. On voit, dans le Trésor impérial de Vienne, dans le *Kunstkammer* de Berlin, au *grüne Gewœlbe* de Dresde, à l'Escurial en Espagne, à Florence, à Bruxelles, à Bruges et à Gand, dans différentes villes de l'Angleterre et de la France, enfin, à Paris, dans les riches collections de MM. Labarte et Sauvageot, des horloges portatives qui accusent un savoir éminent et une prodigieuse habileté de la part de leurs auteurs. Quelques-unes de ces petites Horloges sont d'une complication telle, que, même en ce siècle de lumières et de progrès, peu d'horlogers seraient capables de les exécuter. Elles marquaient, outre les heures, le quantième du mois, les jours de la semaine, les phases de la lune, le

12

lever et le coucher du soleil, les signes du zodiaque, etc., etc.; elles sont, en outre, à sonnerie et à réveille-matin. Quant à la forme de ces petites Horloges, quant aux ornements dont on les décorait, ils étaient d'une exquise beauté; et l'on dirait, à les consi-

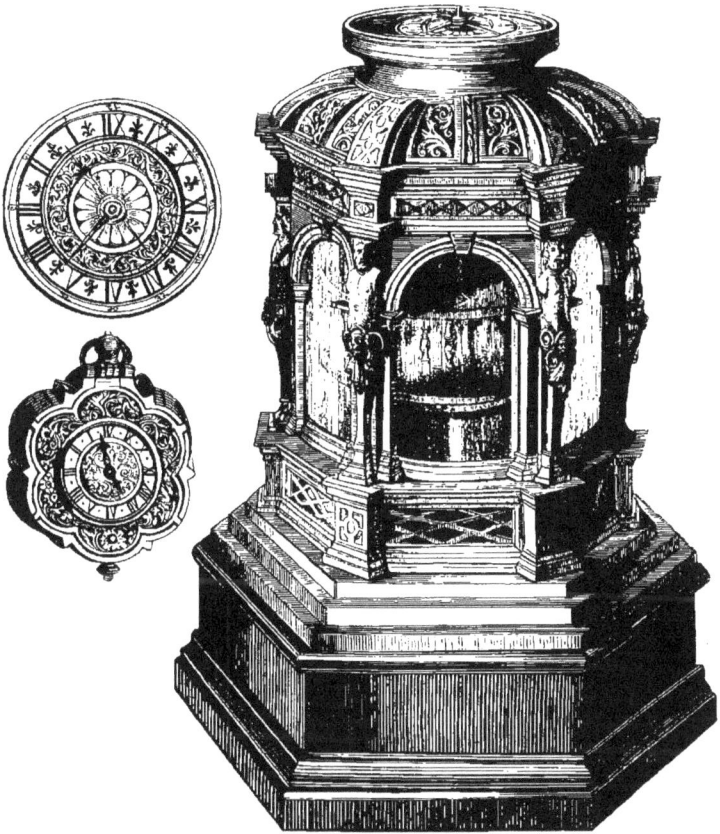

Horloge et montres Sauvageot (seizième siècle).

dérer aujourd'hui, que tous les ouvriers de cette grande époque furent des Benvenuto Cellini.

On a recueilli un grand nombre de noms d'horlogers du seizième siècle; nous nous bornerons à en mentionner les plus célèbres; ce sont : Daniel Van (Amsterdam); Conrad, Kreizer (Nuremberg); Antoine (Padoue); Jen Ventrossi (Florence); Myrmécides fils, Duboule, Pierre Portier, Gervais, Delorme, Étienne Maillard, Le Noir, Jolly, Binet,

F. Sere et Racinet del.   Imprimé par Plon frères

1. XVIe siècle. — Horloge appartenant à M. Sauvageot, à Paris.
2. XVIIe siècle. — Boîte de montre en argent ciselé.
3. XVIIIe siècle. — Montre de l'époque de Louis XV, appartenant à Madame de Villeneuve, à Paris.

F. Sere direxit

François, Mallart, Roger, Sennebier (Paris); Jan Jacobs (Hærlem); Verner, auteur

Horloge de cabinet (seizième siècle).

lequel on leur allouait 7,000 florins, la nourriture, l'entretien et le logement. Isaac Habrecht signa seul le contrat, parce que son frère Josias, âgé seulement de dix-neuf ans, n'était pas encore reçu maître, et qu'il fut bientôt appelé par l'électeur de Cologne pour exécuter l'Horloge du château de Kayserswerth ; et Isaac acheva seul l'œuvre qu'il avait entreprise et à laquelle il mit la dernière main le 24 juin 1574.

DESCRIPTION DE L'HORLOGE DE STRASBOURG.

'Horloge de Strasbourg est entourée de deux balustrades, dont l'une est en bois et l'autre en fer. Elle est divisée en trois étages. Sur le premier est un globe astronomique porté sur le dos d'un pélican. Ce globe, qui a trois pieds de diamètre, pèse cent livres. Sa composition est un mélange de toile, de mastic, de craie et de papier. Il tourne toutes les 24 heures. Il représente le lever et le coucher du soleil et de la lune, ainsi que le cours et le mouvement des astres, qui tous font leur révolution astronomique par le moyen des ressorts et rouages cachés dans le pélican. Dasypodius, qui avait composé ce globe, en 1557, pour son usage personnel, l'estima lui-même comme le plus considérable et le meilleur morceau de son travail. Vis-à-vis de ce globe se trouve un tableau rond, haut de dix pieds, qui est divisé en trois parties. La première et la plus grande, ayant neuf pieds de diamètre, contient un calendrier perpétuel, marquant les mois, les semaines et les jours. Apollon et Diane, debout sur des piédestaux, sont placés de chaque côté du calendrier. Apollon, qui désigne le soleil, marque chaque jour de l'année avec une flèche qu'il tient en main : Diane, qui représente la lune, marque le jour où se termine la moitié de l'année. Cette première partie du tableau rond tourne de gauche à droite, fait son mouvement de rotation une fois par an et marque chaque jour de l'année par les noms des saints, comme ils sont écrits dans le calendrier. On y remarque entre autres celui de *Luthe-rus*, placé au 13 février. La seconde partie du tableau, dont le diamètre est de huit pieds, a son mouvement de droite à gauche, et ne fait qu'un tour en cent ans, c'est-à-dire qu'elle était divisée en cent parties égales, dont chacune devait marquer l'année courante, depuis 1573 jusqu'à 1673. Elle indiquait aussi l'année de la création du monde (de 5535 à 5635), les équinoxes, les heures et les minutes, les dates de la Quinquagésime, de Pâques et de l'Avent, les concurrents, la Lettre dominicale, les bissextes, etc. Toute cette partie avait été calculée suivant le calendrier Julien. La troisième partie du rond, qui est la plus petite, est placée au centre et n'a aucun mouvement. Elle repré-

HORLOGE ASTRONOMIQUE DE STRASBOURG,

exécutée en 1573, par Conrad Dasypodius.

F. SÉRÉ DIREXIT.

sente la carte d'Allemagne, et principalement le cours du Rhin et le plan de Strasbourg ; on y lit aussi les noms de ceux qui ont construit l'Horloge. Aux quatre coins de ce tableau, sont les quatre saisons figurées par les quatre âges de l'homme.

Chaque côté du second étage a pour ornement un lion, dont l'un tient les armes de la ville, et l'autre celles des directeurs de la fabrique. Sur la gauche de cet étage, est posée la tourelle qui renferme les poids et les principaux rouages de l'Horloge.

Au-dessus de l'astrolabe et au-dessous de l'entablement du troisième étage, est un cadran qui marque le cours et le quantième de la lune. Ses phases y sont marquées au moyen d'un nuage, d'un côté duquel cet astre s'élève et montre successivement son croissant, son premier quartier et son plein ; puis, rentrant sous l'autre côté du nuage, fait voir également sa décroissance successive.

Au troisième étage est une roue, sur laquelle sont attachés quatre Jacquemarts représentant les quatre âges de l'homme, et qui en tournant frappent les quarts d'heure sur des cymbales. Plus haut est un nouvel entablement, où se trouve la cloche des heures, près de laquelle sont Jésus-Christ et la Mort : celle-ci, s'approchant à chaque quart d'heure, est repoussée par le Sauveur ; mais, l'heure étant venue, la Mort s'avance pour la sonner ; et cette fois-ci Jésus-Christ lui permet de remplir sa mission, afin de montrer aux hommes que la mort, tôt ou tard, arrive à son but.

Au-dessus du troisième étage est le dôme de l'Horloge, dans lequel est un carillon qui joue quelques airs de cantiques anciens. Ce carillon est de l'invention de David Wolckstein.

La tourelle qui est sur la gauche, et qui renferme les poids et contre-poids de l'Horloge, est ornée des peintures de Tobie Stimmer. Au-dessus de cette tourelle est un coq automate, qui était celui de l'ancienne Horloge de l'année 1353, et qui fut conservé dans la nouvelle. Ce coq, après le carillon, déploie avec bruit ses ailes, allonge le cou, et par deux fois fait entendre son chant naturel.

Au-dessus de cet automate est peinte la figure d'Uranie, qui préside aux mathématiques. Plus bas est représenté le colosse ou la statue dont il est parlé dans le septième chapitre de Daniel, et qui désigne les quatre monarchies. Dans la partie la plus inférieure est le portrait de Nicolas Copernic ; Tobie le fit sur la copie d'après l'original que le docteur Tidemann Gysse envoya de Dantzig à Dasypodius.

Sur la gauche de la tourelle, vis-à-vis le chœur de l'église, sont les trois Parques, Lachésis tenant la quenouille, Clotho filant, et Atropos coupant le fil de la vie.

Sur la droite, du côté du portail, est l'escalier de pierre, fait en limaçon, par lequel on monte à l'Horloge.

Le mathématicien Dasypodius survécut encore vingt-sept ans à la construction de l'Horloge dont il avait conçu le plan et dirigé les travaux. Chanoine de Saint-Thomas depuis 1562, il en fut nommé custos en 1577, par l'évêque Jean de Manderscheid. Il était doyen de cette église lorsqu'il mourut le 26 avril 1601.

Isaac Habrecht, son principal coopérateur, mourut à Strasbourg, le 11 novembre 1620, à l'âge de 76 ans. Son portrait fut gravé en 1602. Au-dessus de cette estampe on lisait un distique latin à la louange de ce célèbre horloger.

Ses descendants eurent la direction de l'Horloge de Strasbourg jusqu'en l'année 1732, époque où le dernier des Habrecht mourut. (Voy. *Melchior Adam, Osée Schad, J. Schilter, l'abbé Grandidier*, etc.)

Plusieurs historiens, et entre autres Dumont, dans son *Voyage en France*, et Angelo Rocca, dans son *Commentarium de Campanis*, disent que l'on attribuait la construction de l'Horloge de Strasbourg à Nicolas Copernic, qui florissait vers le milieu du seizième siècle. Ils ajoutent qu'après que cet habile mathématicien eut mis la dernière main à son œuvre, les échevins et consuls de la ville lui firent crever les yeux pour lui ôter la possibilité d'en exécuter une pareille autre part.

Quant au premier fait, il est dénué de tout fondement, et il est même probable que Copernic n'a jamais vu l'Horloge de Strasbourg. Le second fait tombe de lui-même; c'est un conte populaire, absurde de tout point, et nous nous étonnons à bon droit que des écrivains exacts et judicieux s'en soient faits les propagateurs.

ARTICLE III.

L'Horloge de Lyon, faite en 1598 par Nicolas Lyppyus, de Bâle en Suisse, acquit une célébrité non moins grande que celle de Strasbourg. Moins compliquée que cette dernière, elle était beaucoup mieux exécutée. Quelques années plus tard, elle fut réparée et notablement augmentée par Neurisson, habile horloger lyonnais. Dumont, qui a vu cette Horloge vers le milieu du dix-septième siècle, en donne la description suivante (voy. la gravure) :

DESCRIPTION DE L'HORLOGE DE LYON.

a première chose que l'on remarque dans cette Horloge, c'est un grand astrolabe dans lequel les mouvements des cieux sont si bien représentés, que l'on y peut reconnaître distinctement et exactement le cours des astres, et généralement l'état du ciel à chaque heure du jour. Le soleil y paraît sur le zodiaque dans le degré du signe où il doit être, et marque journellement son lever et son coucher, la longueur des jours et des nuits, et même la durée des crépuscules, avec une justesse surprenante. La lune, qui n'y paraît jamais éclairée que du côté qui regarde le soleil, marque par là, aussi bien que par l'aiguille, son âge, son accroissement et décroissement insensibles, et enfin sa plénitude.

» Non-seulement les douze maisons du ciel y sont très-nettement distinguées, mais aussi la division des jours en douze parties égales, qui sont les heures

OPERA ET STVDIO
GVILELMI NOVRRISSON
LVGDVNI

Régnier del.

Dumont sc.

HORLOGE DE LYON.

F. Seré direxit.

inégales des Juifs par lesquelles ils avaient accoutumé de compter, comme il paraît par plusieurs passages de l'Écriture sainte.

» Une grande alidade qui traverse tout cet astrolabe représente le premier mobile, donne le mouvement du soleil dans l'écliptique; et, marquant de ses extrémités les 24 heures du jour, indique en même temps le mois et le jour courants, aussi bien que le degré du signe que le soleil parcourt ce jour-là. Mais ce qu'il y a de plus admirable, c'est que, pendant que cette alidade achève en 24 heures son mouvement d'orient en occident, tout le système et chacune de ses parties conserve ses mouvements, et toutes les révolutions particulières s'achèvent, chacune en son temps, sans désordre ni confusion.

» La plupart des étoiles fixes sont posées tout à l'entour dans leur véritable situation, de sorte qu'on peut voir à toute heure celles qui sont dessus et dessous l'horizon. Au-dessus de cet astrolabe merveilleux, il y a un calendrier pour soixante-six ans, qui marque les années depuis la naissance de notre Seigneur Jésus-Christ, le Nombre d'or, l'épacte, la lettre dominicale, les fêtes mobiles; et le tout change dans un moment, le dernier jour de l'année, à minuit.

» On y voit encore un almanach perpétuel qui marque les jours du mois, les ides, les nones, les calendes, la fête du jour, l'office que l'on doit lire dans l'église et le cycle des épactes. Enfin, on peut dire que cette Horloge est un vrai microcosme (monde en abrégé).

» Il est vrai qu'une partie de tout cela se voit à l'Horloge de Strasbourg, et qu'il y a de plus des figures qui sonnent les heures en passant par une petite galerie et frappant chacune un coup sur le timbre; mais, en récompense, on trouve en celle-ci des mouvements qui lui sont tout particuliers et qui ne se voient, que je sache, en aucune autre du monde.

» Aussitôt que le coq a chanté, les anges qui sont dans la frise du dôme entonnent l'hymne de saint Jean-Baptiste: *Ut queant laxis*, en sonnant de petites cloches qui y sont disposées exprès, ce qu'ils font avec une justesse qui donne du plaisir.

» Une autre singularité qui n'est pas moins remarquable, c'est celle des jours de la semaine; ils sont représentés par des figures humaines placées dans des niches où elles se succèdent les unes aux autres régulièrement à minuit. La première figure, qui représente le dimanche, est un Christ ressuscité avec ce mot au-dessous: *Dominica;* la seconde est une Mort, *Feria secunda;* la troisième est un saint Jean-Baptiste, *Feria tertia;* la quatrième, un saint Étienne, *Feria quarta;* la cinquième, un Christ qui soutient une hostie, *Feria quinta;* la sixième, un enfant qui embrasse une croix, *Feria sexta;* et la septième, une Vierge, parce que ce jour lui est consacré, *Sabbatum.* C'est ainsi que l'ingénieur de cette Horloge a exprimé les jours de la semaine, pour suivre en cela la coutume de l'Église romaine, qui ne les appelle pas, comme nous, lundi, mardi, mercredi, etc., mais *Feria secunda, tertia, quarta*, etc.

» Tout cela, comme vous voyez, est fort curieux, ou, pour mieux dire, fort admi-

13

rable, mais beaucoup moins encore que ce que je vais vous dire. Au côté droit de l'Horloge, il y a un autre cadran pour les heures et les minutes, dont la forme étant tout à fait ovale, il faut que l'aiguille qui indique s'allonge et s'accourcisse de cinq pouces à chaque bout, et cela deux fois par heure : ce qui jette dans l'admiration tous ceux qui se donnent la peine d'examiner son mouvement.

» Je n'entrerai pas dans un plus grand détail, parce que insensiblement la description de cette Horloge nous mènerait trop loin; ce que je viens de dire suffit pour faire voir de combien elle l'emporte sur celle de Strasbourg. On verra par l'estampe que l'Horloge de Saint-Jean de Lyon a été refaite par un nommé Guillaume Nourrisson, qui depuis a été horloger de son altesse électorale de Brandebourg à Berlin, où il s'était retiré pour la religion. Ce fut en l'année 1660 qu'elle fut achevée et mise à sa place par l'ordre du chapitre qui l'a fait faire. Il est pourtant certain que ce n'est pas Nourrisson qui en a été le premier inventeur; il n'a fait que travailler sur l'ouvrage d'un autre; il l'a seulement enrichi de quelques nouveaux mouvements.

» Il y a bien longtemps que l'Horloge de Lyon est en réputation, et même plus de cinquante ans avant la naissance de Guillaume Nourrisson. Ce fut un mathématicien qui vivait dans l'autre siècle, nommé Lyppyus, de Bâle en Suisse, qui l'avait faite et inventée. » (Voy. la gravure.)

Cette Horloge donna lieu à une fable à peu près semblable à celle qu'a produite Rocca au sujet de l'Horloge de Strasbourg. Le peuple avait la ferme croyance que Lyppyus fut mis à mort après avoir achevé son chef-d'œuvre. Cette tradition s'est maintenue jusqu'à notre dix-neuvième siècle; et il n'est pas rare d'entendre encore aujourd'hui, à Lyon, d'ignorantes vieilles femmes ou d'infimes ciceroni affirmer l'authenticité de cet inqualifiable assassinat. Nous ne chercherons pas à prouver l'absurdité d'une telle fable : nos lecteurs savent bien que, même au seizième siècle, on ne tuait pas les gens pour *crime de chef-d'œuvre*. Si, vers la même époque, l'horloger Clavelé fut brûlé vif, ce n'est pas parce qu'il avait fabriqué la première Horloge en bois : on s'est plu à en faire un sorcier, uniquement parce qu'il était calviniste. Quant à Lyppyus, bien loin de le faire mourir injustement, on le combla d'honneurs; la ville lui fit une pension considérable dont il jouit jusqu'à sa mort. Son portrait se vendait publiquement, comme ceux des rois et des princes. Au bas de cette image du savant auteur de l'Horloge de Lyon, on lisait cette inscription : *Nicolaus Lypius Basiluus Ætat.* 32. A 1598.

A toutes les Horloges remarquables déjà citées, il faut ajouter celles de Saint-Lambert de Liége, de Nuremberg, d'Augsbourg, de Bâle, et enfin celle de Médina-del-Campo.

L'époque de Louis XIII fut le dernier reflet de la renaissance des arts en Europe. La décadence se faisait pressentir en Allemagne, en France et en Italie. (Nous parlons là de l'art proprement dit, mais non pas de l'art mécanique.) L'Angleterre seule, quoique profondément ébranlée par de grands événements politiques et par la chute d'une tête royale, n'en continua pas moins à produire des pièces d'Horlogerie comparables, sous

Jeu du carillon de l'horloge de Liége.

bien des rapports, à celles du règne d'Élisabeth. On voit à Londres, dans plusieurs cabinets d'amateurs, et entre autres dans celui du docteur Hobbes, des Horloges portatives et des montres, fabriquées sous Charles 1er, qui toutes sont remarquables par l'excellence du mécanisme et par la richesse des ciselures. Sous le même règne, ou pendant la dictature de Cromwell, des artistes anglais d'un véritable talent exécutèrent des Horloges monumentales qui furent placées dans diverses églises de Londres et dans les cathédrales d'Édimbourg, de Glascow, de Perth, de Dublin, etc. Le docteur Hélein cite particulièrement l'Horloge de Saint-Dunstan, à Londres, et celle de la cathédrale de Cantorbéry.

Les horlogers français de la même époque se bornaient à imiter les ouvrages de leurs devanciers. Cependant, quelques années avant la mort du cardinal de Richelieu, des artistes recommandables firent de louables efforts pour créer une ère nouvelle à l'Horlogerie. Ils inventèrent des outils précieux pour la confection des pièces qui composent les rouages des montres et des Horloges grosses ou petites. (On peut voir le détail de ces inventions dans l'excellent ouvrage de Thiout l'aîné.) La partie purement mécanique de l'art s'améliora donc quelque peu sous certains rapports; mais la forme extérieure, l'élégance et la pureté du dessin, l'originalité et la vigueur de la ciselure et de la gravure dégénérèrent rapidement. Les grosses Horloges elles-mêmes perdirent de leur prestige; on les fit sans automates; les vieux Jacquemarts tombèrent en discrédit; leurs bras de fer, rouillés par le temps, se levaient en criant pour frapper les heures. Hélas! ces vétérans de l'Horlogerie ancienne semblaient pressentir la fin de leur règne !

Ainsi, comme on vient de le voir, l'Horlogerie proprement dite naquit au Moyen Age : elle était admirable à la Renaissance; mais, disons-le, si les quatorzième, quinzième et seizième siècles furent si fertiles en grands horlogers, il faut, avant tout, en rendre hommage aux puissants protecteurs qui ne se lassèrent pas d'encourager les maîtres de l'art, soit en applaudissant à leurs succès, soit en leur aplanissant le chemin des honneurs et de la fortune. Parmi les protecteurs éclairés de la science des Jean Jouvence et des Henri de Vic, nous nous ferons un devoir de citer Charles V, Philippe-le-Hardi, duc de Bourgogne; Louis XII, Georges d'Amboise, Maximilien Ier, empereur d'Autriche; Jean-Galéas Visconti, François Ier, Charles-Quint, le duc d'Urbin, Henri VIII et les principaux seigneurs de sa cour, Maximilien II, et enfin Henri II, Charles IX, Henri III et Henri IV.

Charles-Quint fit plus que de s'intéresser à l'Horlogerie : il aima passionnément cette belle science. On sait, en effet, qu'après avoir déposé volontairement sa couronne impériale, ce prince, voulant terminer sa vie dans la retraite, trouva dans son goût pour les arts mécaniques un secours assuré contre les ennuis résultant de la monotonie du cloître. Il engagea Jannellus Turianus, un des plus grands mathématiciens de son époque, à venir habiter avec lui le couvent de Saint-Just; et là, ces deux hommes, célèbres à divers titres, s'occupèrent à composer des pièces mécaniques fort curieuses, dont les effets surprenants émerveillèrent les religieux du monastère. Turianus et son illustre émule construisirent successivement de grosses montres à quantième et à réveille-matin, des Horloges portatives à automates fort compliquées. Charles-Quint se fût trouvé heureux s'il eût pu parvenir à les régler simultanément; mais, quelles que fussent les peines qu'il se donnait, il gémissait de voir chacune de ces Horloges varier plus ou moins, et sonner la même heure à quelques minutes d'intervalle. Le vainqueur de François Ier, et le plus profond politique du seizième siècle, tentait en effet l'impossible. On faisait, à son époque, des pièces d'Horlogerie merveilleusement travaillées; mais il n'était donné à personne de les faire marcher sans perturbation. Galilée ne vivait pas encore! Huyghens n'avait pas appliqué le pendule aux Horloges !

FIN DE LA PREMIÈRE PARTIE.

HISTOIRE DE L'HORLOGERIE.

SECONDE PARTIE.

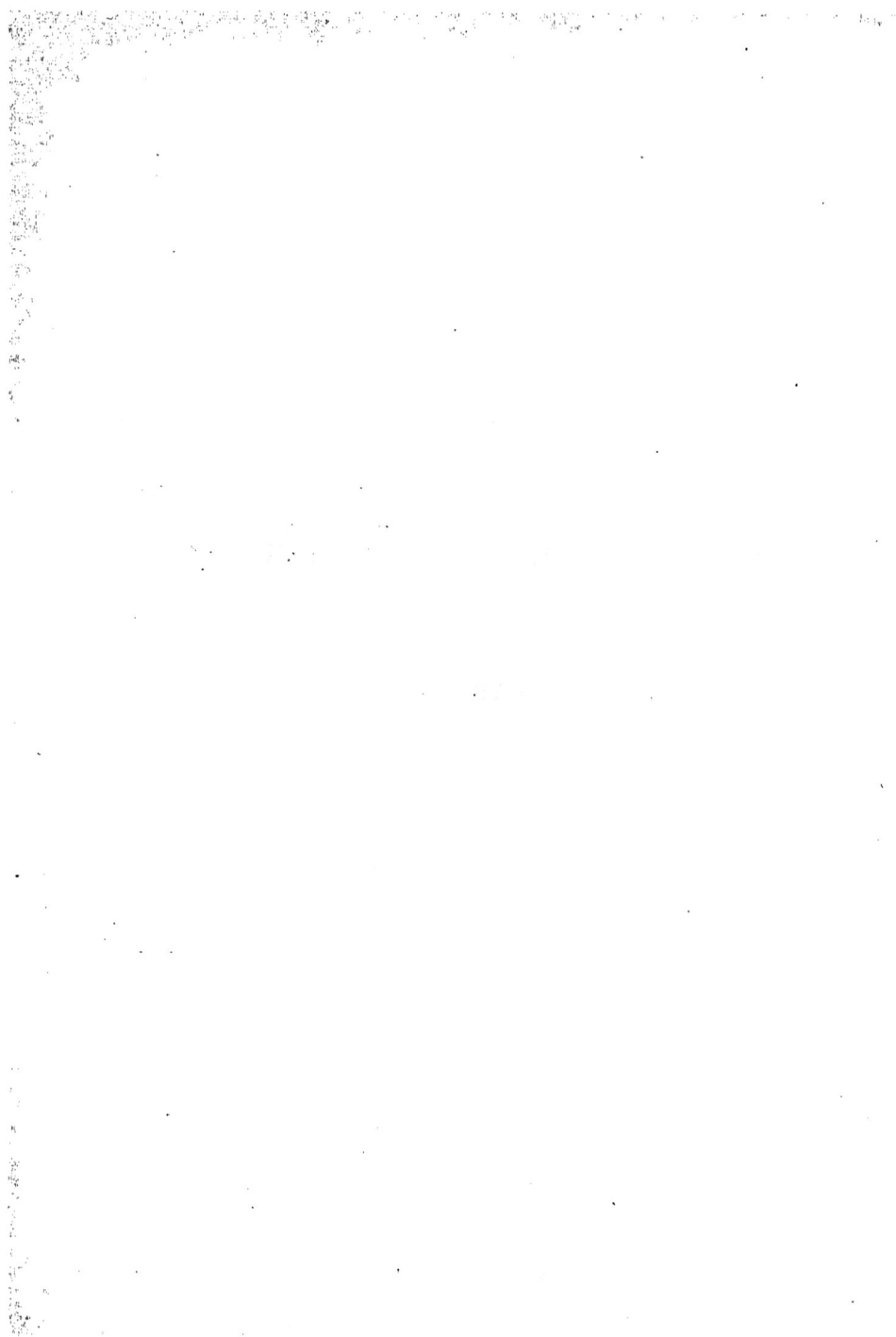

SECONDE PARTIE.

CHAPITRE PREMIER.

L'HORLOGERIE AU DIX-SEPTIÈME SIÈCLE.

ARTICLE PREMIER.

omme nous l'avons vu dans le chapitre précédent, les montres et les petites Horloges étaient merveilleusement belles, quant à la forme, à l'époque de la Renaissance; mais elles laissaient beaucoup à désirer en ce qui concerne le mécanisme intérieur. Au dix-septième siècle, sous le règne si grandiose et si brillant de Louis XIV, si les montres et les Horloges portatives perdirent quelque chose de leur élégance artistique, elles gagnèrent considérablement sous le rapport purement scientifique.

Les montres qui se firent à cette époque eurent la forme d'une boule aplatie. Elles étaient en or, en

argent ou en cuivre. Celles en or, destinées aux personnes riches, étaient couvertes
de peintures sur émail. Les cadrans, que l'on faisait le plus ordinairement en or et en
argent, étaient gravés avec soin; les heures se détachaient souvent en relief sur un
fond uni ou ciselé. Les peintures intérieures ou extérieures de ces montres représentaient presque toujours des sujets pieux, que les artistes empruntaient aux tableaux
de Léonard de Vinci, de Raphaël, du Pérugin, d'André del Sarte, de Lesueur, de Le-
brun, de Mignard, etc.

Léonard de Vinci. — D'après une gravure vénitienne du XVIᵉ siècle. (Bibl. nat. de Paris. — Cab. des Estampes.)

Les montres en argent, destinées aux personnes de la haute bourgeoisie, étaient
unies ou gravées; souvent aussi on les décorait de figures sculptées en relief. Quant
aux montres en cuivre, elles étaient fort épaisses et d'une rotondité presque complète :
celles-ci étaient fort répandues dans la classe des marchands, au barreau et généralement dans la petite bourgeoisie. Il se faisait encore alors, particulièrement pour les
monastères, des montres en forme de croix latine; nous en avons vu aussi dont les
boîtes étaient en cristal uni ou taillé à facettes.

A la même époque, les Horloges d'appartement se transformèrent d'une manière non
moins remarquable que les montres. Aux formes si riches et si élégantes de la Renais-

Racinet fils del.   Bisson et Cottard sc.

1. MONTRE DU XVIIe SIÈCLE *(grandeur naturelle)*, d'après l'original appartenant à M. Jacquart.
2. MONTRE DU XVIIe SIÈCLE *(grandeur naturelle)*, d'après l'original appartenant à l'auteur du présent livre.
3. Développement du dessous de la boîte de la même montre

F. Serr direxit

sance, succédèrent des formes lourdes, mal proportionnées ; les ornements en cuivre dont elles étaient revêtues n'étaient ni bien dessinés ni bien ciselés. Nous ferons cependant une exception en faveur des Horloges dites en marqueterie ; celles que faisaient les frères Boule étaient fort belles de forme et artistement travaillées. Ces sortes d'Hor-

Louis XIV, d'après Ph. de Champagne.

loges, surtout celles appelées *à la Religieuse*, sont encore aujourd'hui très-recherchées. Nous croyons qu'elles ont été inventées en Angleterre, sous Charles Ier, ou vers la fin

14

du règne de Louis XIII. Nous en avons vu, à Londres, dans des cabinets d'amateurs, qui portent des dates antérieures à Charles II.

Ce qui fait du règne de Louis XIV une époque glorieuse pour l'Horlogerie, c'est que ce fut sous ce prince que l'on appliqua le pendule aux Horloges, et le ressort-spiral aux balanciers des montres. La première de ces admirables inventions est due à deux hommes à jamais célèbres dans l'histoire de l'astronomie et de l'Horlogerie : ce sont Galilée et Huyghens. Le premier, qui s'était déjà servi du pendule pour faire des observations astronomiques, eut l'idée d'en faire l'application aux Horloges; mais il est vraisemblable qu'il ne mit pas son projet à exécution, ou que son application ne fut pas couronnée de succès; car il n'en était plus question en 1656. Ce fut alors que Huyghens, grand mathématicien d'origine hollandaise, mit en pratique l'heureuse découverte de Galilée. Cette invention ouvrit une ère nouvelle à l'Horlogerie; et cet art, déjà haut placé dans l'estime des hommes, devint tout à coup une science positive du premier ordre.

Les horlogers et tous les savants de l'Europe reconnurent spontanément la supériorité du pendule sur le balancier, et celui-ci fut généralement abandonné.

Les Horloges monumentales, comme celles qui servaient à donner l'heure dans les appartements, furent faites d'après le nouveau système; et par là ces Horloges acquirent un degré de précision que nul savant n'aurait osé espérer avant l'invention du pendule.

On conçoit que ce système ne pouvait pas s'adapter aux montres, qui, étant souvent portées, restaient rarement dans la même position; par conséquent leur marche eût continué d'être irrégulière si une invention encore plus admirable, s'il est possible, que la première, n'était venue changer la face des choses : nous voulons parler du ressort-spiral.

Trois hommes se disputent l'honneur de cette invention : ce sont le docteur Hook, de Londres; l'abbé Hautefeuille, d'Orléans, et Huyghens. Il est probable que ces trois célèbres mathématiciens eurent simultanément la même idée, et qu'ils cherchèrent, chacun de son côté, les moyens de rendre isochrones les vibrations du balancier. Ce fut encore Huyghens qui, dans cette circonstance, eut la meilleure inspiration, et c'est à lui que la science est redevable de ce merveilleux modérateur et régulateur que l'on nomme ressort-spiral. Cette invention date de 1674, et c'est seulement depuis cette époque que les montres ont pu marquer l'heure avec une exactitude à peu près comparable à celle des pendules.

Huyghens fut aussi l'inventeur d'une pièce fort ingénieuse nommée cycloïde, et qui servit à égaliser la durée des vibrations du pendule; ce qui était fort utile à l'époque où l'échappement à verge était seul connu; mais, aussitôt que ce premier modérateur du rouage des Horloges fut remplacé par l'échappement à ancre, avec lequel on peut faire décrire au pendule de très-petites vibrations, la cycloïde fut abandonnée sans retour. Si nous l'avons mentionnée ici, c'est parce qu'elle fait honneur au génie inventif de Huyghens, et qu'elle est liée à l'histoire de l'art.

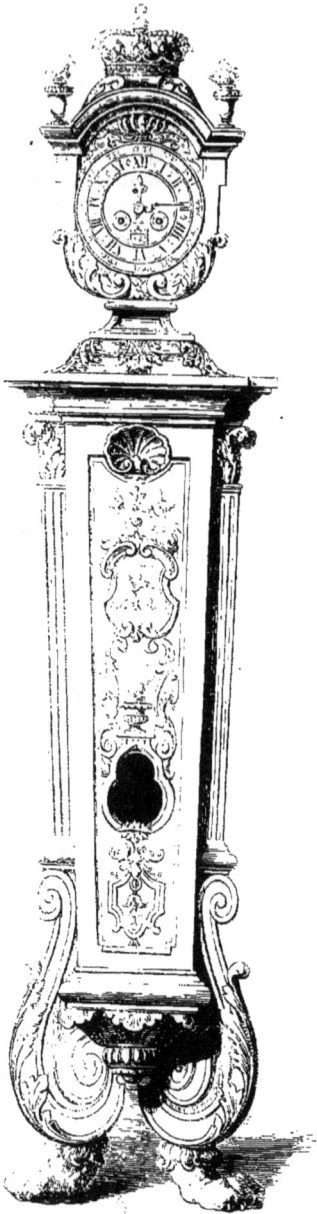

Racinet fils del.

Bisson et Cottard s.c.

HORLOGES A QUANTIÈME,
Faites au XVIIe siècle, peu de temps avant l'invention du pendule.

Dessins de DANIEL MAROT. — (Bibl. Nat. de Paris. — Cab. des Estampes.)

F. Sère direxit.

Ce fut aussi sous Louis XIV que l'on inventa les pendules et les montres à répétition, l'échappement à ancre dont nous venons de parler, l'outil à fendre les roues, et plusieurs autres pièces mécaniques dont la description nous mènerait trop loin; mais nous devons revenir sur plusieurs des inventions que nous venons de mentionner, et donner des détails techniques et théoriques sur le pendule, sur le ressort-spiral et sur la répétition.

ARTICLE II.

DU PENDULE SIMPLE.

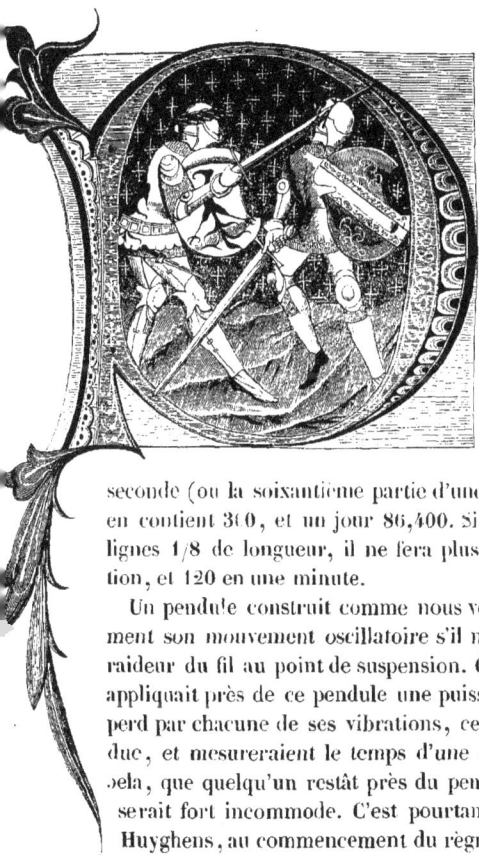

our faire un pendule simple, l'on suspend une boule de plomb, de cuivre ou d'argent, de 4 ou 5 lignes de diamètre, à un fil de soie bien délié, en sorte que la longueur entre le centre de la boule et le point de suspension soit exactement de 36 pouces 8 lignes 1/2. Ce pendule ainsi construit, mis en mouvement de manière que la boule ne fasse que quelques pouces de chemin, a un mouvement fort régulier qui dure plus d'une demi-heure, et il peut servir à mesurer la durée du temps. Chaque vibration de ce pendule s'achève en une seconde (ou la soixantième partie d'une minute), et, par conséquent, une heure en contient 3600, et un jour 86,400. Si l'on réduit ce pendule à 9 pouces deux lignes 1/8 de longueur, il ne fera plus qu'une demi-seconde par chaque vibration, et 120 en une minute.

Un pendule construit comme nous venons de le dire conserverait perpétuellement son mouvement oscillatoire s'il n'avait à vaincre la résistance de l'air et la raideur du fil au point de suspension. Ces obstacles sont fort minimes; et, si l'on appliquait près de ce pendule une puissance qui lui restituât le mouvement qu'il perd par chacune de ses vibrations, celles-ci seraient toujours d'une égale étendue, et mesureraient le temps d'une manière parfaite; mais il faudrait, pour cela, que quelqu'un restât près du pendule pour compter ses vibrations, ce qui serait fort incommode. C'est pourtant ce que faisaient les astronomes avant Huyghens, au commencement du règne de Louis XIV. Il serait superflu de nous étendre davantage sur ce sujet; les horlogers et tous les mécaniciens savent bien de quelle manière l'échappement d'une Horloge donne l'impulsion au pendule, et comment celui-ci, modérant le mouvement du rouage, contribue à la régularité de l'Horloge.

D'après les principes que nous venons d'exposer, pour la commodité des artistes, et afin de leur éviter des calculs que la plupart d'entre eux auraient été incapables de faire, on a cherché à former des tables qui leur indiquent soit la longueur que doit avoir un pendule pour battre dans une heure le nombre de vibrations déterminé par la composition du rouage, soit réciproquement pour connaître le nombre de vibrations que doit faire battre le rouage d'après la longueur donnée du pendule.

Pour arriver à la formation de ces tables, il fallait d'abord fixer la longueur du pendule qui bat les secondes, c'est-à-dire qui fait 3,600 vibrations par heure. Le célèbre Huyghens l'avait fixée à 3 pieds 8 lignes 50 centièmes de ligne du pied de roi. Les académiciens de Mairon et Bouguer, par des expériences exactes et souvent répétées, trouvèrent que la longueur du pendule simple qui bat les secondes, à Paris, doit être de 3 pieds 8 lignes 57 centièmes de ligne du pied de roi, c'est-à-dire de 7 centièmes de ligne plus long que la détermination de Huyghens : différence importante quoique petite.

Lors de l'établissement du système métrique en France, la Commission des savants géomètres qui fut chargée de ce travail, voulut vérifier les calculs précédents par lesquels on avait déterminé la longueur du pendule simple battant les secondes à Paris, et cette Commission s'aperçut qu'il s'était glissé une erreur dans cette appréciation. La justesse des instruments, et les perfections qui s'étaient introduites dans les calculs depuis le travail des académiciens, en 1735, leur donnèrent la facilité de rectifier ces opérations, et ils fixèrent la longueur du pendule simple, pour qu'il battit les secondes à Paris, à 3 pieds 8 lignes 559 millièmes de ligne; ce qui représente une différence de 59 millièmes en plus sur Huyghens, et de 11 millièmes de ligne en moins sur les académiciens : différence très-minime, mais importante pour la science.

Il est bon de rappeler ici que la longueur du pendule qui bat les secondes n'est pas la même pour tous les pays : il est plus long sous le pôle et plus court sous l'équateur. C'est à M. Richer que l'on doit cette importante observation. C'est à la force centrifuge qui anime le globe terrestre dans sa rotation diurne qu'est due cette variation pour chaque degré de latitude. On sait que l'attraction diminue à mesure que l'on s'éloigne du centre de la terre; c'est ce qui explique pourquoi les corps sont moins lourds sur les hautes montagnes que dans les plaines. C'est par cette même raison que le pendule qui bat les secondes doit être plus long à mesure que l'on s'élève au-dessus du niveau de la mer.

La table qui va suivre n'a pas été donnée par un horloger ou savant du dix-huitième siècle; elle est de M. Francœur, un de nos savants contemporains. Nous aurions pu ne la donner qu'en parlant des inventions faites au dix-neuvième siècle; mais, fidèle à notre habitude de traiter entièrement un sujet, pour n'y plus revenir, nous donnons ici cette table, qui contient les dernières rectifications de la science, et sur l'exactitude de laquelle on peut compter.

Table de la longueur d'un pendule faisant un nombre donné d'oscillations par heure moyenne, dans le vide, et suivant un arc infiniment petit.

NOMBRE D'OSCILLATIONS.	LONGUEUR DU PENDULE		NOMBRE D'OSCILLATIONS.	LONGUEUR DU PENDULE		NOMBRE D'OSCILLATIONS.	LONGUEUR DU PENDULE	
	EN LIGNES.	EN MILLIMÈTR.		EN LIGNES.	EN MILLIMÈTR.		EN LIGNES.	EN MILLIMÈTR.
	Lignes.	Millimètres.		Lignes.	Millimètres.		Lignes.	Millimètres.
3600	440.559	999.827	6400	139.040	314.045	9300	66.002	148.092
3700	417.007	940.083	6500	135.014	304.085	9400	64.062	145.077
3800	395.041	891.096	6700	131.008	295.068	9500	63.026	142.071
3900	375.039	846.081	6800	127.019	286.092	9600	61.095	139.076
4000	356.085	805.000	6900	123.048	278.055	9700	60.068	136.089
4100	339.066	766.030	7000	119.093	270.053	9800	59.045	134.011
4200	323.068	730.016	7100	116.052	262.080	9900	58.026	131.042
4300	308.080	696.059	7200	113.026	255.050	10000	57.010	128.080
4400	294.092	665.029	7300	110.014	248.046	10100	55.097	126.026
4500	281.096	636.005	7400	107.014	241.070	10200	54.088	123.080
4600	269.083	608.070	7500	104.027	235.021	10300	53.082	121.041
4700	258.047	583.007	7600	101.051	228.098	10400	52.079	119.058
4800	247.082	559.020	7700	98.085	222.099	10500	51.079	116.083
4900	237.080	536.044	7800	96.030	217.024	10600	50.082	114.063
5000	228.039	515.020	7900	93.085	211.070	10700	49.097	112.050
5100	219.052	491.019	8000	91.049	206.038	10800	48.095	110.043
5200	211.015	476.033	8100	89.021	201.025	10900	48.006	108.041
5300	203.026	458.053	8200	87.002	196.031	11000	47.019	106.045
5400	195.080	441.070	8300	84.092	191.055	11100	46.034	104.054
5500	188.075	425.079	8400	82.088	186.096	11200	45.052	102.068
5600	182.007	410.071	8500	80.091	182.054	11300	42.074	100.087
5700	175.074	396.043	8600	79.003	178.027	11400	43.093	99.011
5800	169.073	382.000	8700	77.020	174.014	11500	43.017	97.039
5900	164.002	370.001	8800	75.042	170.017	11600	42.043	95.072
6000	158.060	357.078	8900	73.073	166.032	11700	41.071	94.009
6100	153.044	346.014	9000	72.008	162.061	11800	41.001	92.050
6200	148.053	335.007	9100	70.049	159.001	11900	40.032	90.095
6300	143.086	324.051	9200	67.046	152.017	12000	39.065	89.044

Il ne faut pas oublier que cette table a été dressée dans la supposition que les oscillations sont infiniment petites, et qu'elles se font dans le vide; que les observations ont été faites à Paris; qu'en changeant de latitude; ces longueurs varient. Nous ajouterons à ce qui vient d'être dit que les observations ont été faites avec un pendule simple dont le centre d'oscillation était celui de la lentille; et que, pour un pendule applicable aux Horloges, et dans celui qui a servi aux savants chargés d'établir le système métrique, ces perfections supposées n'existaient pas : de sorte qu'il y a une petite différence entre le premier article de cette table et la longueur du pendule à secondes que nous avons donnée page 104.

Ces différences ne sont pas importantes et se corrigent facilement par l'écrou qui supporte la lentille.

Lorsqu'il arrive que l'on a un rouage construit et qu'il faut exécuter le pendule, voici comment il faut opérer. Si, après avoir calculé, d'après les règles que nous donnerons un peu plus loin, le nombre de vibrations que doit battre le pendule pendant une heure, ce nombre ne se trouve pas dans la table, mais tombe entre deux nombres qu'elle donne, M. Francœur indique le moyen de trouver la longueur exacte du pendule par l'exemple suivant :

Il suppose que le pendule doit faire 6,840 oscillations; ce nombre étant entre 6,800 et 6,900, donnés par la table, on établit cette proposition : si 100, différence entre 6,800 et 6,900, donnent 3 lignes 55 de différence de longueur des pendules, combien 40 donnent-ils? On trouve 1 ligne 42, qu'il faut ajouter à 123 lignes 48, ce qui donne 124 lignes 90. On voit que c'est une quantité dont on peut, à la rigueur, ne pas s'occuper, puisqu'elle s'obtient par l'écrou en réglant l'Horloge.

ARTICLE III.

DU RESSORT-SPIRAL.

Le ressort-spiral, ou simplement le spiral, signifie, pour les horlogers, un petit ressort courbé en ligne spirale, et attaché, par une de ses extrémités, à l'arbre du balancier, et par l'autre, à la petite platine dans le rayon de la dernière ligne du spiral. Ce ressort sert à donner aux montres une justesse infiniment supérieure à celle qu'elles tiraient du simple balancier.

Ce qui donne aux montres à ressort-spiral un si grand avantage sur celles qui n'en ont pas, c'est que, sans une force étrangère, ce ressort, joint au balancier, l'entretient en vibration pendant un temps assez considérable; savoir : une minute et demie au moins, comme il est facile de l'expérimenter. Par cette combinaison, le moteur n'étant obligé de restituer que ce qui se perd du mouvement qu'il imprime au balancier, les inégalités de celui-ci, et celles du rouage par lequel il agit, ne se font sentir sur les vibrations du régulateur qu'en raison du peu de mouvement restitué dans chacune d'elles. Or, les vibrations libres du balancier joint au ressort-spiral se faisant, comme on le verra bientôt, dans des temps sensiblement égaux, soit qu'elles soient grandes ou petites, il en doit évidemment résulter une grande régularité dans la marche de la montre.

Pour rendre ceci plus sensible, supposons que, dans une montre bien réglée, le moteur influe comme 1 dans les vibrations du balancier, et le ressort-spiral comme

$4 + \frac{1}{3}$ (on verra par la suite que cette supposition ne s'écarte pas de la vérité en ce qui concerne les montres bien faites). Si on diminue la force motrice de moitié, le balancier, qui faisait ses vibrations à l'aide d'une force équivalente à $5 + \frac{1}{3}$, les fera comme s'il était mu par un ressort dont la force égalât $4 + \frac{1}{3} + \frac{1}{3}$; car la force 1 du moteur a été réduite à la moitié. Le ressort-spiral, qui influe comme $4 + \frac{1}{3}$, est resté le même; et les vibrations, si ce ressort agissait tout seul, s'achèveraient toutes en deux temps égaux. Ainsi, l'aiguille des minutes, par exemple, dont le mouvement dépend absolument de la vitesse avec laquelle le balancier fait ses vibrations, au lieu de parcourir sur le cadran 60 minutes dans une heure, retarderait, dans l'exemple rapporté, seulement comme si la force motrice, produisant seule les vibrations, avait été diminuée d'un huitième ou à peu près. Il n'en serait pas de même si le ressort-spiral était retranché; car alors la force motrice, agissant seule et d'une manière presque uniforme, ne pourrait diminuer de moitié sans que les vibrations du régulateur ne fussent produites par une force une fois plus petite. On s'assurera de la vérité de notre raisonnement en faisant les expériences suivantes :

On prendra une montre ordinaire, bien faite et bien réglée; on la remontera tout en haut; ensuite on débandera le ressort par l'encliquetage destiné à cet usage, jusqu'à ce que la même force environ qui était au plus grand rayon de la fusée se trouve au plus petit : il en résultera une diminution de force motrice égale à $\frac{2}{3}$ environ, et la montre retardera de trois minutes par heure.

On rebandera ensuite le grand ressort au point où il l'était auparavant, et l'on fera marcher la montre sans ressort-spiral. On trouvera alors que l'aiguille des minutes, au lieu de faire le tour du cadran dans une heure, ne le parcourra qu'en une heure cinquante-quatre minutes; mais, si l'on détend le grand ressort, comme ci-devant, l'aiguille ne fera que dix-neuf minutes en une heure. Ainsi, dans ce dernier cas, le ressort étant débandé de la même quantité, le mouvement de la montre en est retardé de près d'un tiers, tandis qu'avec le ressort-spiral la même opération n'a produit qu'un vingtième de retard.

On s'étonnera sans doute qu'une montre allant vingt-six ou vingt-sept minutes par heure sans le secours de son ressort-spiral, et soixante dans le même temps avec ce ressort (les vibrations n'étant accélérées, dans ce dernier cas, que d'un peu plus de moitié), le succès soit pourtant si différent dans les deux expériences précédentes.

On ne sera peut-être pas moins surpris que nous ayons dit précédemment que le spiral influait plus de quatre fois davantage dans les vibrations du balancier. En effet, il semble d'abord que, la promptitude des vibrations étant de 26 par supposition, pour la rendre égale à soixante, la puissance totale à l'aide de laquelle le balancier se meut devrait seulement augmenter d'une quantité égale à la différence qui règne entre 60 et 26. On voit la solution de ces difficultés dans l'examen des *forces vives;* on y trouve démontré par la théorie et par l'expérience qu'une masse quelconque qui se meut, ou fait des vibrations à l'aide d'une puissance accélératrice, ne peut en achever un même

nombre, dans un temps une fois plus court, sans être mue ou aidée par une force qua-
druple; qu'enfin la promptitude des vibrations d'une masse est toujours comme la racine carrée des forces accélératrices par lesquelles elle est entretenue en mouvement.
(Voy. l'article de Romilly dans l'*Encyclopédie*; M. Delahire, *Mém. de l'Acad.*, 1700.)

ARTICLE IV.

DE L'ISOCHRONISME DES VIBRATIONS DU RESSORT-SPIRAL UNI AU BALANCIER.

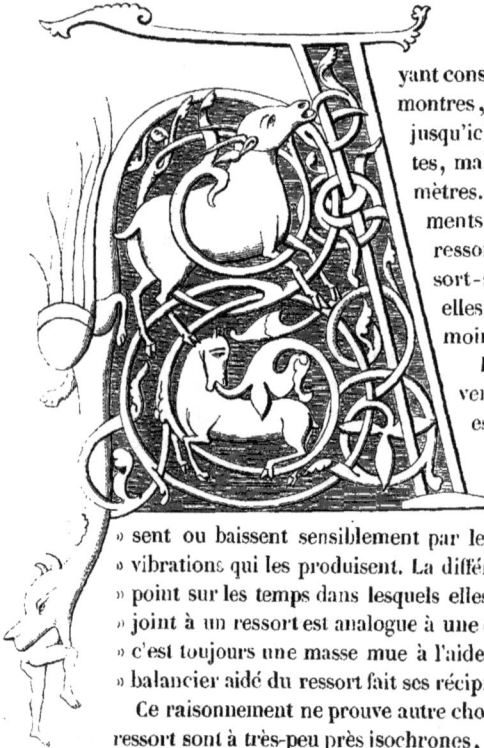

yant constaté la grande utilité du ressort-spiral dans les
montres, nous pouvons examiner une question qui a
jusqu'ici embarrassé non-seulement d'habiles artistes, mais encore les plus illustres physiciens et géomètres. On demande si, abstraction faite des frottements, de la résistance de l'air et de la masse du
ressort, les vibrations du balancier muni du ressort-spiral sont isochrones et d'égale durée, ou si
elles diffèrent en temps selon qu'elles sont plus ou
moins grandes.

La raison suivante qu'on allègue assez souvent pour prouver l'isochronisme en question
est loin d'être concluante : « Dans les corps
» sonores, frappés ou pincés avec plus ou
» moins de force, les tons restent, dit-on,
» toujours les mêmes; cependant ils haus-
» sent ou baissent sensiblement par les plus petits changements dans la durée des
» vibrations qui les produisent. La différente étendue de ces vibrations n'influe donc
» point sur les temps dans lesquels elles s'achèvent. Or, continue-t-on, un balancier
» joint à un ressort est analogue à une corde de piano; quand l'un ou l'autre vibre,
» c'est toujours une masse mue à l'aide d'une force élastique : donc, conclut-on, le
» balancier aidé du ressort fait ses réciprocations en des temps parfaitement égaux. »

Ce raisonnement ne prouve autre chose sinon que toutes les vibrations d'un corps à
ressort sont à très-peu près isochrones, l'oreille n'étant certainement pas assez délicate pour être frappée instantanément des petites différences qui pourraient se produire
dans les tons. D'ailleurs, plusieurs savants musiciens ont prouvé que, dans un instrument, le ton d'une corde pouvait monter d'un demi-ton lorsqu'on la tenait fort lâche,
quoique la gradation observée en renflant et adoucissant le son rende ordinairement

cette différence insensible à l'oreille. Il faut donc quelque chose de plus précis pour nous convaincre de l'isochronisme en question; c'est ce que l'on trouvera dans les expériences que nous allons rapporter.

Avant de passer à ces démonstrations, nous prierons nos lecteurs de se bien pénétrer de ces deux principes : 1° que tout corps résiste autant pour acquérir une quantité de mouvement quelconque que pour la perdre lorsqu'il l'a acquise; 2° qu'un ressort ne cesse d'être comprimé par un corps en mouvement qui le surmonte, que quand la vitesse totale de ce corps est éteinte. Pour prouver ce dernier principe, nous ferons la proposition suivante :

Deux corps égaux A et C emploieront un même temps à parcourir les différents espaces A E, C E, si les forces qui les poussent dans tous les points de la ligne sont proportionnelles aux distances du terme E, où elles le font tendre.

DÉMONSTRATION. — Dans le premier instant du mouvement, A, étant, par supposition, une fois plus distant de E, est, selon l'hypothèse, poussé par une force double, et parcourt un espace une fois plus grand; dans le second, si la force accélératrice cessait d'agir, ce corps possédant une vitesse uniforme double de celle avec laquelle C se meut, il parcourrait, par ce seul mouvement, un espace une fois plus grand. Or, la force produit encore un effet double sur ce même corps; car, s'il est une fois plus éloigné de E, les deux mobiles ayant parcouru dans le premier instant des espaces proportionnels aux lignes A C, C E : donc les vitesses de A seront doubles dans le second instant. On verra par le même raisonnement que, recevant toujours des vitesses proportionnelles aux distances à parcourir, et parcourant dans tous les instants des espaces qui sont comme ceux de leur éloignement de E, les deux corps arriveront en même temps à ce point; il en serait de même si A avait trois fois plus de chemin à faire : sa vitesse serait toujours triple, et ainsi des autres cas.

COROLLAIRE. — Si, avec leur vitesse acquise, les mobiles précédents retournent sur leurs pas, en surmontant les obstacles de la force qui les a fait parvenir en E, ils arriveront en même temps aux points A et C, d'où ils sont premièrement partis, parce que la force, restant la même et opérant avec une action égale, leur ravira dans chaque point le degré de vitesse qu'elle leur a communiqué dans ce même point.

Puisque les différentes excursions d'un mobile sont parfaitement isochrones quand les forces qui le poussent sont en raison de la distance du terme où elles le font tendre, sachons présentement si l'action des ressorts-spiraux augmente selon la proportion des espaces parcourus dans leurs différentes contractions; si cela est, le balancier ne pouvant se mouvoir sans croître les forces du spiral selon la distance du centre de repos, l'isochronisme de ses vibrations suit nécessairement.

Pour éclaircir ce point, un des savants horlogers du dernier siècle (Romilly, de Genève) a fait l'expérience que voici : il prit le grand ressort d'une montre ordinaire; puis, ayant attaché son extrémité intérieure à un arbre soutenu horizontalement par des pivots très-fins, il affermit le bout extérieur du ressort contre un point fixe, de

15

manière qu'il se trouvait dans son état naturel. Ensuite il fit entrer de force sur l'arbre une poulie d'un assez grand diamètre, sur laquelle il attacha un fil assez long pour qu'il pût se rouler plusieurs fois dans la rainure de la poulie ; puis, ayant attaché un crochet à l'autre extrémité de ce fil, il y suspendit successivement des poids de différentes pesanteurs ; puis il observa, avec chacun de ces poids, les rapports dans lesquels le crochet baissait ; il trouva que, si un poids de 15 grammes faisait baisser le crochet de 4 centimètres, 30 grammes le faisaient baisser du double, et ainsi de suite.

ARTICLE IV.

DE LA RÉPÉTITION.

Cette belle découverte fut faite en Angleterre, en 1676. On l'appliqua d'abord aux pendules. Barlow eut la première idée de ce mécanisme ingénieux, à l'aide duquel, en tirant un cordon, on fait sonner l'heure et les quarts que marquent les aiguilles de l'Horloge. Quare, Tompion, horlogers de Londres, travaillèrent simultanément pour adapter aux montres le mécanisme de Barlow. La montre exécutée par Tompion avait un bouton ou poussoir à chaque côté de la boîte : par l'un on faisait répéter l'heure, et par l'autre les quarts. Celle de Quare n'avait qu'un seul bouton, situé à côté du pendant ; il suffisait de pousser ce bouton pour faire sonner l'heure et les quarts. Ces deux ouvrages furent apportés devant le roi Jacques II et son conseil : Sa Majesté, ayant trouvé la montre de Quare plus simple et plus commode que celle de Tompion, donna la préférence à celle du premier.

Dès les premiers temps où les pendules et les montres à répétition furent connues, divers horlogers anglais et français s'empressèrent d'imiter ces machines ; d'autres artistes plus habiles en construisirent dans lesquelles ils firent des changements plus ou moins heureux ; mais tous conservèrent les pièces principales : ce sont toujours des limaçons et des râteaux qui déterminent le nombre d'heures et de quarts à frapper. Un peu plus tard, on fit des répétitions qui sonnaient les demi-quarts et même les minutes ; mais celles-ci eurent peu de succès.

Les pendules à répétition, du moins telles qu'elles étaient sous Louis XIV, ne sont plus en usage; cependant, comme nous écrivons l'histoire de l'Horlogerie, nous ne pouvons pas nous dispenser de donner la description d'une de ces machines. **Plus tard**, nous indiquerons les perfectionnements dont on les a enrichies; nous procéderons de la même manière au sujet des montres à répétition.

ARTICLE V.

PENDULE A QUARTS ET RÉPÉTITION ORDINAIRE.

our bien comprendre la démonstration que nous allons faire, il est nécessaire de consulter souvent les planches que nous donnons ci-contre. La figure 1 montre les rouages placés sur la grande platine; le barillet C est celui de la sonnerie des heures; B est celui des quarts. La roue de chevilles I M a deux grands pivots qui dépassent l'épaisseur des platines; celui de la platine de derrière porte sur un carré la roue de compte (fig. 3), et celui qui passe à la quadrature porte le chaperon T (fig. 2). Les deux marteaux sont placés côte à côte sur deux tenons, de manière que la bascule M puisse les faire lever l'un après l'autre pour sonner les quarts. On dispose les dix chevilles placées sur la roue I de telle sorte que le même marteau frappe toujours le premier; pour cet effet, on met six chevilles d'un côté et quatre de l'autre.

Sur la roue de minutes N (fig. 2), sont fixées quatre chevilles, pour lever à chaque quart le dentillon N O P, qui lève à son tour la détente.

Quand les quatre quarts sonnent, le chaperon S T porte une cheville qui lève le dentillon S R Q, pour détendre la sonnerie des heures après que les quatre quarts sont frappés. X est la verge du marteau des heures.

NOMBRES DU CALIBRE REPRÉSENTÉ PAR LA FIGURE 1.

	Roues du mouvement.	Pignons
A	84	14
D	77	7
E	72	6
F	60	6
G	31	

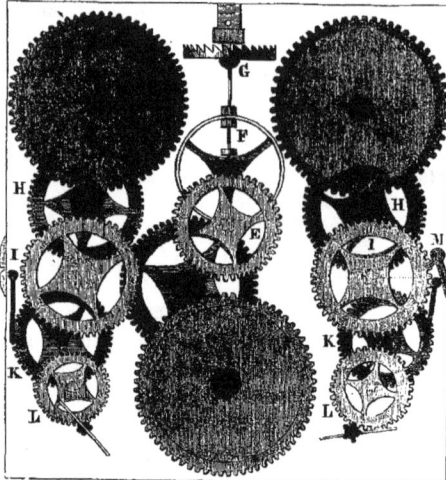

(Fig. 1.)

Roues de la sonnerie des heures.		Pignons.	Chevilles.
C	84	14	
H	78	8	8
I	56	7	
K	56	6	
L	48	6	

Roues de la sonnerie des quarts.		Pignons.	Chevilles.
B	84	14	
H	72	8	
I	60	6	10
K	56	6	
L	48	6	

La figure 4 représente la même répétition vue en perspective. A B C D E sont les roues du mouvement; F G H I sont celles qui servent à la répétition. Les trois roues G H I ne servent qu'à régler la distance des coups qui frappent, comme il est nécessaire d'en avoir dans toutes les sonneries, quelles qu'elles soient. Voici les nombres :

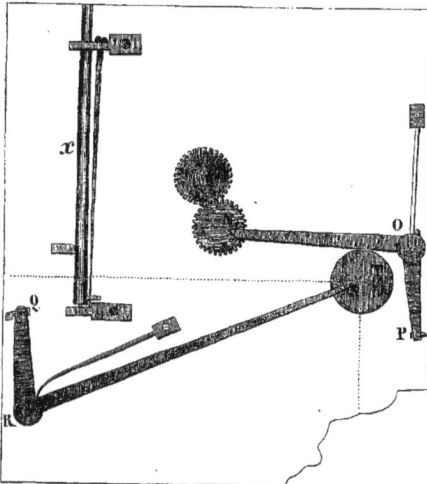

(Fig. 2.)

Mouvement.	Pignons.
84	14
77	7
67	6
66	6
33	

Le cercle F porte douze chevilles d'un côté pour faire sonner les douze heures, et trois chevilles de l'autre côté pour faire sonner les trois quarts, par le moyen de trois bascules placées sur une même tige, comme celle K. Deux de ces bascules sont montées sur des canons, pour qu'elles se meuvent séparément l'une de l'autre, et la troisième est fixée sur la tige, pour qu'elles puissent, toutes les trois, lever les verges des marteaux, séparément l'une de l'autre, comme elles sont représentées figure 5.

Le cercle F est rivé sur l'arbre, de même qu'un petit rochet, à une distance d'environ

six lignes. Le cercle extérieur présente la grandeur d'une roue qui est
adhérente au rochet; elle porte un cliquet et son ressort, ainsi qu'il est
marqué. L'arbre passe au travers d'un petit barillet fixé à la platine, dans
lequel est un petit ressort; l'arbre, ayant un crochet, enveloppe le ressort
autour de lui, de sorte que, quand on tire le cordon V (fig. 5), on fait
tourner l'arbre à gauche sans que la roue dentée change de place; et,

(Fig. 3.)

quand on quitte le cordon, les dents du rochet, retenues par le cliquet, obligent la
roue et toutes les pièces qui en dé-
pendent à tourner, ainsi que les
autres roues du rouage; et alors la
roue de chevilles, dans son mouvement de rotation, rencontre les leviers des marteaux qui frappent les
heures, les demi-heures et les quarts.

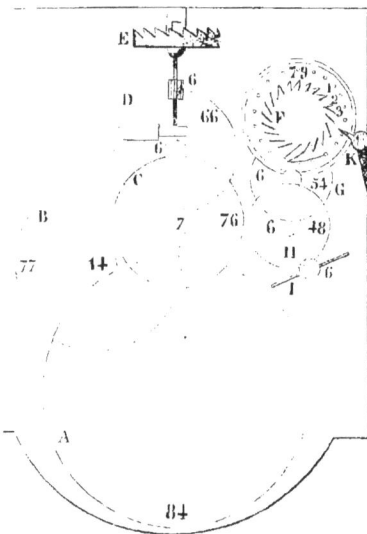

(Fig. 4.)

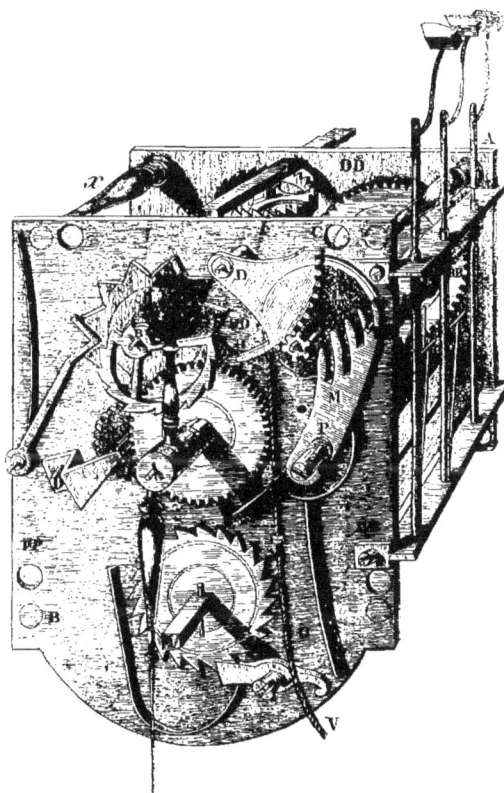

(Fig. 5.)

DÉVELOPPEMENTS DE LA RÉPÉTITION.

T (*voy.* la gravure figure 6) est la roue de chaussée; *t* est son profil. Cette roue fait son tour par l'heure, et porte l'aiguille des minutes. Sur cette roue T *t* est placé fixe-

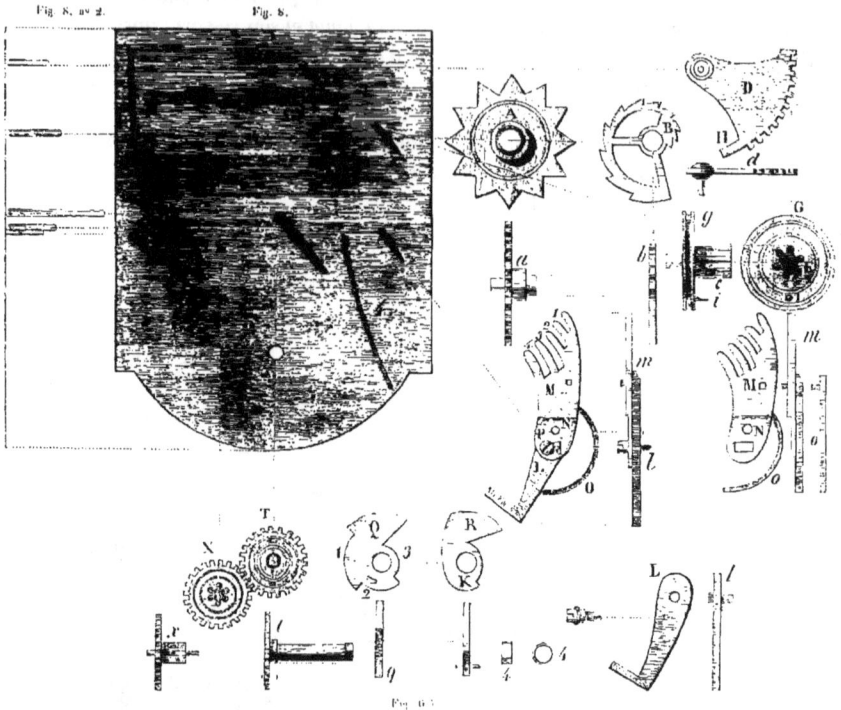

Fig. 8, n° 2.   Fig. 8.

Fig. 6 :

ment le limaçon des quarts Q *q*. Sur ce limaçon est jointe la surprise R *r*, qui est tenue par une virole 4 et 4 ; nous dirons bientôt l'usage de cette surprise.

X et *x* est la roue de renvoi, qui porte un pignon pour mener la roue du cadran Y et *y* : nous faisons observer que toutes les pièces d'Horlogerie qui marquent les minutes ont des roues de renvoi.

A est une étoile qui fait son tour en douze heures; *a* est le profil de cette pièce. Z et *z* est le sautoir ou *ratet* qui fait changer une dent de l'étoile à chaque heure. Sur l'étoile A est placé fixement le limaçon des heures. D *d* est le râteau; E est un pignon qui le fait mouvoir. G est une poulie qui porte une cheville, et *g e i* est le profil. M L est la main; *m l* en est le profil. Cette main, étant démontée, forme la pièce M N. O est un ressort; le profil est *m o*. Le bras des quarts qui fait partie de la main est L et *l*.

La figure 8 est la platine qui porte les tiges sur lesquelles toutes les pièces sont montées. On voit leurs places indiquées par les lignes ponctuées qui y répondent.

La figure 8, n° 2, est le profil des figures 7 et 8. Sur la platine de la figure 8 sont deux ressorts 3 et 4. Il était nécessaire de connaître ces différentes parties de la pendule avant de passer à l'explication de leurs effets. Maintenant il faut mettre ces pièces chacune à sa place, et faire voir comme elles agissent les unes avec les autres.

Nous avons dit plus haut que l'arbre de la première roue pouvait tourner soit séparément de sa roue, soit avec elle, et qu'il portait un cercle garni de quinze chevilles pour lever les bascules des marteaux. Cet arbre porte sur un carré la poulie G E (fig. 7) et le pignon E qui engrène dans le râteau D des heures.

Lorsque l'on tire le cordon, on fait avancer le bras vers le limaçon H, qui est gradué plairement en douze degrés. Si ce bras, par l'effet du tirage, vient s'arrêter sur le premier degré ou le plus grand rayon du limaçon, la roue ne fera passer qu'une seule de ses chevilles, et le marteau ne pourra frapper qu'un coup ou une heure ; si le bras descend jusqu'au second degré, deux chevilles de la roue passeront au delà du levier du marteau, et aussitôt celui-ci frappera deux coups sur le timbre : on comprend dès lors comment le bras de la crémaillère, en atteignant successivement chaque degré du limaçon, finira par faire sonner au marteau toutes les heures jusqu'à douze.

Nous avons dit que l'étoile A fait son tour en douze heures, par le moyen d'une cheville que la surprise R porte à l'endroit K. Comme cette cheville fait un tour par heure, et que l'étoile a douze dents, elle en rencontre une toutes les heures ; de sorte que l'étoile, à l'aide du sautoir z, fait douze mouvements, d'une heure chacun. Cette façon de faire mouvoir l'étoile a deux avantages. Le premier est de faire changer si promptement le limaçon, qu'il n'est pas possible de le faire manquer dans l'instant de son changement ; le second est de faire à son tour sauter la surprise R, pour que le bras du guide des quarts L M ne puisse retomber aux trois quarts, comme il était l'instant auparavant. Les quarts sont réglés par le moyen du limaçon Q et de la main M, appelée guide-des-quarts.

Lorsque l'on tire, par exemple, le cordon V, on fait, comme il a été dit, tourner la

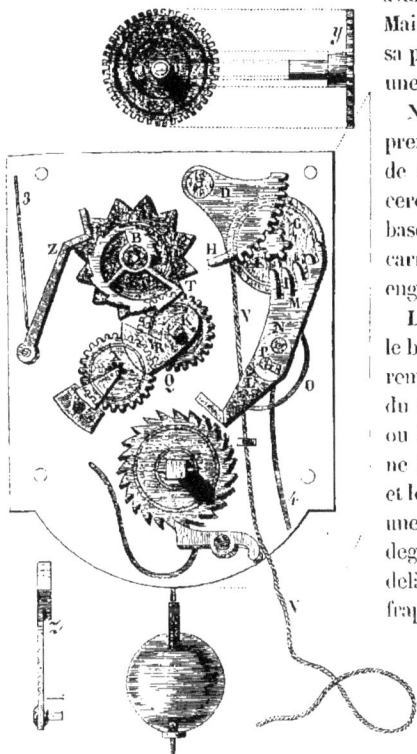

poulie G ; la cheville I qu'elle porte se dégage des doigts, et le guide-des-quarts tombe
sur le limaçon, qui est divisé en quatre parties. Si la plus haute se présente, la cheville 1
entre dans l'entaille la moins profonde de la main, et s'y trouve retenue avant que les
chevilles aient pu parvenir à lever les marteaux, qui, dans ce cas, restent immobiles,
parce qu'il n'y a pas encore un quart que l'heure est accomplie; mais, sitôt que ce
quart est révolu, le limaçon présente une partie assez profonde pour que l'entaille 2 de
la main reçoive la cheville qui détermine l'effet voulu pour que le marteau frappe le
quart. Si le limaçon présente sa troisième partie, sa cheville entre dans le doigt 3 , et
le marteau frappe deux coups pour la demi-heure; et, quand le bras de la pièce des
quarts entre dans la partie la plus profonde du limaçon, les marteaux frappent les trois
quarts. Tant que les deux limaçons ne changent pas de place, les marteaux frappent
toujours le même nombre d'heures et de quarts.

Quand le limaçon des quarts a fait son tour, il entraîne avec lui l'étoile A , qui saute
d'une dent par le moyen du sautoir Z; et, par cette même action, la surprise R avance
pour remplir le vide du limaçon, afin que le guide-des-quarts ne puisse tomber de nouveau dans l'entaille des trois quarts : ce qui fait que, si l'on veut tirer le cordon dans le
moment de ce changement, la répétition ne sonnera que l'heure, et point de quarts.

Les montres à répétition de l'époque de Louis XIV et de Jacques II étaient faites d'a-
près les principes que nous venons d'exposer; seulement, pour obtenir la répétition
des heures et des quarts dans les montres, on poussait un bouton au lieu de tirer un
cordon, comme on le faisait dans les pendules. Il serait donc superflu de donner la
description d'une quadrature de montre à répétition d'après le système de Barlow ou
de Quare; nous réparerons cette lacune lorsque nous arriverons à l'époque où furent
inventées les répétitions à *tout-ou-rien*.

ARTICLE VI.

'outil à fendre les roues nous vient aussi de l'Angleterre; c'est ce que disent du moins tous les
historiens qui ont écrit sur l'Horlogerie. Nous
croyons qu'en effet l'outil à *plate-forme* est d'origine anglaise, et qu'il fut inventé vers le milieu
du dix-septième siècle; mais assurément
il y avait déjà des outils à fendre les roues
à une époque bien antérieure à Charles II.

et même à Élisabeth d'Angleterre. Pour s'en convaincre, il suffit d'examiner les rouages qui se faisaient en plein seizième siècle, au commencement du règne de François Ier. Nous avons sous les yeux des montres de cette époque dont les roues ne sont pas plus grandes que celles de nos plus petites pièces modernes; et nous pouvons affirmer que ces dernières ne sont pas de beaucoup mieux divisées ni plus exactes que les premières. Il ne peut donc venir à la pensée de personne que ces roues aient pu être divisées à la main, sans le secours d'un outil approprié à ce travail; ou bien il faudrait croire que les ouvriers du seizième siècle étaient des prodiges d'habileté, des artistes comme il n'y en a pas eu depuis, comme il n'en existe pas aujourd'hui; car quel est l'horloger, de quelque pays qu'il soit, qui pourrait, de nos jours, diviser et fendre à la main un rouage de petite montre? Assurément personne n'entreprendrait de faire un pareil travail, ou l'exécution en serait tout à fait défectueuse. De là nous concluons qu'il y avait, au seizième siècle, des outils à diviser les roues. Quelle forme avaient ces outils? quel était leur système? On ne le sait pas quant à présent; mais il se pourrait qu'un jour on retrouvât ces sortes d'outils, et peut-être alors verrait-on qu'ils ne différaient pas essentiellement de ceux qui furent *inventés* au dix-septième siècle. Ce ne serait pas la première fois que pareille chose arriverait; bien des inventions modernes ont été purement et simplement empruntées aux règnes des Valois : il faut rendre à César ce qui appartient à César.

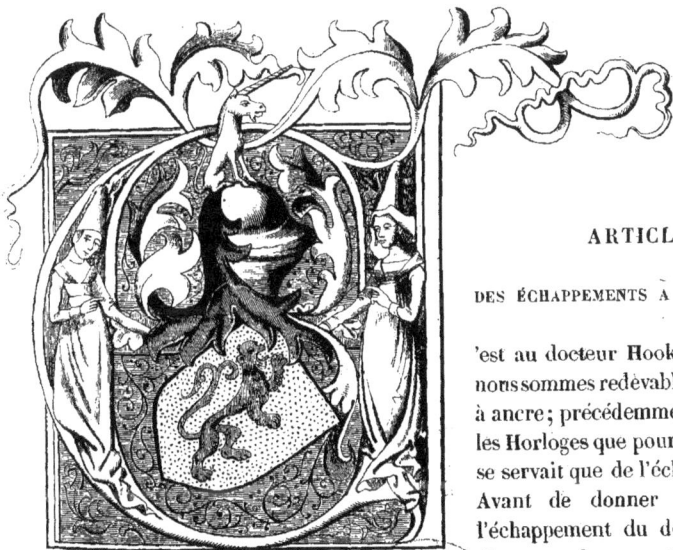

ARTICLE VII.

DES ÉCHAPPEMENTS A VERGE ET A ANCRE.

'est au docteur Hook, de Londres, que nous sommes redevables de l'échappement à ancre; précédemment, aussi bien pour les Horloges que pour les montres, on ne se servait que de l'échappement à verge. Avant de donner la description de l'échappement du docteur Hook, nous dirons quelques mots de l'échappement à verge, que l'on emploie encore de nos jours dans les montres communes.

16

La roue de rencontre est posée de telle sorte que son axe coupe perpendiculairement la verge du balancier, sur laquelle s'élèvent deux petites ailes ou palettes qui forment entre elles un angle d'environ 90 degrés. Elles viennent s'engager dans les dents de la roue, dont le nombre est toujours impair, afin que l'axe du balancier, répondant par sa partie supérieure, par exemple, à une de ces dents, il réponde par l'inférieure au point opposé entre deux de ces mêmes dents.

La montre étant remontée, la pointe de la dent qui appuie sur l'une des palettes, la fait tourner jusqu'à ce qu'elle la quitte, pendant que la seconde palette, qui ne trouve aucun obstacle, s'avance en sens contraire dans les dents opposées, et rencontre la plus voisine de ces dents au même instant ou un peu après que la première palette est abandonnée; alors le régulateur, par son mouvement acquis, fait rétrograder la roue de rencontre et tous les autres mobiles : ce qu'il continue de faire jusqu'à ce que, ayant épuisé toute sa force, il cède enfin à l'action de la roue, qui alors le chasse de nouveau, en agissant sur la seconde palette comme elle l'avait fait sur la première; il en est ainsi du reste des dents.

Par cette disposition, le régulateur ne permet aux roues de se mouvoir, qu'autant qu'elles le mettent elles-mêmes en mouvement, et lui font faire des vibrations.

Il suit de cette construction : 1° que le balancier, ou tout autre modérateur, apporte une résistance au rouage qui l'empêche de céder trop rapidement à l'action de la force motrice; 2° que, les roues (abstraction faite de l'action du rouage) s'échappant plus ou moins vite, selon la masse du régulateur ou le nombre de ses vibrations, on peut toujours déterminer par là celles qui portent les aiguilles, et faire un certain nombre de tours dans un temps donné. Enfin, par le moyen de cet échappement, lorsque le régulateur a été mis en mouvement par la force motrice, il réagit sur les roues, et les fait rétrograder proportionnellement à la force qui lui a été communiquée; d'où il résulte une sorte de compensation dans le mouvement des montres, indépendamment même du ressort-spiral, la plus grande force motrice du rouage, qui devrait les faire avancer, étant toujours suivie d'une plus grande réaction du balancier, qui tend à les faire retarder.

Nous pourrions entrer ici dans un examen purement théorique de la nature de cet échappement et de la manière la plus avantageuse de le construire; mais, comme dans les échappements en général, et dans celui-ci en particulier, il se mêle beaucoup de choses qu'il est très-difficile, pour ne pas dire impossible, de déterminer théoriquement, telles que les variations qui naissent des frottements, des résistances, des huiles, des secousses, des différentes positions, etc., il faut, dans ce cas-ci, comme dans tous les autres de cette nature où la théorie manque, avoir recours à l'expérience. C'est pourquoi, en rapportant à la théorie les principes qu'on y peut rapporter, nous nous appuierons, dans les autres, sur ce que l'expérience nous a appris.

La propriété la plus remarquable de l'échappement à roue de rencontre, c'est que l'action de la roue sur le balancier, pour lui communiquer du mouvement, s'opère par de très-grands leviers; au lieu que la réaction du balancier sur cette roue se fait, au contraire, par de très-petits : ce qui produit une grande liberté dans le régulateur, et augmente beaucoup sa puissance régulatrice.

Pour rendre ceci plus sensible, supposons que B (planche VIII, fig. 1) soit une puissance qui se meuve dans la direction constante B E, et qui pousse continuellement une palette C P se mouvant circulairement autour du point C. Nous dirons que les efforts de cette puissance pour faire tourner la palette, seront entre eux, dans les différentes situations C P, comme les carrés des lignes C E, C p, qui expriment les distances des points p et E au centre.

Pour le démontrer, imaginons que la puissance agissant perpendiculairement en E, parcoure un très-petit espace, comme E G; imaginons de plus la palette et la puissance parvenues en p, et supposons que la puissance parcoure, comme auparavant, un espace t p égal à l'espace E G : l'arc décrit par le rayon p sera p d. Les arcs décrits par ces deux points des palettes p et E, dans ces différentes situations, seront donc comme les lignes p d et E G, ou son égal p t; mais, à cause des triangles semblables E C p, t p d, on voit que ces lignes sont entre elles comme C E et c p; ces arcs seront donc comme ces lignes. Or on sait, par un des premiers principes de la mécanique, que les efforts d'une puissance sont en raison inverse des vitesses qu'elle communique; ces forces, dans les points p et E, seront donc en raison inverse de C E et C p, qui expriment les vitesses dans les points P et E; elles seront donc dans la raison de C p à C E; mais, de plus, elles seront appliquées à des leviers qui seront encore en même raison. L'effort total dans les points E et p sera donc comme le carré de E C est au carré de p C.

Il suit de là que plus l'angle p C E, formé par la palette et par la perpendiculaire à la direction de la puissance, augmente, plus la force de cette puissance doit augmenter.

Il est facile à présent de faire l'application de cette proposition, à ce que nous avons avancé au sujet de la propriété de l'échappement à roue de rencontre. Pour cet effet, qu'on imagine que la figure 2 (même planche), représente la projection orthographique d'une roue de rencontre et des palettes d'un balancier. Les dents a et b seront celles qui étaient les plus près de l'œil avant la projection; d e f, celles qui en étaient les plus éloignées, et C P, C L représentent la projection des palettes. Mais on peut regarder le mouvement des dents a et b dans la direction G M, comme ne différant pas beaucoup de leur mouvement circulaire; il en est de même de celui des dents d e f, en sens contraire de M et G. Cela étant posé, G M étant perpendiculaire à ces deux directions, il est clair, par ce que nous avons démontré plus haut, qu'à mesure que la roue mène la palette, sa force augmente, et qu'enfin elle est la plus grande de toutes lorsqu'elle est sur le point de la quitter, comme en P, parce qu'alors l'angle de la palette avec la perpendiculaire à la direction de la roue est le plus grand, et qu'au contraire la dent *d*, qui va rencontrer l'autre palette L *t*, la pousse avec bien moins de force, puisque l'angle M C *t*, formé par cette palette et par la perpendiculaire à la direction de la roue, est beaucoup plus petit.

Ceci prouve donc ce que nous avons avancé de la propriété de cet échappement; savoir : que la roue de rencontre a beaucoup plus de force pour communiquer le mouvement au balancier qu'elle n'en a pour lui résister lorsqu'il réagit sur elle.

Cette force serait comme le carré des leviers sur lesquels la roue agit dans ces deux points P et *t*, si cette roue se mouvait en ligne droite, comme nous l'avons supposé pour la facilité de la démonstration; mais, comme elle se meut circulairement, cette force croît dans un plus grand rapport; car le levier de cette roue, par lequel elle agit sur la palette, diminue à mesure que l'inclinaison de cette palette augmente; puisque ce levier n'est autre chose que le sinus du complément de l'angle formé par le rayon de la roue, qui se termine à la pointe de la dent, et par celui qui est parallèle à l'axe de la verge : angle qui augmente toujours à mesure que la dent pousse la palette.

La longueur de ce levier doit donc entrer aussi dans l'estimation de l'action de la roue de rencontre sur la palette; or, plus le levier d'une roue diminue, plus sa force augmente.

Il s'ensuit donc, que le rapport des forces avec lesquelles la roue d'échappement agit sur la palette qu'elle quitte, et sur celle qu'elle rencontre, est dans l'inverse des sinus des compléments des angles formés par le rayon qui se termine à la pointe de la dent, dans ces différentes positions, et par celui qui est parallèle à l'axe de la verge.

Cette propriété de l'échappement était trop avantageuse pour que les habiles horlogers ne s'efforçassent pas d'en profiter. Aussi ne manquèrent-ils pas de faire approcher la roue de rencontre aussi près de l'axe du balancier qu'ils le purent, pour obtenir, par ce moyen, la plus grande différence entre les forces dans les points P et *t* (*voy*. la même fig. 2); car par là, l'angle M C P devenant le plus grand, et l'autre M C *t* le plus petit, cet effet en résultait nécessairement. Mais bientôt ils s'aperçurent que cette pratique entraînait de grands inconvénients : 1° le balancier décrivait par là de trop grands arcs à chaque vibration, ce qui le rendait sujet aux renversements et aux battements; 2° cela donnait lieu à des palettes étroites, qui rendaient la montre trop sujette à se déranger par les différentes situations, l'inconvénient du jeu des pivots dans leurs trous étant, par rapport à des palettes étroites, plus grand qu'à des palettes larges.

Après un très-grand nombre de tentatives et d'expériences où l'on varia la longueur des palettes, l'angle qu'elles font entre elles, et la distance de la roue de rencontre à l'axe du balancier, on trouva que l'ouverture de 90 degrés était la plus convenable pour les palettes, et que la roue de rencontre devait approcher assez près de l'axe du balancier pour qu'une dent de cette roue, étant supposée au point où elle tombe sur une palette après avoir abandonné l'autre, pût faire parcourir à la palette, pour la quitter de nouveau, un arc de 40 degrés.

En réfléchissant sur cette matière, on pourrait imaginer qu'il serait plus à propos que les palettes formassent entre elles un angle au-dessus de 90 degrés, parce qu'alors l'arc total de réaction se ferait sur un plus petit levier ; mais, comme des changements inévitables font décroître la grandeur des vibrations ; comme, de plus, l'échappement ne peut être parfaitement juste, et qu'il se fait toujours un peu de chute sur les palettes quand le balancier commence à réagir, les horlogers diminuent le levier par lequel la roue opère lorsqu'elle vient d'échapper : ce qu'ils ne peuvent faire sans augmenter celui qui se forme à la fin de la réaction. Ces deux leviers deviennent à très-peu près égaux quand la montre a marché pendant un certain temps, la vibration allant toujours en diminuant. L'expérience a encore montré aux horlogers que le régulateur des montres doit avoir avec la force motrice un certain rapport, sans lequel, ou il n'est pas assez puissant pour corriger les variations de cette force, ou il lui apporte une trop grande résistance à surmonter : ce qui rend la montre sujette à s'arrêter.

La méthode que la pratique a enseignée pour donner au régulateur une puissance également éloignée de l'un et de l'autre inconvénient, c'est de faire marcher les montres sans ressort-spiral, comme elles le faisaient avant l'invention de ce ressort, et de donner au balancier une marche telle, que sa résistance laisse parcourir à l'aiguille, sur le cadran, 27 minutes par heure, et que le ressort-spiral, étant ajouté, accélère, dans un même temps d'une heure, le mouvement de cette aiguille de 35 minutes. Il est bon de remarquer cependant que ce nombre de 27 minutes que doit aller une montre, par heure, sans ressort-spiral, est seulement la condition normale d'une bonne montre ; car les différentes imperfections du rouage, rendant la force motrice tantôt plus grande, tantôt plus petite, obligent de faire aller les montres médiocres plus de 27 minutes, comme 28 et même 30, tandis que l'on peut ne faire aller que 26, et même moins, celles qui sont très-bien faites.

Ayant apporté tous les soins pour la disposition de l'échappement à verge, on y reconnaît trois propriétés considérables : la simplicité, la facilité de l'exécution, et le peu de frottement qui se rencontre dans toutes les parties qui le composent. Il est fâcheux qu'avec tous ces avantages cet échappement ne puisse procurer une compensation suffisante des inégalités du rouage. Cet inconvénient vient de ce que les montres, comme nous venons de le dire, vont 27 minutes par heure sans le secours du ressort-spiral et par la seule puissance de la force motrice, et qu'en doublant cette force, on fait avancer une montre d'environ 24 minutes par heure. L'échappement à verge a encore plusieurs défauts. Le pivot qui porte la roue de rencontre est chargé de toute la pression de l'engrenage, de toute l'action et la réaction des palettes : réaction d'autant plus grande qu'elle a lieu au delà de ce pivot. Il faut ajouter que les palettes de la verge se piquent facilement, souvent en quelques semaines, et qu'alors les vibrations du balancier deviennent plus petites, ce qui fait avancer la montre, qui même, par ce défaut, s'arrête tout à fait.

Les principes que nous venons d'exposer sur l'échappement à roue de rencontre ont été établis par les savants horlogers du dernier siècle, notamment par Sully, J. Le Roi, Romilly, Berthoud; ce dernier avait une prédilection toute particulière pour cet échappement, et il employa beaucoup de temps pour le perfectionner. Nous ne partageons pas la prédilection de Berthoud, et nous préférons la plupart des échappements à repos qui étaient en usage à l'époque de ce savant horloger. Cependant l'échappement à roue de rencontre, qui paraît tomber en désuétude, serait appelé à rendre encore d'importants services à l'art, s'il était construit d'après les modifications que lui a fait subir un des meilleurs horlogers de notre époque, M. Duchemin. Nous avons eu occasion d'entendre cet excellent praticien, dont l'intelligence artistique était bien supérieure à la nôtre, et qui avait sur nous l'avantage d'une longue et laborieuse pratique; nous l'avons entendu, disons-nous, exposer les nouveaux principes qu'il avait établis pour former cet échappement, et nous sommes resté convaincu que ces principes étaient infiniment préférables à ceux de ses devanciers.

M. Duchemin donnait aux palettes de la verge une ouverture de 110 à 115 degrés; il donnait à chaque rayon des palettes la longueur de la moitié de l'intervalle d'une pointe de dent à l'autre pointe; la face des dents de la roue avait, par rapport à son axe ou pignon, une inclinaison de 30 à 35 degrés; la levée totale était de 40 degrés.

Nous avons eu en notre possession une des montres à roue de rencontre de M. Duchemin; nous l'avons plusieurs fois démontée, nous avons suivi attentivement sa marche, et nous pouvons affirmer que cette pièce donnait l'heure avec autant d'exactitude qu'une bonne montre à cylindre, à ancre ou à Duplex.

ARTICLE VIII.

DE L'ÉCHAPPEMENT DU DOCTEUR HOOK, OU DE L'ÉCHAPPEMENT A ANCRE.

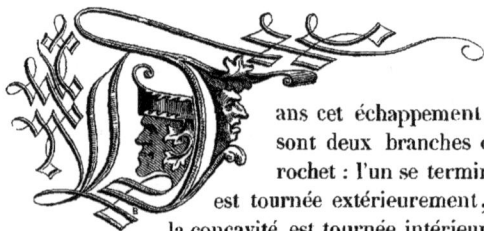

ans cet échappement, sur l'axe du mouvement du pendule, sont deux branches ou bras qui embrassent une partie du rochet : l'un se terminant par une courbe dont la convexité est tournée extérieurement, et l'autre, aussi par une courbe dont la concavité est tournée intérieurement. Quand le rochet chasse le premier, le second, situé de l'autre côté de l'axe, est contraint de s'engager dans les dents qui lui sont correspondantes, d'où, étant bientôt chassé, il oblige à son tour l'autre bras de se représenter à l'action du rochet, etc. C'est ainsi que sont restituées les pertes de mouvement du pendule.

On sait que c'est le poids moteur qui entretient les vibrations du pendule; mais comment l'entretient-il? C'est une demande qu'on se fait rarement. L'expérience a conduit les horlogers à donner à l'échappement la construction nécessaire pour cet effet: cependant il y en a très-peu à qui tout l'art de cette construction soit connu, et qui ne fussent embarrassés pour résoudre ce problème : *trouver la raison de la durée des vibrations*. Nous croyons qu'il sera résolu par la démonstration suivante :

La figure 3 (planche VIII) représente une roue de rochet et une ancre avec son pendule, ce régulateur étant en repos. Il est alors vertical et l'ancre horizontale, c'est-à-dire qu'une droite A A qui joindrait les deux extrémités des faces de l'échappement, serait horizontale à la verticale O P. D'un côté, une dent de la roue s'appuie sur le point B de l'une des courbes, dont une partie A B est engagée dans la dent; de l'autre, une même partie A B s'avance entre deux dents, et est éloignée de l'une et de l'autre à peu près de la même quantité.

Le poids moteur étant remonté, il s'en faut de beaucoup qu'il ait par lui-même la force de mettre le pendule en mouvement; pour l'y mettre, il faut l'écarter de la ligne verticale et le laisser tomber; alors, par sa propre pesanteur, et étant accéléré dans sa chute par la dent H, qui, par supposition, le pousse jusqu'en A, il remonte du côté opposé; puis, la dent N rencontrant en ce moment l'ancre en F, elle est contrainte de reculer un peu par le mouvement acquis du pendule; celui-ci, retombant de nouveau par l'effet de la pesanteur, est encore accéléré dans sa chute par la dent qui avait reculé, et remonte ainsi du côté d'où il était premièrement descendu. Alors la nouvelle dent qu'il y rencontre, après avoir reculé, comme l'autre, le poursuit et le hâte dans sa chute, comme ci-devant.

Si le pendule se mouvait dans le vide, on sait qu'alors, abstraction faite des frottements, il remonterait toujours à la même hauteur. Si l'on met maintenant à part l'action des deux dents opposées, il est clair que ses vibrations devront demeurer constamment les mêmes, et ne finiraient pas. Ajoutons présentement à la force de la pesanteur celle des deux dents opposées du rochet; cette dernière force agissant également de part et d'autre sur le pendule, et se détruisant de même, les vibrations demeureront encore les mêmes, sans jamais diminuer ni cesser, rien n'empêchant le pendule, dans notre supposition, de remonter à la hauteur d'où il est descendu. Mais il est évident que, dans l'atmosphère qui nous environne, il en doit être empêché par la résistance de l'air : dans ce cas, les vibrations iront donc en diminuant et cesseront enfin.

Quelle est donc la cause des vibrations constantes dans nos Horloges? Elle se rencontre précisément dans la construction de l'échappement, qui est telle que, le pendule étant en repos, une partie A B de l'une des faces est engagée dans la dent H qui la touche, non au point A, mais au point B; et une partie égale A B de l'autre courbe qui s'avance entre les deux dents N Q dans un éloignement réglé de manière que le pendule étant en mouvement lorsque la dent H échappe au point A, la dent N rencontre la face opposée au point F, qui donne B F égale B A ; il en est de même, lorsque la dent H rencontre l'autre face en un semblable point F ; c'est-à-dire que la distance A F est égale dans les deux faces, et double de A B dans l'une et dans l'autre.

Ce qu'il faut remarquer, c'est que, la dent H étant au point F, le poids du pendule est en L à gauche ; et, la dent N étant au point semblable F de l'autre côté, le poids du pendule est en L à droite ; de sorte que l'une et l'autre dent, agissant successivement de F en B, accélèrent le pendule dans sa chute de L en D, et que, continuant d'agir sur la face de B en A, elles l'accélèrent encore dans tout l'arc qu'il parcourt en montant de D en L. Ainsi, la force de la dent, transmise au pendule, ne l'abandonne pas à lui-même au point D ; elle continue d'exercer son effort sur lui jusqu'au point L : et c'est précisément ce surcroît d'effort de D en L en montant, qui est la cause de la durée et de la constante égalité des vibrations, ce qu'il est aisé de voir ; car supposons que l'arc S D S est celui que le pendule parcourt dans ses vibrations constantes, en tombant de S en D : s'il n'y avait ni résistance d'air, ni frottement, l'accélération de son mouvement, causée par la pesanteur et par l'action de la dent qui le suit dans sa chute, lui donnerait bientôt une vitesse suffisante pour le faire monter de l'autre côté à la hauteur S, contre l'effort de la dent opposée, qu'il ne rencontre qu'en L. Mais il est évident que, les frottements et la résistance de l'air ayant diminué cette vitesse dans toute la descente, et la diminuant encore quand le pendule monte, il ne saurait arriver au point S sans un nouveau secours. Si donc il y parvient, c'est que ce secours lui est donné par l'action de la dent continuée sur lui depuis D jusqu'en L. Le point S est tel, que l'effort ajouté de D en L égale précisément la perte causée par les frottements et la résistance de l'air dans tout l'arc parcouru S D S.

Si, pour mettre le pendule en mouvement, on l'avait élevé à quelque point I, plus haut que S, l'effort de D en L de la dent ne se trouvant pas assez grand pour réparer la perte, le pendule ne monterait de l'autre côté qu'au-dessous de I, et les vibrations continueraient de diminuer jusqu'à ce qu'il eût attrapé le point S, où l'effort ajouté est égal à la perte. Il en serait de même si on l'avait élevé moins haut que S ; l'effort ajouté étant alors plus grand que la perte, le pendule monterait plus haut que le point d'où il était descendu, et les vibrations ne cesseraient d'augmenter jusqu'à ce qu'elles eussent atteint le point S.

Ce que nous venons de dire touchant le pendule et l'échappement à ancre doit s'entendre des autres régulateurs et de toutes les sortes d'échappements ; dans tous, il y a toujours une partie des palettes ou des courbes, telle que A B, qui engrène dans la roue de rencontre ; et c'est cette partie qui est destinée à restituer le mouvement que le régulateur perd par la résistance de l'air et des frottements.

L'échappement à ancre possède plusieurs qualités excellentes : ses courbes sont, à très-peu de chose près, des développantes du cercle, et par là elles compensent parfaitement les inégalités de la force motrice, parce que, dans les plus grandes oscillations.

la roue de rencontre agit par des leviers plus avantageux. Une autre qualité de cet échappement, c'est que les arcs de vibration du pendule peuvent être fort petits, et par conséquent fort isochrones, et la lentille du pendule très-pesante. Deux inconvénients considérables diminuent beaucoup les avantages que possède cet échappement : ce sont le frottement que les dents du rochet occasionnent sur les courbes, et la difficulté de donner à celles-ci l'exactitude requise. Par ces raisons, on lui a préféré, pendant quelque temps, l'échappement à deux verges, qui, possédant presque tous les avantages de l'échappement à ancre, n'en a pas les défauts; mais, comme ce dernier a été généralement abandonné, nous n'en donnerons pas la description.

CHAPITRE II.

e que nous venons de dire résume les principales inventions qui ont été faites dans l'Horlogerie pendant le règne de Louis XIV; mais, pour ne pas nous écarter de la stricte impartialité, nous constaterons qu'à l'époque de ce grand roi il y avait en Allemagne, en Hollande, en Suisse, et surtout en Angleterre, des artistes en Horlogerie infiniment supérieurs à ceux de la France. Les Horloges, les pendules et les montres allemandes étaient exécutées avec talent, justesse et précision. Les pièces hollandaises possédaient les mêmes qualités; elles avaient plus d'originalité dans leurs formes. Leurs grosses Horloges et leurs carillons sont encore aujourd'hui remarquables par l'invention et par la manière dont ils ont été exécutés. Les Suisses se distinguaient particulièrement dans les montres qu'ils fabriquaient. On leur doit aussi plusieurs inventions admirables, et entre autres celle des chaînes de fusée, qui, comme nous l'avons déjà dit, remplacèrent avantageusement les cordes de boyau. Quant à l'Angleterre, elle renfermait dans ses principales villes, et surtout à Londres, des horlogers du plus haut mérite. Les écrivains de cette époque nous ont fait connaître à quel point l'Horlogerie avait été perfectionnée sous les règnes de Charles II et de Jacques II; la Société Royale de Londres renferme dans ses archives de nombreux mémoires dans lesquels sont décrites ces inventions, dont la science s'enrichit sous les rois que nous venons de citer. On voit encore aujourd'hui, dans les châteaux, les palais, les musées, les églises, les cabinets d'amateur de l'Angleterre, des

PENDULE DU RÈGNE DE LOUIS XIV.

(Recueil de D. Marot. — Bibl. Nat. de Paris. Cab. des Estampes.)

Horloges, des pendules et des montres de cette époque, qui toutes attestent le talent des artistes qui les ont exécutées. C'était donc en vain que les ouvriers français luttaient contre les artistes anglais; ceux-ci conservaient un avantage marqué, une supériorité incontestable, et cette prépondérance, ils la gardèrent jusqu'au commencement du dix-huitième siècle. Nous dirons bientôt comment ils la perdirent et par qui elle leur fut enlevée. Cependant la France, dans les dernières années du règne de Louis XIV, possédait déjà une assez grande quantité d'artistes distingués, qui tirèrent un bon parti des inventions de Huyghens, de Barlow, de Quare, de Tompion, etc. On n'était pas encore arrivé aux beaux jours de l'Horlogerie française; mais on commençait à en pressentir l'aurore. Parmi les horlogers ou savants qui s'illustrèrent à cette époque, nous citerons, outre ceux que nous avons nommés, Hæften, Pierre Georges, Martinot et Haye, Marlot, Guillelmi Oughtred, qui a fait imprimer un livre, en 1677, dans lequel il donne la théorie des engrenages, et des préceptes pour exécuter des pièces compliquées, telles que des Horloges astronomiques, etc. Vers la même époque, Alimenis était célèbre à Rome. Il exécuta pour le pape Alexandre VII une Horloge de nuit qui fut généralement admirée. Gilbert Clark est encore un des savants qui honorèrent la fin du siècle de Louis XIV. Son *Traité de la construction des Horloges*, imprimé à Londres en 1682, est, suivant le rapport de Leibnitz, un ouvrage remarquable.

Nous ne devons pas oublier non plus le savant Gaspard Schott, qui, dans son livre intitulé : *Jesu Thecnica curiosa, seu mirabilia artis*, a donné quelques bons principes de mécanique, de physique appliquée à l'horlogerie, etc., etc. Ce livre est rempli de figures techniques, à l'aide desquelles l'auteur explique la théorie des engrenages, des échappements, les effets des forces motrices, et autres sujets intéressants au point de vue de l'art.

Nous croyons faire plaisir à nos lecteurs en donnant ici une analyse rapide, d'après Jacques Alexandre, des principaux chapitres du livre de G. Schott. Nous reproduirons aussi quelques-unes des figures qui accompagnent le texte. Toutefois, ces figures étant plutôt un objet de curiosité que d'utilité, nous ne croyons pas devoir en donner une explication détaillée. Les personnes qui voudraient étudier consciencieusement les œuvres de Schott pourront se procurer son livre à la Bibliothèque Nationale.

Cet auteur donne à son sixième livre le titre de *Mirabilia mechanica*, les Merveilles de la mécanique, et emploie le chapitre X, qu'il intitule *Planetologium Rheitanum novum*, à exposer le dernier chapitre du livre du P. Schirleus de Rheita (*l'OEil d'Énoch et d'Élie*), dans lequel ce Père donne la description d'un planétaire qui représente tous les mouvements des planètes, tant vrais que moyens; leurs stations, rétrogradations et directions, sans épicycles ni équations, et cela avec peu de roues, vis sans fin et poulies.

A la face extérieure de la machine, il y a trois plans circulaires divisés en plusieurs cercles pour les planètes et les signes du zodiaque.

Le premier plan, en commençant par le bas, contient les cercles des trois planètes inférieures, qui sont le Soleil, Vénus et Mercure. Ce plan porte trois aiguilles.

Le second plan, qui tient le milieu de l'horloge, est divisé en douze parties égales, pour marquer les heures du jour et de la nuit.

Le plan le plus élevé contient les cercles des trois planètes supérieures : Saturne, Jupiter et Mars, et porte trois aiguilles.

La lune a un cercle particulier placé entre le premier et le second plan.

La première roue de cette machine, qui donne le mouvement à toutes les autres, est mue par une chute d'eau et fait un tour en une minute.

Sur l'axe de cette roue est une vis sans fin qui donne le mouvement à une autre roue ayant quinze dents et faisant un tour en un quart d'heure.

Par quelques autres engrenages, et toujours à l'aide de la vis sans fin, le P. Schirleus fait marquer à son horloge l'apogée des planètes pour l'année 1642, le moyen mouvement journalier des planètes, leur mouvement par mois et annuel, etc. Schirleus termine cet article en donnant le moyen de construire les trois planisphères, savoir : celui des trois planètes supérieures, celui des trois planètes inférieures, et celui de la lune.

OBSERVATION.

Cette horloge ne peut pas être d'une grande utilité, ni avoir assez de justesse pour représenter le mouvement des planètes : 1° Parce que la première roue qui donne le mouvement aux autres est conduite par une chute d'eau qui ne peut avoir la régularité nécessaire ; 2° Ce mouvement n'est réglé ni par balancier, ni par pendule, ni par délais ; 3° Le mouvement du Soleil est mis de 365 jours : c'est près de 6 heures de moins par année, qui font en cent ans 25 jours d'erreur ; 4° L'auteur de cette machine donne aux planètes des disques trop grands, et en cela il est en désaccord avec tous les astronomes modernes qui donnent à leurs disques des proportions beaucoup plus petites.

Sans être, comme Schott, en admiration devant l'œuvre de Schirleus, nous ne sommes pas de l'avis du P. Alexandre, qui ne lui accordait aucun mérite. L'auteur de cette horloge astronomique vivait à une époque où la science n'avait fait que de faibles progrès ; et si Schirleus ne devança pas son siècle, il en fut un des plus savants hommes, et l'on doit admirer en lui une grande puissance d'imagination et un ardent amour pour l'art. Le système de la vis sans fin, qu'il appliqua à son rouage, lui permit de simplifier singulièrement sa machine. L'emploi de cette vis sans fin ne vaut pas celui des pignons, avec lesquels on fait de meilleurs engrenages. Cependant le système de Schirleus était susceptible de perfectionnements, et un horloger de nos jours l'a prouvé en faisant, d'après ce système, des pièces d'horlogerie qui paraissent marcher avec une certaine précision ; nous en parlerons lorsque nous traiterons de l'horlogerie au dix-neuvième siècle.

Schott donne à son neuvième livre le titre de *Mirabilia chronometrica*, il l'emploie à expliquer les diverses machines qui ont été en usage pour mesurer le temps.

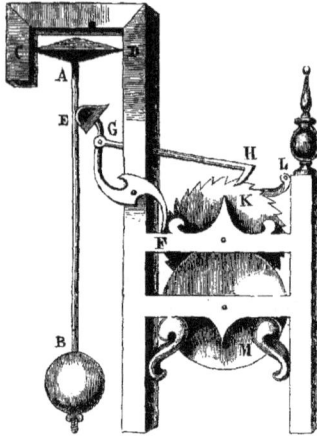
Horloge dont le balancier est mu par l'effet d'un encliquetage.

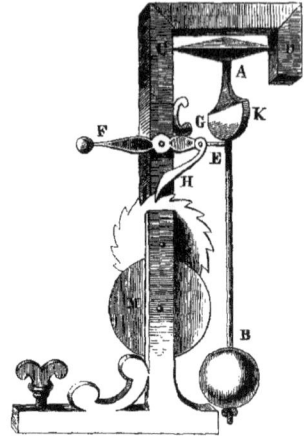
Même horloge modifiée et vue du côté opposé.

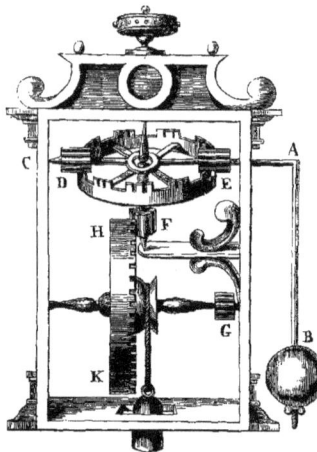
Horloge à poids et pendule sans échappement.

Même horloge modifiée et vue de profil.

Dans le premier chapitre, il donne la figure de toutes les espèces de dents qui ont été employées aux roues des horloges.

Au deuxième chapitre, il parle des *pendules* et de leurs propriétés comme de leur longueur, de leur centre de gravité, du point de suspension, etc., etc.

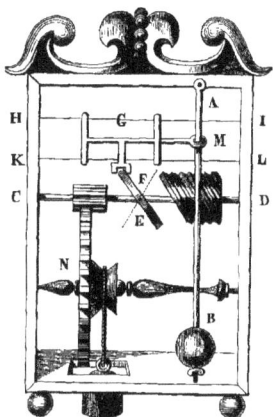

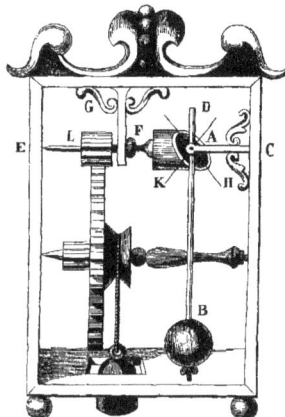

Ces échappements impraticables sont décrits dans Schott.

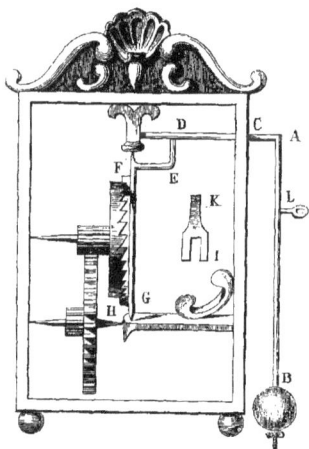

Horloge à verge. (Voir l'explication dans le cinquième chapitre du Schott.)

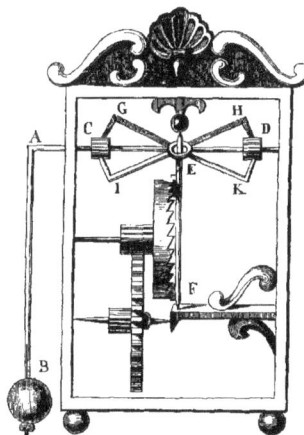

Horloge à verge et à pendule, sans *fourchette*; le pendule reçoit l'impulsion par l'effet d'un engrenage.

Dans une suite assez nombreuse de propositions, l'auteur indique : 1° Les moyens d'appliquer deux pendules sur un seul mouvement d'horloge, lesquels se rectifient l'un l'autre; 2° De mouffler la corde qui soutient le poids moteur, afin de faire marcher l'horloge plus longtemps sans le faire descendre plus bas; 3° Il donne plusieurs moyens

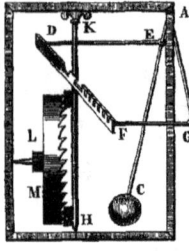

Horloge à deux pendules et
à verge.

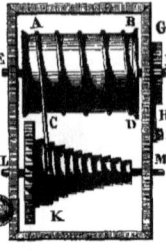

Égalissage de la force du
ressort par la fusée.

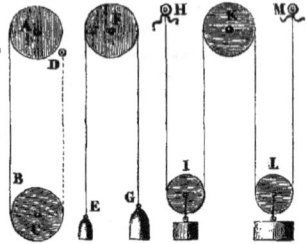

Différents systèmes de poids et poulies.

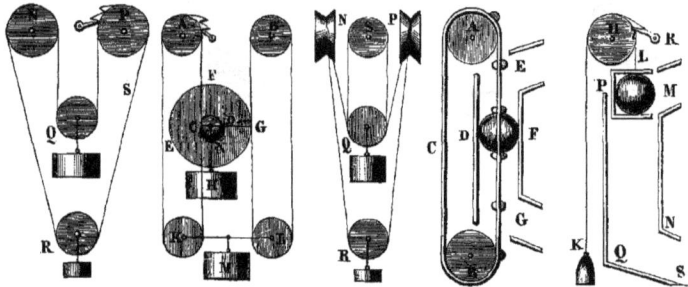

Différents systèmes de poids et poulies.

pour perpétuer le mouvement des horloges; 4° Il traite des indices et aiguilles des horloges, et il dit à ce sujet : « Si on veut que l'aiguille marque les heures sur un cadran, qui soit carré, hexagone ou de quelque figure qu'on voudra, en sorte que l'aiguille s'allonge et s'accourcisse comme on le souhaite, cela se peut faire en deux manières : l'une par le moyen des parallèles, lesquelles s'allongent et s'accourcissent par un ressort qui est de *A* en *B*. *A* et *B* seront enclavés dans une rainure de pareille figure au contour du cadran où sont marquées les heures; — une autre manière plus simple est celle par le moyen de laquelle deux règles s'allongent et s'accourcissent à l'aide d'un ressort caché dans l'horloge : on peut faire par cette méthode un cadran en ellipse dont l'indice remplira toujours les différents diamètres. »

Dans une autre proposition, Schott indique le moyen de faire marquer aux aiguilles des horloges, outre les minutes et les secondes, les heures babyloniques, italiques et judaïques, le mouvement des planètes, les signes ascendants et descendants, les maisons célestes, les lever et coucher du soleil, la quantité des heures de chaque jour, l'amplitude du soleil, les fêtes de l'année, etc.

On trouve encore dans le chapitre huitième du livre de Schott, intitulé : *Chronometra paradoxa,* les propositions suivantes : faire une horloge exacte et portative, — faire une horloge dont le mouvement est sans bruit, — établir une horloge dont le mouvement ne cesse point, — en faire une à roues sans balancier ni pendule.

Schott termine son livre en donnant le moyen de construire des horloges sans roues dentées et faites seulement avec des poulies; il donne aussi une méthode pour faire des horloges perpétuelles.

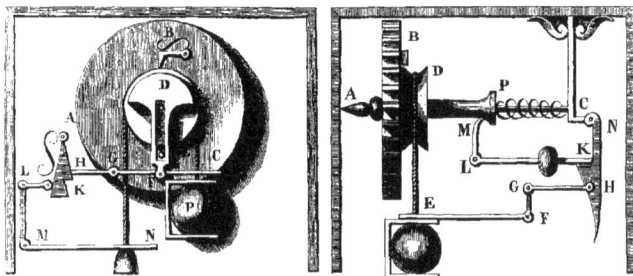

Système du poids moteur remonté par des leviers. — Schott a tenté par là d'arriver au mouvement perpétuel. Il est inutile de dire qu'il n'a pas réussi.

Toutes les propositions de Schott sont très-curieuses, mais elles ne peuvent pas être d'une grande utilité aux artistes de notre époque; cependant, si l'on voulait étudier avec soin les différents systèmes de cet auteur, on pourrait en tirer quelque profit pour l'horlogerie moderne.

Nous terminerons cet article en donnant, d'après Dom Jacques Alexandre, la description abrégée du cabinet de M. de Serviere. Ce savant amateur fut, par ses différentes inventions en mécanique, un des hommes les plus remarquables du règne de Louis XIV.

« La première Horloge de M. de Serviere représentait un dôme soutenu par six colonnes assises sur une base hexagone. Autour de ces colonnes, qui formaient une espèce de rotonde, il y avait deux rangs de fils de cuivre, parallèles entre eux, qui de la base montaient en spirale jusqu'au sommet du dôme. Ces fils étaient arrêtés aux colonnes avec de petites consoles, et ils servaient de canal à une balle de cuivre qui, par son propre poids, parcourant en descendant toute l'étendue des fils de cuivre, arrivait enfin dans une petite ouverture qui était à la base de la rotonde. Aussitôt que la balle était entrée dans cette cavité, elle y trouvait un ressort dont elle faisait lâcher la détente et qui la repoussait toujours avec la même justesse, de bas en haut, dans l'endroit où les fils de cuivre placés parallèlement lui traçaient le chemin qu'elle avait à parcourir en descendant. Cette balle continuait ce manége sans jamais s'arrêter, et, comme elle n'employait pas plus de temps une fois qu'une autre pour monter ou pour descendre le long de la rotonde et que proportionnément à ce temps toujours égal on avait fait les roues du cadran de cette horloge, la balle faisait marquer les heures à l'horloge avec beaucoup de justesse.

» La seconde Horloge avait beaucoup de rapport avec la première; elle n'en différait qu'en ce que la petite balle, au lieu d'être lancée par l'action d'un ressort au sommet du dôme, y était portée visiblement par un petit seau qui montait et descendait, etc.

» La troisième Horloge était un tableau sur lequel il y avait des liteaux posés les uns sur les autres diagonalement en zigzag; ces liteaux servaient de canal à deux balles, lesquelles, étant arrivées en bas, remontaient dans l'épaisseur du cadre, etc. Les heures étaient marquées en bas du tableau.

» Dans la quatrième Horloge, les fils de cuivre étaient lacés dans quatre colonnes, et, quand la balle était en bas, elle remontait dans une vis d'Archimède et ensuite redescendait sur les fils, et par ce continuel mouvement elle faisait marcher l'horloge dont les cadrans étaient aux faces de la base.

» La cinquième Horloge était un pupitre sur lequel étaient des liteaux disposés comme dans la quatrième Horloge, etc.; ce pupitre pouvait s'ouvrir, etc.

» La septième Horloge consistait en une boîte cylindrique qui, étant posée du côté de la surface curviligne, sur un plan incliné, semblait s'y tenir immobile contre la nature des figures rondes, qui roulent ordinairement avec précipitation tant qu'elles trouvent de la pente. Celle-ci (la boîte en question) descendait sur son plan incliné, imperceptiblement et avec mesure. Cette boîte était de cuivre; elle avait environ cinq pouces de diamètre, et le plan sur lequel elle était posée avait quatre pieds de longueur. Les heures étaient écrites sur l'épaisseur de ce plan incliné et sur la circonférence de la boîte, laquelle avait une aiguille à deux pointes qui se tenaient toujours perpendiculairement, et qui marquait l'heure courante en deux endroits différents, savoir : par sa pointe supérieure, elle marquait l'heure sur la circonférence de la boîte, et, par sa pointe inférieure, elle la marquait sur le plan incliné. Cette Horloge n'avait ni ressort, ni contre-poids. La durée du temps qu'elle marchait était proportionnée à la longueur du plan incliné. Elle ne recevait son mouvement que par l'effort que la figure ronde se faisait de se tenir sur le plan incliné, contre son penchant naturel. On en faisait l'expérience de cette manière. Lorsque la boîte était sur son plan incliné, elle descendait imperceptiblement et avec mesure, en marquant les heures comme nous l'avons dit, et l'on entendait le mouvement de son balancier; mais, aussitôt que l'on retirait la boîte de dessus son plan incliné, et qu'on la posait sur un plan horizontal, le mouvement de l'Horloge cessait, et on n'entendait plus le mouvement de son balancier, parce que, pour lors, la figure ronde étant dans son état naturel, il ne se faisait plus d'effort.

» Les huitième et neuvième Horloges étaient faites sur le même principe. La longueur et la disposition du plan incliné en faisaient toute la différence. Ce plan pouvait être tellement prolongé, que l'Horloge pouvait marcher pendant plus d'une semaine sans qu'on remontât la boîte, etc.

» Les pièces dixième et onzième étaient des Horloges de sable qui n'avaient rien de bien remarquable.

» La douzième Horloge était un globe céleste qui tournait sur la tête d'un atlas, etc.

» L'Horloge quatorzième avait son cadran en ovale, et son aiguille s'allongeait et s'accourcissait suivant les différents diamètres de l'ovale, en marquant les heures. Au-dessous de ce cadran il y avait une niche par laquelle on voyait sortir des figures qui marquaient les différents jours de la semaine.

» L'Horloge seizième avait son mouvement semblable à celui des pendules simples ; son cadran seul en était différent : il n'avait point d'aiguilles, mais à leur place il y avait deux cercles inégaux, dont le plus grand marquait les heures, et le plus petit les quarts. Ces deux cercles étaient cachés dans l'intérieur de la machine ; ils ne faisaient paraître, par deux ouvertures, que l'heure courante. Ce qui rendait cette machine très-commode, c'est que les caractères qui marquaient les différentes heures étaient taillés à jour sur les cercles, et pouvaient par conséquent s'apercevoir pendant la nuit, au moyen d'une lampe que l'on plaçait derrière la machine, et dont la lueur ne paraissait qu'à travers les petits vides qui les formaient, etc.

» L'Horloge dix-septième était un plat d'étain sur le bord duquel les heures étaient gravées, comme sur un cadran. Après avoir rempli d'eau ce plat, on y jetait une figure de tortue de liége, qui allait chercher l'heure courante pour la marquer avec son petit museau ; lorsqu'elle l'avait trouvée, elle s'y arrêtait ; si l'on voulait l'en éloigner, elle y retournait aussitôt, et si on l'y laissait, elle suivait imperceptiblement les bords du plat, marquant toujours les heures.

» OBSERVATION.

» On ne voit dans toutes ces différentes Horloges de M. de Serviere que la représentation extérieure, qui est curieuse et fort surprenante ; mais, comme celui qui a donné la description de ce fameux cabinet n'a pas voulu expliquer les ressorts qui font jouer ces machines, on demeure dans l'admiration sans profiter des belles et subtiles inventions de M. de Serviere.

a Samaritaine avait été construite en même temps que le Pont-Neuf; elle en avait été un des plus beaux ornements. Ce bâtiment, commencé sous Henri III, ne fut totalement achevé que sous Louis XIV. Il renfermait une pompe qui élevait l'eau et la distribuait ensuite, par plusieurs canaux, au Louvre et à quelques autres quartiers de Paris.

« Les anciens », rapporte Claude Malingre, auteur des *Antiquités de la ville de Paris*, « avaient ignoré l'industrie de faire élever et remonter les eaux plus haut que leur » source, et le roi a ci-devant employé les plus ingénieuses et hardies inventions qui se » sont offertes à en laisser la preuve admirable sur ce pont, telle que nous la voyons, » et qui ne permet plus que nous et les nôtres demeurions en cette ignorance. C'est une » Samaritaine laquelle verse de l'eau à notre Seigneur, et au-dessus une industrieuse » Horloge, qui non-seulement montre et marque les heures devant midi en mon- » tant, et celles qui suivent après en descendant, mais aussi qui sert à connaître quel » chemin le soleil et la lune font sur notre horizon, représenté, selon la diversité de » leur cours, par une pomme d'ébène : voire qui représente les mois et les douze signes » du zodiaque, compris dedans six espaces en montant et six en dévalant. Plus, quand » l'heure est prête à sonner, il y a derrière l'Horloge certain nombre de clochettes, » lesquelles représentent tantôt une chanson, tantôt une autre, qui s'entend de bien » loin, et est fort récréative. »

On a vu par l'ordonnance de Louis XIV, à l'article des corporations, que ce prince avait la conscience des grandes choses qui pouvaient s'accomplir par les perfectionnements de l'Horlogerie, et qu'il tenait cette science en grande considération. Il avait un goût particulier pour les montres à six roues et à secondes. Le savant De Camus était l'inventeur de ces sortes de montres, dont il donne la description dans son *Traité des forces mouvantes*. Dans ce même traité, page 461, il donne la manière d'exécuter une montre à répétition qui sonne d'elle-même l'heure et les quarts, sur trois timbres différents, avec un seul marteau, et à l'aide d'un seul rouage de sonnerie.

LA SAMARITAINE.
D'après une gravure de la fin du dix-septième siècle. (Cab. des Estampes, Bibl. nat. de Paris.)

Louis XIV, Colbert et plusieurs grands personnages de la cour avaient de ces montres, qui étaient surtout fort commodes pour la nuit ou pour voyager en voiture. C'est à une de ces petites Horloges que Corneille fait allusion dans sa comédie du *Menteur* :

Ce discours ennuyeux enfin se termina ;
Le bonhomme partait quand ma montre sonna.

De Camus fut aussi le premier qui construisit des pendules qui marchaient un an sans être remontées.

On voit encore aujourd'hui à Versailles, dans les appartements du roi, une Horloge qui fut construite par Antoine Morand, de Pont-de-Vaux. A chaque fois que l'heure sonne, deux coqs, placés sur le haut de la machine, chantent chacun trois fois en battant des ailes; en même temps, des portes à deux vantaux s'ouvrent de chaque côté, et deux figures en sortent, portant chacune un timbre en forme de bouclier, sur lesquels deux Amours, placés aux deux côtés de l'Horloge, frappent alternativement les quarts avec des massues. Une figure de Louis XIV, semblable à celle qui était sur la place des Victoires, sort du milieu de la décoration. On voit en même temps s'ouvrir, au-dessus de lui, un nuage d'où la Victoire descend, portant dans la main droite une couronne qu'elle tient sur la tête du roi, pendant l'espace d'une demi-minute que dure un carillon, à la fin duquel Louis XIV rentre dans l'Horloge. Alors la Victoire remonte, les figures se retirent, les portes se ferment, les nuages se réunissent et l'heure sonne.

Antoine Morand a eu d'autant plus de mérite en exécutant cette Horloge très-compliquée, qu'il n'était pas horloger.

Malgré la faveur dont jouissaient au dix-septième siècle les Horloges purement mécaniques, on se servait encore, alors surtout dans les monastères, de la clepsydre et du

Clepsydre de table, en grès de Flandre. — XVIIe siècle. (Musée de Cluny.)

sablier. Il était même d'usage, dans certains couvents, de placer une de ces Horloges au milieu de la table sur laquelle on servait le dîner des moines : c'était sans doute pour avertir ces religieux qu'ils ne devaient pas prolonger leur repas au delà des limites prescrites par la règle de la communauté.

CHAPITRE III.

L'HORLOGERIE AU DIX-HUITIEME SIÈCLE.

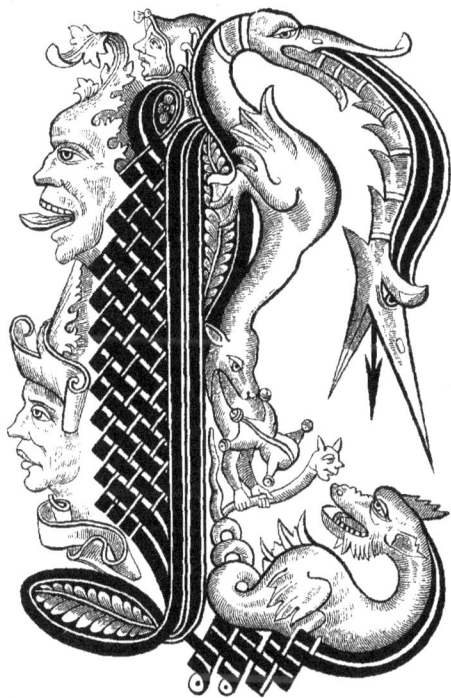

es arts mécaniques, et généralement les sciences positives, ne restent jamais stationnaires; ils marchent toujours dans la voie du progrès; mais ces progrès ne sont pas uniformes et ne se produisent pas constamment dans les mêmes pays.

Longtemps avant Périclès, les Égyptiens étaient déjà célèbres dans le monde par les connaissances qu'ils avaient acquises en astronomie, en physique, en chimie, etc. L'école d'Alexandrie fut un flambeau vivant qui, pendant plus d'un siècle, rayonna dans toutes les contrées de l'Asie. Plus tard, les sciences et les arts se concentrèrent dans la Grèce, et bientôt après ce fut dans Rome qu'ils se réfugièrent. A la chute de ce puissant empire, les contrées occidentales de l'Europe s'étant peu à peu civilisées. les sciences se fixèrent dans cette partie du monde, tandis que, au contraire, les Égyptiens, les Grecs et les Romains du Bas-Empire étaient tombés dans l'ignorance et dans la barbarie. Toutefois les Européens ne furent pas subitement initiés aux sciences; ils ne les acquirent toutes que dans l'espace de plusieurs siècles. Ce ne fut, en effet, qu'à la tin du règne de Louis XII, ou au commencement de celui de son successeur, François Ier, que l'Europe se plaça définitivement à la tête de la civilisation, et qu'elle fut réputée savante dans les arts et dans les sciences; et, même encore alors, les divers peuples de cette contrée ne furent pas savants dans une égale proportion. L'Italie et l'Allemagne avaient acquis une prépondérance incontestable sur la France et l'Angleterre, et celles-ci se montraient supérieures à l'Espagne, au Portugal, à la Russie, etc.

Quant à la science chronométrique proprement dite, elle fit d'abord des progrès remarquables en Allemagne, puis en Italie et en France; puis enfin, comme nous l'avons dit précédemment, l'Angleterre conquit et conserva le sceptre de l'art pendant tout le cours du dix-septième siècle : rien même ne pouvait faire pressentir qu'elle le perdrait au dix-huitième siècle; c'est cependant ce qui arriva.

Il ne faut que connaître l'histoire pour savoir que, lorsque le chef d'un État civilisé manifeste un goût fortement prononcé soit pour une science, soit pour un art, il se trouve toujours des ministres et des courtisans prompts à se faire les protecteurs passionnés de l'art ou de la science qui est l'objet des prédilections du souverain. On voit alors surgir de tous côtés des savants ou des artistes qui, certains d'être remarqués et protégés, se livrent avec autant de confiance que d'ardeur aux travaux de la science ou de l'art qu'ils professent et qui est en faveur; et celle-là ou celui-ci prend soudain un essor qui ne s'arrête qu'après avoir atteint son apogée.

Philippe d'Orléans, qui eut la régence du royaume après la mort de Louis XIV, avait du goût pour les arts mécaniques, et particulièrement pour l'Horlogerie; et, comme il savait que les artistes horlogers de l'Angleterre étaient supérieurs aux artistes français, il résolut de changer cet état de choses. D'abord il favorisa de tout son pouvoir ceux de nos horlogers qui se distinguaient par des travaux remarquables; puis, voulant créer une pépinière d'artistes d'élite capables de soutenir une lutte artistique avec les étrangers, il fit venir de Londres plusieurs horlogers d'un vrai mérite, qui s'établirent à Paris, sous sa protection immédiate.

Le plus illustre parmi ces savants étrangers fut Sully, qui, par de belles inventions dans son art, et par un bon livre qu'il écrivit sur l'Horlogerie, ne tarda pas à se faire, à Paris et dans la France entière, une excellente réputation. Sully eut pour émules et pour amis Lebon et Gaudron, qui réunirent leurs communs efforts pour atteindre le but que s'était proposé le duc d'Orléans.

Julien Le Roy, après s'être distingué par une dextérité toute particulière, ne tarda pas à se signaler par des inventions précieuses. Il imagina d'abord une pendule à équation, que l'Académie des sciences honora de ses suffrages. Peu après, ayant lu dans l'Optique de Newton les expériences que celui-ci rapporte pour montrer les lois suivant lesquelles agit l'attraction de cohésion, Julien Le Roy eut l'idée de faire servir cette propriété des fluides à fixer l'huile aux pivots des roues et du balancier des montres, et par là, de diminuer considérablement l'usure et les frottements de ces parties. Pour cet effet, il imagina différentes pièces qui ont été généralement adoptées. Telles sont les potences.

qui ont retenu son nom, au moyen desquelles on peut rendre l'échappement aussi parfait qu'il puisse être, etc., etc.

Les montres anglaises à répétition avaient, à l'époque dont nous parlons, quatre enveloppes ou boites; savoir : la calotte, le timbre, la boîte vidée et celle qui enveloppe le tout. Il arrivait de là que, malgré leur grosseur apparente, le mouvement de ces montres était si petit, et leur moteur si faible, que les moindres variations dans la ténacité de l'huile y produisaient des erreurs considérables.

Au moyen des répétitions sans timbre, Julien Le Roy supprima trois boîtes sur quatre, en sorte que le mouvement d'une répétition de cet habile horloger est à celui d'une répétition anglaise dans le rapport de soixante-quatre à vingt-sept.

Il est aussi l'auteur des répétitions dites *à bâtes levées*, qui ont l'avantage d'être d'une exécution plus facile en ce que les pièces de la quadrature sont mieux distribuées, et qu'elles ont une place plus grande pour fonctionner et produire leurs effets.

On sait qu'il est assez commun de voir des répétitions qui, ayant marché un certain temps, ou par l'effet du froid, sonnent lentement ou même ne sonnent pas du tout. L'huile du rouage de la sonnerie étant alors congelée, le ressort n'est plus assez fort pour faire tourner les roues et lever le marteau. Cet inconvénient est prévenu, dans les montres de Julien Le Roy, par un petit échappement substitué aux dernières roues, et qui évite la plupart des inconvénients attachés au pignon du volant.

Non content de travailler assidûment pour perfectionner ses ouvrages, Julien Le Roy avait le soin de recueillir tout ce qui paraissait d'utile ou de curieux en Angleterre ou ailleurs. C'est ainsi qu'ayant entendu parler avantageusement des inventions de Graham, il fit venir de Londres, en 1728, la première montre à cylindre qu'on ait vue à Paris; il en étudia le mécanisme, qu'il trouva excellent; et, après l'avoir éprouvée, il la céda à M. Maupertuis.

Graham, de son côté, ne dissimulait pas tout le cas qu'il faisait de son émule. Un jour que milord Hamilton lui montrait, devant plusieurs personnes, une des montres à répétition, à grand mouvement, de Julien Le Roy, Graham, après avoir examiné cette montre, dit : « Je voudrais être moins âgé afin de pouvoir faire des répétitions sur ce modèle. » Cette justice que rendait au grand artiste français le plus célèbre horloger de l'Angleterre lui a été rendue par tous ceux des autres parties de l'Europe. Il arriva de là que tous se saisirent de ses inventions; on grava le nom de Julien Le Roy sur les montres de Genève, au lieu d'y graver, comme autrefois, ceux de Barlow, de Tompion, de Graham, etc. Enfin, les montres de l'Angleterre furent généralement abandonnées, et dès lors la préférence fut acquise aux montres françaises.

Une partie des perfections que nous venons d'exposer passa bientôt dans les pendules; il serait inutile de les rappeler en détail. Nous dirons seulement, au sujet des tirages ou pendules à répétition, que, pour rendre les pièces de leur quadrature plus grandes et plus solides, il les transposa de dessous le cadran sur la petite platine, afin qu'elles

19

ne fussent plus gênées par les faux piliers, l'arbre du remontoir et son rochet, ainsi que par les roues des heures et des minutes.

A l'égard de ses pendules à secondes, voici le témoignage que M. de Maupertuis a rendu de celle qui fut exécutée pour les opérations de la mesure des degrés du méridien terrestre vers le cercle polaire : « Nous avions une pendule de M. Julien Le Roy dont l'exactitude nous a paru merveilleuse, dans toutes les observations que nous avons faites avec cet instrument. »

Quant aux pendules à équation de toute espèce, on peut lire ce qu'elles lui doivent dans les Mémoires de l'Académie, année 1725. On voit aussi (*Mém. acad.*, 1741) que l'Horlogerie lui est redevable de la compensation des effets de la chaleur et du froid sur le pendule, au moyen de l'allongement et du raccourcissement inégal des métaux.

Julien Le Roy s'est encore distingué par la construction de ses montres et pendules à trois parties, par divers échappements qu'il a inventés ou perfectionnés, par ses réveils, dont il a donné la description dans la *Règle artificielle du temps*, et par ses répétitions sans rouages.

Enfin, ses lumières et ses vues se sont portées jusque sur les Horloges publiques; car il est l'inventeur de celles qu'on nomme *horizontales,* qui sont encore en usage aujourd'hui. De onze pièces dont la cage de ces machines était composée, il n'a retenu que le rectangle inférieur; par ce moyen, l'Horloge, beaucoup plus facile à faire et moins coûteuse, est encore infiniment plus parfaite.

A tant d'heureuses inventions on pourrait joindre celles dont leur auteur a enrichi la gnomonique, telles que son cadran universel à boussole et à pinnules; son cadran horizontal universel, propre à tracer des méridiennes au moyen de son axe, percé de plusieurs trous et d'échelles des hauteurs correspondantes gravées sur son plan, etc. On peut, sur ces articles, consulter ses Mémoires, à la suite de la *Règle artificielle du temps.*

Ces nombreuses découvertes lui méritèrent la haute réputation dont il a joui, son logement aux galeries du Louvre, son brevet d'horloger du roi; mais elles firent aussi la première réputation de l'Horlogerie française.

Si le rare génie de Julien Le Roy a donné une aussi forte, aussi durable impulsion à son art, ses procédés généreux envers ceux qui le cultivaient n'ont pas moins contribué à le perfectionner. Loin d'être de ces hommes mercenaires dont le but unique est de s'approprier le fruit des talents et des travaux des autres, cet artiste célèbre était le premier à augmenter le prix de leurs ouvrages lorsqu'ils avaient réussi; et très-souvent il portait ce prix fort au delà de leur attente. (*Voy. l'Éloge de Julien le Roy, par Pierre Le Roy. Le Manuel Chro., par Janvier.*)

ARTICLE II.

DE LA DILATATION ET DE LA CONDENSATION DES MÉTAUX PAR LE CHAUD ET LE FROID.
CORRECTION DE CES EFFETS DANS LE PENDULE.

e savant F. Berthoud a dit : « C'est une vérité reconnue et prouvée par l'expérience, que la chaleur dilate tous les corps et que le froid les condense, et que, par conséquent, les corps sont plus grands en été qu'en hiver, et le jour que la nuit. » (*Essai sur l'Horlogerie*, tom. II, chap. XX.)

On sait aussi que plus un pendule est long, plus ses vibrations sont lentes, et que plus il est court, plus elles sont promptes. Or, la chaleur dilatant la verge du pendule en été, il en résulte que l'Horloge doit retarder, et qu'en hiver elle doit avancer par l'effet contraire. Il est donc essentiel, pour la perfection des machines qui mesurent le temps, de connaître les qualités de la dilatation et de la condensation des différents métaux par le chaud et par le froid,

et de trouver les moyens de corriger ces effets. Par des expériences exactes, faites sur des verges de différents métaux, de 461 lignes de longueur, passant du froid de la glace au 27ᵉ degré du thermomètre de Réaumur, Ferdinand Berthoud a trouvé les rapports suivants : acier recuit, 69 ; fer recuit, 75 ; acier trempé, 77 ; fer battu, 78 ; or recuit, 82 ; or tiré à la filière, 94 ; cuivre rouge, 107 ; argent, 119 ; cuivre jaune, 121 ; étain, 160 ; plomb, 193 ; le verre, 62 ; le platine, à peu près comme le verre.

Les quantités ci-dessus expriment les trois cent soixantièmes de ligne. Ainsi, l'acier recuit donne pour la quantité absolue de son allongement, sur 461 lignes, soixante-neuf trois cent soixantièmes de ligne, en passant du terme de la glace à vingt-sept degrés de la chaleur donnée par le thermomètre de Réaumur.

C'est vers le commencement du dix-huitième siècle, après l'invention d'un échappement qui décrivait de petits arcs, et permettait l'emploi d'une lentille pesante, que le pendule est devenu un régulateur assez parfait pour faire connaître qu'en passant de l'été à l'hiver, l'Horloge éprouvait des variations dont les véritables causes étaient dans la dilatation et la contraction des métaux. Vendelin avait déjà fait des remarques à ce sujet vers la fin du dix-septième siècle.

La théorie du pendule, si bien établie par Galilée et Huyghens, prouvait que, par le changement de sa longueur, les oscillations ne conservaient plus la même durée; car, suivant cette théorie, les durées des vibrations, dans les pendules, sont entre elles comme les racines carrées des longueurs de ces pendules; et le calcul nous fait connaître que, si, dans le pendule qui bat les secondes ou qui a trois pieds huit lignes et demie, la longueur change de la centième partie d'une ligne, l'Horloge variera d'une seconde en vingt-quatre heures, et, si le pendule bat les demi-secondes, la centième partie d'une ligne fera varier l'Horloge de quatre secondes dans le même temps.

Après avoir reconnu ces variations de l'Horloge et les causes qui les produisent, les artistes se sont occupés des moyens de correction, et ils les ont trouvés dans la cause même. Pour cet effet, ils ont employé la dilatation du métal à ramener continuellement la lentille du pendule à la même distance du point de suspension. Cette première idée a produit ce qu'on appelle une *contre-verge*, semblable à celle du pendule et de même longueur. Cette verge étant fixée par le bout inférieur au mur solide auquel est attachée l'Horloge, le bout supérieur, qui est coudé, soutient le ressort qui suspend le pendule, en sorte qu'à mesure que la dilatation allonge la verge de ce pendule, la même dilatation allonge la contre-verge et remonte le ressort de suspension; ce ressort, pincé par le pont qui fixe le point de suspension, devient nécessairement plus court, et ramène le pendule à la même longueur. Tel est le principe de ce premier moyen de compensation, qui agit hors du pendule.

Un autre moyen très-ingénieux, c'est celui qui est fondé sur les dilatations différentes qu'éprouvent deux métaux exposés à la même chaleur; celui-ci s'adapte au pendule même, dont la verge devient composée de plusieurs barres de deux métaux. On fait servir l'excès de la dilatation du métal le plus extensible à remonter la lentille, afin qu'elle conserve toujours la même distance au point de suspension. Tel est le principe de compensation qui s'applique au pendule même, et pour le succès duquel il faut que les longueurs des verges soient en raison inverse de leurs dilatations; en sorte que, si l'artiste emploie, dans la composition d'un pendule, des verges d'acier recuit et de cuivre jaune, il faudra, pour obtenir une compensation complète, que le produit des longueurs des barres d'acier par 121 soit le même que celui des longueurs du cuivre par 69.

Le principe d'excès de dilatation de deux métaux est également applicable au compensateur placé hors du pendule. Après ce court exposé du système de compensation dans le pendule des Horloges, nous allons en établir l'origine, et indiquer les auteurs à qui ces inventions appartiennent ou qui les ont perfectionnées.

George Graham fut le premier qui s'en occupa. Il employa d'abord le mercure, qui, placé dans un tube attaché au bas du pendule, remonte, en se dilatant, le centre d'oscillation de la même quantité que la dilatation de la verge du pendule l'avait fait descendre. Ce fut en 1715 que Graham fit cette découverte; il exposa sa recherche dans un mémoire qui fut imprimé en 1726. L'auteur propose aussi, dans ce mémoire, d'employer deux métaux dont les dilatations diffèrent le plus entre elles, comme l'acier et le cuivre.

Le moyen indiqué par Graham, conçu et développé par Harisson, produisit le pendule composé de neuf tringles, qui fut porté à sa perfection dès l'année 1726.

Un peu plus tard, Graham employa, dans ses Horloges astronomiques, le pendule perfectionné de Harisson, qu'on nomme en Angleterre le *pendule à gril*, et qui est encore de nos jours généralement adopté. Cependant quelques artistes emploient avec succès un pendule dont la compensation se produit par des leviers.

Cette recherche de l'artiste anglais a été le fondement de tout ce qui s'est fait depuis sur cette matière, l'une des plus importantes de la mesure du temps; car, sans la compensation des effets de la température dans les Horloges à pendule, ces machines feraient des écarts de vingt secondes par jour lorsque l'Horloge passerait de la glace à la température de 27 degrés du thermomètre de Réaumur.

Regnauld, habile horloger de Châlons, s'était occupé, dès 1733, de la correction des effets de la température sur le pendule. On peut voir les moyens qu'il a employés dans le *Traité d'Horlogerie* de Thiout, tom. II, pag. 267.

En 1739, Julien Le Roy soumit au jugement de l'Académie des sciences une pendule astronomique avec un très-bon mécanisme de compensation hors du pendule. (*Voyez* Thiout, tom. II, pag. 272.)

Le savant Deparcieux proposa, en 1739, plusieurs constructions de pendules composés, dont quelques-uns ont obtenu beaucoup de succès.

Cassini, à peu près vers la même époque, remit à l'Académie des sciences un mémoire dans lequel il proposait divers moyens de correction des effets du chaud et du froid sur le pendule. (*Hist. et Mém. de l'Acad. des sciences*, 1741.)

Rivaz, en 1749, composa un pendule avec un métal dont la dilatation était double de celle du fer. Ce métal était renfermé dans un canon de fusil qui formait la verge du pendule, d'où est venue sans doute la dénomination de *pendule à canon de Rivaz.*

Passement, vers la même époque, employa un pendule formé par deux verges, l'une de cuivre, l'autre d'acier, et ce qui manquait à la correction s'opérait par des leviers renfermés dans la lentille.

Ellicot, horloger de Londres, publia, en 1753, un ouvrage ayant pour titre : *Description de deux méthodes par le moyen desquelles les irrégularités du mouvement des Horloges, dépendant de l'influence du chaud et du froid sur la verge du pendule, peuvent être corrigées.* Ce mémoire avait été lu et approuvé par la Société royale de Londres le 4 juin 1752.

La première de ces méthodes consiste dans le pendule lui-même. L'Horloge, faite exprès et avec son pendule, fut exécutée au commencement de 1738.

La seconde méthode proposée par Ellicot se rapporte aux contre-verges, employées en France par Deparcieux.

Lepaute, dans le traité d'Horlogerie qu'il fit avec l'astronome Delalande en 1755, donne la construction d'un pendule pour la compensation des effets de la chaleur et du froid. (Voy. Lepaute, *Traité d'Horlogerie*, pag. 21.)

Enfin, au commencement de 1763, Ferdinand Berthoud, dans son *Essai sur l'Horlogerie*, a fait de précieuses recherches pour arriver à une exacte compensation de l'influence du chaud et du froid sur le pendule. Le résultat de ses travaux, souvent expérimentés, a été un pendule à châssis dont les dimensions et les effets sont absolument les mêmes que dans le *pendule à gril* de Harisson. Il faut le dire cependant : le pendule de l'horloger anglais, inventé en 1726, n'a été réellement connu en France que vers le milieu de 1763, et déjà à cette époque les artistes français étaient parvenus à donner à cette partie de l'Horloge toute la perfection dont elle est susceptible. Les horlogers qui voudraient connaître tous les détails de l'histoire du pendule à compensation les trouveront dans le mémoire publié par Harisson, dans divers mémoires que nous avons cités de l'Académie des sciences, dans les ouvrages de Thiout, de Rivaz, de Lepaute, d'Ellicot, et enfin dans les chapitres 21, 22 et 23 de l'*Essai sur l'Horlogerie* de Ferdinand Berthoud.

ARTICLE III.

DE L'INFLUENCE DE LA CHALEUR ET DU FROID SUR LA FORCE ÉLASTIQUE DU RESSORT-SPIRAL. CORRECTION DE CES EFFETS DANS LE BALANCIER.

es montres éprouvent des variations sensibles qui sont produites par l'action de la chaleur et du froid sur le balancier, et particulièrement sur le spiral. Les quantités de ces écarts peuvent s'élever de 7 à 8 minutes en 24 heure dans les montres à roue de rencontre (la variation est un peu moins grande dans les montres à cylindre), tandis que, dans les Horloges à pendule, ces différences, par les mêmes degrés de chaud et de froid, ne s'élèveront pas à plus de 28 secondes dans le même espace de temps.

L'expérience avait fait connaître, dès la fin du dix-septième siècle, que le balancier se dilatait, ainsi que le pendule; mais on jugeait avec raison ces quantités trop petites pour produire d'aussi grandes erreurs. Ce n'a été que vers le milieu du dernier siècle qu'on a découvert la principale cause de ces grandes variations du balancier à spiral, et on l'a trouvée dans le spiral même, dont la force élastique change assez considérablement par les diverses températures pour produire, elle seule, la plus grande partie des écarts qui ont été reconnus.

Le mémoire de Bernouilli, qui remporta le prix de l'Académie en 1747, nous fait connaître que ce célèbre géomètre doutait encore alors du changement de l'élasticité des ressorts par le diverses températures; la physique n'avait, en effet, aucun moyen de s'en assurer. Cette expérience était trop délicate pour être faite avec des instruments ordinaires; il a donc fallu recourir à un instrument plus subtil, une Horloge à balancier à spiral. A l'aide d'un pareil instrument, on peut mesurer la plus insensible variation de l'élasticité dans le ressort-spiral, parce que cet effet est multiplié et répété autant de fois que le balancier fait de vibrations : s'il en fait cinq par seconde, comme dans les montres d'Arnold, de Mudge, etc., il y en a dix-huit mille dans une heure, ou quatre cent trente-deux mille en vingt-quatre heures.

Les premiers principes qui ont été publiés sur les effets du chaud et du froid sur les montres, et les détails concernant les moyens de correction de ces effets, se trouvent dans l'*Essai* de Berthoud, tom. II, chap. xxx et xxxi. C'est une théorie curieuse et qui était tout à fait inconnue avant Berthoud.

Cette espèce de compensation par les frottements, quoique suffisante dans les montres ordinaires, ne peut pas être employée dans celles où l'on exige une justesse constante; car, les frottements des pivots venant à varier par les divers états de l'huile, la compensation n'a plus lieu de la même manière. Pour obvier à ces difficultés, F. Berthoud construisit des montres avec une compensation à peu près semblable à celle des Horloges astronomiques. (Voy. l'*Essai*, n° 2,121.)

Par cette méthode, il faut restituer au ressort-spiral la force qu'il perd par l'action de la chaleur, soit par son allongement, soit par la diminution de l'élasticité; il faut, de plus, corriger le retard causé par l'augmentation de diamètre dans le balancier. Le contraire arrive par le froid.

Pour opérer cette compensation, on fait tourner autour du spiral un bras de levier portant deux chevilles qui pincent la lame du ressort par son tour extérieur, et fixent sa longueur. Le mouvement du levier est produit par l'action de la chaleur ou du froid sur un châssis composé de verges d'acier ou de cuivre, ou par une lame composée de ces deux métaux, fixés ensemble. (Voy. le *Traité des Horloges marines*, pl. XXI, fig. 1, 2 et 3.)

La seconde espèce de compensation est produite par le balancier lui-même, qui porte des parties rendues mobiles par l'action du chaud et du froid; ces parties mobiles se rapprochent du centre du balancier par la chaleur, et s'en écartent par le froid. Par cette méthode, le balancier produit non-seulement la correction pour le changement arrivé à son diamètre, mais encore pour celui qui dépend de la diminution de l'élasticité du spiral par la chaleur.

La troisième méthode de compensation est produite en partie par des masses mobiles du balancier, et ce qui manque à la correction est achevé par un mécanisme qui agit uniquement sur le ressort-spiral. F. Berthoud est, nous le croyons du moins, le premier qui ait employé cette espèce de compensation mixte. Lorsque cet artiste proposa la première construction de balancier composé, il y avait dix ans que l'on faisait en Angleterre d'excellentes montres avec un balancier compensateur, et que les horlogers de Londres avaient mis à profit cette importante leçon de l'auteur du *Traité des Horloges marines :* « On pourrait aussi parvenir à la compensation en plaçant à la circonférence du balancier deux masses diamétralement opposées; ces masses seraient fixées sur deux lames composées d'acier et de cuivre rivées l'une sur l'autre; la chaleur, agissant sur ces lames, obligerait les masses à se rapprocher du centre, etc. Mais il ne m'a pas paru qu'aucun de ces moyens portât avec lui la précision si indispensable pour l'objet en question. » (*Traité des Horloges marines*, 1re partie, n° 261.) Ce doute de F. Berthoud, à l'égard de la méthode de compensation dont il parle, est une anomalie que nous ne concevons pas; car assurément le système qu'il effleure seulement en passant, méritait une attention toute particulière de la part du savant auteur de l'*Essai sur l'Horlogerie*. Nous sommes de l'avis de Janvier, qui, à propos de la réticence de Berthoud, disait dans un petit livre publié en 1811 : « Ainsi F. Berthoud, dans toute la vigueur d'une constitution forte (il avait alors 46 ans), n'a pas même achevé le développement de cette méthode avant que de la rejeter; cependant elle est la seule qui présente l'avantage inestimable de ne pas changer la longueur du spiral, et de conserver son isochronisme. Comment se peut-il que la théorie du spiral et la condamnation de la méthode conservatrice de l'isochronisme aient existé à la fois dans la même tête? Quelque tort que l'amour de notre art ait fait à notre fortune, nous nous détacherons difficilement de ce qui peut contribuer à sa gloire, et nous serons toujours péniblement affecté de cette indécision, ou plutôt, osons le dire, de cette contradiction d'un grand maître. »

A ce que vient de dire Janvier, nous ajouterons que F. Berthoud a été malheureusement plus d'une fois en contradiction avec lui-même; différents passages de ses écrits en font foi. Cet auteur a quelquefois des préférences peu dignes d'un esprit comme le sien; nous en citerons un exemple qui est à la portée de tous les horlogers. Ce grand artiste, qui, il faut en convenir, avait sensiblement amélioré les montres à échappement à roue de rencontre, préférait cet échappement à tous les autres. L'expérience a prouvé, et prouve encore tous les jours, que les échappements à repos, tels que ceux à cylindre, duplex, à ancre, etc., sont infiniment meilleurs, car ils font faire au balancier des montres des vibrations isochrones, ils s'usent difficilement; et les échappements à roue de rencontre n'ont aucun de ces avantages, ils s'usent facilement, et leur marche est nécessairement et toujours irrégulière. Nous avons dit précédemment que nous avions eu entre les mains une montre à roue de rencontre qui marchait aussi régulièrement qu'une montre à échappement à repos. Ce fait est positif; mais c'est un fait isolé auquel nous n'attachons aucune importance. Les lecteurs attentifs ne se seront pas mépris sur notre intention, qui n'a pas été de préconiser les montres à échappement à verge : nous avons dit seulement, et nous le répétons volontiers, que ces sortes de montres, si elles étaient faites suivant les modifications que nous avons mentionnées, seraient susceptibles de rendre encore des services à l'Horlogerie. Nous aurions dû ajouter, pour que personne ne pût mal interpréter notre pensée, que nous voulions parler de l'Horlogerie commune, et non pas de l'Horlogerie de précision.

ARTICLE IV.

DES HORLOGES MARINES. — TRAVAUX DE HARISSON.

Jean Harisson, dès l'année 1726, était parvenu à corriger la dilatation des verges des pendules, de telle sorte qu'une Horloge qu'il fit en 1727 ne variait pas d'une seconde en un mois. Vers le même temps, il fit une Horloge destinée à éprouver le mouvement des vaisseaux, et elle supporta cette épreuve sans perdre de sa régularité.

En 1735, Halley, Bradley, Machin, Graham et Schmit, étonnés du talent et des succès de Harisson, attestèrent, dans un écrit signé d'eux, qu'il avait découvert et exécuté, avec beaucoup de peine et de dépenses, une machine pour mesurer le temps en mer, sur des principes qui paraissaient promettre une précision très-suffisante pour trouver la longitude : en conséquence, ils estiment que Harisson a mérité le plus grand encouragement de la part du public, et qu'il importe de faire l'épreuve des différentes inventions par lesquelles il est parvenu à prévenir les irrégularités qui proviennent naturellement des différents degrés de température et du mouvement des vaisseaux.

Au mois de mai 1736, l'Horloge de Harisson fut mise à bord d'un vaisseau de guerre qui allait à Lisbonne; le capitaine Roger Wills attesta par écrit qu'à son retour Harisson avait corrigé, à l'entrée de la Manche, une erreur d'environ un degré et demi qui s'était glissée dans l'estime du vaisseau, quoiqu'on cinglât directement vers le Nord. Ce fut alors que Harisson crut pouvoir s'adresser aux commissaires des longitudes. Muni des certificats convenables de ses premiers succès, il exposa les moyens qu'il avait de simplifier encore et de réduire le volume de son Horloge. Il fut accueilli favorablement, et reçut, en 1737, des secours propres à le mettre en état de

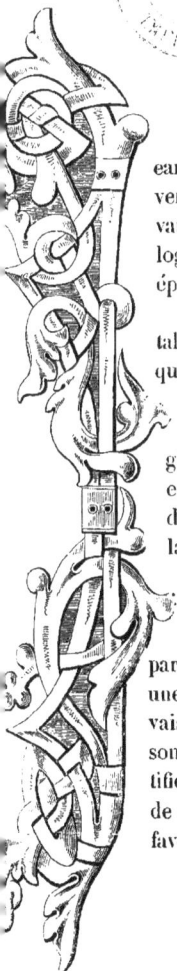

20

suivre ses vues, de sorte qu'en 1739 il produisit sa seconde machine. Elle fut soumise à de nouvelles expériences, dont le résultat fut qu'elle était très-susceptible de donner la longitude dans les limites exigées par l'acte du parlement.

Harisson continua de travailler, et en 1741 il exécuta une nouvelle machine plus petite, et qui parut supérieure aux deux premières. Douze membres de la Société royale attestèrent qu'elle leur paraissait plus commode, plus simple et moins sujette à se déranger, ajoutant qu'ils ne pouvaient trop recommander aux commissaires de la longitude un homme de tant de talents, pour l'aider à mettre la dernière main à cette troisième machine.

Le 30 novembre 1749, Folkes, président de la Société royale, annonça dans l'assemblée de cette illustre compagnie que Harisson avait obtenu le prix ou la médaille d'or qu'on donne chaque année à celui qui a fait l'expérience ou la découverte la plus curieuse, en conséquence de la fondation de M. Godefroid Copley. M. Folkes ajouta que M. Hans Sloane, exécuteur testamentaire de Copley, avait recommandé Harisson à la Société royale, à raison du précieux instrument qu'il avait fait pour la mesure du temps. Par ces considérations, le président donna à Harisson cette médaille, sur laquelle était gravé son nom, et il prononça un discours dans lequel il fit connaître avec détails tous les genres de mérite de l'œuvre du lauréat. On voit dans ce discours que Harisson, avant de venir à Londres, demeurait à Barrow, dans le comté de Lincoln, près de Barton-sur-l'Humbert. Il n'était pas destiné d'abord à la profession dans laquelle il a excellé depuis, mais il y fut porté par inclination et par curiosité. Il suivait son génie. et cela vaut mieux que tous les préceptes de l'art. Il travailla, dans sa jeunesse, avec son père, qui était charpentier et menuisier; cela lui donna occasion d'examiner d'abord la nature du bois, et il y trouva quelques avantages dont il profita. Il fit des Horloges où les pivots étaient en cuivre et tournaient dans du bois, sans qu'il fût besoin d'huile et sans qu'il y eût d'usure à craindre. Il employa aussi des rouleaux de bois à la place des ailes de pignon, et cela lui réussit. Enfin, il imagina un échappement nouveau où la roue ne frottait pas sur les palettes ou sur la pièce d'échappement. On peut lire dans la *Connaissance des temps*, année 1765, plusieurs autres détails intéressants sur les premiers essais en mécanique du célèbre Harisson. Nous nous occupons pour le moment des œuvres sérieuses de cet artiste.

Lorsque Harisson eut fini sa troisième machine, elle n'occupait pas plus d'un pied carré, avec tous ses accessoires.

Enfin, en 1758, Harisson imagina une quatrième machine, qu'il a exécutée depuis; mais, assez satisfait de la troisième, il crut enfin devoir s'adresser à la commission des longitudes, qui, après divers délais, ordonna, le 12 mars, que l'épreuve de la montre de Harisson serait faite conformément à l'acte du parlement. Ce fut Harisson le fils qui fut désigné, sur la demande de son père, pour faire le voyage à la Jamaïque. Cette destination fut choisie, parce que ce voyage est ordinairement de trois semaines, et que, pour le faire, la machine est dans le cas d'éprouver des températures fort différentes

Divers contre-temps retardèrent ce voyage d'environ six mois ; enfin, les instructions nécessaires pour diriger l'épreuve en question ayant été dressées de concert avec la Société royale, le fils de Harisson s'embarqua à Portsmouth, sur le *Deptfort*, chargé de porter à la Jamaïque le gouverneur Littleton, et mit à la voile le 18 novembre 1761.

Les détails de sa traversée sont fort intéressants. Après dix-huit jours de route, le 6 décembre, les pilotes du vaisseau se faisaient par 13 degrés 50 minutes de longitude est à l'égard de Portsmouth, tandis que la montre donnait 15 degrés 19 minutes ; ainsi la différence était d'un degré et demi, de sorte que déjà on la condamnait comme inutile et mauvaise. Mais, Harisson ayant dit qu'il se tenait pour assuré que, si l'île de Portland était bien marquée sur la carte, on la verrait le lendemain, le capitaine tint ferme pour ne pas changer de route ; et en effet le lendemain, à sept heures du matin, on découvrit cette île : ce qui rétablit Harisson et son instrument dans l'estime de tout l'équipage du *Deptfort*, qui, sans l'exactitude de la montre, n'eût point abordé l'île de Portland, et par là eût manqué, pendant toute la traversée, des rafraîchissements dont il avait besoin.

La reconnaissance de la Désirade, l'une des Antilles, fut pour Harisson un nouveau sujet de triomphe ; car au moyen de sa montre il annonça cette île, ainsi que toutes celles que l'on rencontre de là jusqu'à la Jamaïque. Il toucha enfin le Port-Royal. On trouva qu'en supposant la longitude de Port-Royal, telle que la donnait l'observation du passage de Mercure en 1743, de 5ʰ 7' 2" de temps à l'ouest de Greenwich, et à l'égard de Portsmouth, de 5ʰ 2' 51", la montre avait marqué ce temps à 5" près ; car elle marquait à Port-Royal, après 81 jours, 5ʰ 2' 46".

Le retour de Harisson à Portsmouth ne fut pas moins favorable à son instrument. Dès qu'il eut obtenu les certificats nécessaires des vérifications faites à la Jamaïque, il se rembarqua sur un très-petit bâtiment pour l'Europe. Harisson rentra à Portsmouth après 161 jours depuis son départ. Quelques jours après, on fit les observations nécessaires pour constater l'heure que marquait la montre après un intervalle de temps si considérable, et l'on trouva qu'elle l'avait conservée à une minute cinq secondes près, ce qui ne donne qu'une erreur de 18 milles anglais, ou moins d'un tiers de degré, dans les deux traversées. On ne laissa pas, dans le bureau des longitudes, d'élever des difficultés tendant à affaiblir ces avantages. Harisson répondit à ces difficultés d'une manière satisfaisante, mais cela n'empêcha pas que le bureau, entraîné par des suggestions dont Harisson s'est plaint, ou dans le but de mieux constater la découverte, ne déclarât que ce voyage n'était pas suffisant, et qu'il n'en exigeât un second plus décisif. Harisson consentit à faire cette nouvelle épreuve de sa montre ; mais, désirant y changer quelques pièces, il demanda un délai de quatre à cinq mois, qui lui fut accordé. Le bureau des longitudes lui donna alors, comme à-compte, une somme de 61,500 francs, lui promettant le surplus de la récompense promise si le second voyage avait un plein succès.

Un acte du parlement, en 1762, exigea que Harisson, pour recevoir le prix, expliquât le mécanisme de sa montre et sa méthode aux commissaires. En même temps que cet acte passait dans les deux chambres sans aucune opposition, le roi y ayant donné son plein assentiment, le duc de Nivernois, ambassadeur de France, fut invité à faire venir de Paris des personnes capables d'entendre et d'examiner la découverte de Harisson, qui allait être dévoilée aux onze commissaires. C'était une marque d'estime et d'amitié qu'on donnait à la France; en même temps c'était un moyen de rendre plus prompt et de généraliser l'usage de cette machine. En conséquence, le ministre, ayant consulté l'Académie des sciences, chargea MM. Camus et Ferdinand Berthoud de se transporter à Londres et de se réunir avec M. de Lalande, qui y était allé pour son instruction particulière. Ils virent toutes les machines que Harisson avait faites depuis quelques années, et Berthoud, qui avait d'abord douté du succès de l'artiste anglais, fut forcé d'admirer les ressources de son génie. Cependant l'explication et la publication du secret de sa dernière machine, qui semblaient prêtes à être faites, furent retardées. M. Maskelyne, qui soutenait la méthode des longitudes par la lune, et quelques autres commissaires jugèrent qu'il était de leur devoir de s'assurer par eux-mêmes et par leur propre expérience que les autres ouvriers seraient en état d'exécuter de semblables machines.

« Le 9 mai 1763, dit l'astronome Lalande, j'allai avec Ferdinand Berthoud chez Harisson; il nous fit voir trois montres à longitudes. Ferdinand Berthoud les trouva très-belles, très-ingénieuses et parfaitement bien exécutées; mais il doutait encore de leur parfaite régularité, et il n'en était que plus impatient de les voir mettre à l'épreuve. Cette satisfaction ne nous fut pas donnée aussi promptement que nous l'espérions. Les commissaires disaient qu'ils seraient blâmés par le parlement s'ils payaient si cher un secret sans s'assurer par tous les moyens possibles de la réussite et de la sincérité de l'auteur. En conséquence, le 13 avril 1763, Harisson fut requis de faire exécuter d'autres montres à longitudes sous les yeux des commissaires, et par des ouvriers qui seraient choisis à cet effet, et pour qu'ensuite ces montres fussent examinées et éprouvées. Harisson représenta à ses juges que l'acte du parlement n'exigeait pas de lui des épreuves et des constructions nouvelles, mais seulement le détail et l'explication d'une des montres qui étaient faites; il offrit de donner cette explication de vive voix et par écrit, avec les dessins et les procédés nécessaires pour mettre les ouvriers en état de comprendre et d'exécuter de semblables machines. Mais, une partie des commissaires ayant persisté à juger que cela n'était pas suffisant pour remplir l'objet et l'intention du parlement, Camus, Lalande et Berthoud quittèrent l'Angleterre.

Harisson fils partit donc une seconde fois pour l'Amérique, le 28 mars 1764; le terme de son voyage fut seulement la Barbade, où il arriva le 13 mai, et il fut de retour en Angleterre le 18 septembre de la même année.

Ce second voyage ne laissa plus de doute sur le droit de Harisson à la récompense promise. Il fut décidé unanimement par le bureau des longitudes, qu'il avait déterminé la longitude de la Barbade, même en deçà des limites prescrites par l'acte de la reine

Anne, pour la récompense entière. 5,000 livres sterling lui furent accordées, le surplus devant lui être payé lorsqu'il aurait dévoilé la construction de sa montre, et mis les artistes à portée d'en faire de semblables. Harisson satisfit à ces dernières conditions, suivant l'attestation que lui en donnèrent les commissaires nommés pour cet effet par le bureau, et qui étaient tous des hommes célèbres. Ils attestèrent que Harisson leur avait développé la construction de sa montre à leur entière satisfaction, etc. On parlait encore, avant de le payer complétement, d'exiger de lui, indépendamment de cette explication, qu'il eût déjà mis quelque artiste en état de construire une semblable montre; mais, sur ses réclamations, on n'insista pas. En effet, il était temps que Harisson, âgé d'environ 75 ans, qui avait consacré sa vie entière à un objet aussi utile à l'Angleterre et au monde entier, jouît de la récompense qu'on lui devait. Harisson obtint en 1763 10,000 livres sterling, ou 246,000 francs. Le parlement assigna en même temps une récompense de 3,000 livres sterling au célèbre Euler, de Berlin. Une autre somme de 3,000 livres sterling fut aussi donnée aux héritiers de Tobie Mayer, de Gottingue, en reconnaissance des tables lunaires qu'il avait dressées. De plus, le parlement promit une récompense de 5,000 livres sterling aux personnes qui feraient, par la suite, des découvertes utiles à l'art de la navigation.

Harisson publia les principes de sa montre dans un mémoire qu'il écrivit lui-même, et qui parut à Londres en 1767. Ce grand artiste, dont s'honore avec juste raison l'Angleterre, mourut le 24 mars 1776; il était alors âgé de 82 ans. (Voir *Hist. des math.*, tom. IV. *Connaiss. des temps*, 1765, 66, 67. Voir aussi le mémoire de Harisson intitulé : *Description concerning of time, mecanisme as wrill afford a nice or true mensuration of time*, Lond., 1767.)

On doit encore aux artistes du dix-huitième siècle plusieurs inventions fort remarquables ; nous en citerons quelques-unes.

En 1717, Gaudron inventa une pendule à remontoir dans laquelle le poids moteur ne descend que d'une ligne, étant remonté continuellement par l'action d'un ressort.

En cette même année, Sully exécuta une pendule à levier pour mesurer le temps en mer. Cette pendule est gravée dans le *Recueil des machines* de l'Académie, tome IV, page 75.

Diverses sortes de pendules à équation furent exécutées à la même époque par Sully, Lebon, J. Le Roy, Rivaz, Thiout l'aîné, Berthoud, etc. Toutes ces machines marquaient le temps vrai ou apparent par le moyen d'une ellipse. Vers la fin du siècle, Antide Janvier en exécuta une sur un plan nouveau : l'équation avait lieu par les causes qui la produisent. Berthoud en fait l'éloge dans l'*Histoire de la mesure du temps*.

Les meilleures machines astronomiques qui furent faites du seizième au dix-huitième siècle sont dues à Oronce Finée, à Huyghens, à Pigeon d'Osangis, à l'abbé Outhier, à Passemant, au frère Paulus, jésuite; et, en dernier lieu, à Antide Janvier. Nous donnerons, dans les chapitres suivants, l'histoire et la description de plusieurs de ces machines. Nous décrirons aussi les meilleurs échappements qui furent inventés, sous le règne de Louis XV, par Pierre Le Roy (*échappement à détente à ressort*), Graham, Thomas Mudge, Le Paute (*échappement à chevilles*), Ferdinand Berthoud, Breguet, etc.

Nous donnerons aussi un aperçu des Horloges marines et à longitudes, et des principaux perfectionnements qui furent apportés dans les grosses Horloges, dans les pendules à compensation, etc., etc.

CHAPITRE IV.

ARTICLE PREMIER.

ous avons parlé des grosses Horloges astronomiques qui furent faites au quatorzième siècle par Walinfort et Jacques de Dondis, et au seizième siècle par Conrad Dazipode et Lyppyus, de Bâle, en Suisse. Vers le milieu de ce dernier siècle, sous le règne de Henri II, Oronce Finée, fameux mathématicien, fut le premier qui exécuta en petit une Horloge astronomique qui lui fut commandée par le cardinal de Lorraine; et elle fut admirée comme un chef-d'œuvre par tous les savants de l'époque. Après la mort du cardinal, elle fut placée à la bibliothèque de Sainte-Geneviève, où on la voit encore aujourd'hui. Nous trouvons la description de cette Horloge dans un recueil manuscrit qui appartient à la bibliothèque de Sainte-Geneviève, n° V/68.

SPHÈRE MOUVANTE D'ORONCE FINÉE.

« Oronce Finée était lecteur et mathématicien de François Ier et de Henri II, très-célèbre pour les beaux ouvrages et traités qu'il a composés touchant les mathématiques, et spécialement pour son beau livre de la *Théorie des planètes*, accompagné de toutes les figures, imprimé à Paris, l'an 1557, auquel est contenue l'explication et théorie de ce qu'il a mis en pratique en icelui Horloge. (*Voy.* la planche.)

» Cette pièce, pour sa rareté, perfection, délicatesse de ses parties, justesse de ses mouvements, qui sont une naïve expression de tous ceux que nous remarquons au ciel, tant étoiles fixes qu'errantes, mérite d'être comptée entre les merveilles de notre siècle. Il sera, avant toutes choses, remarqué que cet excellent homme, ayant formé en son esprit tout le dessin de sa pièce, fit venir à Paris les plus excellents ouvriers de l'Europe pour l'exécuter, et, par sa sage conduite, la rendit parfaite, après avoir employé plus de sept ans à y travailler. Il la livra audit seigneur cardinal, l'an 1553, ainsi qu'il se reconnaît en l'araigne de l'astrolabe de cette Horloge.....

» La figure de cette machine est un prisme à cinq faces ou pentagonal, de la hauteur de cinq pieds, posé sur un piédestal cylindrique de la hauteur de trois pieds, enrichi de cinq mufles de lion, finissant en forme d'harpies qui y sont attachées, d'une belle ordonnance : toute sa hauteur est de six pieds. Les cinq faces qui forment le corps extérieur dudit Horloge sont de cuivre doré d'or moulu ; ledit corps porte dix-sept pouces en son diamètre, et est embelli de cinq colonnes de l'ordre corinthien avec leurs chapiteaux, sur lesquels pose un petit dôme qui renferme les mouvements et le timbre de la sonnerie, et supporte en son sommet un globe céleste, aussi doré d'or moulu, de sept pouces de diamètre ; sur lequel globe sont gravées les quarante-huit constellations du firmament, faisant son mouvement d'orient en occident, et achevant une révolution en vingt-quatre heures.

» Il ne sera ennuyeux de décrire si, auparavant que les mouvements de toutes les planètes célestes et sphères contenues en cet Horloge, à l'effet de quoi ce discours est entrepris, nous disons en passant quelque chose de l'industrie, composition et enchaînement des roues et mouvements du dedans d'icelui. Ce qui enferme les mouvements de cet Horloge est un prisme ou corps pentagonal, comme il a été dit, environné de cinq faces qui portent chacune deux sphères et orbes, et au-dessus est le globe du firmament ; et en dedans du corps d'icelui il y a un arbre (ou essieu) qui, avec ses roues, sert comme de premier mobile à tous les autres mouvements, et fait de son chef mouvoir le globe céleste qui est au sommet de l'Horloge dont il vient d'être parlé, et pareillement le cercle des heures et celui de l'astrolabe qui est au-dessous. Il donne aussi le mouvement à un autre arbre qui fait le centre dudit Horloge, lequel, avec ses roues, l'une supérieure et l'autre inférieure, s'engrène dans les premières roues de chaque mouvement des planètes et de celui du nombre d'or ; enfin, il se trouvera dans tout le corps de l'Horloge cent roues et plus, chaque mouvement des planètes en ayant qui douze, d'autres dix, d'autres huit, et qui moins, à proportion de ce qui leur est nécessaire pour les faire cheminer et accomplir le temps du mouvement pareil à celui des heures, celui de l'astrolabe, et le globe du firmament ayant aussi chacun en parti-

HORLOGE D'ORONCE FINÉ,

a la bibliothèque Sainte-Geneviève, à Paris.

F. Seré direxit.

culier un nombre de roues bien proportionné à ce qui leur est nécessaire pour leur
faire faire leur révolution propre. Ce qui est de merveilleux est que, quoique les mouvements des parties de cette pièce soient en très-grand nombre et très-différents, les
uns étant très-vites, les autres très-tardifs, il n'y a néanmoins qu'une seule clef pour
les monter tous ensemblement, et un seul contre-poids (c'est-à-dire un seul poids
moteur) qui pareillement les emporte tous avec soi, faisant mouvoir le tout avec une
facilité incroyable à ceux qui ne l'ont pas vu ; et la liaison et l'engrènement qu'ont les
roues les unes avec les autres ont leurs mouvements si doux ou si faciles, que ledit
contre-poids n'a pas plus de peine à les faire cheminer et entraîner tous avec soi qu'un
Horloge ordinaire. Aussi, des plus excellents astronomes qu'il y ait en France, l'ayant
considérée de bien près, n'ont su assez admirer la grande conduite que ce très-savant
professeur du roi a eue à si bien proportionner tous les mouvements de cedit Horloge,
et réduire en pratique ce qui à peine est concevable dans la spéculation ; et les plus
excellents ouvriers en Horlogerie qu'il y ait à Paris demeurent d'accord qu'il ne se peut
mieux travailler, ni avec un plus bel ordre et facilité, que cela a été exécuté : aussi
a-t-elle été faite sans épargne d'aucune dépense, et par la générosité d'un très-grand
prince, qui la faisait faire par une curiosité particulière et par la conduite de ce grand
homme.

» Le contre-poids qui emporte tous les mouvements de l'Horloge ne se voit point,
étant caché dans son piédestal, qui n'ayant que trois pieds de haut, ledit contre-poids
ne descend que de deux pieds, à cause de la hauteur de son plomb ; et en cet espace il
fait mouvoir toute la machine deux jours entiers, c'est-à-dire quarante-huit heures ; si
bien qu'il n'est besoin d'y toucher que de deux jours en deux jours. Qui voudrait pourtant la faire descendre plus bas que son pied d'estal, en perçant le plancher sur lequel
elle serait posée, elle cheminera autant de jours, sans qu'il soit besoin de la monter,
que le contre-poids descendra de pieds. Les arbres et les roues qui composent tous les
mouvements de l'Horloge sont tous d'acier d'Espagne tellement étamé, que si l'on se
garde de les humecter indiscrètement, elles ne se rouilleront jamais.

» Et, pour parler des faces extérieures du corps de cette Horloge, ce sont cinq plaques de cuivre doré d'or moulu qui font les cinq faces de son corps pentagonal, hautes
chacune de deux pieds, et larges de dix pouces, qui portent chacune deux platines
rondes ou orbes, excepté celles du soleil et de la lune, qui en ont chacune trois. Ces
platines sont artistement gravées, représentant la figure de chaque planète avec des
hiéroglyphes significatifs des influences d'icelles sur la terre, et bornées par des cercles très-exactement divisés en trois cent soixante degrés, avec les signes des mois et
des saisons suivant la division du zodiaque. Les platines rondes, orbes ou cercles de
chacune des planètes que l'on peut appeler *systèmes*, et celui du nombre d'or, ont
chacune une aiguille avec un index ; l'index marque, dans le cercle qui représente le
zodiaque, le mouvement et le centre de l'épicycle de la planète. L'aiguille montre le
mouvement et le lieu de la même planète dans le zodiaque. On y voit à l'œil la direction,

21

la station et la rétrogradation des planètes, leur vitesse et leur tardivité, avec le signe
et le degré du zodiaque où les planètes ont ces diverses propriétés de leurs mouvements; car Vénus les a en un endroit et Jupiter en un autre, et ainsi du reste des planètes. On y voit aussi les mouvements de la lune, exempts de rétrogradation et de
station, mais tantôt tardifs et tantôt plus vites, et pareillement ceux du soleil. Par ce
moyen, en moins d'un quart d'heure, on peut dresser un tême céleste pour l'élévation
proposée, sans qu'il soit besoin d'éphémérides, ni du grand travail que ceux qui sont
intelligents en astronomie savent être au calcul et en la supputation. Ainsi, celui qui
possédera cette machine aura des éphémérides perpétuelles, ce que ni le calcul ni l'industrie ne nous a encore pu donner.

» La première plaque porte le système ou mouvement de Saturne en haut, et celui
de Jupiter en bas. Au haut de la seconde est le mouvement et système de Mars, et celui
de Mercure en bas. En la troisième face, on voit au-dessus le mouvement et système
de Vénus, et au-dessous celui du soleil. Le cercle et le mouvement de la lune est au
haut de la quatrième plaque, au-dessous duquel se meut le cercle du nombre d'or. La
cinquième et dernière face porte le cercle des heures en haut, et au-dessus celui de
l'astrolabe.

» Les mouvements du soleil et de la lune montrent leurs conjonctions, leurs oppositions et les autres aspects; et quant font voir le temps de leurs éclipses.

» Le mouvement du globe céleste, qui représente en cet Horloge celui du firmament
ou du ciel des étoiles fixes, fait voir la disposition du ciel à toutes rencontres, le point
du zodiaque et les étoiles qui passent par l'horizon à l'orient et à l'occident, et par le
méridien au-dessus et au-dessous de l'horizon, qu'on appelle l'*ascendant*, le milieu et
le bas du ciel, et ce qui dépend de la doctrine du premier mobile.

» DES MOUVEMENTS QUI SONT EXPRIMÉS EN CET HORLOGE.

» L'excellence de cette machine, et qui ne reçoit point de prix, est qu'elle représente fidèlement tous les mouvements que nous remarquons aux étoiles, soit fixes, soit
errantes. Le premier d'iceux, et le plus sensible de tous, est celui du firmament, où
nous concevons que les étoiles fixes sont attachées, gardant toujours la même distance
par entre elles, et sont mues toutes ensemble dans une révolution de vingt-quatre
heures, mouvement qui est exprimé, comme il vient d'être dit, par le globe céleste,
qui représente le ciel étoilé et fait un tour par jour, faisant voir toutes les affections
ci-dessus déduites.

» Après le mouvement des étoiles fixes, celui qui est le plus connu de tous, tant des
doctes que des villageois, est celui de la lune, laquelle, comme les plus habiles astronomes ont remarqué, fait un tour à l'entour de la terre en vingt-sept jours treize heures
dix-huit minutes et trente-cinq secondes; de sorte qu'en un jour son moyen mouvement est de treize degrés trois minutes et cinquante-quatre secondes : ce qui se voit en

Begamey del.

A. Lavieille sc.

CADRAN DE L'HORLOGE D'ORONCE FINÉ,

à la bibliothèque Sainte-Geneviève, à Paris.

F. Seré direxit.

l'Horloge bien exactement exprimé. On y voit aussi son excentricité, son apogée, celui de ses nœuds et celui de sa latitude, et les mouvements du même apogée, et des nœuds et de la latitude.

» Après ces deux, le plus aisé à connaître est le mouvement du soleil, que nous voyons tous s'achever en un an, le soleil se levant et se couchant en été ailleurs qu'en hiver, et qu'au printemps et en automne; et étant plus haut et plus proche de notre zénith en été qu'en tout autre temps; et retournant toujours après un an au même point de lever et de coucher, et de hauteur de midi. Notre sphère montre ces propriétés agréablement, partie dans le mouvement qui représente le firmament et partie dans l'orbe ou cercle qui représente le soleil, qui fait voir un tour en un an dans l'Horloge, c'est-à-dire en trois cent soixante-cinq jours cinq heures quarante-huit minutes quinze secondes et quarante-six troisièmes, qui est la révolution annuelle du soleil.

» Ces trois mouvements, qui sont les plus notoires, étant expliqués, nous passerons à ceux des cinq plus petites planètes, et les déduirons suivant l'ordre de leur tardivité, au contraire de ce que nous avons fait aux trois précédentes, où nous avons suivi l'ordre de leur vitesse.

» Saturne tient le premier lieu, son mouvement étant fort lent, vu qu'il met dix mille sept cent cinquante-neuf jours quatre heures cinquante-huit minutes vingt-cinq secondes à faire le tour du ciel, c'est-à-dire vingt-neuf ans et plus de six mois. L'orbe portant le caractère et la figure de Saturne dans l'Horloge nous fait voir sa pesanteur admirablement, puisqu'elle est autant d'années, de mois et de jours, heures et minutes, à faire sa révolution sur notre sphère comme Saturne dans le ciel; et à peine se peut-on apercevoir qu'elle se soit mue, sinon après plusieurs jours. L'on voit, comme en la lune, son excentricité, son apogée, ses nœuds et sa latitude, et les mouvements du même apogée, des nœuds et de la latitude.

» Le plus tardif après Saturne, c'est Jupiter, qui n'achève une révolution qu'en quatre mille trois cent trente-deux jours quatorze heures quarante-neuf minutes trente-une secondes, c'est-à-dire à près de douze ans entiers. Prenez plaisir à la voir, en notre sphère, avancer et fournir sa carrière dans un pareil nombre d'années, de jours, heures et minutes, et y regarder son excentricité, son apogée, ses nœuds, sa latitude, et ensuite le mouvement des mêmes apogée, nœuds et latitude.

» Le plus proche de Jupiter, c'est Mars, qui pour une révolution entière demande six cent quatre-vingt-six jours vingt-trois heures trente-une minutes cinquante-six secondes, c'est-à-dire un peu moins que deux ans. Examinez ces mouvements-là dans l'Horloge; vous les y trouverez très-justes et accompagnés de ces particularités, comme nous avons dit des précédentes.

» Vénus vient ensuite, qui, se mouvant toujours à l'entour du soleil, tantôt au-dessus et tantôt au-dessous, et parfois lui étant orientale, parfois occidentale, fait une de ses révolutions en deux cent vingt-quatre jours dix-sept heures cinquante-trois minutes deux secondes : ce qui se voit dans notre Horloge en sa dite planète, avec les autres affections déclarées dans les planètes supérieures.

» Le dernier de tous est Mercure, qui, se mouvant aussi autour du soleil, paraît dessus, après dessous et devant lui, achève sa révolution en quatre-vingt-sept jours vingt-trois heures quinze minutes et vingt-six secondes, c'est-à-dire approchant de trois mois. Cela se trouve juste en l'Horloge et est d'autant plus aisé à connaître, que ce mouvement est plus prompt, l'excentricité plus grande à proportion du semi-diamètre de l'orbe qu'au reste des planètes; s'y voient les mouvements de son apogée, de ses nœuds et de sa latitude.

» Examinez ce que nous avons ici dit du mouvement de chaque planète, et vous verrez dans l'Horloge qu'en un jour, c'est-à-dire durant la révolution du firmament, le soleil fait cinquante-neuf minutes huit secondes; la lune, treize degrés huit minutes trente-cinq secondes; Saturne, deux minutes une seconde, si justement qu'en un an entier il ne manque pas d'une minute; Jupiter, quatre minutes cinquante-neuf secondes; Mars, trente et une minutes vingt-six secondes; Vénus, cinquante-neuf minutes huit secondes; Mercure, cinquante-neuf minutes huit secondes : vous verrez qu'en une heure le soleil fait deux minutes vingt et une secondes; la lune, trente-deux minutes cinquante-six secondes; Saturne, cinq secondes; Jupiter, douze secondes; Mars, une minute dix-huit secondes; Vénus, deux minutes vingt et une secondes; Mercure, deux minutes deux secondes. Prenez le mouvement du soleil avec celui de la lune, et vous verrez que celle-ci ne se rencontre au même degré de l'écliptique avec le soleil sinon douze fois l'an, quoiqu'elle fasse le tour du ciel treize fois dans l'année. Vous trouverez aussi que le temps d'une conjonction à l'autre est de vingt-neuf jours douze heures quarante minutes trois secondes.

» Quant au mouvement de l'astrolabe qui fait partie de notre sphère, fait sa révolution en un jour, et par le moyen duquel on peut apprendre les hauteurs du soleil à toutes rencontres par les incantarats, sa distance au méridien, son lever, son coucher, son azimuth, l'arc diurne et l'arc nocturne, comme pareillement le lever et le coucher des étoiles les plus célèbres marquées sur l'araigne, leur passage par le méridien dessus et dessous l'horizon, et la partie orientale et occidentale du même horizon, les degrés du zodiaque, coupés par les points des douze maisons du ciel pour dresser des thèmes célestes suivant la méthode appelée rationnelle; la quantité du crépuscule du matin et du soir; bref, tout ce qui résulte de la pratique de l'astrolabe.

» Le mouvement du cycle de dix-neuf ans ou du nombre d'or s'accomplit en dix-neuf ans, marquant les épactes de onze en onze par chacun an, dans l'ordre qui lui est destiné dans notre Horloge : ce qui se voit à l'œil très-exactement.

» Voilà un crayon d'une excellente pièce, qui se meut si justement, que, chaque partie gardant la proportion de son mouvement avec celui de l'Horloge, et toutes ces planètes marchant ensemblement, ainsi qu'il est requis, elles ne manqueront jamais d'une seule minute, pourvu que l'on ne manque point de monter l'Horloge; ne se pouvant faire qu'il arrive autrement, puisque, comme il a été dit, lesdites planètes sont toujours mues par un même principe, et qu'une partie de la pièce ne peut cheminer sans les autres parties. »

OBSERVATIONS SUR LA SPHÈRE D'ORONCE FINÉE.

Cette machine est certainement un chef-d'œuvre pour l'époque où elle fut exécutée ; mais Oronce Finée pouvait la rendre encore plus parfaite : car, outre qu'il s'est còntenté d'exprimer seulement le mouvement moyen des planètes, il n'a pas fait ces calculs avec exactitude et précision. Par exemple, en ce qui concerne le mouvement annuel du soleil, il ne le fait que de 365 jours, ce qui fait une erreur de près de six heures par an. Ensuite il emploie inutilement une trop grande quantité de roues et il nombre surabondamment leurs dents : on en jugera par le tableau suivant.

La première roue, qui donne le mouvement à toutes les planètes, fait son tour en trois jours.

Pignon 12 ; roue 48 ; pignon 36 ; roue 180 ; pignon 48 ; roue 48 ; pignon 24 ; roue 146. Cette suite de pignons et de roues fournissent un mouvement tel, que la roue 146 fait un tour en 365 jours, dont voici la supputation :

$$\frac{3 : 48 : 180 : 48 : 146}{12 : 36 : 48 : 24} = \frac{3 : 4 : 5 : 1 : 73}{1 : 1 : 1 : 12} =$$

$$\frac{1 : 4 : 5 : 1 : 73}{1 : 1 : 1 : 4} = \frac{1 : 1 : 5 : 1 : 73}{1 : 1 : 1 : 1} = \frac{365}{1}$$

Les rouages ci-dessous, donnés par le Père Alexandre, sont infiniment plus simples et produisent le même résultat.

Pignon 6
Roue 60
$$\frac{3 : 60 : 73}{6 : 6} = \frac{1 : 10 : 73}{2 : 1} = \frac{1 : 5 : 73}{1 : 1}$$

Pignon 6
Roue 73
$$= \frac{365}{2} = 365 \text{ jours.}$$

ARTICLE II.

DESCRIPTION DU PLANÉTAIRE AUTOMATE DE CHRISTIAN HUYGHENS.

Huyghens, ce grand astronome à qui l'Horlogerie est redevable d'un grand nombre d'inventions qui ont fait faire à cette science d'immenses progrès, avait laissé parmi ses œuvres posthumes un projet d'Horloge astronomique infiniment remarquable par les calculs de ses rouages, qui devaient marquer les révolutions des corps célestes, leur lieu dans le ciel, etc. Cet écrit, *Christiani Hugenii opuscula posthuma*, a été traduit avec talent par Antide Janvier, dont nous ferons connaître les travaux astronomiques à la fin de ce chapitre. Nous ne pouvons mieux faire que de reproduire ici cette traduction ; car, suivant la promesse que nous avons faite au début de cet ouvrage, nous nous effaçons volontiers pour laisser parler les savants auteurs qui ont écrit avant nous, et dont la parole est plus puissante que la nôtre ; mais dans ces cas-là nous modifions souvent le style de nos devanciers, afin de le mettre en harmonie avec le nôtre.

Depuis vingt siècles, des hommes de génie se sont occupés de la recherche du mouvement des cieux. Cette science nous paraît avoir été portée, de nos jours, à sa perfection ; mais c'est surtout depuis cent ans (l'auteur écrivait à la fin du dix-septième siècle) qu'elle a fait plus de progrès que dans tous les siècles passés.

On s'était alors principalement appliqué à déterminer le lieu des étoiles et des planètes, à fixer la durée de l'année et des mois, à prédire les éclipses. Nous possédons aujourd'hui non-seulement toutes ces connaissances, mais nous savons avec une entière certitude l'ordre, la position, la proportion, la figure des corps célestes et des orbites que les planètes et la terre décrivent autour du soleil. Nous avons ajouté, par le moyen du télescope, une quantité innombrable d'étoiles fixes et de nouvelles planètes au nombre de celles qui étaient précédemment connues. Tous ces objets, avant le siècle de Copernic, et quelques-uns avant le nôtre, étaient encore plongés dans de profondes ténèbres. Lorsque l'on pense que les anciens astronomes ne connaissaient ni l'ensemble du système du monde, ni chacune de ses parties, on n'est pas étonné qu'ils n'aient pas trouvé le moyen d'en former la représentation artificielle. Quelque estime que fassent les savants de la sphère d'Archimède, de celle de Posidonius dont parle Cicéron, il est certain qu'elles n'ont pu avoir aucune ressemblance avec le système céleste, ni imiter régulièrement le mouvement des astres, quoique conçues par le génie et exécutées avec soin. Mais depuis la réforme et la restauration de l'astronomie on a pu faire des tentatives plus heureuses : c'est aussi ce qu'ont entrepris et exécuté plusieurs savants qui nous ont laissé quelques machines diversement construites.

En suivant une route différente de nos devanciers, nous avons fait exécuter un automate dans lequel, au moyen d'un petit nombre de roues allant d'un mouvement continu, nous avons représenté sur une surface plane le cours des cinq planètes principales autour du soleil, celui de la lune autour de la terre, la durée de leurs révolutions, l'excentricité de leurs orbites, leurs dimensions et leur position véritable, l'inégalité du mouvement de chacune d'elles, selon qu'elles sont plus près ou plus loin du soleil ; nous avons même exprimé la légère déclinaison qui les fait écarter du plan de l'orbite de la terre ou de l'écliptique. Outre l'aspect élégant qu'offre cette machine, on y voit non-seulement l'état présent des planètes, mais, comme dans un calendrier perpétuel, on y trouve celui qui doit venir, ainsi que celui qui est passé. On y remarque les conjonctions, les oppositions de toutes les planètes, soit avec le soleil, soit entre elles, et cela avec d'autant plus d'exactitude que la machine est plus en grand. Comme beaucoup de personnes l'ont recherchée et ont désiré la connaître ou l'imiter, nous allons en

donner ici la description. Nous commencerons par la construction de l'enveloppe extérieure, qui renferme tout l'ouvrage.

C'est une boîte octogone de bois, de deux pieds de diamètre et six pouces de profondeur. On l'attache contre le mur par le moyen des gonds fixés sur son côté gauche,
sur lesquels la machine peut tourner, s'ouvrir et présenter dans sa face postérieure tout
le mécanisme qu'elle renferme. Sur la face antérieure, on voit une platine de cuivre
doré qui l'occupe tout entière; elle est couverte d'une glace transparente; les orbites
des planètes y sont tracées selon le système de Copernic et les lois de Kepler, et coupées jusque dans l'intérieur, de sorte que les petites broches qui se meuvent dans ces
rainures et traversent la platine portent des demi-globes qui représentent les planètes,
et exécutent leurs mouvements sur sa surface. Saturne entraîne avec lui cinq satellites,
Jupiter quatre, et la terre son seul satellite, qui est notre lune Ces satellites sont placés
sur les mêmes orbites que leur planète. Nous avons aussi ajouté de pareilles orbites aux
autres planètes, qui n'ont pas de satellites, pour représenter leur atmosphère et les
rendre plus visibles. Toutes les planètes principales, comme sont, outre celles dont
nous venons de parler, Mars, Vénus, Mercure, exécutent leur mouvement continu
autour du soleil immobile avec tant de précision, qu'elles suivent non-seulement leur
temps périodique, mais jusqu'aux irrégularités de leurs révolutions. La lune fait chaque
mois une révolution autour de la terre. Il n'a pas été possible de représenter de même
les révolutions des satellites de Saturne et de Jupiter, tant à cause de la petitesse de la
machine que pour ne pas trop compliquer l'ouvrage : de sorte qu'ils sont tous attachés
aux petites orbites dont la planète principale occupe le centre.

Toutes les orbites des planètes sont renfermées dans le cercle de l'écliptique, divisé
en douze signes et en 360 degrés. Par cette disposition, il est très-facile d'observer les
lieux apparents de ces astres; car, si l'on veut connaître la longitude d'une planète, il
suffit de tendre un fil de la terre à cette planète; du centre du soleil, qui est immobile,
on tend un autre fil parallèle au premier jusqu'aux divisions de l'écliptique, où il montre
la longitude de la planète. On peut trouver la même chose par le moyen d'un parallélogramme formé avec deux baguettes d'égale longueur, au bout desquelles sont attachés
deux fils égaux, sans ouvrir la glace qui sert de couvercle à la machine. On ne fait que
poser dessus le parallélogramme, qu'on ajuste de telle manière que l'un des fils passe
sur la terre et le centre de la planète, et l'autre sur le soleil, lequel indiquera en même
temps, sur le cercle de l'écliptique, la longitude de la planète. Nous parlerons dans la
suite de la manière de connaître la latitude, quand nous aurons fait la description des
cercles destinés à cet usage.

Dans la partie inférieure de la platine sont deux ouvertures peu distantes l'une de
l'autre, entre les orbites de Saturne et de Jupiter; elles ont deux pouces de long, six
lignes de large. Dans l'ouverture supérieure on voit le quantième du mois; dans l'autre,
l'année courante. Ils tournent, comme le reste, en vertu du mouvement de la machine,
avec leurs cercles respectifs, dont l'un est divisé en 365 parties égales, qui représen-

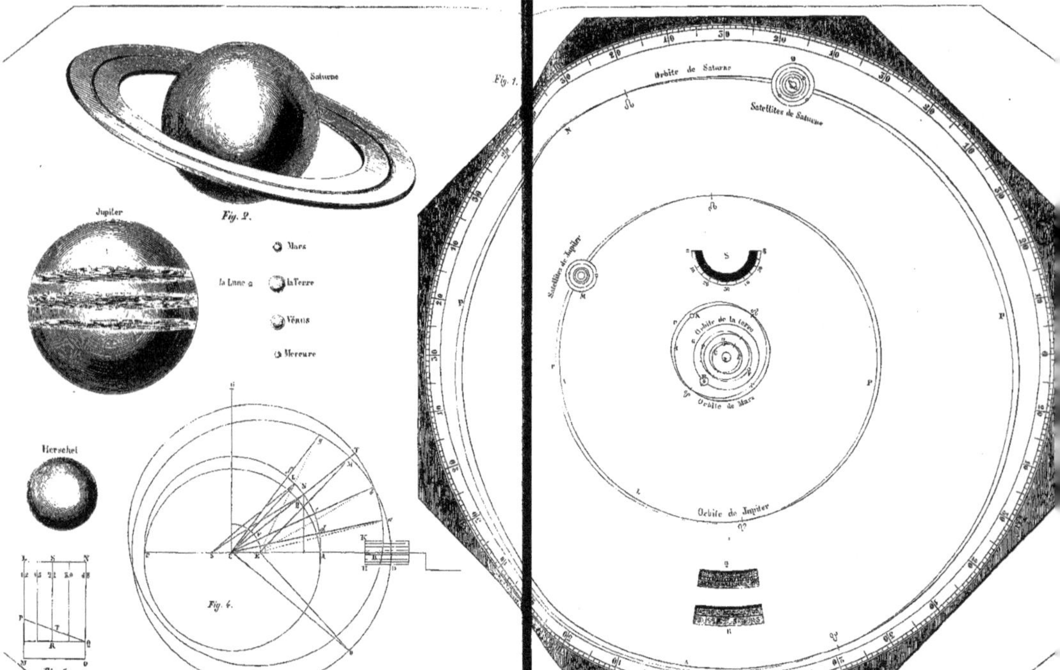

Saturne

Jupiter

Herschel

Fig. 2.

Mars

la Lune ☾ la Terre

Vénus

Mercure

Fig. 4.

Fig. 5.

Fig. 3.

Fig. 1.

Orbite de Saturne

Satellite de Saturne

Satellite de Jupiter

Orbite de la Terre

Orbite de Mars

Orbite de Jupiter

Demi-diamètre du Soleil

Barizat pinx del.

Imprimé par Flou frères.

FORME EXTÉRIEURE DU PLANÉTAIRE AUTOMATE DE CHRISTIAN HUYGHENS.

(fig. 3). Au reste, il n'était pas possible d'exécuter les corps du soleil et des planètes dans ces proportions; ils eussent été imperceptibles à la vue à cause de leur petitesse. C'est ce qui nous a décidé à faire graver cette figure à part pour donner une idée de leur véritable dimension relative, soit entre eux, soit avec le soleil. Cette mesure a été établie d'après la comparaison des distances et des diamètres de ces corps; nous ajouterons que ceux-ci sont beaucoup plus petits que ne l'ont cru les astronomes qui ont vécu avant l'invention des grands télescopes, sans lesquels on ne peut qu'imparfaitement observer les astres et déterminer leur véritable grandeur.

Pour connaître le mécanisme qui imprime le mouvement à notre planétaire-automate (fig. 3), il faut retourner la machine et en examiner l'intérieur. Après avoir levé le couvercle qui la ferme de ce côté, on voit une platine de cuivre remplissant toute la boîte octogone et ressemblant à celle qui couvre la face antérieure : elle est distante de celle-ci d'environ un pouce, et retenue par plusieurs piliers. Cette platine est traversée par un axe de fer, lequel est garni d'autant de roues qu'il y a de planètes; elles y sont fixées au moyen d'un canon et d'une vis. Les dents de ces roues engrènent dans les dents d'autres roues plus grandes, portant chacune leur planète et se mouvant entre les deux platines. Sur le même axe est adaptée une autre roue destinée à faire tourner le cercle des jours et des mois. Il y a aussi une portion de vis sans fin qui fait tourner le cercle de 300 ans, lequel fait son tour dans l'espace de ce nombre d'années, au moyen d'un petit axe qui porte deux roues dentées.

L'axe de fer avec tous ses accessoires est parallèle à l'horizon, mais non à la grande platine que nous venons de voir; il s'en éloigne beaucoup plus à son extrémité qui est à droite du spectateur : ce qu'il a fallu faire pour que le même axe, dans sa révolution, pût servir plus commodément aux divers mouvements de toutes les planètes.

Les nombres des dents ont été trouvés par le calcul que nous exposerons ci-après. Ils conviennent si exactement aux moyens mouvements des planètes, que Saturne n'avancerait pas de 1 minute 34 secondes, Jupiter 1 minute 9 secondes, Mars 24 minutes, Vénus 3 degrés 37 minutes, Mercure 7 minutes 47 secondes, la lune 1 degré 31 minutes. Mais nous n'avons pas seulement exprimé les mouvements moyens, nous avons rendu jusqu'aux irrégularités dans le cours des planètes, selon les anomalies reconnues par Képler et qui jouissent d'une grande autorité parmi les astronomes. Nous dirons bientôt par quel moyen nous avons rendu ces irrégularités.

On voit aussi en cette même figure, un peu au-dessus de l'axe, une Horloge attachée à la platine; cette Horloge, qui fait faire au grand axe les révolutions annuelles, communique à tout le mécanisme un mouvement continu; car le mouvement passe de l'Horloge à la roue fixée sur l'axe, et qui conduit le cercle des jours et des mois, comme on le voit facilement dans la figure.

EXPLICATION DE LA FIGURE 3, PLANCHE II.

AA. Sont des vis qui fixent la platine contre le bout des piliers désignés par les lettres TT, figure 4.

22

CB. Axe de fer de deux pieds de long. (La figure 1 représente cet axe tel qu'il serait vu si les deux platines étaient élevées perpendiculairement sur la planche et représentaient le profil de la machine par le haut. Les mêmes lettres désignent les roues fixées sur l'axe commun et celles dans lesquelles elles engrènent dans l'intérieur de la cage formée par les platines VV, ZZ. Les lignes ponctuées abaissées sur cette figure suffisent pour son intelligence et pour l'indication des parties correspondantes dans la figure 4.)

D. Roue de 121 dents qui fait mouvoir les roues de Mercure.

E. Roue de Vénus, de 52 dents.

F. Roue de la terre, de 60 dents.

G. Roue de Mars, de 84 dents.

H. Roue de Jupiter, de 14 dents.

L. Roue de 73 dents qui fait mouvoir le cercle des mois et des jours.

M. Portion de vis sans fin qui produit une révolution de 300 ans au moyen de deux petites roues portées sur un axe commun, désigné par E, fig. 6, et qui ont le même nombre de dents ; l'une engrène dans la vis sans fin, et l'autre intérieurement, dans la roue de 300 ans.

N. L'Horloge.

V. Roue par laquelle l'Horloge communique le mouvement à l'axe C B.

P. Sont 4 dents à l'extrémité de l'axe de la roue V.

O. Roue qui est mue par les dents P : elle a 45 dents.

Q. Pignon de l'axe de la roue O. Il a 9 dents et fait mouvoir la roue L, et par elle l'axe.

R. Pont fixé sur la grande platine et dans lequel roule un des pivots du petit axe E, fig. 6.

L'axe de deux pieds C B est éloigné de deux pouces de la platine du côté de C. Les roues fixées sur cet axe font mouvoir les cercles des planètes; savoir : D celui de Mercure, E celui de Vénus, F celui de la terre, G celui de Mars, H celui de Jupiter, K celui de Saturne. L fait mouvoir le cercle des jours et des mois. Enfin, la révolution de la vis M fait tourner le cercle de 300 ans au moyen de deux petites roues fixées sur un arbre commun (fig. 6), et ayant chacune 6 dents. L'une de ces roues engrène dans la vis sans fin, et l'autre dans la grande roue des années.

L'axe C B, par ses révolutions annuelles (car, comme nous l'avons dit, la roue L et la vis sans fin sont fixées sur lui), produit donc seul tous ces mouvements divers. Or, voici comment cet axe est mis en mouvement : il y a dans l'Horloge une roue V dont on ne voit ici qu'une partie; elle fait chacune de ses révolutions en 96 heures; à l'extrémité P de l'axe de cette roue sont 4 dents qui engrènent dans la roue O, qui en a 45, dont l'axe porte un pignon Q de 9 dents qui engrènent dans la roue L, qui en a 73.

Il faut maintenant montrer les roues qui sont placées entre les deux platines, pour faire concevoir sur quel principe elles sont construites et quel effet elles produisent.

EXPLICATION DE LA FIGURE 4, PLANCHE II.

A. Roue de Saturne : 206 dents.

B. Petit bras qui porte Saturne.

C. Roue sur laquelle sont inscrits 300 ans, afin que dans une révolution elle marque le temps qui convient à cet espace de temps : 300 dents. (Elle se meut à l'aide d'une vis sans fin désignée par M, fig. 3, pl. II, et d'un petit axe E, fig. 6, portant deux roues dentées.)

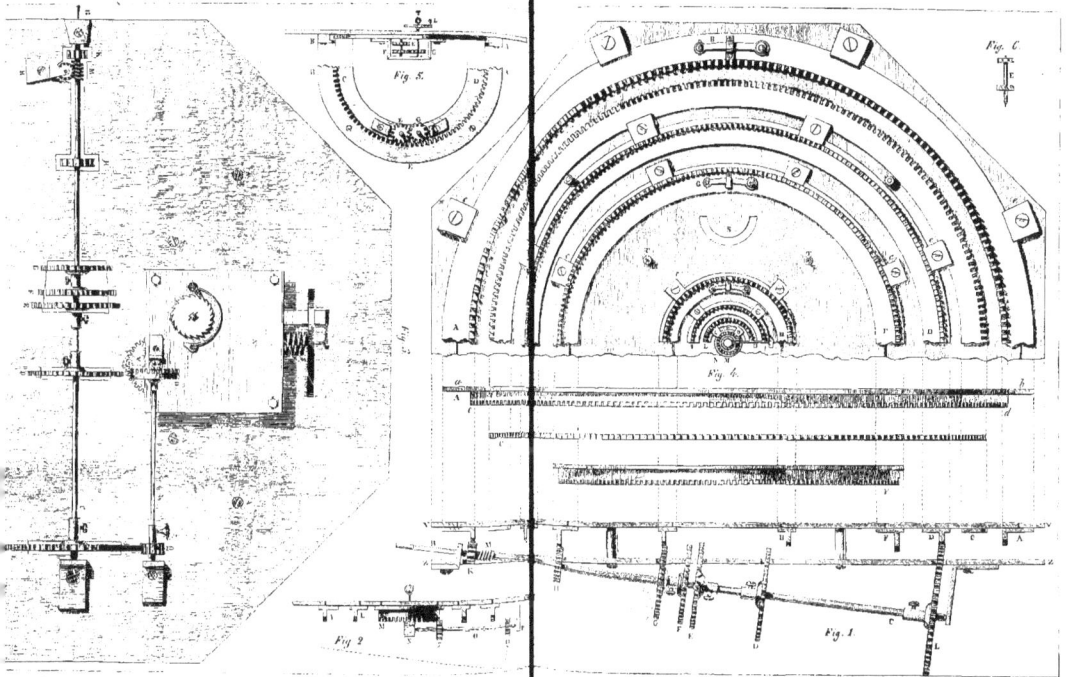

Fig. 5.

Fig. C.

Fig. 4.

Fig. 2.

Fig. 1.

DÉVELOPPEMENT DE L'INTÉRIEUR DU PLANÉTAIRE DE CHRISTIEN HUYGHENS.

D. Roue qui par sa révolution indique le mois et le jour du mois : 219 dents.

F. Roue qui conduit Jupiter, attachée au petit bras G : 166 dents.

H. Roue de Mars avec son petit bras : 158 dents.

I. Roue de la terre avec la lune : 60 dents.

K. Cercle denté attaché à la platine antérieure de la machine et qui, pendant que la roue de la terre fait sa révolution, imprime le mouvement aux petites roues auxquelles la terre et la lune sont attachées : 137 dents.

L. Roue de Vénus : 32 dents.

M. Roue de Mercure : 17 dents.

N. Axe immobile qui porte le soleil à l'une de ses extrémités de l'autre côté de la platine.

O. Petit axe de Mercure, tenant d'un côté à l'axe du soleil, de l'autre au pilier P fixé sur le cercle immobile de la terre K. Cet axe a deux pignons, dont l'un de 7 dents fait tourner la roue de Mercure, et l'autre Q de 12 dents : il est assez élevé sur le plan de cette figure pour que les roues de Vénus et de Mercure puissent se mouvoir sous lui.

S. Ouverture sous laquelle passe le cercle qui montre les heures.

TTT. Désignent les piliers qui unissent ensemble les platines entre lesquelles est contenue toute cette mécanique.

a b. Anneau-plan qui fait mouvoir la planète.

c d. Bande circulaire dentée.

e e. Ponts qui assujettissent l'anneau dans sa circonférence.

l m. Petit bras qui porte la planète.

Chaque planète a un anneau-plan destiné à son orbite, au bord duquel est attachée à angles droits une bande circulaire dentée, également distante partout de la circonférence de l'anneau. Cet anneau, appliqué intérieurement sur la platine octogone, porte avec lui le demi-globe qui représente la planète, lequel y est fixé par une petite broche qui passe à travers la platine intérieure et le rend un peu saillant sur sa surface. Dans la circonférence de cet anneau sont placés et attachés à la platine quelques *ponts* (Huyghens emploie le mot *repagula*, qu'on ne peut pas traduire littéralement en français), entre lesquels ils se meuvent circulairement et sont contenus de manière à ne pouvoir s'écarter de ladite platine. On en a mis cinq ou six pour les planètes supérieures, Saturne et Jupiter, à cause de la grandeur de leurs anneaux ; trois ou quatre suffisent pour les autres.

Dans la figure, l'anneau-plan est *a b*, la bande circulaire dentée et élevée perpendiculairement sur l'anneau est *c d*, les ponts qui contiennent l'anneau dans son pourtour *e e*. Chacun de ces ajustements consiste en deux parties : l'inférieure, le long de laquelle glisse le bord extérieur de l'anneau, est fixée sur la platine du planétaire ; la supérieure, qui est posée sur celle-ci et tenue avec des vis, s'avance un peu sur les bords de l'anneau pour l'empêcher de se déplacer, comme on le voit dans la figure.

Toutes les planètes sont portées par des anneaux de cette espèce et parcourent des orbites circulaires. Si l'on eût voulu des orbites elliptiques, on y fût parvenu sans peine en attachant la planète, non sur son anneau *a b*, mais sur le bras *l m* qui y est attaché, qui se meut sur le petit axe M et porte la planète ajustée sur un petit canon en L. Il faut pratiquer en cet endroit de l'anneau une ouverture un peu grande ; par là on fera mouvoir facilement la planète dans une rainure elliptique. Mais, comme les ellipses sont peu différentes des cercles, nous n'avons pas cru devoir les employer. Nous nous sommes servi de ce moyen pour faire glisser plus facilement Saturne et Jupiter dans les rainures étroites de la platine. Le cercle qui porte les divisions des jours est entièrement semblable à ceux de ces planètes. Celui des années est le seul dont l'anneau soit denté à sa circonférence : nous avons déjà dit comment le mouvement lui était communiqué. On a placé les anneaux des jours et des années entre ceux qui conduisent les anneaux de Saturne et de Jupiter. C'est pour cela qu'on a pratiqué dans la platine antérieure les ouvertures par lesquelles on voit ces divisions entre les orbites des planètes.

Nous allons montrer comment on a ordonné le mouvement menstruel de la lune. Dans le segment de la platine planétaire qui est entre les orbites de Mars et de la terre, on a fixé un anneau dont la circonférence intérieure a 137 dents; il est désigné par les lettres A B. Cette circonférence dentée est un peu plus grande que l'orbite annuelle de la terre, et l'anneau A B s'élève un peu au-dessus du plan sur lequel il est fixé, pour placer dessous les ponts entre lesquels se meut l'anneau qui porte la terre, désigné par les lettres C D. Or, comme cet anneau entraîne un petit axe placé à angles droits, et porte à ses extrémités deux petites roues E F, dont l'inférieure a douze dents engrenées dans les dents de l'anneau A B, et la supérieure 13, les dents de la roue supérieure engrènent dans les douze dents de la roue G placée à côté, qui a aussi un axe fixé à l'anneau C D. Cet axe a une cavité qui s'ouvre vers la partie antérieure de la platine et dans laquelle s'adapte une broche fine qui porte un petit globe lunaire. (Au lieu de percer l'axe, il serait plus simple de prolonger le pivot au-dessus de la platine, et d'y adapter le globe de la terre T et l'orbite de la lune L, comme le représente le profil de cette figure.) Au reste, nous n'avons pas cru devoir représenter ni le pont attaché à l'anneau C D, et dans lequel entrent et sont retenus par le haut les deux petits axes dont nous avons parlé, ni le cercle denté, pour que rien n'empêchât de voir les deux roues E F.

L'anneau terrestre C D faisant donc sa révolution dans l'ordre des lettres A E B, laquelle, dans la face antérieure, se fait selon l'ordre des signes du zodiaque, les roues E et F sont forcées de tourner dans un sens contraire, et la roue G de suivre un mouvement opposé à celles-ci, c'est-à-dire de tourner dans le sens de l'anneau terrestre. Mais nous avons dit que dans la cavité de l'axe de la petite roue G était une broche portant une petite orbite ayant la lune à sa circonférence et la terre à son centre : le cours de la lune est donc bien ordonné. Nous verrons plus bas avec quelle justesse il s'accorde avec la révolution du mois périodique.

Après avoir décrit jusqu'ici toutes les parties de la machine en particulier, nous allons exposer les proportions des demi-diamètres entre eux, les centres d'après lesquels nous avons tracé les orbites des planètes sur la face antérieure, les points des aphélies et des nœuds; ensuite le nombre de dents que nous avons donné à chaque roue pour représenter les mouvements moyens, la manière dont nous avons trouvé ces nombres; enfin, la construction des dents propres à représenter les anomalies des mouvements.

Nous avons donné à la platine octogone une grandeur telle, que la perpendiculaire menée du centre sur le côté ait 11 pouces ½ du même côté où doit être placé le soleil, et avec un rayon de 10 pouces ⅔, mettant le bélier à la droite du spectateur et à la même hauteur que le centre. Ce centre, de quelque côté de chaque orbite planétaire qu'on le prenne, montre les lieux des aphélies. Par le rapport des demi-diamètres, on en connaît la mesure si on en a déterminé une, qui est le demi-diamètre de l'orbite de la terre, que nous avons fixé à 1 pouce. Il est censé contenir 100,000 parties, et sert de mesure aux rayons des autres orbites. On a marqué aussi les excentricités en ces mêmes parties, qu'il faut prendre du centre de l'écliptique où est le soleil, vers les aphélies, et y noter les centres de chaque orbite.

Ainsi, par exemple, pour tracer l'orbite de Saturne au commencement de l'an 1682, nous menons du centre de l'écliptique une ligne de 27° 40' du Sagittaire; nous y plaçons du même centre 54 des parties dont le demi-diamètre de la terre, ou 1 pouce, en contient 100; car ici nous ne saurions pousser la précision plus loin. Nous trouvons par là le centre de l'orbite de Saturne. Prenant ensuite sur le demi-diamètre 951 des mêmes parties, nous traçons l'orbite de la planète. Nous marquons son aphélie de la lettre A au point d'intersection de la ligne que nous avons tirée du centre. Mais, comme toutes les orbites des planètes dans le ciel ne sont pas dans le plan de l'écliptique ou de l'orbite de la terre, et qu'elles s'élèvent sur ce plan dans une de leurs moitiés et s'abaissent dans l'autre, il est clair qu'elles ne sont pas elles-mêmes les orbites des planètes que nous avons décrites, mais des lignes de ce genre sur lesquelles tombent les perpendiculaires menées sur le plan de l'écliptique de tous les points de ces orbites, et que nous ne laissons pas de prendre pour les orbites mêmes, parce que c'est selon que l'on examine le mouvement de la planète en longitude : elles sont, en effet, des orbites réduites au plan de l'écliptique. Ainsi, les deux points où chaque orbite coupe le plan de l'écliptique, qui s'appellent les nœuds, ont été marqués par leurs signes ☊ ☋, dont le premier marque le nœud ascendant d'où la planète se porte vers les parties boréales de l'écliptique, qu'on suppose exister sur la platine; l'autre, le nœud descendant duquel la planète passe vers les parties australes. Ils se trouvent, suivant les astronomes, aux points opposés de la ligne qui passe par le centre du soleil, quoique cela ne soit pas exactement vrai, comme on le démontrera en son lieu.

Pour faire connaître les latitudes apparentes des planètes sur la ligne droite qui joint les nœuds, nous avons tracé de chaque côté des arcs de cercle, l'un hors de la partie boréale de l'orbite, l'autre en dedans de la partie australe, aussi distants de ces parties, dans leur plus grand éloignement, que l'orbite même doit l'être dans ces lieux, au-dessus ou au-dessous du plan de l'écliptique. Nous avons aussi marqué les angles de déclinaison. Dans quelque point de son orbite réduite que se trouve la planète, si de ce point à l'arc voisin on prend une très-petite distance, elle indiquera au plus près l'intervalle dont la vraie orbite de la planète s'éloignera dans cet endroit du plan de l'écliptique. En comparant cet intervalle avec la distance de la planète à la terre, on trouvera facilement par la trigonométrie son angle de latitude

Voici maintenant la manière dont nous avons trouvé le nombre des dents des roues. Nous avons comparé le mouvement moyen annuel de chaque planète dans l'écliptique, ou l'espace de 365 jours, au mouvement moyen annuel de la terre, tels qu'on les trouve dans les tables astronomiques, en réduisant en tierces les arcs entiers de leurs mouvements. Les nombres trouvés par ce moyen étant entre eux comme les arcs des cercles parcourus en même temps par la planète et par la terre dans leurs orbites, il s'ensuit que les temps périodiques de l'une et de l'autre sont en raison contraire. Telle doit être aussi la proportion des nombres des dents, ou une autre proportion semblable exprimée en plus petits nombres, que doit avoir soit la roue de la planète, soit toute autre qui s'engrène avec elle et est fixée sur le grand axe. Chaque révolution de cet axe fait parcourir à la terre son orbite entière, puisque nous avons donné un nombre égal de dents à la roue qui porte la terre et à celle qui lui correspond sur le grand axe, celui de 60, par exemple, ou tout autre, à volonté, qui puisse convenir aux roues.

Tout se réduit donc, deux grands nombres ayant entre eux une certaine proportion donnée, à trouver d'autres nombres moindres qui ne chargent pas trop les roues par la multitude des dents, et qui aient si bien entre eux la même proportion, qu'aucun autre nombre n'en approche de plus près. Mais un exemple éclaircira mieux tout ceci : soit à trouver les dents de la roue de Saturne et de celle du grand axe qui lui communique le mouvement. Cette roue est indiquée plus haut par la lettre K. Le mouvement annuel de Saturne (nous suivons ici les tables de Riccioli) est de 12° 13' 34" 18''. Le mouvement annuel de la terre, qu'il appelle mouvement du soleil d'après le système de Ptolémée, est de 359° 45' 40" 31''' : en réduisant tout en tierces, on a la proportion 2,640,858 à 77,708,431. Le dernier de ces nombres est au premier comme le temps périodique de Saturne est au temps de la révolution de la terre autour du soleil; par conséquent, le nombre des dents de la roue de Saturne doit être à celui des dents de sa roue motrice dans la même proportion ou la plus rapprochée. Pour trouver des nombres moindres qui approchent le plus de ce rapport, je divise le plus grand par le plus petit, ensuite le moindre par le reste de la division, et celui-ci par le dernier reste; et, en continuant ainsi, je trouve le résultat suivant de la première division :

$$29 + \cfrac{1}{2 + \cfrac{1}{2 + \cfrac{1}{1 + \cfrac{1}{5 + \cfrac{1}{2 + \cfrac{1}{4}}}}}}, \text{ etc.}$$

savoir : le nombre avec une fraction dont le numérateur est l'unité, et dont le dénominateur a encore avec lui une fraction dont le numérateur est l'unité, et le dénominateur se compose comme le précédent et par la même raison. Si on pousse la division
jusqu'où elle peut aller, le reste sera enfin l'unité. En supprimant quelques-unes des
dernières fractions, comme celle de $\frac{1}{5}$ et celles qui la suivent, et en les réduisant
toutes au même dénominateur, celui-ci aura avec le numérateur le rapport le plus
rapproché de celui du plus petit nombre donné au plus grand ; de sorte qu'on ne puisse
pas en approcher de plus près avec de plus petits nombres. Le mode de réduction est
facile; car les dernières fractions par lesquelles nous commençons ici , $\dfrac{1}{2+\dfrac{1}{1}}$, équiva-

lent à $\frac{1}{3}$. Passant ensuite à la précédente et continuant à réduire , $\dfrac{1}{2+\dfrac{1}{3}}$ font $\frac{3}{7}$. Enfin,

prenant le nombre entier et réduisant, on a $29 + \frac{3}{7}$, qui font $\frac{206}{7}$. Ainsi, la raison du
nombre 7 à 206 est la plus rapprochée de celle du nombre 3,640,858 à 77,708,431 ;
c'est pourquoi nous avons donné 206 dents à la roue de Saturne, et 7 à sa motrice.
On ne peut trouver de moindres nombres qui approchent plus de ce rapport. C'est
ainsi qu'on le prouve : il est certain que les nombres que l'on trouve par cette réduction
sont des nombres premiers entre eux, parce que notre division continue n'est autre
chose que cette soustraction d'Euclide qui, étant appliquée à nos nombres 7 et 206,
trouvés par la réduction, fait qu'il ne reste enfin que l'unité, parce que le numérateur
de toutes ces fractions est l'unité. S'il y avait deux autres nombres qui approchassent
plus de ce rapport, il faudrait qu'en divisant continuellement le plus grand nombre par
le moindre, jusqu'à ce qu'il ne restât plus que l'unité, le quotient fût 29 avec les mêmes
fractions ci-dessus continuellement ajoutées et continuées au delà de la fraction par
laquelle nous avons commencé la réduction lorsque nous avons trouvé les nombres
7 et 206; sans quoi on ne peut pas approcher de plus près le quotient de la première
division, auquel sont jointes toutes lesdites fractions, continuées aussi loin qu'elles
peuvent l'être.

Ainsi, puisque en continuant la division de 206 par 7 on trouve :

$$29 + \dfrac{1}{2+\dfrac{1}{2+\dfrac{1}{1}}},$$

il faudrait que, par une semblable division des nombres plus approchants, on ajoutât
au moins une fraction à toutes celles-là, $\frac{1}{5}$ ou toute autre par laquelle on pût parvenir
plus près du quotient universel qu'en s'arrêtant à $\frac{1}{7}$. En faisant la réduction, il est
évident qu'on aurait des nombres plus grands que si on eût commencé par la fraction
précédente, puisque par l'addition de chaque fraction réduite il se fait une fraction

composée de nombres premiers entre eux, et qui ne peut, par conséquent, se réduire à des nombres moindres : ce qui deviendra évident en faisant attention au théorème suivant, qui est très-facile à démontrer.

Supposons deux nombres premiers entre eux; l'un d'eux sera premier par rapport à lui-même ou à son multiple augmenté de l'autre de ces nombres; car s'il en est autrement, étant ainsi composé, il ne laisserait pas d'être la mesure de lui-même, mais il est la mesure d'une partie, c'est-à-dire de lui-même ou de son multiple; donc il sera aussi la mesure du reste : ce qui est absurde, les nombres étant supposés premiers entre eux. Ainsi, les nombres plus rapprochants de la proportion requise ne seront pas moindres, mais plus grands que 206 et 7.

On comprend facilement qu'il vaut mieux commencer la réduction des fractions par celle qui est immédiatement suivie de celle qui aura le plus grand dénominateur en comparaison de ses voisines, comme dans l'exemple précédent nous avons commencé la réduction par la fraction qui précède immédiatement $\frac{1}{5}$.

L'avantage de cette méthode s'étend encore à beaucoup d'autres cas, lorsqu'il s'agit de réduire une proportion quelconque exprimée en nombres à une autre qui en approche de plus près, mais exprimée en plus petits nombres; comme lorsqu'on veut comparer le rapport de la circonférence au diamètre à d'autres rapports connus, ce rapport est 31,415,926,535 à 10,000,000,000. En faisant la division, on a :

$$3 + \cfrac{1}{7 + \cfrac{1}{15 + \cfrac{1}{1 + \cfrac{1}{292 + \cfrac{1}{1 + \cfrac{1}{1}}}}}}$$

En commençant la réduction par la fraction $\frac{1}{7}$, on a le rapport d'Archimède de 22 à 7; si on commence par $\frac{1}{1}$, on en trouve un beaucoup plus rapproché : c'est celui d'Adrien Métius, de 355 à 113 ; car 113 est à 355 comme 10,000,000 est à 31,415,926, etc. On peut de la même manière trouver les rapports les plus rapprochés du véritable. Mais celui de Métius est le plus commode pour l'usage, tant à cause de la petitesse de ses nombres que de la fraction $\frac{1}{292}$, dès laquelle nous avons commencé la réduction. On tenterait en vain d'en trouver un semblable en cherchant d'autres nombres. Il faut observer que par notre méthode on trouve alternativement un terme de proportion plus grand ou moindre selon qu'on commence la réduction par la 1re, la 3e, la 5e fraction impair, ou toute autre fraction impair en suivant la progression. Ainsi, comme nous avons commencé la réduction précédente par la fraction $\frac{1}{1}$, qui est la 3e, le rapport de la circonférence au diamètre est comme 355 à 113; il est plus grand que le véritable. Si on eût commencé par la 2e, qui est $\frac{1}{15}$, on eût trouvé 333 à 106, qui est moindre que le véritable. De plus, si l'on commence par la 1re, qui est $\frac{1}{7}$, on trouve le rapport d'Archimède, de 22 à 7, plus grand que le véritable. Nous appelons rapport véritable celui qui est exprimé par les grands nombres qu'on a pris et que nous prenons pour le rapport même de la circonférence au diamètre. La démonstration de tout ce qui précède porte sur ce principe très-connu : qu'une fraction quelconque devient moindre si l'on augmente son dénominateur, et devient plus grande si on le diminue.

Que le nombre résultant de la 1re division soit A; qu'on ajoute aux fractions descendantes B C D E F, et

$$A \quad B \atop 3 \; + \; 1 \quad C \atop \overline{7 \; + \; 1} \quad D \atop \overline{15 \; + \; 1} \quad E \atop \overline{1 \; + \; 1} \quad F \atop \overline{292 \; + \; 1} \atop \overline{1}$$

au dénominateur de la dernière F une fraction qui comprendra la réduction de toutes les fractions ultérieures et que nous appellerons Z; comme la fraction F est plus grande que la véritable, ayant un dénominateur moindre que le véritable, qui serait 1 + Z, en augmentant le dénominateur de la fraction E par la fraction F, la fraction réduite E F sera moindre que la véritable. En augmentant encore le dénominateur de la fraction D, cette fraction réduite, celle qui résultera de la réduction des fractions D E F sera plus grande que la véritable, et par conséquent en augmentant le dénominateur de la fraction C, cette dernière fraction, résultant de la réduction des fractions C D E F, sera moindre que la véritable.

Il faut savoir que, si l'on veut connaître tous les termes les plus rapprochés de la proportion donnée, il faut faire la réduction de toutes les fractions du nombre impair, puis celle de toutes les fractions du nombre pair; de telle sorte que, pour le dénominateur de chaque fraction qui sera plus grande que l'unité, on mette à part tous les dénominateurs depuis l'unité jusqu'à celui-là, et on commence et achève la réduction avec chacun d'eux. Si, dans l'exemple proposé, on met pour la 1re fraction $\frac{1}{7}$ chacune de celles-ci $\frac{1}{1}$, $\frac{1}{2}$, $\frac{1}{3}$, $\frac{1}{4}$, $\frac{1}{5}$, $\frac{1}{6}$, $\frac{1}{7}$, on aura par la réduction des proportions plus grandes que les véritables : 4 à 1, 7 à 2, 10 à 3, 13 à 4, 16 à 5, 19 à 6, 22 à 7. En commençant par la 3e fraction D, on aura le rapport plus grand que le vrai 355 à 113; et en commençant par la 5e F, on trouvera le rapport trop grand 104,348 à 33,215. De plus, si à la place de la 2e fraction $\frac{1}{15}$ on met quinze fractions séparées, $\frac{1}{1}$, $\frac{1}{2}$, $\frac{1}{3}$, $\frac{1}{4}$, $\frac{1}{5}$, etc., et à la place de la quatrième $\frac{1}{292}$ toutes les fractions depuis l'unité jusqu'à $\frac{1}{292}$, on aura par les réductions des proportions toujours moindres que les véritables. Si l'on veut enfin connaître la série continue mixte des termes, tant de ceux qui offrent une proportion plus grande que de ceux qui en produisent une plus petite, chacun desquels approche le plus près de la véritable, il faut avoir soin de mettre à toutes les fractions dont le dénominateur est plus grand que l'unité, non, comme on vient de le faire, des dénominateurs moindres que l'unité, mais en commençant par celle qui approche le plus de la moitié de son dénominateur.

C'est le rapport que nous avions suivi pour les autres planètes. Nous avons donné à la roue de Jupiter 166 dents, et à sa motrice 14; à la roue de Mars 158 dents, et à sa motrice 84; à la roue de Vénus 32 dents, et à sa motrice 52; lesquels nombres sont entre eux à peu près comme 70 à 43. Si nous eussions pris ces derniers et donné à la roue de Vénus 43 dents, et à sa motrice 70, la machine eût un peu plus exactement représenté le mouvement de Vénus; car les premiers nombres que nous avons employés font que Vénus, après vingt ans, retarde de 3° 37', tandis que les derniers, dans le même espace de vingt ans, la font avancer de 15 minutes.

On trouve à peu près par le même calcul les dents des petites roues qui font mouvoir Mercure; car, ayant pris la période du mouvement de la terre de 365^j 5^h 45' 15" 46''', celle de Mercure de 87^j 23^h 14' 24", ou, pour plus de facilité, celle de la terre 365^j 5^h 50', celle de Mercure 87^j 23^h 15', on trouvera la proportion des révolutions de Mercure à celles de la terre comme 105,190 ou 21,038 à 5,067, après avoir divisé de la manière que nous avons indiquée :

$$\frac{21,038}{5,067} \left| 4 + \cfrac{1}{6 + \cfrac{1}{1 + \cfrac{1}{1 + \cfrac{1}{2 + \cfrac{1}{1 + \cfrac{1}{1 + \cfrac{1}{1 + \cfrac{1}{1 + \cfrac{1}{7, \text{etc.}}}}}}}}} \right.$$

Et, négligeant la dernière fraction, toutes les autres réduites à un même dénominateur, on aura $\frac{847}{204}$, lesquels nombres approchent de plus près la proportion des mouvements de ces planètes. Mais, comme 847 résulte du nombre 121 multiplié par 7, et 204 du nombre 12 multiplié par 17, nous avons donné à la roue annuelle qui est sur l'axe commun 121 dents. On a interposé un petit axe tournant entre deux points fixes, dont l'un est dans l'axe qui passe par le soleil et l'anneau de Mercure, et l'autre dans un pilier fixé à l'anneau immobile de la terre. Ces deux points sont assez éloignés des orbites de Mercure et de Vénus pour ne pas empêcher les roues de la terre et de Vénus de passer librement sous cet axe, lequel porte à chacune de ses extrémités des pignons, dont l'un qui engrène dans la roue annuelle a 12 dents, et l'autre, qui engrène dans la bande circulaire dentée qui conduit la planète, a 7 dents, tandis que la bande circulaire en a 17 : ce qui maintient entre le mouvement de l'axe commun et la roue de Mercure la même proportion, qui est de 204 à 847.

Pour trouver les dents des petites roues de la lune, prenant le même mouvement annuel de 365^j 5^h 50', le mouvement lunaire de 29^j 12^h 44' 3", ou 45' pour la facilité du calcul, on trouvera le rapport des révolutions de la lune à celles de la terre comme

105,190 est à 8,505, ou comme 21,038 est à 1,701. En divisant ces nombres comme auparavant, on aura :

$$\begin{array}{c|l} 21,038 \\ 1,701 \end{array} \quad 12 \; \begin{array}{l} + \dfrac{1}{2 + \dfrac{1}{1 + \dfrac{1}{2 + \dfrac{1}{1 + \dfrac{1}{1 + \dfrac{1}{1 + \dfrac{1}{6 + \dfrac{1}{3 + \dfrac{1}{4, \text{ etc.}}}}}}}}}} \end{array}$$

Si on prend la fraction $\frac{1}{6}$ pour la dernière et si on réduit au même dénominateur toutes les précédentes, on aura les nombres 1,546 et 125, dont le premier n'ayant d'autres parties aliquotes que 2 et 773, et le second faisant un trop grand nombre de dents, il vaudra mieux, au lieu de la fraction $\frac{1}{6}$, prendre $\frac{1}{7}$, qui en approche le plus : ce qui donnera les nombres 1,781 et 144, dont le premier est le produit de 137 multiplié par 13, et le second celui de 12 multiplié par 12. Par là on trouvera facilement le rapport des dents soit de la grande roue, soit des pignons des petits axes.

D'après cette méthode, pour trouver le nombre des dents soit des roues du grand axe, soit des roues qui portent les planètes, il est évident qu'il est impossible qu'après un certain temps il n'arrive que la machine s'écarte un peu des proportions que nous avons déterminées pour les mouvements des diverses planètes. Il est facile de calculer la quantité de cet écart, quelque petite qu'elle puisse être; car, pour que la machine rendît exactement les proportions du vrai mouvement, il faudrait que ce rapport du mouvement correspondît précisément à celui du nombre des dents des roues. Éclaircissons ceci par un exemple. La roue de Saturne sur l'axe commun a 7 dents, celle qui porte cette planète en a 206 : il faut donc qu'en 206 ans Saturne fasse 7 fois sa révolution. Mais, le rapport du mouvement de la terre à celui de Saturne étant comme 77,708,431 est à 2,640,858, on trouvera que dans l'espace de 206 ans il n'achèvera pas précisément 7 fois sa période, mais environ $\frac{1}{1346}$. Ainsi, dans chaque espace de 206 dents, Saturne retardera de $\frac{1}{1346}$ de son cercle, et en chaque année d'une portion quelconque de dents : tellement qu'en 1,346 il retardera de 1 dent, dont il faudra faire avancer la roue de Saturne après ce laps de temps. Cette roue étant de 206 dents, qui font le cercle entier de 360 degrés, chaque dent répondra à 105', dont il faudra faire avancer Saturne au bout de 1,346 ans : ce qui fera pour 20 ans 1' 34". Il en est de même de toutes les autres.

Il nous reste à expliquer comment les anomalies des mouvements s'ensuivent de ces révolutions des roues. Pour cela (*voy.* pl. Ire, *Astron.*, fig. 4), soit A N P l'orbite de la planète, C son centre, S le soleil; soit pris à volonté en S C le point E; soit aussi l'excentricité S C au rayon C A comme C E est à E D; puis , avec le rayon D E, du centre E soit décrit le cercle D M; que l'on conçoive le cercle D M immobilement fixé sur le cercle A L, mobile lui-même sur son centre C, garni de dents égales élevées sur le plan du cercle, qui, par conséquent, sera aussi nécessairement mu autour du centre C; supposons aussi qu'il se meut par la révolution uniforme du pignon K H, dont l'axe est dirigé vers C et dont les dents engrènent dans celles de la roue D M; elles ne laisseront pas de tourner ensemble, quoique l'excentricité de cette roue les empêche quelquefois de répondre à angles droits au pignon. Nous disons que par ce mouvement la planète parcourra irrégulièrement son orbite, de manière à rendre autant que possible l'hypothèse de Kepler.

Ayant donc pris sur le cercle D M (planche Iʳᵉ, fig. 4) décrit du centre E un arc quelconque D O, et supposé que les dents de cet arc, par la révolution du pignon H K, aient passé la droite C D, la droite C O sera nécessairement dans la droite C A D, mais non de manière que le point O soit sur le point D; il sera plus intérieur, vers R, puisque C D, qui est égale à C E et à C O, est plus grande que C O. L'angle formé par la droite C A D, mue autour du centre C, sera donc aussi grand que l'angle O C D. Si maintenant on fait D C T égal à l'angle D C O, C T sera la droite sur laquelle se sera avancée C A D; de sorte que la planète sera allée de A à N, où la droite C T coupe la circonférence A N décrite du centre C; et le cercle D M, quand le centre E sera parvenu en F, et que F T sera égale à D E, aura la situation du cercle T R. Or, il paraît qu'à cause de l'égalité des angles O C D, D C T, l'arc D M, que la droite C T coupe dans la circonférence O D M, est égal à l'arc D O. De là, en joignant les points M E, l'angle M E D sera égal à l'angle D E O. Si donc on fait l'arc A L d'autant de degrés qu'en contient l'arc D M, qu'on joigne C L, cette ligne sera parallèle à E M. Dans les triangles C E M, S C L, il y aura deux angles égaux L C S, M E C, et par conséquent les côtés d'entre ces angles seront proportionnels, car, par la construction S C : C L : : C E : E M, puisque C L = C A et E M = E D; donc aussi les angles M C E et L S C sont égaux, et par conséquent les côtés C M, S L parallèles. Voici comment on fera voir que par la rotation des cercles D M, A L la planète placée en A se mouvra par le cercle A L de manière à satisfaire à l'hypothèse de Kepler.

Supposé que la planète se meuve de A vers N, l'espace N S A sera son anomalie moyenne; or, à cause des parallèles S L, C N, le triangle N S C sera égal au triangle C L N, qui ne diffère pas sensiblement du secteur C L N. Ainsi, l'espace C L A, et par conséquent l'arc A L, répondra à l'anomalie moyenne quand la planète aura passé de A en N. Que si on suppose que A Q P est l'orbite elliptique de Kepler, la planète sera effectivement en Q perpendiculaire à A P, coupera l'ellipse A Q P, non en N; mais ces ellipses diffèrent si peu des cercles, qu'on ne saurait en apercevoir la différence dans la machine. N sera donc le lieu moyen de la planète pour son mouvement moyen par l'arc A L, cet arc ayant autant de degrés que l'arc D O ou l'arc D M. Si on place le pignon dans tout autre lieu, comme en G, à égale distance du centre C, vers lequel il doit être dirigé, et qu'on place le point D, qui dans la roue O D M est le plus éloigné du centre C, sous le pignon, et la planète en A, lieu de son aphélie, en faisant tourner uniformément le pignon en G ou en D, la planète paraît passer sous les mêmes angles autour du centre C. C'est pourquoi, quelque part qu'on place le pignon, le mouvement inégal de la planète aura toujours lieu de la même manière, quoique les dents de la roue D M soient égales, pourvu que les dents du pignon qui est toujours dirigé vers le centre C aient une certaine longueur pour pouvoir engrener dans les dents du cercle D M, en divers points de la sécante D C. Il faut observer en même temps que, si la ligne qui va du centre C au cercle D M sous le pignon K est très-longue, il faut placer la planète dans l'aphélie du cercle A N L. Mais, comme dans notre machine tous nos pignons sont portés par le même axe, il ne pourra être placé convenablement que pour les centres de deux planètes. Il faut donc examiner comment on peut parvenir au même but par le moyen de dents inégales. Pour cela, supposons le cercle D M P coupé en parties égales D a, a b, b M, M g; ces lignes couperont en parties inégales A d, d e, e N, N f, l'orbite de la planète A N L; c'est pourquoi il se trouvera dans le cercle A N L autant de dents inégales qu'il y en a d'égales dans le cercle D M. Si on leur applique le pignon K (car elles ne laisseront pas de s'y engrener, quoiqu'elles soient un peu plus grandes ou un peu moindres dans un endroit que dans un autre, puisqu'elles feront passer dans le pignon le même nombre de dents, soit dans l'arc A N ou dans le cercle D M), cela donnera au mouvement de la planète la même inégalité qu'a établie l'hypothèse de Kepler.

OBSERVATIONS SUR L'HORLOGE ASTRONOMIQUE DE CHRÉTIEN HUYGHENS.

Huyghens est le premier qui nous ait donné des nombres exacts pour exécuter une pendule astronomique. Cependant son planétaire n'est pas complet; il ne représente ni la rotation diurne de la terre, ni le parallélisme de son axe, et par conséquent la vicissitude des saisons; il ne représente pas non plus le mouvement de la lune en latitude, ni celui de ses nœuds, ni même les révolutions des satellites, etc.

Huyghens, qui était un des plus grands astronomes de son époque, connaissait aussi la mécanique, mais seulement en théorie : la pratique de cet art lui était étrangère. Il s'ensuivait qu'il se préoccupait peu de l'exécution purement matérielle de ses machines; celle dont nous nous occupons offre de grandes difficultés de main-d'œuvre : nous n'en citerons qu'un exemple. La roue de Saturne, qui a dix pouces de diamètre et la forme d'un anneau roulant sur sa circonférence extérieure, exigerait un travail plus pénible et plus long que n'en coûterait l'exécution de six autres roues de quatre à cinq pouces qui tourneraient sur leur centre. Si Huyghens avait été en même temps astronome et horloger, sa pendule astronomique n'aurait pas les défauts que nous lui reprochons. En fait de sciences mécaniques, il est d'ailleurs fort rare de trouver un homme qui, étant un grand théoricien, soit aussi un habile praticien. C'est un malheur; car une pièce mécanique quelconque n'est réellement bonne et bien faite que quand chacune des parties qui la composent est d'une facile exécution.

DESCRIPTION DE LA SPHÈRE DE PASSEMANT.

Cette Horloge astronomique, la plus importante de toutes celles qui ont été faites sous Louis XV, et qui eut un succès d'enthousiasme, est placée dans les appartements du roi, au château de Versailles, où on peut la voir encore aujourd'hui. Dans cette pièce vraiment curieuse, les révolutions des corps célestes, leur lieu dans le zodiaque, leurs stations et rétrogradations apparentes, le lever et le coucher du soleil pour tous les pays du monde, se trouvent marqués; les jours y croissent et décroissent; la terre y a son mouvement de parallélisme, la lune ses différentes phases; les éclipses y sont rigoureusement marquées. Le nombre de l'année, représenté dans cette machine, change tous les ans, et les changements sont disposés pour dix mille années. Tous ces phénomènes s'exécutent, dans la sphère, au moyen de soixante roues et d'autant de pignons, dont peu sont dans son intérieur : ce qui la rend à la fois plus dégagée et plus solide, et lui donne un aspect plus agréable à la vue.

De plus, cette pendule marque le temps vrai et le temps moyen par une équation simple et nouvelle, de l'invention de l'auteur. Elle donne le jour de la semaine, le nom et le quantième du mois, soit que le mois ait trente ou trente-un, vingt-huit ou vingt-neuf jours lorsque l'année est bissextile. Le pendule bat les secondes, qui sont marquées par une aiguille concentrique, etc.

Passemant a employé dans cette machine deux inventions de Julien Le Roy. Par la première, sa pendule sonne l'heure, les quarts, et les répète à volonté; par la seconde, il compense l'effet du chaud et du froid sur son régulateur; et sa construction, semblable à celle de Julien Le Roy quant au principe, en est d'ailleurs fort différente : tout le mécanisme en est caché dans la lentille.

Si, de l'extrême complication d'effets produits par cette pendule, nous passons à la manière dont ils s'exécutent, nous verrons qu'à cet égard elle l'emporte infiniment sur toutes les autres machines de ce genre qui ont été faites antérieurement.

Le savant Pigeon d'Osangis, qui a fait, au commencement du dix-huitième siècle, plusieurs sphères mouvantes, avait placé, comme tous ses prédécesseurs, la sphère au-dessus de la pendule; il s'ensuivait que celle-ci ne pouvait avoir qu'un ressort pour force motrice : de là naissait l'obligation de n'y mettre qu'un pendule fort court et très-léger, ce qui rendait la machine incapable d'aucune justesse.

Passemant, au contraire, ayant imaginé de mettre la sphère au-dessous de la pendule, put appliquer au rouage un poids mouflé et un pendule fort pesant qui ne parcourt guère qu'un degré et qui bat les secondes fixes. En second lieu, l'auteur a évité dans sa sphère la confusion qui régnait autrefois dans ces sortes d'ouvrages ; il a séparé et placé dans un ordre clair et distinct la pendule à secondes, la sonnerie et tous les mouvements des planètes. Le premier rouage occupe une cage dans la partie antérieure de la machine ; le second, dans la postérieure ; et le troisième, placé horizontalement au-dessus des précédents, remplit aussi ses fonctions dans une cage particulière. Les quantièmes sont disposés avec beaucoup d'harmonie sur la grande plaque de la pendule, et toutes les parties qui composent ce bel ouvrage sont à découvert.

Quant à la précision des calculs de cette machine, ils sont tels, que l'Académie des sciences, dans ses mémoires de 1749, déclare que dans la sphère de Passemant on ne peut trouver en trois mille ans un seul degré de différence avec les tables astronomiques.

Quel travail immense et obstiné n'a-t-il pas fallu pour arriver à une aussi grande précision ! Doit-on être surpris d'apprendre que Passemant ait employé plus de vingt années à cette recherche ? Encore si ce savant mathématicien eût trouvé des tables des nombres premiers portées aussi loin que celles de Sinus ; mais les plus étendues étaient celles du Père Prestet. Le jésuite Vaillant, en 1743, en proposa à l'Académie qui allaient à cent mille ans ; mais elles n'ont pas été imprimées, et d'ailleurs les calculs de Passemant étaient faits antérieurement à 1740. Ainsi, il fallut non-seulement trouver des nombres exacts pour exprimer les révolutions des planètes, mais il fallut encore chercher tous leurs diviseurs pour choisir ceux qui pouvaient être réduits en roues. Les nombres premiers, se rencontrant à chaque pas, nécessitaient de nouvelles opérations, souvent aussi infructueuses.

Non content de toutes ces difficultés, l'auteur en chercha encore de nouvelles en s'assujettissant, pour la solidité et la bonne harmonie de sa machine, à donner à toutes ses roues des dentures à peu près égales ; tandis que dans les ouvrages précédents on avait toujours mêlé de grosses dentures avec des fines. Pour y parvenir, il fallut un nouveau travail presque aussi pénible que le premier. Passemant le comptait pour rien. Il voulait que son ouvrage, étant exécuté, présentât l'état du ciel jusqu'aux premiers siècles du monde, et donnât sans calcul toutes les éclipses qui sont arrivées dans les temps primitifs, afin d'offrir par là un moyen assuré pour rectifier la chronologie. Plusieurs historiens ont cité des éclipses qui sont apparues en des jours de bataille ou dans des moments pendant lesquels s'accomplissaient des événements mémorables ; avec la sphère de Passemant on peut trouver le nombre des années écoulées, et terminer les différends qui rendent les époques de l'histoire ancienne si incertaines.

La partie matérielle de cette œuvre, si digne d'occuper une place honorable dans l'histoire, fut exécutée par Dauthiau, horloger du roi Louis XV, qui passa douze années à ce travail, dans lequel il fit preuve d'une adresse et d'une intelligence peu communes.

Le roi fut si content de cet ouvrage, qu'il voulut non-seulement que l'auteur en reçût le prix, mais encore qu'il y fût ajouté une pension : récompense d'autant plus flatteuse pour Passemant que Louis XV passait parmi les savants de son époque pour avoir des connaissances assez étendues en astronomie et en mécanique.

Dans la description sommaire que nous venons de donner de la sphère de Passemant, nous avons suivi à peu près le texte de Pierre Le Roy (voy. *Etrenn. chron. pour l'année* 1760); mais il nous reste à présenter quelques observations sur ce travail, et nous dirons, en nous appuyant d'ailleurs sur divers écrits de savants astronomes, et entre autres sur ceux de Janvier, que la sphère de Passemant n'est pas exempte de défauts plus ou moins graves. Ainsi, l'auteur, qui dit avoir passé vingt ans à calculer les nombres de sa machine, pouvait en passer beaucoup moins en suivant la méthode qu'avait tracée le Père Alexandre dans son *Traité général des Horloges*, ou celle de Lalande, publiée dans le *Traité d'Horlogerie* de Lepaute. Ensuite Passemant pouvait faire sa machine aussi exacte qu'elle l'est sans multiplier les rouages outre mesure : c'est là un défaut grave.

La première roue de son Horloge, qui fait marcher la sphère, tourne avec une vitesse de 5 jours = 120 heures; elle porte la poulie du poids. Cette roue donne le mouvement à la roue primitive du rouage des planètes, et celle-ci fait une révolution en 48 heures = 172,800 ". Telle est l'unité de vitesse d'après laquelle les révolutions des planètes sont établies dans cette machine.

Une suite de cinq roues motrices et de cinq roues menées produit la révolution périodique de la lune. Ces roues sont :

Roues motrices 72. 25. 20. 41. 20.
Roues menées   73. 54. 44. 31. 73.

Et, la roue 72 tournant avec une vitesse de 48 heures, on trouve que la dernière roue menée 73 achève sa révolution en $27^j\ 7^h\ 43'\ 4''\ 58'''$, durée de la révolution de la lune.

La roue 73 porte une roue de 31 qui mène une roue de 101; celle-ci porte une seconde roue de 85 qui engrène dans une roue de 48 et lui donne la vitesse de Mercure = $87^j\ 23^h\ 14'\ 15''\ 56'''$, ce qui forme une suite de six roues motrices et sept roues menées pour faire tourner cette planète autour du soleil.

Roues motrices 72. 25. 20. 41. 20. 31. 85.
Roues menées   73. 54. 44. 31. 73. 101. 84.

La roue 84 porte une roue de 35 qui mène une roue de 44, fixée sur un pignon 8, engrenant dans une roue de 83 qui conduit la roue annuelle de 43 dents : de sorte que, pour arriver au mouvement de transposition de la terre autour du soleil, l'on a une suite de dix roues motrices et dix roues menées (Janvier fait observer, dans son *Manuel chronométrique*, que le jeu de dix engrenages, porté sur un rayon aussi petit que celui de la dernière roue, produit une erreur de 7 ou 8 degrés; cet écart est bien

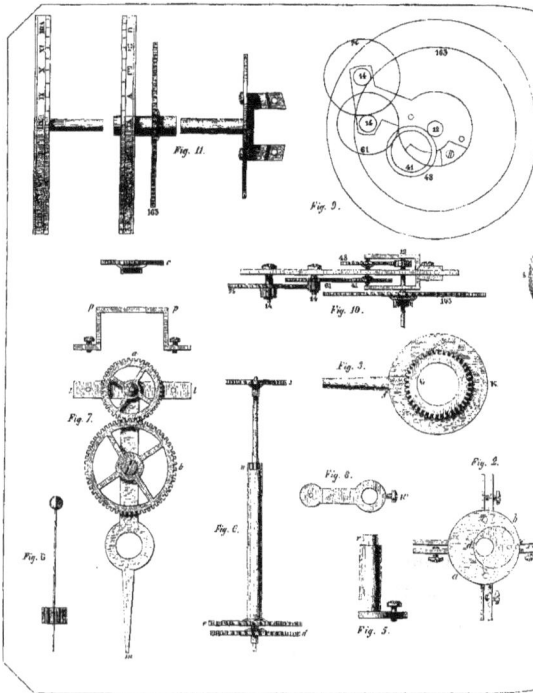

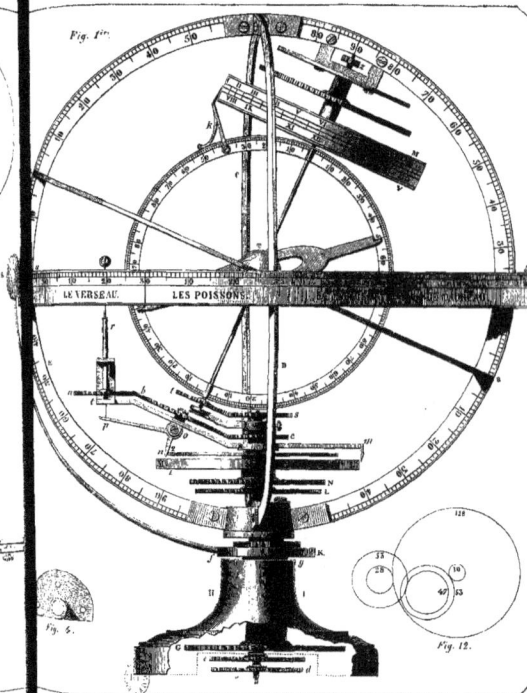

Fig. 1er.

Fig. 9.

Fig. 11.

Fig. 10.

Fig. 3.

Fig. 7.

Fig. C.

Fig. 8.

Fig. 2.

Fig. 6.

Fig. 5.

Fig. 4.

Fig. 12.

LE VERSEAU · LES POISSONS

A. Bacinet père del.

Imprimé par l'on frères.

DÉVELOPPEMENT DU MÉCANISME D'UNE SPHÈRE MOUVANTE, PAR ANTIDE JANVIER plus considérable sur les trois planètes supérieures, dont les révolutions, ainsi que celles de Vénus, sont produites par une suite de douze roues motrices et de douze roues menées),

Roues motrices 72. 25. 20. 41. 20. 31. 85. 35. 8. 83,
Roues menées 73. 54. 44. 31. 73. 101. 84. 44. 51. 43,

qui produisent une révolution de 365ᴶ 5ʰ 48' 58", ce qui est tellement défectueux en Horlogerie qu'on serait tenté de croire que l'auteur d'une semblable série ne connaissait pas les véritables principes de l'art, et qu'il n'est parvenu à établir les nombres exacts de sa machine qu'à l'aide d'une grande patience et d'interminables tâtonnements.

Voici le rouage que donne le Père Alexandre pour représenter une révolution annuelle parfaitement exacte :

Pignons 7. 8. 14.
Roues 40. 69. 83.
Durée 365ᴶ 5ʰ 48' 58".

ARTICLE IV.

DESCRIPTION D'UNE SPHÈRE MOUVANTE CALCULÉE PAR ANTIDE JANVIER EN 1799.

Cette machine est représentée du côté de l'équinoxe du printemps, à peu près sur le plan du grand cercle qui passe par les solstices ; elle est fixée sur son pied par le pôle méridional de l'écliptique : ainsi l'équateur A B (voy. la pl. ci-contre) est incliné de gauche à droite vers le solstice d'été, et l'écliptique a b se trouve parallèle à l'horizon.

Le cercle de latitude C D, qui passe par les points équinoxiaux, est assemblé à angles droits, avec le colure des solstices E F, par le moyen d'une pièce de cuivre en forme de croix, vue en plan figure 2. Cette pièce porte une partie circulaire a b, percée hors de son centre, ou de la section des deux cercles, à la distance de 3,375 parties du rayon de la sphère divisé en 100,000 prises sur la ligne qui passe à environ 3ᵉ 8° 54' pour le commencement de ce siècle.

L'ouverture c d doit avoir un assez grand diamètre pour que le cylindre puisse être percé à la même excentricité d'un trou qui réponde à la section des deux cercles ou au centre de la partie circulaire a b. Ce centre répond à celui de la sphère, tandis que le centre du cylindre est au pôle de l'écliptique, qui est excentrique, comme on le voit figure 1ʳᵉ. Le cylindre est fixé sur un pont qui se place entre la roue annuelle G et la petite roue e. Ce pont est attaché par deux fortes vis sur la platine qui forme la partie supérieure de l'Horloge, et reçoit le piédouche H I, placé par dessus les roues G, d, e.

Le canon de la roue annuelle tourne sur le cylindre du pont : le bout de ce canon, saillant au-dessus de la ligne f g, reçoit l'arc de cercle K f s, dont la partie K f est vue en

24

plan (fig. 3) avec la roue motrice G fixée sur elle. L'autre extrémité du quart de cercle porte le soleil S, qui fait sa révolution sur l'écliptique, en dehors de la sphère, en 365ᶦ 5ʰ 48ᶦ 48ᶦᶦ, par une suite de roues et de pignons dont les solides sont entre eux comme 1800 : 657436, en prenant pour unité de vitesse la durée du jour solaire moyen.

La sphère se fixe, par la pièce figure 2, sur le bout prolongé du cylindre, au-dessus du canon de la roue annuelle; elle est retenue par la base demi-circulaire (fig. 4) d'un pont (fig. 5) qu'on attache avec trois vis sur le plan de la figure 2, savoir : deux vis dans la partie *a b*, et la troisième dans le cylindre. En cet état, la sphère est inébranlable sur l'Horloge qui la conduit.

Le plan figure 4 est la base du canon figure 5, dont la cavité répond au trou du cylindre. C'est dans ce trou que passent l'axe et le canon qui portent, l'un la roue *d* et l'autre la roue *e* vues séparément figure 6.

Le bout du canon de la roue *e* est découpé en lanterne, et forme le pignon *n* moteur de la révolution périodique de la lune : ce pignon arrive, dans l'intérieur du canon (fig. 5), à la hauteur de l'entaille *s*; il tourne, ainsi que la roue, avec la vitesse du jour moyen. L'axe de la roue *d* passe librement dans l'intérieur du canon de la roue *e*, et porte dans la sphère la petite roue *c*, qui tourne avec la vitesse du jour sidéral, et conduit la roue *t* placée sur l'axe de la terre T, auquel elle imprime la même vitesse.

La roue L est celle du mouvement périodique de la lune; son canon conduit la pièce *l m*, vue en plan (fig. 7), avec les deux roues qui sont montées sur elle : la première au moyen d'un pont *p p* vu de profil au-dessus de la figure avec la roue *c*, qui se place au centre du mouvement de la pièce *l m;* la seconde est montée sur une vis à portée *v*. La roue *b* engrène dans la roue *c* (fig. 1), et celle-ci fait faire un tour à la roue *a*, par l'engrenage de la roue *b*, dans l'espace d'une révolution synodique, pour représenter le phénomène des phases de la lune relativement à la terre, en dirigeant toujours la partie éclairée du globe lunaire du côté du soleil. La figure 8 représente le plan de la potence qui reçoit le pivot de l'axe de la terre; cette pièce se place sur la portée *r* du canon figure 5, et s'y fixe par le moyen d'une vis *w*.

La roue des nœuds N conduit le cadran 1 et l'excentrique 2 (fig. 1), sur lequel appuie le bout d'un levier *n* mobile sur la vis à broche *o;* la partie *p* soutient le bout de l'axe qui porte l'image de la lune et lui donne son mouvement en latitude. Si le cercle 2 était concentrique, le levier *n* resterait sans mouvement et la lune dans le plan de l'écliptique; mais, à cause de son excentricité, l'axe est obligé de monter et descendre alternativement dans le canon porté par la roue *a*. La goupille *r* empêche cet axe de tourner séparément du canon, et laisse libre le mouvement latéral par le moyen d'une coulisse pratiquée dans l'épaisseur de ce canon du côté de *r*. Si l'on voulait éviter ce travail, on pourrait faire la roue *a* assez épaisse pour qu'elle ne quittât pas l'engrenage de la roue *b* par le mouvement latéral; comme on le voit figure B : alors l'axe roulerait directement dans les trous pratiqués, l'un au point *p p* et l'autre à la pièce *l m*.

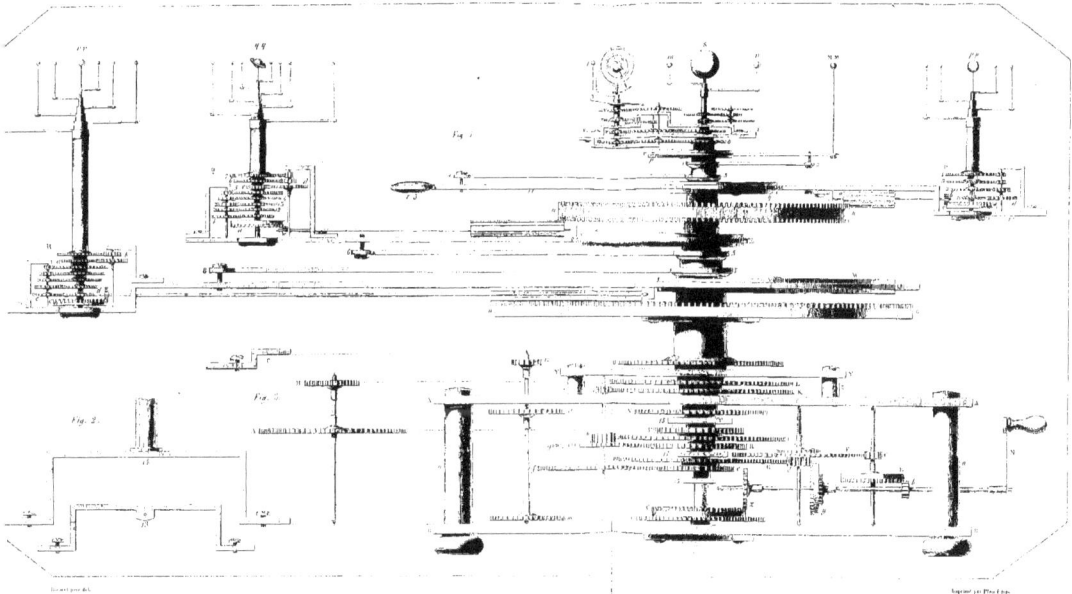

Fig. 1.

Fig. 2.

MACHINE PLANÉTAIRE, COMPOSÉE PAR JANVIER

L'axe de la terre porte un pignon z au pôle boréal de la sphère; ce pignon est le moteur d'un rouage vu en plan figure 9, et le profil figure 10. Ce rouage est destiné à faire tourner le cadran M du temps moyen avec la vitesse de l'année moyenne : les heures sont marquées par une aiguille k fixée sur un méridien qui tourne avec l'axe de la terre. Le second cadran V est immobile; son point midi est dirigé au commencement du Bélier, et la même aiguille indique le temps sidéral sur la division horaire. La disposition de ces cadrans est vue dans tout son développement figure 2, et n'a pas besoin d'autre explication.

La terre entraîne aussi dans son mouvement diurne un horizon N, auquel on peut donner une inclinaison quelconque : depuis zéro jusqu'à 90 degrés.

Le mouvement périodique de la lune, avec une motrice de 24 heures, est exprimé par une suite de roues et de pignons dont les solides sont entre eux comme 6580 : 179766; sa durée est de $27^j 7^h 43' 4'' 34''' \frac{112}{658}$. On voit le calibre de ce rouage figure 12, avec le nombre de dents des roues.

La révolution des nœuds, en prenant pour motrice la roue G fixée sur le cercle K f (fig. 3), pourrait être exprimée avec une approximation suffisante par les solides suivants :

$$\frac{R\ 1475 = 25 \times 59}{R\ 27454 = 106 \times 259} = 6,798^j\ 5^h\ 7'.$$

Si l'on prenait pour motrice la vitesse périodique de la lune, on aurait la fraction $\frac{3000}{427640}$ pour une révolution de $6,795^j 5^h \frac{1}{43}$, ou enfin

$$\frac{396 = 6 \times 6 \times 11}{98532 = 31 \times 46 \times 63}$$

qui donnerait $6,798^j 2^h 28' 6''$, avec des mobiles très-petits, puisque la roue des nœuds pourrait n'avoir que 63 dents.

La révolution du cadran M, par la vitesse du jour sidéral, qui est celle du pignon moteur z placé sur l'axe de la terre, a pour solides 2009 et 735782, dont les diviseurs ont fourni les roues et pignons représentés figures 9 et 10. Cette révolution est de $366^j 5^h 49' 47'' 9'''$ de temps sidéral $= 365^j 5^h 48' 48''$, temps solaire moyen.

Pour changer la vitesse du jour solaire moyen en celle du jour sidéral, pour le mouvement relatif des deux roues e et d figure 6, on peut prendre la fraction $\frac{13552}{13515}$, dont la différence de vitesse est de $3' 55'' 53''' 28''''$, ou les nombres

$$\frac{4029 = 50 \times 79}{4018 = 49 \times 82}$$

que Janvier avait employés en 1789, dans une Horloge à temps sidéral, et qui donnent une accélération de $3' 55'' 53''' 23''''$. L'astronome de Lalande avait vérifié ces nombres quelque temps avant sa mort, et il les avait trouvés parfaitement exacts. (Voyez les *Révolutions des corps célestes par le mécanisme des rouages.*)

Les bornes de cet ouvrage ne nous permettent pas de donner la description d'un plus grand nombre de pendules astronomiques. Le recueil des machines de l'Académie en renferme une grande quantité, on en trouve aussi dans quelques ouvrages qui traitent de l'astronomie moderne, etc., etc.

CHAPITRE V.

DE L'ÉQUATION DU TEMPS.

Le temps vrai ou apparent, qui est marqué par le soleil sur nos méridiennes ou cadrans, et qui s'emploie souvent dans les différents usages de la société, suppose que le soleil revient au méridien au bout de vingt-quatre heures, et qu'il emploie le même temps à y revenir d'un midi au suivant que de celui-ci au troisième. Les anciens astronomes durent s'en tenir long-temps à cette supposition; mais, en observant avec plus d'exactitude les mouvements de l'astre du jour, ils ne tardèrent pas à remarquer que cet astre n'avait pas une marche uniforme et que le temps vrai, mesuré par une marche inégale, ne pouvait pas être régulier et égal. Ainsi le soleil n'est pas, à proprement parler, une juste mesure du temps, dont l'essence est l'égalité; mais le temps vrai ayant l'avantage de pouvoir être observé continuellement, on s'en sert pour trouver un *temps moyen* et uniforme qui puisse être employé dans les calculs astronomiques.

Le *temps moyen* ou *égal* est celui que marquerait à chaque instant une horloge absolument parfaite, qui, dans le cours d'une année, aurait marché sans aucune inégalité, en marquant midi le premier jour de l'année et le premier jour de l'année suivante, à l'instant où le soleil est dans le méridien. (Il faudrait toutefois tenir compte des six heures dont l'année solaire surpasse l'année civile, et de toutes les petites inégalités qui modifient l'équation du temps.)

Lorsque l'on partage 360 degrés ou 1,29600" en 365 parties 1/4, on trouve que le soleil doit faire par jour 59'8", et, pour que les retours au méridien fussent égaux, il faudrait que ce mouvement propre du soleil vers l'orient fût tous les jours de la même quantité, c'est-à-dire 59'8"; mais, à cause de l'excentricité de l'orbite de la terre et des différents degrés de vitesse qu'elle acquiert en s'approchant de son aphélie ou périhélie, il arrive qu'au commencement de juillet le soleil n'avance que de 57'11" par jour vers l'orient, et qu'au commencement de janvier il avance de 61'11", c'est-à-dire quatre minutes plus qu'au mois de juillet, le long de l'écliptique, par son mouvement propre. Au commencement d'octobre, il est moins avancé vers l'orient de deux degrés qu'il ne le serait s'il avait fait tous les jours 59'8". Il doit donc paraître plus occidental et passer au méridien plus tôt qu'il n'y passerait s'il avait toujours avancé d'un mouvement uniforme; telle est la première cause qui rend les jours inégaux. L'on compte toujours 24 heures d'un midi à l'autre; mais ces 24 heures seront plus longues quand le soleil aura fait 61' que quand il n'aura fait que 57' vers l'orient, parce qu'il sera obligé de parcourir quatre minutes de plus par le mouvement diurne d'orient en occident, avant d'arriver au méridien.

A cette première cause, qui dépend de l'inégalité du mouvement solaire dans l'écliptique, il s'en joint une autre qui dépend de son inclinaison sur l'équateur. Il ne suffit pas que le mouvement propre du soleil sur l'écliptique soit égal pour rendre les jours égaux, il faut que ce mouvement soit égal par rapport à l'équateur et par rapport au méridien où il s'observe. La durée des 24 heures dépend en partie de la petite quantité dont le soleil avance chaque jour vers l'orient; mais cette quantité devrait être mesurée sur l'équateur, parce que c'est autour de l'équateur que se comptent les heures; ce n'est donc pas seulement son mouvement propre qu'il faut considérer par rapport à l'inégalité des jours, on doit aussi considérer ce mouvement par rapport à l'équateur. Si le soleil tournait dans l'équateur même, ou parallèlement à ce cercle, cette partie de l'équation serait nulle; et, si le soleil avait un mouvement tel qu'il continuât de répondre perpendiculairement au même endroit de l'équateur, c'est-à-dire que l'écliptique fît un angle droit avec l'équateur, l'équation du temps n'aurait pas lieu, puisque les retours aux méridiens seraient égaux.

Supposons donc le mouvement du soleil parfaitement uniforme, cet astre faisant tous les jours un arc E F (*voy.* la fig.) ou S O d'un degré juste; supposons qu'hier le soleil fût en S dans le méridien S B, et qu'aujourd'hui, le point S étant revenu au méridien, le soleil soit en O sur un cercle de déclinaison O Q, qui doit arriver sur le méridien S A par le mouvement diurne pour qu'il soit midi : alors l'arc A Q de l'équateur mesure le temps qu'il faudra pour que le soleil arrive au méridien. Quelle que soit la longueur O S de l'écliptique, cet arc n'emploiera à passer que le temps qui est mesuré par l'arc A Q de l'équateur; c'est-à-dire que, si l'arc A Q est d'un degré, il faudra quatre minutes à l'arc S O, grand ou petit, pour traverser le méridien. Or, dans la figure, on voit que A Q est plus grand que S O; ainsi, dès que S O est d'un degré, A Q est de plus d'un degré, et il faudra plus de quatre minutes au soleil pour arriver de O en S. La distance du soleil à l'équateur fait que l'arc O S est plus petit que l'arc A Q, parce qu'il est compris entre deux cercles de déclinaison S A et O Q, qui sont perpendiculaires à l'équateur E A Q et qui vont se rencontrer au pôle, en sorte que leur distance est

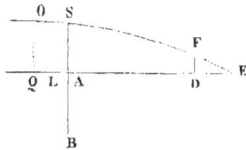

moindre vers O que vers Q; au contraire, dans les équinoxes et lorsque le soleil parcourt un arc EF d'un degré, il ne fait par rapport à l'équateur qu'un arc DE, qui est plus petit qu'un degré, parce que EF est l'hypoténuse du triangle E F D, et par conséquent plus grande que le côté ED. Mais que l'arc OS soit plus long ou plus court, c'est toujours l'arc AQ de l'équateur qui règle le temps employé par le soleil à venir du point O jusqu'au méridien SAB. Supposons donc que SO soit tous les jours de 59', AQ sera plus grand dans les solstices et le soleil retardera; AQ sera plus petit dans les équinoxes, comme on voit que ED est plus petit que EF, et le soleil avancera. La différence entre ES et EA sera la mesure totale de l'équation du temps pour cette partie, car tous les jours le soleil décrit un arc EF auquel répond un arc ED de l'équateur : si celui-ci est plus petit, le soleil passe un peu plus tôt; et, quand il aura décrit EFS, ce sera la différence totale entre ES et EA qui exprimera la somme de toutes les petites différences entre les portions EF et les parties ED de l'équateur qui correspondaient chaque jour aux parties de l'écliptique.

Supposons que le soleil, au bout de 45 jours, ait fait sur l'écliptique un arc ES de 45 degrés, l'arc A E de l'équateur ne sera que de 43 degrés. Si le soleil avait été sur l'équateur avec la même vitesse, il aurait fait EL égal à ES; mais le point L passera au méridien SAB huit minutes plus tard que le point A ou le point S : ainsi le soleil vrai avance de huit minutes sur le soleil moyen L, même en faisant abstraction de l'inégalité réelle de son mouvement et en le supposant mu uniformément sur l'écliptique ES. Le soleil vrai S passe au méridien avec le point A de l'équateur, c'est-à-dire huit minutes plus tôt qu'il ne passerait si son mouvement EL se faisait sur l'équateur.

Pour combiner les deux causes de l'équation du temps, considérons le soleil vrai à la fin d'octobre; son mouvement ayant été fort petit en été, il se trouve moins avancé vers l'orient de deux degrés qu'il ne devrait l'être et passe au méridien huit minutes trop tôt : il y a donc alors huit minutes à ôter du midi vrai pour avoir le temps moyen à raison de la première cause. Mais alors le soleil, en avançant dans son orbite inclinée sur l'équateur, se trouve aussi répondre perpendiculairement à un point A de l'équateur moins avancé que le point S, où il est sur l'écliptique : il passe donc au méridien huit minutes plus tôt qu'il ne devrait y passer. Il a fait, par exemple, réellement 45° sur l'écliptique, et il répond cependant au même point que s'il n'en avait fait que 43, mais qu'il les eût faits sur l'équateur, et ces huit minutes viennent de la seconde cause. Ainsi, dans ce cas, les deux causes concourent dans le même sens, et voilà pourquoi à la fin d'octobre le soleil avance de seize minutes; le *temps moyen au midi vrai* n'est que de 11^h 44', c'est-à-dire que, quand le vrai soleil est au méridien, une bonne Horloge ne doit marquer que 11^h 44'.

L'on peut aussi combiner ensemble ces deux causes qui rendent inégaux les retours du soleil au méridien, en concevant un soleil moyen et uniforme qui tourne dans l'équateur, de manière à faire chaque jour 59' 8'', et les 360 degrés en même temps que le soleil par son mouvement propre. Supposons que le soleil moyen parte de l'équinoxe du printemps au moment où la longitude moyenne est zéro : toutes les fois que ce soleil moyen arrivera au méridien, nous dirons qu'il est midi moyen ; et si le soleil vrai se trouve plus ou moins avancé, en sorte qu'il soit plus ou moins de midi, nous appellerons la différence *équation du temps*.

L'équation du temps était connue et employée même du temps de Ptolémée, qui en parle dans son *Almageste* (liv. III, ch. 10). Cependant Tycho-Brahé ne tenait compte que de la seconde partie de l'équation du temps, qui dépend de l'obliquité de l'écliptique ; mais Kepler l'employa tout entière. L'équation du temps, telle qu'on l'emploie aujourd'hui, fut généralement adoptée en 1672, lorsque Flamsteed publia une dissertation à ce sujet, à la suite des *OEuvres* d'Horoccius.

Le *temps moyen*, temps égal, *tempus æquatum*, est proprement celui des astronomes ; car le temps vrai leur est indifférent et inutile : ils ne l'observent que parce qu'il sert à trouver le temps moyen ; celui-ci est l'objet ou le but qu'ils se proposent. Le temps vrai est facile à observer, puisqu'il est immédiatement marqué par le soleil que nous voyons ; mais, si l'on a fait une observation à 8 heures du temps vrai, c'est-à-dire 8 heures après que le soleil avait été observé dans le méridien, et que l'équation du temps soit alors de 10 minutes additives, on sait que le temps moyen de cette observation est 8 heures 10 minutes, et c'est celui qu'il faut connaître pour en faire usage dans les calculs. Le temps vrai n'est pas un temps propre à servir d'échelle de numération ; car il est de l'essence d'une pareille échelle d'être toujours constante, uniforme et égale. Toutes les révolutions célestes, toutes les époques en temps, tous les intervalles de temps que l'on trouve dans les tables astronomiques, sont toujours en temps moyen ; car ces tables, devant servir pour les temps passés et futurs, ne peuvent être disposées que pour des années égales, des jours égaux et uniformes, c'est-à-dire pour des temps moyens.

La table même de l'équation du temps, qui renferme la différence entre le temps moyen et le temps vrai, donne cette différence en temps moyen, et ne pourrait la donner autrement ; car, si nous concevons le soleil vrai et le soleil moyen éloignés l'un de l'autre de quatre degrés, en sorte qu'il doive s'écouler plus d'un quart d'heure de différence entre leurs passages au méridien, cet espace d'un quart d'heure doit se compter, comme tous les autres temps des tables astronomiques, sur la même Horloge et sur la même échelle que toutes les révolutions et toutes les durées des mouvements célestes : il doit donc se compter en minutes de temps moyen (voy. P. Le Roy, *Étrenn. chron.;* l'*Encyclop. des Sciences;* — Janvier, la *Connaissance des temps;* etc.).

CHAPÎTRE VI.

ARTICLE PREMIER.

DES PENDULES ET DES MONTRES A ÉQUATION.

olem quis dicere falsum audeat? Qui osera soup-çonner de l'erreur dans le soleil (Virgile, *Géorg.*)? Les astronomes, suivant l'expression de P. Le Roy, ont fait plus que *l'oser :* ils ont prouvé, comme nous l'avons dit dans le chapitre précédent, que la marche de l'astre du jour était irrégulière. C'est pour obvier à cet inconvénient que les horlogers des dix-septième et dix-huitième siècles ont inventé les pendules à équation, qui font le sujet de ce chapitre.

L'équation est cette partie de l'Horlogerie qui indique les variations du soleil ou la différence de son retour au méridien.

Les premières horloges qui ont été faites ne marquaient que le temps moyen : la disposition de ces machines ne pouvait indiquer les parties du temps que par des intervalles égaux.

Ce ne fut que lorsqu'on eut déterminé la quantité de variation apparente du soleil, après une longue suite d'observations astronomiques, que l'on chercha les moyens de faire suivre aux Horloges ces mêmes variations du soleil, ce qui donna lieu aux pendules à équation.

Les différentes espèces de construction que l'on a mises en usage pour faire marquer aux Horloges le temps vrai et moyen peuvent se réduire aux suivantes : 1° aux pendules à équation qui marquaient les deux temps par le moyen de deux aiguilles; telle est celle dont parle le P. Alexandre, p. 343. Cette pièce était dans le cabinet de Philippe II, roi d'Espagne; elle fut la première pendule à équation connue.

Voici ce que dit Sully, dans sa réponse au P. Kefra, sur les premières équations : « Il y a deux manières de produire à peu près la même chose (de marquer l'équa-

25

tion); l'une est par une pendule dont les vibrations sont réglées par le temps égal ou moyen, et dont la réduction du temps, égal à l'apparent, est faite par le mouvement particulier d'une seconde aiguille de minutes sur le cadran; et c'est de cette manière qu'est faite la pendule du roi d'Espagne....

» La seconde manière, qui est celle que j'entends et qui n'a pas encore été exécutée, que je sache, est par une pendule dont les vibrations seraient réglées sur le temps apparent, et qui par conséquent seraient inégales entre elles. Cette pendule ayant son cadran à l'ordinaire, ses aiguilles d'heures, de minutes, de secondes, seraient toujours d'accord, et montreraient uniquement et précisément le temps apparent comme il nous est mesuré par le soleil. »

Celles que l'on construisait en Angleterre à la même époque étaient établies suivant le premier système. Nous ignorons quelle était la disposition intérieure de ces premiers ouvrages; nous y suppléerons en faisant la description de deux pendules à équation de F. Berthoud, qui sont aussi à deux aiguilles et qui ont été faites d'après le principe adopté par Julien Le Roy.

La seconde est celle que propose le P. Alexandre, dans son *Traité général des Horloges*. Cette construction, toute simple et ingénieuse qu'elle est, a trop de défauts pour que nous en donnions la description; ceux de nos lecteurs qui seraient curieux de la connaître pourront recourir au *Traité d'Horlogerie* de cet auteur.

Nous pouvons comprendre dans ce second genre de constrution celle de Rivas, qui ne marque que les heures et minutes du temps vrai; mais elle est exempte des défauts de celle du P. Alexandre.

La troisième espèce d'équation est celle de Le Bon : dans cette construction les aiguilles marquent les heures, minutes et secondes du temps vrai, et les heures et minutes du temps moyen; c'est à l'aide de plusieurs cadrans que l'auteur a produit ces effets. Nous ne connaissons cet ouvrage que par la lettre de Le Bon à l'abbé de Hautefeuille, insérée dans le livre du P. Alexandre.

Une dernière espèce d'équation est celle dont une aiguille marque les minutes du temps moyen, et une autre la différence ou le nombre de minutes dont le temps vrai en diffère. Ce système a d'ailleurs été plus ou moins modifié par MM. Enderlin, Thiout, Regnaud, F. Berthoud, etc., etc.

ARTICLE II.

DE L'EXÉCUTION DES PENDULES A ÉQUATION.

La difficulté de l'exécution de ces sortes de machines dépend en partie du genre de construction que l'on a adopté; en général, la plus grande difficulté naît de la courbe : c'est aussi à la manière dont il faut la tailler que nous nous arrêterons particulièrement; les autres parties sont des engrenages et des ajustements. Or, pour exécuter le moindre ouvrage d'Horlogerie, il faut savoir faire des engrenages et des ajustements.

Pour tailler une courbe ou ellipse, il faut commencer par remonter la cadrature d'équation, former des repères si c'est une construction qui en exige, attacher le cadran, mettre la roue annuelle en place, ainsi que l'ellipse ébauchée et le levier qui doit appuyer dessus, percer un trou à ce levier. Ce trou doit d'abord servir : 1° à tracer la courbe, 2° à porter une fraise ou lime circulaire dont nous parlerons bientôt; et enfin il doit porter un cylindre ou broche cylindrique pour appuyer sur l'ellipse lorsqu'elle est finie : ce trou doit être percé de sorte que, dans les différents points où l'ellipse le pousse, il fasse à peu près une tangente de cette courbe.

Il faut, après que ces pièces sont ainsi disposées, mettre en place les aiguilles du temps vrai et moyen, et fixer cette dernière à soixante minutes précises. Alors, faisant mouvoir celle du temps vrai, et par son moyen le levier ou râteau, on mettra la roue annuelle au 1er janvier, par exemple; puis on prendra sur une table d'équation (soit celle que nous donnons plus bas) la quantité dont le soleil avance ou retarde le 1er janvier par rapport au temps moyen; et alors, conduisant l'aiguille du temps vrai au nombre de minutes et secondes indiquées, on prendra le foret avec lequel on a percé le trou du levier ou râteau, et on marquera un point sur la plaque qui doit former la courbe.

Cette opération faite, il faut faire passer cinq divisions de la roue annuelle qui répondent à cinq jours, ce qui, par conséquent, donnera le 5 janvier; alors on conduira l'aiguille du temps vrai à la quantité de minutes indiquées sur la table d'équation, et, comme pour le 1er janvier, on marquera un point sur la plaque; et ainsi de cinq jours en cinq jours on fera la même chose jusqu'à ce que la révolution annuelle soit achevée.

Les points marqués par le foret détermineront donc la figure de la courbe; il ne s'agira plus que de la tailler. Lorsque l'on aura percé un trou à chaque point marqué, on pourra, avec une petite scie, couper cette courbe en ne faisant qu'effleurer les trous, se réservant de les emporter plus tard avec une lime. Il ne suffit pas, pour tailler une ellipse avec précision, de diviser par la simple vue chaque division des minutes du cadran en des parties que l'on suppose être de 30 secondes, de 15, de 10, de 5, etc.; il faut les diviser avec grand soin à l'aide d'un compas, de sorte que chaque division de minutes soit divisée en douze autres parties, plus ou moins, suivant la précision que l'on voudra donner à sa courbe.

Nous joignons ici une table d'équation aussi juste que possible, avec laquelle on pourra tracer toutes sortes d'ellipses; seulement nous avertissons nos lecteurs que les tables d'équation ne sont pas chaque année parfaitement identiques. En consultant ces tables dans la *Connaissance des temps* ou dans l'*Annuaire du Bureau des longitudes*, on verra qu'il y a une différence d'une ou deux secondes par chaque année dans les variations du soleil. Il conviendrait donc, pour avoir l'équation véritable, de consulter exclusivement l'*Annuaire du Bureau des longitudes* de l'année.

JOURS.	JANVIER. TEMPS MOYEN au Midi vrai. (H. M. S.)	DIFF. (Sec.)	FÉVRIER. TEMPS MOYEN au Midi vrai. (H. M. S.)	DIFF. (Sec.)	MARS. TEMPS MOYEN au Midi vrai. (H. M. S.)	DIFF. (Sec.)	AVRIL. TEMPS MOYEN au Midi vrai. (H. M. S.)	DIFF. (Sec.)	MAI. TEMPS MOYEN au Midi vrai. (H. M. S.)	DIFF. (Sec.)	JUIN. TEMPS MOYEN au Midi vrai. (H. M. S.)	DIFF. (Sec.)
1	0 3 57		0 14 2		0 12 33		0 3 46		11 56 47		11 57 24	9
2	0 4 25	28	0 14 9	7	0 12 20	13	0 3 28	18	11 56 39	7	11 57 32	10
3	0 4 53	28	0 14 16	7	0 12 7	13	0 3 10	18	11 56 33	6	11 57 42	10
4	0 5 20	27	0 14 22	6	0 11 53	14	0 2 52	18	11 56 27	6	11 57 52	10
5	0 5 47	27	0 14 27	5	0 11 39	14	0 2 34	18	11 56 21	5	11 58 3	10
6	0 6 13	27	0 14 31	4	0 11 25	14	0 2 16	18	11 56 16	5	11 58 13	11
7	0 6 40	26	0 14 34	3	0 11 10	15	0 1 59	17	11 56 12	4	11 58 24	11
8	0 7 6	26	0 14 37	3	0 10 55	15	0 1 42	17	11 56 8	4	11 58 35	11
9	0 7 31	25	0 14 39	1	0 10 39	16	0 1 25	17	11 56 5	3	11 58 47	12
10	0 7 56	25	0 14 40	0	0 10 23	16	0 1 8	16	11 56 2	2	11 58 59	12
11	0 8 20	24	0 14 40	0	0 10 6	16	0 0 52	16	11 56 0	1	11 59 11	12
12	0 8 44	24	0 14 39	1	0 9 49	17	0 0 36	16	11 55 59	1	11 59 23	12
13	0 9 6	23	0 14 38	1	0 9 33	17	0 0 20	15	11 55 58	0	11 59 35	12
14	0 9 28	22	0 14 36	2	0 9 16	17	0 0 5	15	11 55 58	0	11 59 47	13
15	0 9 50	22	0 14 33	3	0 8 58	17	11 59 50	15	11 55 58	1	0 0 0	13
16	0 10 11	20	0 14 30	3	0 8 41	17	11 59 35	15	11 55 59	1	0 0 13	13
17	0 10 31	20	0 14 26	4	0 8 23	18	11 59 21	14	11 56 1	2	0 0 25	13
18	0 10 51	19	0 14 21	5	0 8 5	18	11 59 7	14	11 56 3	2	0 0 38	13
19	0 11 9	19	0 14 16	5	0 7 47	18	11 58 53	14	11 56 5	3	0 0 51	13
20	0 11 27	18	0 14 9	6	0 7 29	18	11 58 40	14	11 56 8	3	0 1 4	13
21	0 11 45	18	0 14 3	7	0 7 12	18	11 58 27	13	11 56 11	4	0 1 17	13
22	0 12 1	16	0 13 55	8	0 6 53	18	11 58 15	12	11 56 15	5	0 1 30	13
23	0 12 17	16	0 13 47	9	0 6 34	18	11 58 3	12	11 56 20	5	0 1 43	13
24	0 12 32	15	0 13 38	9	0 6 16	19	11 57 52	11	11 56 25	6	0 1 55	13
25	0 12 46	14	0 13 29	10	0 5 57	19	11 57 41	11	11 56 31	6	0 2 9	13
26	0 12 59	13	0 13 19	11	0 5 38	19	11 57 31	10	11 56 37	7	0 2 20	12
27	0 13 12	12	0 13 8	11	0 5 19	19	11 57 21	10	11 56 44	7	0 2 31	12
28	0 13 23	11	0 12 57	12	0 5 1	19	11 57 12	8	11 56 51	7	0 2 45	12
29	0 13 34	11	0 12 45	12	0 4 42	19	11 57 3	8	11 56 58	7	0 2 57	12
30	0 13 44	10			0 4 23	19	11 56 55	8	11 57 6	8	0 3 38	12
31	0 13 53	9			0 4 5	19			11 57 15	8		

JOURS.	JUILLET. TEMPS MOYEN au Midi vrai. (H. M. S.)	DIFF. (Sec.)	AOUT. TEMPS MOYEN au Midi vrai. (H. M. S.)	DIFF. (Sec.)	SEPTEMBRE. TEMPS MOYEN au Midi vrai. (H. M. S.)	DIFF. (Sec.)	OCTOBRE. TEMPS MOYEN au Midi vrai. (H. M. S.)	DIFF. (Sec.)	NOVEMBRE. TEMPS MOYEN au Midi vrai. (H. M. S.)	DIFF. (Sec.)	DÉCEMBRE. TEMPS MOYEN au Midi vrai. (H. M. S.)	DIFF. (Sec.)
1	0 3 20		0 5 45		11 59 34		11 49 30		11 43 52	0	11 49 46	24
2	0 3 31	11	0 5 41	4	11 59 16	19	11 49 11	19	11 43 52	0	11 50 9	24
3	0 3 42	11	0 5 37	5	11 58 56	19	11 48 53	18	11 43 52	0	11 50 34	25
4	0 3 53	11	0 5 32	5	11 58 37	19	11 48 35	17	11 43 54	2	11 50 58	25
5	0 4 3	10	0 5 26	6	11 58 17	20	11 48 18	17	11 43 56	3	11 51 23	26
6	0 4 13	10	0 5 19	7	11 57 58	20	11 48 1	17	11 43 59	3	11 51 49	26
7	0 4 23	10	0 5 12	7	11 57 37	20	11 47 44	16	11 44 3	5	11 52 15	27
8	0 4 32	9	0 5 5	7	11 57 17	20	11 47 28	16	11 44 8	5	11 52 42	27
9	0 4 41	9	0 4 57	8	11 56 57	20	11 47 12	15	11 44 13	6	11 53 9	27
10	0 4 50	8	0 4 48	8	11 56 36	20	11 46 57	15	11 44 20	7	11 53 36	28
11	0 4 57	8	0 4 39	10	11 56 16	21	11 46 41	14	11 44 27	7	11 54 4	28
12	0 5 5	7	0 4 29	10	11 55 55	21	11 46 27	14	11 44 36	8	11 54 33	28
13	0 5 12	7	0 4 19	11	11 55 34	21	11 46 13	13	11 44 44	9	11 55 1	29
14	0 5 18	7	0 4 8	11	11 55 13	21	11 46 0	13	11 44 54	10	11 55 30	29
15	0 5 25	6	0 3 57	12	11 54 52	21	11 45 47	12	11 45 5	11	11 55 59	29
16	0 5 30	6	0 3 45	12	11 54 31	21	11 45 35	12	11 45 17	12	11 56 29	29
17	0 5 36	5	0 3 32	13	11 54 10	21	11 45 23	11	11 45 29	12	11 56 58	30
18	0 5 40	5	0 3 19	13	11 53 49	21	11 45 12	11	11 45 42	13	11 57 28	30
19	0 5 45	4	0 3 6	14	11 53 29	21	11 45 2	10	11 45 57	14	11 57 58	30
20	0 5 48	4	0 2 52	14	11 53 8	21	11 44 52	10	11 46 11	15	11 58 28	30
21	0 5 52	3	0 2 38	15	11 52 47	21	11 44 43	9	11 46 27	16	11 58 58	30
22	0 5 54	2	0 2 23	15	11 52 27	21	11 44 34	8	11 46 43	16	11 59 28	30
23	0 5 55	2	0 2 8	15	11 52 6	20	11 44 27	8	11 47 1	18	11 59 59	30
24	0 5 57	1	0 1 52	16	11 51 46	20	11 44 20	7	11 47 19	18	0 0 29	30
25	0 5 57	0	0 1 37	16	11 51 26	20	11 44 14	6	11 47 38	20	0 0 59	30
26	0 5 57	0	0 1 20	17	11 51 6	20	11 44 8	5	11 47 57	20	0 1 28	30
27	0 5 57	0	0 1 4	17	11 50 46	19	11 44 4	4	11 48 18	21	0 1 58	29
28	0 5 56	1	0 0 46	17	11 50 27	19	11 44 0	4	11 48 39	21	0 2 27	29
29	0 5 54	2	0 0 29	18	11 50 7	19	11 43 57	3	11 49 0	21	0 2 56	29
30	0 5 52	2	0 0 11	18	11 49 49	19	11 43 54	2	11 49 22	22	0 3 25	29
31	0 5 49	3	11 59 53				11 43 53	2			0 3 54	

ARTICLE III.

PENDULE A ÉQUATION D'APRÈS D'AUTHIAU.

La figure A représente (voy. la pl. page 194) la cadrature de cette pendule vue de profil. Les secondes sont concentriques; la tige du rochet passe à travers le pont marqué pp, fixé sur la platine des piliers. Ce pont porte les deux roues du temps vrai et moyen, et celle du cadran. La roue m du temps moyen est menée par le pignon c, qui porte la tige de la roue qui engrène dans le rochet d'échappement.

La tige h est celle de la roue de mouvement, qui fait sa révolution en une heure. Cette tige passe à la cadrature, et porte carrément un canon sur lequel est rivée une roue de champ e, qui fait mouvoir le pignon a, dont l'axe est parallèle au plan de la platine. Ce pignon est posé et tourne entre deux petits ponts fixés sur la roue xx, à laquelle on donne un nombre de dents en rapport avec sa grosseur. Cette roue xx engrène dans un râteau dont un bout appuie sur l'ellipse. Ce râteau n'est point ici représenté; sa position dépend de celle de la roue annuelle, que l'on peut faire à volonté excentrique ou concentrique. Nous disons qu'on peut placer arbitrairement cette roue au centre ou hors du centre du cadran, parce que souvent la disposition des boîtes ne permet pas de choisir entre ces deux manières; mais la meilleure est évidemment de placer la roue annuelle hors du centre, parce que, dans ce dernier cas, on évite des frottements préjudiciables à la machine, et en même temps on se donne plus de facilité pour tailler la courbe.

Le pignon a engrène dans une roue de champ v de même nombre que celle qui fait mouvoir le pignon; elle est d'un diamètre plus petit que celle c, pour que le pignon qui est mené ait la grosseur requise pour faire mouvoir lui-même.

La roue de champ v pourrait ne former qu'une seule roue avec celle b, qui engrène dans la roue R du temps vrai; mais, si cela était, en tournant l'aiguille des minutes du temps vrai, celle des heures resterait immobile; ce qui serait un défaut d'autant plus grand que, par celle du temps moyen, on ne peut faire tourner ni l'une ni l'autre aiguille du temps vrai. Ainsi il faudrait les faire tourner séparément l'une de l'autre, et diviser des quarts pour l'aiguille des heures, afin de pouvoir toujours la remettre à des parties d'heures correspondant à celles des minutes : il faut donc que la roue b tourne à frottement sur la roue de champ v, et que le pignon o qui mène la roue q de cadran soit rivé sur la roue b, l'un et l'autre tournant sur le prolongement de la tige h.

La roue x est concentrique à l'axe de la roue de champ, et peut faire plus d'une demi-révolution en emportant avec soi le pignon a sans que la roue de champ e tourne; c'est cette demi-révolution qui fait la variation de l'aiguille du temps vrai. Cet effet est produit, comme dans celle de Julien Le Roy, par exemple, par les différents diamètres de la courbe, qui font parcourir un espace au râteau, et, par conséquent, à la roue dans laquelle il engrène.

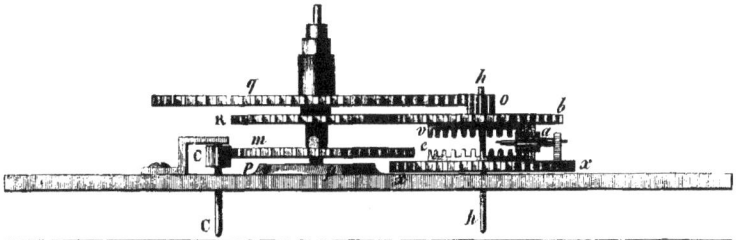

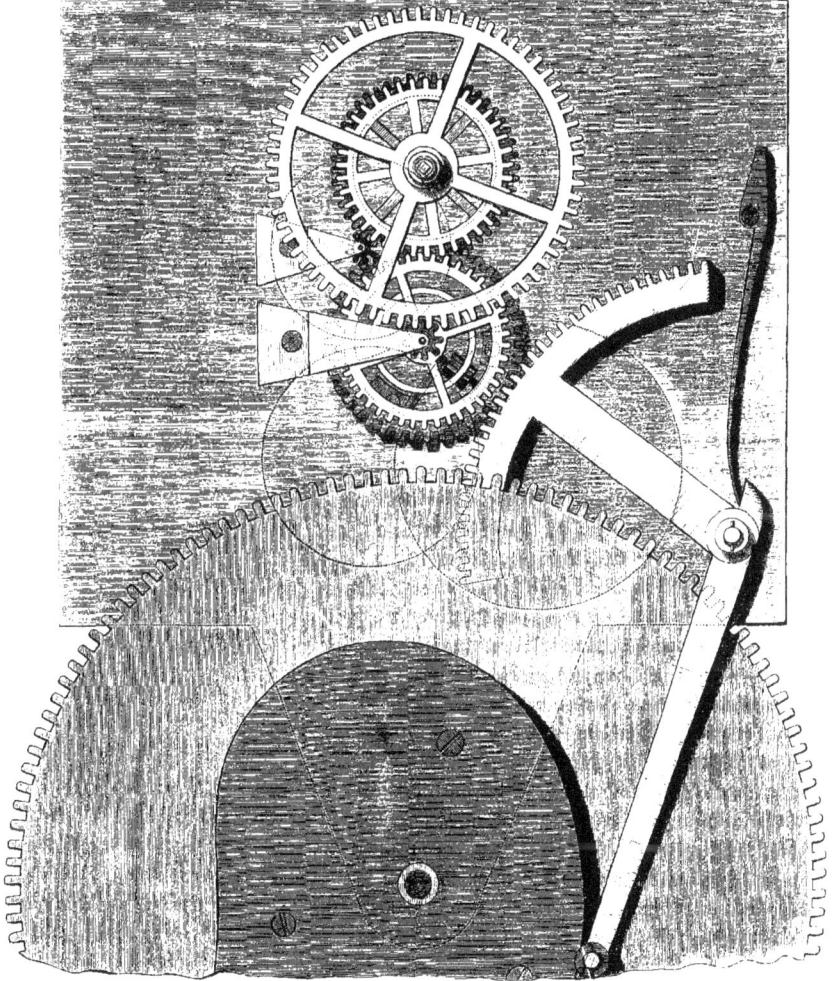

Les tiges c, h, telles qu'elles sont vues dans la figure, paraissent éloignées l'une de l'autre; cependant elles ne doivent l'être, en effet, que de la longueur du rayon de la roue de mouvement, fixée sur la tige h. Cette roue fait son tour en une heure; elle engrène dans un pignon qui porte la tige C en dedans de la cage.

ARTICLE IV.

PENDULE A ÉQUATION MARQUANT L'ANNÉE BISSEXTILE, PAR F. BERTHOUD.

La roue de barillet de sonnerie A (voy. la pl. XII) engrène dans un pignon qui fait un tour en 24 heures. La tige de ce pignon passe à la cadrature, et porte carrément une assiette sur laquelle est rivée la pièce $a\,a$. Sur le prolongement de cette tige, est ajustée la pièce S $o\,n$, qui porte une dent partagée en deux parties, dont l'une est plus saillante que l'autre. Ce cylindre ou cette pièce S o peut monter et descendre sur cette tige, dont la partie qui passe à travers le cylindre est ronde.

La partie o de la pièce S $o\,n$ a une petite tige cylindrique qui, passant à travers la pièce $a\,a$, entraîne dans son mouvement de rotation la pièce S $o\,n$. C'est la partie n qui fait tourner la roue annuelle B, fendue à rochet de 365 dents; elle est maintenue par un sautoir. Aux années bissextiles, la partie la moins saillante de la dent de la pièce S $o\,n$ fait passer à chaque tour de la pièce $a\,a$ une dent de la roue annuelle, et lui fait faire un tour en 366 jours.

Dans les années de 365 jours, la partie la moins saillante de la dent fait passer 364 dents de la roue annuelle, et les deux dents de cette roue qui restent encore sont prises en un seul tour de la pièce $a\,a$ par la partie la plus saillante de la dent; en sorte que les 366 dents de la roue annuelle sont prises en 365 fois, qui répondent à autant de jours. Il reste à voir comment la pièce S $o\,n$ change de position et monte pour présenter à la roue annuelle, trois fois en quatre ans, la partie la plus large de la dent. L'étoile L, divisée en huit parties, est mue par deux chevilles que porte la roue annuelle, dont une fait passer une dent de l'étoile le 31 décembre à minuit, et l'autre le 29 février à la même heure. Cette étoile porte une plaque qui passe entre la roue annuelle et le cadran, sur lequel sont gravées : « Première, deuxième, troisième année, et année bissextile, » lesquelles paraissent alternativement à travers une ouverture faite pour cet effet au cadran. Cette étoile porte les trois parties $p\,p\,p$, qui sont des plans inclinés qui servent à éloigner de la pièce $a\,a$, trois fois en quatre ans, la pièce S $o\,n$, et lui font présenter la partie n de la palette pour faire passer deux dents de la roue annuelle. Le ressort m est pour faire redescendre la pièce S $o\,n$ aussitôt que le plan incliné lui en donne la liberté, ce qui se fait à l'instant où la palette fait passer la dent de la roue annuelle qui répond au 1er mars.

La dent de l'étoile, parvenue à l'angle du sautoir g, est obligée de parcourir un espace qui éloigne en même temps le plan S de la pièce S o, laquelle a un intervalle creusé dans la longueur du cylindre S. C'est dans cette partie que le plan incliné vient agir pour faire monter la pièce *o* S *n*.

La roue A est celle du temps moyen qui engrène dans celle G de renvoi, dont le pignon engrène dans la roue de cadran : sur cette roue A est attachée une partie I L de cuivre, laquelle porte un petit pont *r* qui fait une espèce de cage pour l'étoile E fendue en vingt parties. Cette étoile porte un pignon à lanterne de quatre dents qui engrènent dans la roue *b* du temps vrai; c'est en faisant tourner l'étoile de l'un ou l'autre côté que l'on fait avancer ou retarder la roue du temps vrai, sans que celle du temps moyen se meuve. Le levier **F T**, mobile au point Z, sert à produire cette variation. La partie T de ce levier porte deux chevilles : celle de la partie supérieure sert à faire retarder l'aiguille du temps vrai, et l'autre, au contraire, sert à la faire avancer. Ce sont les différents diamètres de la pièce O taillée en limaçon qui déterminent la quantité de dents qu'une des chevilles doit faire passer, et dans quel sens elle doit le faire. Ces pas de limaçon sont déterminés par l'équation du jour. Chaque pas de la pièce *o*, comme *q*, sert pendant que l'équation est constante (puisqu'ils sont tous formés par des portions de cercle concentriques à la roue annuelle, et par conséquent à la pièce O, fixée sur la roue annuelle), et ils changent lorsque l'équation varie. Le levier **F T** peut se mouvoir non-seulement en tournant sur ces pivots, mais encore monter et baisser, suivant leur longueur; l'assiette de ce levier repose sur la pièce *a a*; cette pièce a une entaille *x*, qui se présente à l'assiette, à chaque vingt-quatre heures, à onze heures du soir, et lui permet de s'y enfoncer : alors le levier présente l'une ou l'autre de ses chevilles à l'étoile E, qui, emportée par la roue des minutes du temps moyen, rencontre une des chevilles du levier T, laquelle s'engage entre les rayons de l'étoile et la fait tourner plus ou moins, suivant que la cheville se présente loin ou près du centre; c'est cette quantité qui représente l'équation diurne. A minuit, l'entaille dans laquelle l'assiette était descendue, continuant à se mouvoir, fait remonter le levier par un plan incliné fait à l'entaille. Le levier reste élevé jusqu'à onze heures du soir suivant, ce qui empêche les chevilles qu'il porte de s'engager pendant tout ce temps dans les dents de l'étoile, quoique cette étoile fasse la même révolution, et soit toujours emportée par la roue des minutes.

La pièce D que porte cette roue est pour faire équilibre non-seulement avec l'étoile et sa petite cage, mais encore avec l'aiguille des minutes du temps moyen; l'aiguille du temps vrai est d'équilibre par elle-même.

Pour que les enfoncements des portions de limaçon puissent être plus grands et par là moins susceptibles de produire des erreurs (comme, par exemple, qu'une des chevilles qui fait tourner l'étoile ne se présente pour faire passer trois dents au lieu de deux, etc.), la pièce *a a* porte une cheville qui, pendant que la dent de la pièce *o* S *n* en fait passer une de la roue annuelle, éloigne la partie F du levier **F T** des pas de limaçon les plus élevés de la pièce O; en sorte que ces pas de limaçon n'exigent point de plans inclinés pour faire passer le levier **F T** à un pas plus élevé.

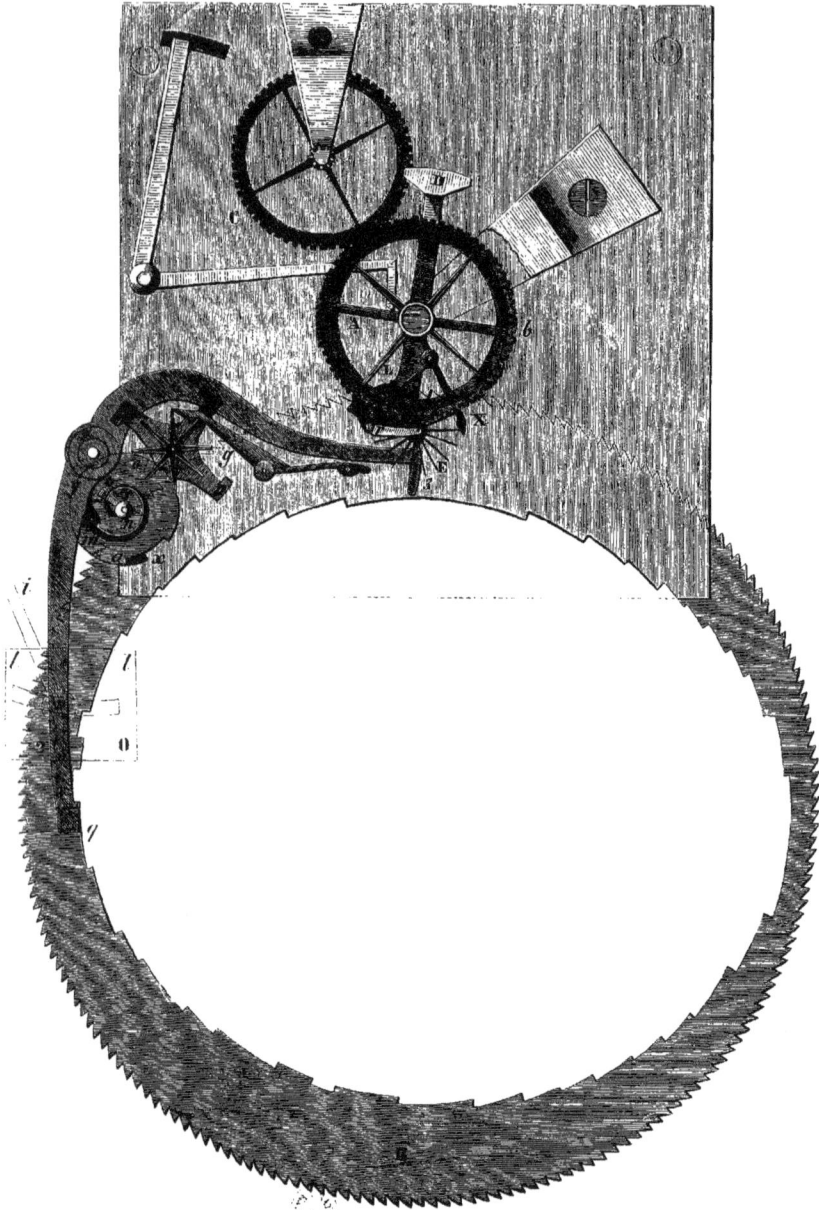

Pl. XII.

Racinet père del.   F. Seré direxit

PENDULE A ÉQUATION DE BERTHOUD

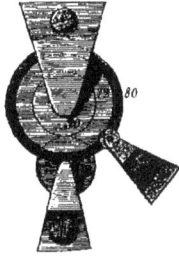

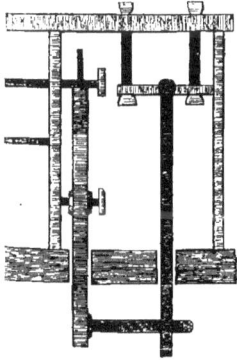

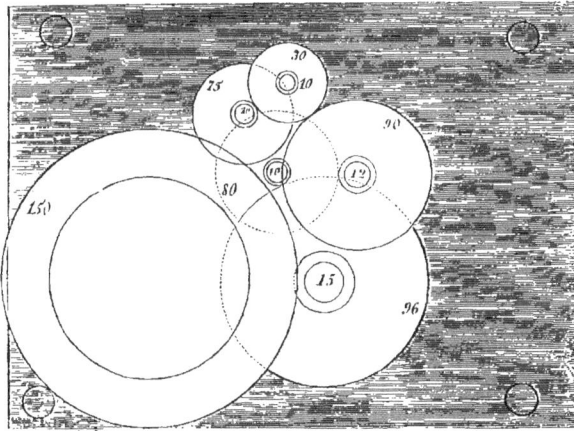

26

Lorsque la palette de la pièce o n S a fait passer une dent de la roue annuelle, la pièce *a a* continuant à se mouvoir, lorsque la sonnerie frappe une heure quelconque, l'entaille *y* du levier F T sert à y laisser entrer la cheville, et permet au levier de reprendre sa situation naturelle, et par conséquent à la partie F du levier de poser sur la portion de cercle qui se présente; c'est après ces changements que l'entaille *x* se présente à l'assiette du levier F T, et que se fait, comme on l'a vu, le changement d'équation.

Dans cette pendule, Berthoud a fait graver sur la roue annuelle, dans une partie au-dessous de celle des mois et de leurs quantièmes, la différence du temps vrai au temps moyen, afin que, si on laissait la pendule arrêtée, on la puisse remettre à l'équation sans le secours d'une table; il n'y a que ce cas particulier qui oblige de retoucher à cette équation, puisqu'en faisant tourner l'aiguille des minutes du temps moyen, celles du temps vrai et de cadran tournent aussi.

Berthoud a ajusté sur la plaque du cadran la pièce ponctuée *l l*, qui passe sous le levier F, qui peut parcourir un certain espace dessus cette pièce *l l* Elle a une entaille au travers de laquelle passe une vis taraudée dans un morceau de cuivre *i*, de sorte que, par la pression de cette vis, on peut rendre le levier immobile au point où l'on veut. On fixe d'abord le levier, en sorte que ni l'une ni l'autre cheville de la partie T ne puisse s'engager dans l'étoile E; et là on trace sur le plan 2 de la pièce *l* un trait très-fin; et, près du levier qui sert de règle, on marque zéro sur ce trait, qui servira pour tracer les parties de la courbe, où d'un jour à l'autre l'équation n'est ni augmentée ni diminuée; ensuite on fait changer le levier de position, et on le place de sorte que la cheville supérieure puisse s'engager pour faire tourner une dent de l'étoile, ce qui répond à cinq secondes, et l'on marque 1 sur le trait; puis on continue les mêmes opérations jusqu'à ce que le levier s'engage assez avant dans l'étoile pour faire changer six dents, lesquelles feront cinquante secondes, c'est-à-dire la plus grande variation du soleil en vingt-quatre heures. Sur ce côté du plan on marque le mot *retarde*, afin de se souvenir que l'opération qu'on vient de faire est pour retarder l'aiguille du temps vrai; ensuite il faut faire passer le levier de l'autre côté du trait de zéro, et marquer quatre traits, dont le premier répondra à l'enfoncement qu'exige la cheville inférieure pour faire tourner l'étoile d'une dent, le second de deux, et ainsi de suite jusqu'à quatre, qui feront vingt secondes : là on marquera le mot *avance*. Ceci détermine tous les enfoncements des pas de limaçon; il n'est plus question que de leur longueur, qui est marquée dans la table ci-après.

La roue annuelle, l'ellipse et le levier étant ainsi en place, on fixe le levier sur le trait de zéro et l'on fait tourner la roue annuelle jusqu'à ce qu'elle soit au 18 de mai; alors, par un trou percé au point F du levier F T, on marque un point sur la courbe : il faut ensuite faire passer une dent de la roue annuelle, ce qui donnera le 19 mai, et mettre le levier sur le trait I côté du retard, marquer un point sur la courbe avec le foret; puis faire passer la roue annuelle au 30 mai, marquer encore un point, et suivre ainsi la table jusqu'à ce que la révolution annuelle soit faite; puis enfin percer des trous aussi petits que possible à tous les points marqués; et tirer des traits de compas par tous les trous qui se trouvent à la même distance du centre. Les pas formés, il ne s'agira plus que de limer la pièce O et de l'égaler avec soin : la pièce *ll* servira encore pour cela. Cette opération faite, les pièces ponctuées *ill* deviendront inutiles et devront être détachées de la plaque; elles peuvent même servir pour tracer des courbes semblables à celle que nous venons de décrire.

TABLE POUR TRACER LA COURBE DE LA PENDULE DE F. BERTHOUD, POUR LES ANNÉES BISSEXTILES COMMUNES.

LE SOLEIL RETARDE — Du 12 mai, le levier sera sur zéro jusqu'au 18 dudit mois; du 19, une dent du côté retard jusqu'au 30; du 31 mai, deux dents jusqu'au 11 juin; du 12 du même mois, trois dents jusqu'au 18; du 19, deux dents jusqu'au 23; du 24, trois dents jusqu'au 28; du 29, deux dents jusqu'au 12 juillet; du 13 même mois, une dent jusqu'au 22; du 23, zéro jusqu'au 30.

LE SOLEIL AVANCE — Du 31 juillet, une dent du côté avance jusqu'au 7 août; du 8, deux dents jusqu'au 17; du 18, trois dents jusqu'au 28; du 29, quatre dents jusqu'au 4 octobre; du 5 même mois, trois dents jusqu'au 15; du 16, deux dents jusqu'au 23; du 24, une dent jusqu'au 30; du 31 octobre, zéro jusqu'au 5 novembre.

LE SOLEIL RETARDE — Du 6 novembre, une dent du côté du retard jusqu'au 11; du 12, deux dents jusqu'au 17; du 18, trois dents jusqu'au 22; du 23, quatre dents jusqu'au 30; du 1er décembre, cinq dents jusqu'au 11; du 12, six dents jusqu'au 3 janvier; du 4 même mois, cinq dents jusqu'au 12; du 13, quatre dents jusqu'au 21; du 22 même mois, trois dents jusqu'au 27; du 28 janvier, deux dents jusqu'au 1er février; du 2 même mois, une dent jusqu'au 8; du 9, zéro jusqu'au 14 février.

LE SOLEIL AVANCE — Du 15 février, une dent du côté avance jusqu'au 21; du 22, deux dents jusqu'au 1er mars; du 2, trois dents jusqu'au 16; du 17, quatre dents jusqu'au 27; du 28, trois dents jusqu'au 1er avril; du 2 même mois, quatre dents jusqu'au 8; du 9, trois dents jusqu'au 22; du 23, deux dents jusqu'au 29; du 30, une dent jusqu'au 11 mai; du 12, zéro jusqu'au 18.

ARTICLE V.

DESCRIPTION D'UNE MONTRE D'ÉQUATION A SECONDES CONCENTRIQUES, MARQUANT LES QUANTIÈMES DU MOIS ET LES MOIS DE L'ANNÉE, PAR F. BERTHOUD.

La figure 1 (pag. 200) représente le cadran de cette montre; l'aiguille des secondes est entre celle des minutes et celle des heures; l'aiguille des minutes est de deux parties diamétralement opposées, dont la plus grande marque les minutes du temps moyen sur le grand cadran, et l'autre indique les minutes du temps vrai sur le cadran A, qui est au centre du premier. L'ouverture C faite dans le grand cadran est pour laisser paraître les mois de l'année gravés sur la roue annuelle, ainsi que les quantièmes qui

Fig. 1

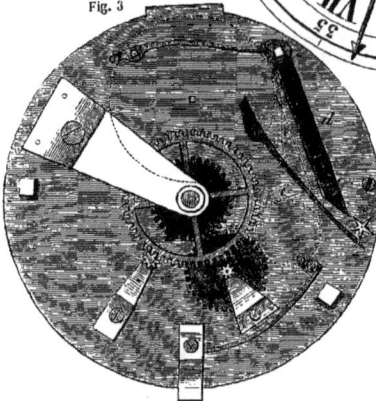

Fig. 3

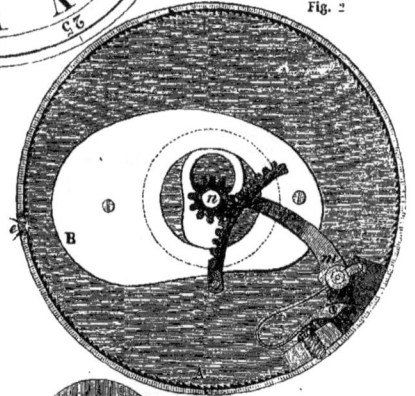

Fig. 2

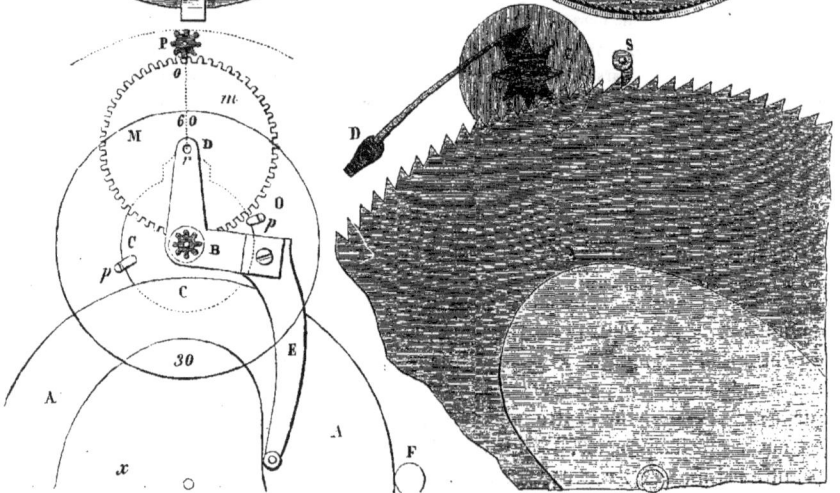

sont gravés sur cette roue de cinq en cinq. L'usage de ces quantièmes est principale-ment pour remettre les aiguilles à leurs places respectives lorsque la montre s'est arrê-tée ; car, dans ce cas-là, l'équation cesse de répondre exactement à celle du jour où l'on est.

Dans la figure 3, l'étoile *e*, dont un des rayons passe toujours par une entaille faite à la fausse plaque, donne la liberté, en faisant tourner cette étoile, de faire mou-voir la roue annuelle.

La montre se remonte par-dessous, ce qui a permis à Berthoud, l'auteur de cette montre, d'appliquer au fond de la boîte un cercle de quantième semblable à ceux dont parle Thiout, *Traité d'horlogerie*, tome II, page 387.

Figure 2. Cette figure représente l'intérieur de la fausse plaque, qui porte en dehors le grand cadran qui est fixé contre cette plaque, et dessous sont ajustées les pièces qui forment l'équation. A est la roue annuelle de 146 dents fendues en rochet, mise immédiatement sous le cadran et tournant sur un canon que porte la fausse plaque sur laquelle elle s'appuie par son plan. L'ellipse B est attachée sur la roue annuelle ; cette ellipse fait mouvoir le rateau *m* qui engrène dans le pignon *n*, lequel est porté par un canon qui passe dans l'intérieur de celui de la fausse plaque. Sur le canon où est fixé le pignon *n* est attaché en dehors le cadran A du temps vrai : on voit qu'en faisant marcher la roue annuelle et l'ellipse, ce cadran doit nécessairement se mouvoir, tan-tôt en avançant, tantôt en rétrogradant, suivant qu'il y est obligé par les différents dia-mètres de l'ellipse, ce qui produit naturellement les variations du soleil. C'est en remontant la montre à chaque 24 heures que l'étoile *e*, par le moyen de deux palettes opposées qu'elle porte, fait tourner la roue annuelle et lui fait faire une 365ᵉ partie de sa révolution.

Figure 3. Le garde-chaîne de la montre est fixé sur une tige dont les pivots, se mouvant dans les deux platines, permettent à ce garde-chaîne d'y décrire un petit arc de cercle ; un des pivots de cette tige porte un carré sur lequel est ajusté, dans la cadrature, le levier *d* à pied de biche.

Lorsqu'on remonte la montre, le garde-chaîne *e c* ponctué, fixé sur la tige et mis entre les deux platines, est soulevé par la chaîne jusqu'à ce qu'il soit à la hauteur du crochet de la fusée : ce crochet lui donne un petit mouvement circulaire, qu'il commu-nique au pied de biche *d*, dont l'extrémité s'engage dans l'étoile *e* qui est à cinq rayons, et fait passer un de ces rayons toutes les fois que le crochet de la fusée pousse le garde-chaîne.

L'étoile est assujettie par un valet ou sautoir qui lui fait faire sûrement la cinquième partie d'un tour, et l'empêche de revenir en sens contraire lorsque le pied de biche se dégage. L'axe de cette même étoile porte, comme nous l'avons dit, deux palettes oppo-sées pour conduire la roue annuelle, en sorte que deux dents de cette roue passent nécessairement en cinq jours ; ce qui lui fait faire sa révolution en 365 jours. Sur la fausse plaque (fig. 3) est attaché un ressort qui sert de sautoir pour maintenir la roue annuelle, en sorte que les palettes que porte l'étoile ne puissent lui faire passer ni plus ni moins de deux dents pendant une des révolutions de cette étoile.

ARTICLE VI.

DESCRIPTION D'UNE PENDULE ASTRONOMIQUE A ÉQUATION, PAR ADMIRAULD, HORLOGER DE PARIS.

Cette pièce fut exécutée en 1734; dès la même année, elle fut présentée à l'Académie des sciences, qui l'accueillit favorablement.

La roue annuelle A (fig. 4) fait sa révolution en 365 jours dans les années communes, et en 366 jours dans les années bissextiles, par un moyen que nous allons expliquer.

Cette roue A fait mouvoir un petit rouage qui lui est particulier, composé des roues d e f et du volant g, mis dans une petite cage formée par la platine des piliers et par la pièce ponctuée p. La tige du pignon de la roue f passe à travers la pièce p et porte carrément un pignon r de quatre dents. Ce pignon engrène dans le cercle A (fig. 5), où sont gravés les quantièmes du mois, et lui fait faire une révolution en 31 jours. La roue f fait un tour chaque jour lorsque les doubles détentes b c ont donné la liberté à la cheville que porte cette roue de se dégager et de faire cette révolution. Ces détentes font le même effet que celles d'une sonnerie. La détente b est portée par le carré d'une tige qui passe à travers les platines. La partie de la tige qui passe à travers l'autre platine porte carrément un levier qui est mu par une roue de la sonnerie, qui fait un tour en vingt-quatre heures; laquelle porte une cheville qui fait agir les détentes b c et dégage la cheville de la roue f.

Sur la platine des piliers, au-dessous de la roue annuelle, est fixé un barillet dans lequel agit un ressort qui fait tourner la roue annuelle au moyen d'un encliquetage qu'elle porte, et sur lequel agit un rochet que porte l'arbre de barillet, dont le carré va jusqu'au cadran et sert à remonter ce petit rouage tous les quatre ans seulement.

On peut envisager ce rouage comme une espèce de sonnerie dont la plaque O est la roue de compte qui fait faire 372 tours à la roue f, qui répondent à autant de jours et font tous les mois de 31.

On conçoit que, cette roue f n'étant dégagée qu'une fois chaque jour, en ne suivant que ce mécanisme, la roue annuelle ferait une révolution en 372 jours. L'effet de la plaque O est donc pour faire passer le nombre des jours dont la roue annuelle est composée pour chaque mois, lesquels sont tous de 31, comme nous venons de le dire. Ce nombre excédant celui dont se composent certains mois, on a remédié à cet inconvénient de la manière suivante : si, par exemple, le mécanisme fonctionne au mois de février, qui dans les années communes n'a que 28 jours, la roue f fera quatre tours en un seul jour, par le moyen de la partie saillante de la roue de compte O, qui fait rester

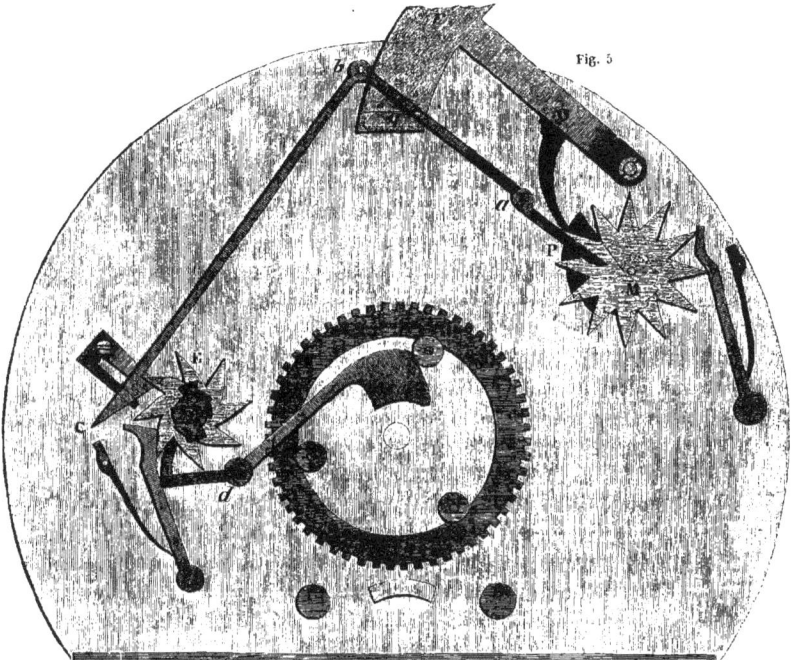

Fig. 5

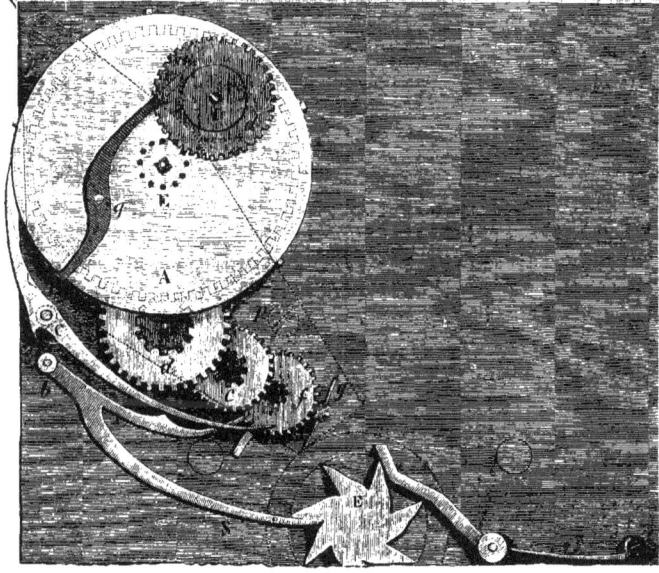

Fig. 4

la détente *c* levée jusqu'à ce que la roue *f* ait fait quatre révolutions. C'est par le même moyen que la roue de compte obvie à l'inconvénient des mois qui n'ont que 30 jours.

La roue A emporte avec elle, en tournant, la roue *d* de 40; celle-ci engrène dans un pignon E de 10, à lanterne, fixé sur la plaque ponctuée *p p* : cette roue *d* fait donc un tour en quatre ans. Elle porte une plaque T, laquelle a une entaille où le levier *q h* entre tous les quatre ans une fois. Ce levier est porté par la roue annuelle; il sert pour les années bissextiles, c'est-à-dire à faire que la roue de compte présente une partie saillante moins large, et qui, par conséquent, ne fasse passer que trois jours, au lieu de quatre qu'il en doit faire passer dans les années communes de 365 jours, puisque l'on a dit que la roue annuelle est calculée pour faire une révolution en 372 jours, en sorte que chaque mois serait de 31 jours : le mois de février de l'année commune est donc composé de quatre jours de trop.

La partie saillante de la roue de compte a une largeur qui tient la détente levée jusqu'à ce que la roue *f* ait fait trois tours; et la partie *i* du levier *q h* est mise contre la partie saillante de la roue de compte qui répond au mois de février, et la rend plus large d'une quantité qui répond à un jour. Ainsi, nous le répétons, ces deux parties tiennent levées les détentes et permettent à la roue de faire quatre tours qui répondent à quatre jours. Le levier *q h* reste dans cette position pendant trois années; et, à la quatrième, qui est la bissextile, il entre dans l'entaille de la plaque T, et diminue pour lors la largeur de la dent saillante de la roue de compte; de sorte que la roue *f* ne fait que trois tours pendant que la détente *c* reste levée : ainsi, le mois de février est composé par là de 29 jours. Le cercle des mois marque aussi, par ce moyen, les quantièmes de mois exactement. Le levier *b* porte un bras à l'extrémité duquel il y a un pied-de-biche; le bras *f* du levier *b* sert à faire changer, à chacun de ses mouvements, une dent de l'étoile F de 7 rayons, laquelle porte un chaperon où sont gravés les jours de la semaine.

La roue annuelle porte 12 chevilles dont chacune sert et est placée à propos pour faire passer une dent de l'étoile M (fig. 5), aussi de 12 rayons. Cette étoile porte un limaçon de 12 pas, sur lesquels appuie un bras du levier O. Ce levier monte et descend suivant qu'il y est obligé par le limaçon P; il sert à marquer les mois de l'année, qui sont gravés sur la partie *q r* : ils paraissent alternativement au travers de l'ouverture faite pour cet effet à la plaque ou cadran. L'étoile M porte une cheville qui fait mouvoir le levier *a b c*, mobile au point *a*, brisé en *b*, et dont la partie *c* sert à faire tourner l'étoile E de 8 rayons. Cette étoile porte un limaçon de quatre pas différents, lesquels sont répétés diamétralement deux fois, ce qui fait huit pas. L'étoile E reste huit ans à faire un tour; elle pourrait même n'en rester que quatre, puisque son usage est pour marquer les années bissextiles et qu'elles n'arrivent que tous les quatre ans; mais Admirauld l'a fait afin que le levier *a b c* ne fût pas obligé de faire un trop grand chemin pour faire passer une dent de l'étoile, qui ne serait, dans ce cas-là, que de quatre.

Les pas du limaçon *f* font monter et descendre le levier *d e ,* et marquer les années communes et bissextiles , qui sont gravées sur la partie *e,* et paraissent, comme ceux des mois, au travers de la plaque. Chacune des étoiles dont nous avons parlé est maintenue par un sautoir, comme on le voit par les figures.

On peut fixer sur la roue annuelle une ellipse, et faire servir, par ce moyen, le mouvement annuel à faire marquer l'équation. C'est en l'envisageant aussi sous ce point de vue que nous avons cru devoir joindre la description de cette pièce à l'article *équation.*

Notre cadre ne nous permet pas de nous étendre davantage sur les pendules à équation. Nous renvoyons aux livres de Ferdinand Berthoud, de Thiout, de Lepaute, ceux de nos lecteurs qui voudraient approfondir ce sujet.

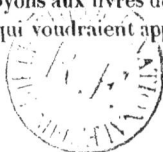

TROISIÈME PARTIE.

CHAPITRE PREMIER.

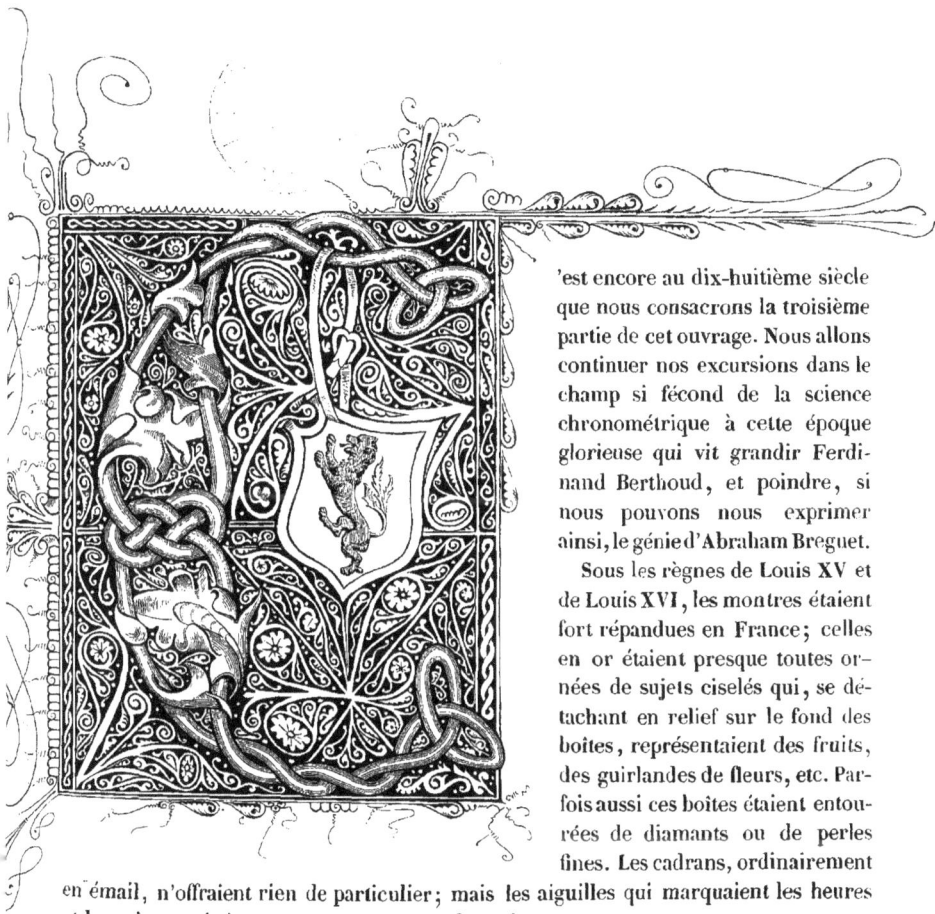

'est encore au dix-huitième siècle que nous consacrons la troisième partie de cet ouvrage. Nous allons continuer nos excursions dans le champ si fécond de la science chronométrique à cette époque glorieuse qui vit grandir Ferdinand Berthoud, et poindre, si nous pouvons nous exprimer ainsi, le génie d'Abraham Breguet.

Sous les règnes de Louis XV et de Louis XVI, les montres étaient fort répandues en France; celles en or étaient presque toutes ornées de sujets ciselés qui, se détachant en relief sur le fond des boîtes, représentaient des fruits, des guirlandes de fleurs, etc. Parfois aussi ces boîtes étaient entourées de diamants ou de perles fines. Les cadrans, ordinairement en émail, n'offraient rien de particulier; mais les aiguilles qui marquaient les heures et les minutes étaient souvent parsemées de petites roses.

Lorsque Voltaire se fut retiré à Ferney, il établit dans cette contrée une fabrique d'Horlogerie qui eut du succès. Les montres que l'illustre auteur de *Zaïre* et de *Mahomet* faisait fabriquer dans la retraite qu'il s'était choisie étaient généralement ornées d'un médaillon peint sur émail, qui représentait soit un buste de femme, soit un sujet pastoral. Il existe encore une assez grande quantité de ces montres, qui sont fort recherchées des amateurs.

Plus heureux que Charles-Quint, le patriarche de Ferney trouvait que ses différentes pièces d'Horlogerie donnaient l'heure avec une grande précision. « Je n'aurais rien à désirer, disait-il, si mes ouvriers, calvinistes et catholiques, s'accordaient aussi bien que les frêles instruments qu'ils me fabriquent. »

Voltaire à 33 ans. (Bibl. Nat. Cab. des Est.)

Les pendules, au commencement du règne de Louis XV, différaient peu de celles que l'on faisait sous Louis XIV. La marqueterie, qui fut à la mode sous le règne de ce prince, conserva la faveur publique jusqu'au milieu du dix-huitième siècle, époque où ce genre d'ornement fut remplacé par des peintures assez communes. Ce fut aussi sous Louis XV que l'on fit des pendules de cheminée qui furent plus tard nommées *rocailles ;* elles durent cette dénomination aux ornements dont on les surchargeait; ceux-ci étaient un mélange de feuillages en cuivre doré, de fleurs et de fruits en porcelaine peinte, etc.; enfin, dans leur ensemble, ces pendules ressemblaient en effet à ce que l'on nomme une rocaille.

Les pendules dites *placards* sont de la même époque; on les plaçait dans les salles à manger et dans les alcôves; celles qui avaient cette dernière destination étaient à *tirage* ou répétition, souvent à réveille-matin.

Ce fut sous Louis XVI que l'on commença à faire des montres plates (relativement aux précédentes). Lépine se distingua particulièrement dans ce genre de travail; mais cet habile horloger, s'il vivait encore aujourd'hui, serait effrayé en voyant nos montres véritablement plates, et il dirait, non sans quelque raison : « De telles montres ne peuvent pas donner l'heure avec exactitude; ce sont des bijoux de fantaisie que la postérité ne connaîtra pas, car ils ne vivront pas l'espace d'un demi-siècle. »

Les Anglais sont plus sages que nous; ils ne sacrifient pas à la mode quand il s'agit d'un objet sérieux, d'un instrument propre à mesurer le temps. Ils ont su conserver à leurs montres de poche une épaisseur et une solidité qui les rendent bien supérieures aux nôtres.

Notre nation est, dit-on, la plus spirituelle de l'univers; nous aimerions mieux qu'elle en fût la plus raisonnable.

ARTICLE PREMIER.

DOCUMENTS CONCERNANT LA DÉCOUVERTE DES LONGITUDES EN MER.

omme nous l'avons dit plus haut, c'est au célèbre Harisson que l'on doit les premières horloges ou montres marines. Cette découverte étant une des plus belles du dix-huitième siècle, nous ferons connaître à nos lecteurs quelques-unes des particularités intéressantes qui se rattachent directement à ce sujet.

On lit dans la *Connaissance des temps*, 1767 : « Il est de la dernière importance, pour le bien du commerce maritime et pour le salut des hommes qui s'y consacrent, de pouvoir trouver en pleine mer le degré de longitude où l'on est. Ce problème se réduit à savoir quelle heure il est sur le vaisseau et quelle heure il est, au même instant, au lieu du départ (par exemple Brest). Il n'est pas difficile de trouver l'heure qu'il est sur un vaisseau en observant la hauteur du soleil ou d'une étoile; la difficulté se réduit donc à trouver en tout temps, en tout lieu, l'heure qu'il est à Brest.

» Philippe III, qui monta sur le trône d'Espagne en 1598, convaincu de l'importance des longitudes en mer, promit une récompense de cent mille écus en faveur de celui qui en ferait la découverte. Les États de Hollande imitèrent bientôt l'exemple de ce prince, et proposèrent un prix de trente mille florins pour cet objet.

» Les Anglais, devenus, au commencement du dix-huitième siècle, les premiers navigateurs de la terre, ne pouvaient manquer de s'intéresser à la science des longitudes; aussi, le 30 juin 1714, le parlement d'Angleterre ordonna un comité pour l'examen des longitudes, etc. : Newton, Clarke et Wisthon y assistèrent. Newton présenta un mémoire dans lequel il exposa différentes méthodes propres à trouver les longitudes en mer et les difficultés de chacune. Pour l'honneur de l'Horlogerie, le premier moyen proposé par le plus grand homme qui ait paru dans la carrière des sciences est la mesure exacte, du temps. Le résultat des conférences fut qu'il convenait de passer un bill pour l'encouragement d'une recherche si importante ; il fut présenté par le général Stanhope, Walpole, depuis comte d'Oxfort, et le docteur Samuel Clarke, assistés de M. Wisthon. Il passa à l'unanimité. Nous allons donner la traduction de cet acte ou statut de la douzième année de la reine Anne. »

ACTE DU PARLEMENT D'ANGLETERRE ASSIGNANT UNE RÉCOMPENSE PUBLIQUE A QUICONQUE DÉCOUVRIRA LES LONGITUDES EN MER.

'autant qu'il est bien connu à tous ceux qui entendent la navigation que rien n'y manque tant et n'est autant désiré sur mer que la découverte de la longitude, pour la sûreté et l'expédition des voyages, la conservation des vaisseaux et la vie des hommes ; et comme, suivant d'habiles mathématiciens et navigateurs, plusieurs méthodes ont été déjà trouvées vraies dans la théorie, quoique difficiles dans la pratique, dont quelques-unes pouvaient être perfectionnées ; et d'autant qu'une telle découverte serait d'un avantage particulier au commerce de la Grande-Bretagne, et ferait honneur à ce royaume ; mais qu'outre la grande difficulté de la chose, soit faute de quelque récompense publique proposée pour un ouvrage si utile et si avantageux, soit faute d'argent pour faire les épreuves nécessaires, les inventions jusqu'ici proposées n'ont pas été assez perfectionnées : pour ces causes, soit ordonné, par l'autorité de la reine et des seigneurs spirituels et temporels assemblés en parlement, que les personnes ci-après nommées soient constituées commissaires perpétuels pour examiner, essayer et juger de toute invention ou proposition qui leur pourra être faite pour la découverte des longitudes en mer : savoir :

» Le grand-amiral de la Grande-Bretagne ou le premier commissaire de l'amirauté ; — l'orateur de la chambre des communes ; — le premier commissaire du commerce ; — les trois amiraux de l'escadre rouge, blanche et bleue ; — le président de la Société royale ; — l'astronome royal de l'Observatoire royal de Greenwich ; — les trois professeurs de mathématiques Favilien, Lucasien et Plumien, d'Oxford, de Cambridge, etc.;

» Soit ordonné par l'autorité susdite qu'un nombre de ces commissaires, qui ne sera pas moindre que cinq, aura plein pouvoir d'ouïr et recevoir toutes propositions qui leur seront faites pour la découverte des longitudes en mer ; et lorsque lesdits commissaires seront satisfaits au point de juger que la découverte est digne qu'on en fasse l'expérience, ils le certifieront, sous leur signature, aux commissaires de la marine, avec le nom de l'auteur et la somme qu'ils jugent devoir être avancée pour faire les expériences proposées, laquelle somme, pourvu qu'elle n'excède pas deux mille livres sterling, le trésorier de la marine est requis, par l'autorité du présent acte, de payer à vue de pareils certificats ratifiés par les commissaires de la marine.

» Il est de plus ordonné, par la même autorité, qu'après telle expérience faite, les commissaires nommés par cet acte, ou la pluralité d'eux, déclareront et détermineront jusqu'où la chose expérimentée a été praticable et jusqu'à quel degré de justesse.

» Et, pour suffisamment encourager ceux qui pourront tenter utilement la découverte des longitudes, la personne qui aura réussi ou ses ayants cause auront droit aux récompenses suivantes; savoir :

» A la somme de dix mille livres sterling si la méthode trouvée sert pour déterminer la longitude, à un degré près, d'un grand cercle, ou à 60 milles géographiques près;

» A la somme de quinze mille livres sterling si cette méthode sert pour déterminer la longitude à 40 milles près;

» Et à la somme de vingt mille livres sterling si elle sert pour déterminer la longitude à 30 milles près.

» La moitié de chacune de ces sommes respectives sera payée aussitôt que la pluralité des commissaires ci-dessus conviendra que la méthode trouvée s'étend à la sûreté des vaisseaux à 80 milles des côtes où sont ordinairement les endroits les plus dangereux; et l'autre moitié, lorsqu'un navire aura, par l'ordre des commissaires, fait un voyage depuis quelque port de la Grande-Bretagne jusqu'à quelque port de l'Amérique, au choix desdits commissaires, sans s'être écarté de la longitude au delà des limites ci-dessus prescrites.

» Il est, de plus, ordonné par la même autorité que, si l'invention ou la méthode ne répond point, dans l'expérience, aux conditions ci-dessus, et qu'elle se trouve pourtant, dans le jugement des commissaires, de quelque utilité considérable au public; que, même en ce cas, l'auteur de cette invention ou méthode aura titre à telle moindre somme que ci-dessus qui lui sera adjugée par lesdits commissaires, suivant le mérite ou l'utilité de son invention. »

ARTICLE II.

e fut par suite du statut précédent que H. Sully, soutenu d'ailleurs par la puissante protection du régent de France, composa une horloge marine en 1726; mais, comme nous l'avons dit, ce fut Harisson qui mérita la récompense promise dans l'acte de la reine Anne. Toutefois, la machine de l'artiste anglais n'était pas parfaite; il était réservé aux horlogers français de la perfectionner d'une manière très-notable.

P. Le Roy est le premier qui fit, en France, de véritables horloges marines pouvant déterminer les longitudes en mer. Cette exactitude des montres marines de P. Le Roy fut le résultat de deux importantes inventions dont il est incontestablement l'auteur et qui lui valurent les encouragements de l'Académie des sciences. Ces inventions furent l'isochronisme des vibrations du balancier et l'échappement à détente à ressort.

Voici comment s'exprime M. Fouchy, dans l'*Histoire de l'Académie*, en 1769 :

« M. P. Le Roy a remédié aux inégalités de la force motrice par l'isochronisme des vibrations de son ressort, ou plutôt de ses ressorts en spirale, car il y en a deux dans sa montre : cet isochronisme est tel, que, soit que les vibrations de ces ressorts soient grandes ou petites, elles se font toujours dans le même temps; de manière que, la force motrice augmentant ou diminuant, tout se réduit à rendre les arcs de vibration du balancier plus ou moins grands sans changer leur durée. Nous devons la découverte de cette excellente propriété du ressort à M. Le Roy; il a montré par nombre d'expériences curieuses que tous les ressorts, dès que leur longueur est dans une certaine proportion avec leur force ou leur épaisseur, leurs vibrations sont toujours isochrones ou d'égale durée. »

Voici comment s'explique P. Le Roy sur le même sujet :

« Il est constant que, dans tout ressort d'une étendue suffisante, il y a une certaine longueur où toutes les vibrations, grandes ou petites, sont isochrones : c'est ce que j'ai éprouvé sur un très-grand nombre de ressorts.

» Pour procurer donc aux vibrations du balancier l'isochronisme le plus parfait, j'ajuste les ressorts spiraux au balancier et je fais marcher la montre marine, qui n'a pas de fusée, 12 heures par les plus grands arcs et 12 heures par les plus petits ; c'est-à-dire 12 heures le ressort moteur étant tout en haut, et 12 heures lorsqu'il est presque débandé. Si, dans ce dernier cas, la marche de la montre est plus accélérée que dans le premier, cela prouve que ces ressorts sont trop longs : je les raccourcis ; si elle est plus lente, au contraire, je les allonge, et ainsi jusqu'à ce que j'aie trouvé le point où la montre marche très-également dans le haut et dans le bas de son ressort ; je diminue ensuite ou j'augmente la pesanteur du balancier jusqu'à ce que la montre soit réglée. Cette opération paraît d'abord longue ; mais l'usage la rend si facile, qu'au coup d'œil je reconnais actuellement, à très-peu près, la longueur du ressort où toutes les vibrations sont d'égale durée. Les deux ressorts spiraux sont ici de quelque secours, parce que l'on peut n'agir que sur un seul, et que les quantités dont on l'allonge ou le raccourcit produisent de moindres effets. Par exemple, dans ma montre marine, une ligne, à très-peu près, de raccourcissement dans le ressort inférieur, la fait avancer dans le haut de son ressort moteur, d'une seconde et un quart sur six heures plus que dans le bas de ce ressort, où les arcs de vibration sont réduits au quart environ de ce qu'ils sont quand la montre vient d'être remontée.

» J'ajouterai à ce qui précède que je me suis assuré un grand nombre de fois et qu'il est aisé de vérifier que les plus petits arcs de vibration et les plus grands une fois rendus isochrones par cette méthode, tous les arcs intermédiaires le sont aussi avec la plus grande exactitude. »

La découverte de l'isochronisme des vibrations du balancier eût été insuffisante pour faire de bonnes montres marines si **P. Le Roy** n'eût inventé l'échappement à détente à ressort, à l'aide duquel il perfectionna ces montres. Nous savons qu'on lui a contesté le mérite de cette découverte ; mais nous croyons que c'est à tort. Dutertre, il est vrai, a eu la première idée de cet échappement, mais il ne l'a pas mise à exécution ; et d'ailleurs le mécanisme de ce savant horloger différait essentiellement de celui de P. Le Roy, qui, avec raison, s'en est déclaré l'inventeur. Cet échappement a été plus tard perfectionné par Arnold, et il en a pris définitivement le nom.

Nous trouvons la preuve que cet échappement est dû à P. Le Roy dans les *Mémoires* de l'Académie des sciences, année 1748. On lit ce qui suit dans le volume qui porte cette date :

« *Nouvel échappement à repos inventé par M. Le Roy fils.*

» Au lieu que, dans les échappements à repos connus jusqu'à présent, la roue de rencontre porte, à chaque retour du balancier, sur une pièce qui fait corps avec lui et sur laquelle frotte une de ses dents, dans celui-ci la roue pose et est retenue à chaque demi-vibration sur une pièce fixée à la platine et entièrement étrangère au balancier. Cette idée a paru neuve et susceptible de beaucoup d'avantages, » etc.

Ces deux inventions, tout admirables qu'elles furent, ne suffisaient pas pour assurer une marche constamment régulière aux horloges marines. Il restait, pour arriver à ce résultat, à trouver le moyen d'obvier aux inconvénients qui se produisent, dans les montres ou autres horloges, par la dilatation ou la contraction des métaux par la chaleur ou le froid. P. Le Roy essaya d'abord de parer à ces inconvénients par le moyen d'une étuve dans laquelle il renfermait des lampes qui entretenaient une chaleur uniforme dans la boîte où étaient placées ses horloges marines. C'était en effet un moyen fort bon, mais excessivement gênant, et l'auteur n'en fit qu'un usage momentané. Il imagina un autre système qui lui réussit : ce système fut celui de la *compensation*. Pierre Le Roy, dans le mémoire que nous avons cité, s'exprime sur ce sujet comme il suit :

« Pour arriver à cette compensation, le premier moyen est celui dont on fait usage depuis longtemps dans les pendules à secondes; j'en parle dans mon mémoire de 1754, et M. Harisson s'en est servi dans son *garde-temps*. Il consiste à disposer un thermomètre métallique de manière que le ressort-spiral, ou réglant, en soit allongé ou raccourci dans les différents degrés de froid ou de chaleur, » etc.

« M. Berthoud, ayant adopté cet expédient, a choisi le gril de Harisson, qu'il a composé de 16 tringles de laiton et d'acier trempé, ajustées par des chevilles dans les traverses. Ces tringles poussent un premier levier, et celui-ci un plus petit qui porte le pince-spiral, au moyen duquel ce ressort est allongé ou raccourci par les différents degrés de froid ou de chaleur, ce petit levier étant toujours poussé contre le grand par un ressort.

» Le second moyen de compensation, auquel, je l'ose dire, personne n'avait pensé avant moi, c'est de faire transporter, par quelque agent physique, une partie de la masse du balancier proportionnelle au degré de chaleur qu'il éprouve, de sa circonférence vers son centre. Pour cet effet, j'ai adapté au balancier deux petits thermomètres, faits chacun d'un tube de verre recourbé avec une boule remplie d'esprit-de-vin, au moyen duquel une portion de mercure proportionnelle au degré de chaleur qu'éprouve le régulateur est poussée, comme je viens de le dire, de la circonférence du balancier vers son centre.

» Pour revenir au gril d'Harisson, je crains bien que 16 tringles ajustées par des chevilles à traverses ne paraissent au plus grand nombre des artistes un appareil difficile à arranger avec la solidité convenable, et de manière que leur extension ou contraction se fasse sans contrainte. Cette méthode ne réussit pas toujours, même dans les pendules, et j'ai souvent ouï dire que plusieurs faites sur ce principe avaient été reconnues, par des astronomes, aller moins bien que si elles n'avaient pas eu de compensateur. De plus, le grand et le petit levier, mobiles sur des pivots et contenus par un ressort, etc., semblent ne pouvoir être mis que difficilement à l'abri de jeux de la plus grande conséquence, puisqu'il s'agit ici de la longueur du ressort-spiral. Cette construction a d'ailleurs le désavantage de ne pas laisser toujours au spiral la longueur où toutes ses vibrations sont isochrones, et il me paraît de la dernière conséquence que cette longueur soit d'une constance et d'une stabilité à toute épreuve. M. Berthoud rapporte un fait qui montre bien l'avantage d'un spiral inébranlable dans le point qui termine sa longueur. « Lorsque je démontai, dit-il, l'horloge n° 8, au retour de la » campagne de 1769, je trouvai une cause de variation : c'est que les points de con- » tact des leviers de compensation étaient marqués; il y avait autour une poussière » rouge; pour éviter cet effet, causé par l'action continuelle du froid contre ces leviers, » il faut mettre au point de contact un peu d'huile, » etc. Ces précautions diminuent le mal, mais n'en anéantissent pas la cause.

» A moins donc que mes thermomètres ne renferment quelques défauts capitaux, leur effet si simple et si sûr doit absolument leur mériter la préférence. Mais quels pourraient être ces défauts? Nous savons par l'expérience des thermomètres ordinaires que l'esprit-de-vin n'y souffre pas d'altération, puisqu'au bout de cinquante années ces thermomètres marquent les mêmes degrés qu'au sortir des mains de l'ouvrier; c'est ce qui n'est pas encore prouvé pour ceux de différents métaux.

» *Les inégalités des parois intérieures des tubes pourraient,* dit M. Berthoud, *altérer l'équilibre du balancier;* mais, lorsque les faiseurs de thermomètre en exécutent jour- nellement d'un pied de longueur dont la marche est égale, il serait bien malheureux qu'on ne pût pas en faire d'un pouce pour nos montres. Cette objection, d'ailleurs, n'a pas le plus léger fondement, car la plus petite quantité de mercure déplacée dans les branches du tube est relative à la grosseur de la boule, et nullement à celle du tube; et quand ce tube serait intérieurement plus large en quelques endroits qu'en d'autres, il n'en pourrait résulter aucun effet dès que son centre resterait toujours à la distance requise. »

Après Pierre Le Roy, Ferdinand Berthoud s'occupa avec beaucoup de succès des machines propres à mesurer le temps en mer; mais il ne fut pas, comme il le dit dans différents écrits, l'inventeur des montres marines, puisque, comme nous venons de le dire, Harisson et surtout Pierre Le Roy avaient fait, avant lui, des machines fort exactes pour trouver la longitude en mer. Berthoud, dont le talent n'est révoqué en doute par personne, avait le grave défaut d'être envieux du succès de ses compétiteurs, et il fut souvent d'une injustice extrême pour plusieurs de ses contemporains qui n'étaient pas indignes de ses suffrages; car la postérité les a placés à côté de lui, et ils ont mérité la reconnaissance et l'admiration des savants, et surtout des horlogers qui s'occupent sérieusement de la science chronométrique.

Les cinq premières montres marines de Berthoud n'eurent qu'un médiocre succès; mais celles qu'il construisit plus tard, et qui furent connues sous les dénominations d'horloge n° 6 et horloge n° 8, ne laissèrent rien à désirer : le roi Louis XV ordonna qu'elles fussent éprouvées en mer aux frais de l'État.

Fleurieu dit à ce sujet : « Un goût naturel pour la mécanique avait depuis quelque temps dirigé mes études vers la partie de cette science qui a trait à l'Horlogerie; je m'étais même permis de risquer en projet les idées que j'avais eues sur la construction d'une horloge marine. Ces faibles essais engagèrent le ministère à permettre que je m'occupasse particulièrement d'une découverte qui fixait l'attention de tous les marins. M. Berthoud voulut bien dès lors confier la suite de son travail à ma discrétion. Que de richesses furent étalées à mes yeux! Je ne savais ce que je devais le plus admirer de l'utilité des inventions ou du génie de l'inventeur. Mais plus je sentais le mérite et l'importance de la découverte, plus je désirais qu'une épreuve rigoureuse, tant pour sa durée que pour sa forme, fixât les opinions sur le degré d'utilité qu'on pouvait attendre des horloges marines pour perfectionner la navigation. Le ministère m'avait laissé espérer que je serais chargé de la conduite de cette épreuve, et je m'occupai bientôt d'en dresser un plan détaillé qui fut agréé sans restriction et sans augmentation. Mais il importait de donner aux opérations astronomiques qui devaient constater la régularité des horloges marines une authenticité qu'elles ne pouvaient obtenir par des observations isolées : le concours de deux observateurs était indispensable. Il fallait se faire des droits à la confiance des marins et des savants : ce n'était pas le cas de réclamer leur indulgence. Je demandai donc qu'un des astronomes de l'Académie royale des sciences voulût bien m'aider de ses lumières et partager le fardeau de l'entreprise. M. Pingré, chanoine régulier de la congrégation de France, astronome-géographe de la marine, fut nommé par Sa Majesté pour faire, conjointement avec moi, toutes les opérations relatives à l'épreuve des horloges. J'entrai dès lors avec hardiesse dans la carrière, » etc.

Après avoir décrit minutieusement les petites variations des horloges de Berthoud n° 6 et 8, Fleurieu se résume ainsi : « On admirera sans doute l'exactitude de l'horloge n° 8, qui ne s'est pas démentie pendant une épreuve de 376 jours. Quand je dis qu'elle ne s'est pas démentie, je ne prétends pas faire entendre que le mouvement de cette horloge n'a éprouvé aucune altération; mais la somme de ces écarts n'a jamais produit une erreur de plus d'un quart de degré après un intervalle de 45 jours : souvent même l'erreur n'a été que d'un huitième de degré; quelquefois elle a été moindre. Dans une période de 87 jours, de Rochefort à Cadix, sans aucune vérification intermédiaire du mouvement de l'horloge, l'erreur absolue n'était que d'un tiers de degré; dans d'autres périodes de 87, de 89, de 68 jours, en ayant égard seulement, ainsi qu'on le doit, à une vérification du mouvement faite dans l'intervalle, l'erreur de l'horloge n'est que d'un quart, d'un quinzième, d'un soixantième de degré. Les erreurs de cette horloge ont toujours été dans le même sens, excepté en une seule occasion : elles proviennent d'un accroissement progressif auquel son retard a été sujet.

» La précision de l'horloge n° 6 a été égale, quelquefois supérieure à celle de l'horloge n° 8, durant les six premiers mois de l'épreuve, excepté dans les jours qui ont précédé la onzième vérification du mois de décembre, à l'île d'Aix, temps auquel le froid occasionna dans le mouvement du n° 6 un retard extraordinaire qui produisit, après 15 jours, une erreur de près d'un demi-degré. Mais, dans les derniers mois de l'épreuve, cette horloge s'est éloignée de sa première justesse : du cap François à Angra, dans l'île de Tercère, après 45 jours, son erreur fut de 27 minutes ou près d'un demi-degré; de Sainte-Croix à Cadix, après 44 jours, elle fut de 50 minutes, c'est-à-dire de plus de trois quarts de degré. On ne doit cependant pas regarder ces erreurs comme bien considérables dans l'usage de la navigation : celle de 50 minutes, qui est la plus grande, ne donnait que 13 lieues et un quart à l'atterrage sur Cadix. » (Voy. les Tables du *Journal* de Fleurieu.)

« L'exactitude de l'horloge n° 8 a été supérieure à celle de l'horloge n° 6; mais cette supériorité n'est point un effet du hasard : elle avait été annoncée par M. Berthoud, dans une déclaration qu'il adressa, avant l'épreuve, au secrétaire d'État ayant le département de la marine. Il se fondait sur la solidité des principes qu'il avait employés dans la construction de cette machine, bien plus que sur l'expérience; car l'horloge était à peine terminée qu'il reçut l'ordre du roi de la transporter à Rochefort pour y être éprouvée.

» L'épreuve à laquelle les deux horloges ont été soumises a toutes les conditions qu'on pouvait exiger : sa durée a été de 376 jours, les variations de la température ont été fréquentes, souvent très-brusques; elles ont passé par tous les degrés de chaleur, depuis le 3ᵉ jusqu'au 25ᵉ au-dessus de la congélation (thermomètre de Réaumur). Les horloges ont été exposées à des agitations continuelles; les angles des roulis mesurés ont été presque toujours de 20, 25 et 30 degrés; leur étendue quelquefois a passé 45 degrés. Enfin, le grand nombre de vérifications qui ont été faites, après des intervalles de temps souvent très-courts, ont prévenu l'effet des compensations d'erreurs, en ont fait connaître la quantité précise, ont prouvé que ce n'est point à cette cause qu'on doit attribuer l'exactitude des déterminations qu'on a obtenues à la fin de chaque période particulière, et même après celles qui embrassaient les plus longs intervalles. Tel est le résultat général de l'épreuve des horloges marines de Ferdinand Berthoud. »

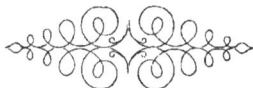

CHAPITRE II.

DU MÉCANISME DES GROSSES HORLOGES.

ous avons parlé des horloges plutôt au point de vue archéologique que mécanique ; nous allons maintenant donner l'histoire abrégée des rouages de ces grosses machines avec lesquelles nos pères mesuraient le temps.

Les horloges primitives se composaient de deux roues, d'un pignon, d'une verge, d'un balancier, d'un cadran, d'un poids et contre-poids. La *premeraine roe*, la première roue, portait une poulie dentée en rochet sur laquelle était placée la corde qui soutenait le poids moteur et le contre-poids. A cette roue, qui faisait un tour en 24 heures, était fixé le cadran, qui, dans son mouvement de rotation, présentait successivement chacune de ses divisions ou heures à un indice ou aiguille fixe. La seconde roue, dite de rencontre, portait un pignon à l'une des extrémités de son axe ; ce pignon engrenait dans les dents de la première roue. La roue de rencontre, dont les dents étaient taillées en rochet, avait la forme de nos roues de rencontre modernes ; et, comme celles-ci, elle donnait l'impulsion à la verge et au balancier, lequel était alors nommé *foliot*. Les bras de ce balancier (voy. la fig.) portaient deux petits poids appelés *regules*, qui servaient à faire avancer ou retarder l'horloge. Nous ferons observer que le poids moteur de ces machines devait être remonté plusieurs fois par jour.

Lorsque, vers le commencement du treizième siècle, la sonnerie fut inventée, le rouage qui la composait n'était aussi que de deux roues et d'une espèce de volant. La première roue portait les chevilles, la seconde était arrêtée par les détentes qui, à chaque heure, se levaient pour que le rouage pût *courir* et faire sonner les heures. Le volant, dans son mouvement précipité de rotation, faisait beaucoup de bruit, et on l'appelait alors la roue *chantore*. Telle fut la composition des rouages des premières horloges, depuis le dixième ou onzième siècle jusqu'à la fin du quatorzième. A cette dernière époque, une horloge à sonnerie, faite comme nous venons de le dire, coûtait 1,000 livres : ce qui était, pour le temps, une somme énorme.

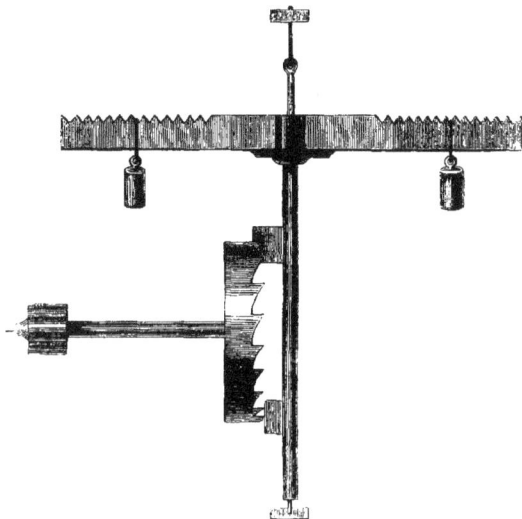

Vers le milieu du quinzième siècle, on augmenta les rouages des horloges de plusieurs roues et cadrans servant à l'indication des signes du zodiaque, du mouvement des planètes, etc.

Deux pièces assez curieuses nous serviront à établir les prix des horloges aux quatorzième et quinzième siècles.

La quittance suivante est extraite des livres de la ville de Lille; elle porte la date de 1379.

« L'an mil IIIe LXXIX, le premier jour de janvier, fut marchandé à *Pierre Daimleville*, faiseur d'oreloges, demeurant à Lille, pour faire une oreloge pour ma très redoutée dame madame la comtesse de Bar, dame de Cassel, et icelle mectre et asseoir en son chastel de Nieppe, pesant icelle toute ouvrée IIIe l. de fer, lequel fer yl doit lui pour faire l'ouvrage dessus dit; et en cas où il li sembleroit que icelluy ouvrage ne seroit mie assés fort, et il y meist plus de fer en lui, toutes voies où il apartendroit avoir plus fort ouvrage, et qu'il fut bien employé, madicte dame paiera tout le fer qui sera audit ouvrage, au pardessus des IIIe l. de fer, et pour celui ouvrage faire bien loyaulment et justement audit et regard d'ouvriers et gens connoissans et expers en tel ouvrage, ledit **Pierre** ara et emportera la somme de **XL** frans d'or ou moien a levallue; c'est assavoir **XXXVIII** gros de Flandres pour le franc, tant pour l'ouvrage dudit oreloge, comme pour les IIIe l., madicte dame ly fera rendre et payer le sourplus du pois, comme dit est. Item mectera et assera ledit Pierre icelle oreloge ou chochier où l'autre oreloge est à présent, et tout comme il mectera de tamps à l'asseoir, il aura ses dépends à l'ossel madicte dame sans autres gages. — Item se aucun défaut avoit audit oreloge, et qu'il ne fust mie foit en la fourme et manière qu'il appartient, il serait tenu de y amender à ses propres coûts, frais et dépens, au dit de bons ouvriers expers et congnoissans un tel ouvrage. Item il doit être baillié et délivré par Cassard Molinet, pour et au nom de madicte dame toutes manières de bois carpenté et ouvré, et icellui asseoir et mectre où il ordonnera être mis pour asseoir et mectre ledit oreloge. Item

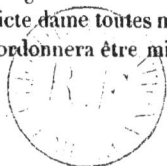

29

doit avoir et aura ledit Pierre pour gouverner cescun an ledit oreloge, une cote des draps des officiers, toutefois que madame fera sa livrée, et sera aux despens de madicte dame toutes les fois qu'il venra visiter ledit oreloge et qu'il y faudra aucune chose, et y doit venir toutefois que on le mandera, lequel ouvrage ledit Pierre doit rendre tout fait et assis au dit clochier dedans le jour de Pacques prochain venant, toutes lesquelles choses ont esté faites et ordenées par Colard Levesque et Jehan de Chastillon, clercs et secretaires de madicte dame.

» En 1427, le duc de Bourgogne paye 1,000 livres à Henri Zwalis, docteur en medecine, pour recompensation d'un orloige qu'il a fait pour le duc, contenant le mouvement des planètes, des signes et des étoiles. » (*Extrait des registres de la ville de Dijon*, par M. le comte de Laborde.)

Nous étions bien aise de citer ces deux pièces, parce qu'elles prouvent, ce que nous avions du reste démontré, que les horloges purement mécaniques étaient déjà communes en Europe aux quatorzième et quinzième siècles.

Au seizième siècle, le rouage des horloges acquit de grands perfectionnements et une complication effrayante : les horloges de Metz, de Strasbourg, de Lyon, etc., que nous avons citées, en sont la preuve ; mais il est bien positif que les rouages de ces machines étaient mal exécutés et susceptibles de s'user promptement.

Au dix-septième siècle, on commença à faire les horloges d'après les bons principes de mécanique : on débarrassa les rouages de tous les accessoires inutiles à la mesure du temps, et qui ne servaient qu'à l'amusement des désœuvrés. Ces horloges acquirent surtout une grande perfection par l'admirable invention du pendule.

Au dix-huitième siècle, de savants artistes, notamment Lepaute et Julien Le Roy, portèrent à son apogée l'art de faire les horloges civiles.

Parmi les horloges qui méritèrent à Lepaute la célébrité dont il a joui, nous citerons celles de la Meûte, du Luxembourg, de Bellevue, des Ternes, de l'Hôtel-des-Fermes, de l'Hôtel-de-Ville. Ces machines étaient tellement bien faites, qu'elles pouvaient marcher avec un poids qui n'excédait pas quatre onces. Robin et Lépine ont fait aussi de fort belles horloges, dont plusieurs sont à remontoir (1).

(1) Cette invention, fort utile à l'horlogerie, date de la fin du seizième siècle. On lit dans un mémoire imprimé en 1751, par ordre de la communauté des horlogers : « Une ancienne horloge d'Allemagne qui fut faite vers 1600 et dont le balancier était à *foliot*, ce qui prouvait son ancienneté, appartenait à M. de Lubert : elle sonnait les heures et les quarts ; elle était astronomique, chose remarquable pour ce temps. Les chevilles de la sonnerie remontaient à chaque quart le ressort du mouvement, qui était dans un petit barillet. Cette invention n'avait été appliquée à l'horloge par son auteur que pour lui donner plus de régularité, en faisant tirer le rouage du mouvement par une force plus égale. »

Au dix-septième siècle, Huyghens et Leibnitz inventèrent simultanément un remontoir d'égalité fort remarquable pour l'époque. Huyghens donne la description de ce remontoir dans son ouvrage publié, en 1673, sous ce titre : *Ch. Hugenii horologium oscillatorum, sive de motu pendulorum ad horologio ablata demonstrationes geometriæ.*

Au dix-huitième siècle, Gaudron, Harisson, Thomas Mudge, Charles Halley, Breguet, et quelques

Dans ces horloges, toutes les roues sont placées sur un plan horizontal, ce qui est infiniment préférable à l'ancienne manière, qui consistait à superposer les rouages dans une cage verticale.

Nous nous bornerons à donner d'après Lepaute la description d'une horloge horizontale telle qu'on les faisait à la fin du dix-huitième siècle ; nous parlerons plus tard des horloges qui ont été construites par des horlogers de notre époque.

autres horlogers célèbres, perfectionnèrent le remontoir de Huyghens ou en inventèrent de nouveaux.

A notre époque, MM. Lepaute neveux et MM. Wagner ont beaucoup amélioré le système du remontoir d'égalité.

CHAPITRE III.

PLAN DE L'HORLOGE.

a cage, formée de six barres, AB, CD, EF, EF, GH, IK, est divisée en trois parties, qui contiennent chacune un rouage ; la division du milieu contient le rouage du mouvement, celle à gauche contient celui de la sonnerie des quarts, et celle qui est à droite contient le rouage de la sonnerie des heures.

On a eu attention de marquer par les mêmes lettres les objets correspondants dans les planches qui contiennent le développement de l'horloge.

DU MOUVEMENT.

Le mouvement, dont le milieu doit répondre au centre du cadran, est composé d'un tambour ou cylindre P sur lequel s'enroule la corde PP qui suspend le poids moteur. Sur l'axe du cylindre est fixée, près le pivot, la roue dite de remontoir ; elle engrène dans un pignon placé sur la tige 2 I ; l'extrémité I est terminée en carré pour recevoir la clef qui sert à remonter le poids de l'horloge.

L'autre extrémité du cylindre S porte un rochet dont les dents reçoivent le cliquet fixé sur la première roue du mouvement. Cette roue, qui est près le pivot 4 de l'axe 3, 4 du tambour, laquelle fait un tour en une heure, porte une roue de champ 25, 26, dont les dents sont inclinées de quarante-cinq degrés pour engrener dans la roue de renvoi 26, 27, dont nous parlerons ci-après.

La grande roue engrène dans un pignon fixé sur la tige Q de la roue moyenne, et cette dernière dans le pignon fixé sur la tige de la roue d'échappement R.

5, 6 sont les pivots de la roue moyenne, et 7, 8 sont ceux de la roue d'échappement.

La roue 25, 26 fixée sur la grande roue engrène dans la roue de renvoi 26, 27, du même nombre de dents, et aussi inclinées à son axe, sous l'angle d'environ quarante-cinq degrés, pour qu'elle fasse de même son tour en une heure.

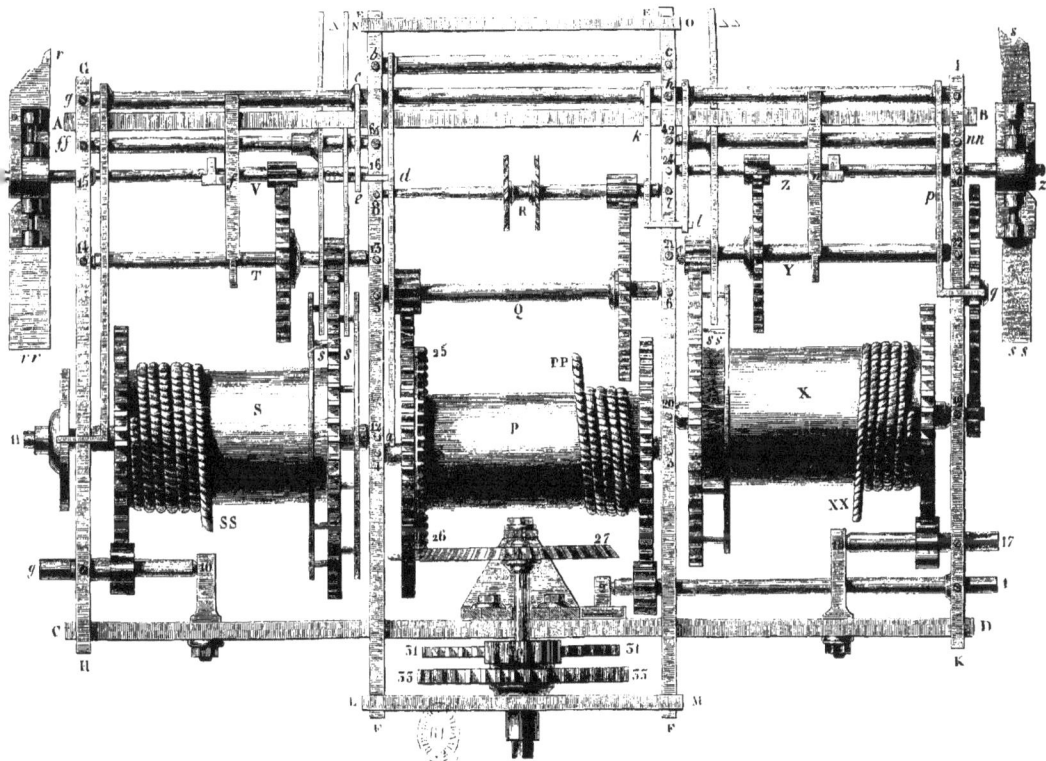

HORLOGE HORIZONTALE (page 224).

Racine del.   Bisson et Cottard sc.

L'arbre ou tige 28 de cette roue terminée carrément porte par le carré l'aiguille des minutes, et aussi un pignon 30 qui mène la roue de renvoi 31, 31. Cette roue porte un pignon qui mène la roue de cadran 33, 33, laquelle porte l'aiguille des heures, ce qui compose la cadrature portée d'une part par un pont 28, et d'autre part par la traverse L M, fixée aux extrémités des longues barres qui forment la cage du mouvement. Les autres extrémités des mêmes barres portent aussi une traverse NO, sur laquelle la partie correspondante de la longue barre AB porte le coq auquel le pendule est suspendu. Le nombre de vibrations du pendule, lequel bat les secondes, est de 3,600 en une heure, les nombres du rouage étant ceux qui suivent en commençant par l'échappement, composé de trente dents distribuées sur deux roues, comme on le voit en R.

$$2 + 30 \times 7\frac{10}{75} \times 8\frac{10}{80} = 3600 \text{ vibrations en une heure.}$$

DE LA SONNERIE DES QUARTS.

Le rouage de la sonnerie des quarts renfermé dans la division F F G H est composé de deux roues, deux pignons et un volant. S est le tambour sur lequel s'enroule la corde; SS, extrémité de la corde à laquelle le poids moteur est suspendu. Au tambour est fixée la roue de remontoir, qui engrène dans le pignon fixé sur la tige 9, 10. L'extrémité 9 de cette tige est carrée pour recevoir la clef avec laquelle on remonte le rouage; l'autre extrémité du tambour, bordée d'un rochet, s'applique à la première roue du rouage du côté du pivot 12 de l'axe du tambour. Cet axe porte de l'autre côté II le limaçon des quarts sur lequel appuie la détente, et la grande roue porte de chaque côté huit chevilles pour lever les bascules des marteaux. Ces chevilles sont entretenues ensemble par des couronnes.

La seconde tige 13, 14 porte un pignon de dix ailes qui engrène dans la grande roue dont nous venons de parler, laquelle a cent dents. Cette tige porte aussi une roue T de quatre-vingts dents. Cette dernière roue engrène dans le pignon V de dix ailes fixé sur la tige 16, 15 u du volant r r r, dont l'usage est de modérer la vitesse du mouvement du rouage. dd sont les bascules qui lèvent les marteaux pour frapper les quarts; elles roulent sur la tige ff 61. C'est aux extrémités que sont attachées les chaînes ou fils de fer qui tirent les marteaux. Nous expliquerons plus loin l'effet des détentes.

DE LA SONNERIE DES HEURES.

Le rouage de la sonnerie des heures renfermé dans la division E' F' I K est de même composé de deux roues, deux pignons et un volant.

Le tambour X, sur lequel s'enroule la corde XX, est terminé d'un côté par une roue de remontoir placée du côté du pivot 19. Cette roue engrène dans un pignon fixé sur la tige 17, 18 du remontoir, à l'extrémité 17 duquel on applique la clef qui sert à remonter le rouage. L'autre côté du tambour, terminé par un rochet, s'applique à la grande roue qui est près le pivot 20. Cette roue, qui a quatre-vingts dents, porte huit chevilles d'un seul côté, entretenues ensemble par une couronne. Ces chevilles lèvent l'extrémité de la bascule *dd* du marteau qui sonne les heures. La grande roue de quatre-vingts dents engrène dans un pignon de dix ailes fixé sur la tige **21, 22.** Cette tige porte aussi une roue **Y** de quatre-vingts dents. Cette dernière roue engrène dans un pignon **Z** de dix ailes fixé sur la tige **24, 23,** *z*, qui porte le volant *s, ss,* lequel sert à modérer la vitesse du rouage pendant que l'heure sonne. **42** *n n* est la tige sur laquelle roule la bascule *dd* qui tire le marteau des heures par son extrémité.

L'axe **20, 19** porte antérieurement, en **19,** un pignon qui y est assemblé en carré. Ce pignon conduit la roue *q* qui porte le chaperon ou roue de compte des heures.

PROFIL DU MOUVEMENT DE L'HORLOGE HORIZONTALE.

Figure 2, élévation du rouage du mouvement, vu du côté de la sonnerie des quarts.

Figure 3, élévation et coupe du rouage du mouvement vu du côté de la sonnerie des heures ; la barre **E'F'** de la planche précédente qui sépare les deux rouages étant supprimée pour mieux laisser voir la roue d'échappement, la fourchette, la suspension **A***a*, **B***b*, et une partie du pendule **B***b*, **C***c*, **D***d*.

Figure 4, élévation de la cadrature sur laquelle on a projeté en lignes ponctuées le pont qui suspend la roue de renvoi 30.

Postérieurement à la roue, est le pignon qui mène la roue de renvoi.

31, 31, cette roue.

32, 32, pignon fixé à la roue de renvoi.

Ce pignon engrène dans la roue de renvoi 33, 33, qui porte l'aiguille des heures.

Figure 5, un des deux ponts pour porter le coq de la suspension.

Figure 6, autre pont pour porter le coq de la suspension.

Figure 7, le coq de la suspension vu par-dessus.

PROFIL DE LA SONNERIE DES QUARTS.

Figure 8, élévation du rouage de la sonnerie des quarts, vu du côté extérieur. 1, 2, 3, 4, le limaçon des quarts. Il y a une éminence *o* à l'extrémité de la partie qui fait sonner les quarts pour élever la détente des heures.

Figure 9, élévation et coupe du même rouage vu du même côté après que l'on a ôté la barre antérieure, le limaçon des quarts, la roue de remontoir, le volant et la détente *m* de la figure 8.

Figure 10, élévation et coupe du même rouage, vu du côté de la cage du mouvement, la barre **E F** de la figure 9 étant supprimée.

Figure 11, portion d'une des barres qui servent de cage, dessinée sur une échelle double, servant à faire voir comment les trous sont rebouchés avec des bouchons qui sont fixés par une vis. *d* est le trou, *e* est la vis.

Fig. 2.

Fig. 3.

Fig. 4.

Fig. 5.

Fig. 6.

Fig. 7.

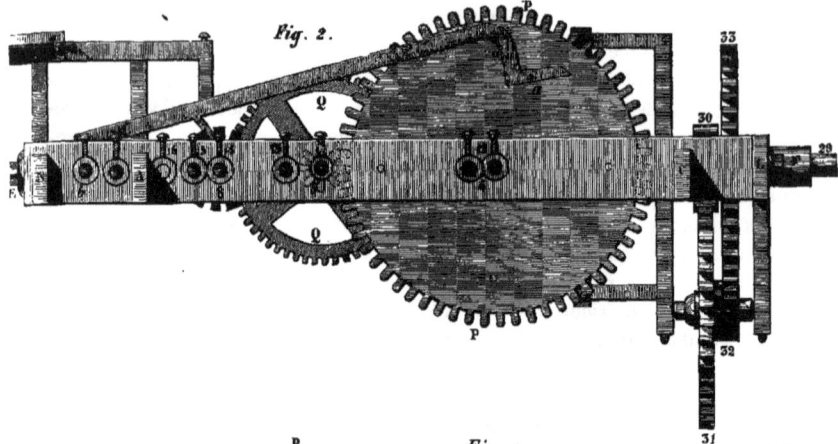

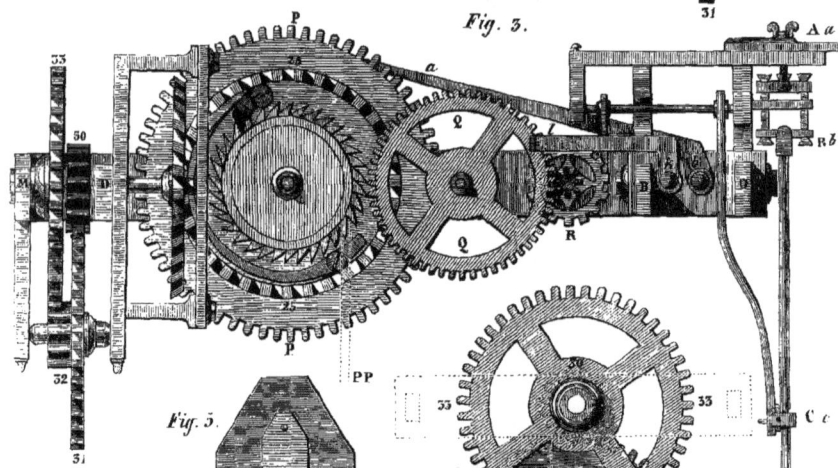

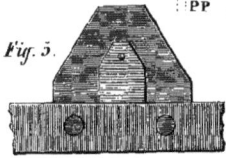

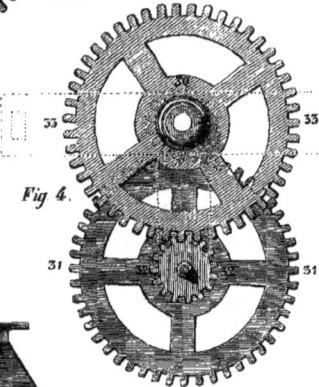

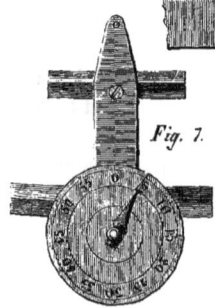

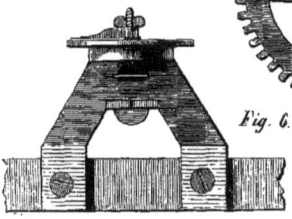

A. Racinet père del.

Bisson et Cottard sc.

HORLOGE HORIZONTALE — PROFILS DU MOUVEMENT.

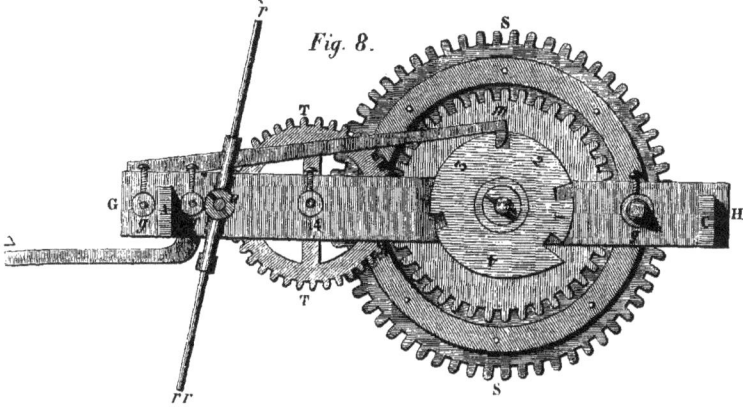

Fig. 8.

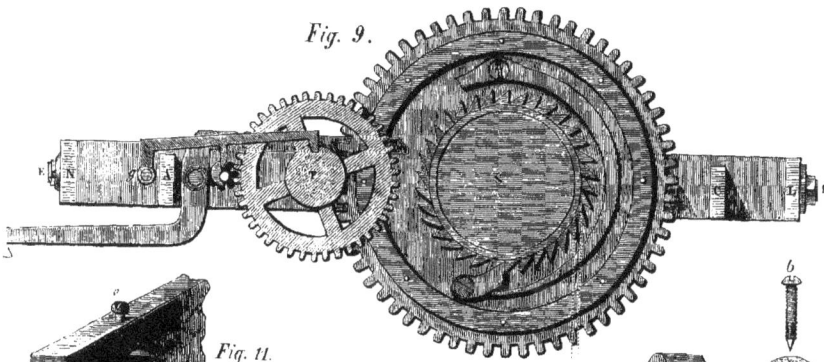

Fig. 9.

Fig. 11.

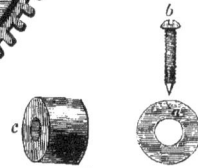

Fig. 12.

Fig. 10.

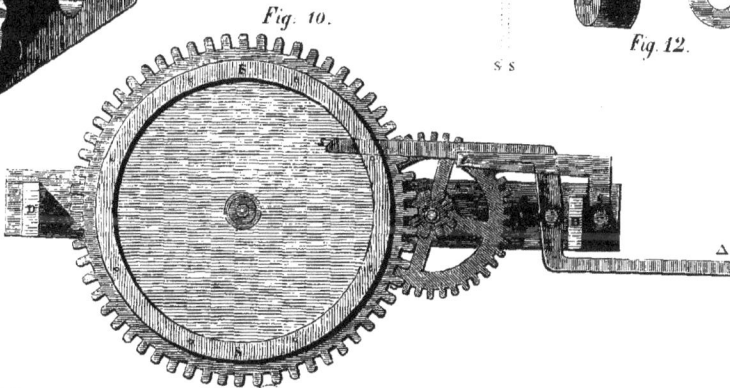

A Barbet père del.

Hisson et Cottard sc.

HORLOGE HORIZONTALE. — SONNERIE DES QUARTS.

Fig. 13.

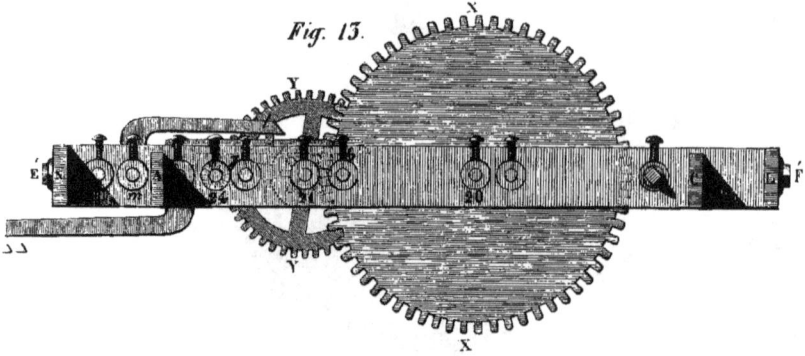

Fig. 14.

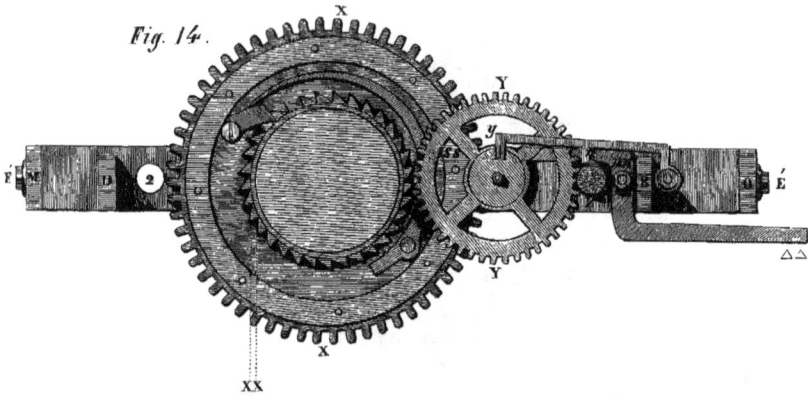

Fig. 15.

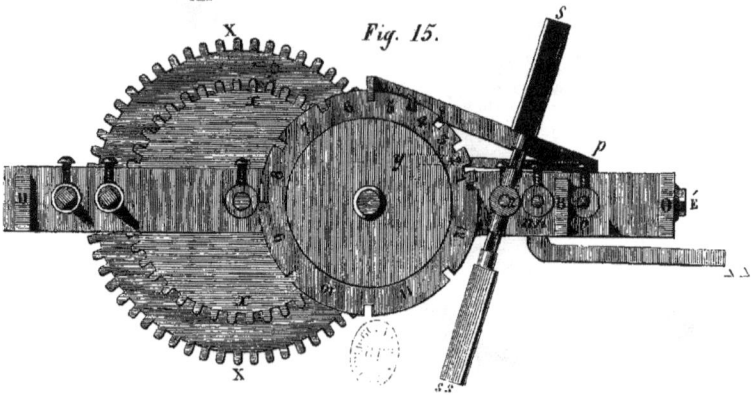

A. Racinet père del.

Bisson et Cottard sc.

HORLOGE HORIZONTALE. — SONNERIE DES HEURES.

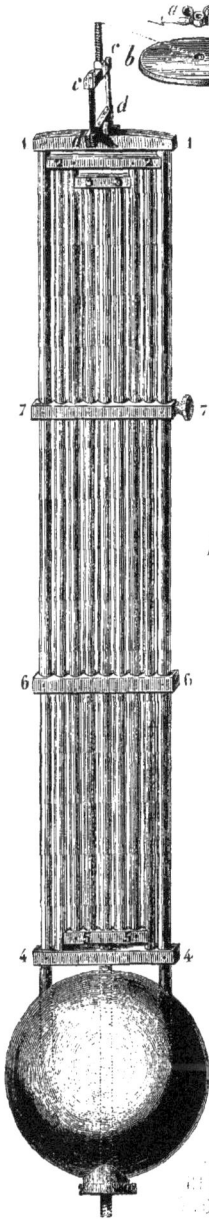

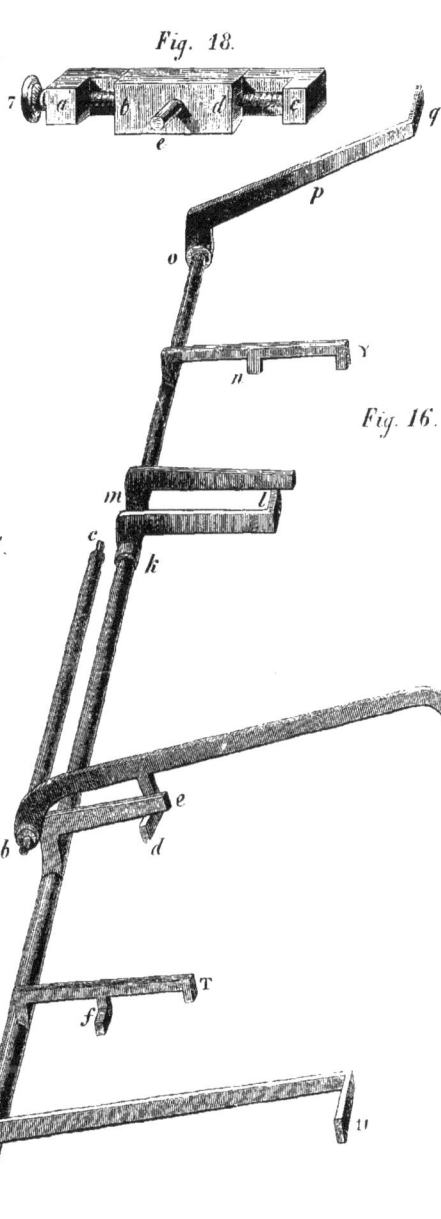

Fig. 18.

Fig. 16.

Fig. 17.

HORLOGE HORIZONTALE — DÉVELOPPEMENT DU PENDULE ET DES DÉTENTES.

Figure 12, le bouchon en plan et en perspective; *a,* petit trou conique pour recevoir l'extrémité de la vis terminée en cône, ce qui empêche le bouchon, dans le trou duquel roule un pivot, de tourner et changer de place; *b*, la vis qui s'implante dans le milieu de l'épaisseur de la barre; *c*, le bouchon en perspective.

Cet ajustement permet de démonter telle pièce de l'horloge que l'on veut, sans démonter la cage ni les autres pièces, les trous qui reçoivent les bouchons étant assez grands pour laisser passer les tiges, que l'on retire facilement par ce moyen hors de la cage. D'ailleurs les trous des bouchons venant à s'user, leur renouvellement est facile et peu dispendieux.

PROFIL DE LA SONNERIE DES HEURES.

Figure 13, élévation du rouage de la sonnerie des heures, vu du côté du mouvement.

Figure 14, élévation et coupe du rouage de la sonnerie des heures, vu du côté du remontoir.

Figure 15, élévation extérieure du rouage de la sonnerie des heures, vu du côté du chaperon et du volant.

DÉVELOPPEMENT DU PENDULE ET DES DÉTENTES DE L'HORLOGE HORIZONTALE.

Figure 16, toutes les détentes en perspectives et en action.

Figure 17, le pendule composé qui sert de régulateur à l'horloge.

Figure 18, coulant de la fourchette pour mettre l'horloge en échappement.

CHAPITRE IV.

ARTICLE PREMIER.

DES ENGRENAGES.

La mécanique n'existe que par les engrenages. C'est par le moyen de roues s'engrenant les unes dans les autres et fonctionnant à l'aide d'un moteur que les Égyptiens du temps des Ptolémées, et plus tard les Grecs, opérèrent des prodiges en mécanique. Ces engrenages furent aussi en usage à Rome avant et après Jésus-Christ; on s'en servait en Orient avant les règnes des Abassides, et, dans les Gaules, sous les premiers rois de la monarchie. A ces différentes époques, les roues et les pignons étaient grossièrement faits; car les outils avec lesquels on les divise aujourd'hui n'existaient pas alors : conséquemment les dents de ces roues et pignons devaient être inégales et former de mauvais engrenages.

Ce ne fut qu'au commencement du dix-huitième siècle, après que des artistes recommandables eurent perfectionné l'outil à fendre les roues, que les dentures de ces roues acquirent toute la perfection désirable; et c'est alors seulement que l'on pût faire de bons engrenages.

Sous le nom de *bon engrenage*, on entend celui qui est tel : 1° que la force employée par la roue à conduire le pignon soit la plus petite possible; 2° que la vitesse avec laquelle la roue conduit le pignon soit aussi à chaque instant la plus grande que la roue est capable de lui donner; 3° que cette force et cette vitesse soient constamment les mêmes depuis le point de rencontre ou de contact, jusqu'au moment où la dent de la roue abandonne l'aile du pignon, *et vice versâ;* 4° que le frottement de cette dent pendant toute la conduite soit aussi le moindre possible.

Les horlogers savent généralement que la courbe que doivent affecter les dents des roues et des pignons se nomme épicycloïde; mais très-peu savent ce que c'est que cette courbe, et surtout la manière de la tracer. Sous le rapport de la main-d'œuvre, cette connaissance n'est pas très-importante; car les roues des montres et des pendules, et les ailes de leurs pignons, ont des dents trop petites pour que l'on puisse donner à ces dentures une forme rigoureusement *épicycloïdale.* Cependant cette courbe, tracée sur une grande échelle, donnera aux horlogers l'idée de la forme que doivent avoir ces dents, quelque petites qu'elles soient, et, s'ils ne l'atteignent pas parfaitement, ils pourront plus facilement en approcher.

ARTICLE II.

DÉMONSTRATIONS DES ENGRENAGES.

Les figures 1, 2, 3, 4, 5, 6, 7, 8, 9, 10, 11 représentent les démonstrations relatives à la forme des dentures des roues et des pignons; en voici les principaux détails :

(Fig. 5, p. 233, et 7, p. 230.) Une roue REV étant donnée, et un pignon PIG, pour que la roue mène le pignon uniformément, il faut que, dans une situation quelconque de la dent et de l'aile durant la menée, les perpendiculaires à la face de l'aile et de la dent, au point où elles se touchent, se confondent et passent toutes par un même point M dans la ligne des centres, lequel doit être tellement situé sur cette ligne, que RM soit à MI comme le nombre des dents de la roue à celui des ailes du pignon.

Pour le démontrer, nous supposerons la ligne LO tirée perpendiculairement à la face de L au point G, où la dent la touche, et les lignes IO, RL abaissées perpendiculairement sur cette ligne des points I et R, centres du pignon et de la roue. Les lignes RL et IO exprimeront : l'une RL, le levier par lequel la roue pousse le pignon; l'autre OI, celui par lequel le pignon est poussé; c'est ce qui paraîtra évident si l'on fait attention que le mouvement du levier RL se fait dans une perpendiculaire à la ligne OI, et par conséquent que la longueur des arcs infiniment petits, décrits dans un instant et par les points L et O, sera le même, comme cela arrive lorsqu'un levier agit immédiatement sur un autre dans une direction perpendiculaire.

RL exprimant donc le levier par lequel la roue pousse le pignon, et IO celui par lequel le pignon est poussé, il est clair que, dans tous les points de la menée, si le levier par lequel le pignon est poussé et si celui par lequel la roue le pousse sont toujours dans le même rapport, l'action de la roue dans tous ces différents points, pour faire tourner le pignon, sera uniforme : car la valeur en degrés de chacun des arcs parcourus en même temps par les leviers RLOI est en raison inverse de leurs longueurs, ou comme OI est à RL; et la valeur en degrés des arcs parcourus par la roue et par le pignon dans le même temps est encore comme ces leviers OI et RL.

On sait, par les principes de la mécanique, que, pour qu'il y ait équilibre entre deux puissances, il faut qu'elles soient en raison inverse de leurs vitesses : donc, si des puissances contraires qui agissent en sens contraire, l'une sur la roue, l'autre sur le pignon, sont en équilibre dans un point quelconque de la menée, elles seront en raison

30

des vitesses du pignon et de la roue dans ce point ; mais ces vitesses, dans tous les points de la menée, étant dans le même rapport, ces puissances y seront toujours en équilibre : donc la force avec laquelle la roue entraînera le pignon dans tous ces points sera toujours la même ; donc le pignon sera mené uniformément.

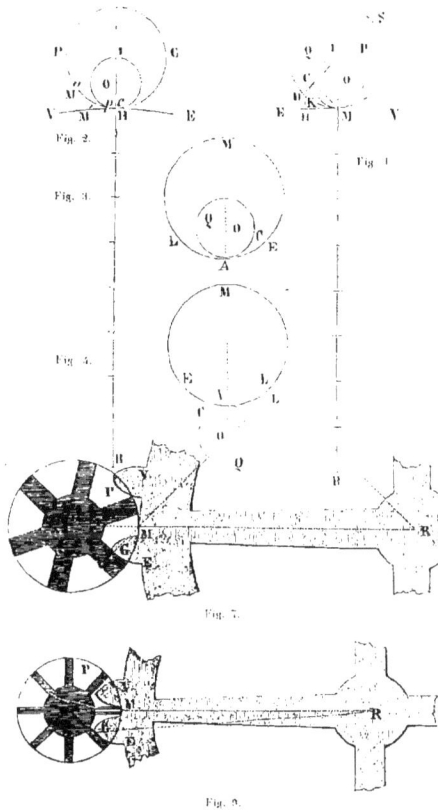

Fig. 2.

Fig. 3.

Fig. 4.

Fig. 5.

Fig. 7.

Fig. 9.

Ce principe de mécanique bien entendu, imaginons que la dent fig. 5, p. 233, et fig. 7, soit dans une situation telle que EG. et que la perpendiculaire au point G passe par un point quelconque M dans la tige des centres, RL sera, comme on l'a vu, le levier par lequel la roue poussera le pignon, et OI le levier par lequel il sera poussé.

Supposons de plus que, la dent et l'aile étant dans la ligne des centres, elles se touchent dans ce même point M ; RM sera le levier par lequel la roue poussera le pignon dans ce même point, et MI celui par lequel il sera poussé ; mais, à cause des triangles semblables RLM, MOI, on a RL : OI : : RM : MI : donc, par le principe précédent, la roue mènera uniformément le pignon dans les deux points M et G, puisque le rapport entre les leviers RM et MI dans le point M est le même que le rapport entre les leviers RL et OI dans le point C. On peut démontrer la même chose pour tous les autres points de la menée, pourvu que les perpendiculaires à la dent et à l'aile passent par ce point M.

De plus, les révolutions ou les vitesses du pignon et de la roue doivent être en raison inverse de leurs nombres ; et, comme la roue doit mener le pignon uniformément, leurs vitesses respectives dans un point quelconque de la menée doivent être encore dans la même raison.

Ces nombres étant une fois donnés, les vitesses respectives du pignon et de la roue le seront aussi. Or la vitesse angulaire du pignon au point M est à celle de la roue au même point comme le levier MR au levier MI ; MR doit donc être à MI comme le nombre de la roue à celui du pignon : donc le point M doit diviser la ligne R I tellement que R M soit à M I comme le nombre de la roue à celui du pignon : donc, pour qu'une roue mène son pignon uniformément, il faut que, dans tous les points de la menée, les perpendiculaires à la dent et à l'aile se confondent et passent par un même point M dans la ligne des centres, situé tellement sur cette ligne que R M soit à M I comme le nombre de la roue à celui du pignon.

Dans cette démonstration, nous avons considéré la dent comme étant dans une situation quelconque en deçà ou en delà de la ligne des centres. Il est donc clair que, soit que la dent et l'aile se rencontrent dans la ligne des centres, soit qu'elles se rencontrent avant cette ligne et qu'elles s'y quittent, soit enfin qu'elles se rencontrent avant la ligne des centres et qu'elles se quittent après, le pignon sera mené uniformément si, comme nous l'avons dit, les perpendiculaires aux points où la dent et l'aile se touchent dans toutes leurs situations pendant la menée passent par un même point M dans la ligne des centres, tellement situé sur cette ligne que R M soit à M I comme le nombre de la roue à celui du pignon. Il y a plus, c'est que cette démonstration s'étend à toutes sortes d'engrenages où on voudrait que la roue menât le pignon uniformément, de quelques figures que soient les dents de la roue et les ailes du pignon.

On vient de voir les conditions requises dans un engrenage pour que la roue mène uniformément le pignon ; nous allons démontrer à présent que, lorsque la dent rencontre l'aile soit dans la ligne des centres soit après, il faut, pour que cet effet ait lieu, que la face de l'aile soit une ligne droite tendant au centre, et que celle de la dent soit une portion d'une épicycloïde engendrée par un point d'un cercle qui a pour diamètre le rayon du pignon, et qui roule extérieurement sur la circonférence de la roue.

Si un cercle COQ (fig. 4, p. 230) roule extérieurement sur la circonférence d'un autre cercle A L E, ou intérieurement, comme en M, un point quelconque C de la circonférence du premier décrira par ce mouvement une ligne appelée épicycloïde.

Si le cercle COQ a pour diamètre le rayon d'un cercle A L E, alors, en roulant en dedans sur la circonférence, comme en M, la ligne qu'il décrira sera une ligne droite diamètre de ce cercle A L E.

Cela posé, les cercles P I G, R V E (fig. 2) représentant, l'un le pignon, l'autre la roue dont les diamètres H I, H R, sont entre eux comme leurs nombres, qu'on suppose deux petits cercles COQ (fig. 1) ayant pour diamètre le rayon du pignon et posés si parfaitement l'un sur l'autre, qu'on n'en puisse voir qu'un, que leurs centres soient parfaitement dans le même point O dans la ligne des centres, et le point C en H ou D dans la même ligne ; qu'on imagine ensuite que la roue et le pignon se meuvent en tournant sur leurs centres de M en I, et que ces deux petits cercles se meuvent aussi : l'un en dedans, sur la circonférence du pignon ; l'autre en dehors, sur la circonférence de la roue, mais tellement qu'à chaque arc que le pignon et la roue parcourent ils en décrivent d'entièrement égaux en sens contraire, c'est-à-dire que le pignon et la roue ayant parcouru, l'un l'arc M H, l'autre l'arc égal M D, les deux cercles C O Q aient aussi parcouru en sens contraire, l'un en dehors sur la circonférence de la roue, l'autre en dedans sur la circonférence du pignon, l'arc M C égal à l'arc M H ou M D; il suivra de ce mouvement des deux cercles C O Q que leur centre O ne sortira point de la ligne des centres R I, puisque à chaque instant que le mouvement de la roue et du pignon tendra à les en écarter d'un arc quelconque, ils y seront ramenés en roulant toujours en sens contraire d'un arc de la même longueur.

Maintenant supposons pour un moment que la roue se mouvant de M en H entraîne le pignon par le simple frottement de sa circonférence, l'effet sera encore le même et le pignon sera mu uniformément, puisque lui et la roue seront comme deux rouleaux dont l'un fait tourner l'autre par la simple application de leurs parties l'une sur l'autre; mais ces petits cercles, par leurs mouvements, l'un dans le pignon, l'autre sur la circonférence de la roue, seront dans le même cas que les cercles C O Q M (fig. 3) et C O Q, qui roulaient au dedans de la circonférence du cercle A L E et au dehors. Ainsi le point C du cercle C O Q, roulant au dedans du pignon, y décrira une ligne D S (fig. 1), diamètre de ce pignon, et dont une partie, comme C D, répondra à un arc C M parcouru en même temps par ce cercle. De même le point C du cercle C O Q, roulant sur la circonférence de la roue, décrira une épicycloïde dont une partie, comme C H, répondra aussi à l'arc M H égal à C M; mais, comme ces deux cercles ont un même diamètre, et parcourent toujours dans le même sens des arcs égaux, à cause du mouvement uniforme du pignon et de la roue, le point décrivant C du cercle qui se meut sur la circonférence de la roue : donc le point C de la partie D I de la ligne droite D S et le point C de la partie de l'épicycloïde C H seront décrits en même temps. Or, dans une situation quelconque du point décrivant C, la ligne M C, menée du point M dans la ligne des centres, sera perpendiculaire à la ligne G D ou I D, puisque ces deux lignes formeront toujours un angle qui aura son sommet à la circonférence du cercle C O Q et qui s'appuiera sur son diamètre. De même cette ligne M C sera perpendiculaire à la portion infiniment petite de l'épicycloïde C K décrite dans le même temps, puisque M C sera alors comme le rayon décrivant d'une portion de cercle infiniment petite C K. Donc, si la face de l'aile et celle de la dent sont engendrées par le point d'un cercle dont le diamètre soit égal au rayon du pignon, et qui se meuve sur sa circonférence en dedans et sur la circonférence de la roue en dehors, elles auront les mêmes propriétés que les lignes C S et C H; et, par conséquent, dans toutes les situations où elles se trouveront, les perpendiculaires aux points où elles se toucheront se confondront et passeront toutes par le même point M; mais ce point M, par la construction, divisera la ligne des centres dans la raison des nombres du pignon et de la roue. Par conséquent, si la face de l'aile est une ligne tendante au centre, et celle de la dent une épicycloïde décrite par un cercle qui a pour diamètre le rayon du pignon, et qui se meut sur la circonférence de la roue en dehors, la roue mènera le pignon uniformément, puisque alors les perpendiculaires à l'aile du pignon et à la face de la dent, dans tous les points où elles se toucheront, se confondront et passeront toujours par un même point M dans la ligne des centres, qui divise cette ligne selon les conditions requises.

Il est facile de voir que cette démonstration s'étend à toutes sortes d'épicycloïdes, c'est-à-dire qu'une roue mènera son pignon toujours uniformément, si les faces de ses ailes sont des épicycloïdes quelconques, engendrées par le même cercle, coulant sur la circonférence de la roue. L'action de la roue, pour faire tourner le pignon, étant toujours uniforme, il est clair que l'action du pignon, pour faire tourner la roue, le sera aussi ; car, si, dans un point quelconque de la menée, l'action du pignon était différente de celle qui se ferait dans un autre point, l'action contraire de la roue le serait aussi : donc elle n'agirait pas toujours uniformément, ce qui est contre la supposition.

Dans le cas où le pignon P I G (fig. 9) mènerait la roue R E V, il est clair que l'aile rencontrerait la dent avant la ligne des centres et la mènerait jusqu'à cette ligne; d'où il est facile de conclure qu'une roue dont la dent rencontre l'aile avant la ligne des centres, et la mène jusqu'à cette ligne, est précisément dans le même cas. Mais on vient de voir que le pignon menait la roue uniformément lorsque les faces des ailes étaient des lignes tendantes au centre, et celles des dents des portions d'épicycloïdes engendrées par un point d'un cercle ayant pour diamètre le rayon du pignon et roulant extérieurement sur la circonférence de la roue. Il faut donc, pour qu'il y ait uniformité de mouvements dans ce cas-ci, que les faces des dents de la roue soient des lignes droites tendantes à son centre, et celles des ailes du pignon, des portions d'épicycloïdes, engendrées par un cercle, dont le diamètre serait le rayon de la roue et qui roulerait extérieurement sur la circonférence du pignon.

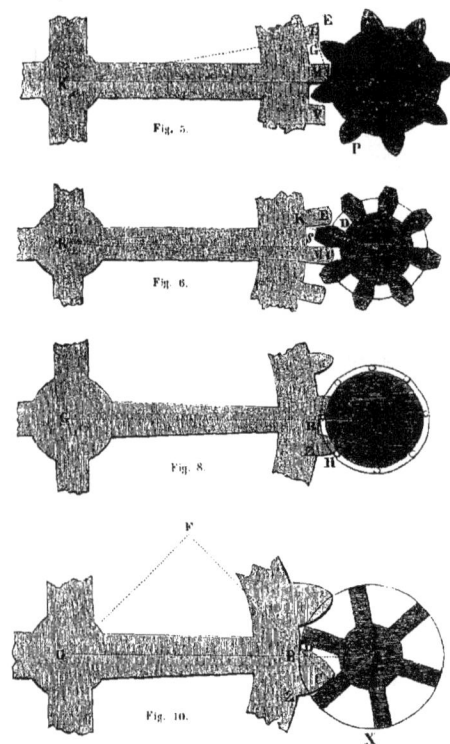

De même encore, lorsque (fig. 6) la dent mène l'aile avant et après la ligne des centres, il faut qu'elle soit composée de deux lignes, l'une droite, G K, tendante au centre de la roue qui mène l'aile avant la ligne des centres, et l'autre courbe, G E, qui la mène après; et l'aile du pignon de deux autres lignes : l'une courbe G S, par laquelle

la dent mène avant cette ligne; et l'autre droite DG, tendante au centre du pignon,
par laquelle elle mène après. La courbe de la dent doit être une épicycloïde décrite
par un cercle, qui a pour diamètre le rayon de la roue et qui roule extérieurement
sur la circonférence du pignon.

Nous venons de faire voir les courbes que doivent avoir les dents de la roue et les
ailes du pignon dans les trois différents cas où la dent peut rencontrer l'aile; il n'est
plus question que de choisir lequel de ces cas est le plus avantageux. Il est clair que
c'est celui où la dent rencontre l'aile dans la ligne des centres, parce que 1° le frottement de la dent sur l'aile est bien moindre, ne s'y faisant point en arc-boutant, comme
dans les deux autres; 2° que les ordures, au lieu d'être poussées au dedans, comme
dans les autres cas, sont poussées en dehors. Il n'y a qu'une circonstance où l'on doit
préférer la menée avant et après la ligne des centres; c'est lorsque le pignon est peu
nombré, comme 6, 7, et même jusqu'à 10 inclusivement, parce que, dans des pignons
d'un si petit nombre, en supposant
que la dent rencontre l'aile dans la
ligne des centres, l'engrenage ne peut
avoir lieu, comme il est facile de le
voir, l'intervalle entre les deux pointes des deux dents étant plus grand
que celui qui est entre les deux ailes
au même point.

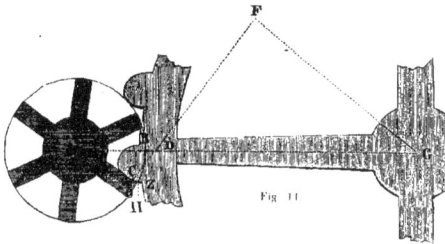

Si on veut s'en assurer par le cal-
cul, on remarquera que, dans le triangle RIG (fig. 9), en connaissant les deux côtés
et l'angle compris, il est facile de connaître le troisième qui donnera la quantité de
l'engrenage, et en même temps l'angle IRG, qui pour que l'engrenage ait lieu dans
la ligne des centres, doit être plus petit, et au moins de deux degrés, que la moitié
de l'angle compris entre deux pointes de dents voisines l'une de l'autre.

Quant à la courbe que doivent avoir les dents des roues qui mènent des pignons dans
un autre plan, comme, par exemple. celle d'une roue de champ, ce doit être une
portion de cycloïde; et, supposant que la face de l'aile du pignon soit une ligne
droite tendante au centre, cette cycloïde doit être engendrée par un cercle dont le
diamètre soit le rayon du pignon; on en comprendra facilement la raison, pour peu
qu'on ait bien entendu ce qui a précédé.

Les figures 12, 13, 14 et 15 représentent les différentes sortes de conduites ou de
tringles qui servent à transmettre le mouvement des roues ou à changer la direction
de leur mouvement.

Nous terminerons ce chapitre par des observations très-judicieuses du savant
Camus; elles confirment ce que nous avons déjà dit en commençant notre démonstration des engrenages.

« 1° Quoique les règles qu'on vient d'exposer pour former les dents des roues et celles des ailes des pignons ne puissent être mises en pratique que dans le cas où les dents auraient au moins un centimètre de largeur et un centimètre de longueur à partir du cercle primitif, elles ne seront point inutiles aux artistes qui auront des dentures beau-

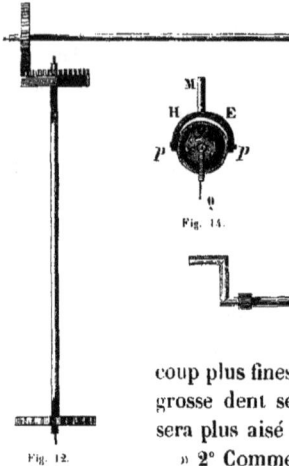

Fig. 14.

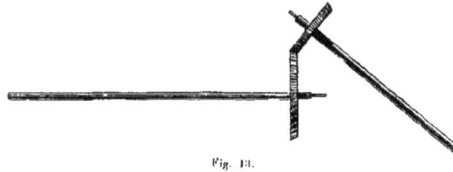

Fig. 13.

Fig. 15.

Fig. 12.

coup plus fines à former, parce qu'ayant sous les yeux la figure d'une grosse dent semblable à celles qu'ils doivent faire en petit, il leur sera plus aisé de l'imiter à la vue simple.

» 2° Comme on ne peut pas espérer de former les dentures avec toute l'égalité et la précision qui sont nécessaires pour que les circonférences primitives de la roue et du pignon tournent toujours avec la même vitesse ; que l'inégalité et les autres défauts de la denture seraient cause que quelques dents ne conduiraient pas aussi loin qu'il le faudrait, après la ligne des centres, les ailes qu'elles doivent pousser, et qu'il en pourrait résulter des arcs-boutements des ailes contre les flancs des dents, qui prendraient ces ailes trop tôt avant la ligne des centres ; les artistes préviendront cet inconvénient en faisant le diamètre primitif de la roue, un peu plus grand qu'il ne doit être relativement à celui du pignon.

» 3° Au moyen de cet agrandissement du diamètre de la roue, qui doit être proportionné aux défauts que l'on peut craindre dans la denture, la dent qui suit celle qui pousse l'aile après la ligne des centres prend un peu plus tard celle qui suit ; et, lorsque la dent précédente a poussé l'aile après la ligne des centres aussi loin qu'elle peut le faire uniformément, la roue prend un peu plus de vitesse qu'elle n'en communique au pignon, ce qui est un défaut ; mais ce défaut, dans lequel on tombe volontairement, est moins à craindre que les arcs-boutements auxquels on serait exposé si on voulait l'éviter.

» 4° Il est évident que ce qu'on vient de dire au sujet de l'agrandissement du diamètre de la roue, au delà de ce qui est nécessaire pour conduire uniformément le pignon, suppose que ce sera la roue qui conduira le pignon. Lorsque c'est la roue qui doit être conduite par le pignon, il est clair que, pour éviter les arcs-boutements, ce doit être le diamètre primitif du pignon qui devra être tenu un peu plus grand qu'il ne faut pour conduire la roue uniformément. »

La théorie des engrenages que nous venons de donner à nos lecteurs est le fruit des travaux de plusieurs savants et horlogers du dix-huitième siècle, et entre autres de Camus, que nous venons de citer, de Lalande, de Berthoud, etc. Nous allons continuer, toujours en nous appuyant sur les hommes compétents de l'époque, à faire con-

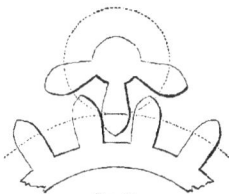

Fig. 17.

naître les principes qui s'établi-rent alors dans l'horlogerie et qui valurent à cette science de grands et légitimes succès. Quel-ques-uns de ces principes ont été modifiés ou abandonnés par les mécaniciens ou horlogers du dix-neuvième siècle; nous di-

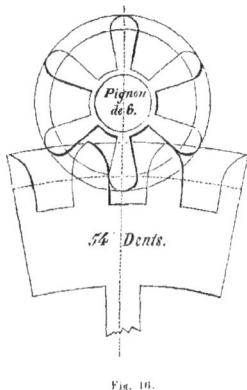

Fig. 16.

rons plus tard en quoi consistent les modifications que l'on a apportées à certains systèmes, et pourquoi on en a abandonné quelques autres.

A l'époque de F. Berthoud, les horlogers faisaient les ailes des pignons extrêmement minces; c'était pour que le point de contact se fît dans la ligne des centres, ce qui est un moyen sûr d'éviter les arcs-boutements. Les horlo-gers modernes ont modifié la forme des dents des pignons et des roues; on ne les fait plus à *grain d'orge*, parce que l'on a reconnu que ce système produisait des chutes qui, en augmentant le frottement des pivots, nuisaient à la marche et tendaient à la destruction des rouages. Les figures 16 et 17 représentent, à notre avis, les meilleu-res dentures que l'on puisse donner aux roues et aux pignons. Il serait à désirer que l'on abandonnât, autant qu'il est possible, les pignons peu nombrés avec lesquels on fait difficilement de bons engrenages. On devrait remplacer, même dans les montres ordinaires à échappement, à cylindre ou à ancre, les pignons de 6 et de 8 dents par des pignons de 10.

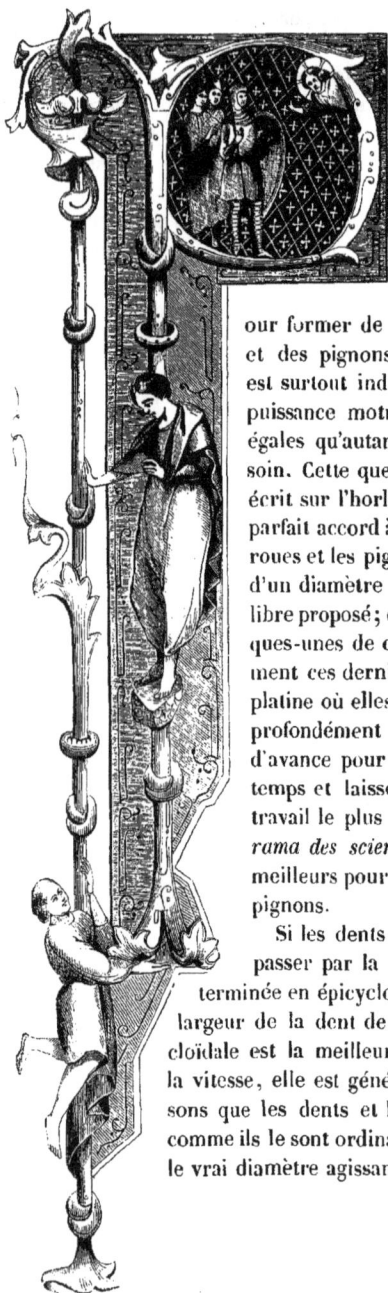

our former de bons engrenages, il est important d'avoir des roues et des pignons dans une proportion très-exacte. Cette exactitude est surtout indispensable en horlogerie, où la transmission de la puissance motrice et la communication du mouvement ne sont égales qu'autant que les grandeurs respectives sont prises avec soin. Cette question a fixé l'attention de tous les savants qui ont écrit sur l'horlogerie; mais les praticiens ne sont pas encore d'un parfait accord à cet égard. Le mode ordinaire de proportionner les roues et les pignons est d'abord de les faire, les unes et les autres, d'un diamètre un peu plus grand que celui qu'ils ont dans le calibre proposé; d'arrondir ensuite toutes les dents du pignon et quelques-unes de celles de la roue; après quoi on diminue graduellement ces dernières jusqu'à ce que, par des essais successifs de la platine où elles doivent agir, on ait trouvé qu'elles engrènent assez profondément quand leurs pivots sont placés dans les trous faits d'avance pour les recevoir. Cette pratique fait perdre beaucoup de temps et laisse à la discrétion de l'ouvrier la détermination du travail le plus délicat. Nous allons, d'après Smith (voy. le *Panorama des sciences*), exposer les principes qui nous semblent les meilleurs pour proportionner le diamètre respectif des roues et des pignons.

Si les dents doivent être arrondies, la ligne de contact devra passer par la moitié de la hauteur de la dent; mais, si elle est terminée en épicycloïde, la profondeur sera alors des trois quarts de la largeur de la dent de la roue ou du pignon; et, comme la forme épicycloïdale est la meilleure pour la transmission régulière de la force et de la vitesse, elle est généralement adoptée dans la pratique. Si nous supposons que les dents et les espaces qui les séparent sont égaux entre eux, comme ils le sont ordinairement dans les travaux d'horlogerie, nous aurons le vrai diamètre agissant d'une roue ou d'un pignon plus grand que le dia-

31

mètre des contacts (qui est quelquefois appelé diamètre géométrique) des $\frac{3}{4}$ d'une dent, ou de l'espace sur chaque côté du centre, ou 1 $\frac{1}{2}$ pour le diamètre total. Une dent ou un espace peuvent être appelés une *mesure*, et il doit y avoir, dans une roue, deux fois plus de mesures que de dents. Ces mesures de circonférence peuvent se réduire en mesures de diamètre par le rapport usuel de 3.1416 à 1; et alors, si 1 $\frac{1}{2}$ est ajouté à ces mesures de diamètre, nous aurons le diamètre agissant conve-nable, qui peut être exprimé en pouces et ses fractions quand le nombre de mesures en pouces est connu. Soit, par exemple, une roue et un pignon $\frac{8}{96}$ ayant 12 dents par pouce à la ligne des contacts; le nombre des mesures de la roue est de 2×96 ou 192, chacun mesurant $\frac{1}{24}$ de pouce. Alors 3.1416 : 1 :: 192 : 61.1. Si donc le diamètre géométrique exprimé par 61.1 mesures est augmenté de 1.5, la somme de 62.6 ou 62 $\frac{6}{10}$ sera le diamètre agissant exprimé en mêmes unités qui sont de 24" de pouces; mais 62 $\frac{6}{24}$ donne 2.6 p. pour le diamètre agissant de la roue en question. A l'égard du pignon de 8, qui doit avoir 16 mesures semblables dans sa circonférence, par la même proportion, le diamètre sera 5.09 mesures, auquel ajoutant 1.5, on aura pour diamètre agissant $5.19 + 1.5 = 6.59$; ou, avec une suffisante exactitude, 6 $\frac{6}{10}$, qui, divisés par 24, comme ci-devant, donneront $\frac{27}{100}$ d'un pouce ou un peu plus d'un quart pour le diamètre agissant du pignon.

La table suivante, suffisamment exacte pour la pratique, convient pour déterminer les grandeurs des roues et des pignons; elle a été dressée par Ferdinand Berthoud, et calculée en supposant que les dents sont des épicycloïdes et que la circonférence est au diamètre comme 3 : 1, au lieu de 3.1416 : 1.

TABLE DE LA GRANDEUR PRATIQUE DES PIGNONS.

Dents des pignons.	Mesures de la roue pour un diamètre du pignon.
3.	3 5
4.	4 1
5.	4 8
6.	5 5
7.	6 1
8.	6 8
9.	7 5
10.	8 1
11.	8 8
12.	9 5
13.	10 1
14.	10 8
15.	11 5
16.	12 1

Pour reconnaitre la manière dont cette table est construite, afin que les personnes qui le voudront puissent la continuer suivant leur besoin, multipliez le nombre des dents du pignon par 2 pour les mesures dans la circonférence, divisez par 3 pour le diamètre, et ajoutez-y $\frac{1}{5}$ pour la grandeur d'action. Ainsi, supposez le diamètre d'un pignon de neuf dents : $9 \times 2 = 18$, et $\frac{2}{16} = 6 + 1.5 = 7.5$ ou $7\frac{1}{2}$; cette dernière quantité est prise pour le calibre extérieur de la roue dont les dents sont supposées coupées, mais non arrondies; on aura $3\frac{1}{2}$ dents et 4 espaces, ou 4 dents et $3\frac{1}{2}$ espaces.

Si quelques personnes, peu familiarisées avec le calcul décimal, désirent une méthode plus commode pour trouver le diamètre des pignons, elles la trouveront dans le tableau suivant.

DIAMÈTRE PLEIN OU AGISSANT DU PIGNON.

Nombres des dents.	
4 =	deux dents pleines de la roue et l'espace entre elles.
5 =	trois dents arrondies d'un point à l'autre.
6 =	trois dents pleines sans être arrondies.
7 =	trois dents pleines et un quart de l'espace en sus.
8 =	quatre dents arrondies d'un point à l'autre.
9 =	quelque peu moins que quatre dents pleines.
10 =	quatre dents pleines.
11 =	la mesure n'est pas donnée.
12 =	cinq dents pleines.
13 =	la mesure n'est pas donnée.
14 =	six dents arrondies d'un point à l'autre.
15 =	six dents pleines.

Il est bon d'observer que la grandeur relative d'un pignon bien proportionné doit être un peu moindre pour une petite roue que pour une grande, et aussi plus petite quand il est mené que quand il mène. Pennigton ajoute deux mesures $\frac{1}{2}$ au diamètre géométrique de la roue, et $1\frac{1}{2}$ au pignon dans les montres quand la roue conduit, et $1\frac{1}{10}$ à l'une et à l'autre quand c'est le pignon qui mène.

Lorsque la distance est donnée entre les centres des deux roues d'un nombre inégal de dents, mais destinées à engrener l'une dans l'autre, leurs diamètres respectifs peuvent être déterminés par la règle suivante : comme la distance entre les centres des roues est égale à la somme de leurs deux rayons géométriques (c'est-à-dire leurs rayons aux lignes des contacts, ou les rayons qu'elles auraient si elles étaient semblables à deux rouleaux cylindriques tournant l'un par l'autre), ainsi la somme du nombre des dents dans les deux roues est à la distance entre leurs centres, prise en une espèce de mesure, comme pieds, pouces ou lignes, comme le nombre de dents dans l'une de ces roues est au rayon de cette roue prise avec la même mesure de son centre à la ligne des contacts. Nous supposons avoir besoin de deux roues d'une grandeur telle que la distance entre leurs centres soit 5 pouces, et que l'une d'elles ait 75 dents et l'autre 33 ; la somme des dents dans les deux roues est 108 ; ainsi 108 dents sont à 5 pouces comme 75 dents à 3.47 pouces; et comme 108 est à 5 comme 33 à 1.52, on voit que, du centre de la roue de 75 dents à la ligne des contacts, il y aura 3.47 pouces, et du centre de la roue de 33 dents à cette même ligne, 1.52 pouces.

Nous trouvons dans Pardington (*The clockand Watchinaker's complete Guide*) des tables pour les nombres des roues et des pignons d'une horloge ou d'un chronomètre; nous les donnons avec l'explication de l'auteur anglais, dont nous trouvons la traduction dans *l'Art de l'horlogerie*, 1 vol. in-8 publié chez Audin, Paris, 1827.

PREMIÈRE PORTION DU MOUVEMENT D'UN CHRONOMÈTRE. (TABLE I.)

Heures.	6	7	8	9	10	11	12	13	14	15	16
3	18	21	24	27	30	33	36	39	42	45	48
4	24	28	32	36	40	44	48	52	56	60	64
5	30	35	40	45	50	55	60	65	70	75	80
6	36	42	48	54	60	66	72	78	84	90	96
7	42	49	56	63	70	77	84	91	98	105	112
8	48	56	64	72	80	88	96	104	112	120	128
9	54	63	72	81	90	99	108	117	126	135	144
10	60	70	80	90	100	110	120	130	140	150	160
11	66	77	88	99	110	121	132	143	154	165	176
12	72	84	96	108	120	132	144	156	168	180	192
13	78	91	104	117	130	143	156	169	182	195	208
14	84	98	112	126	140	154	168	182	196	210	224
15	90	105	120	135	150	165	180	195	210	225	240
16	96	112	128	144	160	176	192	208	224	240	256

La table ci-dessus contient les nombres qui conviennent pour la grande roue et le pignon placé sur l'arbre de la roue de centre, ce que l'on appelle l'ensemble : « première portion de mouvement d'une horloge; » c'est la partie d'où dépend la durée de la marche du chronomètre par chaque remontage : les nombres de la colonne horizontale, la première en tête, à partir de 6 jusqu'à 16 inclusivement, représentent autant de pignons; les nombres dans la première colonne verticale à gauche, depuis 3 jusqu'à 16 inclusivement, sont les heures respectives dans lesquelles la fusée fait un tour; et les plus grands nombres commençant par 18 et finissant avec 256, dans les intersections des colonnes verticales, sont les grandes roues. Pour donner un exemple de l'usage de cette table, supposons que nous voulions faire faire à une fusée sa révolution en 12 heures, avec un pignon de 8 sur l'arbre de la roue de centre, l'intersection de

12 heures à gauche et de 8 en tête donne 96 pour le nombre de dents dans la grande roue pour produire l'effet désiré; ou autrement, si on demandait qu'un pignon pour une roue de 96 fît un tour complet en 12 heures, en cherchant au-dessus de 96 dans la colonne de 12 heures, on trouverait le pignon de 8 de la même manière pour 4 heures; et avec une roue de 48, le pignon serait de 12, *et vice versâ*.

SECONDE PORTION DU MOUVEMENT D'UN CHRONOMÈTRE. (TABLE II.)

FACTEURS.	6	7	8	9	10	11	12	13	14	15	16
4 / 15	24/90	28/105	32/120	36/135	40/150	44/160	48/180	52/195	56/210	60/225	64/240
4 2/7 / 14	84	30/98	112	126	140	154	168	182	60/196	210	224
4 1/5 / 3 1/3	27/80		36	120	45		54/160		63	200	72
4 6/13 / 13	78	91	104	117	130	143	156	60/169	182	95	208
5 / 12	20/7	35/84	40/96	45/108	50/120	55/132	60/144	65/156	70/168	75/180	80/192
5 5/11 / 11	6	77	88	99	110	60/121	132	143	154	165	176
6 / 10	30/60	42/70	80	54/90	60/100	66/110	72/120	78/130	84/140	90/150	96/160
6 2/3 / 9	5	63	72	60/81	90	99	80/108	117	26	100/135	144
7 / 8 4/7	4	40/60	56	63	70	77	84	91	98/20	105	112
7 1/2 / 8	4/48	56	60/64	72	75/80	88	80/96	104	105/112	120	120/128

Cette table donne les roues et les pignons qui conviennent pour la deuxième portion du mouvement d'un chronomètre, première partie du train; c'est celle qui effectue une multiplication par 60, et régularise la vitesse de l'aiguille des secondes en faisant faire une révolution à son arbre en une minute. On pourrait obtenir le même effet à l'aide d'une grande roue de 300 avec un pignon de 5; mais une telle construction nécessiterait un grand développement; on y substitue une combinaison de deux roues et deux pignons pour produire plus commodément le même effet : la première roue étant placée sur le centre de l'arbre des heures qui porte l'aiguille des minutes, et le dernier pignon sur l'arbre des secondes qui fait sa révolution eu une minute. La première colonne horizontale contient les pignons depuis 6 jusqu'à 16 inclusivement, comme dans la table 1, et la colonne verticale de gauche contient des couples de facteurs qui, multipliés l'un par l'autre, donnent toujours soixante pour produit. Toute paire de facteurs réunis sous une { (accolade) peut être prise à volonté, et les roues indiquées dans les espaces marqués par l'intersection des colonnes verticales et horizontales sous les pignons dont on a fait choix et opposés aux facteurs choisis pourront servir pour la seconde portion du mouvement. Par exemple, quand on emploie des pignons de 8 avec les facteurs $\begin{smallmatrix}7\frac{1}{2}\\8\end{smallmatrix}\}$, les roues que l'on trouve dans l'espace formé par l'intersection de la colonne verticale sous 8 et de la colonne horizontale dans laquelle se voient $\begin{smallmatrix}7\frac{1}{2}\\8\end{smallmatrix}\}$, sont 64 et 60; mais si les pignons choisis étaient l'un 10 et l'autre 8, alors des roues seraient ou 80 et 60, ou 75 et 64, suivant que le pignon 10 représenterait le facteur 8 ou le facteur $7\frac{1}{2}$, ce qui peut se faire indifféremment; d'où il suit que la rotation peut être $\frac{10}{80} \times \frac{8}{60}$, ou $\frac{8}{80} \times \frac{10}{70}$, ou $\frac{10}{75} \times \frac{8}{64}$, ou $\frac{8}{75} \times \frac{10}{64}$; le résultat sous le rapport d'exactitude serait toujours le même : mais, dans la construction, les roues du plus grand diamètre et du plus grand poids sont celles que l'on doit employer les premières dans le mouvement, parce que les diamètres diminuent à mesure que le mouvement monte, en raison de la diminution de la force transmise, autrement la force d'inertie des roues ne serait pas surmontée, ce qu'il est cependant nécessaire d'opérer à chaque vibration du pendule : chaque double couple de roues et de pignons convenablement choisis sur les colonnes correspondantes, étant réduite à la raison simple par la méthode ordinaire de multiplication des numérateurs l'un par l'autre, pour n'en faire qu'un numérateur, et les dénominateurs également l'un par l'autre, pour n'en faire qu'un seul dénominateur, sera égale à $\frac{1}{60}$; c'est ainsi que $\frac{10}{80} \times \frac{8}{60} = \frac{80}{4800} = \frac{1}{60}$, et que $\frac{1}{7} \times \frac{8}{64} = \frac{80}{4800} = \frac{1}{60}$, comme ci-dessus : par conséquent, si la première roue fait sa révolution en une heure, le dernier pignon fera la sienne, dans ce cas comme dans tout autre, en une minute. La diminution du diamètre de la troisième roue du mouvement peut s'effectuer de deux manières : soit en choisissant le pignon des secondes plus petit que le premier dans une colonne au pied de la table, où les facteurs sont presque de valeur égale; ou en choisissant les pignons semblables et les roues sur une des colonnes horizontales les plus hautes, où les facteurs diffèrent considérablement de valeur : c'est ainsi que $\frac{7}{60} \times \frac{6}{42}$ pris sur la colonne $\begin{smallmatrix}7\\6\\7\end{smallmatrix}\}$ et $\frac{7}{70} \times \frac{7}{42}$ pris sur la colonne $\frac{6}{42}$ sont chacun égaux à $\frac{1}{60}$; mais, dans la première portion du mouvement, le rapport de la dimension des deux roues est 60 : 42, et dans l'autre le rapport est 70 : 42, d'après lequel mode de comparaison des colonnes l'on apercevra qu'une diminution dans les diamètres de presque tout rapport donné peut être adoptée d'après cette table, tant elle offre de variété dans son étendue : elle présente une variété de 11 pignons et un choix de dix couples de facteurs qui commencent avec le rapport 4 : 15, ou 1 : 4, et finissant avec celui de $7\frac{1}{2}$: 8. Le principal soin qu'on doive avoir, c'est que chaque roue soit choisie sous le pignon qui lui correspond sur la table et contre son propre facteur. Autre exemple : dans la colonne horizontale du facteur $\frac{2}{3}$}, les pignons de 9 pourront servir pour les roues 81 et 60 : autrement on peut prendre une roue 90 avec un pignon 10, ou une roue 60 avec un pignon 9 : c'est-à-dire que toute roue doit être choisie vis-à-vis son propre facteur, pourvu que le pignon dans la même colonne au-dessus d'elle soit celui employé avec elle; de cette manière on pourrait donner un grand nombre d'exemples qui procureraient des moyens répétés de s'assurer par l'expérience des meilleurs nombres possibles pour cette partie du mouvement sans prendre la peine de faire des calculs.

TROISIÈME PORTION DU MOUVEMENT D'UNE HORLOGE. (TABLE III.)

	6	7	8	9	10	11	12	13	14	15	Vibrations par seconde.	Longueur du pendule.
12	30	35	40	45	50	55	60	65	70	75	2	9.80
15	24	28	32	36	40	44	48	52	56	60		
20	18	21	24	27	30	33	36	39	42	45		
30	12	14	16	18	20	22	24	26	28	30		
12			50				75				2½	6.27
15	30	35	40	45	50	55	60	65	70	75		
25	18	21	24	27	30	33	36	39	42	45		
30	15		0		20		30		35			
15	36	42	48	54	60	66	72	78	84	90	3	4.35
18	30	35	40	45	50	55	60	65	70	75		
30	18	21	24	27	30	33	36	39	42	45		
45	12	14	16	18	20	22	24	26	28	30		
15	42	49	56	63	70	77	84	91	98	105	3½	3.20
21	30	35	40	45	50	55	60	65	70	75		
35	18	21	24	27	30	33	36	39	42	45		
15	48	56	64	72	80	88	96	104	112	120	4	2.45
20	36	42	48	54	60	66	72	78	84	90		
24	30	35	40	45	50	55	60	65	70	75		
30	24	28	32	36	40	44	48	52	56	60		
40	18	21	24	27	30	33	36	39	42	45		
15	54	63	72	81	90	99	108	117	126	135	4½	1.935
27	30	35	40	45	50	55	60	65	70	75		
40	18	21	24	27	30	33	36	39	42	45		
15	60	70	80	90	100	110	120	130	140	150	5	1.57
25	36	42	48	54	60	66	72	78	84	90		
30	30	35	40	45	50	55	60	65	70	75		
50	18	21	24	27	30	33	36	39	42	45		

Cette table comprend la troisième portion du mouvement d'une horloge, deuxième partie du train, c'est-à-dire ce qui a trait au nombre de vibrations par seconde. Quand la vibration se fait exactement en une seconde, on n'a besoin pour cela que d'une roue avec 30 dents, parce qu'il y a une dent qui s'échappe complétement des palettes à chaque seconde vibration ; cette roue doit être placée, dans ce cas, sur l'arbre de l'aiguille des secondes, c'est pour cela qu'elle porte le nom de roue de vibration. Il conviendra aussi d'avoir une roue de 60 placée de la même manière pour les demi-secondes, une de 75 pour deux vibrations et demie par seconde, et une de 90 pour trois vibrations par seconde ; mais on trouve que ces derniers nombres sont trop élevés pour des horloges portatives, etc. ; voilà pourquoi on introduit une roue et son pignon en addition à la roue d'échappement, afin de diminuer son diamètre et de la ramener à des dimensions qui puissent convenir pour une pièce portative, et de l'allégir en sorte qu'elle n'ait que peu de force d'inertie à opposer à la force amoindrie qui agit dans cette partie du mouvement. Dans les constructions ordinaires, les deux roues sont, l'une la contre roue, et l'autre appelée la roue de couronne avec le pignon sur son arbre ; mais les roues peuvent toutes avoir la forme ordinaire des roues d'une horloge à secondes, car ce n'est pas la forme, mais le nombre de dents des roues et des pignons qui détermine la fréquence des vibrations. La colonne horizontale en tête de cette table, comme celle des deux tables précédentes, donne tous les divers pignons, depuis ceux de 6 jusqu'à ceux de 15 inclusivement ; le pignon de 16 a été omis afin de ménager de la place pour l'insertion de deux colonnes verticales additionnelles à la droite de la table : la première pour indiquer le nombre de vibrations par secondes effectuées par le pendule, et l'autre qui donne la mesure du pendule correspondant en pouces et parties décimales du pouce, prise à partir du centre de suspension jusqu'au centre d'oscillation. Ces deux conditions une fois arrêtées déterminent quelle est la colonne horizontale dans laquelle des roues doivent être prises sous un pignon donné. La colonne verticale de gauche est celle dans laquelle on trouve l'une des deux roues, et le nombre situé sur la même ligne horizontale sous le pignon donné indique quelle est l'autre ; car, puisque le produit des deux roues, divisé par le pignon sous lequel l'une des deux est située, est toujours égal à 60 dans la grande colonne la plus élevée, ou colonne de deux vibrations par seconde, il n'est d'aucune importance, pour ce qui est de l'exactitude, que ce soit l'une ou l'autre roue qui soit la roue à palettes ; la détermination à prendre à cet égard dépend de la commodité qu'on peut y trouver : de la même manière, dans la seconde grande colonne horizontale, le quotient qui résultera du produit de deux roues quelconques situées sur la même ligne prise horizontalement, l'une dans la première colonne, et l'autre sous le pignon choisi, divisé par ce pignon, sera toujours 75. Dans la troisième colonne parallèle, le quotient obtenu de la même manière sera 90 ; dans la quatrième 105, et ainsi de suite : d'où il suit que l'une quelconque des combinaisons adoptées sera toujours respectivement égale en valeur aux grands nombres simples employés pour roues à palettes sans combinaison semblable, et qui, ainsi que nous l'avons déjà dit, sont sujets à objection dans la pratique.

Donnons de cela un nouvel exemple, qui fera connaître les nombres de la table qu'il faut prendre pour un pendule à demi-secondes en employant un pignon de 8.

Dans le premier cas, on peut prendre 12 avec 40 comme nombres requis pour les deux roues; dans le second cas, 15 avec 32; dans le troisième, 20 avec 24, et enfin 30 avec 16; l'une quelconque de ces roues peut être la roue à palettes, selon que la nature de l'échappement pourra l'exiger : si l'on fait usage de l'échappement à roue de couronne, lequel nécessite un nombre impair de dents, pour que l'action ait lieu aux côtés opposés de la roue, il faut nécessairement que 15 soit la roue à palettes, et 32 l'autre roue, avec le pignon de 8 : mais, quelle que puisse être la couple de roues adoptées, la longueur effective du pendule doit, d'après la dernière colonne verticale, être de 9.80 pouces.

Maintenant, pour un pendule que l'on veut faire vibrer trois fois par seconde avec un pignon de 12 : nous avons, dans le premier cas, 15 avec 72; dans le second, 18 avec 60; dans le troisième, 30 avec 36, et enfin 45 avec 24; de manière que 15 ou 45 peuvent être indifféremment, dans ce cas, la roue de couronne, et pour un échappement différent l'un quelconque des huit nombres mentionnés. Cette faculté de choisir s'étend à tout autre pignon, depuis 6 jusqu'à 15 : dans ce cas, le pendule n'est que de 35 pouces. (Voyez, pour ce chapitre, le *Panorama des sciences*, par Smith, Pennigton, Partington, et l'ouvrage sur l'Horlogerie que nous avons cité.)

REMARQUES SUR LA MANIÈRE DE TROUVER FACILEMENT DES NOMBRES POUR LES ROUES QUI DOIVENT TOURNER DANS DES ESPACES DE TEMPS DONNÉS, LES UNES PAR RAPPORT AUX AUTRES.

Il ne sera pas inutile de dire ici quelques mots sur la partie arithmétique des engrenages, après en avoir traité la partie géométrique. Nous suivrons, dans cet exposé, les principes du savant astronome Delalande.

Si une roue dentée engrène dans une autre qui ait un moindre nombre de dents, celle-ci fera pour chaque tour de celle-là autant de révolutions que le nombre de ses dents est contenu de fois dans le nombre des dents de la première; par exemple, une roue de 64 dents fera faire à une de 12 5 tours et un tiers, parce que 64 contient cinq fois 12 et un tiers en plus : ainsi les nombres sont dans le même rapport que les durées de leurs révolutions.

Nous supposons donc une pendule ordinaire dans laquelle il y ait une roue qui tourne dans l'espace de 12 jours, et que l'on veuille y ajouter une roue annuelle, c'est-à-dire qui fasse son tour en 365 jours et un quart, ce nombre-ci contient le premier 30 fois et $\frac{1}{12}$, et de plus un quart de douzième, c'est-à-dire $\frac{1}{48}$; il faudra donc placer un pignon sur la roue qui est donnée et faire à la roue annuelle trente fois plus de dents qu'au pignon, et encore $\frac{5}{12}$ et $\frac{1}{48}$ de plus, par exemple un pignon de 48 et une roue de 1461, ou, en prenant le tiers de ces nombres, un pignon de 16 et une roue de 487.

32

Mais, lorsqu'on a des roues très-nombrées, il n'est pas facile d'apercevoir d'un coup d'œil leurs diviseurs communs pour pouvoir les réduire à de plus petits nombres, comme nous venons de le faire, par exemple, en divisant par trois les deux nombres, soit 48 et 1461. Pour trouver alors tous les nombres premiers entre eux dont le rapport peut approcher de celui que l'on cherche, on peut se servir de la méthode des fractions continues que Huyghens a employée dans son planisphère mouvant.

Elle consiste à diviser : 1° le plus grand nombre par le plus petit; 2° le premier diviseur ou le plus petit nombre par le reste de la première division; 3° le second diviseur ou le premier reste par le reste de la seconde division; 4° le troisième diviseur ou le second reste par le reste de la troisième division, et ainsi de suite : par là on forme une suite de fractions telles, que le numérateur de chacune fait une portion du dénominateur de la précédente; le numérateur de chaque fraction est toujours 1, le dénominateur est toujours le quotient de la division précédente, plus un : ainsi le dénominateur de la première fraction est le quotient du petit nombre donné, divisé par le premier reste, plus l'unité qui doit servir de numérateur à la fraction suivante.

L'exemple rendra cette démonstration plus claire : nous supposons une roue de 15 qui doit conduire une roue annuelle, c'est-à-dire lui faire faire un tour en 365^j 5^h 49^i à 525949, il faut donc trouver deux nombres applicables en pendules qui aient à peu près ce rapport.

On divise le plus grand par le plus petit, on a au quotient 584 et 349, qui restent et forment une fraction $\frac{349}{900}$. Cette fraction ne peut être réduite à de moindres termes, mais elle peut être convertie en une fraction plus simple à quelques égards, dont le numérateur soit un et dont le dénominateur soit une autre fraction : en effet, $\frac{349}{900}$ est égal à $\dfrac{1}{2 + \frac{202}{349}}$, puisque si vous divisez le dénominateur par 349, vous ne changez rien à la fraction en elle-même, mais alors le numérateur devient 1 et le dénominateur devient $2 + \frac{202}{349}$, parce que, en divisant 900 par 349, il vient 2 au quotient et 202 de reste; on peut réduire aussi la fraction $\frac{202}{349}$ en divisant le numérateur et le dénominateur par 202, ou, ce qui revient au même, en divisant 349, qui est le premier reste, par 202, qui est le second reste de la fraction $\dfrac{1}{1 + \frac{147}{202}}$. La fraction $\frac{147}{202}$ se réduit aussi en divisant le second reste 202 par le troisième, qui est 147; mettant toujours 1 au numérateur et le quotient que l'on trouve au dénominateur, on aura ainsi la fraction continue :

$$584 + \cfrac{1}{2 + \cfrac{1}{1 + \cfrac{1}{1 + \cfrac{1}{2 + \cfrac{1}{1 + \cfrac{1}{2 + \ldots}}}}}}$$

L'avantage que l'on retire de cette fraction continue, c'est d'y trouver autant d'expressions de nombres premiers entre eux, qui peuvent exprimer à peu près le rapport donné, qu'il y a de fractions, en négligeant plus ou moins de ces fractions. Si, par exemple, on les néglige toutes, excepté la première $\frac{1}{2}$, on aura $584 + \frac{1}{2}$; multipliant 584 par 2, et l'ajoutant avec 1, on aura $\frac{1169}{2}$, qui est à peu près le rapport de 525949 à 900, si on prend deux fractions $\frac{1}{2 + \frac{1}{2}}$, ce qui revient à $\frac{2}{5}$, on aura $\frac{1753}{5}$; si on en prend trois, qui vaudront $\frac{2}{5}$, on aura $\frac{2922}{5}$; en en prenant 5, qui valent $\frac{7}{18}$, on aura $\frac{10519}{18}$.

Supposant que l'on connaisse parfaitement l'arithmétique des fractions, la manière d'ajouter un nombre entier à une fraction, et de diviser un entier par une fraction : par exemple, pour réduire la fraction continue

$$\cfrac{1}{2 + \cfrac{2}{1 + 1,}}$$

on commence par réduire $2 + \cfrac{1}{1 + 1}$, c'est-à-dire $2 + \frac{1}{2}$ en multipliant le nombre entier 2 par le dénominateur de la fraction 2 pour en faire une fraction, on a $\frac{4}{2} + \frac{1}{2}$ ou $\frac{5}{2}$: on a donc, $\cfrac{1}{\frac{5}{2}}$ au lieu de la fraction continue donnée, c'est-à-dire un entier divisé par une fraction; pour simplifier cette fraction, il ne faut que mettre le 2 au numérateur, et on aura $\frac{2}{5}$, qui est la fraction simple égale à la fraction continue proposée.

Voici un exemple un peu plus compliqué : la durée de la révolution de Saturne est à l'espace d'une année comme 2640858 est à 77708431. Si l'on divise ce nombre-ci par le premier, on aura 29 au quotient et 1123549, premier reste; on divisera le premier nombre, 2640858, par ce premier reste; le premier reste par le deuxième, 393760; le deuxième par le troisième, 336029; le troisième par le quatrième, 56731; le quatrième par le cinquième, 52374; le cinquième par le sixième, 4357; le sixième par le septième, 90; le septième par le huitième, 37; le huitième par le neuvième, 16; le neuvième 16 par le dixième 5, il restera $\frac{1}{5}$; mettant toujours 1 au numérateur et le quotient au dénominateur, on aura la fraction continue

$$29 + \cfrac{1}{2 + \cfrac{1}{2 + \cfrac{1}{1 + \cfrac{1}{5 + \cfrac{1}{1 + \cfrac{1}{12 + \cfrac{1}{48 + \cfrac{1}{2 + \cfrac{1}{2 + \cfrac{1}{3 + \cfrac{1}{5}}}}}}}}}}}$$

Si nous ne prenons que les trois dernières fractions, et que nous les réduisions comme dans l'exemple précédent, nous aurons $\frac{206}{7}$ pour le rapport cherché, qui approche tellement du vrai, qu'en mettant sur la roue annuelle un pignon de 7 et donnant 206 dents à la roue de Saturne, elle ne s'écartera d'une dent qu'au bout de 1346 ans.

La méthode précédente est très-courte; mais, lorsqu'on cherche des rapports composés de plusieurs roues et de plusieurs pignons, elle ne peut suffire; on est contraint alors de chercher les diviseurs des nombres, méthode longue et pénible, mais qui devient plus courte en employant les tables de ces diviseurs.

Par exemple, si l'on veut faire mouvoir une roue annuelle ou de 8766 heures par le moyen d'une roue de 15 heures, on cherche tous les diviseurs de 8766, on ne trouve que 3,3,2, et on tombe à 487, qui n'est plus divisible, ce qui prouve qu'il faudra employer une roue de 487 : ainsi l'on pourra mettre une roue de 15 qui engrènera dans une de 487, et, pour multiplier encore par 18 (puisque 487 n'est que la 18e partie de 8766), on prendra, par exemple, un pignon de 6 avec une roue de 108 ou un pignon de 8 avec une roue de 144.

Il y a cependant encore quelques difficultés à vaincre pour approcher sensiblement des rapports que l'on ne peut avoir en nombres exacts. Le P. Alexandre a publié comme une nouveauté (dans son *Traité d'horlogerie*, p. 174) une manière de s'y prendre connue de tous ceux qui ont quelque habitude de faire des calculs : elle consiste à multiplier les deux nombres donnés par un autre nombre qui ait deux ou trois diviseurs propres à nombrer des pignons, suivant que l'on cherche deux ou trois engrenages, mais qui ait encore deux conditions, savoir, que, si on le multiplie par un des deux nombres donnés et qu'on divise le produit par l'autre nombre, la division soit presque exacte, c'est-à-dire à une ou deux unités près, et que le quotient ait deux ou trois diviseurs propres à former les nombres de deux ou trois roues. Ce procédé exige un tâtonnement fort long, mais il n'y a pas possibilité de l'abréger.

EXEMPLE.

On demande de trouver les nombres de trois roues et de trois pignons qui engrènent successivement; de sorte que la première roue tournant en 12 heures, la seconde tourne en un an : ce rapport de 12 heures à un an est exprimé par $\frac{525949}{720}$, ou bien 730 $\frac{349}{720}$.

Il faut prendre un nombre qui soit le produit de trois autres petits nombres propres à former des pignons : par exemple 392, qui est le produit de 7, 7 et 8; mais il faut que ce nombre qu'on prend soit tel, que, si on le multiplie par 349 et qu'on divise le produit par 720, le reste ne soit que 1, ou 2, ou 3, et, de plus, que ce même nombre, multipliant la fraction entière $\frac{525949}{720}$, le nombre qui en proviendra ait trois diviseurs, c'est-à dire soit le produit de trois nombres propres à former trois roues. Pour avoir un nombre qui, multiplié par 349 et divisé par 720, ne laisse que 1 de reste, il faut prendre tous les multiples de 349 et tous ceux de 720, choisir celui des multiples de 720 qui, augmenté de 1, sera égal à un multiple de 349.

Afin d'abréger cette opération, il faut considérer que les multiples de 720 augmentés de 1 finiront par 1, et que le pénultième chiffre sera un nombre pair. Ainsi l'on ne prend, parmi les multiples de 349 qui se présentent d'abord, que ceux qui ont cette condition, tels que 3141 et 10121, qui sont les produits par 9 et par 29; ceux-ci feront trouver les autres facilement, et en particulier celui que l'on cherche. En effet, 3141 étant divisé par 720 donne 41 de reste, c'est-à-dire (en y ajoutant 720) 500 de plus; on ajoutera donc toujours 500 de suite à ce reste, en ôtant 720 quand on le pourra, et on ajoutera de suite 20 au muliplicateur 29 : par ce moyen, on aura une table de tous les multiplicateurs et de tous les restes.

En jetant les yeux sur la table ci-contre, on voit qu'entre le nombre 69 et le nombre 149, qui diffèrent de 80, les restes sont diminués de 160 : la conclusion est qu'ils diminueraient encore de 160, en augmentant encore 149 de 80, c'est-à-dire qu'à 229 le reste doit être 1.

Multiplicateurs.	Restes.
9	261
29	41+720
49	541
69	321
89	101
109	601
129	381
149	161

C'est donc 229 qu'il faudrait prendre pour le produit des pignons, si ce produit avait des diviseurs; mais, comme il n'en a aucun, il n'en peut fournir : on l'augmentera de 720, ce qui fera 949; mais ce nombre-là n'a pour diviseurs que 73 et 13, qui ne peuvent fournir des pignons; d'ailleurs, quand on voudrait les employer, on verrait, en multipliant la fraction donnée par 949, que le nombre qui proviendrait, 693230 $\frac{1}{720}$, n'a pour diviseurs que les nombres 383, 181, 10, qui sont trop grands pour des roues.

Il faudra donc chercher un autre nombre, ou produit des pignons, par lequel ayant multiplié la fraction, le reste soit 2; pour cela on dispose les multiplicateurs et les restes, comme dans le premier cas, pour en former la table suivante :

On voit que les restes augmentant de 500 lorsqu'on augmente de 20 les multiplicateurs, cela suffit pour continuer la table à volonté; mais on voit aussi qu'entre 178 et 318 le reste a diminué de 100, d'où l'on conclut que le reste ne sera que de 2 quand le multiplicateur sera 458.

Multiplicateurs.	Restes.
18	522
38	302
58	82
78	582
98	362
118	142
138	642
158	422
178	202
318	102
458	2

Le nombre 458 devrait donc être le produit des pignons que l'on cherche; mais il n'a d'autres diviseurs que 2 et 229 : et, si on l'augmente de 720, il n'aura encore que 31, 19, 2, qui ne sont pas des nombres qui conviennent à des pignons. On cherchera donc enfin un produit de pignons tel qu'ayant multiplié 349 et divisé par 720, le reste soit 3 ou 4. Mais les opérations précédentes serviront à abréger l'opération; en effet :

349 multiplié par 229 et divisé par 720, reste 1.
349 — 458 — 720, — 2.

Ainsi, en augmentant les multiplicateurs de 229, les restes augmenteront toujours de 1, par conséquent :

349	multiplié par	687	et divisé par	720,	reste	3.
349	—	916	—	720,	—	4.
349	—	1145	—	720,	—	5.
349	—	1374	—	720,	—	6.
349	—	1603	—	720,	—	7.
349	—	1833	—	720,	—	8.

En essayant tous ces diviseurs l'un après l'autre, l'on aperçoit que 916 étant diminué de 720 et 1832 diminué de deux fois 720 remplissent notre objet; en effet, si l'on retranche 1440 de 1832, il reste 392, dont les diviseurs sont 8, 7, 7. Si on multiplie la fraction donnée par 392, on aura 286350, dont les diviseurs 83, 69, 50 peuvent fournir trois nombres de roues assez commodes.

On rangera comme on voudra les trois roues de 83, 69 et 50, et les trois pignons de 8, 7 et 7, pourvu que la roue de 12 heures porte un des pignons et que deux de ces roues portent les deux autres pignons. La révolution produite par ces trois roues est fort exacte; car, si l'on divise 286350 par 392, et qu'on multiplie le quotient 730 $\frac{95}{196}$ par 12^h ou 43200$''$, on aura 365^i 5^h 48$'$ 46$''$ $\frac{4}{5}$, suivant les plus exactes observations.

On pourrait faire encore bien des remarques sur la manière d'opérer dans ces sortes de combinaisons; mais tout se réduit à trouver les diviseurs d'un nombre, et l'on peut pour cela avoir recours aux tables qu'on a faites.

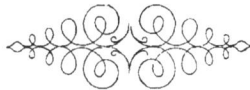

CHAPITRE VI.

DES PIVOTS ET DE LEURS FROTTEMENTS.

es pivots sont les parties des axes ou pignons sur lesquels sont fixées les roues; celles-ci reçoivent le mouvement de rotation par l'action de la force motrice.

On nomme force motrice, dans l'Horlogerie, cette puissance première qui anime les machines propres à mesurer le temps. Elle est de deux sortes : la pesanteur et l'élasticité : l'on se sert de la première par le moyen d'un poids qu'on applique aux horloges; de la seconde, par un ressort qui tient lieu de poids et que l'on adapte aux pendules et aux montres.

Il faut que les pivots aient une force suffisante pour résister à l'action du moteur; car, s'il n'en était pas ainsi, ils pourraient se ployer ou se rompre.

C'est par le moyen des pivots qu'on emploie beaucoup de mouvement dans un petit espace, mais c'est aussi par eux que l'on multiplie les frottements. Il y a tant de causes qui concourent à ces frottements, que, pour être en état d'en démêler les principales et d'estimer leur valeur, Romilly, horloger de Genève, se crut obligé de construire une machine (nous en donnerons tout à l'heure la description) avec laquelle il fit des expériences aussi curieuses qu'instructives.

Nous sommes obligé de dire ici qu'après avoir lu et commenté tous les auteurs qui ont écrit sur le frottement des pivots, tels que Bulfinger, Amoutons, Camus, Euler. Nolet, Desaguliers, Leslie et quelques autres savants modernes, nous n'avons pas trouvé entre eux une concordance qui nous permît d'établir un principe général sur la matière que nous traitons. Cependant ces auteurs, et surtout Romilly, nous ont fourni quelques documents utiles à consulter; nous les mettrons sous les yeux de nos lecteurs.

Sans connaître positivement le frottement absolu d'un pivot donné de diamètre avec sa roue, il est certain, par exemple, que, si l'on vient à varier le diamètre des pivots sans rien changer à la roue, en les rendant doubles, triples, quadruples, les frottements seront, sans erreur sensible, doubles, triples, quadruples. Nous disons *sans rien changer à la roue;* car, si on en varie la grandeur, gardant toujours la même pression par le même poids, l'on pourra augmenter le diamètre des pivots sans que la résistance paraisse avoir augmenté : d'où il suit que, les roues étant données avec leurs pivots, on peut diminuer les frottements, ou en diminuant les pivots, ou en agrandissant les roues.

Les planches 12, 13, 14, 15 et 16 représentent une machine inventée par Romilly; elle servait : 1° à faire des expériences sur le frottement des pivots relativement à leurs diamètres; 2° à faire marcher les montres dans toutes sortes de positions; 3° à porter une boussole dont l'aiguille est soutenue par deux pivots extrêmement déliés.

Planche 12, figure 1. La machine est vue en dessus; le cercle M I est un miroir qui tient au moyen de trois vis V V V.

P P P sont trois pitons qui servent à recevoir une main M (fig. 2), qui, au moyen de trois entailles E E E, s'ajuste avec les trois pitons P P P de la figure 1. Cette main est faite pour tenir un mouvement de montre ordinaire ou de répétition, et le miroir M I sert à voir marcher le balancier lorsqu'il est en dessous.

La figure 3 est une boussole qui n'a rien d'étranger que son aiguille, qui, au lieu d'être portée par un seul pivot, l'est par deux que l'on a faits autant fins que possible; car ils n'ont que la trente-sixième partie d'une ligne de diamètre.

L'avantage de cette suspension par deux pivots, c'est de supprimer tous ces mouvements étrangers au courant magnétique que prennent les aiguilles à un seul pivot : par exemple, ce mouvement oscillatoire qui se produit en elles dans le plan vertical : au lieu que par ces deux pivots l'aiguille ne peut que tourner régulièrement.

Figure 1. A B C D E F, mécanique avec laquelle on peut substituer plusieurs balanciers. D D, plaque divisée. E E, autre plaque divisée. Planche 13. S S, spiral. C C, balancier concentrique à la plaque D D divisée. E E, autre plaque divisée, portée par le piton A. S R, lame élastique dont l'extrémité R agit sur un très-petit levier perpendiculaire à l'axe du balancier. On peut, par le moyen d'un fil que l'on tire, faire décrire à la lame élastique un arc quelconque. Si l'on vient à lâcher ce fil, l'extrémité R rencontre, en passant, un petit bras de levier placé à cet effet sur l'axe du balancier, et, par le moyen de ce choc, le mouvement se communique au balancier; mais, comme le balancier porte un spiral S S, il suit qu'il fait prendre à son ressort-spiral alternativement un état forcé de contraction et de dilatation, en faisant faire par son élasticité un certain nombre de vibrations avant que de s'arrêter. Le nombre et l'étendue de ces vibrations sont d'autant plus grands que les pivots de l'axe du balancier sont plus petits, et que la tension de la petite lame S R est plus grande. C'est pour mesurer ces deux choses qu'on a placé ces deux plaques divisées D D et E E.

1 2 3 4, différents arbres dont les pivots diffèrent de diamètre et qui s'ajustent à frottement dans des canons qui sont rivés au balancier, pour les substituer aisément quand on varie les expériences.

Pl. XII.

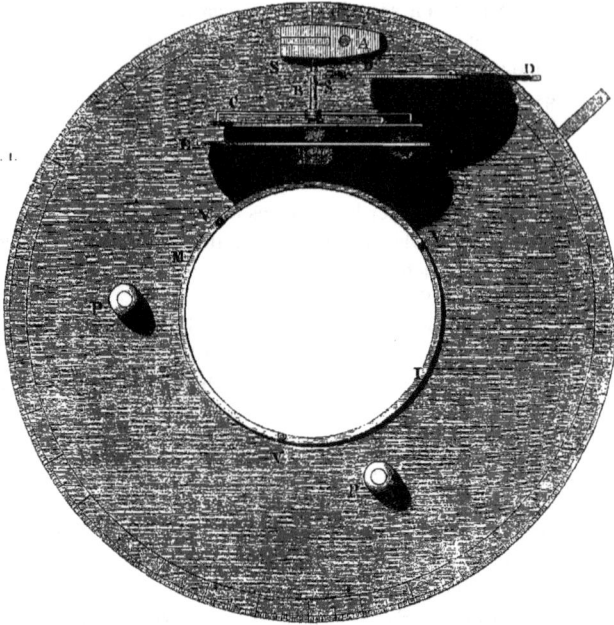

Fig. 1.

Fig. 3.

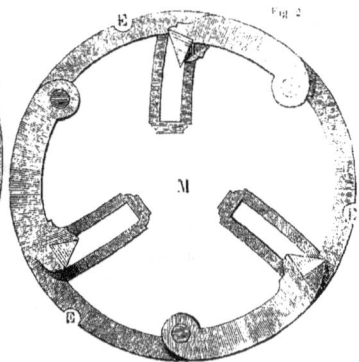

Fig. 2.

Harcourt père del.

Bisson et Cottard sc.

MACHINE POUR LES EXPÉRIENCES SUR LE FROTTEMENT DES PIVOTS.

Pl. XIII

Racinet père del.

F. Sere direxit.

MACHINE POUR LES EXPÉRIENCES SUR LES FROTTEMENTS DES PIVOTS.

Raciuet père del.

Bisson et Cottard sc.

MACHINE POUR LES EXPÉRIENCES SUR LES FROTTEMENTS DES PIVOTS.

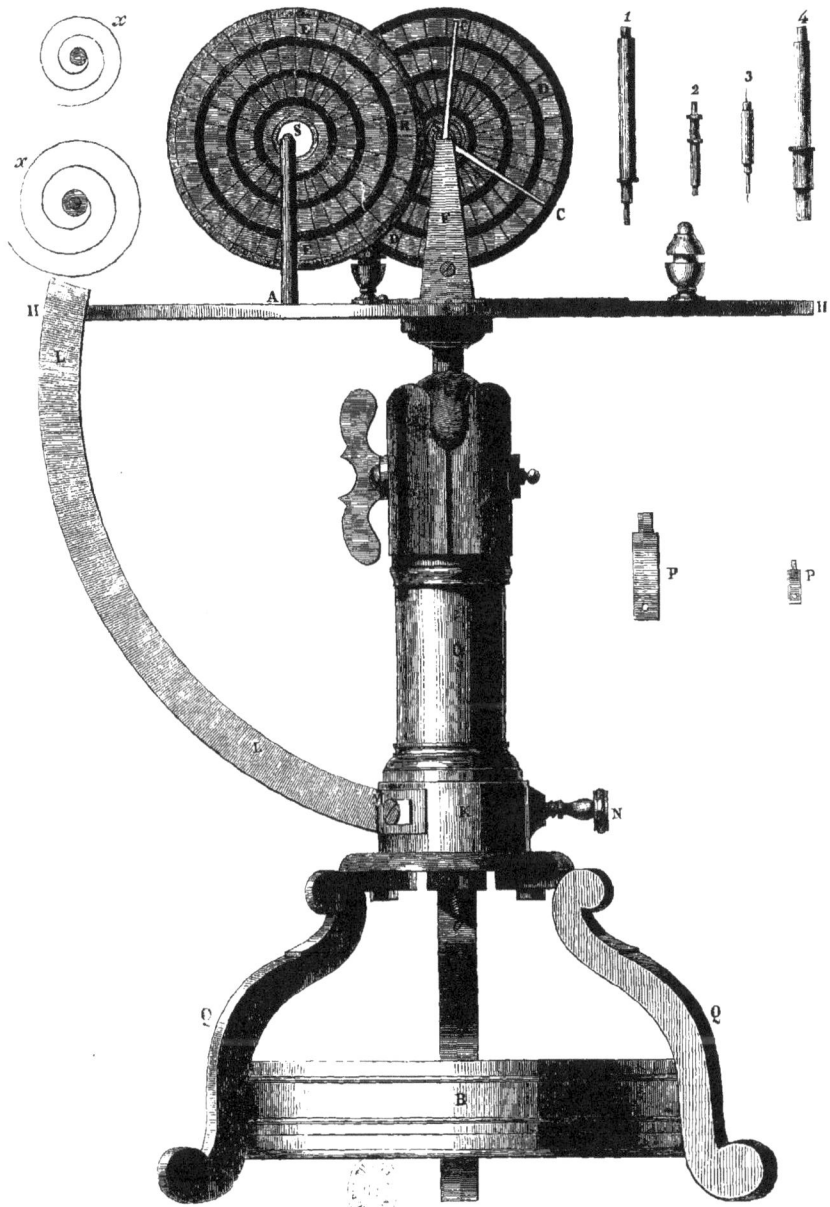

Pl. XV.

Racinet père del   Bisson et Cottard exc.

MACHINE POUR LES EXPÉRIENCES SUR LES FROTTEMENTS DES PIVOTS.

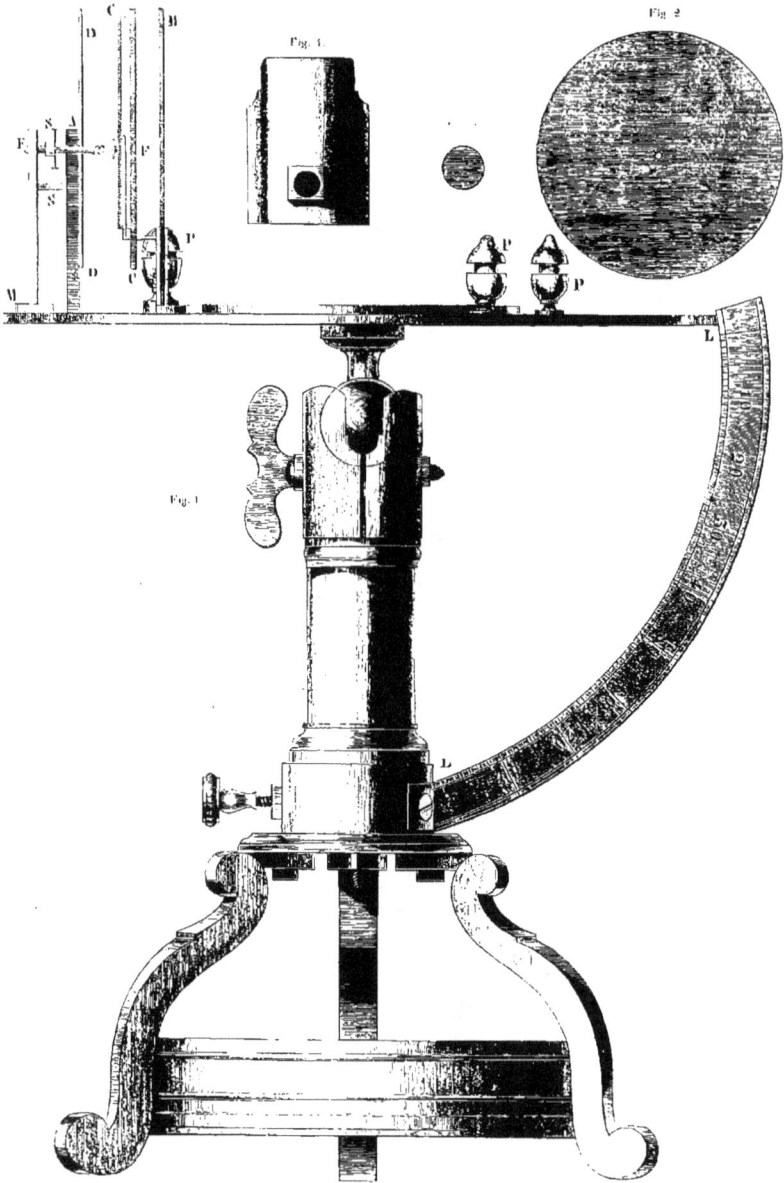

Pl XVI

Fig 2

Fig. 4.

Fig. 1

L

L

L'armel père del.   Bisson et Collard sic.

MACHINE POUR LES EXPÉRIENCES SUR LE FROTTEMENT DES PIVOTS.

XX, deux ressorts-spiraux de différentes forces qui s'ajustent sur tous les axes. PP, pitons qui se placent à frottement sur le porte-pivot F, qui reçoit dans un trou l'extrémité extérieure du ressort-spiral SS, et l'autre extrémité intérieure se fixe sur l'axe du balancier.

A l'aspect de la figure, on voit que la machine est supportée par un pied QQ, qui a un mouvement de genou en G pour donner l'inclinaison dont on a besoin; que le quart de cercle LL sert à mesurer les degrés que peut prendre le plan HH; que ce même quart de cercle LL est ajusté à frottement sur ce pied, pour pouvoir le tourner autour du plan HH. K est une virole sur laquelle est fixé le quart de cercle LL par le moyen de la vis M; et la vis N sert à fixer la virole K sur la tige OO, qui tient, par un écrou Z, sous l'entablement du pied QQ. Entre ces trois pieds est placée la boussole B, vue de profil.

Planche 14. La même machine, qui, au lieu de présenter les balanciers et les plaques divisées en face, comme dans la précédente planche, les présente ici de profil.

Figure 2, balancier plein. Figure 3, un globe plein. Figure 4, boîte séparée qui appartient au genou du pied.

SS, spiral. MM, FF, porte-pivot de l'axe du balancier. X, axe du balancier. DD, CC, plaques divisées. AA, piton qui porte la lame élastique. PPP, pitons auxquels s'ajuste la main. LL, quart de cercle divisé.

Planche 15, figure 1. Même machine vue avec la main en place qui tient un mouvement de montre et le balancier qui est réfléchi par la glace MI.

Figures 2, 3, deux balanciers.

Planche 16, figure 1. Même machine vue en dessous. Figure 2 est un compas à mesurer le diamètre des pivots; les branches ou rayons AB sont au rayon AP comme 12 est à 1, en sorte que, l'ouverture BCB étant d'un pouce, l'ouverture PCP sera d'une ligne.

KK est une vis pour ouvrir et fermer insensiblement le compas lorsque l'on a de très-petits pivots : par exemple, ceux de la boussole, qui sont des plus déliés qu'il soit possible de faire. Si on les fait passer juste par la petite ouverture pcp, et qu'on mesure l'autre ouverture sur un pouce divisé en lignes et parties de ligne, on trouvera un tiers de ligne d'ouverture : ce qui prouvera que les pivots ainsi mesurés n'avaient pour diamètre que la trente-sixième partie d'une ligne; et c'est, nous le croyons du moins, le dernier terme auquel il soit possible de réduire le diamètre des pivots.

Voici les principales expériences par lesquelles Romilly détermina le frottement des pivots en raison de leur diamètre :

Reprenant la planche 13, A, soit placé le balancier CC avec son spiral SS, on fait décrire avec la main un certain arc au balancier; mais, comme l'axe de ce balancier porte un ressort-spiral dont l'extrémité intérieure est fixée sur cet axe, et l'autre extrémité extérieure est fixée par un piton sur le porte-pivot, il suit qu'on ne saurait faire décrire un arc au balancier sans que le spiral ne prenne un état forcé de contraction ou de dilatation. Si l'on vient à abandonner ce balancier à cette force de contraction

33

ou de dilatation du spiral, la réaction de son élasticité, agissant alors, fera faire alternativement un certain nombre de vibrations avant d'être épuisée, et les arcs diminueront continuellement jusqu'à ce qu'ils s'arrêtent.

En comptant exactement le nombre des vibrations du balancier, de dix degrés en dix degrés de tension du ressort-spiral, jusqu'à 360, on trouve que le nombre de vibrations était sensiblement proportionnel aux degrés de tension que l'on a donnés au ressort-spiral; car, pour 60 degrés de tension, le balancier faisait 9 vibrations; pour 70 degrés, il en faisait 10; pour 80, 11; pour 90, 12; pour 100, 13, etc. Il est remarquable que dans cette expérience le nombre des vibrations augmente dans une proportion un peu moindre à mesure que l'on se rapproche de 360 degrés de tension.

REMARQUES SUR LE FROTTEMENT D'APRÈS LESLIE, COULOMB, ETC.

Si l'on diminue les diamètres des pivots, leur vitesse est diminuée; mais, les vitesses étant comme les rayons, les frottements sont diminués dans ce rapport.

Quand les pivots sont extrêmement petits, il est difficile de les bien tourner, c'est-à-dire de les faire bien ronds, parce qu'il se trouve de petites veines dans l'acier qui sont trop dures pour être limées. Or, ces petites veines sont aux gros pivots comme aux petits; mais elles ne gardent assurément pas la proportion des diamètres : d'où il suit que les petits pivots sont toujours moins ronds que les gros; et, étant moins ronds, ils sont dans le cas d'user davantage les trous, de sorte qu'ayant diminué le frottement par le diamètre des pivots, il en résulte un autre qui détruit plus le trou que s'il eût été plus gros : ce qui nous montre qu'il y a des limites dans la diminution des pivots pour réduire les frottements.

Leslie, dans son ouvrage sur la nature et la propagation de la chaleur, recherche, avec son habileté ordinaire, la cause du frottement. « Si deux surfaces, dit-il, frottant l'une contre l'autre, sont raboteuses et inégales, il y a nécessairement une perte de force qui est occasionnée par la rupture de leurs éminences; mais le frottement subsiste après que les surfaces sont devenues régulières et aussi unies que possible. Le poli le plus parfait ne peut produire d'autres changements que de diminuer la grandeur des aspérités. La surface d'un corps, étant déterminée par sa structure interne, doit être sillonnée, dentelée, etc.

» Le frottement s'explique ordinairement par le principe du plan incliné, d'après l'effort nécessaire pour faire monter un corps grave sur une succession de rugosités; mais cette explication, quoique fréquemment répétée, est insuffisante. La masse qui est déplacée n'est pas continuellement ascendante; il faut qu'elle s'élève et s'abaisse alternativement; car chaque éminence de la superficie doit avoir une cavité correspondante. Et, puisque la limite du contact est supposée horizontale, les élévations et les dépressions seront égales; conséquemment, si la force latérale éprouvait une diminution perpétuelle en élevant le poids, elle recevrait dans le moment suivant une augmentation égale en le laissant tomber, et ses effets opposés, se détruisant l'un l'autre, n'auraient aucune influence sur le mouvement général. »

L'adhésion semble encore moins capable de rendre compte de l'origine du frottement. Une force perpendiculaire qui agit sur un solide ne peut évidemment contribuer à empêcher ses progrès; et, quoique cette force latérale, due aux inégalités du contact, doive être sujette à une certaine obliquité irrégulière, les chances doivent se balancer et avoir la même tendance à accélérer qu'à retarder le mouvement. Si donc les surfaces restaient absolument passives, il n'y aurait jamais de frottement : son existence démontre un changement perpétuel de figures. Les plans opposés cherchent à se plier à toutes les situations qui déterminent ce contact. L'une des surfaces, étant pressée contre l'autre, devient compacte par les saillies de quelques points et le retrait des autres. Cet effet n'a pas lieu instantanément, mais suivant la nature des substances, à différentes périodes, pour arriver à son maximum. Dans certains cas, il suffit de quelques secondes; dans d'autres, il faut plusieurs jours. A mesure que la masse poussée avance, la surface change de configuration extérieure et approche plus ou moins d'une parfaite contiguïté avec la surface inférieure; de là, l'effort nécessaire pour imprimer le premier mouvement; de là aussi, la diminution du frottement, qui tend généralement à augmenter si quelque cause accidentelle ne s'y oppose. Cela est établi par les dernières expériences du savant Coulomb, les plus originales et les plus décisives qui aient été faites sur cet intéressant sujet.

Le frottement consiste dans la force dépensée pour élever continuellement la surface de pression par une action oblique. La surface supérieure marche sur un système perpétuel de plans inclinés; mais ce système est toujours changé avec une inversion alternative. Dans cet acte, le corps tombant fait des efforts continuels mais vains pour monter; car, dès qu'il a gagné la sommité des éminences de la superficie, il glisse dans les cavités qu'elles laissent entre elles : il se présente une nouvelle série d'obstacles qu'il faut surmonter de nouveau, etc.

Le degré du frottement dépend évidemment de la nature des angles des protubérances, qui sont déterminées par la structure élémentaire ou le rapport mutuel des deux substances. Le poli ne fait que raccourcir ces aspérités; il en accroît le nombre sans en altérer la courbure ou les inflexions. L'interposition d'une couche d'huile, de savon ou de suif, en s'accommodant aux variations du contact, tend à les égaliser, amoindrir ou adoucir leurs contours, en se logeant dans les cavités, et, par ce moyen, diminue le frottement.

Les poulies ont beaucoup de frottement, attendu la petitesse de leur diamètre par rapport à celle de leur axe; leur frottement augmente considérablement quand elles touchent contre leur chape ou que leur axe n'est pas bien cylindrique.

Le frottement des corps est, en général, proportionnel à leur poids ou à la force avec laquelle les surfaces frottantes se pressent entre elles : il est la plupart du temps égal à la moitié ou au quart de cette force. Quoique le frottement augmente avec la surface, il ne le fait pas en raison directe; il augmente aussi, avec quelques exceptions, comme nous l'avons dit précédemment, proportionnellement à la vitesse des corps, surtout quand on emploie, sans corps gras, des matières différentes.

D'après les expériences d'Emerson, quand un cube de bois tendre du poids de huit livres se meut sur une surface plane de bois tendre, à raison de trois pieds par seconde, son frottement est d'environ le tiers de son poids; si la surface du premier est rugueuse, le frottement est un peu moindre de la moitié; et, si les deux pièces de bois sont très-polies, il n'est environ que le quart du poids. Le frottement d'un bois doux sur un bois dur, ou d'un bois dur sur un bois doux, est d'un cinquième à un sixième de cette quantité. Celui qui a lieu sur deux bois également durs est d'un septième à un huitième; celui de l'acier poli sur l'acier poli, d'un quart, et sur du cuivre ou du plomb, d'un cinquième.

On avait supposé, dans le cas du bois, que le frottement était le plus grand quand les corps étaient tirés en sens contraire à leurs fibres; mais les expériences de Coulomb ont démontré le contraire.

Plus les surfaces restent en contact, plus le frottement est considérable. Quand du bois est mu sur du bois, selon la direction de ses fibres, il augmente si on tient les surfaces en contact pendant quelques secondes, et paraît atteindre son maximum au bout d'une minute; mais, si le mouvement est donné en sens contraire, il faut plus de temps pour que le frottement arrive à ce point. Quand le bois est mu sur métal, le rottement n'atteint son maximum que par un contact prolongé pendant quatre ou cinq jours; si la surface est frottée de suif, il faut plus de temps pour produire cet effet.

L'augmentation de frottement due à la prolongation du contact est si grande, qu'un corps du poids de 1,650 livres, et qui était mis de suite en mouvement sur une surface correspondante, par une force de 64 livres, exigeait, au bout de trois secondes, 160 livres pour le mettre en mouvement, et demandait, après six jours, 622 livres. Lorsque les surfaces des corps métalliques sont mues l'une sur l'autre, le temps qu'exige le frottement pour atteindre son maximum ne change pas par l'interposition de l'huile d'olive; il en faut davantage quand on emploie la graisse de porc, et bien plus encore lorsque l'on se sert de suif.

Quand le bois roule sur le bois, l'huile, la graisse ou la plombagine diminuent le frottement d'un tiers. Le moyeu d'une roue graissée n'a que le quart de frottement qu'il aurait si elle ne l'était pas. Lorsque l'acier poli se meut sur l'acier, le frottement est d'environ un quart du poids; sur le cuivre ou le plomb, d'un cinquième; sur le cuivre jaune, d'un sixième. Le frottement des métaux est plus considérable quand il s'exerce sur des métaux de même espèce que sur des métaux différents : ce qui paraît dû à la force supérieure de l'attraction de cohésion entre les métaux similaires. Ainsi, il faut toujours faire les parties des machines qui frottent l'une sur l'autre de différents matériaux : dans les montres et les pendules, les roues sont de cuivre et les pignons d'acier; les pivots de fer agissent sur des coussinets de cuivre jaune ou de métal de cloche. Les axes des roues doivent être aussi petits que le permet le poids qu'ils ont à supporter, parce que la diminution des surfaces en contact diminue le frottement.

D'après Coulomb, qui fit des expériences sur une grande échelle et en qui on peut avoir pleine confiance, le frottement de cylindres de gaïac de deux pouces de diamètre, et chargés de 1,000 livres, était de 18 livres ou presque $\frac{1}{56}$ du poids ou de la force de pression. Dans des cylindres d'orme, le frottement fut plus grand de $\frac{2}{3}$, et fut à peine diminué par l'interposition du suif. Une suite d'expériences sur les axes des poulies donna les résultats suivants : quand un axe de fer tourne dans un coussinet de cuivre jaune, le frottement est de $\frac{1}{6}$ de la pression ; mais quand ce coussinet était graissé avec du suif, le frottement n'était plus que de $\frac{1}{11}$, avec la graisse de porc $\frac{1}{8}$, avec de l'huile d'olive $\frac{1}{7}$. Un axe de chêne vert, tournant sur du gaïac, donnait un frottement de $\frac{1}{56}$ quand on interposait du suif; si on faisait disparaître celui-ci de manière qu'il n'en restât plus que pour couvrir la surface, le frottement allait à $\frac{1}{17}$. Quand le coussinet était en orme, le frottement était dans des circonstances semblables de $\frac{1}{33}$ et de $\frac{1}{40}$: ceci était le minimum. Avec un axe en buis et des coussinets en gaïac, il était de $\frac{1}{33}$ et de $\frac{1}{40}$; si, enfin, l'axe était de fer et les coussinets d'orme, il était de $\frac{1}{40}$ de la force de pression.

La somme des frottements dont nous venons de parler ne s'applique qu'aux machines qui sont faites sur de bons principes; la perte de la puissance qui est occasionnée par un travail grossier est incalculable, et, comme la mauvaise exécution peut rester inaperçue, on ne doit pas se livrer à un calcul conjectural lorsqu'on peut évaluer la perte réelle de la puissance par expérience.

AUTRES REMARQUES SUR LE FROTTEMENT DES PIVOTS.

On peut diminuer le frottement en rendant les pivots des roues qui se meuvent avec vitesse le plus petits qu'il soit possible;

En ne donnant à ces roues que la pesanteur relative à l'effort qu'elles ont à vaincre;

En faisant les pivots durs et leurs surfaces bien polies; et en ayant toujours le soin de les faire rouler dans du cuivre épuré et bien écroui, ou mieux dans des pierres fines, surtout pour les pivots des pièces qui constituent l'échappement.

Le frottement reste assez constamment le même toutes les fois que l'huile est également fluide ou mobile; mais, si l'huile s'épaissit, les pivots éprouvent une plus grande résistance : ce qui diminue la force que la roue ou le balancier a pour se mouvoir.

Il est très-essentiel de disposer les trous des pivots de manière que l'huile s'y conserve longtemps en certaine quantité, et que les pivots, dans leurs mouvements de rotation, ne s'usent pas; il est donc important de faire choix de bonne huile et de la renouveler assez souvent pour qu'elle n'ait pas le temps de s'épaissir, et par là, d'arrêter la montre ou de la faire varier.

Si un balancier ou une roue est trop pesante, pour que le frottement des pivots n'augmente pas en raison du poids, il faut que les pivots portent sur un plus grand nombre de parties, c'est-à-dire qu'ils soient plus longs; de cette manière, chaque petite partie du pivot ne portera pas un plus grand poids qu'il n'aurait fait si le pivot eût été plus court, et la roue ou le balancier plus léger.

Enfin, il est essentiel d'observer que, dans les frottements d'une montre ou d'une horloge à pendule, et même d'une machine quelconque, ce n'est pas tant la quantité absolue du frottement à laquelle il faut avoir égard qu'à sa constante uniformité; car, quoiqu'une machine ait moins de frottement qu'une autre, on n'en doit point conclure qu'elle est meilleure, à moins que ces frottements ne soient tels, qu'ils ne puissent pas changer par le mouvement de la machine; car sans cela il serait préférable que la quantité absolue des frottements fût plus grande, mais en même temps que le mouvement ne les altérât pas. C'est ainsi que, si on fait rouler un balancier pesant sur des pivots qui ne portent que sur des trous minces, les frottements pourraient bien être moindres en premier lieu; mais la pression du balancier ferait entrer les éminences qui sont à la surface des pivots dans les cavités de la superficie des trous : ce qui déchirerait insensiblement et la surface du pivot et celle du trou, en sorte que le trou s'agrandirait et que les frottements augmenteraient sensiblement.

Le sujet que nous venons de traiter est loin d'être épuisé; il pourrait à lui seul fournir la matière d'un gros volume. Ce n'est pas à nous à entreprendre un tel travail.

M. Wagner neveu a bien voulu nous communiquer une note intéressante sur le frottement des pivots; nous la donnons ici avec les figures qui sont utiles à la démonstration.

« Chacun sait que plus les pivots sont petits de diamètre, moins ils offrent de frottement, par conséquent de résistance dans leur mouvement de rotation; toutefois les diamètres devront être calculés en raison de l'effort qu'ils ont à supporter. Lorsqu'un pivot, roulant dans un trou bien alézé, c'est-à-dire que la paroi intérieure du trou est bien parallèle à la paroi extérieure du pivot, et qu'il se trouve bien libre, les surfaces bien rondes et bien polies, il est dans les meilleures conditions possibles; mais lorsque l'alézage n'est pas pratiqué dans la direction même de l'axe du pivot, il en résulte que celui-ci, au lieu de porter dans le fond de son coussinet (fond déterminé par la direction que lui imprime le mouvement du mobile qui le commande), porte sur les côtés du trou, comme par exemple le représente la figure 1.

» Cette circonstance engendre des pressions d'autant plus considérables, que les points en contact se trouvent plus éloignés du fond du coussinet.

» Sans entrer ici dans des démonstrations compliquées, j'indiquerai seulement dans quelle progression ces genres de frottements augmentent. Je prendrai, comme dans la démonstration de la tangente (1), le rayon du pivot pour unité de mesure.

» Ainsi, en supposant que le pivot et son coussinet (fig. 2) soient établis dans des conditions favorables et indiquées plus haut, et que, sous une pression quelconque,

---

(1) Voy. le *Mémoire sur les échappements simples usités en horlogerie*, par M. J. Wagner neveu.

le frottement que le pivot exercera sur le fond du coussinet soit égal à *a b*.....

» Si ce même pivot, au lieu de rouler dans un coussinet (ou trou) convenablement disposé, roulait sur les deux côtés du trou, qui, dans ce cas, formeraient deux plans inclinés, tel que le représente la fig. 3, le frottement, au lieu de rester *a b*, comme dans la fig. 7, sera augmenté de *b c*, intervalle qui existe entre la circonférence du

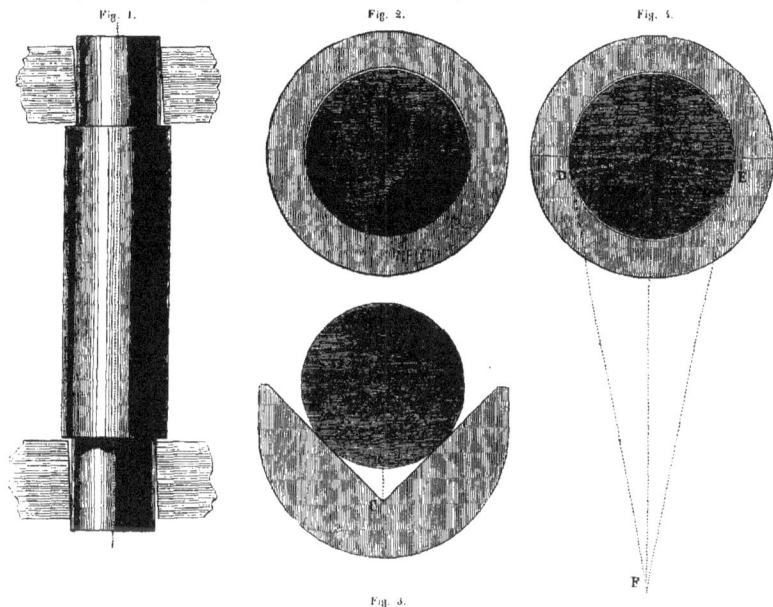

Fig. 1.　　　　　Fig. 2.　　　　　Fig. 4.

Fig. 3.

pivot et la rencontre des deux tangentes passant par les points en contact, le frotte-ment, dis-je, serait dans ce cas de *a c*.

» Plus les points contacts seront éloignés et plus cette différence sera considérable. La fig. 4 représente un exemple plus prononcé; les points contacts sont *de*, et la quan-tité de frottement qui en résulte est représentée par la ligne *a f;* si les points étaient encore plus écartés, les pressions, et par conséquent les frottements, seraient encore beaucoup plus considérables. Enfin, si les deux tangentes étaient parallèles et présen-taient une résistance absolue à leur écartement, leur pression contre les deux arêtes du pivot serait infinie.

» Cette simple indication suffira, je pense, pour convaincre les praticiens de l'im-portance d'un alézage convenable des trous. Cette circonstance explique une infinité de cas où les axes d'un rouage mus isolément et sans pression paraissent posséder toute la liberté désirable, tandis que souvent, sous l'action d'une force motrice, l'en-semble éprouve des résistances inattendues. »

CHAPITRE VII.

ARTICLE PREMIER.

MÉTHODES POUR CALCULER LES NOMBRES DES DENTS QUE LES ROUES ET LES PIGNONS D'UNE MACHINE DOIVENT AVOIR POUR QUE PLUSIEURS D'ENTRE ELLES FASSENT EN MÊME TEMPS DES NOMBRES DONNÉS DE RÉVOLUTIONS.

e sujet qui fera l'objet de ce chapitre a été traité par Camus, un des plus grands mathématiciens du dix-huitième siècle. C'est en prenant pour guide ce savant auteur que nous allons donner la solution de quelques problèmes que tous les horlogers peuvent avoir intérêt à résoudre dans la pratique de l'horlogerie usuelle, la plus généralement exécutée.

PRINCIPE FONDAMENTAL.

Soit qu'une roue conduise un pignon ou qu'un pignon conduise une roue, le nombre des tours de la roue, multiplié par le nombre de ses dents, est égal au nombre des tours que le pignon fait en même temps, multiplié par le nombre de ses ailes; en sorte que les nombres des tours contemporains de la roue et du pignon sont réciproquement proportionnels aux nombres de leurs dents.

Supposons que les nombres des dents de la roue A et du pignon F soient représentés par les lettres majuscules A F,

Et que les nombres de leurs tours contemporains le soient par les petites lettres $a f$.

Nous devons démontrer que $a \times A = f \times F$, et que par conséquent $a : f : : F : A$.

1° Le nombre des dents de la roue étant représenté par A, à chaque tour que fera la roue il engrènera dans le pignon un nombre de dents représenté par A. Ainsi, pendant que la roue fera un nombre de tours exprimé par a, il engrènera dans le pignon un nombre de dents représenté par $\times$ A.

2° Puisque F représente le nombre des ailes du pignon, à chaque tour que fera le pignon il engrènera dans la roue un nombre d'ailes représenté par F. Ainsi, pendant que le pignon fera un nombre de tours exprimé par f, il engrènera dans la roue un nombre d'ailes représenté par $f \times F$.

Mais, pendant que la roue et le pignon feront leurs révolutions contemporaines, il engrènera autant de dents de la roue dans le pignon qu'il engrènera d'ailes du pignon dans la roue. Ainsi l'on aura $a \times A = f \times F$; et, regardant les deux termes du premier membre de cette équation comme le produit des extrêmes, et les deux termes du second membre comme le produit des moyens d'une proportion géométrique, l'on aura $a : f : : F : A$, ce que nous avons avancé.

On doit conclure de cette démonstration que, si l'on a un rouage composé d'autant de roues qu'on voudra et d'un pareil nombre de pignons engrenant successivement les uns dans les autres, le même principe aura lieu pour chaque partie du rouage. Supposons quatre roues, désignées par les lettres majuscules A B C D, et les quatre pignons désignés par les lettres majuscules F G H I; nommons, de plus, par les petites lettres $a f g h i$ les nombres des tours contemporains de la roue A et des pignons F G H I, on aura, d'après la proposition précédente, pour chaque roue engrenant dans son pignon correspondant, les quatre propositions suivantes :

$$1° \ a : f : : F : A.$$
$$2° \ f : g : : G : B.$$
$$3° \ g : h : : H : C.$$
$$4° \ h : i : : I : D.$$

Multipliant ces quatre proportions par ordre, c'est-à-dire les antécédents de chaque rapport entre eux, ainsi que les conséquents aussi entre eux, selon les règles de l'arithmétique, et supprimant dans les antécédents et dans les conséquents de chaque rapport, les termes qui se répètent dans les uns et dans les autres, les termes du premier membre se réduisent à deux, a et i; les termes $f g$ et h se répètent dans les antécédents et dans les conséquents de ce rapport; l'on a la proportion composée suivante :

$$a : i : : F \times G \times H \times I : A \times B \times C \times D,$$

d'où l'on déduira l'équation

$$a \times A \times B \times C \times D = i \times F \times G \times H \times I,$$

et par conséquent $i = \dfrac{a \times A \times B \times C \times D}{F \times G \times H \times I}$

34

c'est-à-dire que le **nombre des tours** i, du dernier pignon I, sera égal au nombre des tours a, de la première roue A, multiplié par le produit des nombres des dents de toutes les roues, et divisé par le produit des nombres d'ailes de tous les pignons; de sorte que, si l'on fait $a = 1$, c'est-à-dire si la roue A n'est considérée que comme faisant un tour, le résultat de cette équation donnera le nombre de tours i que le pignon I fera pendant que la roue A achèvera un tour.

Il suit encore de cet exemple que, si l'on avait dans le rouage que l'on se proposerait d'exécuter une ou deux roues et autant de pignons de plus ou de moins que les quatre que nous avons supposés dans l'exemple précédent, il suffirait d'ajouter aux quatre proportions que notre exemple nous a fournies, et d'en retrancher le nombre suffisant pour n'en avoir qu'une pour chaque roue et chaque pignon.

Cette règle générale, bien comprise, est applicable sans exception au calcul de tous les rouages que l'horlogerie ordinaire peut réclamer, comme on va le voir par les exemples que nous allons donner.

ARTICLE II.

TROUVER LES NOMBRES DES DENTS ET DES AILES QU'IL FAUT DONNER AUX ROUES ET AUX PIGNONS D'UNE HORLOGE, PORTATIVE OU NON, QUI DOIT BATTRE LES SECONDES, C'EST-A-DIRE 3,600 VIBRATIONS A L'HEURE.

Le rouage d'une montre de poche se compose ordinairement de quatre roues et de quatre pignons : 1° la grande roue moyenne qui fait un tour toutes les heures; 2° la petite roue moyenne; 3° la roue de champ ou troisième roue; 4° la roue d'échappement. Nous désignerons ces roues par les lettres majuscules A B C D. La roue A engrène dans le pignon G, qui porte la roue B; cette deuxième roue engrène dans le pignon H, qui porte la roue C; cette troisième roue engrène dans le pignon I, rivé avec la roue D; cette quatrième roue D n'engrène dans aucun pignon, mais elle est retenue dans sa marche, à chaque dent, par la pièce d'échappement, dont il faut considérer la construction et les effets.

L'on connaît aujourd'hui trois sortes d'échappements usités dans les montres ou horloges portatives et dans les autres horloges, non portatives : 1° l'échappement à recul, tel que celui désigné sous le nom d'échappement à roue de rencontre; 2° les échappements à repos, dont le nombre est considérable; 3° les échappements à vibrations libres ou indépendantes. Dans les échappements des deux premières classes, chaque dent de la roue d'échappement produit deux vibrations lorsque la roue est simple, c'est-à-dire lorsque les dents de la roue sont taillées sur la circonférence de la même roue, comme dans un rochet; mais chaque dent ne produit qu'une vibration lorsque ces dents sont placées alternativement sur les deux surfaces de la même roue, comme dans l'échappement à chevilles de Le Paute et dans quelques autres échappements modernes.

Les échappements à vibrations libres ou indépendantes, tels que l'échappement d'Arnold et l'échappement à force constante, ne laissent passer qu'une seule dent pendant deux vibrations. Il est donc important, pour résoudre le problème que nous nous sommes proposé et pour ceux qui suivront, de connaître la nature de l'échappement que l'on doit employer, puisque c'est un élément qui doit entrer dans notre calcul. Nous serons donc forcé de donner deux solutions, chacune applicable à l'un de ces cas.

Premier cas, c'est-à-dire lorsque chaque dent produit deux vibrations. D'après le principe général, le premier membre de l'équation que nous cherchons serait :

$$\frac{A \times B \times C \times D}{G \times H \times I}$$

Mais, comme chaque dent de la roue D produit deux vibrations, nous devons multiplier D par 2, et ce premier membre devient :

$$\frac{A \times B \times C \times 2D}{G \times H \times I}$$

Mais, par une condition du problème, l'horloge doit battre 3,600 vibrations ; ce nombre doit donc devenir le second membre de notre équation, et nous aurons :

$$\frac{A \times B \times C \times 2D}{G \times H \times I} = 3600$$

En divisant le second membre par 2, pour débarrasser D de son coefficient, et faisant passer par voie de multiplication le diviseur $G \times H \times I$ dans le second membre, nous aurons :

$$A \times B \times C \times D = \frac{3600}{2} \times G \times H + I$$

et, exécutant la division, nous aurons :

$$A \times B \times C \times D = 1800 \times G \times H \times I$$

Comme nous sommes maître de donner à chaque pignon le nombre que nous voudrons, nous choisirons pour chacun d'eux le nombre 10, afin d'avoir de meilleurs engrenages, ce qui transformera notre équation en celle-ci :

$$A \times B \times C \times D = 1800 \times 10 \times 10 \times 10$$

Il ne s'agit plus que de décomposer ces quatre membres en tous leurs facteurs, c'est-à-dire en les divisant successivement par 2 autant que cela est possible, puis par 3, et enfin par 5 ; car ce sont, dans ce cas, les plus petits nombres qui puissent les diviser, et l'on écrit sur une même ligne les diviseurs qu'on a employés, ainsi qu'il suit. Divisant 1800 par 2, on obtient pour quotient 900, que l'on divise par 2, et l'on obtient 450, lequel, divisé par 2, donne 225, qui n'est plus divisible par 2; on le divise par 3, on obtient 75, lequel, divisé encore par 3, donne 25, qui n'est divisible que par 5; le quotient 5, divisé par 5, donne 1, ce qui indique que l'opération est exacte. Enfin, les trois pignons nous donnent aussi chacun 2 et 5. Nous écrivons tous ces diviseurs à côté les uns des autres : **2 2 2 3 3 5 5 2 5 2 5 2 5**, qui sont les facteurs dont on doit se servir.

Lorsque l'échappement est à roue de rencontre, on est limité par le nombre de dents, qui doit être impair. Cette limite s'étend depuis 11 jusqu'à 17; mais n'ayant, dans tous les facteurs trouvés, aucun nombre qui puisse former un de ces quatre produits, on prend 3 et 5, qui donnent 15 pour le nombre des dents de la roue d'échappement D. Il ne reste donc plus qu'à partager les autres facteurs en trois bandes, dont les produits donneront les nombres que doivent avoir les trois roues A B C.

Nous les divisons ainsi qu'il suit : 1° $2 \times 2 \times 3 \times 5 = 60$ pour la roue A;
2° $2 \times 5 \times 5 = 50$ pour la roue B;
3° $2 \times 2 \times 2 \times 5 = 40$ pour la roue C.

Notre rouage se compose donc de la manière suivante :

	Dents.	Pignons.	Tours.
A.	60		1
B.	50	10	6
C.	40	10	30
D.	15	10	120

Mais, comme chaque dent de la roue D donne deux vibrations, en multipliant 120 tours par 30, double du nombre des dents de la roue D, on a pour produit 3,600 vibrations, ce qui nous était demandé.

Dans le *second cas*, celui où la roue d'échappement ne laisse passer qu'une seule dent par chaque deux vibrations, la roue D ne doit pas avoir de coefficient dans le premier membre de l'équation primitive, et par conséquent le premier terme du second membre ne doit pas avoir de diviseur. Cette équation sera ainsi qu'il suit :

$$A \times B \times C \times D = 360 \times 10 \times 10 \times 10,$$

et, en opérant comme nous l'avons fait dans le premier cas, on obtiendra un 2 pour facteur de plus que ceux que nous avons notés. Alors, laissant toujours la roue d'échappement de 15 dents, et donnant 10 ailes à chaque pignon, on aura pour les nombres des dents des roues A = 80; B = 60; C = 50; D = 15. En exécutant l'opération indiquée page 218, on trouvera que la roue D fait 240 tours pendant un tour de la roue A, et, en multipliant 240 par 15, nombre de vibrations que la roue D fait faire au régulateur par chacun de ses tours, on trouvera, comme précédemment, pour produit, 3,600 vibrations par heure.

Remarque. — Lorsque les dents de la roue d'échappement sont moitié sur une surface et moitié sur l'autre, comme dans l'échappement à chevilles de Le Paute, on peut exécuter le calcul de deux manières : 1° si l'on compte seulement les dents sur une seule surface, on exécute, comme dans le premier cas, en donnant à la roue D le coefficient 2; 2° si l'on compte les dents sur chaque surface et qu'on les additionne, ou qu'on multiplie par 2 le nombre de dents d'une seule surface, ce qui revient au même, on exécutera l'opération comme dans le second cas, sans donner aucun coefficient à la roue D.

Cette règle est, sans aucune exception, quel que soit le nombre de vibrations qu'on veut faire battre à l'horloge. Les nombres que l'on adopte généralement pour les montres sont 14,400 pour 4 vibrations par seconde, ou 18,000 pour 5 vibrations par seconde. Il n'y a donc qu'à substituer au nombre 3,600, l'un des deux nombres que nous venons de donner, ou tel autre que l'on voudra, et changer le nombre donné des pignons, et ceux que l'on aura adoptés. Le reste de l'opération est comme nous venons de l'indiquer.

La même marche et le même calcul doivent être suivis pour trouver les dents des roues et des pignons qui doivent précéder la grande roue moyenne, lorsque l'on veut faire marcher l'horloge plus de trente heures, par exemple, 8 jours, un mois, un an, etc. On multipliera le nombre de jours proposés par 24, nombre d'heures de chaque jour, et l'on formera l'équation. Supposons qu'on veuille faire marcher l'horloge 8 jours, ce qui donnera 192 heures ou 192 tours que doit faire la roue des minutes A, pendant un tour de la roue P, on aura cette équation :

$$P \times Q, \text{etc.}, \text{etc.} = 192 \times 16 \times 12, \text{etc.}, \text{etc.},$$

en supposant que, dans ce cas, on veuille avoir deux roues et deux pignons, et l'on opérera comme ci-dessus.

Il nous reste à donner quelques éclaircissements sur l'application de cette règle, qui, comme nous l'avons dit, n'a pas d'exception quand il s'agit d'une horloge dont le régulateur est un pendule.

Toute la question se réduit à connaître la longueur qu'on peut donner au pendule; car, lorsque l'on connaît cette longueur, on trouve facilement, à l'aide de la table que nous avons donnée page 105, le nombre de vibrations que ce pendule peut battre pendant une heure. Ainsi, si la hauteur de la boîte de l'horloge, mesurée avec exactitude, est de 8 pouces ou 96 lignes environ depuis le point de suspension, on voit sur la table qu'il battra 7,700 vibrations par heure, ce qui suffit pour faire rentrer ce problème dans la solution du problème I.

Nota. La longueur du pendule étant donnée, l'inspection de la table page 105 présente dans sa première colonne le nombre de vibrations; et *vice versâ*, lorsque le nombre des vibrations est donné, on trouve dans la deuxième colonne de la même table la longueur du pendule en lignes, et dans la troisième en millimètres.

ARTICLE III.

Une pendule ordinaire exige quelques considérations particulières. Elle est composée de cinq roues et cinq pignons : la première roue est fixée au barillet qui contient le ressort; la deuxième roue porte la roue de compte, qui doit faire un tour en 12 heures. Or, comme en 12 heures la pendule doit frapper un coup par chaque demie, cette même pendule frappera 90 coups en 12 heures; elle devrait donc porter 90 chevilles pour faire sonner autant de coups; mais, comme ces chevilles seraient beaucoup trop rapprochées, on fait porter ces chevilles par la troisième roue, qui est appelée roue de *chevilles*. Cette roue porte 10 chevilles et doit, par conséquent, faire 9 tours pendant que la deuxième roue n'en fait que 1.

La quatrième roue du rouage se nomme roue d'*étoteau ;* elle porte une seule cheville et fait un tour à chaque coup de marteau. Elle prend aussi le nom de roue d'*arrêt*, parce que c'est elle qui arrête le rouage lorsque les coups de marteau déterminés par les entailles de la roue de compte sont achevés. La cinquième roue et le pignon du volant qui terminent ce rouage n'ont d'autre fonction que celle de ralentir le rouage, afin que les coups de marteau ne soient pas trop précipités pour qu'on puisse les compter.

Les nombres que l'on a généralement pour ce rouage de sonnerie sont les suivants : roue de barillet, 84 dents; deuxième roue, 72 dents, pignon, 12; troisième roue, 60 dents, pignon, 12, 10 chevilles; quatrième roue, 54 dents, pignon, 6, 1 cheville; cinquième roue, 48 dents, pignon, 6; le pignon du volant, 6 ailes.

On voit, d'après ces nombres et en calculant le nombre des tours que doit faire le pignon du volant pendant un tour de la première roue, que ce pignon fait 30,240 tours. Si l'on veut savoir combien il fait de tours à chaque coup de marteau ou pendant un tour de la roue d'*étoteau*, on trouvera 72 tours. On sait qu'on augmente ou qu'on diminue la vitesse du dernier pignon en faisant les ailes du volant plus étroites ou plus larges.

Les mêmes calculs qui nous ont servi pour la solution des problèmes précédents ont servi pour résoudre celui-ci; il nous a suffi de savoir qu'on voulait que le volant fît 30,240 révolutions pour une de la première roue; et en nous astreignant à remplir les conditions imposées pour la deuxième, la troisième et la quatrième roue.

Puisque, d'après les nombres donnés, la première roue de 84 dents fait un tour en trois jours et demi, il suffira d'avoir un ressort qui fasse cinq tours pour que la pendule marche dix-sept jours et demi pendant le développement du ressort (voy. *Éléments de mécanique statique*, liv. II, par Camus, Seb. Lenormand, Francœur, etc.).

ARTICLE IV.

La suspension par un fil de lin ou de soie fut la première que l'on employa pour le pendule; mais on ne tarda pas à inventer et à employer de préférence les suspensions à ressorts, à rouleaux et à couteau.

La suspension à ressorts fut inventée par Guillaume Clément, horloger de Londres; Huyghens en fit usage dans la plupart de ses pièces astronomiques. Cette suspension ne se composait d'abord que d'une seule lame d'acier très-mince, assez étroite, et proportionnée pour sa longueur à celle du pendule qu'elle était destinée à supporter. Plus tard on fit cette suspension de deux lames également minces et étroites, et fixées à leurs extrémités par deux espèces de mâchoires en cuivre. F. Berthoud et son chef d'atelier, Martin, améliorèrent beaucoup ce genre de suspension.

Sully, ingénieux artiste, employait, pour le régulateur de ses pendules et montres marines, une suspension que l'on nomma *à rouleaux*. On peut voir la description de ce genre de suspension dans la plupart des ouvrages sur l'horlogerie qui furent publiés au dix-huitième siècle.

La suspension dite *à couteau*, qui fut longtemps en usage en France et surtout en Angleterre, est aujourd'hui tout à fait abandonnée; elle avait le double inconvénient d'avoir souvent besoin d'huile et de s'user facilement.

Toute l'attention des praticiens modernes doit donc se porter exclusivement sur la suspension à ressorts; on doit s'attacher à en tirer le meilleur parti possible dans l'intérêt de l'art.

La question de la suspension du pendule est considérée par tous les artistes comme étant extrêmement importante; elle a occupé un grand nombre de savants. M. Laugier, membre de l'Académie des sciences, a fait sur ce sujet un mémoire fort remarquable. Nous allons le reproduire ici avec la table qui l'accompagne. Ce mémoire a été communiqué à l'Académie des sciences dans sa séance du 14 juillet 1845, et il a été l'objet d'un rapport très-favorable.

MÉMOIRE SUR L'INFLUENCE DU RESSORT DE SUSPENSION SUR LA DURÉE DES OSCILLATIONS DU PENDULE, PAR M. LAUGIER.

« Les irrégularités dans la marche des pendules exercent une trop grande influence sur les résultats déduits des observations faites aux instruments méridiens pour qu'on doive s'étonner que divers astronomes, que M. Bessel, entre autres, en aient fait l'objet de leurs méditations. Dans son dernier voyage à Paris, l'illustre directeur de l'observatoire de Kœnigsberg recommanda au célèbre constructeur de chronomètres, M. Winnerl, de rechercher avec soin les conditions pratiques de l'isochronisme du pendule. M. Bessel croyait qu'un pareil travail exigerait, par sa délicatesse, l'emploi de tous les moyens de précision dont on dispose seulement dans les grands observatoires. D'après la désignation de M. de Humboldt, l'habile artiste réclama mon concours. Le sujet intéressait trop l'astronomie pour que je pusse hésiter. Telle est l'origine du mémoire que j'ai l'honneur de présenter à l'Académie. Nous avons fait en commun, M. Winnerl et moi, toutes les expériences qui y sont discutées. Je me plais à déclarer qu'il m'eût été difficile de trouver un collaborateur plus habile et plus scrupuleux.

» L'horloge astronomique semble avoir atteint, de nos jours, le dernier degré de perfection; les artistes consciencieux avoueront cependant qu'ils ne sont pas toujours certains de réussir dans l'exécution de ces machines délicates, et qu'après avoir pris les précautions les plus minutieuses ils arrivent parfois à des résultats qui laissent encore beaucoup à désirer; au contraire, il n'est pas rare de rencontrer des pendules médiocrement exécutées qui offrent dans leur marche une précision tout à fait extraordinaire. Ces singulières anomalies sont attribuées à des compensations qui se produisent accidentellement entre le régulateur, le rouage et le moteur, dans des circonstances qui n'ont pas encore été suffisamment étudiées.

» Parmi les pièces qui composent une horloge, une des plus importantes est celle qui sert à suspendre le pendule; elle a sur son mouvement une influence immédiate. Aussi, depuis l'époque où Huyghens appliqua le pendule aux horloges, le mode de suspension a-t-il été un sujet d'études pour les astronomes et les artistes. Dès ses premiers essais Huyghens s'était aperçu que les oscillations du pendule n'étaient pas isochrones, de sorte qu'une diminution dans la force motrice, en rendant l'amplitude plus petite, faisait avancer l'horloge. Pour obvier à cet inconvénient, il imagina de suspendre le pendule à l'aide d'un fil qui, dans le mouvement, s'appliquait alternativement sur deux lames courbées en cycloïdes. Il avait reconnu que le centre de gravité d'un tel pendule devait décrire un arc de cycloïde, et que, par conséquent, la durée de ses oscillations était indépendante de l'amplitude. Ce mode de suspension, digne du génie de Huyghens, offre dans la pratique des difficultés qui, malheureusement, n'ont pas été surmontées. Le pendule cycloïdal a donc été abandonné. On imagina ensuite les suspensions à ressort et à couteau; ce sont les seules actuellement en usage.

» Nous nous proposons dans ce mémoire d'étudier la suspension à ressort, et d'indiquer le parti qu'on en peut tirer pour produire l'isochronisme des oscillations du pendule dans les limites qui dépassent de beaucoup les besoins de la pratique. L'idée de faire concourir le ressort de suspension à l'isochronisme des oscillations du pendule n'est pas nouvelle : elle se trouve exposée avec quelques détails dans l'*Histoire de la mesure du temps*, par Ferdinand Berthoud; mais on n'a pas fait jusqu'ici d'expériences concluantes pour en démontrer l'efficacité. Ferdinand Berthoud lui-même ne paraît pas avoir attaché une grande importance à cette idée, car il employait habituellement la suspension à couteau, et, dans son *Essai sur l'horlogerie*, il rejette la suspension à ressort comme défectueuse et comme laissant au mouvement du pendule moins de liberté que la suspension à couteau.

» M. Frodsham, horloger anglais, justement renommé pour l'excellence de ses chronomètres, est le seul qui se soit occupé de ce sujet sous le point de vue de la pratique; il a consigné le résultat de ses recherches dans un mémoire lu à la Société royale en 1838; mais, dans ses expériences, il n'a jamais séparé le pendule du rouage, ce qui empêche de distinguer l'effet produit par le ressort de l'influence variable du poids moteur sur l'échappement. L'isochronisme qu'il a pu réaliser résultait d'un équilibre favorable établi momentanément entre la force du ressort et le frottement de la roue d'échappement sur les repos de l'ancre, de sorte qu'il ne pouvait être pour ainsi dire qu'accidentel et de courte durée.

» Ces objections ont été présentées par M. Bessel dans le numéro 465 du *Journal astronomique*, de M. Schuhmacher, et il s'en sert pour expliquer comment il se fait que les artistes qui ont voulu répéter les expériences de M. Frodsham ne sont pas arrivés aux mêmes résultats que lui. M. Bessel ajoute : « Quoique le pendule de M. Frodsham » ne soit pas réellement isochrone, cela ne prouve rien contre la possibilité de don- » ner cette propriété au pendule; au contraire, cette possibilité ressort évidemment » du mouvement du pendule cycloïdal, dont les oscillations, grandes ou petites, s'ac- » complissent en temps égaux. Il n'y a donc d'autres dispositions à chercher pour » produire l'isochronisme que celles qui le produiraient sûrement dans toutes les cir- » constances sans faire naître aucun inconvénient. Ce problème est, à mon avis, le » plus important que puissent résoudre ceux qui cherchent à donner aux horloges le » dernier degré de perfection. »

» Nous rapportons ici ce passage du mémoire de M. Bessel, parce qu'il indique dans quel sens doivent être dirigées les expériences, et qu'il explique, en outre, l'insuccès de ceux qui ont cherché l'isochronisme en dehors du mouvement même du pendule, et qui l'ont obtenu, soit par la pression de la roue d'échappement sur les repos de l'ancre, soit par les courbures plus ou moins grandes données aux surfaces de ces repos.

» Ce genre d'isochronisme n'était que momentané; il devait nécessairement éprouver des variations analogues à celles qui se produisent dans le frottement; mais, si le mouvement du pendule était isochrone *dans son essence*, l'action du rouage ne modifierait pas sensiblement cette propriété.

» Guillaume Clément, horloger de Londres, auteur de plusieurs perfectionnements importants, paraît avoir employé le premier la suspension à ressort : il rechercha toujours les ressorts les plus flexibles, afin de laisser au mouvement du pendule le plus de liberté possible. Cette flexibilité est encore aujourd'hui recommandée par les horlogers, et, pour l'obtenir, ils donnent au ressort de suspension une assez grande longueur : son action est cependant d'autant plus sensible que sa longueur est plus petite;

et cette seule considération aurait dû faire sortir de la voie ordinaire ceux qui préco-
nisaient la suspension à ressort, à cause de l'influence même de ce mode de suspension sur le mouvement du pendule. Si l'on réfléchit à la manière dont s'exécute le
mouvement du pendule, on voit que deux effets distincts concourent à son isochronisme : le premier tient à la flexion du ressort, qui, à chaque instant, diminue d'autant plus la longueur du pendule qu'il s'écarte davantage de la verticale; le second,
qui paraît être le plus considérable, est causé par la résistance du ressort, il ajoute à
l'intensité de la pesanteur un terme variable avec l'amplitude et augmentant sans cesse
avec elle. Ce terme diminue toujours la durée des oscillations et a d'autant plus d'influence que l'amplitude est plus considérable. On conçoit d'après cela qu'en choisissant convenablement le ressort de suspension, ce double effet, dû à sa flexion et à sa
résistance, puisse en chaque point de l'arc décrit par le centre de gravité du pendule
être égal à la différence qui ordinairement se manifeste entre les durées des oscillations suivant l'amplitude; en d'autres termes, on conçoit que ce double effet puisse
varier de manière à rendre le pendule isochrone. Si la force du ressort est très-faible
relativement au poids de la lentille, les oscillations auront une durée moindre dans
les petits arcs que dans les grands; comme il arrive ordinairement; mais, si l'on
augmente la force du ressort, il peut se faire que la durée des oscillations diminue
lorsque augmente l'amplitude dans de certaines limites, de sorte que l'on aura pour
ainsi dire dépassé l'isochronisme.

» Nos expériences ont confirmé la justesse de ces considérations, car elles ont réalisé les différents cas qui viennent d'être énumérés; on peut s'en convaincre en jetant
un coup d'œil sur le tableau où nous avons réuni tous les résultats de nos observations. Nous allons maintenant donner quelques détails sur l'appareil que nous avons
employé et sur la méthode que nous avons suivie.

» Le pendule qui a servi pendant toute la durée des expériences est formé d'une
règle de sapin de 1 mètre de longueur, de 5 centimètres de largeur et de 6 millimètres
d'épaisseur. Une des extrémités de la règle, portant une pièce de cuivre taraudée,
peut être fixée par une vis au centre même de la lentille; l'autre extrémité, également garnie de cuivre, peut s'accrocher à la pièce de suspension. On sait que le sapin
éprouve de si légers changements de longueur par des variations de température
assez considérables, qu'il a été proposé pour remplacer les grilles métalliques destinées à produire la compensation; nous avons eu soin d'ailleurs d'opérer à des températures peu différentes, et des thermomètres placés dans la cage destinée à préserver
le pendule des courants d'air ont varié de 18 à 23 degrés centigrades pendant toute la
durée de nos expériences. Ainsi l'on peut considérer notre pendule comme ayant été
indifférent aux variations de température.

» L'appareil de suspension consiste en deux lames élastiques d'acier trempé, dont
chaque extrémité, traversée par de petites goupilles, est pincée fortement entre deux
plaques de cuivre vissées l'une contre l'autre; les deux plaques de l'extrémité inférieure

du ressort portent un axe auquel le pendule peut être accroché, et celles de l'extrémité supérieure font corps avec un chevalet en cuivre épais de 17 millimètres et dont
le diamètre a 22 centimètres de longueur. Ce chevalet a été fixé au mur avec une
extrême solidité à l'aide d'un fort crochet en fer, qu'on y avait profondément scellé, et
de trois vis situées à 120 degrés de distance qui, prenant leurs points d'appui sur le
mur lui-même, maintenaient le chevalet contre la tête du crochet. Nous insistons sur
ces détails pour qu'on ait une entière sécurité relativement à la fixité de la suspension, d'où dépend en grande partie l'exactitude des résultats.

» L'action du ressort de suspension est liée directement au poids de la lentille oscillante; aussi, afin d'étudier cette action, nous avons fait usage de quatre lentilles en
cuivre des poids de 2, 4, 6 et 8 kilogrammes, et de deux ressorts pris dans le même
morceau d'acier trempé : comme nous venons de le dire, chaque ressort de suspension se compose de deux lames élastiques. Celles qui constituent le premier ressort
ont $\frac{24}{100}$ de millimètre d'épaisseur, 5 millimètres de largeur et 1 millimètre de longueur; ce ressort a été successivement combiné avec les quatre lentilles. Les deux
lames qui forment le second ressort ont même épaisseur et même largeur que les
premières; leur longueur est de 3 millimètres. Ce second ressort a été combiné avec
les lentilles de 4, 6 et 8 kilogrammes. Nous avons eu ainsi sept pendules, que l'on a
fait osciller chacun un grand nombre de fois dans les amplitudes de 1, de 3 et de
5 degrés.

» Pour observer la durée des oscillations du pendule dans une amplitude déterminée, dans l'amplitude de 5 degrés, par exemple, on commençait l'expérience lorsque
l'amplitude était de 7 degrés, et on la terminait lorsqu'elle était de 3 degrés; de sorte
que le pendule pouvait être considéré comme ayant oscillé dans l'amplitude *moyenne*
de 5 degrés. Nous nous sommes assurés, en scindant la série en plusieurs parties, que
la petite erreur que l'on commettait en opérant ainsi, inférieure de beaucoup aux
erreurs des observations, était tout à fait négligeable. Les amplitudes extrêmes que
l'on a choisies étaient 4 et 2 degrés pour l'amplitude moyenne de 3 degrés, et de
1 $\frac{1}{2}$ et $\frac{1}{2}$ degré pour l'amplitude moyenne de 1 degré.

» La méthode que nous avons suivie pour déterminer exactement la durée du nombre d'oscillations que faisait le pendule libre dans une certaine amplitude, consiste à
le comparer un grand nombre de fois, au commencement et à la fin de chaque série,
avec une horloge dont la marche était déterminée par des observations astronomiques.
Un compteur réglé sur le pendule en expérience et placé à côté de lui indiquait à chaque instant le nombre de ses oscillations. On peut se convaincre, d'après l'accord qui
existe entre les différentes observations, de l'exactitude du résultat définitif. Le nombre des oscillations dans chaque expérience ne dépassant guère 2,000, nous avons
choisi la durée de 2,000 oscillations pour terme de comparaison : de cette manière,
les erreurs d'observation ont conservé leur véritable grandeur dans les résultats que
nous publions et la comparaison peut en être faite immédiatement.

» Ce sont les nombres exprimant la durée de 2,000 oscillations qui figurent dans le tableau que nous avons dressé. On y verra que, pour les quatre premiers pendules, la durée des oscillations est moindre dans les grandes amplitudes que dans les petites, et que la différence est d'autant moindre que le poids de la lentille est plus considérable. On aurait sans doute obtenu l'isochronisme si l'on eût opéré avec des lentilles de plus en plus lourdes.

» Les pendules numéros VI et VII, au contraire, exécutent des oscillations d'autant plus lentes que l'amplitude est plus grande; de sorte que les ressorts, qui, combinés avec les lentilles de ces deux pendules, produiraient l'isochronisme, devraient, si l'expression nous est permise, avoir des propriétés intermédiaires entre celles des deux ressorts dont nous nous sommes servis. On remarquera enfin que le pendule numéro V offre l'exemple d'un isochronisme presque rigoureux dans les amplitudes comprises entre 1 et 5 degrés. Quoique ce résultat n'ait été obtenu que pour un nombre d'oscillations peu différent de 2,000, il n'est pas douteux qu'on puisse l'étendre à un nombre quelconque d'oscillations; puisque, d'après nos observations, on peut à volonté se tenir en deçà de l'isochronisme, ou le dépasser de beaucoup.

» Il résulte donc de ces expériences que le poids de la lentille fixée à une règle de sapin étant donné, on peut trouver un ressort de suspension qui rende le pendule isochrone.

» Il sera certainement très-intéressant de connaître la loi mathématique qui lie la force du ressort au poids de la lentille; mais peut-être ne dispensera-t-elle pas d'avoir recours à l'expérience pour déterminer le poids de la lentille, qui, avec un ressort donné, rendra un pendule isochrone. En effet, la constitution moléculaire de ce ressort et le degré de trempe qu'il a reçu sont des éléments fort importants qu'il est bien difficile d'apprécier numériquement. Pour faire ressortir leur influence, nous prîmes un ressort dont les dimensions étaient exactement les mêmes que celles du second ressort, et nous le substituâmes à celui-ci dans la cinquième expérience, pour laquelle l'isochronisme existe à très-peu près; cette observation fut décisive. Avec ce ressort de mêmes dimensions, mais qui avait été tiré d'un autre morceau d'acier, la différence entre les durées de 2,000 oscillations dans les amplitudes de 1 et de 5 degrés s'éleva à trois dixièmes de seconde.

» Quoi qu'il en soit, les artistes préféreront peut-être procéder expérimentalement. Si l'on dirige bien les essais, on peut en quelques jours rendre un pendule isochrone. Comme il est indispensable que la position du ressort soit tout à fait invariable, il vaut mieux faire porter les tâtonnements sur le poids de la lentille en conservant toujours le même ressort de suspension. Pour faire l'expérience plus commodément, on pourra se servir d'une lentille composée de plusieurs bandes parallèles que l'on remplacera à volonté par d'autres plus ou moins lourdes. Il est à peine nécessaire d'ajouter que le pendule en expérience devra être à compensation, afin qu'on n'ait rien à craindre des changements de température. Bien que la résistance de l'air ne soit pas constante comme ses variations sont peu considérables, l'influence qu'elle exerce sur le mouvement du pendule est à peu près négligeable; on pourrait cependant en tenir compte en employant le moyen qu'indique M. Bessel dans le mémoire déjà cité.

» Le pendule une fois rendu isochrone, il est important, lorsqu'il sera réuni au rouage, que l'échappement lui transmette la force du moteur sans nuire à la liberté de son mouvement; et surtout sans changer la nature de ses oscillations, sans quoi on perdrait le bénéfice de l'isochronisme.

» Il ne faut donc pas employer l'échappement à ancre actuellement en usage dans les horloges astronomiques; car, comme il est constamment en contact avec le pendule, il est impossible qu'il ne gêne pas son mouvement : de plus, pour diminuer les frottements de la roue sur les repos, on est obligé d'employer l'huile, qui est une cause incessante de variations.

» L'échappement à vibrations libres, comme son nom l'indique, semble devoir remplir les conditions exigées : il n'est en communication avec le pendule que pendant la très-courte durée de l'impulsion, et il a en outre l'avantage de fonctionner sans huile.

» Au surplus, en supposant que cet échappement altérât sensiblement l'isochronisme, on pourrait déterminer son influence expérimentalement, et ensuite, au lieu de rechercher l'isochronisme pour le pendule libre, on ferait en sorte que la durée de ses oscillations dans les diverses amplitudes s'éloignât de l'égalité d'une quantité égale à celle que produirait l'échappement, mais de signe contraire; de cette manière, le pendule, qui, libre, ne serait pas isochrone, acquerrait cette propriété dès qu'il oscillerait en communication avec l'échappement.

» Ces essais préliminaires ne sembleront pas difficiles aux constructeurs de chronomètres : car ils procèdent d'une manière analogue lorsqu'ils cherchent à rendre isochrones les oscillations du balancier à l'aide du ressort spiral, et l'on sait à quel degré de précision ils sont arrivés sous ce rapport; ils ne regretteront certainement pas le temps qu'ils auront employé à suivre la méthode que nous venons d'exposer, si l'isochronisme qu'ils obtiendront doit avoir, pour le perfectionnement des horloges astronomiques, la même importance que la découverte de Pierre Le Roy pour celui des montres marines.

TABLEAU RÉSUMÉ DES EXPÉRIENCES.

	DURÉE DE 2000 OSCILLATIONS exprimées en secondes sidérales.				DURÉE DE 2000 OSCILLATIONS exprimées en secondes sidérales.		
	Amplitude de 1 degré.	Amplitude de 3 degrés.	Amplitude de 5 degrés.		Amplitude de 1 degré.	Amplitude de 3 degrés.	Amplitude de 5 degrés.
	s.	s.	s.		s.	s.	s.
	1976,91	1975,73	1974,48		2024,94	2024,99	2024,99
	1976,83	1975,78	1974,43		2024,94	2025,04	2024,96
	1977,21	1975,74	1974,26		2024,97	2024,97	2025,02
	1977,13	1975,70	1974,47		2024,93	2025,01	2025,01
EXPÉRIENCE N° I. Lentille de 2 kilog. Ressort (A).	1977,05	1975,86	1974,17	EXPÉRIENCE N° V. Lentille de 4 kilog. Ressort (B).	2024,97	2024,99	2024,98
	1977,00	1975,90	1974,46		2024,95	2025,00	2025,00
	1976,90	1975,89	1974,16		2024,96	2024,94	2024,99
	»	1975,98	1974,55		2024,98	2025,02	»
	»	1976,08	1974,48		»	»	»
	»	»	1974,39		»	»	»
	»	»	1974,26		»	»	»
Moyennes	1977,00	1975,86	1974,37	Moyennes	2024,96	2024,99	2024,99
	2010,43	2009,85	2008,99		2030,30	2030,37	2030,36
	2010,52	2009,77	2008,93		2030,28	2030,35	2030,38
EXPÉRIENCE N° II. Lentille de 4 kilog. Ressort (A).	2010,60	2009,85	2008,90	EXPÉRIENCE N° VI. Lentille de 6 kilog. Ressort (B).	2030,28	2030,36	2030,39
	2010,67	2009,74	2008,96		2030,27	2030,32	2030,38
	2010,57	2009,98	2008,88		2030,29	2030,32	2030,37
	2010,51	2009,84	2008,91		2030,26	2030,34	2030,37
Moyennes	2010,55	2009,84	2008,93	Moyennes	2030,28	2030,34	2030,37
	2020,30	2019,75	2019,25		2034,82	2034,91	2034,98
	2020,32	2019,79	2019,34		2034,81	2034,94	2035,00
	2020,31	2019,73	2019,21		2034,83	2034,91	2034,99
	2020,25	2019,94	2019,25		2034,80	2034,90	2035,00
EXPÉRIENCE N° III. Lentille de 6 kilog. Ressort (A).	2020,34	2019,79	2019,31	EXPÉRIENCE N° VII. Lentille de 8 kilog. Ressort (B).	2034,81	2034,93	»
	2020,32	2019,82	2019,49		2034,79	2034,91	»
	2020,33	2019,85	2019,35		»	2034,92	»
	»	2019,74	2019,44		»	»	»
	»	2019,82	2019,38		»	»	»
	»	2019,80	2019,38				
Moyennes	2020,31	2019,80	2019,34	Moyennes	2034,81	2034,92	2034,99
	2027,03	2026,60	2026,32				
	2027,01	2026,66	2026,42				
EXPÉRIENCE N° IV. Lentille de 8 kilog. Ressort (A).	2027,04	2026,72	2026,40				
	2027,09	2026,69	2026,31				
	2027,05	2026,66	2026,44				
	2027,02	2026,74	2026,39				
	»	2026,71	2026,35				
Moyennes	2027,04	2026,68	2026,38				

Nota. Le ressort (A) a 5 millimètres de largeur, $\frac{34}{100}$ de millimètre d'épaisseur et 1 millimètre de longueur.

Le ressort (B) a même largeur et même épaisseur que le premier ressort; sa longueur est de 3 millimètres.

L'amplitude est le double de l'angle que fait le pendule avec la verticale.

CHAPITRE VIII.

ARTICLE PREMIER.

DES ÉCHAPPEMENTS.

Les échappements sont une des parties les plus essentielles d'une montre ou d'une horloge, et nous regrettons vivement qu'aucun traité complet n'ait été fait sur cette matière par un des savants horlogers qui se sont succédé, en Europe, depuis le dix-septième siècle jusqu'à nos jours. Nous n'avons pas la prétention de venir ici remplir cette lacune : ce sujet comporterait à lui seul plusieurs volumes, qui ne seraient accueillis favorablement que s'ils étaient signés par un grand artiste possédant au suprême degré la théorie et la pratique; et encore alors ce savant artiste aurait une tâche immense à remplir, nous allions dire insurmontable.

Notre tâche est infiniment moins difficile, et cependant elle demande toute notre attention; car, s'il ne nous est pas permis de donner des leçons aux maîtres de l'art, nous avons devant nous une classe nombreuse d'élèves en horlogerie, pour lesquels notre enseignement peut être utile, et c'est uniquement pour ceux-ci que nous avons écrit ce chapitre. Nous ne l'avons livré à l'impression qu'après avoir étudié avec soin les ouvrages les plus importants qui ont été faits sur les échappements. Si le travail que nous soumettons au jugement de nos confrères remplit le but que nous nous sommes proposé, nous n'aurons pas à nous en prévaloir : ce sera justice d'en rendre hommage aux horlogers qui ont écrit avant nous; car nous avons largement puisé dans leurs œuvres, et ce n'est qu'avec une grande réserve que nous avons joint quelquefois nos préceptes à ceux qu'ils nous ont laissés.

Le problème de la mesure mécanique du temps se réduit à produire un mouvement uniforme et à tenir compte de ce mouvement selon tel mode de subdivision qu'on juge le plus convenable : celui, par exemple, qui s'accorde avec la mesure naturelle que fournit la rotation diurne de la terre.

Un *mouvement continu* et susceptible d'être facilement observé, l'*uniformité* de ce mouvement : telles sont les conditions du problème dont la solution intéresse éminemment la science astronomique, celle de la navigation, et généralement les sciences exactes ou d'application.

On obtient le mouvement continu en appliquant à l'un des moyens de mouvement que fournit la nature, tel que l'action d'un poids ou celle d'un ressort, un mécanisme composé de roues et de pignons qui s'engrènent respectivement, et qui, par leur action réciproque, multiplient à volonté la vitesse depuis le premier mobile jusqu'au dernier.

Il faut que ce dernier mobile marche *lentement* et *uniformément :* lentement, pour que ses révolutions puissent être facilement observées et que la force motrice ne s'épuise pas trop vite; uniformément, parce que cette uniformité est la condition principale du problème.

On obtient ces deux effets à la fois par l'action d'une seconde machine, qui doit posséder essentiellement le principe d'uniformité. Cette machine est ou un pendule dont les vibrations sont naturellement isochrones quand elles ont lieu dans les mêmes arcs, ou un balancier qui se meut librement sur un pivot et auquel un ressort-spiral est attaché. Les oscillations de ce balancier, lorsqu'on l'a écarté de son point de repos, peuvent être insensiblement isochrones, même dans les arcs inégaux, moyennant certaines précautions que l'art a su découvrir. On nomme cette seconde machine le *régulateur,* à raison de sa fonction essentielle; l'autre se nomme le *mouvement.* Leur réunion constitue l'horloge ou la montre.

Le mécanisme par lequel s'opère cette réunion se nomme l'*échappement*, sans doute parce que la force motrice, alternativement continue et libérée par le jeu du régulateur, s'échappe par intervalles à chaque oscillation de celui-ci. Le mécanisme de l'échappement, quelque varié qu'il puisse être, se réduit toujours à procurer entre le *dernier mobile* du mouvement et son *régulateur* une action réciproque en vertu de laquelle, d'une part, le régulateur ralentit ce mobile et rend la marche uniforme ; tandis que, d'autre part, une aliquote quelconque de la force motrice, arrivée au dernier mobile, se transmet au régulateur pour entretenir ses oscillations, qui cesseraient tôt ou tard par les résistances de l'air et des frottements.

On conçoit aisément combien la perfection de l'échappement peut et doit contribuer à celle de l'horloge. Vainement chacune des deux machines qui la constituent serait-elle parfaite dans son genre : si le mécanisme qui les unit était vicieux, son influence nuisible ne tarderait pas à se manifester. Aussi est-ce vers l'invention ou le perfectionnement des échappements que se sont principalement dirigées les recherches des artistes, lorsque les régulateurs isochrones ont été découverts.

Le mouvement de la dernière roue peut être modifié par le régulateur de plusieurs

DE L'HORLOGERIE.

manières différentes, qui constituent autant d'échappements divers. On peut en faire deux classes.

Dans la première, le mouvement de la dernière roue n'a pas lieu constamment dans le même sens; mais elle avance et recule par petits intervalles successifs, en sorte cependant qu'elle fait plus de chemin en avant qu'en arrière. On nomme échappements à recul ceux qui modifient ainsi le mouvement de la roue. L'échappement dit *à roue de rencontre*, l'un des plus usités dans les montres communes, appartient à cette classe.

Dans la seconde classe de ces combinaisons, la marche de la dernière roue se compose d'alternatives de mouvement et de repos parfait. On nomme, par cette raison, échappements *à repos* ceux qui produisent ces alternatives.

Le repos de la roue peut être accompagné de l'une ou l'autre des deux circonstances essentiellement différentes qui fournissent un moyen de subdivision dans la classe nombreuse des échappements à repos; car, tandis que la roue ne chemine pas, le régulateur peut néanmoins continuer d'être influencé par elle à raison de quelque frottement, ou bien le repos de la roue laissera le régulateur dégagé de toute influence de sa part et dans une indépendance parfaite. On nomme *libres* ou *indépendants* les échappements qui possèdent ce caractère.

Enfin l'échappement peut être de telle nature qu'il rende le régulateur indépendant de la force motrice non-seulement pendant le repos de la roue, mais même *pendant son mouvement.*

Ce paradoxe est résolu par l'échappement à remontoir, autrement dit *à force constante*, dans lequel le régulateur reçoit le supplément dont il a besoin pour l'entretien de ses oscillations, non point de la force motrice, mais d'un mobile intermédiaire animé par une force étrangère à celle qui conduit le rouage; dans ce cas, on peut dire que l'horloge est composée de trois machines.

Les fonctions d'un échappement à repos se composent de plusieurs parties, ou périodes d'action, qu'il faut distinguer et désigner par des dénominations appropriées.

La période plus ou moins courte pendant laquelle la dernière roue en mouvement agit sur quelque pièce du système du régulateur, qui est aussi en mouvement, pour lui donner le petit supplément de force nécessaire à l'entretien de ses oscillations, se nomme *levée;* l'arc parcouru par le régulateur pendant la durée de cette action se nomme l'*arc de levée;* on l'exprime en degrés, dont trois cent soixante mesurent la circonférence entière du cercle.

L'arc décrit par la dernière roue pendant qu'elle est en mouvement n'est pas employé tout entier à la levée; une petite portion est réservée à ce que l'on appelle la *chute*, c'est-à-dire l'intervalle très-court qui sépare le dégagement d'une dent de l'entrée en prise de la suivante. Pendant cet intervalle, presque insensible, on peut dire que la roue et son régulateur, quoique tous deux en mouvement, sont sans action réciproque l'un sur l'autre.

35

Dans la période de repos, celle des trois fonctions qu'on vient de distinguer dont la durée est la plus longue, le balancier décrit un arc plus ou moins étendu qu'on nomme *arc de vibration;* son étendue varie selon la nature de l'échappement et son degré de liberté.

Cette étendue serait indifférente, c'est-à-dire les vibrations du régulateur seraient égales en durée, soit qu'elles fussent grandes ou petites, si le spiral possédait l'*isochronisme* (ou l'égalité de durée de ses vibrations, quelle que soit leur étendue), qui serait le caractère d'un ressort parfait, et si aucun frottement ne modifiait son action.

Enfin, dans les échappements libres, le régulateur exerce sur la dernière roue une fonction dont la période, extrêmement courte, est intermédiaire entre le repos et la levée; c'est l'acte par lequel il fait cesser ce repos en écartant, par un coup brusque et dont l'étendue est limitée, l'obstacle qui retenait la roue. Nous appellerons cet acte le *décrochement* ou le *dégagement;* il dépense nécessairement une partie aliquote de la force oscillante du spiral, et on cherche toujours à rendre cette perte la moindre possible; la levée d'ailleurs la restitue aussitôt après par une aliquote de la force motrice.

Cet exorde, que nous avons abrégé autant que possible, était nécessaire pour l'intelligence de ce qui va suivre. Nous allons maintenant donner la description des échappements qui sont le plus usités en Horlogerie; nous commencerons par ceux des montres ou horloges portatives. Mais, comme nous ne voulons pas changer le plan que nous avons adopté, dans lequel nous plaçons toujours en première ligne l'histoire de l'Horlogerie, nous donnerons d'abord la description des échappements tels qu'ils étaient à la fin du dix-huitième siècle, sauf ensuite à faire connaître, quand il y aura lieu, les modifications que des artistes habiles auraient fait subir à ces échappements, soit dans leur forme, soit dans leurs principes.

ARTICLE II.

DE L'ÉCHAPPEMENT A CYLINDRE.

Cet échappement a pris naissance en Angleterre vers l'an 1720; le célèbre Graham, horloger de Londres, en fut l'inventeur.

La pièce principale de cet échappement est un cylindre creux ou écorce cylindrique (C, fig. 1, 2, 3, 4) faite d'acier et quelquefois en pierre dure. Ce cylindre, situé dans le prolongement de l'axe du balancier auquel il appartient, pirouette alternativement dans un sens ou dans l'autre à chacune des oscillations de celui-ci.

Dans cette écorce cylindrique, est pratiquée d'abord une grande entaille qui a fait disparaître environ la moitié de sa circonférence antérieure; le cylindre est entaillé ensuite plus profondément par une échancrure (fig. 1, 2, 3, 4) appelée *coche de renversement*, qui doit être faite de manière à ne laisser que le quart de la circonférence du cylindre plein.

Les faces ou bords verticaux situés dans le sens de l'épaisseur de l'écorce du cylindre se nomment ses *lèvres*, et c'est par une impulsion contre elles que se font les levées.

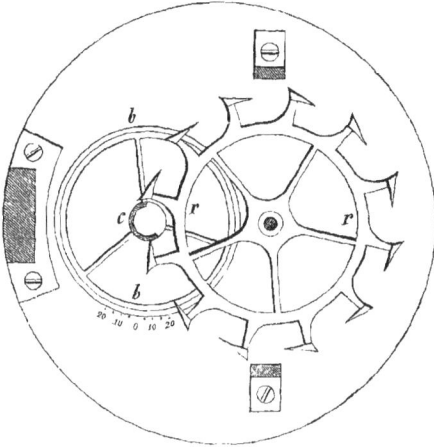

Fig. 1.

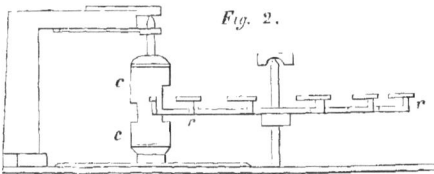

Fig. 2.

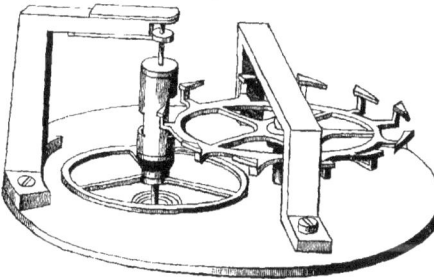

Fig. 3.

La roue d'échappement *r r*, fig. 1, ne ressemble dans sa construction à aucune des roues ordinaires. L'intervalle d'une dent à l'autre est une échancrure circulaire; et, vers l'extrémité de chaque partie saillante, entre deux échancrures contiguës, s'élève perpendiculairement au plan de la roue une petite colonne ou tige qui porte un prisme triangulaire peu épais. C'est ce prisme qui est la pièce active dans le jeu de l'échappement, tantôt par sa pointe, tantôt par sa face extérieure. La roue est disposée relativement au cylindre, de manière que ces prismes tendent à le traverser par son centre, mais ne puissent passer que par intervalles, autant que certaines positions du cylindre le leur permettent.

Le repos de la roue a lieu par l'appui de la pointe d'une dent contre la surface, tantôt extérieure, tantôt intérieure du cylindre (voy. *a* et *c*, fig. 5 (1)); cet appui produit un frottement assez léger pour que le cylindre puisse continuer sa vibration sous la pression qu'il éprouve.

Le repos extérieur de la roue finit quand la pointe de la dent cesse d'être ainsi en prise, et arrive au bord de la lèvre du cylindre; cette lèvre fuit alors devant elle, sans aller assez vite pour que la face frottante de la dent ne la pousse un peu dans le sens où elle va déjà et ne produise ainsi la levée *b*, fig. 5.

(1) Quoique, en réalité, le cylindre reste toujours à la même place, en tournant seulement sur son axe,

A l'instant où cette première levée est terminée, la pointe de la dent se trouve en
c, fig. 5, en prise de repos dans l'intérieur du cylindre, qui continue néanmoins son arc de vibration par l'action du balancier et
du ressort-spiral.

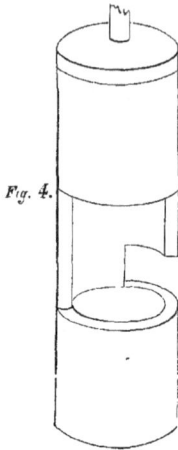

Fig. 4.

Au retour de cet arc, le repos intérieur cesse à l'instant où la
pointe de la dent atteint la seconde lèvre du cylindre qui fuit aussi
devant elle : mais l'action plus rapide de la face frottante de la
dent produit ici la seconde levée *d*, fig. 5 ; immédiatement après,
la dent suivante se trouve en prise par sa pointe contre l'extérieur
du cylindre *e*, ce qui donne lieu au repos pendant lequel s'exécute
l'arc de vibration, et ainsi de suite.

La seconde entaille, soit coche de renversement du cylindre,
est destinée à recevoir la partie saillante de la roue d'échappement qui porte chaque dent pendant l'arc de vibration, et qui
permet au cylindre de parcourir trois cent soixante degrés sans
que le bord de la petite coche arrête ce mouvement en arc-boutant
contre le fond de la roue servant de base aux tiges qui portent les
dents dans la position représentée fig. 6.

On peut remarquer d'abord que, par la nature des mouvements simultanés des pièces frottantes dans cet échappement, les frottements qui s'exercent contre les lèvres du
cylindre dans les deux levées ne sont pas semblables; dans la première levée, la lèvre
a un mouvement en partie opposé au mouvement progressif de la face frottante de la
dent, tandis que, dans la seconde, les deux mobiles fuient ensemble avec des vitesses
différentes.

On comprend que le frottement sur les arcs de repos agit alternativement sur deux
rayons de résistance qui diffèrent l'un de l'autre de l'épaisseur de l'écorce cylindrique,
et que, par conséquent, son influence sur les vibrations du balancier est inégale.

Les variations dans la fluidité de l'huile, toujours nécessaire à cet échappement,
contribuent encore à troubler l'isochronisme du régulateur. On remarque cependant
que, par certaines compensations que le hasard peut produire mais qu'il n'assure
jamais, la marche d'une montre dont l'échappement est à cylindre conserve pendant
longtemps de l'uniformité.

Les faces frottantes, soit les plans inclinés des dents de la roue, font un angle d'environ 24 degrés avec la tangente au cercle que décrit leur base. Cette inclinaison paraît
la plus avantageuse à la levée.

et que ce soient les dents de la roue d'échappement qui viennent successivement se présenter à lui par la
révolution de cette roue, on a supposé, au contraire, dans la figure 5, la roue en repos et le cylindre
transporté successivement vis-à-vis de dents différentes, afin de pouvoir représenter à la fois et sans confusion, dans une seule figure, toutes les positions respectives que peuvent prendre, pendant leur action,
le cylindre et la dent qui est en contact avec lui.

La forme que doivent avoir ces faces frottantes dans le sens de leur longueur est restée longtemps indéterminée. Quelques artistes leur donnent encore une forme droite,

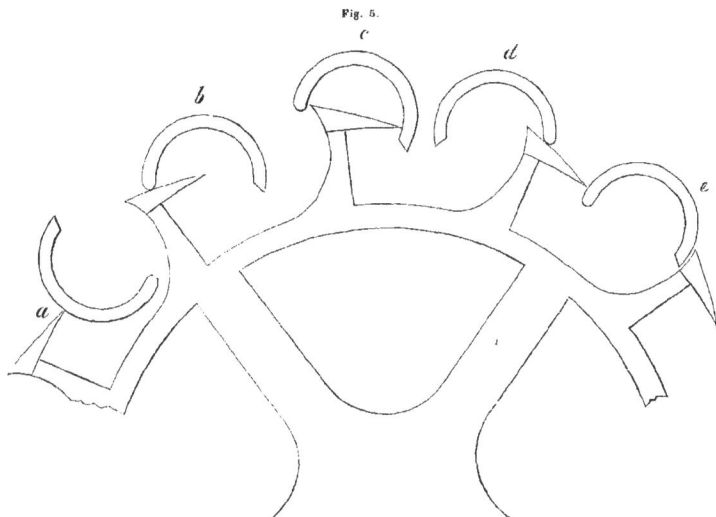

Fig. 5.

mais le plus grand nombre préfère une légère courbure circulaire convexe de même rayon que celui de la roue. Ces derniers ont mieux compris celle de ces deux formes qui est la plus avantageuse.

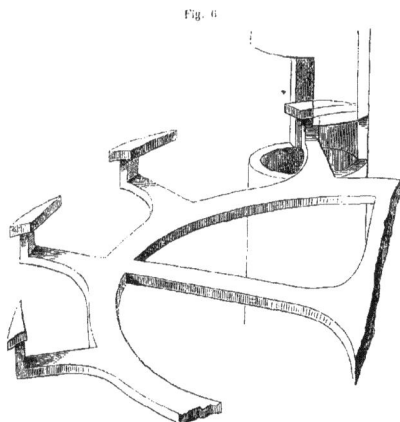

Fig. 6

Dans la comparaison de la levée produite par la face frottante, taillée en ligne droite, et par celle taillée en courbe circulaire, on voit que la première a déjà parcouru les $\frac{2}{3}$ de sa longueur, lorsqu'il n'y a encore que 10 degrés de levée, et que les 10 degrés restants s'opèrent par le dernier tiers. Or ce sont précisément ceux-ci auxquels le ressort spiral oppose le plus de résistance. Cet inconvénient n'a pas lieu dans l'action de la face à courbure circulaire, qui agit beaucoup plus uniformément.

Indépendamment de la courbure de la face de la dent dans le sens de la longueur, il est convenable de lui en donner une dans le sens de sa largeur ou épaisseur, et de la former, suivant le terme usité, en *baguette*. Alors, au lieu de frotter pendant la levée la lèvre du cylindre par une ligne égale à toute son épaisseur, elle ne la touche que par un point, comme se touchent deux cylindres qu'on applique à angle droit l'un sur l'autre.

L'expérience a prouvé que, quoiqu'une dent de roue de cylindre taillée en baguette diminue la surface frottante, l'usure du cylindre n'en est pas augmentée. La poussière qui s'attache à l'huile des dents de la roue forme un sable rongeur qui est ce qui contribue le plus à l'usure du cylindre. Cette usure peut aussi être produite par la mauvaise qualité des métaux ou leur défaut de poli, etc.

L'épaisseur des lèvres du cylindre se trouve déterminée par celle de la surface coupante de la fraise dont on s'est servi pour tailler la roue, épaisseur qui varie entre $\frac{3}{48}$ et $\frac{4}{48}$ de ligne, selon la grosseur relative au cylindre de la montre. La longueur de la face frottante de la dent doit être de 6 à 7 fois l'épaisseur de la lèvre du cylindre.

Cet échappement doit être construit de manière qu'il ne puisse jamais *s'arrêter au doigt*. Pour lui donner cette faculté, il faut que le commencement du plan incliné d'une des dents de la roue soit toujours en prise sur l'une ou l'autre des lèvres du cylindre lorsque celui-ci est au repos par suite de l'inaction de la force motrice. On conçoit qu'étant dans cette position, la roue donnera nécessairement l'impulsion au cylindre aussitôt qu'elle sera mue par la force motrice, surtout si le cylindre a 180 degrés d'ouverture et si les pointes des dents de la roue passent par le centre de l'axe du balancier.

Quant à la forme des lèvres du cylindre, elle n'est pas la même pour chacune. La première, ou lèvre d'entrée, doit être convexe et taillée en demi-cylindre; la seconde, ou lèvre de sortie, doit avoir une courbure légèrement convexe qui augmente du dedans au dehors de la lèvre, en imitant jusqu'à un certain point la forme de la lèvre humaine.

L'entaille faite au cylindre pour permettre à l'arc de vibration de prendre toute son étendue sans rencontrer le fond de la roue doit aller jusqu'à 270 degrés; alors, si la roue est bien faite, le balancier peut faire son tour sans la rencontrer.

La grosseur du cylindre se trouve déterminée par la distance comprise entre deux dents consécutives, moins le jeu nécessaire pour éviter le double frottement dans les positions *c* et *e* du cylindre fig. 5, et pour donner à chaque dent la petite quantité de chute qui lui est indispensable. Le vide intérieur est déterminé par la longueur de la dent. Il faut qu'elle ait, dans l'intérieur du cylindre, un jeu un peu plus grand que celui du cylindre entre deux dents consécutives.

Nous ne pouvons mieux terminer cet article qu'en reproduisant quelques remarques de M. Wagner neveu sur l'échappement à cylindre. Nous avons aussi emprunté à cet excellent praticien celle des planches de son mémoire qui se rapporte au sujet que nous traitons.

Après avoir tracé les principes géométriques de l'échappement à cylindre, M. Wagner s'occupe particulièrement de la courbe des *surfaces frottantes*, ou *fuyants* des dents de la roue d'échappement : il se prononce contre les fuyants droits et contre la courbe concave ou creuse, préférant naturellement la courbe convexe. Voici la démonstration de l'auteur.

« *De la courbe convexe ayant la propriété de rendre, en tous les points de la levée, la vitesse de la roue proportionnelle à celle du cylindre.*

» Cette courbe, figurée sur la dent F' (fig. 7), s'obtient de la manière suivante : sur le milieu de la droite *o t p*, passant par les deux extrémités de la dent, élevez une perpendiculaire *s' p'*; placez la pointe du compas au point *o*, naissance de la dent, et, avec une ouverture égale au rayon de la roue, décrivez l'arc *c p"*; le point de rencontre de cet arc avec la perpendiculaire *s' p'* sera le centre de cette courbe.

» On remarquera que la surface de cette dent, formée par une portion du cercle décrit à partir du centre indiqué, aura la propriété de faire décrire au cylindre des arcs proportionnels à celui de la dent, puisque, quand celle-ci aura parcouru 1, 2 ou 3 sixièmes de sa levée, le cylindre aura également parcouru, dans le même temps, 1, 2 ou 3 sixièmes de la sienne.

» Ainsi donc, en supposant la résistance du cylindre égale en tous les points de son parcours, cette courbe ne présentera aucune décomposition de

Échappement de montre à cylindre, par M. J. Wagner (fig. 7).

force, offrira, par conséquent, moins de résistance et moins de frottement vers la fin de la levée, et, par la même raison, nécessitera une force motrice moindre que le fuyant droit, attendu que ce dernier présente au moins une décomposition de force de 1 à 7, tandis qu'avec cette courbe il n'y aura plus que les variations de résistance du ressort-spiral, que nous avons supposées de 1 à 3. En employant le fuyant convexe, on aura donc sur la décomposition de force une amélioration de 4 septièmes sur le fuyant droit, ce qui est déjà considérable; de même, la différence de vitesse de la dent et du cylindre, au commencement de la levée, est également moindre; par conséquent, le petit choc et la destruction de l'appareil résultant de cette différence de vitesse sont également réduits.

» Il est évident qu'une courbe qui ferait entièrement disparaître ce dernier défaut, et qui remédierait aux diverses résistances qu'oppose le ressort-spiral, serait encore préférable à cette dernière.

» Nous allons tracer et décrire une courbe qui satisfera à ces deux conditions.

» *De la courbe convexe ayant pour but de rendre l'action de la force motrice proportionnelle à la résistance croissante du spiral.*

» D'après la démonstration des plans inclinés précédents, il est aisé de comprendre que, pour corriger à son départ la force d'inertie à la mise en train de la roue, il faudra donner à cette nouvelle courbe une forme telle, qu'elle permette à la surface de la dent de suivre dans sa marche, et pendant toute la levée, celle des lèvres du cylindre. On sait que cette marche naturelle de la roue commence par un mouvement lent qui devient progressivement plus rapide jusqu'à la fin de la levée; il convient donc, pour ne rien perdre de l'action de la roue au commencement de la levée, et détruire le petit choc qui se manifeste au même moment, de donner au commencement de cette même courbe un angle d'abord très-ouvert et décroissant graduellement jusqu'à la fin, pour que la dent transmette au cylindre une force de plus en plus grande et proportionnelle à la résistance du ressort-spiral, qui augmente progressivement jusqu'à la fin de son parcours.

» On concevra que la détermination mathématique d'une telle courbe serait très-difficile et même impossible, attendu que, parmi le grand nombre des éléments qui entrent dans sa composition, il s'en trouve de très-variables, surtout si l'on tient compte de la vitesse acquise du balancier à chaque point de son parcours. Aussi je me bornerai à la représentation d'une courbe approximative et capable d'être reproduite dans l'exécution. La dent F'' représente la forme de cette courbe; on remarquera qu'elle est décrite de deux points de centre seulement, en *q* et en *u*, afin d'en rendre l'exécution facile. Voici comment je la détermine : je divise, comme sur la dent F, en six parties égales le parcours de cette dent et celui du cylindre pendant la durée de la levée; du centre *q* et d'un rayon égal à *o c* de la roue, je décris un arc de cercle par les deux points *j v;* du centre *u*, je décris un autre arc de cercle *v o*, formant la continuation et le complément du premier. Il est évident que cette courbe, à son départ, permettra à la roue de se mettre en marche, d'abord lentement, puis progres-

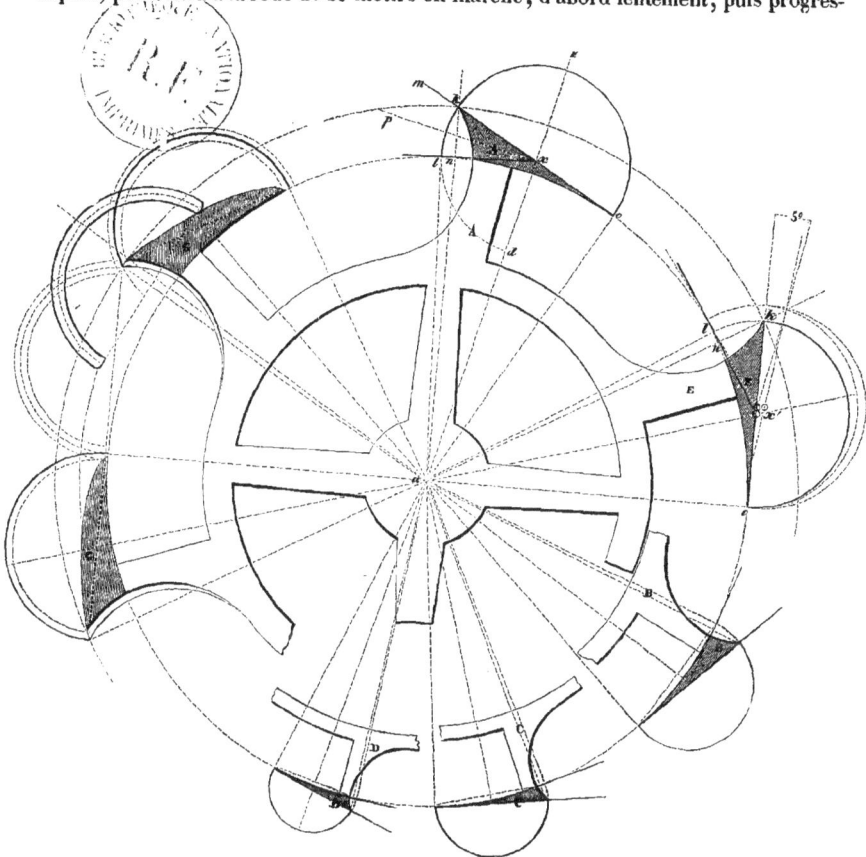

Échappement de montre à cylindre par J. Wagner (fig. 8).

sivement de plus en plus vite jusqu'à la fin. On remarque en effet que, quand le spiral aura parcouru un sixième de la levée, la roue, dans ce même temps, n'aura parcouru qu'un tiers environ de son premier sixième; que, vers le milieu des deux parcours, la vitesse sera égale, et que, vers la fin, la marche de la roue sera plus rapide que la marche du cylindre, et par cela donnera aux lèvres de celui-ci une impulsion plus grande que la force moyenne de ce plan incliné, ce qui compensera la résistance croissante du ressort spiral vers la fin de la levée.

36

» La dent munie de cette courbe prenant, vers la fin de la levée, une vitesse plus grande dans son mouvement que ne le ferait une dent formée par une droite, les partisans de cette dernière ligne ne manqueront pas de faire ressortir que ce fuyant convexe produira sur le repos, au moment de la chute, un choc plus fort que ne le fait le fuyant droit. Cette objection est fondée, puisque, dans ce moment, la roue marche avec une vitesse plus grande; mais elle doit tomber devant la considération que cette courbe, qui offre une résistance toujours égale, nécessite moins de force motrice pour entretenir l'oscillation que tous les autres fuyants, et surtout le fuyant droit.

» J'ai supposé les parois du cylindre sans épaisseur, afin d'en rendre la démonstration plus simple et plus claire; mais cette disposition ne pouvant être maintenue dans l'application, il est nécessaire d'expliquer comment on doit disposer les dents pour agir sur un cylindre dont l'épaisseur des parois sera déterminée à l'avance. Pour cela, il suffit de fendre ou d'ouvrir, sur la machine à fendre, l'intervalle des dents par une fraise ayant exactement l'épaisseur de la paroi du cylindre, et faire la division de cette ouverture sur un nombre double de celui des dents de la roue. Cette manière d'opérer déterminera de suite le vide et le plein nécessaires, et rendra les extrémités des dents moins aiguës, moins fragiles et mieux disposées pour recevoir le frottement du cylindre. Les dents G G, fig. 8, sont représentées avec cette modification et ayant la courbe convexe décrite au paragraphe précédent.

» Cette petite partie retranchée à chaque extrémité ne change en rien les conditions des principes que je viens d'exposer; de même, quant à la levée, l'arrondi des lèvres suppléera à cette suppression de la pointe des dents pour ce dernier cas. »

Le célèbre Breguet, qui a perfectionné un grand nombre de pièces d'horlogerie, a modifié d'une manière fort remarquable, quant à la forme, l'échappement à cylindre.

La fig. 1 représente la roue de cylindre. Elle a la forme d'une roue de champ. Chacune de ses dents est une portion de cône tronqué dont la grande base excède la petite d'une quantité égale à celle que présente, dans une roue ordinaire, la saillie que forme le plan incliné. La roue se taille avec une fraise mince d'un nombre de dents égal au double de celles qu'elle doit conserver; on supprime alternativement une dent; puis on lime en plan incliné le devant de chaque dent, du côté de son mouvement de rotation, en ne laissant plat qu'un petit espace par lequel se font le repos et les levées. On lime aussi en plan incliné le derrière de chaque dent.

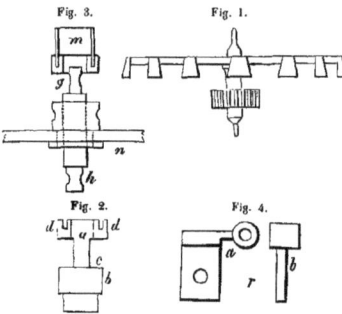

Fig. 3.   Fig. 1.

Fig. 2.   Fig. 4.

La fig. 2 indique la forme du cylindre de Breguet. Le demi-cylindre *a* porte la rainure *d, d*, dans laquelle se place la *tuile* ou le demi-cylindre en rubis. La partie *c* est une sorte de colonne qui réunit les deux parties *a* et *b*. Le cylindre *b* est percé au centre pour recevoir l'axe du cylindre aux deux bouts duquel sont les pivots. Ces pivots sont déprimés dans le milieu de leur longueur, de telle sorte qu'ils ne frottent dans leurs trous que par leurs deux extrémités, ce qui tend à diminuer le frottement. D'un autre côté, la dépression qui existe au milieu de chaque pivot a pour effet d'y maintenir l'huile, qui ne se dessèche pas aussi promptement que lorsque les pivots sont cylindriques.

On voit, fig. 3, le cylindre tout monté avec un fragment *n* du balancier; on y remarque les deux pivots *h* et *g*. Le pivot intérieur *g* est reçu dans le pont *r*, qu'on voit en plan en *a*, et en *b* en profil, fig. 4.

Cet échappement, qui est d'une exécution très-difficile, ne s'emploie que dans les pièces de précision.

ARTICLE III.

DE L'ÉCHAPPEMENT DUPLEX.

Cet échappement fut inventé, vers le milieu du dix-huitième siècle, par Pierre Le Roy; mais cet habile horloger l'abandonna bientôt pour celui à détente à ressort, qui est, en effet, préférable. C'est à tort que les horlogers disent l'échappement *à la Duplex* ou de *Dupleix*. On lui a donné le nom de *duplex*, mot latin qui signifie double, parce que la roue de cet échappement est *double* et qu'elle produit un *double* effet.

L'échappement *duplex* est à repos *dépendant* avec un léger recul, c'est-à-dire que, pendant l'oscillation du balancier, il y a un frottement sur le repos, suivi d'un instant de recul dans l'une des oscillations. Il ne se trouve aucune pièce intermédiaire entre la double roue et le système du balancier.

R R et *r r*, fig. 1 et 2, sont les deux roues d'échappement; elles sont fixées

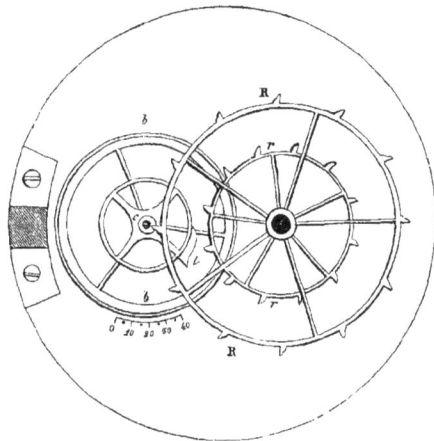

Fig. 1.

sur le même axe et portent l'une et l'autre des dents à rochet. Leur diamètre diffère d'environ un tiers.

La grande roue R R est destinée à opérer le repos, le décrochement, et à contribuer à une petite partie de la levée; le reste de cette levée est l'effet de l'action de la seconde roue *r r*.

L'axe du balancier porte, à son extrémité inférieure, un anneau cylindrique au rouleau *c*, fig. 2 et 4, contre lequel s'appuie successivement l'extrémité de chaque dent de la grande roue. Cet anneau est entaillé dans toute sa hauteur d'un sillon *e*, fig. 4, assez profond pour que la dent y entre lorsque l'oscillation la présente devant elle, et soit ainsi dégagée du repos comme dans la figure 1; et nonseulement qu'elle suive l'entaille dans son mouvement, mais qu'elle appuie même contre son bord antérieur par l'effet de la force motrice dont la roue est animée. Cela tend, dans l'une des oscillations, à produire une sorte de levée jusqu'au moment où, la dent sortant de l'entaille *e* et échappant tout à fait, la dent de la petite roue se trouve en prise avec le grand levier *t* du balancier, fig. 6, comme nous allons l'expliquer plus bas; et quand celle-ci échappe du grand levier, la dent suivante de la grande roue arrive en prise de repos contre la surface de l'anneau, et y demeure pendant l'arc de vibration.

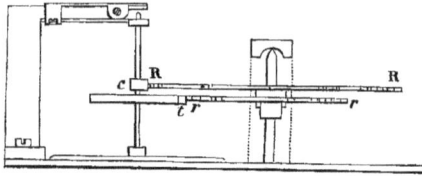

Fig. 2.

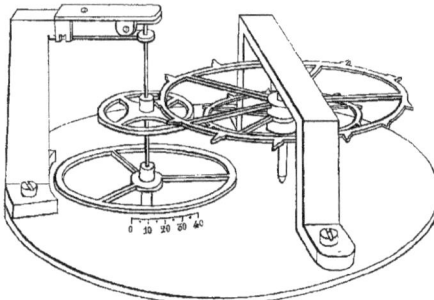

Échappement Duplex (fig. 3).

La véritable levée se fait de la manière suivante. L'axe du balancier porte, à la hauteur de la petite roue d'échappement, une palette ou mentonnet *t*, disposé de telle sorte qu'à l'instant où la dent de la grande roue sort de l'entaille et recouvre sa liberté, le doigt *t*, fig. 6, se trouve en prise et à portée d'être poussé du côté où il va déjà, par une dent de la petite roue, qui est animée, comme la grande, par la force motrice; c'est ainsi que se produit la grande levée.

Dans l'oscillation de retour du balancier, le doigt passe librement dans l'intervalle entre deux dents de la petite roue; et la dent de la grande,

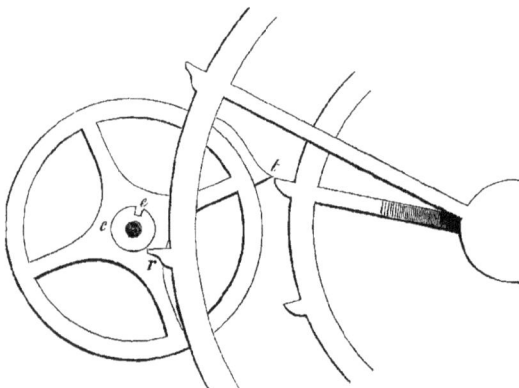

Échappement Duplex (fig. 4).

qui est en prise de repos sur la circonférence de l'anneau dont est muni l'axe du balancier, éprouve, au passage de l'entaille, dans le sens opposé au décrochement, une entrée partielle suivie immédiatement d'une sortie *e*, fig. 5, qui occasionne un léger recul; l'arc de vibration s'achève ensuite, le balancier revient, l'entaille se présente au retour dans le sens convenable pour libérer la dent du repos; elle pénètre, échappe; la levée se fait au même moment par la pression ou le choc de la dent de la petite roue sur la palette, et ainsi de suite.

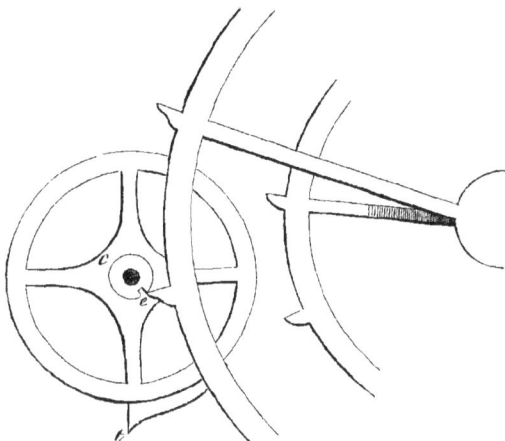

Échappement Duplex (fig. 5).

Plus l'anneau de l'axe du balancier sera petit, moins il opposera de résistance, pendant le frottement sur le repos, au mouvement du balancier; et le recul sera moins considérable à mesure que ce cylindre sera plus petit et son entaille moins large.

Quant à la quantité de pénétration dans l'entaille, il est évident que plus elle sera grande, plus l'action de la dent sera assurée. La meilleure proportion pour la profondeur de l'entaille ou sillon paraît être d'un sixième environ du rayon du cylindre; et,

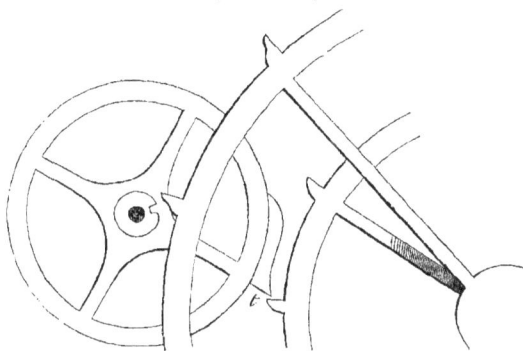

Échappement Duplex (fig. 6).

pour éviter un trop grand recul, il ne faut faire l'entaille que de la largeur précisément suffisante au passage de la dent. Autrement, pour que la grande roue ait une pénétration convenable dans le rouleau, il faut que, depuis l'instant où une de ses dents tombe dans l'entaille, en faisant cheminer le balancier à la main, dans le sens inverse à celui dans lequel il se meut dans l'instant où il reçoit l'impulsion de la roue, la dent ne puisse s'échapper de la coche du rouleau qu'après que le balancier a tourné d'environ 40 degrés dans le sens opposé à celui qui vient de lui être imprimé, c'est-à-dire dans le sens où il tourne à l'instant où la levée s'opère.

La portion de levée qui s'opère par l'action de la dent contre le côté de l'entaille doit être comptée pour très-peu de chose. Elle commence environ 55 degrés avant l'action de la petite roue sur le grand levier, et, pendant cette levée partielle, la roue ne parcourt que 5 degrés. Pendant ce temps, cette roue n'avance que de la quantité dont elle doit s'approcher plus tard pour opérer une levée de 5 degrés en agissant sur le grand levier; en sorte que, pour aller à 40 degrés, il reste à obtenir 35 degrés par la petite roue.

La levée de plusieurs échappements est fixée à 40 degrés; dans celui-ci, on va de 45 à 50° sans inconvénient.

OBSERVATIONS.

A la fin du dernier siècle et pendant les vingt premières années de celui où nous sommes, l'échappement Duplex était construit d'après les principes que nous venons d'exposer. Depuis peu de temps on l'a modifié quant à la forme, mais les principes sont à peu près restés les mêmes. L'appareil pour le renversement, qui était tout à fait inutile, a disparu : le mentonnet a été remplacé par un doigt, comme on le voit fig. 9. La roue d'échappement, même figure, a reçu aussi une grande modification; elle est simple, au lieu d'être double, mais elle produit un double effet. Les chevilles qu'elle porte perpendiculairement à son plan remplissent les fonctions que remplissaient dans l'origine les dents de la petite roue. Le rouleau ou cylindre se fait aujourd'hui en rubis.

Telles sont les modifications qui ont été apportées à l'échappement Duplex.

Remarques. — Cet échappement a de bonnes qualités; mais malheureusement les principes d'après lesquels on l'exécute sont indéterminés et en quelque sorte laissés à l'arbitraire de chaque ouvrier : l'un soutiendra que le diamètre du rouleau de repos doit être d'un douzième de l'intervalle d'une dent à l'autre de la grande roue; un autre affirmera que ce diamètre doit être d'un seizième du diamètre de cette roue. Suivant quelques horlogers, le rapport entre le rayon de la roue d'impulsion et le rayon du grand doigt doit être de 4 à 3; suivant d'autres, ce diamètre sera de 5 à 3. La chute de la dent d'impulsion sur le levier doit être, d'après certains artistes, égale à 10 degrés; suivant d'autres, cette chute ne doit être que de 4 ou 5 degrés. Nous n'en finirions pas si nous voulions mentionner toutes les dissidences qui existent parmi les artistes au sujet des principes de cet échappement; nous dirons seulement que ses qualités sont amoindries par un grand défaut : le repos de la dent de la grande roue s'opère en deçà de la tangente, ce qui augmente énormément le frottement. Cette pression, comme il est facile de le concevoir, repoussant le pivot de l'axe du balancier et celui de la roue contre les parois de leurs trous, tend à l'usure de l'un et l'autre de ces pivots, ce qui constitue, si nous pouvons nous exprimer ainsi, un véritable solécisme en mécanique.

Voici, d'après M. Wagner neveu, les principes d'après lesquels on doit exécuter l'échappement Duplex; on verra que les opinions de M. Wagner ne diffèrent que de peu avec celles que nous avons exprimées plus haut :

« Les divers artistes qui se sont occupés de la construction de cet échappement, et qui ont transmis les données indiquées précédemment, prescrivent un arc de 20 à 30 degrés au plus pour la petite levée. Je ferai remarquer, à cet égard, que l'arc même de 30 degrés n'est pas suffisant pour assurer d'une manière durable les fonctions de cette partie de l'échappement. La figure 7 représente le petit cylindre et le rayon de la grande roue en contact avec ce premier, engagé de manière à lui faire parcourir un angle de 30 degrés pendant le passage de la dent dans l'encoche du cylindre; l'inspection de cette figure, dessinée sur une grande échelle, suffira, je pense, pour faire apercevoir l'insuffisance de l'engagement. On remarquera, en effet, que la moindre usure sur la surface des dents ou dans les trous des pivots, jointe à l'affaissement de la matière, permettra bientôt à la dent de passer devant le cylindre sans y être arrêtée! J'ajouterai que, dans cette position, la pression qui s'exerce sur le bout des dents et contre les pivots est environ quatre fois plus considérable que si le contact se faisait à la tangente. Par toutes ces considérations, je crois qu'il ne faudrait pas donner moins de 50 degrés à l'arc de la petite levée pour mettre cet échappement dans des conditions passables et durables. La figure 8 représente la position de la dent sur le cylindre avec cet arc de levée; on remarque que l'engagement n'y est que suffisant pour la sûreté, et que, malgré l'augmentation de 26 degrés sur cet angle, la pression sur le bout des dents et des pivots est encore environ une fois et demie plus considérable que si le contact pouvait se faire à la tangente.

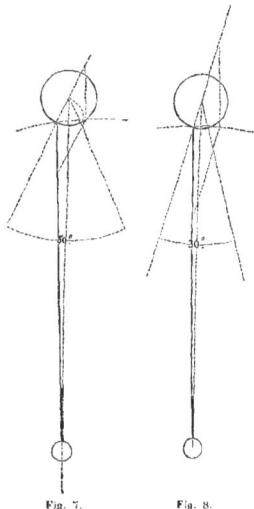

Fig. 7.   Fig. 8.

» La figure 9 représente l'ensemble de cet échappement avec les diverses positions qu'il prend dans la marche. J'ai adapté des chevilles au lieu de dents à la petite roue d'impulsion, comme étant plus légères et surtout d'une exécution plus facile.

» Pour une roue de 12 dents, j'ai adapté les rapports suivants : — rapport du diamètre des deux roues, de 3 à 2; — grande levée égale à 30 degrés; — petite levée égale à 50 degrés, indiquée plus haut; — le diamètre du cylindre, 2/7 de l'intervalle d'une dent à l'autre de la roue; — chute des chevilles d'impulsion sur le grand bras, égale à 6 degrés.

» La longueur du grand bras est une conséquence forcée de la grande levée, du rapport de diamètre des deux roues et du nombre de dents adopté pour ces roues. Dans les conditions indiquées, le rayon de ce bras est environ les 5/8 du rayon de la petite roue. La longueur de ce bras, ainsi que de la grande levée, varie selon les dimensions de la petite roue et le nombre de dents adopté; pour la déterminer d'une manière exacte, il convient d'en faire un tracé en grand, comme le représente la figure 9.

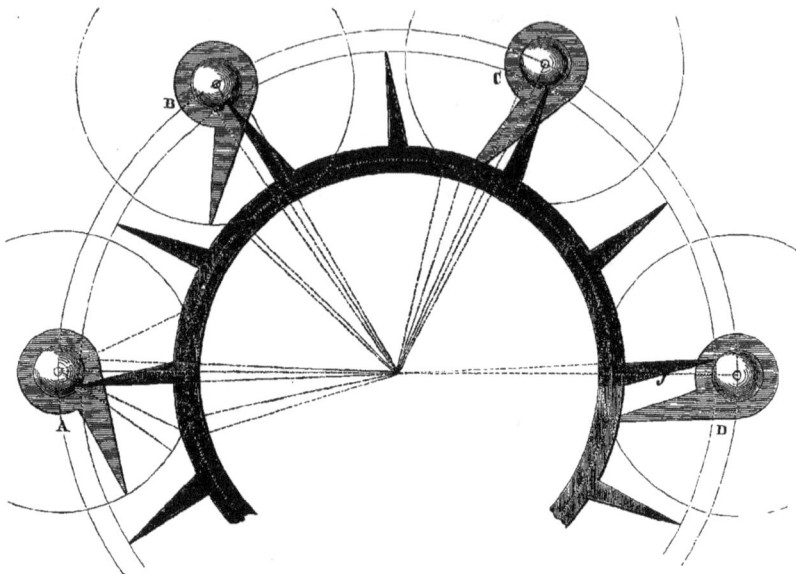

Fig. 9

A représente la position de l'échappement au moment où commence la petite levée ; B, la position où cette levée est à moitié effectuée; C, la fin de la petite levée, et le moment où la roue va se trouver abandonnée, et où la cheville *e* va tomber sur le grand bras qui reçoit la grande impulsion, et où commence la grande levée; D, position où la grande levée est effectuée et où la dent *f* vient de se mettre en contact avec le cylindre, contact qui a lieu pendant tout l'arc supplémentaire et le retour.

» Les extrémités des dents devront porter une petite surface inclinée s'emboîtant sur la circonférence du cylindre, afin que l'usure soit moins prompte.

» L'encoche pratiquée dans le cylindre ne devra être que de la largeur strictement nécessaire pour le passage libre des dents, afin de détruire, autant que possible, le petit soubresaut inévitable qui a lieu au moment du passage de l'encoche devant la pointe de la dent dans le retour de l'oscillation.

» Le point *o* du ressort-spiral doit correspondre entre la grande et la petite levée, afin qu'il ne puisse pas s'arrêter au doigt.

» Cet échappement a cela de particulier sur ceux que nous avons déjà examinés, qu'il ne laisse échapper une dent que toutes les deux oscillations, c'est-à-dire pendant l'aller et le retour, et qu'il permet des arcs supplémentaires jusqu'à 260 degrés au moins de chaque côté, ce qui, avec ceux de levée formant 80 degrés, fera un arc total de 600 degrés au moins pour l'aller et le retour du balancier, ce qui peut avoir des avantages pour de certaines applications. »

ARTICLE IV.

DE L'ÉCHAPPEMENT A VIRGULE.

Cet échappement, qui a joui d'une grande faveur pendant la dernière moitié du dix-huitième siècle, est, de nos jours, tout à fait abandonné; c'est pourquoi nous n'en donnerons qu'une description très-circonscrite.

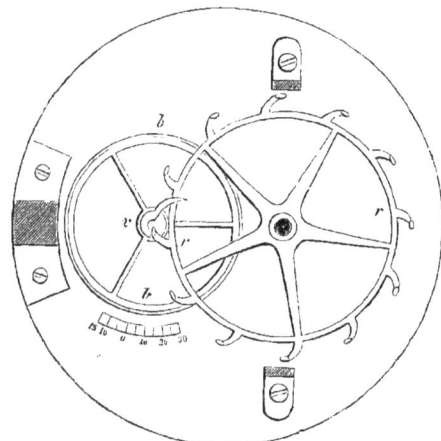

Échappement à virgule (fig. 1).

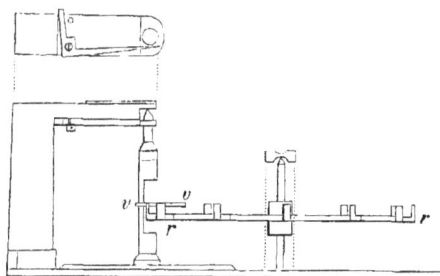

Échappement à virgule (fig. 2).

La roue *r r*, fig. 1 et 2 de l'échappement à virgule, est beaucoup plus simple que celle de l'échappement à cylindre. Ses dents sont de petites chevilles prismatiques, perpendiculaires au plan de la roue; c'est contre l'arête aiguë et verticale de ces petits prismes que s'opèrent le frottement de la levée et celui du repos.

Les deux levées sont fort différentes l'une de l'autre : la première, celle d'entrée, fig. 1, se fait contre la face oblique d'une lèvre qu'on pourrait comparer à la lèvre d'entrée du cylindre, si l'on donnait à celle-ci une épaisseur considérable. L'action de la face frottante de la dent de la roue contre cette lèvre, qu'elle parcourt dans un sens opposé à celui du mouvement de vibration de la pièce d'échappement, est une action vicieuse, sous le double rapport de la nature de son frottement et de celle de son levier, la force diminuant en se rapprochant du centre, à mesure que la résistance du ressort-spiral augmente.

Après cette levée, la face frottante de la dent tombe dans une petite entaille, fig. 4 et 6, représentant une portion de cylindre creux d'un très-petit diamètre; et là elle est en

37

repos près du centre du mouvement, pendant l'allée et le retour du balancier dans son arc de vibration.

Quand la dent se dégage, elle se met à parcourir la face concave d'une lèvre fort allongée, fig. 7, ayant la forme d'une virgule, ce qui a donné le nom à l'échappement, et c'est celte action qui produit la seconde levée. Celle-ci est très-favorable : les deux mobiles se fuient respectivement pendant leur action réciproque, au lieu de s'arc-bouter, comme ils tentent de le faire dans la première levée, et on a soin de donner à la face interne de la virgule la figure convenable pour que la levée soit uniforme.

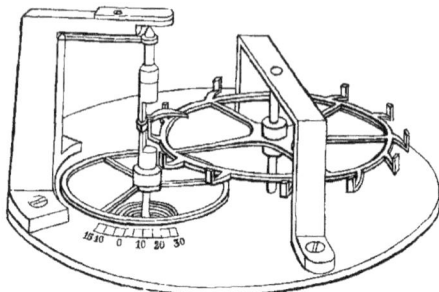

Échappement à virgule (fig. 3).

Après cette levée, la dent suivante arrive au repos, fig. 5, contre la face extérieure d'une sorte d'anneau partiel qui fait saillie en dehors de l'intervalle compris entre le bord extérieur de la première levée et le dos de la virgule; ce dos est entaillé, autant qu'il est nécessaire, pour permettre à l'arc de vibration tout son développement.

Il résulte de cet exposé que, dans cet échappement, les deux leviers se font par des leviers fort inégaux, et que les deux repos ont lieu aussi à des distances fort différentes du centre de mouvement du balancier. Il est probable que ce défaut est plus marqué en théorie qu'il n'influe sur la pratique, car avec cet échappement on fait des montres qui marchent avec beaucoup de régularité.

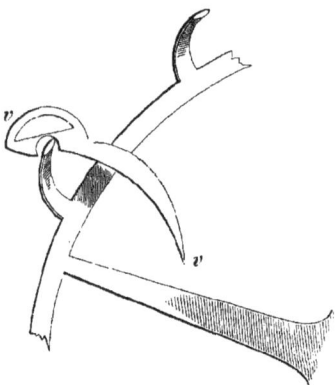

Échappement à virgule (fig. 4).

Voici les principes d'après lesquels on doit faire cet échappement : il faut donner au repos cylindrique intérieur 195 degrés de plein, et par conséquent 165 de vide. — L'inclinaison de la première levée doit être de 15 degrés, et il faut environ 2 degrés de plus pour la sûreté du départ. — La forme doit être celle qui produit l'uniformité de la levée et que l'expérience indique. — Le grand levier, ou la virgule, doit aussi avoir la forme qui produit l'uniformité dans la levée. — Il faut qu'à mesure que la dent s'éloigne du centre, la courbure de la virgule qui reçoit la dent mette celle-ci dans la meilleure condition possible pour agir sur cette courbure avec d'autant plus de force que la résistance du spiral devient plus grande. — On doit prolonger l'arc de repos sur le dos de la pièce d'échappement aussi avant dans la racine de la virgule que l'épaisseur de celle-ci le permet; nous voulons dire qu'il faut laisser à la virgule la solidité nécessaire. — La quantité angulaire de la levée produite par la virgule, c'est-à-dire l'arc parcouru par le balancier pendant que la seconde levée s'effectue, doit être de 30 degrés, plus 2 degrés pour la sûreté du départ de la dent qui se dispose à remplir cette fonction. Quant au repos intérieur de la dent après la première levée, il faut qu'il y ait un arc de 15 degrés entre le lieu où tombe la dent après cette levée et l'angle ou talon à la base de la virgule, où se fait le commencement de la seconde levée. Le plan incliné de l'extérieur des dents doit être égal à 20 degrés du parcours du balancier.

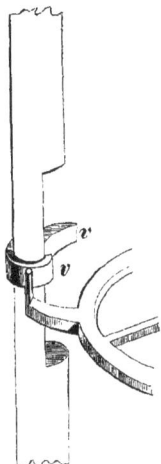

L'échappement à double virgule fut inventé par Beaumarchais (Caron fils) en 1753. Lepaute revendiqua l'honneur de cette invention; mais cette contestation ayant été portée devant l'Académie des sciences, cette assemblée décida, le 24 février 1754, sur le rapport de MM. Camus et de Montigny (commissaires nommés pour examiner les différents titres des contendants), que M. Caron, qui fut depuis l'auteur du *Barbier de Séville*, était le véritable inventeur de l'échappement à virgules.

Échappement à virgule (fig. 5).

ARTICLE V.

DE L'ÉCHAPPEMENT A ANCRE.

Cet échappement est fort en usage aujourd'hui. Il a le double avantage, lorsqu'il est bien fait, d'assurer la régularité de la marche de la montre, et de ne pas être sujet à l'usure, surtout lorsque les leviers de l'ancre sont garnis en rubis.

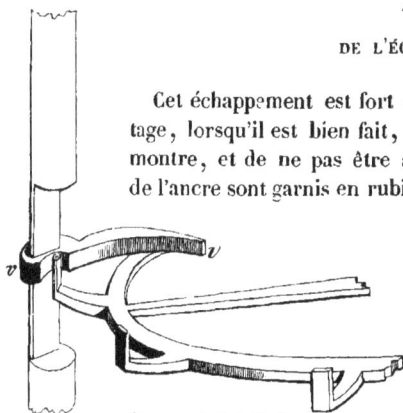

Voici la construction primitive de cet échappement. La roue $r\,r$, fig. 1 et 2, est taillée à rochet; ses dents sont fort dégagées. L'ancre $e\,z\,a\,x$, fig. 1 et 4, a la forme d'un double T majuscule, dont l'une des traverses serait en bas et plus courte que l'autre, et où le centre du mouvement serait au milieu de la tige.

Échappement à virgule (fig. 6).

Deux des demi-traverses d'un côté, en z et en x, sont inutiles au jeu de l'échappement, et ne servent qu'à l'équilibre de la pièce; les deux autres demi-traverses produisent le repos et la levée, savoir : le repos, fig. 1 et 5, quand la pointe de la dent de la roue s'appuie vers l'extrémité des arcs circulaires qui forment le double T, et la levée, fig. 4 et 7, quand cette même pointe, cessant d'être en repos sur ces arcs, parcourt les faces convenablement inclinées qui terminent ces demi-traverses.

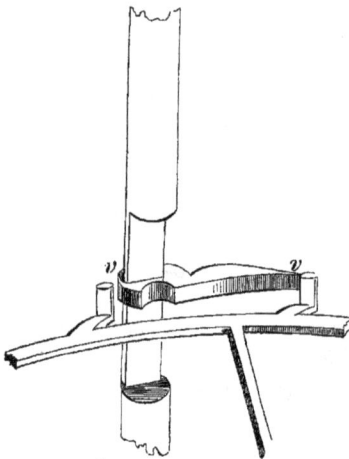

Échappement à virgule (fig. 7).

Cette ancre n'a en elle-même aucun principe d'oscillation ou de mouvement alternatif comme elle en a dans les échappements appliqués aux pendules, par sa dépendance continuelle de la verge de la lentille. Dans la montre, l'ancre reçoit son mouvement du balancier et elle lui transmet en retour l'action de la force motrice de la manière suivante :

La tige de l'ancre est prolongée un peu au delà de la petite traverse *e z*, et elle porte là une fourchette à trois fourchons *f d f*, fig. 4, dont deux *f f* sont horizontaux, c'est-à-dire dans le plan de l'ancre, où ils forment chacun un demi-croissant; le troisième *d* s'élève au-dessus, comme on le voit fig. 6, et se recourbe en avant vers l'axe du balancier, près duquel il est terminé par un petit épatement en forme de rondelle, dont on verra bientôt l'usage.

L'axe du balancier porte un anneau cylindrique *c*, fig. 6, à la hauteur du fourchon supérieur. Cet anneau est entaillé d'un segment *e*, dans lequel peut passer librement la rondelle *d* dont nous venons de parler, quand, par le mouvement de vibration du balancier, ce segment est amené vis-à-vis, et qu'en même temps cette rondelle passe par l'effet de la levée; car c'est dans ce même instant que, par le décrochement et la levée qui ont lieu de la manière que nous allons indiquer, la fourchette horizontale et l'ancre qu'elle conduit exécutent leur mouvement alternatif.

De l'anneau de l'axe du balancier, et précisément au-dessous de l'entaille dont nous venons de parler, descend jusqu'en *t*, fig. 1, 2 et 6, un petit bras qui se recourbe en bas et vient jouer, entre les deux fourchons horizontaux

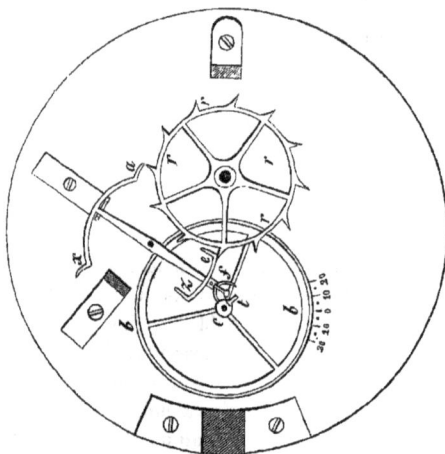

Échappement à ancre (fig. 1).

qui appartiennent à l'ancre, un rôle successivement actif et passif dans deux intervalles de temps extrêmement rapprochés; c'est de là que dépend tout le jeu de l'échappement.

Le bras *t*, fig. 1, 2 et 3, en pirouettant avec le balancier, entre dans l'entaille formée entre les deux fourchons, et chasse devant lui, en tournant, le côté de l'entaille qu'il rencontre. Il fait ainsi décrocher le repos de l'ancre et met la roue en prise sur la levée *e*, fig. 4 : c'est là le rôle actif. A l'instant où ce coup vient d'être donné et où la levée est commencée, l'entaille, poussée par l'effet de la levée de la roue, tend à aller plus vite que le bras qui s'y trouve encore; et ce bras se trouve poussé du côté où il va déjà par le côté postérieur de l'entaille, qui le poursuit plus vite qu'il ne fuit. C'est là le rôle passif du balancier, qui devient actif par la roue.

Les deux fourchettes horizontales, ou demi-croissants, n'entrent pour rien dans l'action ordinaire de la levée et ne sont point frottées par le bras *t* à son passage; mais leur présence assure la fonction et la rentrée de ce même bras dans la coche au retour du balancier, et le garantit de l'effet de quelque secousse accidentelle qui pourrait la déranger en empêchant que la rondelle *d* ne se trouvât juste vis-à-vis de l'entaille de l'anneau du balancier au moment où la vibration la ramène : la fourchette servirait, dans ce cas, d'auxiliaire, et serait touchée et conduite de la manière convenable par le bras *t*.

Dès que la levée est terminée, tout le système de l'ancre et de sa fourchette est maintenu fixe par le côté d'une entaille à rebord M N, fig. 5, qui contient la tige de l'ancre et détermine l'étendue totale de son mouvement. Alors la dent suivante de la roue se trouve en prise de repos.

Le balancier continue librement sa vibration, emportant avec lui le bras *t*, qui vient de remplir les deux fonctions dont nous avons parlé. Sur la fin de l'arc de vibration, le bras remplit une troisième fonction, dont voici l'effet : il rencontre *par le dehors* la base du fourchon qui est de son côté, et s'oppose ainsi à l'accident qu'on appelle *renversement*.

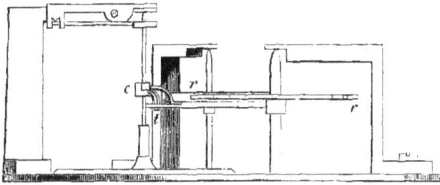

Échappement à ancre (fig. 2).

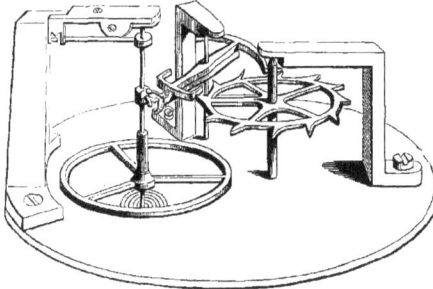

Échappement à ancre (fig. 3).

Au retour de la vibration, fig. 7, le bras, rentrant dans la fourchette, joue, dans le sens opposé, le même double rôle actif et passif qu'il a joué dans l'oscillation précé-dente; il décroche d'une part, il reçoit un coup de l'autre immédiatement après, et continue ensuite sa vibration.

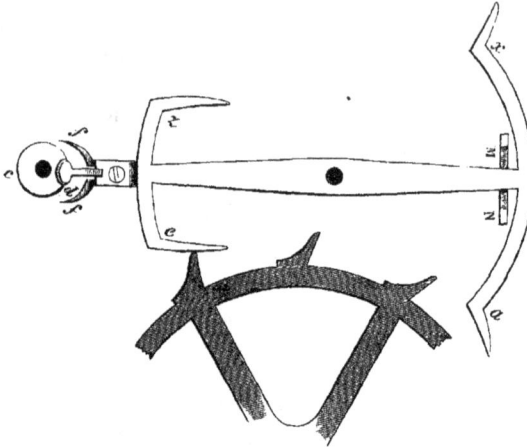

Échappement à ancre (fig. 4).

Il faut remarquer que le passage du bras dans l'en-taille de la fourchette est d'égale durée avec celui de la rondelle du fourchon su-périeur dans l'entaille de l'anneau, qui appartient à la tige du balancier; cette rondelle, soit en passant dans l'entaille, soit en de-meurant en repos après ce passage d'un côté ou de l'autre de l'anneau, ne tou-che point ses parois, mais est fort près de les toucher et d'être ainsi guidée dans sa route ou dans son repos, dans le cas où quelque se-cousse accidentelle tendrait à troubler le jeu de l'ancre. C'est là un moyen de sûreté nécessaire dans le jeu de l'échappement, et surtout afin que le bras *t*, dans sa rentrée entre les deux four-chons, passe librement, sans risquer de s'arc-bou-ter contre leur pointe ou de passer derrière.

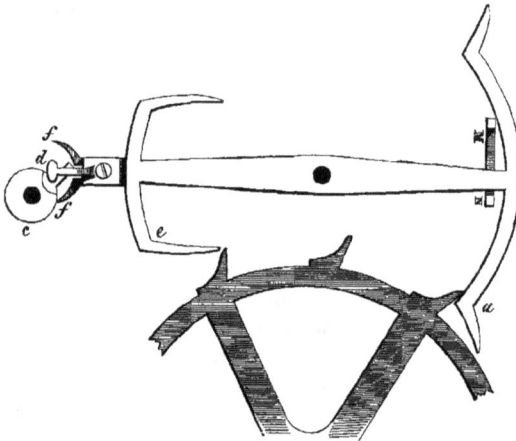

Échappement à ancre (fig. 5).

Voici la manière de procéder avec exactitude à la construction de cet échappement. On tire du centre de la roue d'échappement *c*, fig. 7, à l'extrémité d'une de ses dents (en la supposant appuyée sur son repos *b*), une ligne droite *c b*, soit un rayon de la roue. On tire un second rayon *c g* qui vienne aboutir en *g* au milieu du troisième vide *o a* compté depuis la dent *b* dont nous venons de parler. On trace l'arc de la roue compris entre ces deux rayons.

À l'extrémité du premier rayon *b*, on tire une ligne droite *b h* indéfinie perpendiculaire à ce rayon, soit une tangente à la circonférence de la roue.

À l'extrémité du second rayon, on élève de même une perpendiculaire *g p*, qui vient rencontrer dans un point *q*; ce point est le centre du mouvement de l'ancre.

C'est aux points *b* et *g* que commencent les arcs de repos et les arcs de levée de l'ancre ainsi centrée. Les premiers, situés, l'un en dehors de l'ancre fig. 1, l'autre en dedans fig. 5, sont des arcs de cercle qui doivent être décrits du point *g* comme centre, avec une ouverture de compas égale à *b q* ou *g q*.

On peut déterminer aussi par le calcul la position et la dimension de l'ancre, en remarquant que son centre ou son axe *q*,

Échappement à ancre (fig. 6).

fig. 7, doit être situé sur la ligne qui partage en deux également l'angle *b c g*; et que la distance *c q* des centres de l'ancre et de la roue d'échappement est la sécante trigonométrique de l'angle *b c q* en prenant *bc* pour rayon. Il suffit donc, dans chaque cas, de chercher la valeur de cette sécante exprimée en parties de ce rayon; et, quand on prend le rayon pour unité, la sécante est égale à l'unité divisée par le cosinus. Le rayon *b q* des arcs de repos est la tangente trigonométrique du même angle *b c q*. Il est facile, par conséquent, de trouver ces quantités par les tables. Supposons, par exemple, que la roue d'échappement ait quinze dents, comme cela

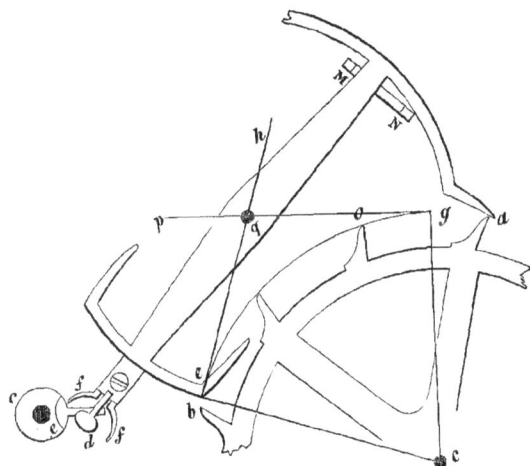

Échappement à ancre (fig. 7).

a lieu assez ordinairement : l'arc compris d'une dent à l'autre étant de 24 degrés, l'angle *b c g* sera de 60 degrés et, par conséquent, *b c q* de 30 degrés. On trouve alors qu'en supposant que le rayon *bc* soit divisé en 1000 parties, la sécante *c q* en contiendra 1154 $\frac{2}{5}$ et la tangente *b q* 557 $\frac{1}{3}$.

Quant aux faces inclinées qui forment les levées, la longueur de ces faces doit être la moitié du vide d'une dent à l'autre : leur forme n'est pas plane; elles ont une courbure à peu près circulaire et de même rayon à peu près que la roue. L'une en *e*, fig. 4, présente sa face convexe à la pointe de la dent pendant la levée; l'autre en *a*, fig. 7, lui présente sa face concave.

Pour obtenir les 40 degrés de levée, il faut, lorsque l'ancre est terminée, la mettre en place et la faire fonctionner. On marque par deux traits ou rayons, partant du centre de l'ancre, la quantité de chemin que la fourchette parcourt, à l'endroit où est placé l'axe du balancier, par l'effet de la levée de la roue; puis, après avoir mené une ligne droite de cet axe au centre du mouvement de l'ancre, on tire du même axe, de part et d'autre de la ligne des centres, une ligne faisant un angle de 20 degrés avec elle, ce qui donne 40 degrés de l'une à l'autre des deux lignes ainsi menées : l'intersection de ces lignes, avec les deux rayons tirés tout à l'heure du centre de l'ancre,

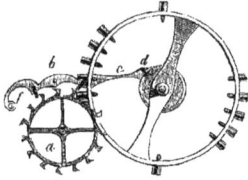

Échappement à ancre (fig. 8).

indique la longueur que doit avoir le bras *t* du balancier, qui reçoit l'action de la levée.

Quant au diamètre de l'anneau qui porte le bras, son rayon doit être des deux tiers de la saillie totale de ce bras, à partir du centre de mouvement du balancier.

Le pont M N, fig. 4, 5 et 7, a une entaille dans laquelle joue l'une des traverses de l'ancre, et contre les extrémités de laquelle elle s'appuie après avoir opéré sa levée : ce qui empêche le renversement du balancier.

Pendant un demi-siècle, c'est-à-dire depuis 1780 jusqu'en 1830, l'échappement à ancre, dont l'invention primitive appartient à Graham, a reçu peu de modifications soit dans sa forme, soit dans ses principes. Ceux-ci n'ont même pas varié depuis vingt ans. Quant à la forme de l'ancre et à celle de l'axe du balancier, on les a souvent modifiées. Le dessin ci-joint, fig. 8, est celui de l'échappement à ancre tel qu'on le fait aujourd'hui en France et à Genève.

Les dents de la roue *a* ne sont pas terminées en pointe, comme dans la roue primitive; leur bout est une surface plate légèrement inclinée vers le centre de la roue. Cette disposition est beaucoup plus favorable à la levée. Les leviers de l'ancre *b* sont placés à peu près au centre de cette pièce. Le bras *c* n'a que deux fourchons, au lieu de trois; ce troisième est remplacé ici par ce prisme triangulaire *d* qui s'élève au-dessus et au milieu des deux fourchons. L'axe du balancier porte une rondelle d'acier légèrement échancrée en *e*. Au milieu et sur le bord de cette échancrure est une petite tige d'acier ou un rubis qui joue entre les deux fourchons et qui en reçoit l'impulsion. Le prisme triangulaire dont nous venons de parler s'appuie alternativement de l'un et l'autre côté de la rondelle, et sert en même temps à opérer le dégagement et à empêcher le renversement. Le bras *f* de l'ancre n'est utile que pour équilibrer cette pièce; il est très-important qu'elle soit, comme le balancier, dans un parfait équilibre : sans cette précaution, la montre serait sujette à faire de grandes variations, surtout si on la faisait marcher, ce qui arrive fréquemment, dans des positions différentes.

ARTICLE VI.

DE L'ÉCHAPPEMENT D'ARNOLD.

Cet échappement a été inventé par Pierre Le Roy, en 1748. Il fut nommé d'abord *échappement à détente à ressort*, à cause de la pièce qui le caractérise et qui est en effet une détente à ressort. F. Berthoud, Mudge et Arnold ont perfectionné cet échappement, qui a pris définitivement le nom de l'horloger anglais Arnold.

A en juger par la marche régulière des *garde-temps* ou chronomètres auxquels on a adapté cet échappement, et en particulier de celui dont on a rendu compte dans la *Bibliothèque britannique* (t. XII, p. 89 et suiv.), on peut croire à son mérite réel; et, comme depuis cette époque une grande quantité d'autres chronomètres sont venus corroborer cette opinion, on peut le signaler comme un des meilleurs échappements propres à mesurer la marche du temps.

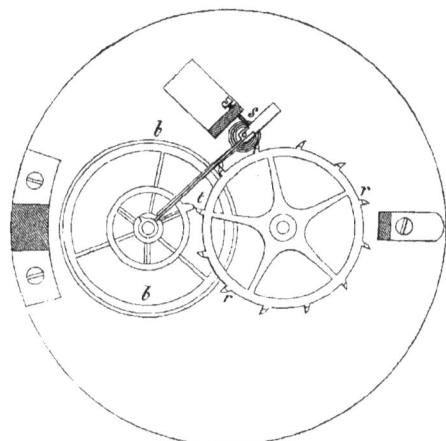

Échappement d'Arnold (fig. 1).

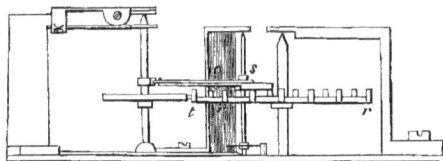

Échappement d'Arnold (fig. 2).

L'échappement d'Arnold est composé de trois mobiles : la roue d'échappement *r r*, fig. 1; le balancier *b b*, dont l'axe porte les pièces nécessaires au dégagement et à la levée; et un levier de détente intermédiaire *r o s i*, fig. 4, muni de deux ressorts, lequel produit les repos et dégagements alternatifs. Il y a encore en *s*, fig. 1, un ressort-spiral qui met en prise la pièce, ainsi que nous allons l'expliquer plus particulièrement.

Les dents de la roue d'échappement peuvent être à rochet; la roue, dans ce cas-là, est d'une exécution plus facile. Quelques horlogers, notamment en Angleterre, taillent cette roue en couronne, fig. 3; et, dans ce cas, elle a beaucoup de ressemblance avec la roue d'échappement à virgule. La roue que nous avons adoptée pour faire notre démonstration est celle qui était en usage à la fin du dix-huitième siècle et au commencement de celui-ci. Elle est alternativement en communication avec la

38

pièce de détente pendant le repos, fig. 1, 4 et 5, et avec une palette appartenant au balancier et sur laquelle elle opère la levée dans son mouvement, fig. 6.

L'axe du balancier porte deux pièces situées l'une au-dessous de l'autre et qui fonctionnent dans l'échappement. L'une est une palette *t*, fig. 1 et 6, contre laquelle la dent de la roue d'échappement appuie et qu'elle pousse pendant la levée. L'autre est un mentonnet *d*, fig. 5 et 6, beaucoup plus court et plus près du centre de mouvement; l'action du mentonnet sur le bout du levier de détente fait cesser le repos et précède immédiatement la levée.

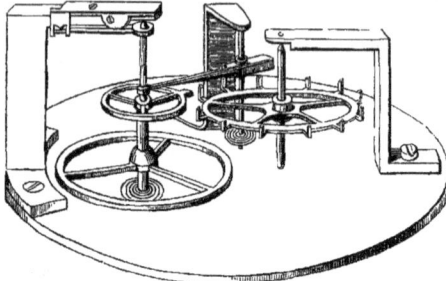

Échappement d'Arnold (fig. 3).

Le levier de détente peut être construit et disposé de plusieurs manières ; mais, quelle que soit la structure ou la disposition de ce levier de détente, on y trouve tou-

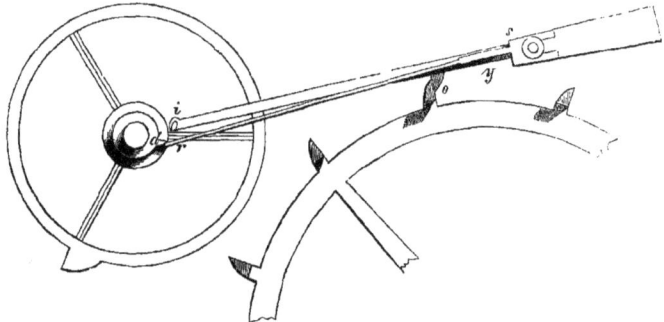

Échappement d'Arnold (fig. 4).

jours trois pièces nécessaires à son jeu. La première est un talon *o*, fig. 4, sur lequel s'appuie la dent pendant le repos et que nous appellerons *talon de repos*. La seconde est un ressort quelconque *i s*, qui tend toujours à ramener le talon en prise de repos après le dégagement; nous l'appellerons *ressort de retour*. La troisième est un autre ressort *y r*, qui exerce deux fonctions différentes : c'est une lame fine et droite, fixée par le bout *y* au levier de détente, libre par l'autre dans un sens, mais arrêtée dans l'autre sens par un piton placé sur l'extrémité *i* du premier ressort. L'extrémité de ce ressort arrive assez près de l'axe du balancier pour que le mentonnet de dégagement ne puisse passer dans un sens ou dans l'autre sans la rencontrer. Cette rencontre produit deux effets différents, selon le sens dans lequel elle a lieu. Dans la vibration de levée, fig. 5, le mentonnet *d* pousse le ressort *r*, de manière que ce ressort, appuyant contre le piton i, ne peut céder sans que le levier oi, dont le point d'appui est en e, ne cède lui-même : ce qui dégage le talon o et produit le dégagement. Après cette opération, une dent libérée atteint la palette du balancier t, fig. 6, qui passe devant elle et lui donne l'impulsion de levée. Dans la vibration de retour, fig. 4 et 7, le mentonnet d rencontre l'extrémité du ressort r, dans le sens où il peut céder sans rencontrer le piton i; il cède effectivement sans

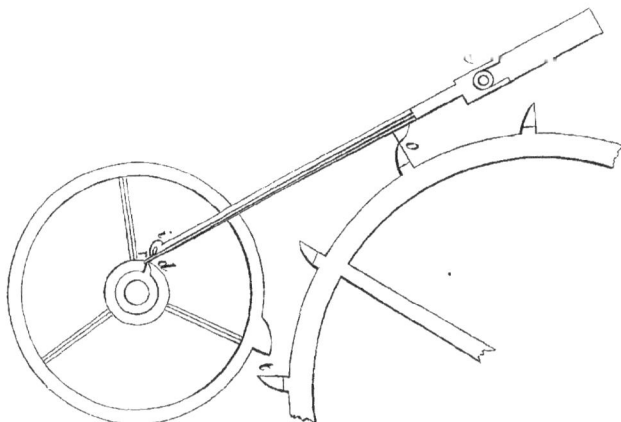
Échappement d'Arnold (fig. 5).

que la petite résistance qu'il fait éprouver au mentonnet influe sensiblement sur la vibration, ni qu'elle dérange le levier oi, qui est en prise de repos. Au retour suivant

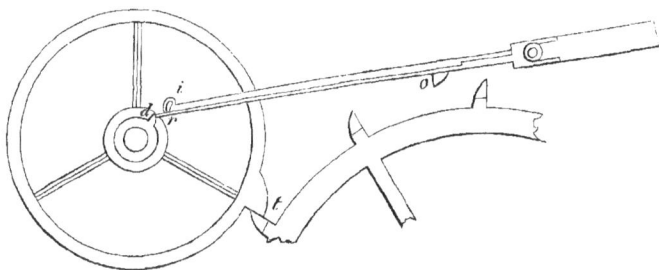
Échappement d'Arnold (fig. 6).

du mentonnet, il agit de nouveau dans le sens qui produit le dégagement; et ainsi de suite.

Quelque position que l'on donne au levier de détente, il doit toujours agir en façon de levier du second genre, où le point d'appui est à une des extrémités.

Quelque position que l'on donne au levier de détente, son action reste toujours la même : il doit agir là où le point d'appui est à une des extrémités, la puissance à l'autre, et la résistance, c'est-à-dire le frottement sur le repos, dans un point intermédiaire entre la puissance et le point d'appui.

Dans la première de ces dispositions, le point d'appui du repos est un arbre ou axe à pivots muni d'un spiral *s*, fig. 1, qui est placé à la partie inférieure de l'axe, comme on le voit fig. 2 et 3, et qui remplit la fonction d'un ressort de retour devant les dents de la roue. Dans les deux autres dispositions, le bras qui porte la pièce de repos *o* est une lame qui fait fonction de ressort, et qui ramène par son élasticité son talon en prise aussitôt après le dégagement. Dans l'une de ces deux dernières dispositions, la pièce de repos *s o,* fig. 4, et son ressort de dégagement, se terminent par une courbe *r r* qui a la forme de la lettre G, et qui va se mettre en prise avec le mentonnet *d* du côté du balancier le plus éloigné de la roue d'échappement, comme on le voit fig. 5, 6 et 7; le dégagement s'opère par une impulsion qui amène la pièce de repos en dedans de la roue d'échappement, ce qui oblige l'artiste à tailler cette roue à couronne. La vis *h*, fig. 1 et 5, sert alors, par son extrémité, à limiter le jeu de la pièce de repos pour présenter un point d'appui convenable à la dent de la roue.

Entre ces trois dispositions, que nous avons données parce qu'elles tiennent à l'his-

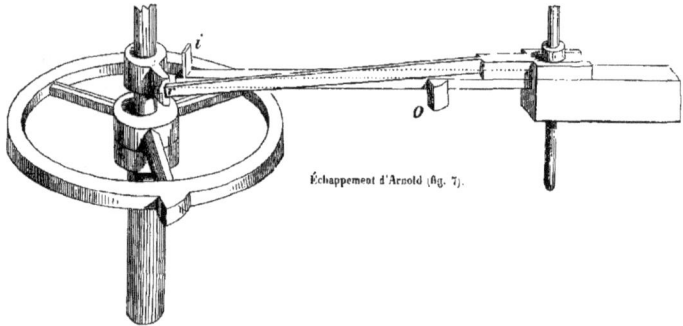

Échappement d'Arnold (fig. 7).

toire de l'échappement d'Arnold, la première était préférée à la fin du dernier siècle, parce qu'on peut mieux y modifier, à l'aide du ressort-spiral, la résistance qu'oppose le repos au balancier dans l'acte du dégagement. Il y a aussi plus de sûreté pour le repos quand le talon appartient à un talon inflexible que lorsqu'il tient à un ressort. Après cette disposition, on préférait celle des deux autres dans laquelle le ressort de dégagement est en prise avec le mentonnet du côté où se trouve le levier, fig. 1 et 5, et non du côté opposé, parce que, dans ce dernier cas, le levier est beaucoup plus long et par conséquent plus pesant.

Il existe, pour le levier de dégagement de l'échappement d'Arnold, une quatrième disposition qui paraît avantageuse. Le point d'appui du levier est un axe placé sur une ligne qui est tangente à la roue du côté de l'axe du balancier, et qui touche la circonférence de cette roue au point où a lieu le repos. Le talon de repos est situé à l'extrémité du levier opposé à celle où agit le mentonnet de dégagement, et ce talon est ramené en prise avec la roue par l'effet d'un ressort droit assujetti sur la platine. Le ressort de dégagement est porté par un bras de longueur indéterminée assujetti sur l'axe de la pièce de détente, et ce ressort agit de la même manière que dans les cas précédents.

Depuis qu'on a adopté 18,000 vibrations par heure, et même quelquefois 21,600, la rapidité des oscillations du balancier détruit en partie les inconvénients de manque de moyens convenables pour prévenir le renversement; car, pour qu'il y eût renversement, il faudrait, par une secousse, imprimer au régulateur une impulsion qui lui procurerait une oscillation de deux tours d'étendue; et une telle secousse ne peut avoir lieu que dans des cas rares et accidentels.

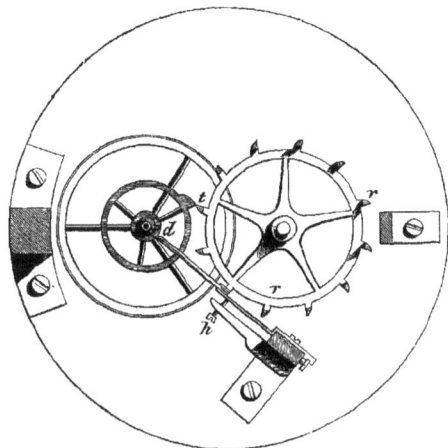

Échappement d'Arnold (fig. 8).

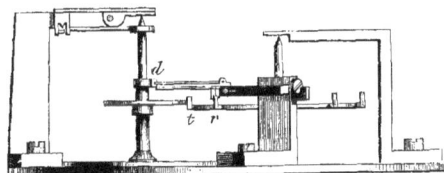

Échappement d'Arnold (fig. 9).

Quant aux proportions des pièces principales de l'échappement, il n'y en a pas de fixes pour le mentonnet de dégagement; s'il est court, il lui faut plus de pénétration dans son engrenage avec le ressort de détente; il en faut moins s'il est plus long.

Quant à la palette de levée, lorsque l'on veut déterminer la longueur qu'elle doit avoir pour procurer une levée de 60 degrés, qui est la plus convenable à cet échappement, voici comment on opère : la roue d'échappement ayant 15 dents, on divise la distance des centres de la roue et du balancier en 21 parties, dont on donne 15 au rayon de la roue et 6 à la palette du balancier.

Il est très-important d'assurer d'une manière précise les repos de la roue d'échappement; et comme, en raison du calibre, le ressort peut et doit être placé à droite ou à gauche de la roue, il est de rigueur que, lorsque le levier de repos est à droite de la roue et que la roue tourne à droite, comme cela a lieu dans la première disposition, fig. 7, l'angle formé à l'extrémité de la dent qui est en prise de repos, entre la droite menée au point d'appui ou à l'axe du levier de repos et celle menée au centre de la roue d'échappement, soit de 95 degrés ou d'un peu plus de l'angle droit. Cet angle doit être réduit, au contraire, à 85 degrés, ou à un peu moins de l'angle droit, si le levier de repos est à gauche de la roue, comme cela a lieu dans les figures 8 et 9. Cela donne à la roue la tendance d'attirer à elle le levier, ce qui sert à mieux fixer les repos.

Nous venons de faire connaître les principales formes que l'on a données aux différentes pièces qui composent l'échappement d'Arnold. De nos jours, les horlogers qui s'occupent spécialement de l'exécution des montres marines, soit en France, soit en Angleterre, ne font pas uniformément chacune des pièces de cet échappement. Ils ne les disposent pas non plus constamment de la même manière. Quelques artistes, par exemple, fixent, à l'aide d'une vis, le ressort de détente sur la platine; d'autres montent ce même ressort sur un axe et le font agir sur pivots. Dans ce dernier cas, le frottement qui s'opère sur le doigt de dégagement par la résistance du ressort se trouve quelque peu diminué; mais, d'un autre côté, l'huile que l'on est obligé de mettre aux pivots de l'axe de ce ressort est susceptible de s'épaissir au bout d'un certain temps, surtout à bord des vaisseaux sur lesquels les montres marines sont fréquemment exposées aux changements de température, et il doit en résulter une gêne nuisible au jeu de la détente.

Les constructeurs de chronomètres ne donnent pas non plus une forme identique à la roue d'échappement. Les uns font cette roue plate, et la taillent en rochet en laissant la face des dents perpendiculaire à l'axe de la roue; les autres creusent cette roue en dessus et en dessous, afin de la rendre plus légère; d'autres enfin ne la creusent que d'un seul côté, et ils donnent à la face des dents de cette même roue une inclinaison d'environ 30 degrés, comme nous l'avons marquée de *b* en *c* dans la figure 10.

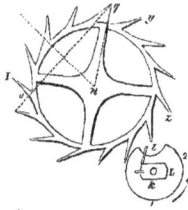

Échappement d'Arnold (fig. 10.)

Les pièces de l'axe du balancier, que nous avons nommées mentonnet et levée de dégagement, sont remplacées aujourd'hui par des palettes en rubis, comme on le voit figure 10.

Thomas Earnshaw a modifié quelques pièces de l'échappement d'Arnold; mais, comme ces modifications n'améliorent pas cet échappement, nous ne les ferons pas connaître à nos lecteurs.

Une description succincte de l'échappement d'Earnshaw se trouve dans l'ouvrage de M. L. Moinet (1).

Nous parlerons de nouveau de l'échappement d'Arnold lorsque nous apprécierons les travaux de MM. Breguet, Berthoud frères, Motel, Perrelet, Winnerl, et de plu-

(1) Ce n'est que vers la fin de 1849 que l'on m'apprit que M. Moinet avait publié un ouvrage sur l'horlogerie, et déjà, à cette époque, mon manuscrit était en grande partie entre les mains de mon éditeur. Ce n'est qu'il y a quatre mois environ que, moins absorbé dans mes travaux, je pus lire enfin l'ouvrage de M. Moinet, et, je l'avouerai avec cette franchise dont j'ai déjà donné quelques preuves, cette lecture me fit éprouver le plus vif plaisir, surtout celle du second volume, qui contient des choses fort remarquables. La longue carrière de M. Moinet a été consacrée tout entière à l'horlogerie, qu'il honore par son talent, comme par son caractère. Je suis heureux de pouvoir lui rendre ici ce témoignage de ma profonde estime. Peut-être un jour aurai-je l'honneur d'écrire la vie si pure et si bien remplie de M. Moinet, qui fut l'ami et le collaborateur de feu Breguet; je m'acquitterai de cette tâche, sinon avec talent, du moins avec une stricte impartialité : j'ai d'ailleurs l'intention d'écrire la vie de tous les horlogers célèbres de l'Europe auxquels je survivrai. Cette galerie historique formera peut-être un jour un volume que je publierai séparément et qui pourra faire suite à celui-ci, comme à tout autre ouvrage sur l'horlogerie.

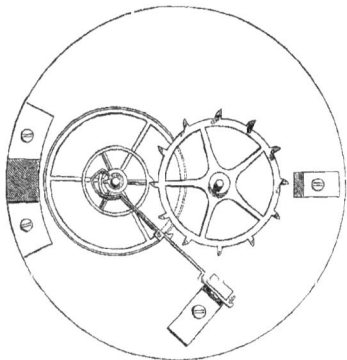

Fig. 15.

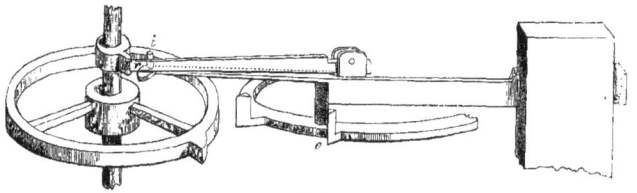

Fig. 14.

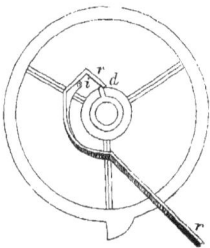

Fig. 20.

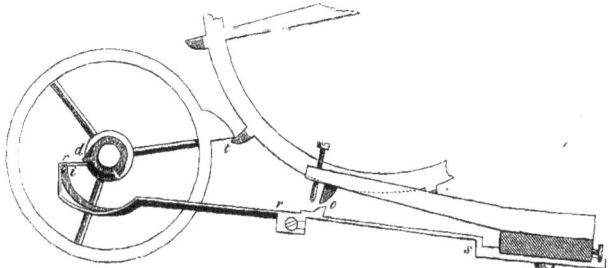

Fig. 19.

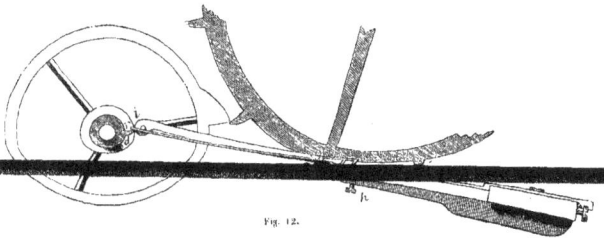

Fig. 12.

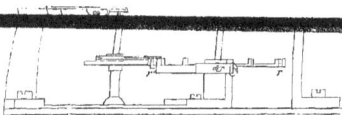

Fig. 16.

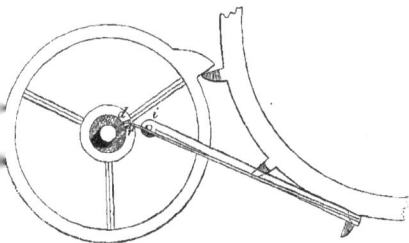

Fig. 13.

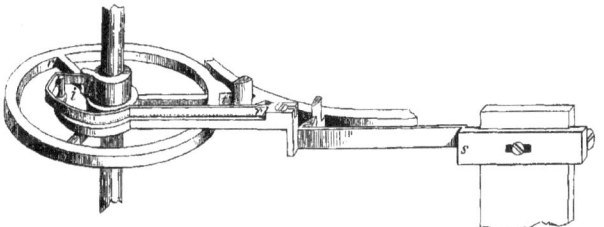

Fig. 21.

Fig. 11.

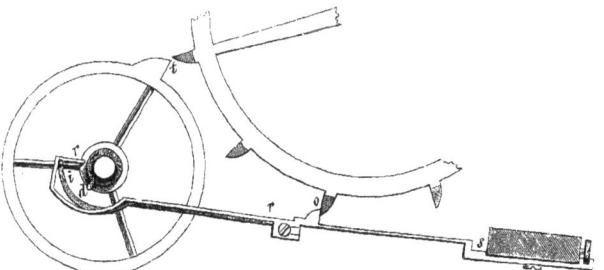

Fig. 18.

A. Racinet père del.

Bisson et Cottard exc.

ÉCHAPPEMENT D'ARNOLD.

sieurs autres artistes distingués. Nous donnerons d'ailleurs la description complète d'un chronomètre moderne.

ARTICLE VII.

DE L'ÉCHAPPEMENT LIBRE, A FORCE CONSTANTE.

Le remontoir d'égalité, dont nous avons parlé plus haut, est employé avec succès dans les grosses horloges, dans les régulateurs, et même dans les pendules à ressort; mais nous ne voyons pas son utilité dans les montres de poche, ni même dans les petites pendules de voyage. Dans ces sortes de pièces, un échappement d'Arnold bien fait suffit pour leur assurer une marche régulière, surtout lorsque le balancier à compensation qui accompagne habituellement cet échappement produit son effet avec exactitude et précision. La première idée d'un remontoir d'égalité pouvant s'adapter aux petites horloges portatives appartient à Sully; mais ce ne fut que vers la fin du dix-huitième siècle que les horlogers mirent ce remontoir en pratique.

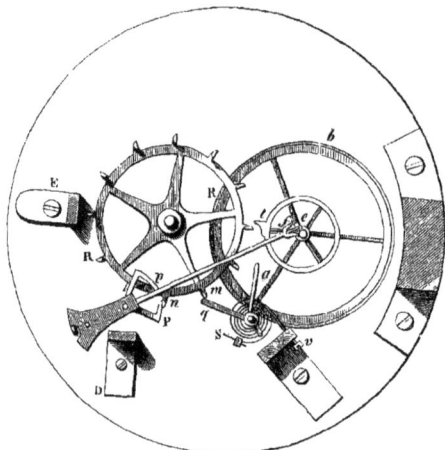

Échappement à force constante (fig. 1).

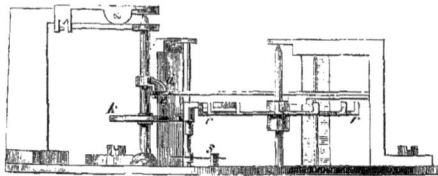

Échappement à force constante (fig 2).

On voit au musée Rath, à Genève, un échappement à force constante très-remarquable. Il fut exécuté, en 1804, par Tavan, habile horloger genevois. Nous donnons la description de cet échappement d'après un mémoire publié en 1805 par la Société des Arts de Genève.

Trois mobiles composent cet échappement : la roue à couronne rr, fig. 1; le balancier be, portant sa palette t; enfin la pièce intermédiaire, dite *patte d'écrevisse*, fpP, servant aux repos et aux dégagements alternatifs, et dont l'axe de suspension est en h, fig. 4.

Pour obtenir le but désiré, celui d'une force d'impulsion constante sur le balancier, il suffit d'ajouter à ces trois pièces un quatrième mobile qui substitue sa propre impulsion sur le balancier à celle de la roue; mais il faut qu'il soit construit et placé de telle manière que cette impulsion soit constante, et que la roue n'ait d'autre fonction

que d'en renouveler la cause à chaque vibration, sans y influer davantage que l'individu qui remonte le poids d'une horloge n'influe sur la marche de cette horloge.

Ce mobile *a b q*, fig. 4 et suiv., est d'une structure fort simple. Ce n'est autre chose

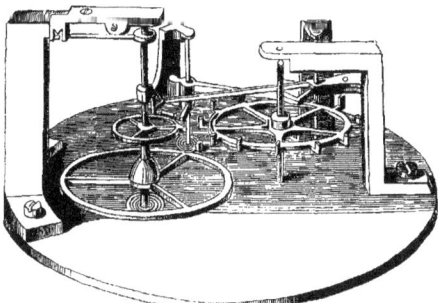

Échappement à force constante (fig. 3).

qu'un levier coudé dont les deux bras
horizontaux, situés à une hauteur différente, comme on le voit figure 7,
forment un angle d'environ 80 degrés.
Son centre de mouvement est au sommet de l'angle. Son plan est parallèle à
celui de la roue d'échappement, et l'arbre *b g*, qui le porte, est situé à peu
près dans le prolongement d'une tangente à cette roue, menée de la ligne
des centres de la roue et du balancier,
du même côté où se trouve déjà la pièce

intermédiaire. Au bas de l'arbre qui porte ce levier, est un ressort-spiral *s*, fig. 1 et 2,
destiné à lui procurer le mouvement nécessaire à la levée, quand ce ressort a été tendu
d'une quantité donnée par l'action de la dent *m*, fig. 1.

Pour expliquer le jeu du levier, nous désignerons ses deux bras par les noms de
bras *passif* et de bras *actif*.

Le bras passif *q*, fig. 1, un peu plus élevé que l'autre, est placé de manière à rece-

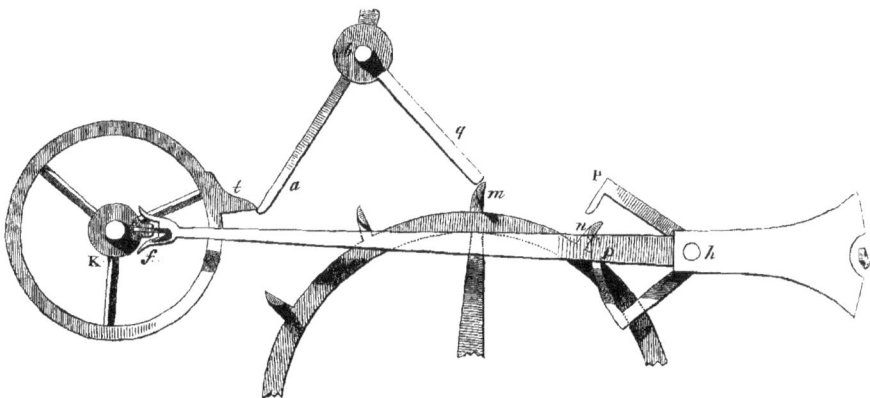

Échappement à force constante (fig. 4).

voir l'action de la roue en *m;* le bras actif *a* est disposé favorablement pour agir sur
le balancier en *t*, fig 4.

Pour recevoir cette dernière action, l'axe du balancier, au lieu de porter, comme dans certains échappements, une espèce de virgule placée vis-à-vis des dents de la roue et destinée à en recevoir l'impulsion immédiate, porte une palette *l* disposée de manière que le bras actif du levier coudé l'atteigne en *a*, fig. 4, lorsqu'il le poursuit

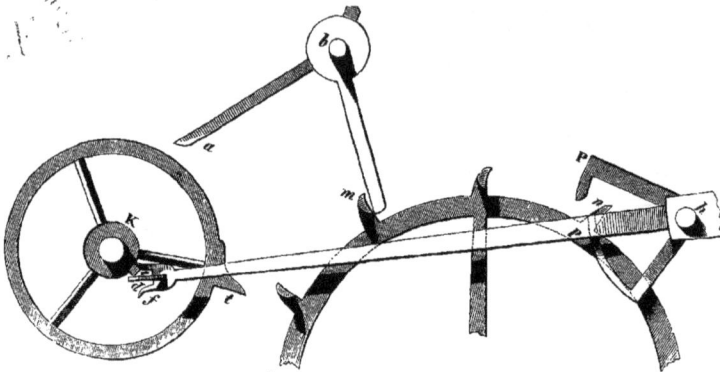

Échappement à force constante (fig. 5).

dans l'acte de la détente du ressort-spiral et lui donne, par la différence de vitesse des deux mobiles dans cet instant, l'impulsion qui constitue la levée.

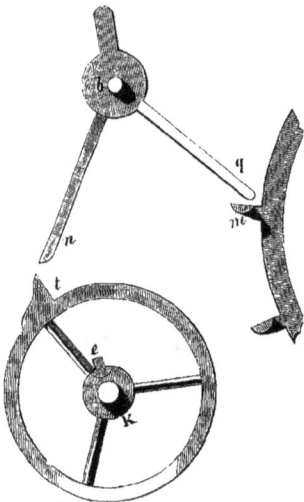

Échappement à force constante (fig. 6).

La source de cette impulsion se renouvelle à chaque grande chute de la roue; car le bras passif du levier coudé est placé de manière à se trouver en prise avec une dent pendant toute cette chute, au bout de laquelle il y a repos; et le spiral se trouve tendu par le mouvement reçu de la roue en *m q*, fig. 1.

Le dégagement qui suit ce repos s'opère, comme dans les échappements précédents, par la pression sur le fourchon *f*, fig. 7, du doigt ou piton vertical situé vers l'axe du balancier. Ce dégagement produit simultanément deux effets : 1° une dent *n*, fig. 1, passe du repos sur le doigt extérieur P de la patte d'écrevisse au repos sur le doigt intérieur *p*, très-près de celui-ci; 2° une autre dent *m*, fig. 4, qui tenait tendu par l'extrémité de son bras passif *q* le levier coudé, l'abandonne; il part soudain, poussé par son spiral, et le bras actif *a* atteint alors la palette *l* à son passage et produit la levée. Cette dernière, comme on le voit, n'a lieu que dans l'une des vibrations du balancier, et dans celle qui suit immédiatement la petite chute; ainsi on peut 'dire que la levée a lieu *pendant le repos* de la roue : ce qui fait bien ressortir la parfaite indépendance de la force régulatrice relativement à la force motrice, dans cet échappement.

L'impulsion donnée au balancier dépend du degré de bande donné au ressort-spiral s, fig. 1, et de la durée de l'action du bras actif sur la palette qu'il poursuit dans la levée.

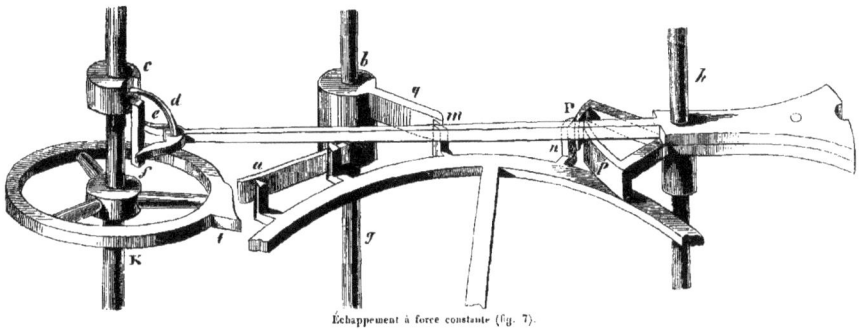

Échappement à force constante (fig. 7).

Une vis d'arrêt v, contre l'extrémité de laquelle le bras actif vient s'appuyer à chaque vibration, détermine l'étendue précise de la levée, et fixe le passage nécessaire pour que la palette du balancier puisse revenir sans rencontrer l'extrémité du bras actif. On peut faire pénétrer la vis plus ou moins profondément, afin de trouver le point convenable. L'action de la levée est toujours exactement limitée et constante, sauf le cas où le spiral perdrait sensiblement de sa force par un trop long usage ou par la différence de température d'une saison à l'autre.

Le levier coudé nbq, fig. 6, porte, du côté opposé à ses deux bras, une queue destinée à leur faire équilibre dans toutes les positions. Sans cette précaution, la pesanteur absolue des bras pourrait s'ajouter ou se retrancher à l'action du spiral, selon la position accidentelle de la montre, et introduire ainsi une cause de variations dans l'impulsion reçue par le balancier.

La sûreté du repos, dans cet échappement, est aussi parfaite que dans l'échappement à ancre; car la fourchette qui assure ce repos appartient à l'une et à l'autre des deux constructions. Le renversement y est prévenu d'une manière analogue; et le doigt de sûreté d, fig. 7, en appuyant latéralement contre l'anneau ou la virole c, lorsqu'il est en dehors de son échancrure, sert, au besoin, à empêcher le déplacement de la pièce de repos par l'effet d'une secousse accidentelle.

L'échappement à force constante a été, de nos jours, notablement amélioré par MM. Breguet et quelques autres habiles horlogers de la France et de l'Angleterre. Nous dirons plus tard en quoi consistent les améliorations dont nous parlons.

ARTICLE VIII.

DES ÉCHAPPEMENTS POUR LES PENDULES ET LES GROSSES HORLOGES.

Il existe une quantité considérable d'échappements pour les grosses horloges, mais très-peu sont en usage aujourd'hui; par conséquent, ne voulant pas donner ici des descriptions inutiles, nous nous bornerons à analyser et à décrire l'échappement à ancre à repos (nous avons décrit plus haut celui à recul), que l'on emploie généralement dans les pendules ordinaires, et les échappements de Graham et à chevilles, qui sont adoptés de préférence dans les régulateurs et les horloges monumentales.

DE L'ÉCHAPPEMENT A ANCRE A REPOS.

A est la roue d'échappement; B, l'ancre d'échappement dont le centre de mouvement est a : ses palettes 4 D, 2 C, sont formées par des arcs de cercle 4, 6, 2, 5, I C, qui ont leur centre commun en a; et par les plans inclinés 4, 3, 2, 1 (voyez la figure ci-contre).

Lorsque le pendule est mis en mouvement, il entraîne l'ancre au moyen de la fourchette; et la dent 3 de la roue A, qui tend à tourner par l'action du moteur, agit alors sur le plan incliné 3, 4, ce qui communique à l'ancre, et par conséquent au pendule, un mouvement qui sert à réparer ce que le frottement et la résistance de l'air en détruisent dans le régulateur. A mesure que ce plan incliné 3, 4 s'écarte de la roue A, l'autre plan incliné 2, 1 entre dans l'intervalle I, 7, de telle sorte qu'au moment où la dent 3 s'échappe de l'angle du plan incliné 4, 3, l'extrémité 2 de l'arc 2, 5 va se

Échappement à ancre à repos.

présenter sous la dent 7 : en conséquence, pendant tout le temps que cet arc se trouve dans l'intervalle des dents 1, 7 en glissant sous la dent 7, la roue A reste immobile, parce que l'arc 2, 5 sur lequel la pointe de la dent vient appuyer est une portion de cercle dont le centre est en a; mais, aussitôt que, par le retour du pendule, l'arc 2, 5 sort de dessous la dent 7, cette dent, animée par la force motrice, agit sur le plan incliné 2, 1, et l'écarte jusqu'à ce qu'elle s'en échappe et que l'arc 3 D aille glisser sous la dent opposée : c'est ainsi que les dents de la roue agissent alternativement sur chacun des plans inclinés de l'ancre d'échappement, et c'est par là que celui-ci entretient les oscillations du pendule.

Les principes de l'échappement dit de Graham sont les mêmes que ceux de l'échappement à ancre à repos; aussi n'en dirons-nous que quelques mots que nous trouvons dans un article de Pierre Le Roy.

« On sait que les petites oscillations du pendule approchent plus de l'isochronisme que les grandes, et qu'elles sont en même temps moins sujettes à être dérangées par les inégalités de la force motrice. »

Pour jouir de ces avantages, M. Graham allonge considérablement les bras de l'angle, auxquels il fait embrasser environ la moitié du rochet, et réserve, en outre, une distance A B (voy. la fig. ci-contre) de la circonférence de ce rochet au centre du mouvement de l'ancre : de plus, les parties C D, E F sont des portions de cercle décrites du centre B.

Quand la roue a écarté, par exemple, le plan incliné D P qui lui opposait un des bras, l'autre branche lui présente la portion de cercle E F; de façon que, la dent reposant successivement sur des points toujours également distants du mouvement B de l'ancre, le pendule peut achever sa vibration sans que le rouage rétrograde, comme avec l'ancre du docteur Hook.

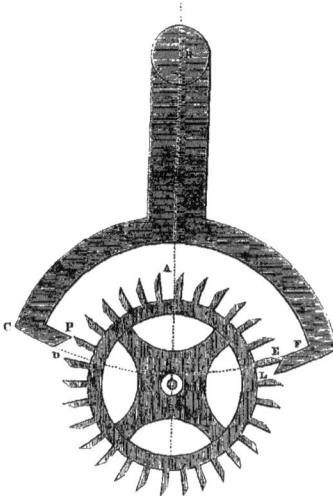

Échappement de Graham.

ARTICLE IX.

DE L'ÉCHAPPEMENT A CHEVILLES DE LEPAUTE POUR LES RÉGULATEURS ET LES GROSSES HORLOGES.

« La fig. ci-dessous montre cet échappement, dont la première pièce est un arbre F, placé horizontalement, terminé par deux pivots, dont l'un roule dans la platine des piliers, et l'autre dans un pont ou coq fixé en dehors de l'autre platine. C'est entre le coq et la platine qu'est rivée sur l'arbre la fourchette du pendule.

» Cet arbre porte deux leviers recourbés, G A c, A B d, qui y sont fixés à frottement dur, de manière qu'on puisse les ouvrir plus ou moins, et leur faire faire l'angle qui est nécessaire pour les effets qu'on s'y propose.

» Les parties R, I, L, S des leviers sont des arcs de cercle dont le centre est dans le même plan que la roue et sur l'axe F; mais ils se terminent par des plans inclinés, I c, L d.

» Le levier G A c passe derrière la roue, tandis que le levier H B d est sur la partie antérieure de la roue. La roue porte sur ses deux faces des chevilles perpendiculaires à son plan. Nous avons laissé en blanc celles qui sont au-devant de la roue; les chevilles ombrées, placées alternativement avec les autres, sont à la partie postérieure de la même roue.

» La roue descendant de u en x, comme l'indique la flèche, par la force du poids, les chevilles de la partie antérieure rencontrent le plan incliné L d et le poussent vers

B. Par ce mouvement-là, le levier G A c, qui est à l'autre face de la roue, s'avance sous la cheville suivante; alors la cheville Y ayant échappé au point d et le levier continuant à s'éloigner par la force d'impulsion imprimée au pendule, la cheville suivante u se trouve sur la partie circulaire concave R I, qui est l'arc de repos.

» Les leviers étant ramenés du côté de A par l'oscillation descendante du pendule, la cheville qui frottait sur l'arc R I rencontre bientôt le plan I c, sur lequel elle agit comme la première, mais en sens contraire, en poussant les leviers de C en A, jusqu'à ce que la cheville suivante vienne se trouver sur l'arc constant L S, pour redescendre de là sur le plan L d, et ainsi de suite.

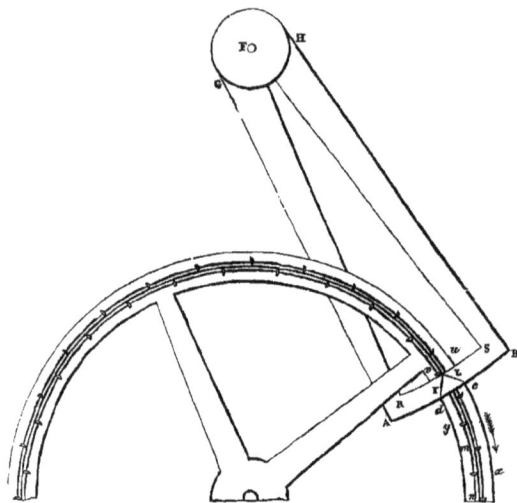

Échappement à chevilles de Lepaute pour les régulateurs et les grosses horloges.

» Comme chaque cheville de la roue répond à une oscillation du pendule, il doit y avoir dans les régulateurs soixante chevilles sur la roue, dont trente sont placées sur une des faces de la roue, et les trente autres dans les intervalles des premières; mais, sur l'autre côté de la roue, ces chevilles sont placées de part et d'autre, non pas précisément sur une même circonférence ou à égale distance du centre de la roue, mais les chevilles qui doivent agir sur le plan I c agissant par leur côté intérieur, qui est le plus près du centre de la roue, et les chevilles qui poussent le plan L d agissant au contraire par leur côté extérieur, qui est le plus éloigné du centre, on a fait en sorte que les côtés intérieurs des chevilles m, n et les côtés extérieurs des chevilles x, y se trouvent précisément sur un même cercle, et il faut pour cela placer les chevilles d'une des faces de la roue sur un cercle dont le rayon soit moindre de la quantité d'un diamètre de la cheville que le rayon du cercle sur lequel sont plantées les chevilles de l'autre face : par ce moyen, l'impulsion sur les deux plans se fait exactement à la même distance du centre de la roue et par un levier toujours égal.

» Si les deux chevilles étaient rondes, celle qui serait parvenue à l'extrémité c ou d du plan échapperait aussitôt que son centre serait parvenu vis-à-vis de l'angle d ou o, et avant que l'épaisseur entière de la cheville fût parvenue au-dessous de d ou c. Or, comme l'épaisseur entière du levier I c ou d L doit passer entre les deux chevilles et qu'elle n'y peut passer que lorsque la cheville entière sera au-dessous de c ou de *d*, il s'ensuit que cette cheville descendrait encore de la valeur de son rayon après avoir échappé, et par conséquent la cheville qui est au-dessus tomberait de la même quantité; ce serait là une chute que l'on doit toujours éviter, soit à cause du trémoussement et de l'usure qu'elle produit dans les pièces, soit à cause de la perte de force qui serait employée inutilement dans le choc.

» Or, en retranchant la moitié de l'épaisseur de la cheville, il arrive qu'aussitôt qu'elle a échappé elle est en état de passer sous le levier et que la cheville suivante se trouve d'elle-même, et sans aucune chute, arrivée sur l'arc de repos.

» Quoique les chevilles soient réduites à des moitiés de cylindre, c'est toujours leur convexité, c'est-à-dire leur partie inférieure qui frotte sur les arcs de repos; or il ne peut pas y avoir de frottement moindre en surface que celui d'une surface convexe sur une surface plane; l'huile et les ordures qui s'amasseraient sous la surface d'une dent et qui contribueraient à user tout autre échappement ne peuvent se rencontrer sous une cheville aussi mince. C'est aussi par leur convexité *x, m, y, n* que les chevilles agissent sur les plans inclinés, et elles n'échappent que lorsque l'angle de la cheville est arrivé à l'angle inférieur du plan incliné.

» Cet échappement réunit donc généralement tous les avantages que l'on avait désirés jusqu'à présent dans un échappement, sans en avoir aucun défaut.

» Les repos sont parfaitement égaux et à égale distance du centre; le frottement sur les arcs de repos est très-petit; les deux arcs de repos sont tous les deux concaves et parcourus avec la même vitesse, la même force, la même direction. Les leviers par lesquels la roue agit sont égaux, aussi bien que les plans sur lesquels elle agit; l'impulsion commence à la même distance du centre, et finit à la même distance sur tous les deux; elle se fait avec une même force et dans le même sens. » (LEPAUTE, *Traité d'horlogerie.*)

L'ancre de l'échappement à chevilles est de nature à s'user promptement, surtout à l'endroit où se produit la *chute*. M. Robin a cherché à remédier à cet inconvénient en construisant une ancre dont les bras, reposant sur un ressort, sont mobiles et cèdent légèrement à la pression que produisent les chevilles de la roue à chaque fois qu'elles tombent sur le repos. Le frottement est notablement diminué dans cette construction; mais, soit qu'elle soit difficile à exécuter, soit qu'on ait reconnu qu'une ancre ainsi faite était contraire au principe de l'échappement, peu d'horlogers ont employé le système de M. Robin, et l'ancre mobile est aujourd'hui tout à fait oubliée. On peut voir, au Conservatoire des arts et métiers, dans la nouvelle galerie ouverte au public, un fort beau régulateur où M. Robin a fait l'échappement à chevilles, suivant la méthode que nous venons d'indiquer. Ce régulateur est fort bien exécuté; c'est une des pièces les plus intéressantes de la galerie dans laquelle il est placé.

Nous terminerons notre démonstration des échappements par une dissertation sur la longueur la plus convenable à donner aux bras des échappements qui sont adoptés généralement dans les pendules et les horloges. Cette dissertation, que nous emprun-

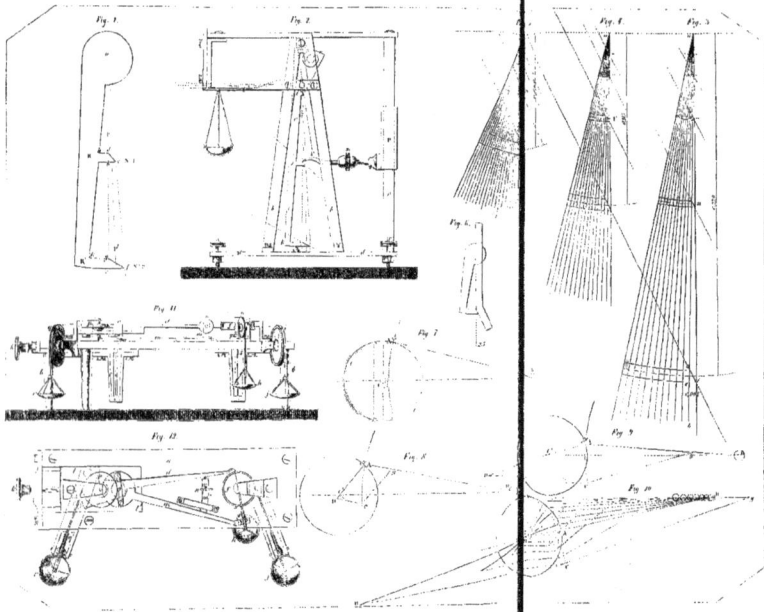

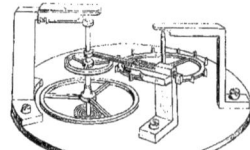

Fig. 10.

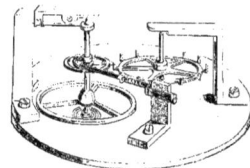

Fig. 11.

ECHAPPEMENT D'ARNOLD.

Nous avons fait tirer à part les onze figures qui composent cette planche parce qu'elles ne provenaient pas toutes entrer dans le texte de l'échappement d'Arnold. Nous avions donné à ce sujet une note explicative qui a été oubliée à l'imprimerie. Nous allons donner ici cette note.

Chacune des figures de l'échappement d'Arnold est répétée trois fois, sauf une légère différence dans la disposition des pièces. Ainsi, quand nous disons à la dernière ligne de la page 355 : « Dans la première disposition, etc. » nous entendons la disposition des pièces de l'échappement dans les figures 1, 2, 3, 4, 5, 6 et 7, et quand nous disons : à la troisième ligne de la page 356, et dans les pages suivantes : « Dans les deux autres dispositions, etc. » nous entendons la disposition des pièces dans les figures 8 et 13, 9 et 16, et ainsi du reste. D'ailleurs les lettres de renvoi, qui sont au même sens dans le texte et dans les figures suffisent pour que nos lecteurs ne puissent pas se tromper.

C'est par erreur que la figure qui est intercalée dans le texte de la page 356 porte le n° 10, elle devrait porter le n° 22.

tons au mémoire déjà cité de **M. J. Wagner**, est fort intéressante; c'est pourquoi nous avons fait graver la planche qui s'y rapporte.

ARTICLE X.

DE LA LONGUEUR LA PLUS CONVENABLE A DONNER AUX BRAS DES ÉCHAPPEMENTS (1).

« Dans l'examen auquel je vais me livrer, je prendrai pour base de ma discussion l'échappement à chevilles, qui se prête mieux à la démonstration.

» Lorsqu'on connaît le diamètre de la roue d'échappement et le nombre des chevilles, on a, *comme conséquence forcée*, la hauteur des deux becs de l'échappement, hauteur qui doit être, pour chaque bec, égale à la moitié de l'intervalle laissé entre deux chevilles, moins la moitié de l'épaisseur d'une cheville; en d'autres termes, la hauteur réunie des deux becs doit être égale à l'intervalle laissé entre deux chevilles, moins l'espace réservé entre eux pour donner passage à ces mêmes chevilles.

» Maintenant l'inclinaison du plan d'impulsion de chaque bec dépendra de trois conditions :

» 1° De l'ouverture de l'angle de levée ;

» 2° De la longueur des branches de l'échappement;

» 3° De la hauteur des becs.

» Supposons donnée la première de ces conditions, et remarquons que l'angle d'impulsion (ou levée) pourra rester le même, quelle que soit la longueur des branches de l'échappement; seulement l'inclinaison du plan d'impulsion des becs, pour une même hauteur, variera en raison de cette longueur, et sera d'autant plus rapide que les branches de l'échappement seront plus courtes, et *vice versâ*.

» Il est, en outre, évident que l'action des chevilles sur chaque bec sera d'autant plus énergique que le plan incliné sera plus rapide, et que, à mesure que cette action se rapprochera du centre d'oscillation, elle regagnera en intensité, sur des plans inclinés plus rapides, ce qu'elle perdra par le raccourcissement du bras de levier de l'échappement, et réciproquement.

» L'inspection de la fig. 1, pl. ci-contre, suffira pour démontrer cette assertion : on y

(1) Il existe, dans la Bibliothèque de la corporation des horlogers de Londres et à la Bibliothèque nationale de Paris, un mémoire intitulé : *The Elements of clock and watchwork adapted to practice, in Two Essayes plates 4¹⁰, London*, 1766. L'auteur de ce mémoire, **M. Alex. Cumming**, a cherché à résoudre la question dont s'est occupé à son tour **M. J. Wagner.** La dissertation de l'horloger anglais est fort savante; mais elle est loin d'être concluante: cependant divers passages de cet écrit sont de nature à jeter une vive lumière sur le sujet dont il s'agit, et on pouvait en tirer parti dans l'intérêt de l'art. **M. J. Wagner,** comme il le dit lui-même dans son mémoire, ne connaissait pas celui de M. Cumming, qui probablement ne fut pas compris par les horlogers de son époque ; car aucun de ceux qui ont écrit sur l'horlogerie n'en a fait mention. Notre compatriote a donc le mérite : 1° d'avoir tiré de son propre fonds le sujet de la dissertation que l'on va lire; 2° d'avoir résolu la question avec une lucidité parfaite.

remarquera, en effet, que, pour un même angle d'oscillation, le plan incliné (ou fuyant) de l'échappement de, n° 1, est du double plus rapide que le plan incliné gf, n° 2, placé à une distance double du centre d'oscillation a; car les hauteurs db et gc restant les mêmes, la base cf, n° 2, sera le double en longueur de celle be, n° 1.

» Il en résulte que, si, en raison de la plus grande rapidité du plan incliné de, le bec n° 1 est repoussé avec une force double de celle qui repousse le bec n° 2, celui-ci, en raison du bras de levier a R', double du bras de levier a R, sera repoussé avec une force double de celle qui repousse le bec n° 1, de sorte que la force perdue par un plan incliné moins rapide est regagnée par un plus grand bras de levier; réciproquement, la force gagnée par un plan incliné plus rapide est perdue par un bras de levier plus court. La longueur des bras d'un échappement serait donc absolument indifférente, puisque la force d'impulsion reste constante, si le problème ne se compliquait d'une question de frottement, qui, en horlogerie, domine toutes les autres.

» On peut remarquer, en effet, en examinant la fig. 1, que la grandeur des parties sur lesquelles frottent les chevilles pendant les courbes de repos (ou arcs complémentaires) est en raison directe des longueurs des bras de levier et dans une proportion un peu moindre pour les fuyants; d'où il résulte que le frottement sera d'autant plus grand que l'on donnera plus de longueur aux bras de l'échappement.

» Il est des horlogers qui prétendent que les frottements ne sont pas nuisibles dans la marche des pièces, n'importe sous quelle pression ils s'exercent, lorsqu'ils sont constants; d'autres prétendent qu'un certain frottement exercé sur la surface des échappements corrige les variations produites par les changements de la force motrice. On ne saurait admettre de telles assertions, attendu que les variations provenant de la force motrice ont, en général, des périodes à peu près régulières, tandis que les frottements varient dans des conditions très-différentes, soit avec la nature des surfaces frottantes, que l'usure modifie à chaque instant, soit avec la nature des huiles employées et dont la fluidité change avec la température.

» Si ces opinions avaient quelque valeur, on s'expliquerait difficilement la régularité si extraordinaire qu'on obtient dans les montres marines ou chronomètres, dans ces pièces de haute précision où les frottements sur l'échappement sont réduits autant que possible, et même complétement annihilés, pendant les arcs supplémentaires, puisque le balancier, pendant le parcours de ces arcs, est complétement dégagé du contact de la roue. Cette expérience bien acquise démontre donc que les prétentions émises à ce sujet ne sont nullement fondées. Du reste, les personnes qui observent sont bien convaincues que le frottement est une des grandes causes de variation et même d'arrêt dans toute pièce d'horlogerie, surtout celui qui s'exerce sur l'échappement, et que les variations provenant des frottements sont d'autant plus grandes que ces frottements sont plus considérables.

» La conséquence naturelle et logique à déduire de ces considérations est qu'on diminuera d'autant plus le frottement qu'on donnera moins d'étendue, soit aux courbes

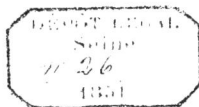

de repos, soit aux plans inclinés, et que, par conséquent, il faudra diminuer le plus possible la longueur des bras des échappements, puisque la grandeur des parties frottantes augmente avec cette longueur.

» Maintenant, au moyen de la même fig. 1, je vais donner la démonstration géométrique du théorème dont je viens de discuter les éléments.

» Je ferai d'abord remarquer que le plan incliné (ou fuyant) de l'un ou de l'autre bec forme l'hypoténuse du petit triangle dbe ou gcf, dont la hauteur est égale à la hauteur du bec, et la base be ou cf égale à l'intervalle compris entre les deux droites af et ac, qui forment entre elles l'angle de levée. Je ferai également remarquer que les bases de ces mêmes triangles augmentent de longueur en raison de leur distance du centre d'oscillation a; par cette raison, les longueurs des bases de ces deux triangles sont entre elles comme leur distance du centre a de l'échappement, ce qui donne la proportion géométrique suivante : $ab : ac :: be : cf$. Si nous supposons ab égal à la moitié de ac, be sera aussi égal à la moitié de cf.

» Voyons maintenant, à l'aide de la théorie des plans inclinés, quelle quantité d'action la même puissance de la roue exercera sur l'un ou l'autre bec de cet échappement; nous trouverons que la puissance qui agit sur le plan incliné est à la quantité dont ce bec est repoussé, comme la base du triangle est à sa hauteur. Par exemple, représentons par P la puissance de la roue qui agit sur le plan incliné, et par R la quantité de force avec laquelle le bec est repoussé par cette même puissance P; on aura la proportion suivante : $P : R :: be$, base du triangle du bec, n° 1, $: bd$, hauteur de ce même triangle. Si nous supposons, dans ce triangle, la base be égale à la hauteur bd, on aura P égal à R, c'est-à-dire que le bec sera repoussé avec une force égale à la puissance P de la roue d'échappement.

» De même, sur le bec n° 2, représentons la puissance de la roue par P', que nous supposons toujours égal à P, n° 1, et par R' la quantité d'action dont le bec est repoussé par cette même puissance; la proportion sera donc comme suit : $P' : R' :: fc : gc$. Or nous avons vu que $gc = bd = be$; nous avons également vu que be était moitié de fe; donc R' n'est que moitié de P'; mais, comme cette dernière puissance P' agit sur un bras de levier double de la longueur du premier, il s'ensuit qu'elle agit comme si la puissance P' était double de P, et, par conséquent, le résultat est exactement le même : R égale donc R'.

» En effet, si l'on ne considère ici que le résultat mécanique, la dent de la roue d'échappement, agissant sur le plan incliné n° 2, fera parcourir au bec un chemin double, avec la même force et dans le même temps que si elle agissait sur le bec n° 1; et ici se vérifie encore une fois cet axiome de la mécanique : Ce qu'on perd en force, on le gagne en vitesse; et réciproquement.

» On voit donc que quelle que soit la longueur donnée aux branches d'un échappement le résultat théorique est le même.

» Examinons maintenant ces mêmes conditions par rapport aux frottements, et occu-

40

pons-nous d'abord des arcs additionnels dh et gk. Nous voyons que les longueurs de ces arcs sont entre elles comme leur distance au centre de rotation a; ils forment la proportion géométrique suivante : $ad : ag :: dh : gk$; mais remarquons que, si ad est moitié de ag, dh sera moitié de gk; par conséquent, la surface frottante de la courbe gk est le double de la surface frottante de la courbe dh. On peut donc en conclure que le frottement sur les courbes de repos augmente précisément en raison directe de la longueur des bras de l'échappement.

» En examinant la question par rapport aux fuyants, nous trouverons que les frottements augmentent, par rapport à la longueur des bras, dans une progression un peu moindre que sur les arcs de repos. Il est facile de s'assurer de cette vérité, puisque le fuyant d'un échappement quelconque forme l'hypoténuse d'un triangle droit dbe, n° 1, qui a pour base be et pour hauteur bd, et l'on sait que le carré élevé sur l'hypoténuse de ce triangle égale la somme des carrés élevés sur la base et sur la hauteur.

» *Exemple.* — Supposons qu'un bras 5 donne pour base 4 et pour hauteur 4; élevant chaque côté au carré, on aura 16, qui, réunis, formeront 32; extrayant la racine carrée de ce chiffre, on aura 5,65, qui est la longueur de l'hypoténuse (ou du fuyant). Faisant la même opération sur une longueur de bras 10, on aura encore pour hauteur 4 et pour base 8; cette base étant à une distance double du centre de rotation, le carré de la hauteur 4 sera 16, et le carré de la base 8, 64; ces deux carrés, réunis, formeront 80, dont la racine carrée est de 9 (du moins très-rapprochée), et ainsi de suite : la progression marchera comme les chiffres suivants :

Longueurs supposées des bras de l'échappement.	Longueurs correspondantes des fuyants ou des frottements.
5 »	5,65
10 »	9 »
15 »	12,56
20 »	16,50

» Ces calculs démontrent que, plus on donne de longueur aux bras d'un échappement, plus il y a de frottement, et par conséquent plus il y a d'irrégularité dans la marche de l'horloge à laquelle s'applique cet échappement.

» Il résulte de ce qui précède que, pour construire un échappement avec le moins de frottement et par conséquent produisant le moins de variation, il faut donner à ses branches le moins de longueur possible, sans toutefois porter cette réduction à l'extrême, parce que d'autres défauts viendraient détruire les avantages qu'on en retirerait.

» Ainsi, par exemple, on a vu que plus les branches seraient courtes, plus les plans inclinés seraient rapides.

» On comprendra dès lors qu'une même usure des plans inclinés diminuerait davantage la grandeur des oscillations pour des plans inclinés plus rapides que pour ceux qui le seraient moins, et que, en outre, l'agrandissement des trous des pivots de l'échappement diminuerait d'autant plus la grandeur de la levée que les bras seraient plus courts. Une pratique raisonnée doit donc fixer la limite des grandeurs convenables à donner à ces branches.

» Je ferai remarquer qu'on rencontre, dans beaucoup d'horloges et de pendules, des échappements à ancre dont les branches sont plus ou moins réduites sans qu'elles aient présenté l'inconvénient d'une destruction rapide ou une difficulté d'exécution. Je suis donc fondé à croire que les échappements de *Graham*, à chevilles et autres, peuvent, sans inconvénient, être réduits aux dimensions des plus petits échappements à ancre employés.

» J'ajouterai, toutefois, que plus on raccourcira les branches d'un échappement, plus son exécution devra être soignée, et enfin qu'on peut, sans inconvénient, réduire les échappements de *Graham* ou à chevilles, employés dans les régulateurs et les grosses horloges, à la moitié, au tiers et même au quart des dimensions qu'on leur donne ordinairement. On obtiendra ainsi une régularité d'autant plus grande que les bras seront plus courts, et d'ailleurs, comme le frottement diminue en raison du raccourcissement des bras, le même poids moteur produira des oscillations plus grandes, qu'on pourra réduire en conservant cette même force motrice et en augmentant la pesanteur du pendule : on aura ainsi une puissance régulatrice plus grande, mue avec le même poids moteur.

» Les considérations théoriques, quelque spécieuses qu'elles soient, ont toujours besoin d'être appuyées des résultats de la pratique : c'est dans ce but que j'ai construit un appareil ou plutôt un échappement dont les bras ont des longueurs différentes, et au moyen duquel on peut acquérir la vérité pratique du principe indiqué plus haut. Le même appareil permet, en outre, de mesurer les quantités de frottement que donneraient des bras de longueurs différentes.

» Cet appareil, représenté fig. 2, se compose d'un double bâti *b b*, monté sur une base *d d;* ce bâti supporte, au point *a*, l'axe d'une branche d'échappement suspendu sur des pivots très-fins, pour diminuer le frottement : sur la longueur de ce bras sont construits trois becs d'échappement *i, j, k*, de hauteur égale, pour pouvoir y appliquer la même roue, et leur distance respective au centre d'oscillation est comme 1, 8 et 16. Les trois becs ont exactement la même levée, qu'on peut vérifier au moyen d'un arc de cercle divisé, placé au bas du plus grand bec, et d'un index fixé sur la base *d d*. Sur l'axe même de l'échappement est fixé un bras horizontal *t*, à l'extrémité duquel peut être suspendu un petit plateau de balance, dans les conditions employées pour les balances de précision. Enfin, sur le même axe, est un autre bras vertical, sur lequel est fixé un poids curseur *r*, au moyen duquel on peut équilibrer tout l'appareil, toutefois sans y comprendre le plateau de la balance, qui, dans l'état d'équilibre de l'appareil, repose, par son couteau, sur une pièce fixe du bâti, et au contact duquel le bras *t* n'arrive qu'au moment où le bec *c c* de l'échappement com-

mence à reculer par l'action qu'exerce sur l'un des fuyants le rayon F, qui représente
une des dents de la roue d'échappement; cette dent est mobile autour d'un axe *o*, disposé dans une chape à coulisse P, qu'on peut fixer, en un point quelconque, le long
du montant vertical *v*, de manière à permettre de placer à volonté la dent F vis-à-vis
l'un des trois becs de l'échappement. Des repères marqués sur le montant *v* permettent de placer sûrement cette dent à la hauteur convenable, pour qu'elle soit tangente
à chaque bec. Sur la dent F (dont le corps est taraudé) est placée une masse *m* formant écrou, et dont l'éloignement ou le rapprochement du centre augmente ou diminue l'action de la dent sur les becs.

» Enfin, pour diminuer autant que possible les causes d'erreur, j'ai exécuté avec le
plus grand soin toutes les pièces : les pivots sont très-fins, les surfaces frottantes aussi
polies que possible, et l'appareil peut être placé dans la position la plus convenable
au moyen des vis calantes $x\ x$.

» Voici la manière d'opérer :

» Après avoir disposé la dent F de façon à attaquer l'un des becs, on place dans le
plateau de la balance le poids nécessaire pour tenir l'appareil en équilibre au moment
où la dent agit sur le plan incliné du bec; puis, conservant ce même poids dans le
plateau, on présente la dent à un autre bec, et l'appareil reste également en équilibre, quel que soit le bec attaqué. Cependant le plus court des trois becs n'a qu'un
seizième de la grandeur du plus long : on concevra dès lors que tous les becs intermédiaires, quel que soit leur nombre, se comporteront de la même manière.

» Le résultat pratique confirme donc ici le principe théorique que, abstraction faite
du frottement, il est tout à fait indifférent que les branches de l'échappement soient
longues ou courtes.

» Si nous voulons maintenant examiner la question sous le rapport du frottement,
le même appareil la résoudra d'une manière aussi catégorique.

» En plaçant la dent F sur un point quelconque de l'une des courbes de repos, il
faudra un certain poids dans le plateau de la balance pour vaincre le frottement que
la dent F exerce sur cette courbe, et déterminer le mouvement de l'échappement. Si
on place ensuite la même dent sur une courbe décrite d'un rayon plus grand, on
verra qu'il faudra un poids plus lourd pour vaincre le même frottement, et un moindre poids pour surmonter celui d'une courbe décrite d'un rayon plus court : on se
convaincra par là que ce poids augmentera en raison directe de la longueur des bras
de l'échappement, et détruira, dans la même proportion, la liberté du mouvement,
par conséquent la régularité de la marche.

» Je crois être parvenu à démontrer que, théoriquement, la longueur des bras d'un
échappement quelconque doit être la *plus courte possible;* mais de nombreuses discussions avec les artistes ou les horlogers, parmi lesquels, depuis plus de six ans, je
m'efforce de propager cette théorie, m'ont démontré que cette expression, parfaitement justifiée d'ailleurs, présente trop de vague pour être bien comprise de tous, et

qu'il est utile de poser des bases pratiques à l'application de cette même théorie.

» Pour donner plus de clarté à cette partie de mon travail et pour éviter toute fausse interprétation, je crois utile d'entrer dans de plus amples détails sur cette question des longueurs de bras.

» Nous avons vu que, si l'on raccourcissait les bras au delà d'une certaine limite, le fuyant deviendrait trop rapide et ne présenterait plus assez de sûreté pour que, après une certaine usure, il pût conserver, pendant un temps convenable, son angle de levée primitif; que, en outre, l'action des dents sur les fuyants, se faisant trop près de l'axe de rotation, tendrait à repousser celui-ci à droite et à gauche, de manière à produire bientôt, dans les trous des pivots, un jeu qui détruirait également une partie de la levée : cet agrandissement des trous serait d'autant plus prompt que l'action serait plus près de l'axe.

» Ma pensée primitive était de laisser à chacun le soin de déterminer une longueur convenable, suivant les applications que l'on aurait en vue; mais, d'après un grand nombre d'observations recueillies, et surtout après l'expérience bien acquise que les principes posés plus haut sont insuffisants, j'ai déterminé, d'une manière générale et pour toutes les applications, des longueurs de bras fixes et invariables. Toutefois, je n'ai pas la prétention d'imposer des conditions à personne; seulement je crois avoir trouvé une méthode facile, qui satisfait à toutes les exigences.

» Avant d'entrer en matière, je ferai remarquer que, jusqu'à présent, on a suivi deux méthodes différentes pour déterminer la longueur des bras d'échappement; les uns les ont proportionnés à la dimension des roues d'échappement, les autres à la longueur du pendule : je vais démontrer que ni l'une ni l'autre de ces méthodes n'est fondée.

» On comprendra qu'en adoptant un nombre de dents ou de chevilles en rapport avec le diamètre des roues on pourra augmenter ou diminuer ce diamètre, et conserver néanmoins aux dents le même écartement; ainsi un échappement quelconque, muni de son pendule et conservant le même arc de levée, pourra, sans modification de son effet, s'adapter à toutes les grandeurs de roue, puisque les becs conserveront la même hauteur.

» Je pense que ce simple énoncé suffit pour faire comprendre qu'il est impossible d'établir ni d'admettre un rapport de dimension entre ces deux pièces; puisque l'une peut varier à volonté et à l'infini sans changer les conditions de l'autre, de même que l'on peut, à volonté, faire varier la longueur du pendule sans changer les arcs parcourus.

» On conçoit, d'après cela, qu'il n'est pas plus raisonnable d'établir un rapport entre la longueur des bras et le diamètre de la roue qu'entre les bras et la longueur des pendules. Selon moi et d'après le principe que je vais développer, il existe deux proportions à observer; l'une entre la longueur des bras d'échappement et l'arc parcouru du pendule, l'autre entre la longueur du bras et la hauteur des becs. Ces rapports sont : 1° pour un même angle du plan incliné et la même hauteur des becs, la longueur des bras doit être en raison *inverse* de l'arc de levée ou même d'oscillation ; 2° pour un même angle du plan incliné et le même arc de levée, la longueur des bras doit être en raison *directe* de la hauteur des becs.

» Pour trouver toutes les mesures possibles et nécessaires, il suffit de déterminer, pour un échappement quelconque et une fois pour toutes, un rapport entre les données suivantes : 1° l'angle du plan incliné ; 2° la hauteur du bec ; 3° la longueur du bras par rapport à un angle de levée ou d'oscillation arrêté.

» A l'aide de ces trois données, on trouvera la mesure des diverses parties de tout autre échappement.

» Commençons par déterminer la première de ces conditions, c'est-à-dire l'angle du plan incliné, qu'il ne faut pas confondre avec l'angle de levée, et qui est celui formé, d'une part par la face même du plan incliné, de l'autre par le prolongement de la ligne a, b, fig. 3, passant par le centre de l'échappement et le sommet du plan incliné.

» Je dois d'abord faire remarquer que, pour éviter les inconvénients que j'ai signalés plus haut, il suffit, pour une hauteur de bec et un angle de levée donnés, d'adopter une longueur de bras suffisante pour produire un plan incliné d'une certaine obliquité, ou bien, en d'autres termes, de déterminer un plan incliné qui transmette, d'une manière sûre et durable, l'action de la roue au pendule.

» Je ferai remarquer également que, dans l'état actuel de l'horlogerie, ces plans inclinés varient, suivant les divers constructeurs, de 18 à 40 degrés environ. Ces deux extrêmes me paraissent exagérés, surtout l'angle le plus ouvert.

» J'adopterai pour base un angle de 25 degrés, qui, suivant moi, présente toutes les conditions désirables, et c'est, en outre, la moyenne de ceux qui sont généralement adoptés par les bons horlogers.

» Nous verrons plus loin que plus les oscillations seront réduites, plus les bras devront être longs ; dans ce dernier cas on pourra sans inconvénient réduire cet angle jusqu'à 20 degrés environ.

» En envisageant sous un autre point de vue cet angle de 25°, on verra que le plan incliné forme l'hypoténuse du petit triangle c, e, i, fig. 3, dont la base e, i est égale à la moitié de la hauteur du bec. Ce premier point arrêté nous permettra de déterminer la longueur des bras pour une hauteur de bec donnée.

» On a vu que, pour un même angle de levée, abstraction faite des frottements, l'impulsion restait la même, quelle que fût la longueur de bras qu'on adoptât. Cette longueur sera ici subordonnée 1° à l'angle déjà adopté du plan incliné, 2° à l'angle de levée, 3° à la hauteur du bec.

» Pour point de départ, et pour faciliter la démonstration et le tracé géométrique, prenons une mesure extrême de longueur de bras et de hauteur de bec, par exemple un angle de levée de 1 degré, et la hauteur du bec égale à 0,008 millimètres ; par conséquent, la base du petit triangle *c, e, i* devra avoir 0,004 de longueur : or ces 4 millimètres représentent l'intervalle d'un degré à l'autre du cercle que décrirait le bec de l'échappement, dont le bras serait égal au rayon du cercle. Il suffira donc, pour avoir la longueur de ce bras, de multiplier ces 4 millimètres par 360 degrés du cercle, ce qui donnera 1,440 millimètres pour la circonférence du cercle, dont on aura le diamètre en multipliant ce nombre par 7 et en divisant le produit 10,080 par 22; le quotient sera 0,458 millimètres, dont la moitié, 229 millimètres, sera le rayon du cercle ou la longueur du bras de l'échappement : cette longueur comptera du centre de l'axe, au milieu des fuyants, pour des bras égaux, et, de la ligne de séparation, pour des bras inégaux, comme dans l'échappement à chevilles. Pour éviter les fractions et mettre le calcul à la portée de tous, prenons le nombre rond de 230, au lieu de 229; la différence de 1, dans le résultat, est négligeable.

» Pour le plan incliné de 25 degrés, un angle de levée de 1 degré et une hauteur de bec de 8 millimètres, nous aurons donc une longueur de bras de 230 millimètres. Ces données suffisent pour trouver le rapport et la dimension de toutes les parties d'un échappement quelconque.

» Nous avons vu plus haut que, pour un même plan incliné et une même hauteur de bec, la longueur des bras est en raison *inverse* des arcs de levée ou d'oscillation.

» Admettons que, au lieu de 1 degré de levée, on veuille en battre deux, comme le représente la fig. 4, nous aurons cette proportion :

» 2 : 1 : : 230 : x = 115, longueur des bras.

» En adoptant 3 degrés de levée, comme le représente la fig. 5, nous aurons cette autre proportion :

» 3 : 1 : : 230 : x = 76,6, longueur des bras.

» En adoptant 4 degrés de levée, nous aurons :

» 4 : 1 : : 230 : x = 57,5, longueur des bras.

» En adoptant 6 degrés de levée, on obtiendra :

» 6 : 1 : : 230 : x = 38,75, longueur des bras.

» Et ainsi de suite.

» On remarquera que cette opération, pour une même hauteur de bec, se réduit à diviser le nombre 230 par le nombre de degrés de levée. Cette méthode a, en outre, la propriété de conserver, pour une même hauteur de bec, la même étendue des frottements, soit sur les plans inclinés, soit pendant les arcs supplémentaires, quelle que soit la longueur des bras.

» Nous avons vu aussi que la longueur des bras variait en raison *directe* de la hauteur des becs. Ainsi, pour 1 degré de levée et 8 millimètres de hauteur de bec, nous avons une longueur de 230. Mais, si, en conservant cette même levée, on modifie la hauteur du bec, si on lui donne 2 millimètres, par exemple, on aura cette proportion :

» 8 : 2 : : 230 : x = 57,50, longueur des bras.

» Si l'on abaisse cette hauteur à 1 millimètre, on aura cette autre proportion :

» 8 : 1 : : 230 : x = 28,75, longueur des bras.

» Pour 2 degrés de levée et 8 millimètres de hauteur de bec, la longueur des bras est 115 millimètres; si, avec cette levée de 2, l'on veut réduire la hauteur du bec à 1^m,5, par exemple, on aura cette proportion :

» 8 : 1,5 : : 115 : x = 21,5, longueur des bras.

» Pour 3 degrés de levée et 8 millimètres de hauteur de bec, la longueur des bras étant de 76,6, si, avec cette levée, l'on veut réduire la hauteur du bec à 1,4, on aura cette proportion :

» 8 : 1,4 : : 76,6 : x = 15,4, longueur des bras.

» De même que, avec une levée de 6 degrés et une hauteur de bec de 1,5, on aura :

» 8 : 1,5 : : 38,75 : x = 7,26, longueur des bras.

» Et ainsi de suite.

» On voit donc que, à l'aide des premiers chiffres indiqués, on pourra déterminer, pour un même angle du plan incliné, toutes les dimensions possibles, non-seulement la longueur des bras, mais aussi la hauteur des becs pour une longueur de bras donnée.

» On peut adopter toute autre base que celle déterminée ici, sans que cela change le principe ni les proportions développées. Je suppose, par exemple, que l'on réduise d'un cinquième l'angle du plan incliné, c'est-à-dire à 20 degrés au lieu de 25, il en résultera que la longueur de tous les bras sera réduite d'un cinquième.

» Comme conséquence de ces calculs, et surtout à l'inspection des figures, les personnes peu familiarisées avec les combinaisons mécaniques seront disposées à croire que, plus la hauteur des becs sera réduite, plus l'impulsion (sur un même pendule) sera faible. Il n'en est cependant rien, attendu qu'on ne peut pas, pour un même nombre de dents et la même combinaison des rouages, réduire la hauteur des becs sans réduire, dans la même proportion, le rayon de la roue d'échappement; par conséquent, ce qu'on aura perdu sur la hauteur des becs, on le regagnera par la réduction du rayon de la roue, en laissant, bien entendu, cette dernière sous l'influence d'une même force motrice.

» Quoique les opérations arithmétiques soient très-faciles, je vais indiquer, pour les personnes qui n'en ont pas l'habitude, une méthode graphique à l'aide de laquelle on pourra résoudre toutes les questions sans le secours d'aucun chiffre.

» Nous savons que tous les becs d'échappement sur lesquels agissent des dents aiguës doivent avoir pour hauteur la moitié de l'écartement d'une dent à l'autre de la roue. Nous avons vu aussi que la base du petit triangle e, c, i et de celui de tous les autres becs qui sont en rapport est égale à la moitié de la hauteur des becs, par conséquent cette base est égale au quart de l'intervalle d'une dent à l'autre de la roue, puisque la hauteur de deux becs forme l'écartement des dents.

» Si donc, après la fente de la roue ou la piqûre des chevilles, on présente deux dents, ou chevilles voisines, sur une figure tracée avec précision et semblable à l'une

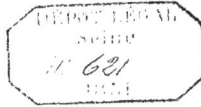

de celles dont je viens de faire usage pour ma démonstration, si on cherche sur cette figure la *position*, ou la distance entre deux dents, et qu'on prenne un angle égal à quatre fois celui de levée, la distance de ce point de coïncidence au sommet *a* de la figure donnera la longueur des bras de l'échappement.

» On comprendra que plus les dents seront écartées, plus il faudra s'éloigner du centre de rotation *a* pour trouver le point où l'écartement d'une dent à l'autre coïncidera avec les degrés prolongés du cercle, et que, au contraire, plus les dents seront rapprochées, plus on sera forcé de remonter vers le centre *a*.

» Ainsi, par exemple, supposons l'écartement d'une dent (ou cheville) à l'autre égal à 8 millimètres et la levée égale à 1 degré ; en présentant cet écartement de dents sur les divisions du cercle, ce ne sera qu'à la hauteur B, fig. 3, que cette coïncidence aura lieu ; si l'on adopte 2 degrés de levée, elle ne se rencontrera qu'à la hauteur C, fig. 13 ; et, enfin, si l'on adopte 3 degrés de levée, ce ne sera qu'à la hauteur D, fig. 14 ; attendu que, dans le premier cas, cet écartement des dents ne devra embrasser que 4 degrés, 8 dans le second, et 12 dans le troisième, ces nombres étant, l'un et l'autre, multiples de quatre fois la levée (1).

» Dès lors la question se réduit, pour les praticiens, à tracer sur une planche métallique, afin de conserver la netteté de la division, une trentaine de degrés du cercle, depuis le centre jusqu'à une certaine distance de celui-ci, suivant les besoins, comme le représente l'une ou l'autre des trois figures. Ce simple instrument pourra faire partie de l'outillage du fabricant d'échappements.

» Comme le plan incliné de tout échappement est ramené à un même angle uniforme et invariable, pour faciliter sa construction, on pourra aussi avoir une fausse équerre, fig. 6, dont le petit bras forme, avec le prolongement du plus grand côté, un angle de 25°. Cette équerre pourra guider sûrement la formation du plan incliné, en la présentant sur tout échappement, de la manière indiquée fig. 6.

» Je ferai remarquer que les échappements dont les dents (ou chevilles) portent une partie des plans inclinés ne changent en rien le principe que je viens de développer ; il y aura seulement cette différence que, après l'exécution, les becs seront d'autant moins hauts que les dents porteront une plus grande quantité du fuyant. En résumé, l'étendue des deux fuyants réunis du bec et de la dent auront la même hauteur que ceux figurés, et dont le fuyant se trouve entièrement sur le bec. Le principe reste encore le même lorsque les fuyants sont placés entièrement sur les dents de la roue.

» Je ferai remarquer également que, d'après les lois des plans inclinés et de la mécanique en général, l'impulsion sur le pendule restera la même, quel que soit l'angle du plan incliné qu'on adoptera, puisqu'il est démontré que ce qu'on aura perdu en parcours, dans le sens de l'oscillation, on le regagnera par une impulsion plus forte, et

(1) Je ferai remarquer que les figures sont réduites de moitié de ce qu'elles devraient être par rapport aux chiffres indiqués.

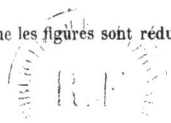

41

réciproquement; par conséquent, l'angle total d'oscillation sera toujours subordonné à la pesanteur et à la longueur du pendule, ainsi qu'à la force motrice appliquée.

» Il résulte de ce qui précède que les oscillations seront d'autant plus grandes que les pendules seront légers et courts : aussi la pratique répond-elle parfaitement à ces conditions. On remarquera, en effet, que, dans les grosses horloges et dans les régulateurs, où l'on emploie des pendules pesants et battant environ la seconde, les oscillations totales sont de 2 à 4 degrés; dans les pièces où les oscillations ont une durée d'environ une demi-seconde, les arcs parcourus sont de 4 à 7 degrés; enfin que, dans les pièces où les pendules ont environ 20 centimètres de longueur, les arcs d'oscillation sont de 6 à 10 degrés, suivant leur pesanteur et la force motrice appliquée.

» Ainsi, pour une même hauteur de becs, plus les pendules seront légers et courts (puisque la longueur est une des conséquences de la pesanteur), plus les arcs parcourus seront grands; par conséquent, pour que la poussée latérale sur les pivots n'ait pas plus de puissance avec les longs pendules qu'avec les courts, il convient, pour rester dans les mêmes conditions, sous le rapport de cette poussée latérale, que les impulsions se donnent d'autant plus loin du centre de rotation a, que les pendules seront longs et pesants; en d'autres termes, le point d'impulsion, c'est-à-dire le bec d'échappement, devra s'éloigner ou se rapprocher du centre de rotation a, à peu près dans le même rapport que le centre de gravité du pendule.

» La longueur des bras étant principalement basée sur l'étendue des arcs parcourus du pendule, et l'arc parcouru étant lui-même, en quelque sorte, la conséquence de la pesanteur et de la longueur de ce même pendule, il en résulte que le principe développé ici est encore en harmonie avec les lois générales de la mécanique. »

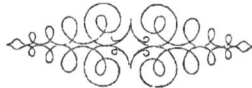

QUATRIÈME PARTIE.

CHAPITRE PREMIER.

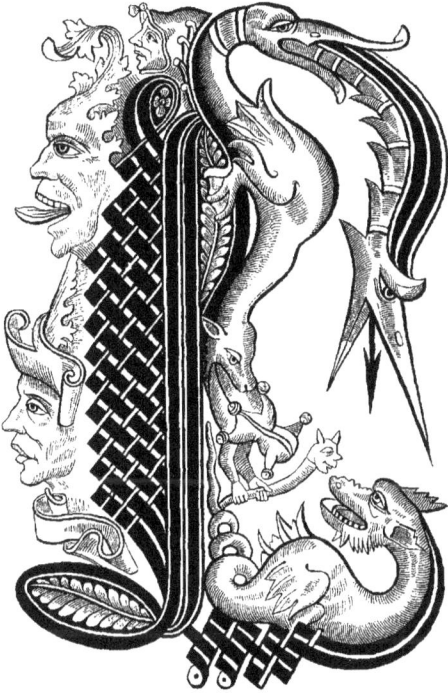

L e dix-huitième siècle, qui fut si fécond en grands artistes, le fut aussi en grands philosophes, à la tête desquels se placèrent Voltaire, Rousseau, Diderot, Dalembert et Montesquieu. Ces profonds penseurs s'étaient proposé de renverser les abus intolérables qui existaient en France depuis les premiers siècles de la monarchie. Cette pensée était belle et digne des hommes qui l'avaient conçue, elle pouvait avoir des résultats favorables pour le bien-être et la liberté des peuples : mais malheureusement le but fut dépassé, et, lorsque la digue du torrent réformateur fut rompue, celui-ci entraîna dans ses flots rapides les bonnes institutions aussi bien que les mauvaises. Parmi les premières, nous plaçons les jurandes et les maîtrises. Celles-ci devaient être modifiées, sans aucun doute, puisqu'elles étaient en désaccord avec les lois nouvelles, et, en quelques points, contraires à la liberté individuelle ; mais elles ne devaient pas entièrement disparaître de nos codes, car elles avaient été instituées dans un but honnête, libéral, et elles étaient éminemment favorables au commerce, à l'industrie et aux beaux-arts.

Lorsque Turgot, en 1774, proposa la suppression des jurandes et des maîtrises, le parlement se montra contraire à cette mesure, et il refusa d'enregistrer l'édit de Louis XVI. Le roi tint alors un lit de justice, et le parlement fut obligé de céder. Ce fut à cette occasion que l'avocat général Séguier prononça le discours suivant (nous engageons nos lecteurs à le lire attentivement) :

« Sire, le bonheur de vos peuples est encore le motif qui engage en ce moment Votre Majesté à déployer la puissance royale dans toute son étendue; mais, puisqu'il nous est permis de nous expliquer sur une loi destructive de toutes les lois de vos augustes prédécesseurs, la bonté même de Votre Majesté nous autorise à lui présenter avec confiance les réflexions que le ministère qui nous est confié nous oblige de mettre sous ses yeux, et nous ne craindrons point d'examiner, au pied du trône d'un roi bienfaisant, si son intention sera remplie et si ses peuples en seront plus heureux.

» La liberté est sans doute le principe de toutes les actions : elle est l'âme de tous les États; elle est principalement la vie et le premier mobile du commerce. Mais, Sire, par cette expression si commune aujourd'hui et qu'on a fait retentir d'une extrémité du royaume à l'autre, il ne faut point entendre une liberté indéfinie, qui ne connaît d'autres lois que ses caprices, qui n'admet d'autres règles que celles qu'elle se fait à elle-même. Ce genre de liberté n'est autre chose qu'une véritable indépendance; cette liberté se changerait bientôt en licence : ce serait ouvrir la porte à tous les abus, et ce principe de richesse deviendrait un principe de destruction, une source de désordre, une occasion de fraude et de rapines, dont la suite inévitable serait l'anéantissement total des arts et des artistes, de la confiance et du commerce.

» Il n'y a, Sire, dans un État policé, de liberté réelle, il ne peut y en avoir d'autre que celle qui existe sous l'autorité de la loi. Les entraves salutaires qu'elle impose ne sont point un obstacle à l'usage qu'on en peut faire; c'est une prévoyance contre tous les abus que l'indépendance traîne à sa suite. Les extrêmes se touchent de près; la perfection n'est qu'un point dans l'ordre physique, au delà duquel le mieux, s'il peut exister, est souvent un mal, parce qu'il affaiblit ou qu'il anéantit ce qui était bon dans son origine.

» Pour s'en convaincre, il ne faut que jeter un coup d'œil sur l'érection même des communautés.

» Avant le règne de Louis IX, les prévôts de Paris réunissaient, aux fonctions de la magistrature, la recette des deniers publics. Les malheurs des temps avaient forcé, en quelque façon, à mettre en ferme le produit de la justice et la recette des droits royaux. Sous l'avide administration des prévôts, fermiers, tout était, pour ainsi dire, au pillage dans la ville de Paris, et la confusion régnait dans toutes les classes des citoyens. Louis IX se proposa de faire cesser le désordre, et sa prudence ne lui suggéra d'autres moyens que de former de toutes les provinces autant de communautés distinctes et séparées, qui pussent être dirigées au gré de l'administration.

» Ce remède, qui est l'origine des corporations actuelles, réussit au delà de toute espérance. Le même principe a dirigé les vues du gouvernement sur toutes les autres parties du corps de l'État, et c'est d'après ce premier plan qu'il obtint le bon ordre. Tous vos sujets, Sire, sont divisés en autant de corps différents qu'il y a d'états différents dans le royaume. Le clergé, la noblesse, les cours souveraines, les tribunaux inférieurs, les officiers attachés à ces tribunaux, les universités, les académies, les compagnies de finances, les compagnies de commerce, tout présente, et dans toutes les parties de l'État, des corps existants qu'on peut regarder comme les anneaux d'une grande chaîne, dont le premier est dans la main de Votre Majesté, comme chef et souverain administrateur de tout ce qui constitue le corps de la nation.

» La seule idée de détruire cette chaîne précieuse devrait être effrayante. Les communautés de marchands et artisans font une portion de ce tout inséparable qui contribue à la police générale du royaume; elles sont devenues nécessaires, et, pour nous renfermer dans ce seul objet, la loi, Sire, a érigé des corps de communautés, a créé des jurandes, a établi des règlements, parce que l'indépendance est un vice dans la constitution politique, parce que l'homme est toujours tenté d'abuser de la liberté. Elle a voulu prévenir les fraudes en tout genre et remédier à tous les abus. La loi veille également sur l'intérêt de celui qui vend et sur l'intérêt de celui qui achète; elle entretient une confiance réciproque entre l'un et l'autre : c'est, pour ainsi dire, sur le sceau de la foi publique que le commerçant étale sa marchandise aux yeux de l'acquéreur, et que l'acquéreur la reçoit avec sécurité des mains du commerçant.

» Les communautés peuvent être considérées comme autant de petites républiques uniquement occupées de l'intérêt général de tous les membres qui les composent; et, s'il est vrai que l'intérêt général se forme de la réunion des intérêts de chaque individu en particulier, il est également vrai que chaque membre, en travaillant à son utilité personnelle, travaille nécessairement, même sans le vouloir, à l'utilité véritable de toute la communauté. Relâcher les ressorts qui font mouvoir cette multitude de corps différents, anéantir les jurandes, abolir les règlements, en un mot désunir les membres de toutes les communautés, c'est détruire les ressources de toute espèce que le commerce lui-même doit désirer pour sa propre conservation. Chaque fabricant, chaque artiste, chaque ouvrier se regardera comme un être isolé, dépendant de lui seul, et libre de donner dans tous les écarts d'une imagination souvent déréglée : toute subordination sera détruite; il n'y aura plus ni poids ni mesure; la soif du gain animera tous les ateliers, et, comme l'honnêteté n'est pas toujours la voie la plus sûre pour arriver à la fortune, le public entier, les nationaux comme les étrangers, seront toujours la dupe des moyens secrets préparés avec art pour les aveugler et les séduire. Et ne croyez pas, Sire, que notre ministère, toujours occupé du bien public, se livre en ce moment à de vaines terreurs; les motifs les plus puissants déterminent notre réclamation, et Votre Majesté serait en droit de nous accuser un jour de prévarication, si nous cherchions à les dissimuler. Le principal motif est l'intérêt du commerce en général, non-seulement dans la capitale, mais encore dans tout le royaume, non-seulement dans la France, mais dans toute l'Europe; disons mieux, dans le monde entier.

» Le but qu'on a proposé à Votre Majesté est d'étendre et de multiplier le commerce en le délivrant des gênes, des entraves, des prohibitions introduites, dit-on, par le régime réglementaire. Nous osons, Sire, avancer à Votre Majesté la proposition diamétralement contraire; ce sont ces gênes, ces entraves, ces prohibitions qui font la gloire, la sûreté, l'immensité du commerce de la France. C'est peu d'avancer cette proposition, nous devons la démontrer.

» Si l'érection de chaque métier en corps de communauté, si la création des maîtrises, l'établissement des jurandes, la gêne des règlements et l'inspection des magistrats sont autant de vices secrets qui s'opposent à la propagation du commerce, qui en resserrent toutes les branches et l'arrêtent dans ses spéculations, pourquoi le commerce de la France a-t-il toujours été si florissant? Pourquoi les nations étrangères sont-elles si jalouses de sa rapidité? Pourquoi, malgré cette jalousie, sont-elles si curieuses des ouvrages fabriqués dans le royaume? La raison de cette préférence est sensible : nos marchandises l'ont toujours emporté sur les marchandises étrangères; tout ce qui se fabrique, surtout à Lyon et à Paris, est recherché dans l'Europe entière pour le goût, pour la beauté, pour la finesse, pour la solidité, la correction du dessin, le fini de l'exécution, la sûreté dans les matières; tout s'y trouve réuni, et nos arts, portés au plus haut degré de perfection, enrichissent votre capitale, dont le monde entier est devenu tributaire.

» D'après cette vérité de fait, n'est-il pas sensible que les communautés d'arts et métiers, loin d'être nuisibles au commerce, en sont plutôt l'âme et le soutien, puisqu'elles nous assurent la préférence sur les fabriques étrangères, qui cherchent à les copier sans pouvoir les imiter?

» La liberté indéfinie fera bientôt évanouir cette perfection, qui est seule la cause de la préférence que nous avons obtenue; cette foule d'artistes et d'artisans de toutes professions, dont le commerce va se trouver surchargé, loin d'augmenter nos richesses, diminuera peut-être tout à coup le tribut des deux mondes. Les nations étrangères, trompées par leurs commissionnaires, qui l'auront été eux-mêmes par les fabricants en recevant des marchandises achetées dans la capitale, n'y trouveront plus cette perfection qui fait l'objet de leurs recherches; elles se dégoûteront de faire transporter à grand risque et grands frais des ouvrages semblables à ceux qu'elles trouveront dans le sein de leur patrie.

» Le commerce deviendra languissant : il retombera dans l'inertie dont Colbert, ce ministre si sage, si laborieux, si prévenant, a eu tant de peine à le faire sortir, et la France perdra une source de richesses que ses rivaux cherchent depuis longtemps à détourner. Ils n'y réussissent que trop souvent, et déjà plus d'une fois nos voisins se sont enrichis de nos pertes. Le mal ne peut qu'augmenter encore; les meilleurs ouvriers, fixés à Paris par la certitude du travail, par la promptitude du débit, ne tarderont pas à s'éloigner de la capitale, et l'espoir d'une fortune rapide dans les pays étrangers, où ils n'auront point de concurrents, les engagera peut-être à y transporter nos arts et leur industrie.

» Ces émigrations, déjà trop fréquentes, deviendront encore plus communes à cause de la multiplicité des artistes, et l'effet le plus sûr d'une liberté indéfinie, sera de confondre tous les talents et de les anéantir par la médiocrité du salaire, que l'affluence des marchandises doit sensiblement diminuer. Non-seulement le commerce en général fera une perte irréparable, mais tous les corps en particulier éprouveront une secousse qui les anéantira tout à fait. Les maîtres actuels ne pourront plus continuer leur négoce, et ceux qui viendront à embrasser la même profession ne trouveront pas de quoi subsister; le bénéfice, trop partagé, empêchera les uns et les autres de se soutenir; la diminution du gain occasionnera une multitude de faillites. Le fabricant n'osera plus se fier à celui qui vend en détail. La circulation une fois interceptée, une crainte aussi légitime qu'habituelle arrêtera toutes les opérations du crédit, et ce défaut de sûreté énervera peu à peu, et finira par détruire toute l'activité du commerce, qui ne s'étend et ne se multiplie que par la confiance la plus aveugle.

» Ce n'est point assez d'avoir fait envisager à Votre Majesté la désertion des meilleurs ouvriers comme un malheur peut-être inévitable; elle doit encore considérer que la loi nouvelle portera un coup funeste à l'agriculture dans tout son royaume. La facilité de se soutenir aujourd'hui dans les grandes villes avec le plus petit commerce fera déserter les campagnes, et les travaux laborieux de la culture des terres paraîtront une servitude intolérable en comparaison de l'oisiveté que le luxe entretient dans les cités. Cette surabondance de consommateurs fera bientôt renchérir les denrées, et, par une conséquence encore plus affligeante, toute police sera détruite sans qu'on puisse même espérer de la rétablir que par les moyens les plus violents. Le nombre immense de journaliers et d'artisans que les grandes villes et que la capitale surtout renfermera dans son sein doit faire craindre pour la tranquillité publique. Dès que l'esprit de subordination sera perdu, l'amour de l'indépendance va germer dans tous les cœurs. Tout ouvrier voudra travailler pour son compte; les maîtres actuels verront leurs boutiques et leurs magasins abandonnés; le défaut d'ouvrage, et la disette qui en sera la suite, ameutera cette foule de compagnons échappés des ateliers où ils trouvaient leur subsistance, et la multitude, que rien ne pourra contenir, causera les plus grands désordres.

» Nous craignons, Sire, de charger le tableau, et nous nous arrêtons pour ne point alarmer le cœur sensible de Votre Majesté; mais, en même temps, nous croirions manquer à notre devoir si nous ne protestions pas ici d'avance contre les maux publics dont la loi nouvelle sera infailliblement une source trop funeste.

» Quelle force n'ajouterions-nous pas à ces considérations, s'il nous était permis de représenter à Votre Majesté, qu'on lui fait adopter, sans le savoir, l'injustice la plus criante! Qui osera néamoins l'exposer à vos yeux, si notre ministère craint de se compromettre et se refuse aux intérêts de la vérité?

» Ce n'est pas, Sire, que nous cherchions à nous cacher à nous-mêmes qu'il y a des défauts dans la manière dont les communautés existent aujourd'hui : il n'est point

42

d'institution, point de compagnie, point de corps, en un mot, dans lesquels il ne se soit glissé quelques abus. Si leur anéantissement était le seul remède, il n'est rien de ce que la prudence humaine a établi qu'on ne dût anéantir, et l'édifice même de la constitution politique serait peut-être à reconstruire dans toutes ses parties.

» Mais, Sire, Votre Majesté elle-même ne doit pas l'ignorer, il y a une distance immense entre détruire les abus et détruire les corps où ces abus peuvent exister. Les communautés d'arts et métiers qu'on engage Votre Majesté de supprimer en sont un exemple frappant. Elles ont été établies comme un remède à de très-grands abus ; on leur reproche aujourd'hui d'être devenues la source de plusieurs abus d'un autre genre ; elles en conviennent, et la sincérité de cet aveu doit porter Votre Majesté à les réformer, et non à les détruire.

» Il serait utile, il est même indispensable d'en diminuer le nombre. Il en est dont l'objet est si médiocre que la liberté la plus entière y devient en quelque sorte de nécessité. Qu'est-il nécessaire, par exemple, que les bouquetières fassent un corps assujetti à des règlements ? Qu'est-il besoin de statuts pour vendre des fleurs et en former un bouquet ? La liberté ne doit-elle pas être l'essence de cette profession ? Où serait le mal quand on supprimerait les fruitières ? Ne doit-il pas être libre à toute personne de vendre les denrées de toute espèce qui ont formé le premier aliment de l'humanité ?

» Il en est d'autres qu'on pourrait réunir, comme les tailleurs et les fripiers, les menuisiers et les ébénistes, les selliers et les charrons, les traiteurs et les rôtisseurs, les boulangers et les pâtissiers, en un mot tous les arts et métiers qui ont une analogie entre eux, ou dont les ouvrages ne sont parfaits qu'après avoir passé par les mains de plusieurs ouvriers.

» Il en est, enfin, où l'on devrait admettre les femmes à la maîtrise : telles que les brodeuses, les marchandes de modes, les coiffeuses ; ce serait même préparer un asile à la vertu, que le besoin conduit souvent au désordre et au libertinage. En diminuant ainsi le nombre des corps, Votre Majesté assurerait un état solide à tous ses sujets, et ce serait un moyen sûr et certain de leur ôter à tous mille prétextes de se ruiner en frais, et de les multiplier avec un acharnement que l'intérêt seul peut entretenir ; et si, après l'acquittement des dettes des communautés, Votre Majesté supprimait tous les frais de réception généralement quelconques, à l'exception du droit royal qui a toujours subsisté, cette liberté, objet des vœux de Votre Majesté, s'établirait d'elle-même, et les talents ne seraient plus exposés à se plaindre des rigueurs de la fortune.

» Ces motifs, sans doute, feront impression sur le cœur paternel de Votre Majesté. Jusqu'à présent, nous n'avons parlé qu'au père du peuple ; il est un dernier motif que nous devons présenter au monarque. Ce motif est si puissant, que notre zèle pour le bien public (car Votre Majesté voudra bien être persuadée qu'il est plus d'un magistrat dans son royaume qui s'occupe du bonheur commun), notre amour et notre respect pour votre personne sacrée, ne nous permettent pas de le passer sous silence. C'est la manière dont on a voulu faire envisager à Votre Majesté les statuts et règlements des différents corps d'arts et métiers de son royaume. Dans l'édit qui vient d'être lu dans cette auguste séance, on présente ces statuts, ces règlements comme bizarres, tyranniques, contraires à l'humanité et aux bonnes mœurs; il ne leur manquait, pour exciter l'indignation publique, que d'être connus. Cependant, Sire, la plupart sont confirmés par des lettres patentes des rois vos augustes prédécesseurs; ils sont l'ouvrage de ceux qui s'y sont volontairement assujettis, ils sont le fruit de l'expérience; ce sont autant de digues élevées pour arrêter la fraude et prévenir la mauvaise foi.

» Les arts et métiers eux-mêmes n'existent que par les précautions salutaires que ces règlements ont introduites; enfin, ce sont vos ancêtres, Sire, qui ont forcé ces différents corps à se réunir en communautés; ces érections ont été faites non pas sur la demande des marchands, des artisans, des ouvriers, mais sur les supplications des habitants des villes que les arts ont enrichis. C'est Henri IV lui-même, ce roi qui sera toujours les délices des Français, ce roi qui n'était occupé que du bonheur de son peuple, ce roi que Votre Majesté a pris pour modèle : oui, Sire, c'est cette idole de la France, qui, sur l'avis des princes de son sang, des gens de son conseil d'État, des plus notables personnages et de ses principaux officiers, assemblés dans la ville de Rouen, pour le bien de son royaume, a ordonné que chaque état serait divisé et classé sous l'inspection de jurés choisis par les membres de chaque communauté, et assujettis aux règlements particuliers à chaque corps de métier différent. Henri IV s'est déterminé à cette loi générale, non pas comme ses prédécesseurs qui ne cherchaient qu'un secours momentané dans cette création, mais pour prévenir les effets de l'ignorance et de l'incapacité, pour arrêter les désordres, pour assurer la perception de ses droits et en faire usage à l'avenir suivant les circonstances; d'où il résulte que c'est le bien public qui a nécessité l'érection des maîtrises et des jurandes; que c'est la nation elle-même qui a sollicité ces lois salutaires; que Henri IV ne s'est rendu qu'au vœu général de son peuple; et nous ne pouvons répéter sans une espèce de frémissement qu'on a voulu faire envisager la sagesse de ce monarque, si bon et si chéri, comme ayant autorisé des lois bizarres, tyranniques, contraires à l'humanité et aux bonnes mœurs, et que cette assertion se trouvera dans une loi publique émanée de Votre Majesté.

» Colbert pensait bien autrement. Ce Colbert qui a changé la face de toute la France, qui a ranimé tout le commerce, qui l'a créé, pour ainsi dire, et lui a assuré la prépondérance sur toutes les autres nations; Colbert, qui ne connaissait que la gloire et l'intérêt de son maître, qui n'avait d'autre vue que la grandeur et la puissance du peuple français; ce génie créateur qui ranima également l'agriculture et les arts; ce ministre, enfin, fait pour servir en cette partie de modèle à tous ceux qui le suivront, fit ordonner que toutes personnes faisant trafic ou commerce en la ville de Paris seraient et demeureraient pour l'avenir érigées en corps de maîtrises et de jurandes.

» Jamais prince n'a été plus chéri que Henri IV; jamais la France n'a été plus florissante que sous Louis XIV; jamais le commerce n'a été plus étendu, plus profitable que sous l'administration de Colbert; c'est néanmoins l'ouvrage de Henri IV et de Louis XIV, de Sully et de Colbert, qu'on vous propose d'anéantir.

» Voilà, Sire, les réflexions que le zèle le plus pur dicte au ministère chargé de la conservation des lois de votre royaume. La confiance dont Votre Majesté nous honore nous a enhardi à lui représenter tous les inconvénients qui peuvent résulter d'une subversion totale dans toutes les parties du commerce, et nous ne doutons pas que, si Votre Majesté daigne peser l'importance des motifs que nous venons d'avoir l'honneur de lui exposer, elle ne se détermine à faire examiner de nouveau la loi qu'elle se propose de faire enregistrer. Au lieu d'anéantir les communautés dans tout son royaume, elle se contentera de déraciner les abus qu'on peut justement leur reprocher, et la même autorité qui allait les détruire donnera une nouvelle existence à des corps analogues à la constitution de l'État, et qu'il est facile de rendre encore utiles au bien général de la nation. Animé de cet espoir si flatteur, nous ne pouvons en ce moment que nous en rapporter à ce que la sagesse et la bienfaisance de Votre Majesté voudra ordonner. »

Le courageux magistrat, Antoine-Louis Séguier, disait la vérité; il avait prévu les fatales conséquences de la suppression des jurandes et des maîtrises.

En ce qui concerne les horlogers, cette suppression radicale fut désastreuse; et lorsque, en 89, l'Assemblée constituante décréta la liberté du commerce, ce fut un beau jour pour les fraudeurs et les charlatans. Les vrais horlogers s'alarmèrent à l'aspect des concurrents effrontés que la liberté leur donnait, et dès lors la décadence de l'horlogerie française commença. Toutefois, comme il y avait alors en France, et surtout à Paris, une grande quantité de savants horlogers qui avaient formé de bons élèves, cette décadence ne se fit pas sentir subitement. Berthoud, Breguet, Lepine, Robin, Janvier, etc., vivaient encore; et, dépositaires des bons principes, ils surent les conserver intacts; ils entretinrent pendant quelque temps le feu sacré de l'art parmi leurs émules, et ceux-ci luttèrent courageusement contre la concurrence étrangère qui déjà cherchait à fonder sa puissance manufacturière sur les ruines de la nôtre.

Les Suisses fabriquaient alors des montres dont la qualité était très-inférieure; mais comme ils les vendaient à bas prix, ils trouvaient des acheteurs, notamment parmi les industriels en horlogerie, qui, ne connaissant pas les premiers éléments de l'art *que la loi leur permettait de professer*, étaient bien obligés d'acheter leurs marchandises toutes faites; et, comme ils avaient l'insigne audace de faire graver sur ces mauvais produits d'une fabrique étrangère les plus beaux noms de l'horlogerie parisienne, ils purent réaliser de beaux bénéfices au préjudice des artistes, qui fabriquaient eux-mêmes leurs montres et leurs pendules, et qui ne négligeaient rien pour les rendre parfaites. Les montres suisses, à l'aide des noms illustres qu'elles portaient, se répandirent rapidement, non-seulement en France, mais encore à l'étranger; et, comme elles ne pouvaient produire que de mauvais résultats, elles ébranlèrent la confiance que nous avions jadis si bien méritée. Dès lors la réaction contre nos produits chronométriques commença; une immense perturbation artistique s'ensuivit : tout fut ébranlé ou déplacé, et bientôt les vrais horlogers, pour pouvoir lutter contre la concurrence des *industriels* et *des fraudeurs protégés par la loi*, furent obligés d'acheter et de vendre les montres de la Suisse. Tels furent les premiers fruits du décret de Turgot corroboré par celui de l'Assemblée constituante.

Mais le mot de liberté est une si belle chose en France, que personne n'osait blâmer la loi nouvelle, pas même les artistes, dont elle brisait impitoyablement l'avenir. Sous la République, sous l'Empire et pendant la Restauration, le mal s'aggrava progressivement; il atteignit ses dernières limites sous le règne de Louis-Philippe, et, aujourd'hui, on peut dire hardiment qu'il n'y a plus ou presque plus d'horlogerie française. On voit encore briller de beaux noms sur des enseignes; mais ceux qui portaient jadis ces noms glorieux et respectés sont depuis longtemps descendus dans la tombe; ceux de leurs émules qui vivent encore aujourd'hui y descendront à leur tour, et alors quels seront leurs successeurs? Ils en auront, sans aucun doute, c'est du moins notre espoir; mais ils seront évidemment trop faibles et trop peu nombreux pour pouvoir opposer une résistance efficace à l'envahissement toujours croissant des industriels en horlogerie.

Cet envahissement est tel, qu'au moment où nous écrivons ce livre, — c'est un fait avéré, — les trois quarts des montres et des pendules qui se vendent en France sont vendues par des lampistes, des marchands de meubles et de curiosités, des courtiers, des commissionnaires, et même par des libraires! Quant aux pièces d'horlogerie qui de nos ports sont exportées à l'étranger, notamment dans les différentes contrées de l'Amérique, elles sont repoussées unanimement. En pourrait-il être autrement, quand nous savons tous que les ruses les plus honteuses, les plus méprisables, sont journellement employées pour tromper les acheteurs de toutes les nations? N'est-il pas à la connaissance du gouvernement lui-même que des spéculateurs font fabriquer, pour les faire vendre à l'Hôtel des commissaires-priseurs ou pour les exporter, des montres ou des pendules qui n'en ont que la forme et qui sont incapables de fonctionner? Des faits plus déplorables encore se produisent chaque jour sous nos yeux; nous citerons le suivant. Les spéculateurs dont nous parlons ne se sont pas contentés d'avilir notre horlogerie moderne, ils ont aussi porté leurs mains sacrilèges sur notre horlogerie ancienne, et bientôt, sans doute, les étrangers ne voudront ni de l'une ni de l'autre! Voici le procédé de nos spéculateurs : ils imitent d'abord les modèles des pendules du dernier siècle, puis ils mettent dans ces boîtes des mouvements informes, souvent sans ressorts, sans échappement, etc.; puis enfin, pour tromper plus sûrement le public, ils font peindre sur les cadrans ou graver sur les platines de ces pendules les noms de Julien Le Roy, de F. Berthoud, de Lepaute, etc., etc. Et l'on appelle cela faire du commerce!... et l'on préconise la liberté d'un tel commerce! Pour notre compte, nous repoussons de toutes nos forces une telle liberté : nous la repoussons parce qu'elle est complice de la fraude et du vol; parce qu'elle est la cause qui nous rend, comme marchands et comme fabricants, méprisables aux yeux des étrangers; nous la repoussons enfin parce que, non contente de compromettre le présent, elle nous fait un tort irréparable pour l'avenir, car la réputation d'un peuple peut se perdre en quelques années, et il faut souvent plusieurs siècles pour que ce même peuple puisse se réhabiliter et rentrer dans l'estime des nations.

A notre avis, il est encore un moyen de régénérer l'horlogerie française et de réduire à l'impuissance les charlatans éhontés qui déshonorent la plus belle science des temps modernes; ce moyen, nous ne craindrons pas de le dire hardiment, serait de revenir le plus promptement possible au régime de la *communauté*, non pas tel qu'il existait avant 89, mais tel qu'il serait convenable de le mettre en pratique à l'époque où nous sommes, c'est-à-dire au milieu du dix-neuvième siècle. Nous allons nous expliquer.

Si les horlogers étaient légalement réunis en communauté, comme le sont encore aujourd'hui les avoués, les notaires, etc., par cela seul ils auraient une chambre syndicale composée de syndics et de prud'hommes; ceux-ci seraient les dispensateurs de la justice et veilleraient aux intérêts de tous, même à ceux du public, qui, lui aussi, ne doit pas être trompé sur le prix et la qualité de la marchandise qu'il achète. Pour qu'un ouvrier fût reçu maître horloger et pût s'établir comme tel, il faudrait qu'il prouvât, par des certificats authentiques, qu'après avoir fait un apprentissage de quatre ans, il aurait ensuite travaillé pendant au moins deux ans comme ouvrier. Cela fait, on ne lui demanderait ni un chef-d'œuvre ni un droit de maîtrise; aucune entrave ne gênerait son libre arbitre.

Mais, nous dira-t-on, ce que vous demandez là équivaudrait à la suppression de la liberté du commerce. A cela nous répondrons que toute liberté a ses limites, que tout droit est relatif, et qu'à chaque droit est attaché un devoir. Eh bien, ce n'est pas attenter à la liberté sagement comprise, ni supprimer un droit équitablement établi, que de refuser à un individu quelconque l'autorisation de mentir sur son enseigne, d'induire le public en erreur en se donnant une qualification à laquelle il n'a aucun droit.

Si on nous demandait encore si nous voudrions que tous les arts et tous les métiers fussent soumis au régime de la corporation, nous dirions qu'à notre avis ce serait une bonne chose; mais nous ajouterions qu'au point de vue purement moral ce régime ne serait pas aussi nécessaire pour certains corps d'états que pour le nôtre. Voici pourquoi : Un bijoutier, par exemple, vend des objets plus ou moins bien travaillés et dont les formes sont plus ou moins gracieuses; le public achète les bijoux qui lui plaisent : si quelques individus choisissent mal, c'est qu'ils ont mauvais goût, ils se trompent eux-mêmes. Il en est de même pour l'orfévrerie, la ferblanterie, la quincaillerie, pour les bronziers, les sculpteurs, les peintres, les graveurs, etc.; mais pour les horlogers c'est autre chose : le public n'est pas compétent pour juger si le mécanisme d'une montre ou d'une pendule est bon ou mauvais, il achète, en quelque sorte, les yeux fermés; et, si l'horloger n'est pas consciencieux, il peut lui vendre très-aisément un objet valant à peine 100 fr., 200 et même 300 fr. Et maintenant veut-on savoir quels sont les horlogers qui trompent les acheteurs, ce sont en général les horlogers qui ne le sont que de nom. Nous ne voulons pas dire que ceux-ci trompent sciemment le public, Dieu nous en garde! mais ils le trompent par ignorance : c'est déjà beaucoup trop. Voilà pourquoi nous voudrions que les horlogers formassent une communauté bien et dûment constituée, et alors, comme nous l'avons dit, nul ne pourrait prendre le titre d'horloger s'il n'en avait positivement le droit. Les acheteurs sauraient positivement à qui ils s'adresseraient; et, s'ils étaient trompés, ils auraient recours à la loyauté, à l'impartialité des membres de la chambre syndicale, qui leur rendraient toujours bonne et prompte justice.

Lorsque cette organisation serait un fait accompli, il faudrait que les horlogers fissent un règlement auquel tous seraient soumis. La chambre syndicale pourrait servir de lieu de réunion pour tous les membres de la corporation. Là, à certains jours réglés, on pourrait traiter en famille toutes les questions artistiques, commerciales et industrielles qui se rattachent à l'horlogerie. Ces questions, savamment discutées par les personnes compétentes, seraient un enseignement permanent et un sujet d'étude pour tous les esprits sérieux. Mais il ne suffirait pas que les horlogers de Paris fussent édifiés par les discussions ou conférences qui s'établiraient parmi les membres de la corporation; il faudrait aussi que la lumière se répandît dans les départements. Pour arriver à ce but, il y aurait un moyen bien simple et qui est tout à fait dans nos mœurs constitutionnelles ou républicaines : ce moyen serait de fonder un journal spécial qui deviendrait la tribune de tous les artistes horlogers de Paris, de la province et même de l'étranger. Toutes les inventions, les perfectionnements, etc., qui viendraient successivement enrichir l'horlogerie, seraient mentionnés dans ce journal, qui paraîtrait une ou deux fois par mois, suivant les besoins de la société. Que l'on ne croie pas que cette feuille serait une charge pour la communauté; nous avons la conviction qu'elle produirait, au contraire, quelques bénéfices; car étant, comme elle le serait indubitablement, utile, intéressante, instructive au dernier point, aussi bien pour le plus faible apprenti que pour le plus savant des horlogers, elle aurait un très-grand nombre d'abonnés. Enfin, ce journal, soutenu par une corporation puissante, rédigé par des hommes instruits, consciencieux, acquerrait bientôt une autorité morale qui serait d'un grand secours pour raviver l'émulation parmi les artistes et restituer à l'art la force et la splendeur qu'il n'a plus (1).

(1) Nous pensons que ce serait une chose excellente, dans l'intérêt de l'art et des artistes, de créer dès à présent un journal spécial des horlogers et mécaniciens. Dans notre projet, ce journal paraîtrait une fois par mois; chaque numéro contiendrait deux feuilles d'impression, soit 32 pages grand in-8°; il pour-

Nous voudrions traiter plus à fond ce sujet; mais la place et le temps nous manquent. D'ailleurs, nous en avons dit suffisamment pour que notre pensée soit comprise : nous espérons qu'elle grandira dans l'esprit de nos confrères, et qu'un jour elle aura fait assez de progrès pour que l'on puisse la mettre à exécution; ce sera le commencement d'une ère glorieuse pour l'horlogerie : puissions-nous en être témoin! Ce serait avec bonheur que nous applaudirions aux succès des jeunes horlogers qui, pleins de force et d'ardeur, s'élanceraient enfin dans une carrière devenue moins aride que celle que nous parcourons en ce moment.

Quoique l'horlogerie ne soit plus en honneur comme autrefois, quoique le commerce des montres et des pendules soit livré à des hommes qui, pour la plupart, sont étrangers à la science, celle-ci, grâce à d'honorables individualités perdues dans la foule, n'a pas cessé de faire des progrès. Honneur en soit rendu à ces hommes, qui, inspirés par la science, en ont reculé les limites! Les jalons avancés qu'ils ont hardiment plantés sur la route chronométrique serviront de guides à la génération qui s'avance, et celle-ci, à son tour, saura reculer les bornes de l'art.

L'époque républicaine ne pouvait pas être favorable à l'Horlogerie, car le canon grondait alors dans toute l'Europe, et plus loin encore, puisqu'il se faisait entendre jusqu'au pied des pyramides d'Égypte.

L'apprentissage des jeunes gens devenait nul, car à peine l'avaient-ils terminé qu'ils étaient obligés d'aller combattre à la frontière pour repousser les étrangers ou d'envahir le territoire ennemi, dont les habitants vaincus et soumis devenaient tributaires de la République.

Depuis 1794 jusqu'à 1800, nulle invention sérieuse et remarquable ne fut faite dans l'Horlogerie française. Seulement, en 1794, le 5 fructidor (22 août), la Convention nationale rendit un décret qui prescrivit l'usage des mesures décimales dans toute l'étendue de la République. Les horlogers durent se conformer à ce décret, et ils adop-

rait contenir en outre une planche technique ou le portrait d'un horloger célèbre. Les 12 numéros formeraient chaque année un joli volume, et, au bout de quelques années, ces volumes réunis contiendraient une encyclopédie complète de l'art de l'horlogerie.

Pour que les véritables artistes qui concourent aux progrès de l'art par des travaux remarquables, par des inventions ou des perfectionnements quelconques, ayant rapport à la science chronométrique, fussent connus et appréciés, non-seulement par leurs confrères, mais encore par le public intelligent, il faudrait que chaque numéro du journal fût envoyé gratis aux sociétés savantes et dans les principaux cercles ou cabinets littéraires de la France et de l'étranger. D'après les supputations que nous avons faites, ce journal ne coûterait pas plus de 12 francs par an; il serait intitulé la TRIBUNE CHRONOMÉTRIQUE, *Moniteur universel des horlogers.*

Nota. Il y a plus d'un an que cet article est écrit, mais par une circonstance indépendante de notre volonté il n'a pu paraître qu'aujourd'hui, et déjà notre projet de journal est réalisé, le premier numéro de la *Tribune Chronométrique* a paru le 15 janvier dernier.

Nous espérons que tous les vrais horlogers, maîtres ou ouvriers, nous aideront à accomplir notre œuvre en souscrivant à notre journal.

tèrent, pour les cadrans des montres, des pendules et des horloges de clocher, le système horaire représenté dans la figure ci-contre.

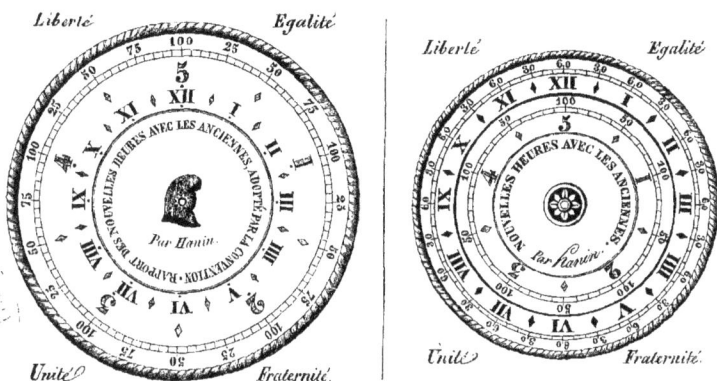

La convention ouvrit un concours pour déterminer l'organisation la plus simple, la plus solide et la moins dispendieuse à donner aux ouvrages d'horlogerie destinés à mesurer ensemble ou séparément les différentes parties du jour d'après le système décimal. Une commission fut nommée à ce sujet, et nous trouvons dans le *Moniteur universel*, à la date ci-dessus mentionnée, les noms des horlogers qui firent partie du jury établi près de cette commission. Ce furent Ferdinand Berthoud, Lagrange, Lepaute l'oncle, Antide Janvier, Lépine le jeune et Mathieu l'aîné.

On lit dans le *Moniteur* de la même époque que le citoyen Robin, qui demeurait alors cour du Louvre, fit à la Convention nationale l'offrande d'une pendule marquant les heures, les minutes et les secondes, suivant la nouvelle division décimale.

L'Horlogerie doit beaucoup à l'empereur Napoléon. Lorsque ce grand homme se reposait aux Tuileries dans les intervalles de ses batailles, il était la providence des horlogers d'élite, et, lorsque Breguet, Janvier, Lepaute, Mugnier, Rieussec, etc., faisaient des pièces chronométriques remarquables, ils étaient certains de les lui vendre à des prix qui étaient pour eux et leurs émules un puissant encouragement. Le vainqueur d'Austerlitz et de Marengo était bon mathématicien, et il comprenait à merveille les principes de la mécanique. D'ailleurs on sait qu'il mettait à profit le temps; il était bien naturel qu'il aimât les instruments propres à le mesurer. Les palais des Tuileries, de Versailles, de Saint-Cloud, de Rambouillet, de Fontainebleau, etc., témoignent de son amour pour l'art chronométrique, car ils sont remplis encore aujourd'hui de pendules précieuses achetées par lui, pendant son règne si grandiose, aux célèbres horlogers que nous venons de nommer. Nous aimons à constater que les plus grands hommes qui ont occupé l'histoire depuis le quatorzième siècle jusqu'à nos jours ont aimé l'Horlogerie, ont encouragé les artistes qui par leurs œuvres ont fait grandir successivement cette belle science.

Louis XVIII et Charles X sont aussi, comme la plupart de leurs ancêtres, au nombre des bienfaiteurs de l'Horlogerie. Quant à Louis-Philippe, il aima les architectes, il fit bâtir ou restaurer beaucoup de monuments publics, mais il était fort peu amateur d'horlogerie. Ce fut pourtant sous son règne que l'on tenta de fonder à Versailles une manufacture de montres. M. Benoît, qui fut nommé directeur de cet établissement, était un ouvrier capable, et les ouvrages qui sortirent de ses mains étaient dignes de lui et de la France; mais, soit

ANTIDE JANVIER. — D'après un buste.

que les montres qu'il fabriquait revinssent à un prix trop élevé, soit qu'il ne trouvât pas dans le gouvernement une protection efficace, soit enfin que cet horloger fût meilleur ouvrier que bon administrateur, sa manufacture périclita, et il fut obligé de l'abandonner. Elle est aujourd'hui entre les mains de M. Rabi, qui est en même temps un habile ouvrier et un administrateur intelligent. Nous désirons vivement que, par ses persévérants efforts, le successeur de M. Benoît parvienne enfin à fonder une fabrique véritablement nationale, qui nous ferait honneur en France comme à l'étranger.

Nous ne nous permettrons pas de décrire ou même de nommer toutes les inventions que l'on a faites dans l'Horlogerie depuis le commencement du siècle. Plusieurs de ces inventions peuvent prouver que leurs auteurs ne manquaient ni d'imagination ni même de science; mais elles n'ont pas été adoptées, pour la plupart du moins, dans la pratique; il serait donc inutile d'en entretenir nos lecteurs : nous nous bornerons à décrire ou à mentionner les inventions réellement utiles à l'art. Ces inventions d'ailleurs consistent presque toujours dans des perfectionnements plus ou moins importants.

M. Breguet est de tous les horlogers modernes celui qui a fait le plus grand nombre d'inventions. C'est à lui que nous devons les montres à *masse*, qui se remontent d'elles-mêmes par l'effet des petites secousses qu'elles éprouvent en les portant. Nous savons qu'on faisait des montres à masse que l'on nommait montres perpétuelles en plein dix-septième siècle, et qu'un ecclésiastique français et un horloger de Vienne se disputèrent cette invention; mais le mécanisme qui composait ces machines était tellement défectueux et produisait si mal ses effets, que les montres perpétuelles de ces premiers inventeurs ne tardèrent pas à être considérées comme des hochets propres tout au plus à satisfaire la curiosité publique. Il n'y a donc pas lieu d'établir un parallèle entre ces premiers essais et les montres à masse de Breguet : celles-ci sont tellement bien faites, que, marchant trois jours, quoique au repos, il suffit alors de les porter pendant un quart d'heure pour qu'elles se trouvent de nouveau remontées pour trois autres jours, et ainsi de suite. Ajoutons que ces sortes de montres, que Breguet varia à l'infini (il en fit à répétition, à secondes, à équation, à quantièmes, etc., etc.), étaient généralement à échappement libre ou à repos, et marchaient avec la plus parfaite régularité.

Nous devons aussi à Breguet l'invention du *parachute*, celle des ressorts-timbres, plusieurs sortes de compensateurs, les montres dites *sympathiques*, l'échappement à hélice, celui à double balancier pour les montres comme pour les pendules; l'échappement à tourbillon par lequel le balancier, outre le mouvement de vibration, exécute au bout d'un certain temps un mouvement de rotation sur son axe, de telle sorte que, supposé un point nommé, chaque extrémité du balancier a successivement été la plus élevée au moment du repos, et que toutes les inégalités qui peuvent se trouver dans son poids sont compensées pendant chaque révolution.

Toutes les Expositions des produits de l'industrie prouvèrent la supériorité de Breguet. Celle de 1819 fut pour lui comme le chant du cygne; il y montra toute la fécondité de son génie, et la foule qui se pressait dans la galerie où ses chefs-d'œuvre étaient exposés ne faisait entendre que des paroles qui exprimaient son admiration. Ce fut à cette exposition que le grand artiste présenta plusieurs pièces chronométriques d'une grande importance scientifique : tels furent l'horloge double et la montre double ci-dessus mentionnées, l'horloge marine à tourbillon achetée par M. le comte de Sommariva, et le compteur astronomique, renfermé dans le tube d'une lunette d'observation qui rend sensible à la vue les dixièmes de seconde. Les connaisseurs remarquaient aussi dans cette brillante exhibition plusieurs beaux chronomètres de poche, simples ou à répétition, à quantièmes, etc.; une pendule sympathique à force constante, et plusieurs petites pendules de voyage à grande sonnerie, à répétition, à réveil, à quantièmes complets, etc., etc. L'exécution de ces diverses pièces était admirable. Enfin cette exposition fut un vrai triomphe pour Breguet, et elle eut pour effet d'accroître encore, ce qui paraissait impossible, la réputation du grand artiste (voyez la Biographie de Breguet).

M. Breguet fils avait une tâche difficile à remplir, c'était celle de maintenir à la même hauteur la réputation universelle de la maison de son aïeul. Cet artiste, jeune encore, s'est montré le digne héritier, le digne successeur de ses ancêtres, et les pièces chronométriques qui sortent de ses ateliers ne sont pas inférieures à celles qui sortaient naguère encore si parfaites des mains d'Abraham Breguet.

Après lui nous devons nommer Antide Janvier, qui, dans un genre différent, ne se rendit pas moins illustre que Breguet. Cet artiste fut avant tout un savant astronome, un mathématicien du premier ordre, et les pièces par lesquelles il s'est fait un nom européen furent des sphères mouvantes qu'il porta à un très-haut degré de perfection. On trouvera plus loin, dans la Biographie de Janvier, tout ce qui a rapport à cet homme célèbre.

Les frères Berthoud ont dignement soutenu l'honneur de leur nom. Ils ont notablement amélioré le mécanisme des montres marines, ils en ont amoindri le volume primitif; et aujourd'hui leurs chronomètres, éprouvés à l'Observatoire de Paris et en mer sur les vaisseaux de presque toutes les nations, sont universellement estimés.

Ce que nous disons de MM. Berthoud, nous pouvons à juste titre le dire de MM. Motel et Winnerl; ce sont des horlogers d'élite dont les travaux ont été couronnés du plus complet succès. Ces travaux leur font honneur et ils en font aussi à la France, car les montres marines de ces véritables artistes peuvent soutenir la comparaison, et non sans quelque avantage, avec les meilleurs chronomètres anglais.

M. Perrelet père, qui fut un des meilleurs ouvriers de Breguet, a fait aussi de fort beaux chronomètres; on doit à cet habile horloger plusieurs inventions fort remarquables qui lui ont valu, à la suite de diverses expositions, la médaille d'or et la croix de la Légion d'honneur.

M. Duchemin fut au nombre de ces horlogers pour qui la science chronométrique n'est pas un métier vulgaire. Toute sa vie fut consacrée à l'art qu'il aimait passionnément et dont il chercha à reculer les limites. On lui doit plusieurs inventions utiles. La plupart des pièces chronométriques qui sortirent de ses mains et qui furent admises aux expositions des produits de l'industrie témoignèrent de son talent, de sa haute intelligence artistique : aussi reçut-il souvent les récompenses nationales que l'on n'accorde qu'au vrai mérite.

MM. Mugnier, Rieussec et Laresche furent au nombre assez restreint des bons horlogers de l'Empire, et les ouvrages qu'ils ont laissés se distinguent par une exécution irréprochable.

M. Paul Garnier est un horloger qui bien que jeune, a déjà beaucoup travaillé, et son nom est avantageusement connu en Europe. Cet artiste a de l'imagination et de la science, et sa *main-d'œuvre* est remarquable. Ses pièces de voyage sont très-estimées; quelques-unes sont à échappement dit *d'Enderlin* (cet échappement était déjà en usage sous Louis XII, et plus tard il fut perfectionné par Sully), qui depuis assez longtemps était tombé en désuétude, mais que M. Paul Garnier a amélioré d'une manière très-notable. Nous avons sous les yeux un de ses échappements. Il est à double roue; mais son disque est très-amoindri, ce qui a permis à l'artiste de rapprocher les deux roues de l'axe de l'échappement de manière à attaquer les deux lèvres, au bord du disque, sur la ligne qui passe par le centre de ce même axe : c'est une disposition avantageuse; elle empêche les pivots de l'échappement de s'agiter à droite et à gauche dans leurs trous; par elle on évite ce qui a lieu dans l'échappement d'Enderlin, cette poussée latérale des dents de la double roue dans le sens de l'axe du balancier; cette roue est mince et par conséquent très-légère, ce qui est un grand avantage pour tous les échappements et particulièrement pour ceux que l'on destine aux pièces de voyage. L'échappement d'Enderlin, tel qu'il a été modifié par M. Paul Garnier, permet de donner aux arcs supplémentaires une étendue d'environ cent soixante degrés de chaque côté, ce qui est suffisant pour assurer pendant longtemps une bonne marche à l'horloge.

Parmi les autres contemporains qui se sont distingués dans l'horlogerie portative, nous citerons : M. Moinet, auteur d'un bon traité d'horlogerie; M. Pons, inventeur de plusieurs échappements très-ingénieux; M. Destigny, de Rouen; M. Deshays, habile horloger, inventeur de plusieurs échappements et qui a amélioré plusieurs pièces importantes du mécanisme des montres; MM. Vallet, Giteau, Henri Robert, Lory, C. Oudin, Redier, Allavoine, Coüet, Pérusset, F. Houdin, Tavernier, Benoît père et fils, Delmas, Brocot père, etc., etc. Nous ne parlons pas ici des jeunes artistes, dont nous nous occuperons souvent dans notre journal chronométrique.

Parmi les horlogers qui se sont occupés plus particulièrement de la fabrication des horloges et régulateurs nous citerons MM. Lepaute neveux, qui ont soutenu dignement le poids du nom qu'ils portent. Les horloges monumentales qu'ils ont exécutées surpassent pour la perfection celles du premier Lepaute. L'horloge de la Bourse, qui a été exécutée par M. Michel Lepaute et son père, est certainement une des plus belles horloges de l'Europe. Après MM. Lepaute, MM. Wagner oncle et neveu sont les horlogers qui ont fait les plus belles horloges monumentales. M. Henri Lepaute

jouit d'une réputation méritée ; c'est un habile artiste, dont les produits chronométriques sont vivement recherchés.

M. Perrelet fils, guidé par son père, fait aussi des horloges publiques très-estimées.

Nous ne devons pas laisser passer l'occasion de dire que M. Wagner neveu est, de
tous les horlogers de France et par conséquent de l'Europe, celui qui a fait faire,
dans ces derniers temps, le plus de progrès à l'horlogerie monumentale. Nous ne
connaissons pas de mécanicien qui soit plus habile ni plus consciencieux : c'est un de
ces artistes qui font honneur à un pays et qui attachent pour toujours leur nom à la
science ou à l'art qu'ils professent.

Parmi les horlogers étrangers qui se sont illustrés dans la science des Berthoud et
des Breguet, nous citerons particulièrement MM. Vulliamy, Arnold fils, Charles
Frodsham, Dent, de Londres ; le chevalier Kessels et Jurgensen père, d'Altona
près de Hambourg. Le premier est horloger de la reine d'Angleterre. Il s'est
distingué d'abord par quelques beaux chronomètres et par des pendules astronomiques ; mais bientôt, abandonnant cette fabrication, il s'est livré entièrement
à celle des horloges publiques : c'est ainsi qu'il a fait successivement la grande
horloge du palais de Windsor, celle de la grande Poste, celles des deux chambres du parlement et de plusieurs autres monuments publics. Toutes ces horloges attestent le talent et la science de M. Vulliamy. Ce grand artiste a publié plusieurs brochures et mémoires sur l'horlogerie, que nous avons lus avec une grande
satisfaction. M. Vulliamy a amélioré l'échappement de Graham, la suspension à ressort, etc. Il aime passionnément l'horlogerie ; il estime, il oblige, quand il le peut,
toutes les personnes qui s'occupent sérieusement de la science à laquelle il a voué sa
vie. Nous lui devons de sincères remercîments pour les conseils et les avis qu'il nous
a donnés ; il nous a fait connaître quelques particularités de la vie des principaux
horlogers de l'Angleterre. Nous avons profité de ses bienveillantes communications
pour écrire nos biographies.

M. le chevalier Kessels, membre de l'Académie des sciences de Stockholm, de la
Société mathématique de Hambourg, etc., a fait un grand nombre de pièces d'horlogerie de précision ; il est auteur d'une horloge astronomique à secondes dont le pendule est compensé par le mercure. M. H.-J. Kessels, qui est mort depuis peu, passait
pour un des plus savants horlogers de l'Allemagne.

DESCRIPTION D'UN CHRONOMÈTRE DE M. HENRI ROBERT.

Nous avons parlé des premiers chronomètres ou montres marines, nous avons
nommé les artistes qui ont inventé ou perfectionné ces machines. Il nous reste à
donner la description d'un chronomètre moderne ; mais d'abord nous dirons que généralement un chronomètre ne diffère d'une montre ordinaire que par son volume et
par la perfection que l'on remarque dans toutes les pièces qui le composent, notamment

dans son échappement. A notre époque, comme nous l'avons dit plus haut, MM. Breguet, Berthoud frères, Perrelet, Motel, Winnerl se sont particulièrement distingués
dans ce genre difficile d'horlogerie de précision.

On fait des chronomètres avec ou sans fusée. Notre prédilection personnelle est
pour la fusée, car c'est un fait hors de doute que cette pièce contribue puissamment à
la constante régularité des instruments propres à mesurer le temps ; cependant nous
sommes obligé de constater que des montres marines modernes qui ont été éprouvées
à l'Observatoire de Paris et sur différents navires de l'État ont donné de fort bons
résultats. D'ailleurs les premières horloges marines de Pierre Le Roy étaient aussi
sans fusée, et, quoiqu'elles fussent privées, alors, des perfectionnements que reçurent
ultérieurement ces machines, on sait qu'elles marchaient avec une grande exactitude.

En donnant ici la description d'un chronomètre de M. Henri Robert, nous ne
faisons pas acte de préférence pour les produits chronométriques de cet habile et
laborieux horloger ; les savants praticiens que nous venons de citer ont droit d'abord
à tous nos éloges, nous allions dire à notre admiration.

M. Henri Robert, sans avoir acquis jusqu'à présent la réputation dont jouissent ces
artistes supérieurs, a mérité, pour quelques uns de ses chronomètres, la grande
médaille d'or de la Société d'encouragement, cette même récompense lui a été accordée à la suite de l'exposition de 1844 ; nous croyons que M. Henri Robert méritait ces
hautes faveurs, c'est pourquoi nous nous sommes déterminé à donner, dans ce livre,
la description d'un chronomètre de cet artiste.

« Pour rendre cette description aussi claire que possible, elle sera faite dans
l'ordre qu'adopterait un observateur étudiant tous les organes de la machine et les
fonctions qu'ils ont à remplir. Le moteur qui anime le mécanisme sera décrit
d'abord, puis le rouage dont les fonctions consistent à transmettre la force au régulateur et à marquer le temps sur les cadrans. L'échappement, mécanisme très-
simple en apparence et très-compliqué en réalité, viendra ensuite ; il sert alternativement à suspendre l'action du moteur sur le régulateur et à rendre ce dernier
indépendant du premier ; à l'instant fixé, il laisse au moteur la liberté de se développer pour donner au régulateur l'impulsion nécessaire à l'entretien de son mouvement ; enfin on expliquera les fonctions du régulateur dont la durée des vibrations
s'accomplit en un temps donné qui sert d'unité pour la mesure du temps.

» Il sera facile de reconnaître dans cette construction 1° une simplification assez
grande sur les constructions antérieures ; 2° que cette simplification est acquise sans
sacrifier aucun élément de régularité de la machine, plusieurs pièces ayant subi la
rigoureuse épreuve du concours ouvert à l'Observatoire de Paris ; 3° que, sous un
très-petit volume extérieur, ces dispositions donnent intérieurement des organes
très-grands ; 4° enfin que l'arrangement de toutes les parties de la machine est tel,
que chacune des quatre principales, moteur, rouage, etc., est séparée et indépendante des autres ; que tout a été étudié de manière à rendre le travail de l'horloger

plus prompt, plus commode qu'il ne l'est dans les constructions ordinaires, notamment dans les pièces anglaises.

» *Dispositions générales.* — En enlevant le mouvement de la boîte, on voit le moteur sous le pont P, fig. 1, pl. ci-contre; à côté se trouve l'échappement sous trois ponts, les détails en sont représentés en plan et en élévation, fig. 5, 6 et 7. Le barillet n'étant couvert que par le pont qui lui est propre et toutes les parties de l'échappement n'étant également couvertes que par leur pont, chaque pièce se démonte et se remonte indépendamment de toutes les autres. La roue d'arrêt de remontoir est également découverte pendant la plus grande partie du temps; ce qui permet d'armer ou de désarmer cet arrêt, même sans arrêter la montre : ces précautions rendent le travail de repassage et de réglage prompt et facile.

» De l'autre côté de la platine se trouve le rouage composé simplement de trois roues; elles étaient d'abord placées sous quatre ponts en y comprenant celui nécessaire de ce côté de la platine pour le pignon d'échappement, mais l'auteur a trouvé plus simple de remplacer ces quatre ponts par une platine. Ces deux platines assemblées par trois piliers forment la cage, fig. 8. La fig. 2 montre le rouage, la petite platine étant enlevée. La fig. 3 représente le cadran et les roues servant à marquer l'heure, dites *de minuterie.* Le centre de ce cadran n'est pas commun avec celui de la platine, parce que, pour établir le rapport le plus convenable entre le moteur et le régulateur, il fallait, ou admettre cette excentricité, ou bien donner à la platine le diamètre indiqué par le cercle ponctué *d d d d*, fig. 3, ce qui augmentait inutilement le volume de la montre. Dans ces proportions, les divisions des cadrans sont très-lisibles et le volume total très-réduit.

» Dans les dimensions de la boîte de cuivre qui renferme le mouvement, les précautions sont également prises pour ne perdre aucun espace; la suspension est aussi combinée de manière à le ménager.

» *Du barillet.* — Le tambour ou barillet A, fig. 4, qui renferme le ressort, n'est autre, quant à la forme, que celui employé dans les pendules du commerce; mais M. *Robert* y a ajouté les modifications suivantes : le corps de l'arbre B, au lieu d'être cylindrique comme on le fait ordinairement, est formé en limaçon; l'extrémité du ressort se loge entre le crochet *c*, fig. 15, et la partie *a* la plus élevée du limaçon. Par ce moyen, le second tour du ressort s'enroule mieux sur l'arbre que lorsque ce dernier est cylindrique. Le crochet *c* est formé d'une simple goupille ajustée dans un trou fait à l'arbre dans la direction indiquée par la figure 15.

» L'arrêt de remontoir C, fig. 1 et 11, est celui dit *à croix de Malte*, employé aujourd'hui dans les montres à l'usage civil, parce qu'il est le meilleur; mais comme dans une montre marine il y a beaucoup plus de force que dans une montre de poche, il a fallu éviter l'arc-boutement qui a lieu dans le système actuel. Pour cela une vis *v* est placée sur la roue d'arrêt, fig. 1; sa tête est saillante, elle a 1^m,5 de hauteur (1).

_____

(1) Le millimètre sera l'unité de toutes les parties de peu d'étendue qui seront données.

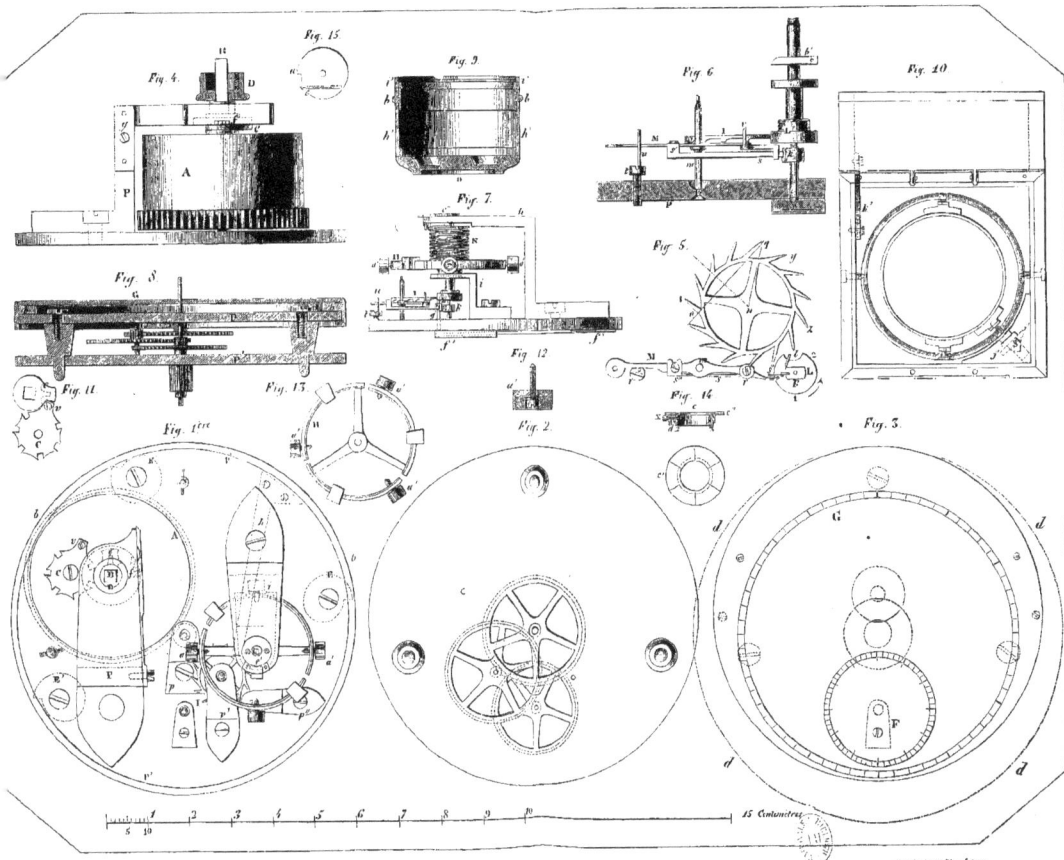

Imprimé par Pion frères.

DESCRIPTION D'UNE HORLOGE MARINE MODERNE (page 348).

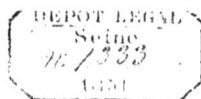

Au-dessus du doigt d'arrêt ordinaire existe un second doigt *e*, qui est à la hauteur de la tête de la vis *v*; ce doigt est assez long pour venir porter contre la tête de la vis quand le développement voulu est achevé : cet effet est vu fig. 11; ici l'arrêt se fait tangentiellement sans décomposition de force, tandis que dans l'arrêt ordinaire il y a une très grande répulsion. Le rochet d'encliquetage *f* est ajusté à carré sur l'arbre, comme les deux doigts d'arrêt; il porte un pivot qui doit tourner dans le pont; la denture du rochet est noyée dans le pont P, fig. 1 et 4. En dehors du pont est encore ajusté aussi à carré un canon D, dont la fig. 4 représente une coupe. La partie supérieure de ce canon s'applique contre le fond de la boîte et interdit ainsi le passage aux corps qui pourraient s'introduire dans l'intérieur du mouvement.

» Le cliquet *g*, fig. 4, est taillé dans un morceau de tôle d'acier de 1ᵐ,5 d'épaisseur; il se pose contre le côté du pont par une vis et deux pieds vus fig. 4. Son extrémité excède le pont, ce qui donne de la prise pour désarmer le ressort. Ce cliquet n'est autre qu'une simplification de celui des montres à cylindre actuellement en usage.

» *Rouage.* — Le pignon de centre traverse la grande platine; il pivote dans le pont *p*, fig. 1; du côté du cadran, il tourne dans la platine des piliers : la petite roue moyenne pivote entre les deux platines et la roue de seconde a son pivot supérieur dans une barrette F d'une épaisseur égale à celle de la bâte *b*, fig. 8. Cette barrette est vue en plan et ponctuée, fig. 3. La minuterie ponctuée dans la même figure est logée dans l'espace compris entre le cadran G et la platine des piliers P, fig. 8. Cet espace est déterminé par l'épaisseur de la bâte *b*.

» *Échappement.* — Le pignon d'échappement traverse la grande platine et engrène dans la roue de seconde; il pivote dans la platine des piliers. En dehors de la cage, il porte la roue sous le pont *p'*, fig. 1; la détente, qui est vue découverte dans la figure 5, est plantée entre la grande platine et le pont *p''*. Le balancier H est entre la platine et le coq *h*, vu en plan fig. 1 et en élévation figure 6. Au-dessus du coq, est un petit pont *i*, figure 1 et 7; la tête de ce pont est ouverte de manière à laisser passer librement l'assiette sur laquelle est fixé le balancier; lorsqu'on met en place le balancier, il suffit que le pivot inférieur entre dans son trou, l'assiette s'appuie contre la tête du pont et maintient le tout pendant qu'on apporte le coq pour le mettre en place. Ce pont, nommé *garde-balancier*, rend l'enlèvement et la remise en place du balancier sûrs et prompts.

» *Roue d'échappement.* — La forme de la roue d'échappement I est indiquée dans la figure 5. On remarquera que le devant des dents de la roue se dirige de *q* en *o*, et forme avec le rayon *q n* un angle de 30°. Cette inclinaison est aujourd'hui généralement adoptée; elle est plus favorable à la levée que la direction selon le rayon, et elle évite la destruction de la roue. Pour que cette roue soit légère et forte, elle est creusée en-dessous comme on la voit fig. 6. Cette roue ainsi creusée est plus forte et en même temps moins lourde que la roue à l'anglaise, et son exécution est plus facile.

44

» Le *cercle de levée* est un disque L, fig. 5 et 6, ajusté sur l'axe du balancier et fixé contre l'assiette par une vis. Ce disque est entaillé comme on le voit fig. 5, et porte le rubis *l* sur lequel la roue tombe et agit pour donner l'impulsion nécessaire; le rubis formant la levée fait le même angle avec le rayon du cercle de levée que le devant des dents de la roue avec son rayon.

» Sur l'axe du balancier et au-dessous du cercle de levée est ajustée à frottement très-*gras* une pièce d'acier appelée *corps du dégagement* et qui est vue en *k*, fig. 5 et 6, dans une rainure faite parallèlement à l'axe du balancier se loge un rubis nommé *doigt de dégagement*, destiné à agir sur le petit ressort de la détente, la partie d'acier ne devant point y toucher.

» La *détente* M est beaucoup plus compliquée que les autres parties de l'échappement précédemment décrites; elle est montée sur un axe *m*, figures 5 et 6, planté entre la grande platine P'P' et le pont *p*'', fig. 1. La partie principale de la détente est un plateau d'acier monté sur cet axe; ce plateau forme deux bras, l'un dirigé vers l'axe du balancier et l'autre à l'opposé. Le premier porte le petit cylindre *r* entaillé à moitié de son épaisseur, comme on le voit en plan, fig. 5, et en élévation, fig. 6. M. *Robert* nomme cette partie de la détente *repos de la roue*, parce que c'est contre elle que la roue vient se reposer, ainsi qu'il sera bientôt expliqué. Ce bras se prolonge et arrive très-près du corps du doigt de dégagement; les figures 5 et 6 le représentent dans les deux positions, l'extrémité la plus voisine de l'axe du balancier descend en équerre pour servir de repos au petit ressort en or qui fait l'effet de ce qu'on nomme en terme d'horlogerie *pied-de-biche*.

» Le petit ressort *s*, fig. 5 et 6, est fait d'un morceau d'or; il est coudé en équerre pour former la patte *s'* : cette patte est fendue pour passer facilement sous la tête de la vis sans qu'on soit obligé d'ôter entièrement celle-ci, mais seulement d'éloigner un peu sa tête du plateau. Le petit ressort trouve, contre la détente, un appui qui lui tient lieu de pied; on serre la vis pour le fixer. L'extrémité *s''* du petit ressort s'appuie contre le bras de la détente par son élasticité et la manière dont il est armé : c'est cette extrémité de la détente qu'on nomme *repos du petit ressort*, parce que c'est contre elle que le petit ressort vient s'appuyer et prendre sa position.

» L'autre bras de la détente sert de contre-poids afin de pouvoir l'équilibrer et l'appuyer contre son repos, qui détermine sa position pour les fonctions de l'échappement. La vis *t*, fig. 6, porte une goupille en or *u* excentrique à cette vis pour qu'en tournant un peu plus ou un peu moins cette vis on puisse mettre la détente au point voulu.

» L'axe de la détente porte près de la platine un spiral non représenté dans la figure; il est monté sur cet axe de la même manière qu'on le place sur les balanciers des montres ordinaires. L'extérieur de ce spiral est ajusté dans un piton qui se fixe à la platine; ce ressort sert à maintenir constamment la détente contre son repos.

» *Fonctions de l'échappement.* — La roue d'échappement est sollicitée par le moteur à tourner de y en z; elle se trouve arrêtée par son repos r porté par la détente.

» Lorsque l'axe du balancier tourne de 1 en 2, fig. 5, le doigt de dégagement agit sur le petit ressort s, qui, de ce côté, s'appuyant contre son repos, écarte la détente; la roue devient libre et tourne; la dent voisine de la levée tombe sur cette levée et lui donne l'impulsion nécessaire; mais pendant ce temps la détente abandonnée par le dégagement a repris sa place contre son repos, le repos de la roue s'est remis en position pour arrêter la dent suivante de la roue. Lorsque cette vibration est achevée, le balancier retourne dans le sens inverse, passe sans déplacer la détente, puisque le petit ressort cède faisant l'effet de pied-de-biche; puis, après cette vibration achevée, il recommence celle qui vient d'être décrite, et continue ainsi:

» Le balancier compensateur H est celui qui est généralement adopté; seulement les masses réglantes a', a', au lieu d'être formées par de simples vis en laiton à la manière anglaise, sont de deux pièces. C'est une petite vis en acier sur laquelle est montée une grosse tête, soit en laiton, soit en platine; de cette manière on obtient toute la solidité d'une vis en acier, un bon ajustement de la vis dans son trou, et les avantages du platine si on veut l'employer. La fig. 12 représente une coupe de ces masses.

» Le spiral ou ressort réglant N, fig. 7, est fixé à l'axe du balancier par la virole à l'anglaise b', fig. 6: l'extrémité du spiral, un peu recourbée vers son centre, passe dans le trou de la virole et y est maintenue par une goupille; l'autre extrémité du spiral est fixée au coq par le piton dont la description suit.

» *Piton.* — On nomme *piton* la pièce qui fixe l'une des extrémités du spiral à la platine ou au coq, parce qu'originairement cette pièce ressemblait assez à un piton; ici la forme de cette pièce en diffère beaucoup. Pour que le spiral puisse être tenu par le piton sans être aucunement déformé, une virole d'acier c', vue en plan et en coupe verticale, fig. 14, est faite sur le tour: l'intérieur du spiral ayant 9 millimètres de diamètre, la partie 2, 3 à 9 millimètres de diamètre extérieur. Le spiral pourrait donc entrer sans aucune déformation sur cette partie de la virole. Une autre virole d' a pour diamètre intérieur le diamètre extérieur du spiral et $0^m,75$ d'épaisseur. Ces deux viroles sont traversées par une vis qui fait serrer la virole extérieure contre celle intérieure, et l'extrémité du spiral se trouvant engagée entre d' et 2 est maintenue par la pression de la vis. Ces viroles sont divisées en six parties pour qu'entre elles deux elles produisent six pitons.

» Ces deux parties, destinées à pincer le spiral, forment une pince ou mâchoire qui s'élève perpendiculairement à la partie plate c''. Cette pince, étant réduite à la largeur nécessaire, laisse la partie plate, formant un plateau qui vient se poser sur la tête du coq; on le fait entrer librement sous une plaque, et, lorsqu'il a pris sa position, on serre les deux vis de la plaque e', fig. 1, le piton est fixé.

» *Ressort d'entrave.* — On a vu, dans l'explication des fonctions de l'échappement, que, lorsque le ressort moteur est armé, tout le rouage se trouve arrêté par la roue d'échappement dont une dent porte contre la détente ; s'il arrivait qu'en levant le balancier l'extrémité de l'axe touchât la détente, il pourrait dégager la roue, et le rouage partirait avec une impétuosité qui amènerait de graves accidents. Le ressort qu'on voit en *f′ f′*, fig. 7, est posé à plat sous la platine contre laquelle il s'appuie par son élasticité ; il porte une goupllle *y′*, qui traverse la platine et vient pénétrer dans les dents de la roue d'échappement à moitié de l'épaisseur de celles-ci. La lame de ce ressort passe sous la vis du coq ; celle-ci excède la platine de $0^m,50$. Lorsque le coq est en place et que cette vis est serrée à fond, elle appuie sur la lame du ressort assez près de sa patte et le fait éloigner de la platine de 1 millim. On voit que, dès que la vis du coq est desserrée, la roue se trouve entravée et ne peut tourner, lors même que la détente serait éloignée, jusqu'à ce que le coq soit remis en place et la vis serrée à fond.

» La boîte en laiton qui renferme le mouvement est vue, fig. 9, réduite au tiers de sa grandeur naturelle ; elle est formée de quatre parties : la bâte *b, b*, dans laquelle entre toute la cage vue fig. 8 ; le corps *h′, h′*, pris dans un tuyau de laiton tiré très-dur ; la lunette *i′, i′*, pour laquelle une partie du même tuyau est employée ; enfin le fond O, qui est en laiton fondu. Dans ce fond sont pratiquées deux creusures que la coupe de la figure indique : l'une, concentrique au barillet, a pour objet d'allégir la boîte de ce côté, qui est naturellement le plus lourd, et l'autre, diamétralement opposée, est remplie de plomb fondu pour équilibrer la boîte.

» L'emboîtage, c'est-à-dire la fixation du mouvement dans la boîte, se fait par trois clefs E, E′, E″, fig. 1 ; ces clefs sont simplement des disques entaillés en forme de *limaçon ;* l'épaisseur de la bâte, fig. 9, se voit en *b, b, b, b*, fig. 1. Quand les clefs sont dans la position E′, le mouvement entre dans la bâte et en sort librement ; mais, lorsqu'il est entré, si on donne aux clefs la position E et qu'on serre les vis, il se trouve fixé. Une goupille engagée dans l'épaisseur de la platine sert de repaire ; il est bien entendu que la bâte est ouverte pour donner prise aux clefs. Le jeu de ces clefs ne peut être bien compris qu'à la vue de leurs fonctions ; elles rendent l'opération d'enlever et placer le mouvement dans la boîte plus prompte que tout autre moyen employé ; elles diffèrent des clefs brisées ordinaires en ce qu'elles se mettent en prise d'elles-mêmes.

» Le verrou destiné à fixer la suspension ainsi que le font les Anglais laisse craindre qu'il puisse se déplacer. Pour parer à cet inconvénient, il y a, dans le couvercle de la boîte, une pièce qui, lorsque la boîte est fermée, vient tomber en *j′ j′*, fig. 10, et empêche le verrou S de s'ouvrir si on l'a fermé. Mais, lorsqu'au contraire le verrou est ouvert et doit rester ainsi, le bouton de ce verrou se trouve de l'autre côté de *j′ j′*, qui alors le maintient et empêche qu'il ne puisse toucher à la suspension, fût-il parfaitement libre.

» Les pivots sur lesquels tourne le cercle de suspension sont levés à l'extrémité de deux vis fixées directement dans le bois de la boîte au lieu de les monter dans une pièce de cuivre qu'il faut ensuite fixer à la boîte. Ce moyen simple a encore l'avantage de rendre le couvercle de la boîte moins embarrassant et moins lourd qu'il ne l'est ordinairement.

» Une bride *k* formée d'un morceau de laiton maintient le renversement du couvercle de la boîte au moyen de deux vis, l'une dans le couvercle, l'autre dans le corps de la boîte; elle forme un arrêt plus sûr et plus précis que celui donné par les charnières à repos. Cette bride remplit le même objet que le quart de cercle employé en ébénisterie, mais elle est plus simple pour sa pose et moins embarrassante.

» *Dimensions.* — Les fig. 1, 2, 3, 5, 7, 8 représentent chaque partie dans sa dimension exacte. Mais voici ce qui ne pouvait être exprimé par le dessin : le barillet a 112 dents, le pignon du centre 14; l'arrêt de remontoir donne six tours et demi, la pièce marche 52 heures; les trois autres pignons sont de 12, grande moyenne 96, petite moyenne 90, roue de seconde 96; la roue d'échappement a 15 dents, le balancier bat 14,400 vibrations; son poids, y compris les masses réglantes et compensatrices, doit être au moins de 3^{gr},50, et au plus 4 grammes.

» *Du moteur.* — Tout le monde connaît le mécanisme nommé *fusée;* il en existe une dans chaque montre à roue de rencontre : cet appareil, l'un des plus ingénieux de l'horlogerie, sert à corriger l'inégalité du ressort moteur et à transmettre au régulateur une force motrice sensiblement uniforme, quoique le ressort pendant tout son développement perde successivement de sa force. Cependant la fusée est loin d'avoir les avantages qu'on lui suppose au premier aperçu.

» En France, dans toutes les montres avec échappement à repos ou échappement libre et dans les pendules à l'usage civil, on a supprimé la fusée; on place simplement, sous le barillet ou tambour dans lequel est contenu le ressort, une roue dentée qui engrène directement dans le premier pignon du rouage. Ce dernier système, nommé *barillet denté*, est beaucoup plus simple que le premier, et, quoique la comparaison de l'un avec l'autre frappe l'esprit et qu'on soit porté à penser que l'inégalité de tension du ressort pendant le temps de marche de la pièce doive altérer cette marche, l'expérience a tellement prononcé dans cette matière, que nul ne pense à attribuer ses écarts appréciables à l'absence de la fusée.

» Les personnes peu au courant de l'horlogerie nautique considèrent le barillet denté comme un moteur dont la force décroît beaucoup de la première à la vingt-quatrième heure; elles pensent que cette différence doit être une cause de perturbation continuelle de la marche. Mais les horlogers expérimentés ne font pas cette objection, ils savent très-bien qu'elle n'est pas fondée; une seule paraît avoir une importance réelle pour eux, *c'est le pelotonnement auquel le ressort, dans le barillet denté, est sujet* DANS CERTAINS CAS.

» PREMIÈRE OBJECTION. — *Décroissance de la force motrice de la première à la vingt-quatrième heure.* — Ce qui importe dans la navigation, c'est le mouvement diurne du chronomètre : il est remonté toutes les vingt-quatre heures; quand même il y aurait une différence dans sa marche de la première à là vingt-quatrième heure, chaque journée étant composée de la même somme de périodes, elles donneraient un même mouvement diurne, s'il n'y avait aucune autre cause de variation qu'une décroissance de force motrice se reproduisant chaque jour de même. Mais on a exagéré la différence possible sans songer qu'il y a des moyens de corriger la plus grande partie de cette inégalité dans la connaissance approfondie de la machine et des ressources pour faire disparaître les inconvénients qui pourraient résulter de la très-petite quantité restante. Au surplus, cette objection est abandonnée aujourd'hui par les horlogers qui emploient la fusée et qui sont très-experts en horlogerie nautique, la suivante est la seule à laquelle ils s'arrêtent.

» DEUXIÈME OBJECTION. — *Pelotonnement du ressort.* — Le pelotonnement du ressort est un obstacle réel à tout établissement d'un bon chronomètre; ce pelotonnement aura lieu avec le barillet denté, mais seulement *quand ce barillet et le ressort ne seront pas ce qu'ils doivent être.* Les recherches faites par M. *Robert* lui ont appris à mettre le barillet denté et le ressort dans des conditions de marche telles qu'il n'y a plus à craindre ni décroissance de force motrice de la première à la vingt-quatrième heure, ni pelotonnement du ressort; c'est ce qui l'a déterminé à rejeter la fusée.

» *De l'arrêt de remontoir.* — Quoique l'arrêt de remontoir ne joue aucun rôle dans la marche de la pièce, il est important qu'il soit placé dans des conditions telles qu'il rende le travail de l'horloger aussi prompt que facile.

» L'arrêt dit *à croix de Malte ordinaire*, employé dans les montres à cylindre, ne pouvait convenir; les modifications que M. *Robert* y a apportées ont pour objet de faire faire l'arrêt proprement dit *à la tangente*, et non sous un angle très-obtus, comme cela a lieu dans les montres à cylindre, ce qui produit une décomposition de force et une répulsion considérable entre les deux parties qui composent cet arrêt. Dans les montres de poche cela a peu d'inconvénients; la clef est petite, le mouvement de la montre est très-faible, on a l'habitude de le manier doucement, cela prévient les accidents; tandis qu'on est habitué à se servir de fortes clefs pour les chronomètres et à les remonter souvent avec plus de force qu'il ne faudrait, ce qui occasionnerait des détériorations si l'on ne modifiait pas l'arrêt.

» L'arrêt à engrenage, quelque bon qu'il paraisse, est trop incommode; aussi est-il complétement abandonné; d'ailleurs il est beaucoup plus compliqué que celui à croix de Malte modifié.

» *De la roue d'échappement.* — La forme des dents de la roue indiquée, fig. 5, est la plus convenable; anciennement on faisait le devant de la dent se dirigeant vers le centre; une longue expérience a montré que, dans ce cas, la roue se détruisait et qu'il y avait une perte de force; aujourd'hui presque tous les artistes s'accordent à adopter l'inclinaison indiquée et ne diffèrent que par quelques degrés de plus ou de moins.

» La creusure d'un seul côté donnée à la roue la rend aussi légère que si elle était creusée des deux côtés, ainsi qu'on l'a pratiqué dans les plus belles pièces françaises.

Ce mode de creusure rend la roue plus légère que celle à l'anglaise, tout en laissant le champ de la roue plus fort.

» *De la détente.* — Deux systèmes de détente partagent les artistes : l'un est nommé *détente sur pivots* et l'autre *détente à ressort.* M. *Robert* préfère la détente sur pivots, parce qu'elle coûte moins de force au balancier pour dégager la roue ; ainsi, toutes choses égales d'ailleurs, le balancier est plus libre et l'étendue des arcs de vibration est plus grande.

» Les horlogers qui emploient la détente à ressort ont souvent objecté, contre celle sur pivots, que les frottements de deux pivots de plus et l'action de l'huile à ces pivots, *devant être variables*, changeaient la résistance qu'elle oppose au balancier et, par conséquent, devaient faire varier la pièce.

» Une longue expérience a démontré que la détente sur pivots n'a pas cet inconvénient. Deux faits suffisent pour le prouver : 1° l'huile mise aux pivots de la détente se conserve mieux qu'en tout autre point de la machine ; à la longue la marche de la pièce est déjà notablement affectée par l'épaississement de l'huile aux différents mobiles, lorsque cet épaississement est à peine sensible aux pivots de détente et ne produit encore aucune résistance ; 2° les pivots de détente n'éprouvent jamais les altérations auxquelles sont sujets tous les autres pivots de rouage, aussi les horlogers habiles n'y mettent pas de trous en pierres. C'est sans doute parce que ces pivots travaillent dans des conditions toutes différentes de celles dans lesquelles se trouvent les autres pivots du rouage que cette différence a lieu dans les résultats. Ainsi, d'une part, le défaut qu'on reproche à la détente sur pivots d'être sujette à l'épaississement de l'huile n'existe pas, et, de l'autre, elle jouit du grand avantage de laisser au balancier plus de liberté que ne le ferait la détente à ressort.

» Entre autres expériences pour déterminer le mérite respectif des deux systèmes, M. *Robert* les a adaptés alternativement à des chronomètres disposés exprès, toutes choses restant d'ailleurs les mêmes, et il a reconnu que l'amplitude des arcs du balancier était plus grande avec la détente sur pivots qu'avec celle à ressort. Pour juger de l'influence de l'épaississement de l'huile, il a fait marcher des pièces en mettant à la détente des huiles épaissies ; il en a même fait marcher sans huile, graissant seulement pour éviter l'oxydation. C'est après avoir employé concurremment les deux systèmes de détente pendant dix ans, qu'il s'est convaincu du peu de fondement des objections contre la détente sur pivots.

» *Du piton.* — Cette pièce, qui a une grande importance dans la machine, doit remplir plusieurs conditions qu'on ne trouve pas dans le piton anglais. Celui qu'on a décrit plus haut a toutes les propriétés des beaux pitons français, et il est d'un maniement plus commode et plus prompt dans le démontage du balancier (le piton *Bréguet* présente la même facilité) ; il est d'ailleurs infiniment plus simple ; le spiral y est tout aussi libre que s'il était monté sur des vis à caler. C'est dans le travail du réglage

qu'on reconnaîtra les services que rend ce piton comparativement aux autres dispositions apportées par divers constructeurs à cette partie de la machine.

» *Du balancier.* — Si le balancier ressemble au balancier anglais quant à la forme,
il en diffère beaucoup sous le rapport du poids. Celui de M. *Robert* ne pèse guère que
les deux tiers du balancier anglais, et cependant il a donné les bons résultats cités
dans le rapport fait à la Société.

» M. *Robert* a obtenu ces résultats en cherchant à augmenter la puissance du balancier, non pas en augmentant sa masse, ce qui entraîne toujours des inconvénients,
mais en favorisant l'action du rouage sur lui et en réduisant la résistance qu'il éprouve.

» Dans le balancier représenté fig. 13, les trois masses réglantes sont placées aux
extrémités des trois lames compensatrices, et remplissent la double fonction de
masses réglantes et de masses compensatrices. Toutefois, pour finir les petites quantités pour la compensation, les trois coulants peuvent prendre la position convenable
le long de la lame compensatrice. Pour amener le balancier juste au poids voulu, il
suffit d'avoir un trou taraudé dans le coulant, et d'y ajouter une vis plus ou moins
lourde.

» Dans la forme de ce balancier, on a évité de faire occuper par les masses une
grande partie du rayon total, afin que les lames compensatrices se trouvassent aussi
près que possible du centre de gravité de ces masses. »

DU BALANCIER COMPENSATEUR.

Le balancier compensateur est indispensable dans les chronomètres; il remplace,
dans les pièces d'horlogerie portatives, le pendule à compensation que l'on emploie
habituellement dans les régulateurs et dans les grosses horloges. Ce balancier est plus
nuisible qu'utile dans les montres, quand il ne produit pas avec précision les effets
qu'il doit produire. Il est donc essentiel que les ouvriers qui veulent obtenir un bon
résultat d'une pièce de précision s'attachent particulièrement à bien exécuter leur
balancier, et s'assurent ensuite, quand ils auront obtenu l'isochronisme de ses vibrations, si la montre, étant soumise à des températures extrêmes et opposées, ne fait pas
de variations sensibles.

A l'époque de Ferdinand Berthoud et d'Arnold, le thermomètre des balanciers
compensateurs était, comme aujourd'hui, composé d'un cercle bi-métallique en acier
intérieurement et en cuivre ou en argent à l'extérieur. Ces deux lames furent d'abord
attachées ensemble par un très-grand nombre de petites goupilles d'acier; plus tard
on les souda à l'étain, aujourd'hui on les fait adhérer l'une à l'autre par un moyen préférable que nous allons bientôt indiquer.

Lorsque l'on veut exécuter un balancier compensateur, on prend un disque d'acier
fin de deux millimètres environ plus grand que ne doit être le balancier définitif, et
d'une épaisseur double de celui-ci. On perce un trou au centre de ce disque, on le

met sur un arbre, et à l'aide du tour et du burin on creuse une rainure sur une de ses faces, le plus près possible de l'extrémité de son diamètre. Il faut que cette rainure, qui doit être faite carrément, atteigne au moins les trois quarts de l'épaisseur totale du disque ; puis, lorsqu'il est ainsi disposé, on remplit surabondamment la rainure de grenaille de laiton, on ajoute une quantité suffisante de borax, on pose le tout horizontalement dans le fond d'un creuset que l'on place sur un feu ardent, et bientôt la chaleur fait fondre le laiton, qui remplit hermétiquement la rainure, aux parois de laquelle il se soude naturellement. On remet le disque sur le tour et on diminue au burin son diamètre jusqu'à ce que l'on ait fait disparaître l'écorce d'acier restée en dehors et mis à découvert le cuivre qui comble la rainure. Il faut diminuer alors l'épaisseur du disque du côté opposé à la rainure jusqu'à ce que le cuivre paraisse de ce côté comme il paraît de l'autre. Cette opération étant terminée, on creuse au burin, carrément et d'un seul côté, toute cette partie du disque qui s'étend depuis le trou central jusqu'à son rayon extrême, en ne laissant subsister à sa circonférence qu'une épaisseur d'acier équivalant au plus à la moitié de celle du cuivre qui y adhère extérieurement. On met ensuite le fond à jour, en y réservant seulement deux barettes dont la largeur doit être proportionnée à l'étendue et à la pesanteur totale du balancier. On conserve autour du trou central une rondelle assez large de diamètre pour pouvoir y fixer l'axe au moyen de deux ou trois petites vis Lorsque cette ébauche est faite, il faut poser les masses compensantes sur le cercle bimétallique, comme on le voit dans la figure (voyez page 361). C'est alors que l'on coupe ce cercle à une distance assez rapprochée de chaque barette. Les lames bimétalliques forment alors deux segments de cercle fixes par un bout et libres de l'autre ; et chacun d'eux se rapproche ou s'éloigne du centre en proportion de la chaleur ou du froid qu'ils éprouvent. L'effet des masses compensantes est équilibré par les masses réglantes qui sont placées à vis sur les petites portions de cercle que l'on voit dans la même figure, page 361. Les masses compensantes ne se placent pas indifféremment sur un point quelconque des segments de cercle bimétalliques ; c'est en éprouvant la marche de la montre par différentes températures que l'on parvient, souvent après bien des tâtonnements, à trouver définitivement la place où l'on doit placer ces masses.

NOTA. Quelques artistes laissent trois barettes à leurs balanciers et coupent le cercle en trois parties ; ils ont alors trois segments de cercle sur lesquels ils appliquent leurs masses compensantes, et trois autres petits segments, près des barettes, sur lesquels ils disposent les masses réglantes. Quelques autres artistes ne font pas usage du laiton pour la seconde lame du thermomètre bimétallique, ils emploient de préférence la soudure d'argent ou tout autre métal également très-dilatable. Tous ces moyens sont bons, puisque avec chacun d'eux on réussit également bien : tout dépend de la manière d'opérer.

DU RESSORT SPIRAL POUR LES CHRONOMÈTRES.

Le ressort spiral dans les montres marines, ou même dans les petits chronomètres de poche, a la forme d'une vis sans fin ou d'un tire-bouchon; il s'élève perpendiculairement autour de la tige supérieure de l'axe; il entre par en bas dans la virole en cuivre qui est ajustée à frottement sur ce même axe, tout près des barettes du balancier, et il est maintenu à son extrémité supérieure dans un piton en cuivre ou en acier solidement fixé sur le coq.

Lorsque l'on a des lames d'acier préparées comme il convient pour faire des ressorts spiraux, il est facile d'exécuter ceux-ci : il faut avoir un manchon en acier creux et cylindrique sur lequel sont tracées des rainures en hélice sur lesquelles on enroule la lame jusqu'à ce qu'elle fasse dix fois le tour du manchon; on la coupe alors et l'on fixe les deux bouts par deux vis à tête large taraudées dans l'épaisseur de ce même manchon. On met le tout au feu, et lorsque ces pièces réunies sont devenues rouge-cerise, on les jette précipitamment dans un vase rempli d'eau, ce qui trempe ces lames; puis, après les avoir poncées légèrement sur le manchon, on les remet au feu pour leur faire prendre la couleur bleu-pâle; c'est alors que le spiral a acquis la force et l'élasticité qui lui sont nécessaires pour entretenir l'isochronisme des vibrations du balancier; mais, pour qu'il produise cet effet, il faut le réduire à une longueur qui ne peut pas être déterminée mathématiquement, mais que l'on trouve facilement quand on a l'expérience du *réglage* des chronomètres.

Les artistes doivent s'attacher particulièrement à bien faire la courbe concentrique des deux extrémités du spiral qui doivent entrer l'une dans la virole du balancier et l'autre dans le piton fixé sur le coq; car c'est de cette courbure que dépend en partie l'uniformité de durée dans les grands comme dans les petits arcs du balancier, et c'est là, comme nous l'avons dit, ce qui constitue l'isochronisme.

NOTA. Lorsque l'on a trouvé la longueur du spiral qui procure l'isochronisme des vibrations, on trouve facilement le degré de puissance qu'il faut donner au ressort moteur : il faut que cette puissance soit suffisante pour faire parcourir au balancier, de chaque côté du repos, des arcs de 270 degrés environ. (Voir, pages 214 et suivantes, les expériences faites par P. Le Roy sur l'isochronisme des vibrations du balancier.)

Les masses compensantes doivent être exactement de la même forme et du même poids. Si le balancier est à deux barettes, ces masses doivent se trouver rigoureusement en face l'une de l'autre, ou, ce qui revient au même, il faut qu'une ligne tirée du milieu de chacune d'elles passe absolument au milieu du trou central du balancier. Si ce balancier est à trois barettes, les mêmes masses devront toujours se trouver à une égale distance l'une de l'autre; s'il en était autrement, on ne parviendrait jamais à régler le chronomètre; car les masses compensantes, étant placées à une distance inégale sur les segments de cercle du balancier, seraient susceptibles de se rapprocher ou de s'éloigner inégalement du centre du balancier par l'effet de la chaleur ou du froid ; et on conçoit qu'alors ce balancier, qui aurait été parfaitement équilibré par une température moyenne, ne le serait plus par une température extrême : il en résulterait donc une grave perturbation dans la marche du chronomètre.

C'est à Pierre Le Roy que l'on doit l'invention du ressort spiral cylindrique avec lequel on obtient l'isochronisme des vibrations du balancier. La méthode du savant horloger est celle-ci : plus un spiral cylindrique ou en tire-bouchon est court, plus les vibrations sont précipitées lorsque le balancier parcourt de grands arcs, parce que dans ce cas-là les lames du spiral se trouvent extraordinairement tendues (1), et lorsque la vibration s'achève la réaction en sens opposé devient d'autant plus vive que le spiral a été plus tendu. Au contraire, lorsque le spiral est très-long, les grandes vibrations du balancier s'achèvent en moins de temps que les petites, car alors les lames du balancier ne se trouvent pas beaucoup plus tendues dans les grandes que dans les petites vibrations. Il suit de là qu'un spiral cylindrique trop long ou trop court ne peut pas être isochrone.

Ce principe une fois connu, il est facile de trouver un spiral qui procure un isochronisme parfait ; voici comment on procède.

Lorsque le chronomètre est terminé, et que tous les organes qui le composent sont à leur place, on remonte le ressort moteur et on lui donne le plus de bande possible, afin de faire décrire de grands arcs au balancier ; on met les aiguilles d'accord avec celles d'un bon régulateur et on laisse marcher le chronomètre pendant 12 heures, puis on marque la différence qu'il a faite en retard ou en avance ; alors on débande un peu le ressort, qui, devenant plus faible, fait parcourir de moins grands arcs au balancier ; on remet les aiguilles à l'heure sur le même régulateur, et quand le chronomètre a marché encore 12 heures on marque de nouveau le retard ou l'avance qu'il a fait : en un mot, on s'assure si, quand le balancier parcourt des arcs plus ou moins grands, la montre retarde ou avance, ou si elle suit la pendule astronomique. Si elle retarde dans les grands arcs, c'est parce que le spiral est trop long, et il faut le raccourcir ; si, au contraire, elle avance dans ces mêmes grands arcs, c'est une preuve que le spiral est trop court, et dans ce cas-là il faut supprimer ce spiral et en mettre un autre plus long, et recommencer l'expérience ; il faut enfin raccourcir ou allonger le spiral jusqu'à ce que la marche du chronomètre soit par-

(1) Elles agissent alors plus près des deux extrémités du ressort spiral, et, comme ces extrémités sont fixées, l'une dans le piton, l'autre dans la virole, il en résulte que leur tension est bien plus forte à ces extrémités, et que par cela même la réaction qui suit devient plus forte.

On doit sentir aussi que les courbes rentrantes des extrémités du spiral ont une grande influence sur le réglage du chronomètre ; c'est souvent en les prononçant plus ou moins, quand on a l'habitude de ces sortes d'opérations, que l'on parvient à obtenir l'isochronisme définitif des vibrations du balancier.

faitement régulière avec un ressort moteur d'une force moyenne, comme avec un ressort très-faible ou très-fort. C'est seulement alors que l'on a acquis la certitude que l'on a un spiral isochrone, et c'est alors que l'on règle définitivement le chronomètre par le moyen des masses réglantes, en ayant bien soin de les éloigner ou de les rapprocher du centre dans une proportion égale, de manière à ne pas déranger l'équilibre du balancier.

Le chronomètre le plus parfait et le mieux réglé perd toujours quelque chose de la régularité de sa marche au bout d'un certain temps. Les causes qui produisent cet effet sont connues, mais il n'est pas facile d'y remédier dans l'état actuel de l'horlogerie. La première de ces causes vient de l'épaississement de l'huile que l'on met aux pivots, aux levées de l'échappement et au ressort du barillet; la seconde est celle de l'affaissement progressif qui se produit toujours dans les lames du ressort spiral et dans celles du grand ressort. Ces deux causes ont le même résultat : elles diminuent l'amplitude des vibrations du balancier de telle sorte que souvent tel chronomètre dont le balancier parcourait des arcs de 450 degrés n'en parcourt plus que 300 quand la machine a marché pendant un ou deux ans.

Pour remédier à cet inconvénient, les constructeurs de chronomètres de la France et de l'étranger ont abandonné le système d'un parfait isochronisme des vibrations du balancier, et ils tiennent leur ressort spiral un peu plus court qu'il ne faut, de manière que, quand le chronomètre sera fraîchement nettoyé et que les vibrations du balancier auront toute leur amplitude, la montre avance de quelques secondes; car cette avance sera compensée par le retard qui aura lieu dans la marche de la machine quand la coagulation de l'huile et la saleté qui s'introduit toujours dans le rouage auront ralenti les vibrations du balancier. Par ce système, le chronomètre pourra conserver pendant un assez long temps une marche régulière.

NOTA. On a remarqué que certains chronomètres, d'ailleurs très-bien faits, prenaient plutôt de l'avance que du retard. Il est probable que cette anomalie se produit dans les chronomètres dont le réglage n'a pas été fait d'après les principes de Pierre Le Roy, ou parce que le poids du balancier n'est pas dans un parfait rapport avec la force motrice, etc.

Les constructeurs de chronomètres de l'Angleterre, dont le tact est habituellement si parfait (nous parlons des artistes d'élite), reconnaissent souvent à la simple inspection du balancier et du spiral d'une montre marine si cette montre prendra de l'avance ou du retard.

D'ailleurs, chaque artiste a son système de réglage, qui réussit plus ou moins bien, suivant l'habitude et l'expérience de l'artiste; mais aucun système, aucun arcane particulier ne peut réussir si tous les mobiles du chronomètre ne sont pas faits d'après les principes qui les régissent et si la main-d'œuvre n'en est pas suffisamment soignée.

DES EXPÉRIENCES QUE L'ON FAIT POUR S'ASSURER QUE LA COMPENSATION DU BALANCIER EST EXACTE.

Le spiral est isochrone ou presque isochrone, les vibrations du balancier, grandes ou petites, s'achèvent dans le même temps ; la marche du chronomètre est régulière, elle suit le temps moyen : c'est le moment de s'assurer si la compensation des effets de la chaleur ou du froid se produit exactement dans le balancier. Voici les expériences que l'on fait habituellement : on place le chronomètre dans une étuve à l'intérieur de laquelle la chaleur s'élève à 30 ou 35 degrés du thermomètre de Réaumur ; on marque la différence en retard ou en avance qu'a faite le chronomètre dans l'espace de 12 heures ou même de 24 heures. On passe à l'expérience contraire en éprouvant la marche du chronomètre par un froid qui a fait descendre le même thermomètre à deux ou trois degrés au-dessous de zéro. Lorsque la machine exposée à cette température a marché pendant 12 ou 24 heures, c'est-à dire autant de temps que pendant

la première expérience, on note de nouveau la différence qu'elle a faite en retard ou en avance. Si, pendant qu'il était exposé à la chaleur, le chronomètre a retardé, c'est une preuve que la compensation n'est pas assez forte et qu'il faut la rendre telle. On y parvient par les masses compensantes qui sont placées sur la circonférence du balancier, comme on le voit dans la figure ci-jointe, en les faisant glisser sur les lames bimétalliques sur lesquelles elles sont ajustées à frottement, depuis *a* jusqu'à *b*, et depuis *c* jusqu'à *d ;* on renouvelle la même expérience par la chaleur, jusqu'à ce que l'on soit parvenu à trouver la place fixe où doivent être placées les masses compensantes pour que, par une chaleur excessive, comme par une température moyenne, le chronomètre ne fasse pas de variations sensibles.

Si par trois degrés au-dessous de zéro le chronomètre avance ou retarde, il faut, ou rapprocher les masses compensantes de *a* à *b* et de *c* à *d*, ou faire le contraire, jusqu'à ce que l'on soit parvenu à rendre la compensation exacte. S'il se trouvait que, après avoir mis les masses compensantes jusqu'à l'extrémité *e e* des cercles bimétalliques, la montre retardât encore par une haute température et avançât par un froid excessif, il faudrait augmenter la pesanteur des masses compensantes et recommencer les expériences. Dans ce cas-là, la montre ne serait plus réglée, et, si on ne parvenait pas à la rendre telle par les masses réglantes primitives, il faudrait les remplacer par d'autres qui seraient plus lourdes, et adapter au balancier un ressort spiral plus fort que le premier, et qui, comme celui-ci, produirait l'isochronisme des vibrations du balancier. Il est du reste bien rare que les personnes qui s'occupent habituellement de la construction des montres marines ne soient pas presque toujours certaines de réussir du premier coup; aussi ne donnons-nous ces détails que pour les artistes qui ne se livrent pas spécialement à la fabrication des instruments de précision.

DU RÉGLAGE DES CHRONOMÈTRES PORTATIFS.

Les montres marines conservent toujours, à bord des navires, la position horizontale; il n'en est pas de même des chronomètres de poche ou des autres montres, qui sont sujettes à changer de position à chaque instant; il convient donc de chercher à les régler dans les positions qu'elles occupent ordinairement, c'est-à-dire dans celles verticale et horizontale. Il faut d'abord s'attacher à faire tous les pivots des axes aussi petits que possible, relativement au degré de force qu'ils reçoivent du moteur; il faut surtout qu'ils soient bien trempés, bien ronds et bien polis. Les pivots de l'échappement doivent rouler dans les trous en saphir ou en rubis. Il est convenable que ces trous ne soient pas cylindriques; ils favoriseraient la liberté des mobiles s'ils étaient un peu plus larges aux extrémités qu'au milieu. Les montres, dans la position horizontale, éprouvent moins de frottement que dans la position verticale. Il faut pour obvier autant que possible à cet inconvénient, qui peut occasionner des variations dans la marche de la montre, faire les bouts des pivots des axes de l'échappement, qui roulent sur des plaques garnies en diamant, autant plats que possible, afin de leur ôter le surplus de liberté qu'ils auraient si les extrémités des pivots étaient rondes ou coniques. Il faut surtout que l'huile que l'on met aux pivots et dans le ressort moteur soit parfaitement bonne, que le barillet soit assez élevé pour pouvoir contenir un ressort haut plutôt qu'épais de lame. Les ressorts très-hauts conservent plus longtemps leur élasticité, et, comme ils se développent constamment sur un plan droit, ils sont moins susceptibles de frotter au couvercle et au fond du barillet que les ressorts bas de lame, qui pelotonnent assez habituellement quand ils se développent dans le tambour qui les tient emprisonnés. Il faut que le spiral agisse constamment sur un plan parallèle à la platine et au balancier sur lequel il est placé; il faut en même temps que le centre de ce spiral, quand son extrémité extérieure est attachée au piton qui est fixé sur le coq ou sur la platine, passe dans la ligne des deux trous de l'axe, de manière à laisser le balancier parfaitement droit sur la platine, et libre de se mouvoir sans être sollicité d'un côté ou d'un autre par une tendance anomale du spiral.

Si l'on voulait obtenir l'égalité de durée dans les vibrations du balancier, il faudrait employer un ressort spiral dont les lames, depuis le bout intérieur jusqu'au bout

extérieur, iraient en diminuant; par ce moyen, les petites vibrations s'accompliraient
en un même temps que les grandes; ce qui produirait un isochronisme approximatif;
mais il faudrait, pour arriver à ce résultat, que le spiral fût parfaitement bien fait,
ce qui est très-difficile.

DE L'ÉCHAPPEMENT LIBRE A DÉTENTE A RESSORT.

Cet échappement fut inventé par Pierre Le Roy, qui s'en servit avec succès dans
ses montres dites à longitudes. Ferdinand Berthoud, dont le talent ne fut jamais
l'objet d'un doute, et qui rendit de si grands services à l'horlogerie, se montrait
souvent injuste envers ses compétiteurs, et ce fut rarement qu'il leur laissa le mérite
d'une invention utile à l'art; il la leur disputait par tous les moyens possibles, ou
bien il en faisait honneur aux artistes qui ne vivaient plus, parce que ceux-ci ne pouvaient plus être ses rivaux et partager la gloire qu'il avait acquise. Ce fut ainsi que
cet homme justement célèbre chercha à prouver, dans son *Traité des Horloges marines*, qu'il était le véritable inventeur de ces sortes de machines, propres à trouver la
longitude en mer, et qu'il avait aussi inventé l'échappement à détente à ressort.
Pierre Le Roy, dont le génie égalait au moins celui de Berthoud, ne pouvait pas garder le silence devant de telles allégations, qui pouvaient lui porter un grave préjudice
et qui étaient contraires à la vérité : il publia un mémoire dans lequel il prouva, par
des dates précises et par des témoignages irrécusables, qu'il était le véritable auteur
de l'échappement libre à détente à ressort et de plusieurs autres inventions que son
hardi et peu scrupuleux rival voulait s'approprier.

Pour que nos lecteurs puissent juger en connaissance de cause le conflit qui s'éleva
à cette occasion entre les deux plus grands horlogers du siècle passé, nous allons
reproduire ici quelques passages du mémoire que publia Pierre Le Roy, en 1773, pour
réfuter les erreurs de Ferdinand Berthoud (1).

« Ce serait en vain qu'on aurait trouvé dans le ressort spiral un moyen de rendre
les vibrations du balancier parfaitement isochrones, si, dans l'application qu'on en
ferait à la montre, cet isochronisme était troublé ou altéré, soit par quelque influence
de la force motrice, du rouage, etc., soit par quelque frottement considérable que ce
balancier lui-même éprouverait.

» Il faut donc que dans une montre marine le régulateur soit disposé de manière
que ses vibrations soient aussi libres et aussi à l'abri des frottements qu'il se peut; il
faut, de plus, que la force motrice, dans la restitution de mouvement qu'elle fait à ce
régulateur, restitution opérée par la dernière roue au moyen de ce que l'on appelle
l'*échappement,* n'altère que le moins possible cette liberté précieuse. Nous devons ici

(1) *Précis* des recherches faites en France depuis l'année 1730, pour la détermination des longitudes
en mer par la mesure artificielle du temps, par Pierre Le Roy, horloger du roi. A Amsterdam, et à Paris
chez l'auteur, rue de Harlay. Broch. in-4°.

imiter la conduite des médecins les plus expérimentés : quand la nature propice tend vers le but qu'ils se proposent, ils se gardent bien de la troubler dans ses opérations; ils se contentent de l'aider et, selon l'expression de Boerhaave, de *lui donner la main pour la conduire où elle veut aller.*

» C'est dans cette vue que j'ai suspendu le balancier de ma montre marine par un ressort étroit ou un fil de clavecin, afin de supprimer le frottement qui se fait sur ses pivots, par son poids, dans les montres ordinaires. En ceci, ma montre marine ressemble beaucoup à celle de M. Berthoud; mais la date du mémoire où j'expose cette construction et les avantages qui en résultent remontant à 1754, lorsque celle de l'horloge n° 1, à deux balanciers, de M. Berthoud, est de 1760, par conséquent postérieure de six ans, s'il y a ici un copiste, ce n'est certainement pas moi.

» Je ne puis m'empêcher de remarquer en outre que, dans l'horloge n° 1 et dans le projet qui la suit, les ressorts de suspension des balanciers sont larges et très-courts, ce qui est défectueux; ce n'est que depuis l'impression de mon mémoire sur les montres que ces ressorts ont été changés en des fils d'acier plats, très-déliés et longs : ce qui revient à très-peu près au fil de clavecin.

» J'ai encore procuré la liberté du régulateur en faisant tourner ses pivots entre des rouleaux pour éviter leurs frottements latéraux. Enfin j'ai rempli ce même objet au moyen d'un échappement que je nomme échappement à détente à ressort ou à vibrations libres, parce que la roue de rencontre, après avoir donné son impulsion au balancier, est arrêtée par un obstacle étranger à ce régulateur (la détente), de manière que ce balancier, n'ayant plus aucune relation avec le rouage, continue sa vibration avec une liberté presque entière.

» En parlant de l'échappement à vibrations libres, M. Berthoud rapporte que feu M. Camus lui avait dit que défunt M. Dutertre avait le premier eu cette idée ; il assure en outre qu'en 1754 il en avait imaginé un de cette espèce, et que, dans son voyage à Londres, en 1766, M. Mudge lui en avait montré un semblable. On sent assez dans quel dessein il fait toutes ces citations; mais elles ne peuvent empêcher qu'en 1748 l'Académie n'ait déclaré, en parlant du premier échappement à vibrations libres qui eût paru et que je lui avais présenté, que l'*idée lui paraissait neuve et susceptible de beaucoup d'avantages.* (Voy. l'*Histoire de l'Académie*, année 1748, et les pièces justificatives.)

» Quoique M. Berthoud, n° 282, paraisse peu disposé à adopter l'échappement libre, il se déclare après, en vingt endroits, pour cet échappement; il assure, n°⁵ 1,002 et 1,019, qu'*il lui a parfaitement réussi;* 1,007, que *cet échappement était la plus grande perfection qui restât à désirer dans une horloge marine;* 1,011, qu'*il a si parfaitement réussi qu'il regarde cette partie comme absolument décidée;* enfin, il en fait l'application à l'horloge n° 10, qu'il présente, page 332, comme le *résumé du travail immense qu'il a fait pour parvenir à l'horloge marine la plus parfaite,* etc. Cependant il paraît ensuite flottant entre cet échappement et celui à palettes de rubis, qu'on pra-

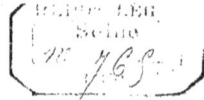

tique en Angleterre et auquel M. Harisson doit en partie le succès de son *garde-temps*.

» Il y a plus : après avoir conclu, page 348, que le *défaut essentiel des horloges marines*, n°s 6 et 7, *était d'avoir l'échappement à palettes de rubis, sujet*, dit-il, *à beaucoup de frottements, et qui exigeait de l'huile;* que *ce défaut a causé de très-grandes variations à l'horloge n° 6, mais que depuis la construction de l'échappement à vibrations libres il n'a plus les mêmes craintes à avoir;* enfin, après avoir dit, n° 999, que les effets de l'échappement libre s'exécutent avec beaucoup de précision et de sûreté, etc., il change de sentiment, page 576. *L'échappement à vibrations libres*, dit-il, *quoique satisfaisant au premier coup d'œil, offre bien des difficultés... Cet échappement ne présente pas cette certitude si essentielle; la promptitude de ses effets effraye l'imagination; ainsi je pense*, continue-t-il, *que celui à repos avec les palettes de rubis, que j'ai employé dans mes horloges n°s 6 et 7, etc., est fort préférable à celui à vibrations libres.* J'ose assurer que ce n'est pas le dernier mot de l'auteur, et qu'il se rétractera une troisième fois. »

En effet, tout démontre la grande supériorité de l'échappement à vibrations libres. Ses effets, dans le mien, loin d'avoir rien d'effrayant pour l'imagination, sont visiblement de la plus grande sûreté; une épreuve de sept mois à terre et de trois campagnes, avec deux de ces montres, des transports à bras, etc., le font bien voir. Il n'a pas manqué, même par la chute de deux caissons sur mes montres, dans la dernière campagne. Enfin, depuis plus de dix ans que je l'éprouve, je ne l'ai jamais trouvé en défaut; mais il faut l'exécuter comme je l'ai décrit pages 32 et 33 de mon mémoire, et ne point y multiplier les êtres, les ressorts, comme l'a fait M. Berthoud. En s'épargnant tous ces frais d'imagination, il eût produit quelque chose de beaucoup meilleur s'il eût fait attention aux pages 34 et 35 de mon mémoire.

DESCRIPTION.

Les figures ci-contre, 1 et 2, représentent l'échappement en plan et en profil. Dans la première figure le ressort-détente est fixé en A sur la platine, par une vis et un pied; l'autre extrémité est libre et fait *ressort*. Au point B on a ménagé une partie d'acier propre à recevoir un rubis, sur lequel viennent s'appuyer successivement les dents de la roue C pendant chaque double vibration du balancier. A ce ressort on en a fixé un autre en D, dont l'extrémité E dépasse de quelque peu le premier. Le petit ressort est coudé en F, et l'extrémité de celui qui le porte étant recourbée, ils se rejoignent l'un l'autre au point G. Le petit ressort fonctionne alternativement de droite à gauche; mais celui qui porte le rubis est maintenu à gauche par une vis taraudée dans le pont H, et il ne s'en écarte que pendant les courts instants où il est obligé de livrer passage à chacune des dents de la roue.

La roue de cet échappement est taillée en rochet; elle est creusée en dessus, et

quelquefois aussi en dessous, pour lui donner plus de légèreté. Dans la figure ci-jointe elle est en couronne et ressemble beaucoup à une roue d'échappement à virgule.

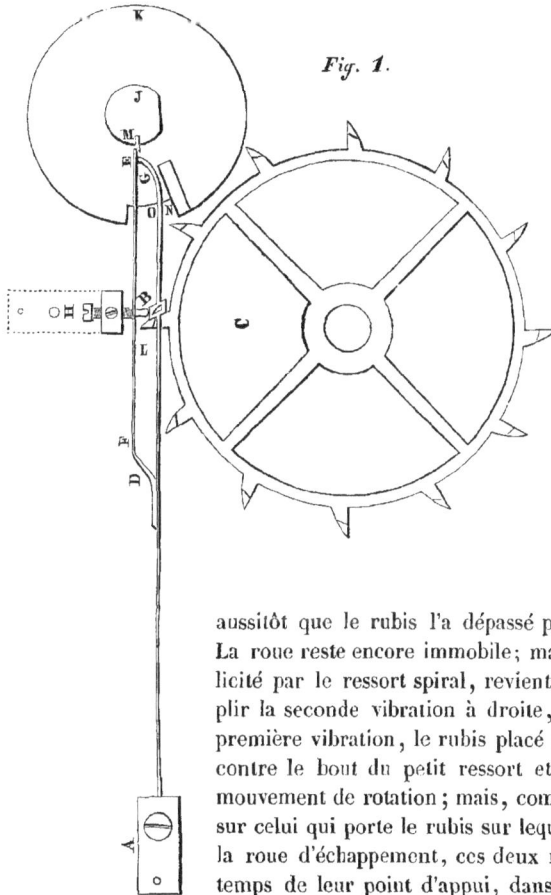

L'axe du balancier I I, fig. 2, porte deux cercles J et K, dont nous allons préciser les fonctions.

Nous supposons que la montre est remontée. La puissance du moteur se communique à toutes les roues du rouage, et cependant elles sont immobiles; car la dent L de la roue d'échappement est accrochée au rubis qui est enchâssé en B sur le ressort-détente. Si dans cette position on fait vibrer le balancier à gauche, le rubis qui est fixé en M sur le petit cercle J entraîne un instant avec lui le bout du petit ressort, qui retombe à sa place aussitôt que le rubis l'a dépassé pour continuer la vibration. La roue reste encore immobile; mais bientôt le balancier, sollicité par le ressort spiral, revient sur lui-même pour accomplir la seconde vibration à droite, et, de même que dans la première vibration, le rubis placé en dehors du cercle J rencontre le bout du petit ressort et le pousse du côté de son mouvement de rotation; mais, comme ce ressort s'appuie en G sur celui qui porte le rubis sur lequel est accrochée la dent de la roue d'échappement, ces deux ressorts s'écartent en même temps de leur point d'appui, dans le sens de la vibration du balancier, et la roue se trouvant libre, tourne sur ses pivots du même côté que le balancier, mais déjà elle a rencontré le rubis qui est placé en N, sur le côté droit de l'échancrure O du grand cercle K, et elle restitue au balancier, par le mouvement qu'elle lui imprime dans le sens de sa vibration, toute la force qu'il avait perdue par la résistance du ressort spiral, par les frottements et par la résistance de l'air, etc. Aussitôt que le rubis qui est fixé sur le cercle J quitte le bout du petit ressort

celui-ci et celui sur lequel il s'appuie reprennent leur place première, et la dent qui suit celle qui vient d'échapper s'accroche à son tour sur le rubis du ressort-détente. Les même effets se produisent pour chacune des autres dents de la roue; et, comme on le voit, le balancier, après qu'il a reçu l'impulsion que le choc de la dent lui imprime, accomplit ses deux vibrations dans une liberté presque complète, puisque la seule résistance supplé-
mentaire qu'il ait à vaincre est celle du petit ressort pendant le mouvement de rotation du ba-lancier qui s'ac-complit à gau-che, et cette résistance est presque nulle, à cause de la fai-blesse de ce même petit res-sort. Quant à la résistance que le balancier éprouve pour opérer le décro-chement de la dent de la roue, elle se fait d'autant moins sentir que c'est précisément en ce moment que ce même balancier reçoit la restitution de la force qu'il a perdue dans le *parcours* de ses vibra-tions.

Voici quels sont les principes de cet échappement :

1° Le diamètre du cercle K doit être égal au dou-ble de la distance de deux dents de la roue d'échap-pement.

2° Le rubis ou talon d'arrêt B, qui suspend le mouvement de la roue d'échappement, doit être incliné, comme on le voit dans la figure première; cette inclinaison est néces-saire pour la sûreté du repos de la dent; il [en résulte que, lorsque le décrochement s'opère, la roue recule imperceptiblement. Si la dent de la roue était retenue à angle

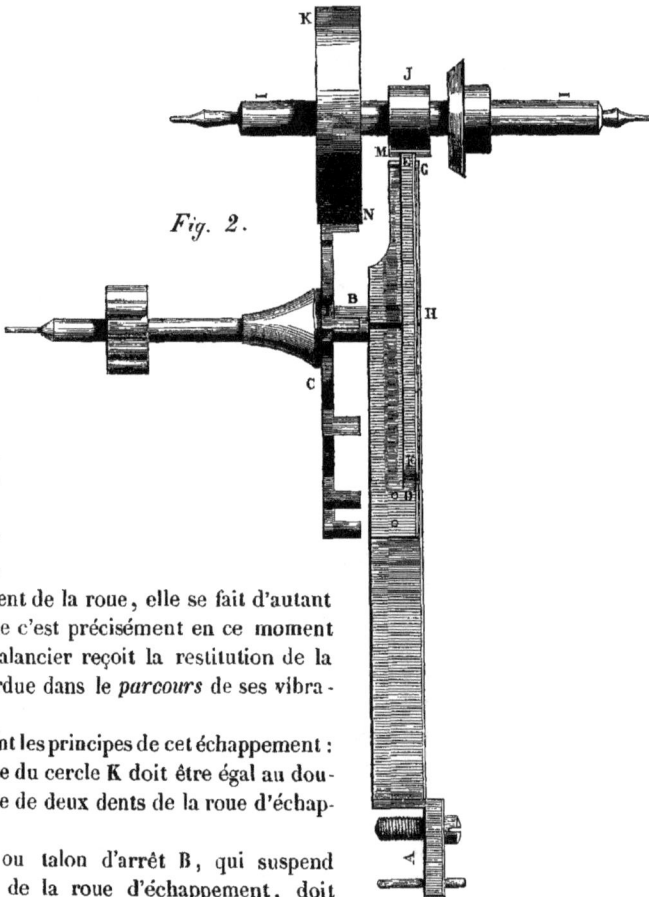

Fig. 2.

droit sur le talon de la détente, elle serait susceptible, par un mouvement brusque, de se décrocher, et alors cette dent tomberait sur la circonférence du cercle K : ce qui produirait une grave perturbation dans la marche de la montre.

3° Le petit ressort D doit être placé de manière que son extrémité, si elle était prolongée, passât exactement au centre de l'axe du balancier. Lorsque le rubis du cercle ou rouleau J agit sur le petit ressort dans l'acte du décrochement de la roue, il vaut mieux que cet effet se produise un peu avant la ligne des centres : il y aura par là plus de sûreté dans le jeu de l'échappement.

4° Le cercle K doit être entaillé, comme on le voit dans la figure, pour que la dent de la roue puisse y entrer librement ; le plan N de cette entaille, ou le rubis qu'on y adapte ordinairement et qui reçoit le choc des dents de la roue, doit se diriger exactement vers le centre de l'axe du balancier.

5° Le talon d'arrêt doit être placé, relativement au cercle K, de manière que les deux dents de la roue se trouvent à une très-petite distance, et à une distance égale, du cercle K.

6° Les courbes des dents doivent être telles que la menée se fasse toujours uniformément.

7° Lorsque la dent de la roue a été dégagée de son talon d'arrêt, il faut qu'elle tombe sur le rubis N avec une chute suffisante pour la sûreté. Quelques artistes, notamment les Anglais, laissent cette chute plus grande dans les chronomètres portatifs que dans les montres marines; ils observent que celles-ci, qui sont placées sur une suspension de Cardan ou sur toute autre, sont rarement exposées aux mouvements circulaires dans le plan du balancier, tandis que les chronomètres portatifs, qui ne peuvent pas être à l'abri de ces sortes d'inconvénients, doivent, pour plus de sûreté, avoir une chute plus prononcée.

8° Le rubis M du rouleau J doit mener la détente-ressort assez loin pour qu'elle ne retombe sur sa vis de rappel qu'au moment où la dent dégagée a parcouru la moitié de la distance qui se trouve entre le talon d'arrêt et la levée ou rubis N. La détente-ressort doit être mince et flexible, afin de n'opposer qu'une faible résistance à l'action du balancier, et toutefois elle doit avoir assez de force pour pouvoir revenir assez promptement à sa place pour recevoir sur son talon d'arrêt la dent qui suit celle qui vient d'être dégagée et qui, à ce moment même, donne l'impulsion au balancier. L'endroit le plus flexible de la détente-ressort, ainsi que du petit ressort, doit être dans la partie la plus éloignée de l'axe du balancier.

9° La vis de rappel placée sur le pont H et le talon d'arrêt de la détente-ressort doivent se trouver, comme on le voit dans la figure première, à peu près aux trois quarts de la longueur totale du ressort-détente; mais ce n'est pas là une règle absolue : tout ouvrier peut, d'après le calibre de sa montre ou d'après des observations qu'il a pu faire dans la pratique, placer son talon d'arrêt plus ou moins loin de l'axe du balancier, mais il faut que la vis de rappel soit toujours placée dans le centre de percussion de la détente-ressort, afin d'éviter à cette pièce si délicate, au moment où elle vient s'appuyer sur la vis de rappel, un frémissement toujours sensible.

La roue de cet échappement peut être faite en laiton pur bien écroui, ou avec un alliage d'or ou d'argent. Les artistes anglais font souvent le petit ressort de la détente en or à 18 k.

Quelques artistes modernes ne fixent pas leur ressort-détente sur la platine; à l'aide d'une vis, ils le montent sur un axe et le font agir sur pivots. Dans ce dernier cas, le frottement qui s'opère sur le talon par la résistance du ressort-détente est quelque peu diminué ; mais d'un autre côté, l'huile qu'on est obligé de mettre aux pivots de l'axe de ce ressort est susceptible de s'épaissir au bout d'un certain temps, surtout à bord des vaisseaux sur lesquels les montres marines sont fréquemment exposées aux brusques changements de la température, et il doit en résulter une gêne nuisible au jeu de la détente. Le temps seul fera connaître si les détentes-ressorts fixées à la platine par une vis et un pied sont ou non préférables aux détentes montées sur pivots ; nous croyons que ces derniers seraient un perfectionnement si on pouvait être bien certain de la bonne qualité de l'huile que l'on emploie.

Une des raisons qui font que l'échappement d'Arnold est excellent, c'est que, outre la liberté dont il jouit après l'impulsion donnée, il n'a pas besoin d'huile aux parties frottantes, surtout quand elles sont garnies en rubis d'Orient ou en saphirs, et quand ces pierres sont travaillées par d'habiles artistes, qui n'y laissent pas subsister d'angles vifs ni aucune aspérité.

On fait beaucoup de chronomètres en Angleterre, et c'est avec raison qu'on les estime, du moins ceux qui sont construits par les artistes d'élite de cette nation. Nous en avons vu qui sortent des ateliers de M. Frosham, successeur de M. Arnold, qui ne laissent rien à désirer sous le rapport de la main-d'œuvre et qui sont d'une solidité remarquable ; mais ce qui fait le plus grand mérite de ces machines nautiques, c'est que les principes y sont observés avec une rigoureuse exactitude et que toutes les pièces qui concourent à l'effet général y sont dans un rapport parfait les unes à l'égard des autres. Le réglage de ces instruments, d'après ce que disent les marins de toutes les nations qui en font usage, tient vraiment du merveilleux; et ce réglage ne se soutient pas seulement pendant un voyage maritime d'une année : les chronomètres de M. Frosham marchent souvent deux ou trois ans, pendant lesquels ils sont exposés à des températures tout opposées, sans que l'exactitude de leur marche en soit altérée.

Beaucoup d'autres constructeurs de chronomètres se sont distingués en Angleterre et surtout à Londres ; nous aurons souvent l'occasion de parler de ces habiles mécaniciens; car, tout Français que nous sommes, nous n'en devons pas moins rendre justice au mérite des artistes étrangers.

DESCRIPTION DE L'ÉCHAPPEMENT D'EARNSHAW (1).

Les figures 1 et 2 ci-contre représentent l'échappement en plan et en profil. Cinq pièces principales fonctionnent dans cet échappement; ce sont : l'axe du balancier A A (fig. 2), le cercle B (fig. 1), le rouleau C, la roue D et le ressort-détente E E, même figure. Le cercle B est vidé de F à G assez profondément pour laisser passer les dents de la roue; au point H de ce vide on a pratiqué une entaille dans laquelle est ajusté et collé un rubis I assez long pour que les dents de la roue viennent alternativement s'y précipiter pour donner l'impulsion au balancier. Le rouleau C porte en J un rubis dont les fonctions seront décrites ci-après. Le ressort-détente E E, qui est fixé à la platine par une vis et trois pieds, est légèrement recourbé à son extrémité K; sur ce ressort on en a fixé un plus petit en L qui est coudé en M, et qui, venant s'appuyer sur l'extrémité K du premier, le dépasse suffisamment pour que le rubis J du rouleau C puisse l'atteindre dans son mouvement alternatif de droite à gauche et de gauche à droite. Au point N du ressort-détente on a ménagé une petite partie d'acier dans laquelle est ajusté un rubis destiné à recevoir chaque dent de la roue pendant le repos. Un peu au-dessus de la partie N du ressort-détente est un pont O dans lequel est taraudée en P une vis à portée plate sur laquelle s'appuie

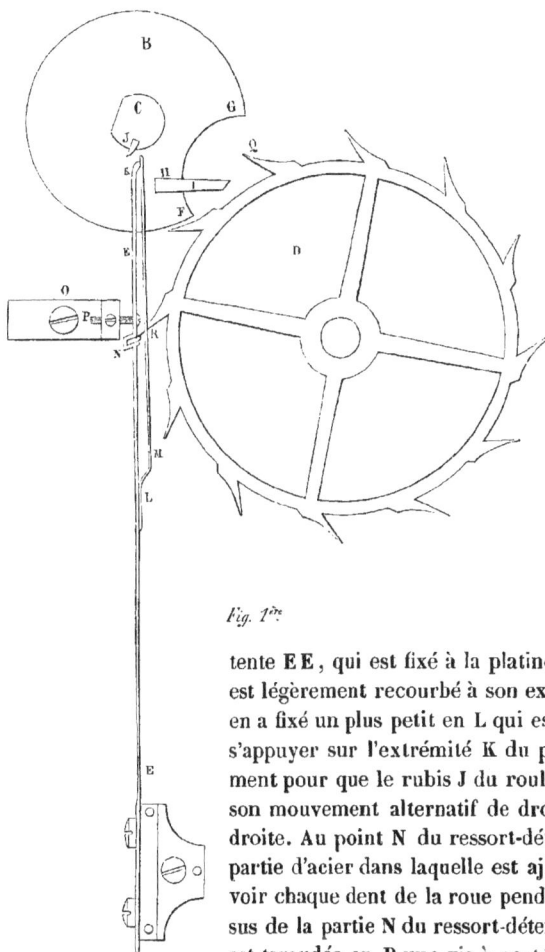

Fig. 1re.

(1) Nous avons dit, page 306, que nous ne donnerions pas dans ce livre la description de l'échappement d'Earnshaw, qui ne diffère que de très-peu de celui d'Arnold; mais plusieurs de nos souscripteurs nous ayant demandé cette description, nous nous sommes décidé à la donner ici.

la détente, de manière qu'elle puisse s'écarter de la roue pour produire le décrochement de chacune des dents de cette même roue.

Démonstration. (Fig. 1.) — La roue tend à tourner dans la direction de Q vers R ; la dent R est appuyée sur son talon d'arrêt. L'axe du balancier et les pièces qu'il supporte tournent dans le sens opposé, et l'on voit que le rubis J du rouleau C va entraîner dans son mouvement de rotation le bout du petit ressort de détente qui retombera à sa place sans produire aucun autre effet. Mais lorsque le balancier, revenant sur lui-même, accomplira sa vibration à gauche, le même rubis J rencontrera de nouveau le bout du petit ressort, et celui-ci entraînera avec lui la détente-ressort assez loin pour que la dent R, qui est au repos sur son talon d'arrêt, se trouve libre et puisse tourner dans la direction de Q vers L. A ce moment, le rubis I du cercle B se trouve sur le passage de la dent Q, qui, tombant sur lui dans la ligne des centres, le pousse dans le sens de sa vibration, et par-là restitue au balancier la force qu'il avait perdue, pendant sa double oscillation, par la résistance du ressort spiral, par les frottements, etc. Après l'impulsion donnée, la dent de la roue qui suit celle qui s'est dégagée du talon d'arrêt s'engage à son tour sur ce talon, qui s'est remis à sa place aussitôt que le rubis J du rouleau a eu quitté le bout du ressort de la détente.

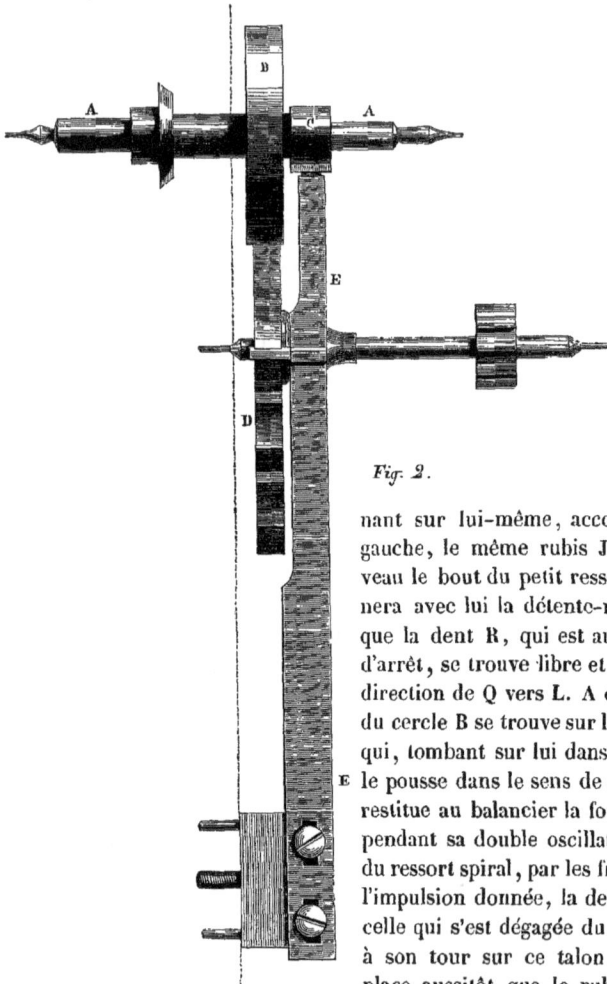

Fig. 2.

Ce que nous avons dit des principes de l'échappement d'Arnold se rapporte parfaitement à l'échappement d'Earnshaw. Celui-ci diffère de l'autre : 1° parce que le repos de la roue sur le talon d'arrêt se fait contre la longueur de la détente-ressort, tandis que c'est le contraire dans l'échappement d'Arnold ;

2° Parce que le ressort-détente, au lieu de s'approcher du centre de la roue dans l'acte du décrochement, comme cela a lieu dans l'échappement d'Arnold, s'éloigne de cette roue pour laisser le passage libre à la dent qui est au repos ;

3° Parce que la levée qui, dans l'échappement d'Arnold, se dirige vers le centre de l'axe, est inclinée, dans l'échappement d'Earnshaw, comme on le voit dans la figure. Il suit de là que les dents de la roue, qui sont également inclinées, ne s'appuient sur le rubis dans la ligne des centres que par leurs pointes, ce qui rend la levée plus douce et ce qui, par conséquent, produit moins de frottement.

On doit s'attacher à faire la roue très-légère, soit en laiton pur, soit avec un alliage d'or, d'argent et de laiton. Quelques artistes creusent leur roue en dessus et en dessous, d'autres ne la creusent que d'un seul côté : dans le premier cas, la roue est en couronne de chaque côté ; dans le second cas, elle ne l'est que d'un seul. Ces deux moyens sont également bons ; mais il faut toujours laisser aux dents, surtout à la surface frottante, une épaisseur convenable.

DES MONTRES QUI SE REMONTENT SANS CLEF.

Lorsque les montres furent perfectionnées, on ne tarda pas à trouver incommode l'usage de les remonter avec des clefs plus ou moins sujettes à s'user ; puis on remarqua avec raison que l'obligation où l'on était d'ouvrir chaque jour une montre pour la remonter et la remettre à l'heure facilitait l'introduction dans le rouage de molécules poussiéreuses qui, se mêlant avec l'huile, l'épaississaient en peu de temps, ce qui, augmentait le frottement des pivots et les altérant promptement, nécessitait de fréquentes réparations dans l'économie du mécanisme.

C'est parce que ces désagréments sont réels que, dès le commencement du dix-huitième siècle, on chercha à faire des montres qui se remontassent sans clef. Ce fut pour atteindre ce but que l'on inventa d'abord les montres à *masse*, dont nous avons déjà parlé. Ce mode de remontage par secousse ne remplissant pas tout à fait le but qu'on se proposait, on chercha une autre invention plus simple et moins coûteuse. On parvint à faire un véritable remontoir sans clef à l'aide d'une crémaillère communiquant à l'arbre de barillet par un double rochet et un encliquetage. La fonction s'accomplissait au moyen d'un mouvement de va-et-vient imprimé par la main à une tige passant dans le pendant et fixée par un bout à la crémaillère ; mais, par cette disposition assez ingénieuse, on n'avait atteint le but qu'à moitié, puisqu'il fallait toujours se servir d'une clef pour faire tourner les aiguilles. Feu Breguet, qui cherchait toujours à améliorer les inventions nouvelles, trouva celle-ci digne de ses méditations, et il réussit à introduire dans les montres un mécanisme avec lequel on pouvait alter-

nativement remonter le moteur et mettre les aiguilles à l'heure : les clefs avec ce
genre de montres étaient donc enfin tout à fait inutiles. Mais si Breguet, en cela comme
en beaucoup de choses, avait fait un travail admirable comme pensée et comme exécution, ce travail était beaucoup trop compliqué et trop difficile à exécuter pour que
l'on pût le mettre en usage dans l'horlogerie ordinaire. Personne n'y pensa et le système de Breguet ne fut pas imité; il resta comme un jalon hardi, qui marquait la route
que l'on devait suivre pour atteindre le but qu'on se proposait. Différents systèmes
se produisirent : tous étaient plus ou moins ingénieux, mais aucun d'eux ne fut trouvé
assez parfait pour être adopté généralement. Le remontoir de M. Raimond n'est pas
mauvais, mais quelques-unes des pièces qui le composent sont mal placées dans le
calibre, puis on ne peut mettre la montre à l'heure qu'à l'aide d'une petite aiguille
ajustée au centre de la cuvette; c'est là une incommodité réelle.

Le système inventé par M. Louis Audemars, fabricant d'horlogerie en blanc à la
vallée du lac de Joux, a été pendant quelque temps le seul qui fût employé dans la
fabrique génevoise; mais on ne tarda pas à l'abandonner, parce que, avec des qualités
incontestables, nous le reconnaissons volontiers, il avait de très-graves défauts :
1° les pièces de ce remontoir prennent trop de place dans la hauteur du mouvement,
ce qui fait que, même dans des montres très-épaisses, le barillet est très-bas et par
conséquent ne peut contenir qu'un ressort étroit et sans vigueur; 2° l'obligation où
l'on est de se servir de la même roue pour opérer le remontage et faire mouvoir la
minuterie nécessite des dents trop fines et partant trop fragiles; 3° la pénétration
oblique des engrenages au moment où s'opère le changement de l'un à l'autre occasionne aux aiguilles des dérangements qui rendent difficile l'opération de les mettre
à l'heure exacte. Tels sont les principaux défauts des montres de M. Louis Audemars.

Un horloger anglais très-réputé, M. Dent, a fait en 1846 l'acquisition d'un brevet
concernant les montres sans clef de M. Nicole, Vaudois d'origine. On trouve la description de ce système de remontage dans *The repertory of patent inventions* (n° 39) du
mois de mars 1846. Cette invention est applicable aux montres à fusée, c'est par un
engrenage d'angle et à l'aide de plusieurs renvois que le pignon, dont la tige passe
dans le pendant, communique à l'arbre de fusée; mais la communication n'a lieu
qu'au moment du remontage, condition indispensable pour une fusée, attendu qu'elle
serait entravée dans son mouvement rétrograde, si les engrenages restaient en prise.
Tout l'échafaudage de renvoi est monté sur un pont mobile tenu en respect par un
ressort, et que la main fait avancer vers la roue montée sur l'arbre de fusée, par une
pression simultanée avec le mouvement de rotation, quand on veut opérer le remontage. Pour les aiguilles, c'est le contraire qui a lieu, c'est-à dire qu'il faut tirer en même
temps que l'on tourne. Cette invention s'applique aussi aux barillets tournants, mais
avec cette restriction qu'on ne peut tourner les aiguilles que d'un seul côté, lorsque le
ressort est remonté. On voit combien est défectueux ce système de remontage. Nous

en avons vu quelques autres, qui ne sont pas meilleurs ou qui offrent de grandes difficultés d'exécution; tels sont ceux de feu M. Magnin et de M. Lecoutre.

Nous connaissons un système de remontage qui est, selon nous, bien supérieur à tous les autres; il appartient à une maison de Genève, qui se fait connaître par ses beaux produits chronométriques dans tous les genres, nous voulons parler de la maison Patek et Cⁱᵉ. M. Adrien Philippe, Français d'origine, artiste distingué, qui fait partie des associés de M. Patek, est l'auteur de ce système, dont nous allons donner la description, parce qu'il nous paraît de nature à être adopté généralement.

DESCRIPTION DES MONTRES A REMONTOIR ET MISE A L'HEURE SANS CLEF DE ADRIEN PHILLIPPE, ASSOCIÉ DE PATEK ET COMPAGNIE, A GENÈVE.

La fig. 1 représente le calibre de la montre du côté de la cuvette. Le rochet *c* fait corps avec l'arbre du barillet; il peut être formé du même morceau avec l'arbre ou se faire séparément. Ce rochet passe au travers du ressort d'encliquetage, lequel est fendu en conséquence; cet encliquetage est d'une sûreté parfaite. La roue de remontoir *d* porte une couronne dentée vue en O fig. 4, à laquelle vient communiquer le pignon *c* fig. 1, dont la longue tige passe dans le pendant de la montre. Les dents de ces trois mobiles sont en forme de rochet, arrondies devant et un peu évidées derrière. Le profil de la roue O et le pignon P vu de face, fig. 4, en indiquent la forme. Leur solidité est à toute épreuve. La tige inférieure du pignon *c*, fig. 1, est terminée par un pivot qui roule dans le pont d'acier ponctué vu en *k*. Il est facile de comprendre que, dans cette position, il suffit de tourner à droite le bouton cannelé *a*, ajusté à carré sur la tige du pignon pour remonter la montre. Ce bouton est tenu par une vis en or ajustée sur le bout de la tige.

Le mécanisme placé sous le cadran, et servant à établir la communication avec les aiguilles, est vu fig. 2. Les ailes du pignon de remontoir *c* passent dans l'entaille d'une pièce *h* appelée coulisse, tenue à la platine par deux vis à portée, sous la tête desquelles elle peut être mue du centre à la circonférence, au moyen des entrées longues dans lesquelles se logent les portées des vis. Un ressort sautoir *v* la retient en place, et maintient en même temps le pignon en prise avec les dents de la couronne de la roue *d*. F est un levier dont la queue, engagée dans une entaille de la coulisse, suit le mouvement de celle-ci en tournant sur la vis qui le fixe. *B* est une petite roue de champ en acier ajustée cylindriquement et librement sur la tige inférieure du pignon *c*, on l'appelle *mise à l'heure*. Le bout du levier ou bascule *f* pénètre dans une gorge pratiquée sur la circonférence de *mise à l'heure* près des dents. *I* est une petite roue de renvoi tenue aussi par une vis à portée; cette roue engrène avec la minuterie et tourne sans obstacle, puisqu'il est entièrement libre. La tige inférieure du pignon *c* a une face plate dans toute sa longueur, mais assez peu prononcée pour ne pas détruire l'ajustement cylindrique de la *mise à l'heure*. On ajuste à taraud dans l'épaisseur du

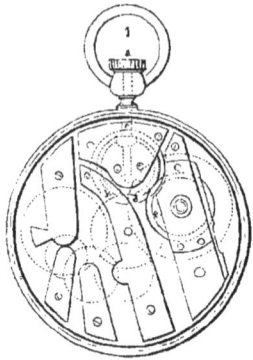

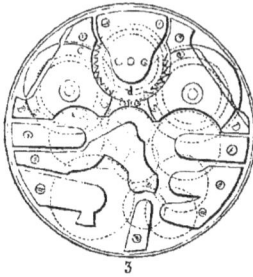

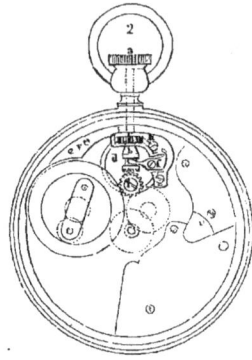

MONTRE A REMONTOIR ET MISE A L'HEURE SANS CLEF,

de MM. Patek, Philippe et Cie, à Genève.

OFFERTE A LORD DUDLEY COUTTS STUART, LE 3 MAI 1817.

canon de cette petite roue de champ une goupille, dont le bout vient déborder légèrement dans son trou; cette goupille doit être assez courte pour laisser à la roue un peu
d'ébat dans le sens circulaire. Il est évident que le pignon ne pourra pas tourner sans
l'entraîner avec lui ; mais néanmoins elle conserve la faculté d'aller et venir dans la
longueur de la tige indépendamment du pignon. Les lettres R et S, fig. 4, montrent le
pignon et la *mise à l'heure* séparément sur une plus grande échelle. Ce qui précède
étant bien compris, il sera facile de se rendre compte du changement que nous allons
indiquer.

Si l'on tire le bouton *a* assez fort pour faire passer le bout de la coulisse *h*, fig. 2,
sous la tête du ressort-sautoir, elle reculera jusqu'à ce qu'elle rencontre le bord de la
platine ; à ce moment le pignon est dégagé des dents de la couronne et ne peut plus
la faire tourner. Au même instant, le levier, étant entraîné par la coulisse, fait avancer
la *mise à l'heure* et la met en prise avec le renvoi *i;* il n'y a plus qu'à tourner à droite
ou à gauche, et les aiguilles sont mises en mouvement. Quand la montre est à l'heure,
on renfonce le bouton *a*, et toutes les pièces reprennent leur position primitive, qui
est celle du remontage.

La fig. 3 représente le calibre d'un mouvement à secondes fixes à deux barillets.
L'inspection seule du calibre suffit pour en faire connaître les effets lorsqu'on a lu la
description précédente. Les deux ressorts sont remontés dans le même temps, comme
on peut le voir par la disposition des deux rochets *c c* et de la roue à couronne *d*. Le
changement pour les aiguilles s'opère absolument de la même manière que dans les
pièces simples.

Nous ferons remarquer que, outre la difficulté de placer toutes les pièces pour
qu'elles puissent fonctionner d'une manière sûre et sans trop d'effort, vu la résistance
de deux ressorts à la fois, il fallait encore prévoir le cas où le rouage des secondes
ayant été arrêté n'aurait eu que peu ou point de développement. Il est évident que,
dans ce cas, l'arrêtage, fonctionnant comme à l'ordinaire, aurait fait obstacle au remontage du ressort de l'autre rouage. On a paré à cet inconvénient par l'application
d'un système de décrochement sur le barillet des secondes, permettant à l'arbre de
tourner indéfiniment lorsque le ressort est arrivé à son dernier degré de tension.

CHAPITRE II.

COUP D'ŒIL SUR L'EXPOSITION DES PRODUITS DE L'INDUSTRIE NATIONALE DE 1849.

Depuis notre dernière Exposition, nous avons eu celle de Londres, dont nous avons entretenu les lecteurs de la *Tribune chronométrique* et ceux du journal *la Patrie*. La plupart des pièces d'horlogerie française qui figuraient à l'Exposition de 1849 figuraient aussi au concours universel de Londres. Il ne nous reste donc que très-peu de chose à dire sur les produits chronométriques de notre dernière Exposition.

Voici la liste des horlogers qui ont été récompensés par le Jury.

MÉDAILLES D'OR.

M. BERTHOUD (AUGUSTE), à Argenteuil (Seine-et-Oise) (rappel de la médaille d'or).

M. HENRI ROBERT, à Paris (rappel).

M. PAUL GARNIER, à Paris (médaille).

MM. JAPPY frères, à Beaucourt (Doubs) (médaille).

M. WAGNER neveu, à Paris (médaille)

MÉDAILLES D'ARGENT.

M. VISSIERE, à Argenteuil (Seine-et-Oise) (médaille).

M. DELÉPINE, à Paris, 41, boulevard Bonne-Nouvelle (rappel).

M. GANNERY, à Saint-Nicolas-d'Aliermont, près Dieppe (médaille ..

M. DUMAS, à Paris (médaille).

MM. HUARD frères, à Versailles (Seine-et-Oise) (médaille).

MM. DÉTOUCHE et HOUDIN, à Paris (médaille).

M. RIEUSSEC, à Saint-Mandé (Seine).

M. A. LÉON VALLET, à Paris (médaille).

M. LOUIS JAPPY, à Berne (Doubs) (médaille).

M. ROUX, à Montbéliard (Doubs) (médaille).

MM. BOROMÉ DELÉPINE et GAUCHY, à Saint-Nicolas-d'Aliermont, près Dieppe (médaille).

M. BERNARD-HENRI WAGNER (médaille).

M. BAZELY, à Paris, 11, rue Constantine (médaille).

M. MONTANDON, 16, rue des Lions-Saint-Paul, à Paris (médaille).

MÉDAILLES DE BRONZE.

M. Rédier, à Paris.
M. Perusset, à Paris.
M. Laumain, à Paris.
M. Bienaymé, à Dieppe.
M. Brisbart (Victor-René), à Paris.
M. Bourdin, à Paris.
M. Rabi, à Paris.
M. Boyer, à Dole (Jura).
M. Brocot (Achille), à Paris.
MM. Gontard et Cie, à Paris.
M. Rosse aîné, à Paris.
M. Vallet, à Paris.
M. Dorléans, à Paris.
M. Blin, à Paris.
M. Huddé, à Villiers-le-Bel (Seine et-Oise).
MM. Reydor frères et Colin, à Paris.
MM. Samuel Morti et Cie, à Montbéliard (Doubs).
M. Holingue, à Saint-Nicolas-d'Aliermont, près Dieppe.
M. Bariquand, à Paris.
M. Bergeron, à Paris.
M. Chavineau, à Paris.
M. Mathieu, à Paris.
M. Bigot-Dumaine, pierriste, à Paris.

L'Exposition n'a pas été des plus brillantes; cependant on y remarquait les belles montres marines de MM. Berthoud, Gannery, Vissière, Dumas, Huard frères, Rédier, Delépine, Perusset; les chronomètres de poche de MM. Laumain, Bussard; le régulateur de M. Gannery et ceux de MM. Détouche et Houdin.

M. Paul Garnier avait aussi un fort beau régulateur, dont le pendule est de son invention.

Cet artiste fort distingué avait, en outre, dans sa vitrine, plusieurs jolies pendules de voyage, deux petits régulateurs de cheminée d'une très-belle exécution, divers petits instruments utiles pour l'exploitation des chemins de fer, et enfin une horloge électrique dont le système a été depuis mis en pratique, par ordre du ministre des travaux publics, sur la ligne du chemin de fer de l'Ouest, etc.

M. Rédier avait aussi exposé plusieurs instruments très-ingénieux et très-utiles pour les administrations des chemins de fer.

L'horlogerie de Paris, en ce qui concerne les montres pour l'usage civil, était représentée par MM. Rabi, successeur de M. Benoît; Brisbart-Moreau, Boyer, Gontard et quelques autres horlogers distingués.

Les montres de M. Brisbart étaient remarquables par leur bonne exécution, par divers perfectionnements dans le calibre, et par des inventions qui ont obtenu l'approbation des connaisseurs.

Le barillet, dans les montres de M. Brisbart, se trouve dans des dispositions très-favorables.

Il fonctionne entre deux ponts. Le pont supérieur n'est point entaillé pour le passage du cliquet, et il conserve toute sa solidité, d'autant plus que les quatre petites vis qui maintiennent la plaque de cuivre sur le rochet d'encliquetage sont supprimées dans ce calibre (voy. la figure). Les dents du barillet peuvent avoir beaucoup de hauteur, et par conséquent toute la force nécessaire pour résister au choc qui se produit dans l'action du remontage de la montre. Le cliquet a deux dents au lieu d'une, ce qui rend l'usure moins prompte et prévient tout accident.

Le couvercle du barillet est en acier trempé, et par ce moyen la goutte de la croix de Malte est infatigable; la vis qui maintient cette croix est bien taraudée. La tête de la vis n'est point fendue : la fente est ici remplacée par deux petits trous dans lesquels entre une clef avec laquelle on peut mettre ou ôter la vis. L'arbre de barillet est aussi dans de très-bonnes conditions : il n'est pas percé dans le diamètre de sa tige, et on peut lui laisser presque toute la dureté qu'il acquiert par la trempe.

Les dispositions du coq ou pont d'échappement offrent plusieurs avantages : le pont d'acier, dit coqueret, qui maintient la raquette, n'a qu'une seule vis; cela donne la facilité de voir jouer le pivot dans son trou et d'y mettre de l'huile. Le porte-piton du spiral est fait de telle sorte que l'on peut à volonté enlever le coq avec ou sans le spiral, ce qui est fort utile dans certains cas, tels que pour corriger un renversement, centrer le spiral, etc.

Le balancier est en acier trempé, et par conséquent il n'est pas sujet à se fausser dans ses barrettes quelque minces qu'elles soient. (On sait qu'un balancier bien fait doit avoir autant que possible tout son poids à la circonférence.)

Dans les montres de M. Brisbart, par une disposition qui appartient à cet artiste, on peut remplacer un échappement à cylindre par un échappement à duplex, ou celui-ci par celui-là,

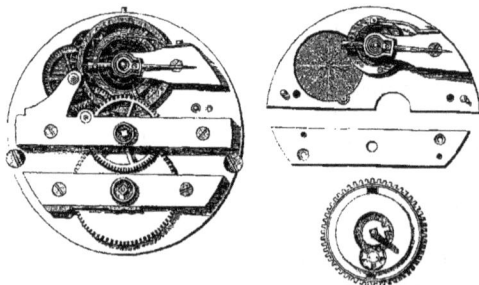

Calibre nouveau des montres de M. Brisbart.

avec la plus grande facilité. (Voy. la figure.)

M. Brisbart avait aussi présenté à l'Exposition un outil-machine de son invention dont tous les hommes compétents se sont plu à constater le mérite. Avec cet outil on peut diviser et fendre toute espèce de roue de montre avec une précision qui ne laisse rien à désirer. Il est malheureux que le rapporteur du Jury n'ait pas fait mention de cette précieuse machine, dont l'exécution est due à l'habile et consciencieux mécanicien M. Taillefer.

On sait que M. F. Houdin est un des meilleurs artistes en horlogerie de Paris. Associé de M. Détouche, il a su se rendre très-utile à la maison de celui-ci en construisant des pièces de précision fort remarquables sous le double rapport de la main-d'œuvre et des combinaisons mécaniques. Outre plusieurs régulateurs astronomiques, MM. Détouche et Houdin avaient exposé plusieurs jolies pendules-régulateurs, notamment une pendule à échappement à force constante d'une disposition nouvelle et très-ingénieuse. Le pendule à compensation par des leviers, appliqué à cette pièce, était d'un travail vraiment admirable. (Voy. la figure. — C'est par erreur et à notre insu que l'on a mis au bas de cette figure : « Pendule à compensation et à dilatation. » On devait mettre : Pendule à échappement à force constante, à remontoir d'égalité, balancier à compensation par des leviers.)

M. Jarrossay, qui est un horloger distingué, a exposé au palais de l'industrie des pièces d'horlogerie qui, sous un certain rapport, sont fort remarquables. Nous voulons parler de ses régulateurs dans lesquels il a remplacé les pignons par des vis sans fin. (Voy. la figure ci-contre.) Ce système est loin d'être nouveau, puisqu'on s'en est servi dans la Grèce antique, à Alexandrie, etc., longtemps avant Jésus-Christ.

Régulateur à vis sans fin de M. Jarrossay.

Au commencement du dix-septième siècle, comme nous l'avons déjà dit, Schirleus

PENDULE A REMONTOIR D'ÉGALITÉ, BALANCIER A COMPENSATION ET DILATATION,

Par François Houdin. — (Exposition de 1849.)

de Rheita, capucin, a exécuté une horloge astronomique dans laquelle il avait employé la vis sans fin de préférence aux pignons. Au dix-huitième siècle, un horloger d'Amsterdam, Massy, fit une sphère mouvante d'après le même système. Ces deux horloges n'obtinrent aucun succès. Massy reconnut lui-même qu'il avait employé une mauvaise méthode et il y renonça. Il fit plus : il prouva dans un mémoire publié à Amsterdam, en 1727, que le système de la vis sans fin était défectueux et que l'on ne devait pas l'employer dans des pièces d'horlogerie de précision ; c'est aussi l'opinion du père Alexandre et de beaucoup d'autres auteurs anciens et modernes. Nous ajouterons que nous partageons nous-même l'opinion de ces auteurs.

M. Jarrossay n'ignorait pas sans doute la défaveur dont avait été frappé le système de la vis sans fin, et cependant il a voulu le rajeunir et, en quelque sorte, le réhabiliter. Y parviendra-t-il? Nous l'ignorons; mais nous devons dire, pour être juste envers lui, qu'il a beaucoup amélioré la vis sans fin en la faisant d'un très-petit diamètre et en donnant aux ailes un plan incliné très-prononcé, ce qui diminue beaucoup le frottement qui se produit dans l'engrenage. M. Jarrossay n'avait sans doute pas une prédilection particulière pour ce système; s'il l'a employé, c'est évidemment dans le but de simplifier le rouage des horloges, et par là, d'arriver à en diminuer le prix. Ce résultat, nous pensons qu'il pourra l'atteindre; car ses régulateurs, qui marchent quinze jours sans avoir besoin d'être remontés, ne sont composés que de deux roues et de deux vis sans fin : c'est un travail qui peut s'exécuter en très-peu de temps, pourvu qu'on ait les outils nécessaires pour faire vite et bien les vis sans fin. Quant à l'exactitude de la marche de ces régulateurs, nous savons qu'elle ne laisse rien à désirer. Cette exactitude se soutiendra-t-elle? L'usure fera-t-elle des progrès plus rapides dans ces régulateurs que dans ceux ordinaires? Ne sera-t-on pas forcé de renouveler souvent l'huile que l'on est obligé de mettre aux vis sans fin? Toutes ces questions seront plus tard résolues : nous désirons qu'elles le soient en faveur de M. Jarrossay; car c'est un penseur, un travailleur, et très-certainement un homme de talent. Les pièces de M. Jarrossay étaient remarquables par leur bonne exécution.

Nous ne pouvions, en fidèle historien de l'horlogerie ancienne et moderne, nous dispenser de mentionner la tentative de M. Jarrossay; car, pour nous, tout homme qui travaille, même quand il ne réussit pas, a droit à nos éloges. Il n'y a que les hommes qui ne font rien et qui vivent du travail des autres qui ne devraient jamais paraître aux Expositions nationales.

APPENDICE.

I. — ÉCHAPPEMENT A CHEVILLES.

DESCRIPTION DE L'ÉCHAPPEMENT A CHEVILLES (POUR LES MONTRES), PAR TAVAN (1).

Le nom d'échappement *à chevilles* ne suffit pas pour caractériser l'échappement dont il s'agit, car plusieurs échappements, très-différents, fonctionnent par une roue à chevilles, tantôt du même côté de la roue, tantôt à ses deux faces opposées.

Dans celui-ci, la roue ne porte de chevilles que d'un côté; et il se rapproche beaucoup, par ses fonctions, de l'échappement à ancre indépendant que nous avons décrit dans notre *Histoire de l'horlogerie*. Il y a de même, entre la roue *r r*, fig. 1, et le balancier *b c t*, une pièce intermédiaire *m n e f f*, qui produit le repos de la roue, le décrochement et la levée. La partie de cette pièce comprise entre le centre de son mouvement et le balancier, c'est-à-dire celle qui est terminée par une fourchette à trois fourchons *f d f*, fig. 4, est tout à fait semblable à celle qui est décrite dans l'échappement à ancre, ainsi que tout ce qui lui correspond autour de l'axe du balancier. C'est du côté de la roue que se trouvent les seules différences.

Cette roue *r r*, fig. 1 et 2, porte, perpendiculairement à son plan, des chevilles cylindriques, disposées à la distance convenable pour produire les repos et les levées qui constituent le jeu de l'échappement.

La pièce intermédiaire *f f m n*, fig. 1, dont l'axe de suspension passe par le point *e*, porte, du côté opposé à la fourchette, deux bras *e m*, *e n*, l'un un peu plus long que l'autre, et qui ont chacun un coude rentrant, sur le bord duquel s'appuient alternativement les chevilles de la roue pendant les repos représentés fig. 4, 5, 7 et 8 ; le coude se termine par une surface inclinée, le long de laquelle la cheville descend en la chassant devant elle d'abord, après le décrochement ; c'est cette action qui produit les levées fig. 4 et 6. L'entaille à rebords *h*, fig. 4, est destinée à limiter le jeu de la pièce et à prévenir le renversement.

Cet échappement est bon et susceptible de justesse lorsqu'il est bien fait ; mais il est très-mauvais si, dans l'exécution, on ne donne pas la plus grande attention aux principes. Ce fut après l'avoir vu dans une pendule que Tavan l'exécuta dans une montre, dont la marche régulière le satisfit entièrement.

Vu la difficulté de faire une roue fidèle avec des chevilles rapportées, il serait mieux de la faire d'une seule pièce, afin de pouvoir la tourner ronde sur ses pivots.

La pièce qui fait les fonctions d'une ancre doit être placée relativement à la roue, de manière que la ligne tirée de l'axe de la fourchette, et qui partage en deux également l'angle que font entre eux les deux bras qui portent les levées, soit perpendiculaire au rayon mené du centre de la roue au milieu de l'intervalle entre les deux repos ; cette disposition tend à rendre les deux leviers le moins inégaux qu'il est possible. Les faces obliques sur lesquelles se fait le frottement de la cheville pendant la levée sont l'une et l'autre légèrement courbes ; mais celle du bras *n*, fig. 6, sur laquelle la cheville agit pour ramener l'autre vers le centre ou en dedans de la roue, est convexe, et l'autre concave ; cette disposition est nécessaire pour l'uniformité de la levée.

Quant à la quantité absolue de la levée, moins elle aura d'étendue et mieux ce sera, pourvu qu'on puisse compter sur la sûreté des repos ; il convient de leur donner 17 à 18 degrés de chaque côté, et il faut que le mentonnet du balancier reçoive son impulsion en ligne directe et à deux degrés près.

Cet échappement, qui, comme nous venons de le dire, est bon en principe, a un grand défaut, il ne conserve pas l'huile, qui est sans cesse balayée par le frottement des dents de la roue sur les levées de l'ancre.

Si quelques horlogers voulaient exécuter cet échappement, nous leur conseillerions d'aplatir le côté postérieur des dents de la roue ; par ce moyen, ils éviteraient une chute inutile : ce qui, en horlogerie, n'est pas à dédaigner.

---

(1) Les échappements *à chevilles*, *à patte d'écrevisse*, et celui *à surprise*, que nous donnons dans cet appendice, ne sont pas, je dois l'avouer, de bons échappements ; et on comprendra bien que nous ne les donnons pas comme des modèles bons à imiter ; mais ils ont paru assez curieux à quelques horlogers pour que nous nous soyons décidés à les admettre dans l'*Histoire de l'Horlogerie*.

Quant à l'échappement de M. Vulliamy, il méritait d'y prendre place ; il en est de même pour celui de M. Delépine.

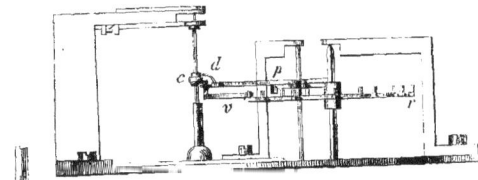

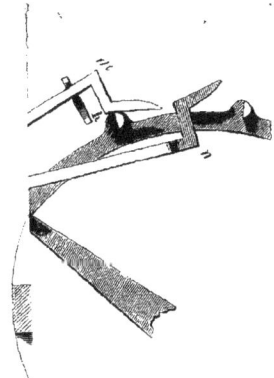

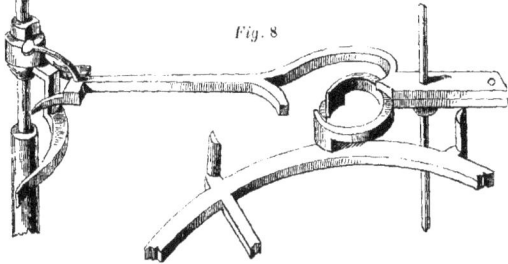

Fig. 8

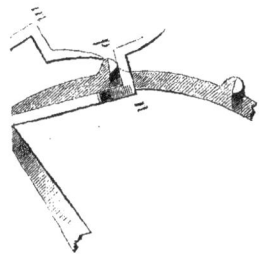

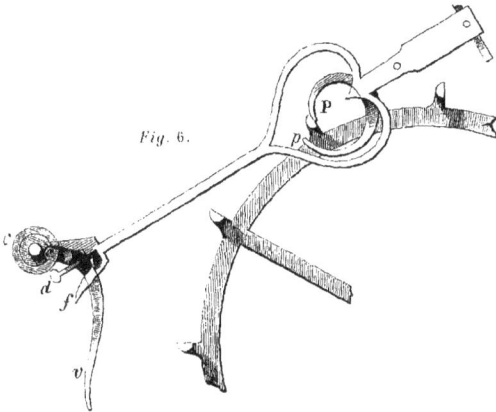

Fig. 6.

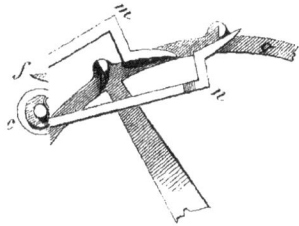

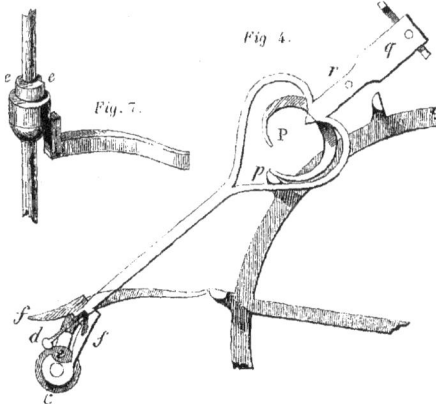

Fig. 4.

Fig. 7.

Fig. 2.

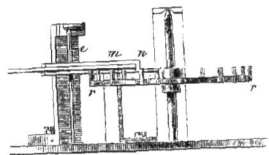

ÉCHAPPEMENT DIT A PATTE

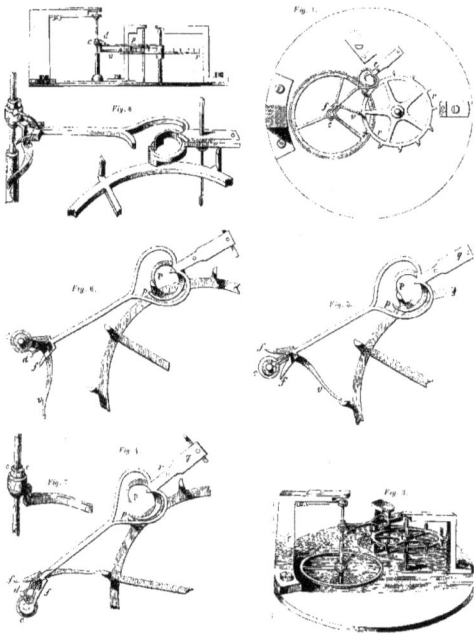

ÉCHAPPEMENT DIT À PATTE D'ÉCREVISSE.

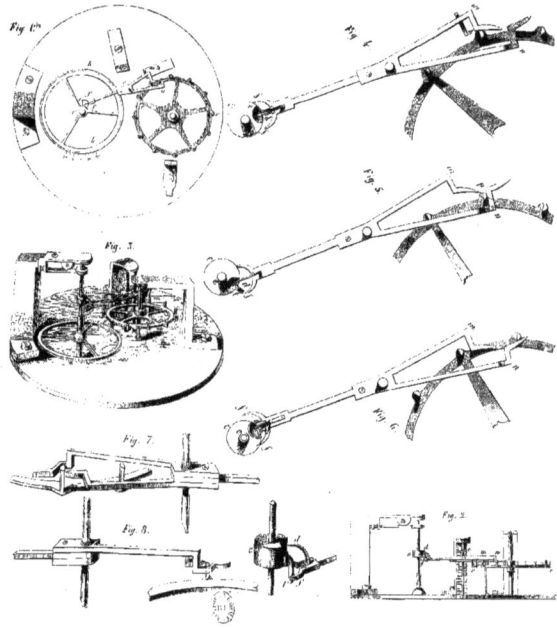

ÉCHAPPEMENT À CHEVILLES POUR LES MONTRES, PAR TAVAN.

II. — ÉCHAPPEMENT DIT A PATTE D'ÉCREVISSE.

Cet échappement est une combinaison ingénieuse de l'échappement à ancre pour le repos et de l'échappement à virgule pour la levée; celle-ci n'a lieu que dans l'une des deux oscillations du balancier, l'autre oscillation n'étant destinée qu'à produire le décrochement. L'indépendance du balancier est parfaite, d'ailleurs, pendant tout le temps qui s'écoule entre ces deux actions.

Trois mobiles concourent au jeu de cet échappement : la roue $r r$, fig. 4, la pièce intermédiaire $e f$ servant au repos, et la levée v, munie d'un doigt ou piton vers sa racine, et tenant à l'axe c du balancier.

La roue est à chevilles situées d'un seul côté; ces chevilles ont la forme d'une tuile courbe dont l'axe serait perpendiculaire au plan de la roue et la concavité tournée du côté vers lequel la roue chemine, comme on le voit fig. 8 : c'est sur les deux bords de cette concavité qu'ont lieu les deux repos, fig. 4 et 6.

La pièce intermédiaire est placée parallèlement au plan de la roue, et dans la direction d'une tangente à sa circonférence passant par le milieu des chevilles. Cette pièce est suspendue à un axe e, fig. 4 (r, fig. 4), qui lui sert de point d'appui. L'une de ses extrémités q, fig. 4, n'est destinée qu'à contre-balancer l'autre partie, et à limiter le jeu de la pièce au moyen d'une échancrure à rebords dans laquelle elle se trouve contenue, comme dans l'échappement à ancre. L'autre extrémité porte une fourchette à trois branches $f d f$, fig. 4, analogue à celle de l'échappement à ancre, mais qui ne sert qu'aux décrochements et à la sûreté du jeu, et ne contribue point à la levée. Enfin, vers le tiers de sa longueur, à partir du pivot, et à l'endroit où passent les chevilles, la pièce intermédiaire porte deux branches p et P, fig. 4 et 6, disposées à peu près comme la patte d'une écrevisse, c'est-à-dire formant deux becs rentrants l'un contre l'autre, et l'un plus court que l'autre de la quantité nécessaire pour le dégagement de la dent, celle-ci devant, dans l'une des deux oscillations, passer entre deux, comme on le voit fig. 6.

Les deux repos ont lieu par l'appui alternatif de l'un ou de l'autre des bords intérieurs de la cheville concave, contre le bord extérieur de l'un ou de l'autre des deux doigts p et P de la patte d'écrevisse, fig. 4 et 6. A la prise de repos sur le doigt un peu plus court P, qui vient se substituer au premier dans l'acte du décrochement, la chute n'est que d'une quantité égale à la différence de longueur des deux doigts, quantité qui ne surpasse que de bien peu l'épaisseur d'une cheville; et un second repos a lieu sur la même cheville que le précédent. Mais après un nouveau décrochement, la roue se meut par une chute véritable de tout l'intervalle d'une cheville à l'autre, jusqu'à ce que la cheville suivante tombe en

prise de repos contre l'extrémité du plus long des deux doigts de la patte d'écrevisse p, fig. 4. C'est pendant cette chute véritable de la roue, et avant le repos en p, que se fait la levée en V, fig. 4.

Cette levée s'opère au moyen du levier ou bras V que porte l'axe du balancier C, et qui est représenté à part, fig. 7. Cette espèce de virgule est assez longue pour être atteinte par la cheville de la roue, qui la poursuit dans l'acte de la chute et va plus vite qu'elle; la différence de vitesse des deux mobiles dans le même sens constitue l'impulsion de levée. Dans le modèle la pièce de levée est coudée, et porte vers sa racine un rebord vertical faisant fonction de doigt de détente ou de piton, qui s'engage entre les deux fourchons latéraux f, fig. 6 et 8, de la pièce de repos; et qui par sa pression alternative contre chacun d'eux, imprime à toute la pièce de repos une légère impulsion dans l'un ou l'autre sens, suffisante pour opérer les décrochements. On peut aussi séparer la pièce de levée du piton de décrochement, et les suspendre à l'axe du balancier chacun au moyen d'un canon particulier.

Quand la levée est terminée, son levier et le balancier qui le porte continuent librement leur oscillation pendant la levée en p, fig. 4. Le spiral les ramène ensuite en sens contraire, et le levier passe alors librement, la roue étant en repos, de manière que le cercle décrit par l'extrémité du levier V passe entre deux chevilles voisines sans les toucher. Mais c'est alors que le doigt de détente, passant dans la fourchette, produit le décrochement qui occasionne la petite chute sous levée, fig. 6. Pendant le repos qui suit cette petite chute, le balancier achève son oscillation aussi librement que la précédente. C'est au retour de cette oscillation que le piton produit de nouveau le décrochement, suivi de la véritable chute et de l'action simultanée de la cheville de la roue sur le levier, action qui produit la levée, fig. 5, et ainsi de suite.

L'action des leviers est si favorable dans cet échappement, que l'on comprend aisément comment il peut se passer d'huile; le frottement qui a lieu, au moment des deux décrochements, contre l'extrémité de chacun des deux doigts de la patte d'écrevisse, est très-peu considérable; et la puissance qui le surmonte, en agissant à l'extrémité de la fourchette, a l'avantage d'un bras de levier triple de celui de la résistance. Enfin, la longueur du levier et le mode d'action très-favorable de la cheville sur ce mobile fuyant dans la levée, expliquent suffisamment pourquoi l'huile y serait superflue. Aussi cet échappement eut-il dans l'origine le nom d'*échappement sec*. Il porte avec lui son appareil contre le renversement, car le piton du levier vient s'appuyer contre le dehors de la fourchette sur l'une ou l'autre de ses

Fig. 1.

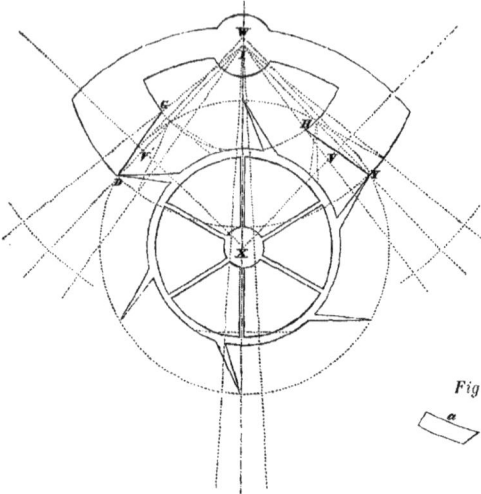

Fig. 2.

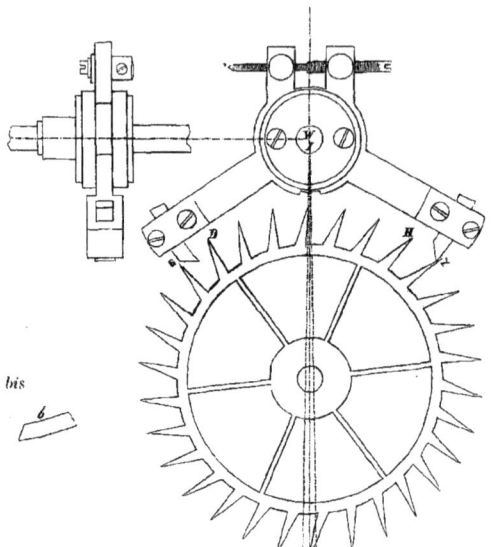

Fig 7 bis

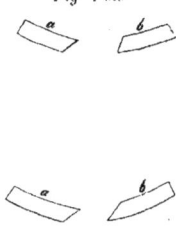

Fig. 4.

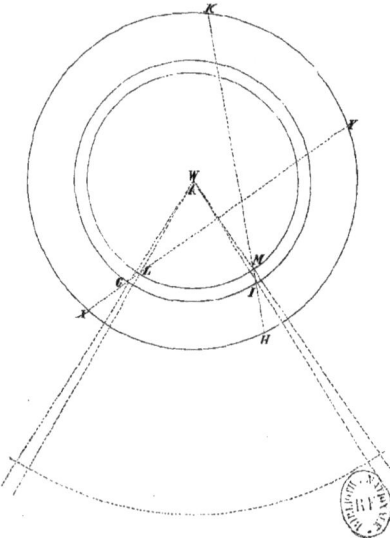

Fig. 6.

Fig. 7.

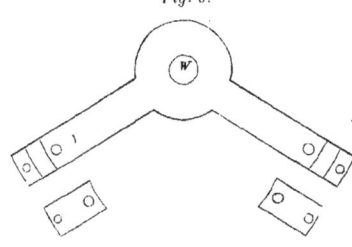

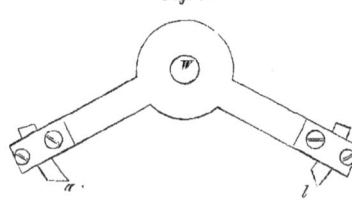

ÉCHAPPEMENT A ANCRE DE GRAHAM, PERFECTIONNÉ PAR M. VULLIAMY.

Pour procurer cette action, l'index porte, au delà de son centre de mouvement, une queue *t*, fig. 4 et 6, qui se termine par une entaille carrée. Le pouce porte aussi, au delà de son centre de mouvement, une queue terminée par un piton *t*, qui joue librement dans l'entaille *t* de l'index. Il résulte de cette disposition que lorsque l'index est chassé à droite par la fourchette de décrochement, sa queue se meut à gauche, et entraîne du même côté celle du pouce par l'action de l'entaille sur le piton; le pouce lui-même se meut à droite, et sa pointe va se placer sur une dent qui arrive en prise de repos sur cette pointe, fig. 4 et 6. Lorsque l'index est chassé à gauche par le balancier, sa queue se meut à droite, entraîne à droite celle du pouce, et par conséquent à gauche le pouce lui-même; celui-ci cessant de soutenir la dent, la laisserait échapper, si l'index arrivant tout juste sous cette même dent ne la soutenait en *P*, fig. 4, pendant que le pouce l'abandonne. Ces deux repos se succèdent sans chute sensible de la roue. Lorsque l'index se porte de nouveau à droite, la dent qui était en prise de repos sur lui, échappe dans l'intervalle qui se trouve alors entre l'index qui s'en va et le pouce qui arrive, comme on le voit fig. 5, et ce dernier vient recevoir, comme nous l'avons dit, la dent suivante; le repos sur l'index succède au repos sur le pouce, et ainsi de suite.

Deux conditions déterminent la position des deux arbres *a* et *b*, fig. 6, qui forment le centre de mouvement du pouce et de l'index. L'une est, que la ligne menée de chaque centre au point de repos correspondant soit sen-

siblement perpendiculaire au rayon de la roue mené en ce point; l'autre est, que le centre de mouvement du pouce soit en arrière de celui de l'index d'une quantité suffisante pour procurer, par la différence de longueur des bras de levier, le petit écartement du pouce, qui permet à la dent de passer, et le rapprochement qui lui procure l'un des deux repos. Cette disposition, également simple et ingénieuse, produit bien son effet.

On a dit que du repos sur le pouce à celui sur l'index, la chute était presque insensible. Il y en a pourtant une en réalité. Elle a deux raisons : premièrement, pour que ce repos n'ait pas de frottement lorsque l'index vient se placer sous la dent; secondement, pour la sûreté du passage de la dent entre les deux repos. Car, quoique la surprise s'ouvre assez pour ce passage, par l'effet du piton qui pousse sa queue, il pourrait arriver qu'une secousse la mît en prise avec la même dent, s'il n'y avait pas un léger excédant de longueur qui prévînt cet inconvénient et donnât à cette partie de la fonction toute la sûreté nécessaire.

La pièce *x z*, fig. 4 et 5, sert à déterminer l'étendue du mouvement de la fourchette, comme dans plusieurs échappements analogues à celui-ci. Cette pièce est creusée, et c'est contre ses rebords que vient s'arrêter le jeu de la fourchette après sa fonction.

L'essai de cet échappement a rempli le but qu'on se proposait; et M. Tavan l'ayant adapté à un chronomètre mis au concours en 1819, a remporté le prix offert par la Société des Arts pour le chronomètre dont la marche serait la meilleure.

IV. — DE L'ÉCHAPPEMENT A ANCRE PAR GRAHAM,
PERFECTIONNÉ PAR M. VULLIAMY.

L'auteur fait lui-même ainsi sa démonstration : « Le nombre des dents et son diamètre pris à la pointe des dents étant déterminés, décrivez-en le cercle et marquez-y autant de pointes de dent, *plus une*, que vous voulez en faire embrasser par les palettes; aux deux extrémités de cet arc, marquez l'*épaisseur des palettes* avec celle de sa *chute*, ensemble égal à la moitié de l'arc entre deux dents voisines; tirez les cordes de ces deux petits arcs et prolongez-les jusqu'à leur intersection 1 (voyez fig. 1 et 2), au-dessus de la roue, point où se trouve le vrai centre du mouvement des palettes. Mais, parce qu'il serait difficile, sinon impossible, de tirer exactement ces deux lignes, sans de meilleurs guides que deux pointes de dent si rapprochées, on pourra les tirer parallèles aux deux tangentes, qui peuvent plus aisément s'établir sur deux rayons partant du centre de la roue pour faire bissection sur le milieu de l'épaisseur des palettes. Donc, du seul centre exécutable de mouvement W ainsi trouvé, et qui, dans la pratique, se confond avec le point I, décrivez les arcs de repos. Ensuite,

il faut déterminer l'angle qui se prend à volonté et se fait ainsi : tirez deux droites du centre d'action, l'une et l'autre du même côté des cordes prolongées, et faisant avec elles des angles égaux; alors il ne restera plus qu'à tirer les plans d'impulsion par diagonales, des points supérieurs à ceux inférieurs d'intersection des arcs de repos avec les lignes qui forment les plans de levée. Ces règles sont applicables à l'échappement, fig. 1. La roue n'a ici que six dents, et les palettes n'en embrassent que deux, c'est-à-dire l'espace entre trois dents; mais ces proportions exagérées ne sont ici que comme exemple des parties momentanément très-grandes, pour une plus facile démonstration. La figure 2, de proportion usuelle, est plus rapprochée des vraies mesures recommandées ici et plus praticables.

» Les parties de tout échappement ont entre elles des rapports particuliers : les mesures de quelques-unes dérivent, par exemple, de la roue d'échappement, et peuvent se dire constantes et fondamentales, parce qu'elles ne changent point tant qu'on emploie la même roue ; les autres parties sont relatives , parce qu'elles se font loi l'une et l'autre, et qu'elles s'accroissent et diminuent ensemble (voy. ci-après la table de M. Vulliamy).

» Il n'y a qu'un seul point où l'on puisse sans erreur placer le centre de mouvement des palettes ; car, étant trop haut ou trop loin de la roue, une dent ne mènera pas assez sa levée pour que l'autre dent opposée tombe sur son repos. Alors celle-ci aura une forte chute sur la levée de ce côté au lieu de tomber sur le repos, et cette levée la fera reculer avec frottement arc-boutant. Si le centre de l'ancre est au contraire trop près de la roue, une dent aura mené sa levée si loin avant d'en échapper, que celle opposée tombera en arrière du repos et plus qu'il ne faut, d'où le frottement sera augmenté inutilement et avec désavantage. (Nous avons dit ci-dessus que le centre W est le seul exécutable , et que d'ailleurs il se confond avec celui I dans la réduction à des mesures praticables.)

» La chute est un mal inévitable dans tout échappement ; mais plus le principe sera appliqué exactement et l'exécution soignée, moins il aura besoin de chute, et par suite moins de perte de force motrice et moins d'usure. La chute peut se réduire ici à son minimum. Notre méthode est universelle pour tout diamètre de roue ; tout nombre de dents et ouverture de palette.

» Les dents n'y ont besoin d'être dégagées que le moins possible, ce qui les rend plus courtes et plus solides. A la vérité, plus l'ouverture des palettes est grande, moins les dents ont besoin d'être dégagées ; mais il ne faut pas que le nombre des dents soit trop grand, car le contraire est le plus près du but qu'on se propose, et une distance modérée du centre d'une ancre embrassant 6, 7 ou 8 dents est préférable.

» En mécanique, la force d'impulsion reste constante autant que l'angle de levée, car l'épaisseur ou base des plans est constante, et la hauteur est en raison directe des rayons des arcs de repos ; mais le cas est tout autre dans la considération comme frottement, qui augmente avec la pression et l'étendue des surfaces, et celles-ci s'accroissent avec leurs distances du centre de mouvement : raison de plus pour tenir les bras courts.

» Les plans d'impulsion deviennent *moins rapides et plus énergiques* à mesure que les bras sont plus courts ; mais il faut observer que le danger de l'usure des trous et des pivots de l'axe, quand l'impulsion est trop près du centre de mouvement, y prescrit une limite pratique. La diminution de l'angle de levée produit le même effet ; mais avec l'énergie de l'échappement on augmente sa délicatesse, ce qui nécessite une main-d'œuvre d'autant plus soignée.

» Pour considérer toute influence sur la perfection de cet échappement, j'ai démontré, page 8 du Mémoire, que la dent glisse contre les deux palettes avec différentes vitesses et quantités de frottement, parce que la portion d'un plan contre laquelle agit la dent en élevant

le pendule de sa position de repos au point où la dent s'échappe est plus longue que la portion de l'autre. J'ai donné aussi à entendre qu'en changeant les plans en portions de cercle, il serait possible de remédier à cette irrégularité, si la difficulté d'exécution ne laissait craindre une erreur plus grande que celle à corriger.

» Dans la construction ordinaire, avec les bras et palettes de la même pièce d'acier, il est à peine possible que les surfaces soient trempées assez dur et que la forme des pièces se conserve ; le plus léger écart de la direction voulue détruirait la concentricité des repos, avec augmentation de frottement et sans aucun remède. D'autre part, le moyen ordinaire de fermer ou ouvrir l'ancre est très-imparfait et inexact. Pour y obvier, j'ai imaginé de faire sur le tour le porte-palettes, et même celles-ci, avec plus de perfection qu'à la main, et comme il suit :

» Ayant arrêté le dessin suivant les règles et la table données, on pratique au moyen du tour, dans une plaque de laiton, fig. 4, une rainure du diamètre voulu, capable de contenir juste les palettes. On tourne un anneau d'acier remplissant juste cette rainure ; de la plaque découpée à la suite, on obtient un porte-palettes comme en fig. 5, 6 et 7, où les morceaux a b des palettes sont retenus avec pression par de petites plaques vissées comme en fig. 2. Mais, pour dispenser d'ôter l'échappement plusieurs fois (en voulant établir la juste ouverture des palettes), je fais le porte-palettes de deux parties mobiles et concentriques, munies chacune par le haut d'un bras traversé par une vis micrométrique ayant à ses extrémités deux pas de progression peu différente, laquelle, sans rien démonter, modifie au besoin l'ouverture ou distance des palettes avec la plus grande précision. Les trous où pénètre cette vis sont pratiqués dans deux bouchons pouvant tourner sur eux-mêmes et obéir à la direction voulue de la vis, après quoi on peut arrêter définitivement les deux porte-palettes au moyen de deux vis de pression placées près du centre, comme le tout est vu dans la fig. 2 de face, et dans son profil, fig. 3, dont tout artiste exercé concevra aisément les détails nécessaires.

» Les avantages de cette construction sont donc évidemment que les repos restent absolument des parties de cercle parfaitement concentriques à leur axe ; que les deux palettes sont de même épaisseur et peuvent être trempées parfaitement dur ; que les plans d'impulsion peuvent former exactement les angles voulus ; que, si l'une des palettes se trouve défectueuse, elle peut aisément être remplacée par un autre morceau identique du même anneau d'acier.

» Quant aux deux points I et W du centre de l'ancre, fig. 1 et 2, on observera que I serait l'intersection des tangentes communes des deux pointes de dent G D et H Y, trop rapprochées dans l'exécution ; mais qu'en employant l'intersection W des tangentes intermédiaires plus faciles des rayons X V et X V' tirés au milieu de l'épaisseur des palettes, le point W, qui, du reste, se confond dans l'exécution avec I, doit être considéré comme le vrai centre exécutable de l'ancre, ainsi qu'il a été dit.

» L'échappement à cylindre des montres par Graham ne diffère de son ancre pour le pendule qu'en ce que les levées du premier sont portées par les dents de la roue et que l'ouverture du cylindre n'embrasse que la largeur d'une dent; l'action y est seulement un peu modifiée : ce qui ne change rien à la nature et aux principes du cylindre, qui sont au fond les mêmes que ceux de l'ancre.

» B. L. VULLIAMY, London, 21 juin 1847. »

TABLE DE M. VULLIAMY. — MESURES D'UN ÉCHAPPEMENT A ANCRE A REPOS.

OUVERTURE DES PALETTES		DISTANCES DES CENTRES	ARCS DE REPOS		PLAN D'IMPULSION AVEC ARC DE LEVÉE D'UN DEGRÉ			PLAN D'IMPULSION AVEC ARC DE LEVÉE DE DEUX DEGRÉS		
Nombre de dents	Angle LXV	Ligne LX	Rayon de l'extérieur IG	Rayon de l'intérieur ID	Angle d'élévation DGd	Hauteur du plan d'impulsion ou levée Dd	Longueur du plan d'impulsion ou levée Gd	Angle d'élévation DGd	Hauteur du plan d'impulsion ou levée Dd	Longueur du plan d'impulsion ou levée Gd
2	9°	1,0111	0,2105	0,1058	2° 1'	0,0037	0,1047	4° 4'	0,0074	0,1049
3	15°	1,0338	0,3199	0,2152	3° 3'	0,0056	0,1048	6° 5'	0,0112	0,1053
4	21°	1,0697	0,4357	0,3310	4° 9'	0,0076	0,1049	8° 16'	0,0152	0,1058
5	27°	1,1208	0,5612	0,4565	5° 21'	0,0098	0,1051	10° 36'	0,0196	0,1065
6	33°	1,1907	0,7009	0,5962	6° 40'	0,0122	0,1054	13° 9'	0,0244	0,1075
7	39°	1,2850	0,8610	0,7563	8° 10'	0,0150	0,1058	16° 4'	0,0300	0,1089
8	45°	1,4123	1,0510	0,9463	9° 56'	0,0183	0,1063	19° 19'	0,0366	0,1109
9	51°	1,5868	1,2855	1,1809	12° 06'	0,0224	0,1071	23° 12'	0,0448	0,1139
10	57°	1,8335	1,5900	1,4854	14° 51'	0,0278	0,1083	27° 56'	0,0556	0,1185
11	63°	2,1996	2,0122	1,9076	18° 33'	0,0354	0,1104	33° 52'	0,0702	0,1261
12	69°	2,7866	2,6538	2,5492	23° 52'	0,0463	0,1145	40° 30'	0,0926	0,1398
13	75°	3,8583	3,7792	3,6746	32° 43'	0,0660	0,1236	51° 34'	0,1320	0,1723

Voti pour le mode de calcul.

Dans cette table les mesures sont exprimées en décimales du rayon de la roue pris pour unité et calculées pour toutes ouvertures de palette, de deux jusqu'à treize dents, la roue étant supposée de 3°, et les arcs de levée de 1° à 2°.

V. — ÉCHAPPEMENT LIBRE A FORCE CONSTANTE
DE M. DELÉPINE (ANTOINE), HORLOGER A PARIS.

Ce nouvel échappement à force constante est représenté au dessin ci-joint; il se compose : 1° de l'axe du balancier; 2° d'un cercle d'impulsion; 3° de la roue d'échappement; 4° d'un simple ressort déterminant le repos et la chute de la roue d'échappement.

L'axe du balancier a porte une grande levée b et un rouleau à encoche c, disposition semblable à celle des échappements ordinaires à duplex. La levée reçoit une impulsion de 50 degrés environ, et son retour est un coup nul. Un cercle d'impulsion d porte à sa circonférence deux dents dont l'une e sert à recevoir la force motrice, et la seconde f sert à donner l'impulsion au balancier : ce cercle d est constamment commandé par un ressort spiral k, qui pourrait être remplacé par un ressort quelconque produisant les mêmes effets. L'un des croisillons du cercle d porte deux chevilles i et j, entre lesquelles est maintenue l'extrémité mobile du ressort g, la cheville i sert à frapper sur le ressort g pour dégager la cheville de repos h des dents de la roue

d'échappement l, et la seconde cheville j sert à empêcher la cheville de repos h de sortir des dents de la roue d'échappement. Une petite cheville s est fixée sur la platine p pour limiter la course du cercle d'impulsion d, afin que la dent e soit toujours en position de recevoir l'une des dents de la roue d'échappement l, au moment où la cheville de repos h lui permet de marcher. Sous la dent f du cercle d'impulsion d il y a un cliquet de dégagement o, en forme de pied-de-biche, commandé par un petit ressort dont le bout opposé est fixé après le cercle d. L'extrémité de ce cliquet pénètre dans l'encoche du petit cylindre ou rouleau c. Ce cliquet de dégagement sert au repos du cercle d'impulsion d : il pourrait être remplacé par un simple ressort produisant le même effet.

Le ressort g est fixé par une vis sur la platine comme on le voit dans la figure; ce ressort porte une petite broche d'acier, formant un demi-cylindre, sur le côté plat de laquelle s'appuie la dent de la roue d'échappe—

ment *l*, pendant le repos. Une goupille *n* limite l'abaissement du ressort *g*; sa position peut varier à volonté suivant la pénétration que l'on veut donner à la cheville de repos *h* dans les dents de la roue *l*. Pour cela on a fixé cette cheville *n* excentriquement sur une tête de vis qu'il suffit de tourner pour faire pénétrer plus ou moins les dents de la roue sur cette cheville.

Par ce qui précède on voit que ce nouvel échappement peut se résumer ainsi :

Un balancier *a* portant le cylindre à dent de levée *b*, et le rouleau à encoche *c*, un cercle d'impulsion *d*, la roue d'échappement *l*, et d'un très-simple ressort *g* sur lequel cette roue se repose.

Le cercle d'impulsion possède deux dents : l'une *e* pour recevoir la force motrice; l'autre *f* pour la transmettre au balancier.

Lorsque la force motrice a ramené le cercle d'impulsion à son repos, il attend le retour du balancier pour lui faire décrire ses arcs de vibration ; ensuite le cercle agit sur le ressort *g* qui tenait la roue d'échappement arrêtée, et celle-ci le reconduit de nouveau à sa place, d'où elle donnera constamment la même puissance de

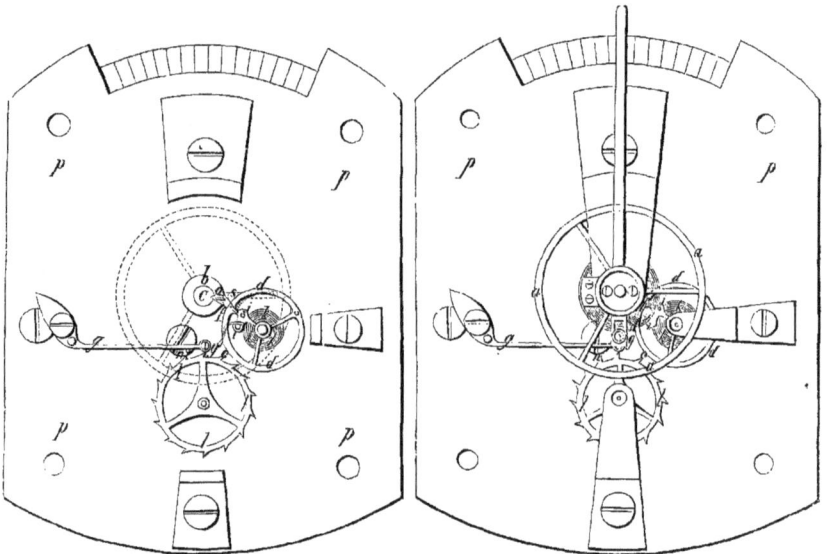

marche au balancier, dont les vibrations auront toujours la même amplitude.

Il s'ensuit qu'un spiral ordinaire produit un effet semblable à un spiral isochrone.

Cet échappement est le seul des échappements libres que nous connaissions, dont l'axe du balancier, après avoir reçu une dernière impulsion de la force motrice, soit parce que le ressort se serait cassé, soit parce que le rouage se serait arrêté par un accident quelconque, n'en continuerait pas moins de vibrer à droite et à gauche dans une complète liberté, et sans qu'aucun accrochement vienne en arrêter brusquement le mouvement, comme cela arrive souvent dans les montres à échappement à ancre ou à duplex.

Le mouvement oscillatoire de l'axe du balancier de l'échappement de M. Delépine s'arrêterait naturellement après un certain nombre de vibrations, puisque la force motrice aurait cessé d'exercer son influence sur lui, tandis que souvent, dans les deux échappements que nous venons de nommer, un mouvement brusque imprimé au balancier, quand la force motrice n'agit plus sur le rouage, suffit pour causer une fracture dans les pièces de l'un ou l'autre de ces échappements, ainsi que de tous ceux qui sont faits sur les mêmes principes.

BIOGRAPHIE

DES PLUS ILLUSTRES HORLOGERS ANCIENS ET MODERNES

ARCHIMÈDE.

Archimède naquit à Syracuse, vers l'an 287 avant l'ère chrétienne. Il était parent d'Hiéron, roi de cette ville; mais il n'occupa jamais une place dans le gouvernement, il se renferma exclusivement dans le domaine des sciences. Il fut, pour son époque, un grand géomètre et un grand mécanicien. On lui doit plusieurs traités importants sur ces deux sciences. Il a le premier fait connaître ce principe : « qu'un corps plongé dans un fluide perd une partie de son poids, égale à celui du volume de fluide qu'il déplace. » Il s'est servi de ce principe pour déterminer l'alliage introduit en fraude dans une couronne que le roi Hiéron avait commandée en or pur. La solution de ce problème lui causa tant de joie, disent des auteurs de l'époque, qu'il sortit tout nu du bain et courut dans Syracuse en criant : « Je l'ai trouvé! je l'ai trouvé! »

Archimède acquit une grande réputation, qui s'étendit bientôt dans toute l'Asie. Il fut consulté, dans plus d'une occasion, par les plus grands personnages de son temps. On sait que, suivant Pappeus, Archimède ne demandait qu'un point d'appui pour soulever la terre. Athénée prétend qu'avec une simple machine de son invention il pouvait mouvoir un vaisseau d'une grandeur extraordinaire. Ces faits prouvent que la mécanique pratique était une science toute nouvelle au temps d'Archimède, puisque ces inventions excitaient alors partout l'enthousiasme.

Au nombre des inventions que l'on attribue à Archimède, on cite celle de la vis sans fin et celle de la vis creuse, dans laquelle l'eau monte par son propre poids. Il imagina cette dernière pendant un voyage qu'il fit en Égypte, où il l'appliqua à dessécher des terres inondées par le Nil; mais c'est pendant le siège de Syracuse qu'Archimède déploya tous ses moyens pour la défense de sa patrie. Polibe, Tite-Live et Plutarque, dans la

Vie de Marcellus, parlent en détail et avec admiration des machines puissantes et variées qu'il opposa aux attaques des Romains. On sait que ce ne fut que par surprise qu'ils parvinrent à s'introduire dans la place. On dit qu'Archimède, absorbé dans ses méditations, ignorant d'ailleurs que la ville était tombée au pouvoir de l'ennemi, fut tué par un soldat romain qui venait le chercher de la part de Marcellus et qui fut irrité de ne pouvoir l'arracher aux réflexions dans lesquelles il était plongé. Plutarque, en racontant cette mort, ajoute que Marcellus eut en horreur le meurtrier d'Archimède, et qu'il recherche, caressa et honora les parents de ce grand géomètre. Syracuse fut prise en l'an 212 avant l'ère chrétienne; par conséquent Archimède avait 75 ans lorsqu'il perdit la vie.

Après sa mort, on lui éleva un tombeau suivant le plan qu'il en avait précédemment donné lui-même. Ce monument était une colonne, ou cylindre, sur laquelle on grava le rapport de la capacité de ce corps à celle de la sphère inscrite, découverte à laquelle Archimède attachait un grand prix. Le souvenir de la forme de ce tombeau se conservait à Rome lorsque les compatriotes d'Archimède croyaient que le monument n'existait plus. Cicéron, étant questeur en Sicile, le découvrit au milieu des ronces, qui le cachaient en partie.

Plutarque dit qu'Archimède prisait beaucoup plus ses découvertes géométriques que ses inventions mécaniques, et qu'il n'écrivit point sur ces dernières; du moins il ne nous reste aucune indication précise d'ouvrages où elles soient décrites, si ce n'est à l'égard d'une sphère qui, suivant Cicéron, représentait les mouvements des astres dans les rapports de leurs vitesses respectives. Nous avons parlé de cette sphère dans l'histoire de la mesure du temps dans l'antiquité.

BERTHOUD (Ferdinand).

Ferdinand Berthoud naquit à Plancemont (canton de Neufchâtel), le 19 mars 1727. Son père l'avait d'abord destiné à l'état ecclésiastique ; mais le jeune Berthoud, ayant eu occasion d'examiner, à l'âge de 16 ans, le mécanisme d'une horloge, devint passionné pour l'art mécanique et s'y livra entièrement.

Ce fut en 1745 que Berthoud se fixa définitivement à Paris, où il devait bientôt obtenir les plus grands et les plus légitimes succès. Il établit ses ateliers rue de Harlay, tout près de la maison qu'occupait encore alors Julien Le Roi.

Berthoud avait fait d'assez bonnes études et il possédait à un haut degré les sciences exactes, qui lui furent d'une grande utilité pour accomplir ses immenses travaux chronométriques, pour établir des principes solides, signaler des erreurs préjudiciables à l'art, et enfin pour écrire des livres dans lesquels il s'est montré, non pas écrivain distingué, — son style est lourd, sa phrase est souvent inintelligible, — mais habile praticien et savant théoricien.

Les principaux ouvrages de Berthoud sont : l'*Essai sur l'horlogerie*, l'*Histoire de la mesure du temps*, et le *Traité des horloges marines*. Le premier, quoiqu'il contienne de notables erreurs, est un excellent ouvrage, qui a rendu d'éminents services à l'art et aux artistes ; il eut un très-grand succès à son époque, et même aujourd'hui, malgré les immenses progrès de l'horlogerie contemporaine, on le consulte encore assez souvent. Le second, qui contient aussi bien des erreurs, est une compilation intéressante de tous les livres ou mémoires relatifs à la mesure du temps. Le troisième est peu lu et même peu connu. L'auteur cherche à prouver dans ce livre qu'il est l'inventeur des montres dites *à longitudes*; il décrit minutieusement toutes les pièces qu'il a exécutées concernant cette invention. Ces pièces sont certainement fort belles pour l'époque, mais il n'est pas vrai qu'il ait inventé les montres à longitudes ; et, si on veut bien se rappeler ce que nous avons dit pages 214, 215 et 216, c'est à Pierre Le Roi que la France doit l'invention de ces machines, comme l'Angleterre la doit à Harisson. D'ailleurs, bien avant Harisson et Pierre Le Roi, Huyghens et Sully s'étaient occupés de la fabrication des horloges à longitudes. Il est vrai que les essais de ces deux habiles horlogers n'avaient pas réussi.

Les succès de F. Berthoud le firent successivement nommer horloger-mécanicien de la marine, membre de l'Institut, membre de la Société royale de Londres, chevalier de la Légion d'honneur, etc. Il fut souvent appelé à l'honneur de présider le Jury d'exposition pour l'industrie nationale. Il s'acquitta de cette honorable mission à la satisfaction de tous les hommes de talent dont il eut à apprécier les œuvres.

Ferdinand Berthoud mourut le 20 juin 1807, d'une hydropisie de poitrine, en sa maison de Groslay (canton de Montmorency).

BERTHOUD (Louis).

Nous croyons faire plaisir à nos lecteurs en mettant sous leurs yeux cet article nécrologique, qui a été écrit par A. Janvier, quelques jours après la mort de Louis Berthoud.

« Si le nécrologe est destiné aux artistes, comme aux savants et aux gens de lettres, M. Louis Berthoud, horloger de la marine, mérite assurément d'y trouver une place distinguée.

» Élève et neveu de Ferdinand Berthoud, il commença dès l'âge de 12 ans à donner des indices de cette profonde intelligence qui devait le guider un jour dans la recherche des longitudes par la mesure du temps. Il a prouvé qu'un travail opiniâtre, soutenu par une étude constante, peut atteindre à la perfection et produire des chefs-d'œuvre. Avec tous les avantages qui donnent la célébrité, il avait un tel désintéressement, qu'il ne lui était jamais venu dans l'esprit de songer à la fortune.

» Modeste dans toute sa conduite, exempt d'ambition, étranger aux petits calculs de la vanité, cet artiste du premier ordre vivait retiré à Argenteuil : c'est là que, dans le silence du cabinet, loin du tumulte et des distractions de la ville, il a construit et exécuté plus de 150 montres marines, plusieurs montres compliquées, dont quelques-unes sont des répétitions à secondes à équation par les aiguilles, etc. (1); c'est là qu'il a formé quatre élèves qui lui avaient été confiés en exécution d'un décret de Sa Majesté l'empereur et roi. Il avait à peine commencé l'instruction de ses propres enfants, lorsque la mort est venue le surprendre le 17 du mois dernier.

» La perte de L. Berthoud sera vivement sentie par les navigateurs et les savants, à qui ses montres ont été si éminemment utiles, comme on peut s'en convaincre en lisant les relations du contre-amiral d'Encateaux et du célèbre voyageur baron de Humboldt, dont les vastes connaissances, l'infatigable activité et le rare courage font tant d'honneur au caractère et à l'esprit humains ; par ses amis, qu'il accueillait avec la plus touchante aménité lorsqu'ils se permettaient d'aller le distraire un moment de ses pénibles occupations ; enfin, par une

(1) Voy. *Entretiens sur la marine*, par Louis Berthoud, page 12.

épouse et des enfants chéris, qu'il laisse, l'une inconsolable et les autres sans état. On pourra demander sans doute comment il est possible que Louis Berthoud, si bien instruit, dès l'âge de 12 ans, du prix du temps, ait attendu aussi tard pour donner à ses enfants les premières leçons d'un art qu'il exerçait avec tant de succès!.... Citoyens généreux, qui partagez les regrets d'une perte en quelque sorte irréparable, et vous qui honorez l'art de l'horlogerie et maniez, ainsi que moi, la lime et le burin depuis l'âge de 10 à 12 ans pour acquérir une lueur de réputation, que de honteuses rivalités osent nous disputer sans cesse, gardons-nous de juger les motifs inconnus de cet oubli, de peur que nous ne soyons jugés nous-mêmes avec trop de sévérité..... Eh! qui d'entre nous ne sent pas combien cet être profondément sensible dut avoir l'âme déchirée au moment où l'éternité vint le dérober à jamais aux objets de sa plus tendre affection? Qui d'entre nous ne forme pas des vœux pour que la munificence du gouvernement s'étende sur les restes précieux de cette famille, dont le chef consacra sa vie entière au service de la marine?

» A. JANVIER. »

Le document suivant explique les genres de perfectionnement que l'horlogerie nautique doit à Louis Berthoud.

« Il y a loin de l'invention à la perfection, et, si le génie qui invente mérite notre admiration, celui qui perfectionne a des droits à notre reconnaissance. Aussi, tout en rendant justice aux Huyghens, aux Sully, aux Harisson, aux Le Roy, aux Ferdinand Berthoud, nous devons de grands éloges à l'artiste célèbre qui a enfin porté au plus haut degré de perfection les montres à longitudes, instrument précieux si longtemps désiré et si longtemps l'objet des recherches de tant de savants.

» Ce fut en 1773 que l'on éprouva l'utilité des premières horloges marines; mais la grandeur de ces horloges les rendait incommodes et susceptibles de se déranger par les moindres commotions.

» En 1782, à Londres, et en 1786, à Paris, on fit des horloges marines portatives plus sûres, plus solides et mieux finies que les précédentes. Pierre Le Roi et Ferdinand Berthoud furent proclamés, par la reconnaissance publique, pour avoir atteint le plus près le degré de perfection désiré; mais ces savants ont été enlevés aux arts sans avoir laissé des élèves dignes de leur succéder. Cependant tous les navigateurs, tous les gouvernements étaient intéressés à conserver cette invention utile et à la porter à sa perfection.

» Louis Berthoud, neveu du célèbre Ferdinand, se sentit capable d'une pareille entreprise, et, sans s'effrayer des difficultés qu'il avait à vaincre, il a dépassé de beaucoup les succès et la gloire de ses prédécesseurs.

» Le premier fruit de ses essais fut une petite montre marine, portative au gousset, qui lui avait été demandée par M. Chassenay de Puységur, et qu'il livra en 1787. M. Cassini, directeur de l'Observatoire, fut chargé d'en suivre la marche, et elle supporta pendant dix-huit mois toutes les épreuves possibles, dans tous les degrés de température, sans perdre de sa bonté primitive; mais, jaloux de ne publier le résultat de ses essais qu'après une plus longue série d'expériences, Louis Berthoud se contenta de déposer à l'Académie des sciences les pièces les plus essentielles qui constituaient ses montres à longitudes.

» En l'an VI, l'Institut de France avait proposé un prix au mécanicien qui ferait la meilleure montre marine. La commission chargée d'examiner les pièces resta longtemps indécise sur deux montres qui avaient été présentées. Toutes deux étaient parfaites; toutes deux, soumises aux épreuves les plus rigoureuses, étonnèrent par leur régularité, comme elles étonnaient par le fini de leur exécution; et les commissaires prononcèrent enfin que le prix proposé par l'Institut devait être partagé entre les auteurs de ces deux montres, attendu qu'après six mois d'expérience ils les trouvaient d'une régularité telle, qu'au bout de deux mois de navigation elles offraient, à un demi-degré près, la longitude.....

» Ces deux montres étaient de Louis Berthoud.

» En l'an X, ce savant artiste fit connaître le mécanisme de ses montres marines, et il exécuta, dans la plus grande perfection, une horloge astronomique dans laquelle les effets du frottement sont diminués par des procédés extrêmement ingénieux.

» Tant de preuves d'un talent aussi précieux ont déterminé le gouvernement à confier à cet habile mécanicien des élèves qui déjà marchent sur ses traces. Il est, en effet, de la plus grande utilité de cultiver un art qui offre les moyens de déterminer aussi exactement les longitudes en mer, d'apprécier l'effet des courants, de décider les atterrages, de rectifier les cartes marines et de corriger enfin les erreurs de la navigation. »

Louis Berthoud avait d'abord demeuré rue de Harlay, à Paris; mais dans les dernières années de sa vie il était allé s'établir à Argenteuil, où il mourut en 1813, à l'âge de 59 ans.

BREGUET.

Breguet est de tous les horlogers de l'Europe celui qui tient la plus large place dans l'histoire de l'horlogerie au dix-neuvième siècle, et le nom de cet artiste est désormais à l'abri des atteintes du temps. C'est que

Breguet possédait une haute intelligence, une intelligence naturelle; car, comme nous le verrons bientôt, il n'avait pas poussé bien loin ses études classiques. Ce qu'il savait, il l'avait appris seul, par sa ferme volonté, fécondée par le génie heureux dont la nature l'avait doué. Il a fait faire de grands progrès à l'horlogerie ; mais aussi, dans sa longue et laborieuse carrière, il a eu le talent ou le bonheur de trouver des ouvriers d'élite qui l'ont puissamment secondé et qui savaient comprendre et exécuter les chefs-d'œuvre qu'il inventait ; puis aussi, comme Julien Le Roi, Breguet ne marchandait pas le travail bien fait : il savait encourager, récompenser le mérite partout où il le trouvait. Se conduisait-il ainsi par calcul ou par générosité ? Peu importe ; nous jugeons les faits sans scruter la conscience ; et d'ailleurs, nous pouvons dire que tous les ouvriers qu'occupait habituellement Breguet n'ont eu qu'à se louer de ses procédés généreux à leur égard. Parmi ces ouvriers, dont quelques-uns étaient de savants praticiens, nous ferons un devoir de nommer, afin de les associer à la gloire du maître, MM. Perrelet, Moinet, Merceron, Renuvier, Désanclos, Benoist, Perrucet, Raimond, Junte, Amiel, Gravant, Bernauda, etc.

Breguet (Abraham-Louis) naquit à Neufchâtel en Suisse, le 10 janvier 1747. Sa famille était d'origine française. Le jeune Breguet ne montra pas de grandes dispositions pour les études classiques, et d'ailleurs il n'avait pas encore 12 ans lorsqu'on le retira du collége. Son père était mort environ deux ans auparavant, sa mère, qui était jeune encore, se remaria avec un horloger. Celui-ci donna des leçons d'horlogerie à Breguet, qui d'abord ne les reçut qu'avec indifférence et ennui. Peu à peu cependant les combinaisons mécaniques l'intéressèrent et sa répugnance cessa. Lorsqu'il eut atteint l'âge de 15 ans, son beau-père le conduisit à Paris, et bientôt il le plaça chez un horloger de Versailles, qui lui fit faire un apprentissage régulier.

Les parents de Breguet ne firent pas fortune. et lorsqu'ils moururent ils ne lui laissèrent pour tout héritage qu'une jeune sœur dont il avait être désormais le seul soutien. Sa constance triompha de tous les obstacles ; un travail assidu, une conduite régulière le mirent à même, non-seulement de subvenir à tous leurs besoins, mais encore de suivre un cours de mathématiques ; car déjà il pressentait que la connaissance des sciences exactes était pour lui un préliminaire indispensable. Son précepteur fut l'abbé Marie, savant modeste, qui sut apprécier l'intelligence ou plutôt le génie naissant de son élève. C'est à partir de ce temps que Breguet, surmontant toutes les difficultés de sa position, vit son nom sortir de la foule et se mêler aux noms destinés à vivre dans l'histoire.

Un jour, le duc d'Orléans, étant à Londres, montra une montre de Breguet à l'horloger Arnold, qui passait pour le premier de l'Europe. Arnold, après avoir admiré le mécanisme de ce chef-d'œuvre, dont il pouvait mieux que tout autre apprécier l'exécution, se hâta de venir à Paris pour y faire connaissance avec notre artiste ; et en partant il lui confia son fils, John Arnold, qui resta deux ans sous ce nouveau maître, et qui, plus tard, devint un des meilleurs horlogers de l'Angleterre.

Lorsque la Révolution française éclata, Breguet, quoique totalement étranger à la politique, devint suspect au parti dominant ; mais grâce à quelques personnages influents, il lui fut permis de quitter la France. Il se rendit alors dans la Grande-Bretagne et il y resta deux ans. Un ami généreux, M. Desnay-Flytche, voulut qu'il fût pendant ce temps à l'abri de la nécessité, et le força d'accepter un portefeuille garni de bank-notes. Breguet put donc se livrer exclusivement à des recherches mécaniques ; c'est ce qu'il fit avec son fils, qui l'avait accompagné dans son exil. Revenu en France après avoir augmenté le fonds de ses connaissances, il y trouva ses établissements détruits ; mais les secours de ses amis et les nouveaux moyens de succès qu'il apportait l'eurent bientôt mis à même de relever ces établissements et de les agrandir.

Ce fut à compter de l'époque où il rentra en France que Breguet fit ses plus beaux chefs-d'œuvre, qui bientôt lui méritèrent une célébrité universelle et sans rivale. Du reste, nul incident remarquable ne vint troubler sa longue et paisible carrière. Il fut nommé successivement horloger de la marine, membre du Bureau des longitudes, et enfin membre de l'Institut. En 1823, il fut membre du Jury pour l'examen des produits de l'industrie, et ce fut peu de temps après avoir rempli ces fonctions momentanées qu'il fut frappé de mort, le 17 septembre 1823. Sa fin rappelle celle d'Euler, qui, lui aussi, mourut en quelques instants, sans avoir éprouvé les atteintes douloureuses de l'agonie.

Des discours furent prononcés sur la tombe de Breguet par MM. Arago, Charles Dupin et Ternaux aîné. Népomucène Lemercier consacra des vers à sa mémoire.

Breguet, malgré sa haute position sociale, et quoiqu'il fût revêtu des plus hautes dignités, était simple dans ses manières et dans son langage. Parfois, surtout avec ses amis, il était d'une naïveté charmante, d'un enjouement réel et par conséquent communicatif. Dans les dernières années de sa vie, son ouïe s'affaiblit successivement, et il finit par la perdre tout à fait. Cette infirmité lui fut pénible sans doute, mais il la supporta avec résignation.

BRIDGES (HENRI).

Henri Bridges naquit à Londres, vers la fin du seizième siècle. Il acquit une assez grande réputation dans l'art de construire les horloges à automates. Il en fit plusieurs pour Charles Ier qui eurent beaucoup de succès. Celle qu'il fit pour le duc de Buckingham est d'une architecture assez élégante ; elle marquait, outre les heu-

Krauss del.   Bisson et Cottard sc.

HORLOGE DU XVIIᵉ SIÈCLE
exécutée par Henri Bridges, horloger anglais.

F. Sère dir ext

res, le quantième du mois, les jours de la semaine, le lever et le coucher du soleil, les phases de la lune, les signes du zodiaque, etc., et de plus, comme les horloges monumentales des quinzième et seizième siècles, elle fai-

Henri Bridges.

sait mouvoir une grande quantité de figures allégoriques. Le portrait de Henri Bridges que nous donnons ici est la reproduction exacte de celui qui existe dans la collection des gravures de la Bibliothèque nationale.

CTÉSIBIUS.

Ctésibius florissait en Égypte, sous le règne de Ptolémée Évergète II, vers la 164ᵉ olympiade (environ 121 ans avant Jésus-Christ). Né dans une condition obscure, il dut à son seul génie ses talents et sa célébrité. Fils d'un barbier, il exerça lui-même cet état, et ce fut au milieu des occupations et des instruments de sa profession qu'il fit l'une des découvertes auxquelles il dut sa réputation. Il remarqua que les contre-poids d'un miroir mobile, en glissant dans le tube qui les contenait, occasionnaient, par la pression de l'air, un son prolongé. Cette observation lui donna l'idée des orgues hydrauliques, dont on a fait encore usage dans les temps modernes. Il fabriqua, sur ce principe, une espèce de vase en forme de trompe, où l'eau qu'on y lançait rendait un son éclatant. Cet instrument parut si merveilleux, qu'on le consacra dans le temple de Vénus-Zéphyrides. Ctésibius en inventa beaucoup d'autres, dont Vitruve a laissé la description; un des plus remarquables est la clepsydre ou horloge mécanique, qui, mue par l'eau, montrait les heures de nuit et de jour par un index mobile sur une colonne. (Nous avons donné, d'après Vitruve, la description d'une de ces machines.)

On croit aussi que Ctésibius imagina la pompe foulante et aspirante, à deux corps de pompe, qui porte encore son nom et qui a été perfectionnée par le chevalier Morland.

Philon de Byzance lui attribue encore l'invention du belopeœca, machine assez semblable à notre fusil à vent : c'était un tube d'où l'air, fortement comprimé, poussait un trait.

Ctésibius avait composé sur les machines hydrauliques un traité qui ne nous est pas parvenu. Sa femme, nommée Thaïs, avait aussi de grandes connaissances analogues à celles de son mari. Pline, Athénée, et surtout Vitruve, parlent avec admiration des talents et des ouvrages de Ctésibius : cet homme célèbre fut père de Héron l'Ancien, dont la réputation égala si elle ne surpassa pas la sienne.

ELLICOTT.

John Ellicott a joui d'une très-grande célébrité: il inventa une méthode pour corriger les effets de la dilatation et de la contraction du pendule. Il fut membre de la Société royale de Londres. Les montres et les pendules que fit cet artiste sont encore très-recherchées en Angleterre.

John Ellicott mourut à Londres en 1772.

FINÉ (ORONCE).

Le célèbre Oronce Finé naquit à Briançon, petite ville du Dauphiné, en 1494. Son père, François Finé, exerçait la profession de médecin, dans laquelle il se fit une bonne réputation. Il était beaucoup plus instruit que la plupart des médecins de son époque, et il aurait pu guider son fils dans la carrière des sciences à laquelle

Oronce Finé.

il le destinait; mais malheureusement il mourut à un âge peu avancé, et le jeune Oronce, à peine âgé de 11 ans, resta sans guide et sans soutien. Son père, avant de mourir, l'avait recommandé à un de ses compatriotes, Antoine Sylvestre, qui professait les belles-lettres au collége de Montaigu, à Paris. Ce savant professeur voulut bien se charger de l'éducation d'Oronce Finé, et il le fit entrer au collége de Navarre, où il fit ses humanités, puis sa philosophie.

Oronce se montra de bonne heure passionné pour les sciences mathématiques, et il y fit de rapides progrès. Il étonnait ses professeurs par la facilité avec laquelle il expliquait les principes les plus difficiles de la géométrie, de l'algèbre et de la mécanique.

En 1517, François 1er envoya le Concordat à l'Université; il y rencontra beaucoup d'opposition: plusieurs professeurs et beaucoup d'écoliers refusèrent de le recevoir; de ce nombre fut Oronce Finé, qui se mit en quelque sorte à la tête du mouvement insurrectionnel qui se manifesta au collége de Navarre. Le roi, qui ne voulait pas laisser fléchir son autorité, fit incarcérer tous les écoliers qui avaient pris part à ce mouvement, et Oronce Finé fut claquemuré dans un des cachots du petit Châtelet. Il y resta jusqu'en 1524, et en en sortant il se promit bien de ne plus désobéir aux ordres du roi. Antoine Sylvestre, son protecteur, ne l'abandonna pas pendant sa captivité, et il obtint la permission d'aller le voir quelquefois et de lui faire passer des livres français et étrangers, qu'il lisait avec avidité et qui augmentaient ses connaissances. Ce fut peut-être cette captivité qui lui donna ce goût prodigieux pour les sciences abstraites et qui l'habitua de bonne heure à la méditation et au travail.

Lorsque Oronce Finé recouvra sa liberté, il se mit à donner des leçons publiques de mathématiques au collége de maître Gervais; ces leçons, qui étaient fort suivies, lui firent en peu de temps une très-haute réputation, et, en 1530, François Ier, qui aimait à protéger les savants, lui permit de prendre le titre de mathématicien du roi, et le nomma à la chaire de mathématiques du collége royal. C'était une faveur dont il fut reconnaissant; car on voit dans le canon des éphémérides de 1543 qu'il adressa une épître en vers à François Ier, dans laquelle il exprime à ce prince toute la reconnaissance dont il était pénétré.

Cette épître, dans laquelle Oronce Finé montra son talent poétique, avait pour but de faire comprendre au roi *la dignité, la perfection et l'utilité des mathématiques*. Ce sujet, comme on voit, se prêtait peu aux images de la poésie; mais sous le règne de François Ier on n'était pas très-difficile sur la qualité des vers français ou latins, et ceux de notre mathématicien eurent beaucoup de succès.

Depuis sa nomination à la chaire de mathématiques du collége royal jusqu'à sa mort, Oronce Finé ne cessa pas un seul instant de s'occuper d'astronomie et de géométrie, et il composa, si l'on en croit Nicéron (voy. le tome XXXVIII de ses *Mémoires*), 32 ouvrages sur ces sciences. Ces ouvrages, qui sont en partie dans la Bibliothèque nationale de Paris, ne sont que des opuscules qui n'ont rien de bien curieux pour les savants de notre époque; mais on conçoit la faveur qui les accueillit à l'époque de François Ier.

Oronce fut un des nombreux investigateurs des arcanes géométriques. La quadrature du cercle, la duplication du cube, l'inscription dans le cercle des polygones à côtés en nombre impair, sont l'objet de deux de ses ouvrages, dont l'un contient une préface d'Antoine Mizauld, ami particulier de Finé. On voit dans ces ouvrages que notre savant professeur de mathématiques n'était pas exempt des erreurs de son siècle et qu'il croyait aux absurdes combinaisons de l'astrologie judiciaire.

Oronce eut des disputes scientifiques avec Jean Borel et Pedro Nunes, célèbre professeur de l'université de Coïmbre, à propos de ses erreurs concernant la quadrature du cercle. La principale erreur d'Oronce Finé consistait en ce qu'il faisait la circonférence du cercle égale à la moindre des deux moyennes proportionnelles entre le contour du carré inscrit et celui du carré circonscrit.

Le titre de mathématicien du roi donnait à Finé le droit d'être reçu à la cour; où il se faisait remarquer par un esprit vif et pénétrant qui jetait un charme tout particulier dans les conversations auxquelles il prenait part. François Ier lui-même ne dédaignait pas parfois de se mêler à ces conversations, dans lesquelles il faisait pétiller les étincelles de son esprit.

Outre la faveur dont Oronce jouissait à la cour, sa maison était le rendez-vous des ambassadeurs et des princes étrangers, des dignitaires de l'Église, des savants, des grands artistes et des beaux-esprits. Le cardinal de Lorraine était un des habitués de la maison d'Oronce; mais sa fierté et sa rigidité n'en faisaient pas un convive agréable. Cependant il se distinguait par de très-hautes connaissances en astronomie, en géométrie, et surtout en mécanique, qui était sa science de prédilection.

Ce goût que le prince-cardinal de Lorraine manifestait pour la mécanique et l'astronomie lui donna l'idée de faire faire par Oronce Finé une horloge planétaire comme il n'en existait pas alors en Europe. Oronce lui traça le plan de cette machine; il en calcula les rouages, en dessina l'enveloppe extérieure, etc., et il se mit à l'œuvre en 1546. Cette horloge fut terminée en 1553, et elle fut l'objet de l'admiration générale. Le cardinal la fit placer dans son cabinet, et à sa mort il en fit don à la Bibliothèque des génovéfins : elle est encore aujourd'hui à la Bibliothèque de Sainte-Geneviève, dans la salle des manuscrits.

Avant de mourir, le cardinal avait fait faire la description en français de cette curieuse horloge; le manuscrit où elle était décrite se retrouva dans les papiers du duc, d'où il passa entre les mains des génovéfins. Ce manuscrit était encore dans la Bibliothèque de Sainte-Geneviève vers l'année 1828 : depuis lors il a disparu; car, malgré toutes les recherches que nous avons faites, secondé que nous étions par MM. les bibliothécaires de cet établissement, notamment par le savant et très-obligeant M. Ferdinand Denis, nous n'avons pas pu retrouver ce document. Du reste, la reproduction que nous en avons donnée pages 158, 159, 160 et 161, est parfaitement exacte.

On pourrait croire qu'Oronce Finé, après avoir été le commensal de deux rois et après avoir accompli des œuvres magnifiques pour son époque, mourut riche et comblé d'honneurs; il n'en fut rien : ce célèbre mathématicien fut abandonné par Henri II, par les grands personnages qui composaient sa cour et par le cardinal de Lorraine lui-même, et il mourut, sinon dans la misère, du moins dans une extrême pauvreté. Ce ne fut qu'après sa mort que l'on s'aperçut qu'on avait perdu un grand homme.

Oronce Finé laissa six enfants : une fille et cinq garçons; mais ceux-ci ne furent pas malheureux, le nom de leur père leur procura des Mécènes; ils obtinrent tous des places à la cour ou chez les grands seigneurs; quelques-uns d'entre eux se distinguèrent par leur talent. Tel fut l'héritage que Finé laissa à sa postérité.

La mort d'Oronce Finé arriva le 6 octobre 1555. Ce fut sans doute pour faire allusion aux persécutions qu'il avait éprouvées dans sa jeunesse qu'il prit pour devise ces mots : *Virescit vulnere virtus.*

GRAHAM.

George Graham naquit en 1674; il mourut, comme Tompion, dont il avait été l'élève, en 1751; il avait alors 77 ans. Cet horloger est un de ceux qui font le plus d'honneur à l'Angleterre. Il a inventé l'échappement à cylindre et perfectionné celui à ancre à repos, qui est encore aujourd'hui un des meilleurs échappements que l'on emploie dans les pendules et dans les horloges. On lit dans les *Transactions philosophiques* pour les mois de janvier et février, année 1726, 1 vol. in-8°, le compte rendu des expériences que fit Graham pour obtenir, par le mercure, la compensation des effets de la chaleur et du froid sur le pendule. Ce célèbre artiste, dont les connaissances étaient fort étendues, exécutait avec une grande perfection les instruments de mathématiques, et ce fut lui qui fut chargé d'exécuter ceux que les savants français emportèrent dans le Nord pour déterminer la figure de la terre.

HARISSON.

Harisson fut un de ces hommes qui, nés dans l'obscurité, devançant leur siècle dans la carrière des scien-

Harisson.

ces et s'élèvent un jour sur la scène du monde, qu'ils illuminent par leur génie. Ce grand horloger naquit à

Barrow, dans le comté de Lincoln, près de Barton-sur-l'Humbert. Son père était menuisier et lui donna sa profession; mais ce jeune ouvrier ne s'en tint pas là. Un goût inné pour la mécanique se manifesta de bonne heure en lui, et à ses heures de récréation, souvent même la nuit, à la lueur d'une faible lampe, il construisait les rouages en bois; il fit plus : sans maître, sans aucun livre et sans aucune indication, et à un âge où l'intelligence n'a pas encore pu se développer, il exécuta une petite horloge en bois et en cuivre dans laquelle il introduisit un échappement de son invention. Cet échappement, dont les biographes de l'Angleterre ne donnent pas la description, marchait sans huile et sans produire aucun frottement; les pivots et les dentures n'étaient pas sujets à l'usure, etc., etc.

Lorsque Harisson eut tout à fait la conscience de son génie pour la mécanique et l'horlogerie, il quitta son village et vint à Londres pour s'y faire connaître et y exercer ses nouveaux talents, et aussi pour y acquérir, par l'étude et le travail, les sciences mathématiques qui sont la base de l'art si difficile de mesurer le temps.

Dès 1726, Harisson s'était déjà fait un beau nom en Angleterre : il était alors parvenu à corriger la dilatation des verges de pendules qui, adaptées à des horloges, donnaient un résultat tel, que ces horloges ne variaient pas, disent les historiens, d'une seule seconde par mois. Mais Harisson ne borna pas là ses succès : il voulait un triomphe et il l'obtint par son invention des montres dites à longitudes.

Disons d'abord par quelles circonstances il fut amené à tenter de faire cette découverte. Avant l'invention des chronomètres ou montres marines, il était difficile aux navigateurs de se rendre compte de l'endroit précis sur lequel voguait le navire, et par conséquent ils n'étaient pas toujours certains d'éviter un écueil quelconque; ils ne pouvaient pas non plus s'assurer avec exactitude de la distance où ils se trouvaient d'une île ou d'un continent. En un mot, il était impossible alors de résoudre ce problème qui consiste à savoir quelle heure il est sur le vaisseau et quelle heure il est, au même instant, au lieu du départ, soit Brest, soit tout autre port. Il n'est pas difficile de trouver l'heure qu'il est sur un navire en observant la hauteur du soleil ou d'une étoile; la difficulté se réduit à trouver, en tout temps, en tout lieu, l'heure qu'il est au port d'où l'on est parti. La connaissance de la longitude en mer était donc d'une importance extrême pour la navigation. Heureusement (ce n'était pas comme à présent) qu'il se trouvait, au dix-septième et au dix-huitième siècle, à la tête de divers gouvernements de l'Europe, des hommes qui savaient récompenser les artistes de talent, et ce fut à l'aide de leurs puissants encouragements que l'on dut les instruments propres à trouver la longitude en mer.

Philippe III, qui monta sur le trône d'Espagne en 1598, promit une récompense de cent mille écus en faveur de celui qui ferait cette découverte. Les États de Hollande imitèrent bientôt l'exemple de ce prince et promirent un prix de trente mille florins pour cet objet.

Les Anglais, devenus, au commencement du dix-huitième siècle, les premiers navigateurs de la terre, ne pouvaient manquer de s'intéresser à la science des longitudes; aussi, le 30 juin 1714, le parlement d'Angleterre ordonna un comité pour l'examen des longitudes, etc. : Newton, Clarke et Wisthon y assistèrent. Newton présenta un mémoire dans lequel il exposa différentes méthodes propres à trouver les longitudes en mer et les difficultés de chacune. Pour l'honneur de l'horlogerie, le premier moyen proposé par le plus grand homme qui ait paru dans la carrière des sciences est la mesure exacte du temps. Le résultat des conférences fut qu'il convenait de passer un bill pour l'encouragement d'une recherche si importante; il fut présenté par le général Stanhope, Walpole, depuis comte d'Oxford, et le docteur Samuel Clarke, assistés de M. Wisthon. Il passa à l'unanimité. Nous avons donné la traduction de cet acte ou statut de la douzième année de la reine Anne. (Voy. pages 212 et 213.)

Ce fut par suite de cet encouragement que Harisson tenta de découvrir la longitude par le moyen d'une horloge de précision; mais ce qu'il lui fallut de temps, de soins et de persévérance pour arriver à ce résultat est au-dessus de toute expression. Cet artiste passa plus d'un an à essayer tous les échappements connus à son époque ou pour en inventer un meilleur et plus propre à maintenir, pendant une longue traversée, la régularité de la marche de son garde-temps. L'échappement qu'il adapta à cette machine fut celui dit à palettes en rubis, dont Ferdinand Berthoud a donné la description dans son *Essai sur l'horlogerie*, et dont on a donné aussi la description dans la grande encyclopédie anglaise, édition d'Édimbourg. Harisson s'occupa aussi du système de compensation des effets de la chaleur et du froid sur son balancier et son ressort-spiral. Ce système fut adopté plus tard par Ferdinand Berthoud dans ses premiers chronomètres; il consistait en un appareil de seize tringles de laiton et d'acier trempé, ajustées par des chevilles dans des traverses. Ces tringles poussaient un premier levier, et celui-ci en plus petit qui portait le *pince-spiral*, au moyen duquel ce ressort était allongé ou raccourci par les différents degrés de froid ou de chaleur; ce petit levier se trouvait toujours pressé contre le grand par un ressort. Après plusieurs autres combinaisons pour arriver à diminuer le frottement des pivots du balancier et pour assurer le libre développement du ressort moteur dans son barillet et la transmission d'une égale force sur les premiers comme sur les derniers mobiles, Harisson eut lieu de croire qu'il avait réussi; car Halley, Bradley, Machin, Graham et Schmit, qui examinèrent son garde-temps, déclarèrent, dans un écrit signé par eux, qu'il avait découvert et exécuté avec beaucoup de peines et de dépenses une machine pour mesurer le temps en mer, sur des principes qui paraissaient promettre une précision très-suffisante pour trouver la longitude, et qu'en conséquence ils estimaient que Harrison avait mérité le plus grand encouragement de la part du public, et qu'il importait de faire l'épreuve des différentes inventions par lesquelles il était parvenu à prévenir les irrégularités qui proviennent naturellement des différentes températures et du mouvement des vaisseaux.

Harrison publia les principes de sa montre dans un mémoire qu'il écrivit lui-même et qui parut à Londres en 1767. Ce grand artiste, dont s'honore avec juste raison l'Angleterre, mourut le 24 mars 1776 ; il était alors âgé de 82 ans. (V. *Hist. des math.*, tom. IV. *Connaiss. des temps*, 1765, 66, 67. Voir aussi le mémoire de Harrison, intitulé « *Description concerning of time, mécanisme as Will afford a nice or true Mensuration of time;* Lond., 1767. »)

HUYGHENS.

Christian Huyghens naquit à La Haye, le 14 avril 1629. Le père de cet homme célèbre était secrétaire et conseiller des princes d'Orange.

Le jeune Huyghens puisa de bonne heure, dans la maison paternelle, l'amour de la gloire et l'enthousiasme pour les grands hommes. Envoyé à Leyde en 1644 pour étudier en droit, il voulut connaître la géométrie de Descartes. Schooten fut son guide : bientôt le jeune géomètre enrichit de remarques nouvelles et ingénieuses le commentaire que son maître a donné sur la géométrie de Descartes; et dès 1651 il fut, dit Condorcet, en état de relever des erreurs dans le grand ouvrage de Grégoire de Saint-Vincent, que les jésuites et les envieux de Descartes voulaient placer à côté de celui de ce grand philosophe.

Nous ne prétendons pas mentionner ici toutes les découvertes que fit Huyghens dans la géométrie et dans l'astronomie ; elles sont nombreuses et importantes, mais elles s'écartent de notre sujet. Nous nous bornerons à dire que ce savant astronome est de tous les savants, comme de tous les horlogers de l'Europe, celui qui a rendu les plus éminents services à l'horlogerie. On peut dire qu'il a créé de nouveau cet art en adaptant le pendule aux horloges et le ressort - spiral au balancier des montres. Que l'on se figure en effet ce que c'était qu'une horloge sans pendule (à foliot) et une montre à balancier sans ressort-spiral ! Quelle régularité pouvait-on attendre de ces instruments? Aucune. C'est donc avec raison que nous disons que par ses admirables découvertes Huyghens a créé de nouveau l'art chronométrique, qui plus tard devint l'auxiliaire obligé de la science astronomique et de presque toutes les autres sciences positives.

Huyghens fut souvent mêlé aux grands personnages de son époque. En 1649, il accompagna en Danemark le comte Henri de Nassau. Descartes était alors en Suède; Huyghens désirait passionnément de le voir, et il était déjà digne de converser avec lui; mais le comte de Nassau retourna trop tôt en Hollande. Huyghens fut privé du bonheur de voir ce grand homme, près d'être enlevé à un monde qui n'en avait pas senti le prix, et

Descartes n'eut pas le plaisir de prévoir tout ce que la philosophie devait espérer de Huyghens.

Depuis l'année 1655 jusqu'en 1663, il fit plusieurs voyages en France et en Angleterre. Dans son premier séjour en France, il fut reçu docteur en droit de l'Université d'Angers, où les protestants étaient alors admis.

Appelé par Colbert en 1666, il vint à Paris jouir des encouragements que Louis XIV donnait aux sciences, et il fut, jusqu'en 1681, un des plus illustres membres de l'ancienne Académie.

Les édits contre les protestants l'obligèrent à quitter la France. On essaya en vain de le retenir : il dédaigna une protection particulière qui n'aurait pas été celle des lois, et retourna dans son pays et dans sa famille chercher la liberté et la paix. La fin de sa vie y fut troublée par des chagrins domestiques : peut-être sa famille eut-elle de la peine à lui pardonner d'avoir renoncé à tous les avantages qui auraient rejailli sur elle, et de n'avoir été qu'un grand homme.

Il avait connu Leibnitz pendant son séjour à Paris, et c'était en partie dans la société de Huyghens que Leibnitz avait senti se développer son génie pour les mathématiques.

On voit dans la correspondance littéraire de Leibnitz et de Bernouilli, où ces deux illustres amis se confient leurs plus secrets sentiments, quelle profonde estime ils avaient pour Huyghens, combien ils étaient avides de ses manuscrits et jaloux d'y trouver leurs opinions, et avec quel triomphe ils opposaient le seul jugement d'Huyghens à la foule des adversaires qu'avait attirés aux calculs de l'infini le double tort d'être nouveaux et sublimes. Si quelque chose a droit de flatter l'amour-propre, ce sont de tels éloges donnés par de grands hommes dans le secret de leur correspondance intime, et auxquels la malignité ne peut soupçonner aucun motif qui en diminue le prix.

Huyghens mourut le 5 juin 1695. On attribue sa mort à un excès de travail; du moins la perte totale de ses facultés précéda sa mort de quelques mois. Il avait éprouvé un pareil accident dans le temps de son séjour à Paris; alors un voyage dans son pays l'avait rétabli et son génie avait pu reprendre ses forces, et, ce qui est plus singulier encore, retrouver les connaissances qu'il avait oubliées. Mais après cette dernière rechute il n'eut que quelques instants lucides, et ce furent les derniers de sa vie. Il en profita heureusement pour s'occuper de ses manuscrits, et il laissa à deux de ses disciples, Valter et Fullen, le soin de les mettre en ordre.

On dit que Huyghens, étant à Paris, avait connu la célèbre Ninon de l'Enclos et fait pour elle d'assez mauvais vers. Sa conduite avec Hartsoeker, dont Fontenelle a parlé dans l'éloge de ce dernier, prouve qu'il avait une âme franche et élevée. Il eut quelques disputes littéraires, qui ont été oubliées avec le nom de ses adversaires. Le sien vivra tant que les mathématiques, l'horlogerie et les arts seront cultivés; s'il n'a pas laissé une réputation aussi brillante que celle de Newton, c'est qu'avec un génie peut-être égal il n'a fait que préparer la révolution que Newton a eu la gloire de faire dans le calcul et dans la philosophie.

JANVIER (ANTIDE).

Antide Janvier naquit à Saint-Claude, petit village du Jura, en 1751. Son père, simple laboureur, mais possédant le génie de la mécanique, avait quitté la charrue pour se livrer à la pratique de l'horlogerie, dont il avait appris les principes sans autre secours que celui de sa rare intelligence.

Ainsi, les premiers hochets du jeune Antide furent des limes, des marteaux, des tours, des archets, etc. Il se trouvait donc en parfaite position pour apprendre facilement l'art que professait son père; ce fait en effet ce qui arriva, et dès l'âge de 12 ans Antide exécutait des pièces mécaniques assez compliquées. Le père de notre jeune artiste, pressentant que son fils serait un jour un horloger d'élite, ne négligea pas son éducation : il lui fit apprendre les langues française et latine, les éléments des sciences exactes, etc.

L'éclipse de soleil du 1er avril 1764 produisit une profonde impression sur l'esprit de Janvier, et dès lors sa vocation fut arrêtée; il se livra avec ardeur à l'étude de l'astronomie. Ses progrès furent tels, en mécanique comme en astronomie, que dès l'âge de 16 ans, l'année 1767, il avait construit une sphère mouvante qui fut reçue avec les plus grands éloges par l'Académie de Besançon, le 4 mai 1768. Les magistrats de cette ville voulurent aussi donner une marque d'intérêt et de confiance au jeune Janvier, et ils le nommèrent citoyen de Besançon le 17 mai 1770. Vers la même année, Antide construisit, pour l'instruction publique, un grand planétaire de trois pieds de diamètre. Cet instrument représentait les inégalités des planètes, leurs excentricités, la rétrogradation des points équinoxiaux, les révolutions des satellites autour de leur planète principale, etc.

En 1773, le 3 novembre, cette machine, perfectionnée et réduite à dix pouces de diamètre, fut présentée à Louis XV par l'intermédiaire de M. de Sartines et de M. le duc de La Vrillière. Le jeune Janvier, qui avait vu Paris pour la première fois, et qui aussi voyait la cour pour la première fois, eut à cette présentation mémorable la redoutable imprudence de donner un démenti énergique au vieux duc-maréchal de Richelieu, premier gentilhomme de la chambre du roi. Le courtisan offensé obtint sans peine l'ordre d'enfermer à la Bastille l'artiste téméraire; mais M. de Sartines, lieutenant général de la police, prit sur lui de ne point exécuter cet ordre, et fit quitter Paris au jeune imprudent, en lui donnant toutefois un délai de quinze jours pour visiter les curiosités de la capitale.

Janvier, dégoûté de la cour et des courtisans, alla se fixer à Verdun, où il trouva dans l'évêque de ce diocèse un protecteur éclairé.

Après quelques années de séjour à Verdun, Janvier revint à Paris pour s'y procurer des objets d'horlogerie et pour y faire dorer deux petites sphères mouvantes réduites à quatre pouces de diamètre. Le hasard porta ces machines à la connaissance de M. Lalande, professeur d'astronomie au Collège de France. Le savant astronome voulut voir l'artiste. Il lui témoigna son étonnement sur la composition de ces deux petits ouvrages, et l'adressa, avec une lettre pleine d'éloges, à M. de La Ferté, intendant général des Menus-Plaisirs, qui le fit présenter au roi par M. de Fleury, premier gentilhomme de la chambre. Louis XVI, qui aimait passionnément l'horlogerie, ordonna l'acquisition des deux sphères, et elles furent placées immédiatement sur le secrétaire de sa petite bibliothèque, à Versailles.

Le caractère décidé et l'agreste franchise de l'artiste avaient plu au roi. Dix jours s'étaient à peine écoulés depuis la présentation et l'acquisition des machines, que Janvier fut attaché au service du monarque et reçut l'ordre de se rendre à Paris. Il se défendit longtemps, mais il céda enfin aux instances de Lalande, et le 5 octobre 1784 il fut logé aux Menus-Plaisirs.

Quatre années s'écoulèrent, pendant lesquelles il composa plusieurs pendules curieuses, notamment une horloge planétaire, la plus complète qui eût encore paru et que l'Académie des sciences honora de ses suffrages. Ce travail fit sensation à Paris, dans le monde savant; il fut présenté au roi le 29 avril 1789, et, après un entretien de trois quarts d'heure avec l'artiste, Louis XVI ordonna l'acquisition de cette horloge, qu'il fit placer au milieu de sa petite bibliothèque, sur laquelle il avait fait placer précédemment les deux petites sphères mouvantes du même auteur.

Déjà, le 14 février de cette même année 1789, le célèbre Lalande avait fait à l'Académie des sciences un rapport relatif à une erreur commise par les astronomes et relevée par Janvier, qui lui avait démontré l'inexactitude des calculs sur les révolutions lunaires et en avait précisé la différence Ce fait seul aurait suffi pour le placer à la hauteur des savants les plus distingués du dix-huitième siècle; mais la machine dont nous venons de parler valut à son auteur, alors âgé de 38 ans, une réputation que l'on qualifia justement d'européenne.

Cependant la révolution marchait à grands pas; Louis XVI, ramené de Versailles à Paris, avait transféré le siège du gouvernement et sa cour dans la capitale; Janvier, que son service d'horloger ordinaire appelait sans cesse auprès du roi, connaissant son goût particulier pour l'étude de la géographie, conçut et exécuta une pendule géographique indiquant l'heure dans tous les départements, sans qu'il y eût une seule aiguille sur le cadran, qui représentait une carte de France d'une projection particulière. L'échelle des longitudes était divisée en minutes de temps; elle était mobile et présentait successivement toutes ses subdivisions aux méridiens qu'elle rencontrait. Cette machine, terminée au mois d'octobre 1791, fut portée aux Tuileries pour être présentée au roi. Au jour indiqué, et quelques instants avant que Louis XVI parût, la reine se présenta et désira voir la machine. M. de Brézé la conduisit près de l'artiste, qui, lui parlant pour la première fois, s'empressa de lui expliquer son ouvrage. La princesse écouta avec attention, puis demanda comment on voyait l'heure.

Janvier lui fit d'abord remarquer le nom de la ville de Paris sur la carte, et observer ensuite que le méridien qui le traversait descendait sur l'échelle des longitudes mobiles à la minute actuelle : « Supposons maintenant, dit-il, madame, que vous voulez connaître l'heure qu'il est dans un autre lieu, à Metz, par exemple..... » A ce mot, la reine, qui était baissée pour voir de plus près le cadran géographique, se relève vivement, fait un pas en arrière en lançant un regard foudroyant sur l'artiste, et passe avec ses deux enfants et M. de Brézé, qui la suit. Janvier reste interdit, mais à l'instant il se rappelle le voyage de Metz, où le roi devait se retirer en fuyant de Versailles; voyage dont le projet n'avait pu être mis à exécution, et il ne douta pas que la reine avait pris l'indication faite au hasard de la ville de Metz pour une allusion mordante.

La reine, après réflexion, aurait dû pardonner à Janvier la faute involontaire qu'il avait commise; mais le coup était porté, cette malheureuse princesse croyait voir partout des ennemis; elle crut l'artiste coupable; et, prévenant le roi contre lui, ce prince, quoiqu'il trouvât la pendule géographique admirable et qu'il ma-

nifestât l'intention de l'acheter, fit dire bientôt après à Janvier qu'il refusait absolument son horloge.

Ce fut ainsi qu'il perdit la confiance de Louis XVI. avec qui, depuis qu'on l'avait ramené de Versailles à Paris, il avait passé fréquemment des nuits (depuis 11 heures du soir jusqu'à 2 heures du matin) à observer les satellites de Jupiter à l'aide d'une forte lunette astronomique placée au palais des Tuileries, dans un petit observatoire que le roi avait fait disposer exprès.

Pendant les orages de la révolution, Janvier fut encore utile aux sciences et aux arts, tout en servant la patrie, pour laquelle il eut constamment un amour sincère et éclairé. Chargé de diverses missions, soit pour la fabrication des armes, soit pour l'établissement des lignes télégraphiques, soit enfin comme membre de la commission temporaire des arts, adjoint au comité d'instruction publique, il remplit ces diverses missions avec l'intelligence supérieure qui le distinguait, l'activité et le courage dont son âme énergique était douée.

En 1800, Janvier, qui avait repris ses études et ses travaux habituels, présenta à la classe des sciences de l'Institut une sphère mouvante qui fut l'objet d'un rapport de M. Delambre, rapport où l'on accorde à l'artiste des éloges mérités et des encouragements flatteurs.

En 1802, il présenta à l'Exposition des produits de l'industrie française une autre sphère mouvante, qui lui valut une médaille d'or, mais qui ne put être jugée par l'Institut, parce que la description de cette machine se trouvait consignée dans l'*Histoire de la mesure du temps*, publiée par Ferdinand Berthoud. (Nous avons nous-même donné la description de cette machine à l'article *Horloges astronomiques*.

A l'Exposition de 1806, Janvier offrit une machine avec le système d'équation du temps par les causes qui la produisent. Cette pièce, construite exprès pour servir de modèle à des pendules à équation, mais d'un genre absolument neuf, fut particulièrement mentionnée dans le rapport du jury, qui contient, pour l'auteur, un nouvel hommage à son talent.

En 1810, il publia les *Étrennes chronométriques*, sur un plan plus étendu que celui qu'avait conçu Pierre Le Roi en 1760. Ce livre, quoique rempli d'excellentes choses, n'eut point le succès que l'auteur s'en promettait; il fut confondu, à cause de son titre, avec cette foule d'almanachs qui paraissent à la fin de chaque année. Ce qui prouve que ce titre nuisit à la publication, c'est que ce même livre réimprimé, en 1815 et 1821, avec quelques additions peu importantes, mais sous le titre plus convenable de *Manuel chronométrique*, etc., fut beaucoup mieux accueilli par le public.

Janvier publia successivement l'*Essai sur les horloges publiques à l'usage des communes rurales*, 1 vol. in-8; les *Révolutions des corps célestes par le mécanisme des rouages*, 1 vol. in-4; le *Précis des calendriers civil et ecclésiastique*, 1 vol. in-12, et le recueil des machines qu'il avait composées et exécutées dans sa jeunesse.

L'Exposition de 1823 fut la dernière dans laquelle Janvier montra sa supériorité. Il présenta trois pendules, dont une à équation, particulièrement remarquable par une grande simplicité de construction. Voici à ce sujet le texte même du rapport du jury : « En reconnaissant qu'il est de plus en plus digne de cette récompense (la médaille d'or), le jury croirait ne lui avoir rendu justice qu'à moitié s'il n'ajoutait pas que, par son influence et par ses conseils désintéressés, M. Janvier rend journellement des services signalés à ses jeunes émules. Personne n'est plus érudit que lui; en traduisant les ouvrages des plus grands maîtres, il a fourni aux horlogers peu versés dans la connaissance des langues anciennes les moyens d'étudier ces ouvrages; il calcule la denture des rouages pour tous ceux à qui les mathématiques ne sont pas familières; il est le conseil et l'appui de tous les jeunes artistes doués de quelque talent, et, ce qui n'est pas moins utile, leur censeur le plus sévère quand ils s'égarent. Le jury pense que personne n'a plus contribué à porter l'horlogerie française à l'état de prospérité où elle est actuellement parvenue. » (Rapport du jury en 1823, page 343.)

Telle fut la vie de Janvier, et ceux qui ne connaissent pas les dernières années qui précédèrent sa mort n'apprendront pas sans étonnement, ou plutôt sans douleur, que cet homme, le plus savant de tous les horlogers qui se sont succédé en France, et probablement en Europe, depuis 200 ans, est mort dans la misère, dans le plus complet dénûment. Il était obligé pour vivre, — pourquoi ne le dirions-nous pas? — de demander en quelque sorte l'aumône à ses amis, à ses confrères.

Nous savons bien que Janvier avait des défauts essentiels; il était sans ordre, il ne connaissait pas le prix de l'argent, il le dépensait follement, sans se préoccuper de l'avenir, etc.; mais ces défauts ne nuisaient qu'à lui-même et ne lui ôtaient pas une parcelle de son immense talent, et ce talent, qui était universellement reconnu, n'aurait-il pas dû, par exemple, lui ouvrir les portes de l'Académie des sciences, qui se sont ouvertes si souvent pour des hommes qui ne possédaient aucune science positive?

Un fauteuil académique, et il l'avait si bien mérité ! lui aurait du moins assuré du pain pour ses vieux jours, et nous ne serions pas obligé de dire aujourd'hui que, dans un pays comme le nôtre, en plein dix-neuvième siècle, Antide Janvier, l'ami, l'égal de Lalande, le rival de Ferdinand Berthoud, l'homme enfin qui fut, sinon plus habile, du moins plus savant que Breguet, fut obligé de tendre la main,..... après avoir travaillé pendant 60 ans pour la gloire et la prospérité de l'horlogerie nationale.

Hélas! il est bien vrai que, pour devenir membre d'une des classes de l'Institut, il ne suffit pas d'être doué d'un talent supérieur; il faut avant tout avoir une position dans le monde, quelque chose comme une maison à la campagne, un beau salon à la ville, et surtout une grande salle à manger.

Antide Janvier mourut le 23 septembre 1835, vers sept heures du matin; il avait conservé ses facultés intellectuelles jusqu'à son dernier moment, et il envisagea ce moment suprême avec le calme, avec la fermeté d'un homme digne de la haute intelligence qui l'avait rendu supérieur à la plupart des autres hommes de son temps.

LEPAUTE.

Cet horloger s'est particulièrement distingué dans l'art de construire les horloges monumentales, et il poussa cet art à sa dernière perfection. Il a laissé aussi de fort bons régulateurs, marquant l'équation, le lever et le coucher du soleil, les phases de la lune, etc. Il a fait, en collaboration avec le célèbre Lalande, un traité d'horlogerie dont le succès fut grand à son époque, mais il est moins utile à la nôtre, qui a vu grandir l'art sous les mains habiles des horlogers modernes.

Lepaute, comme horloger du roi Louis XVI, eut son logement au Louvre. Presque toutes les horloges qui sont encore aujourd'hui dans les châteaux royaux ont été exécutées par ce célèbre artiste, à qui l'on doit l'invention si belle de l'échappement à chevilles.

Lepaute naquit à Montmédy, en 1709; il mourut à Saint-Cloud, en 1789.

LE ROI (JULIEN).

Julien Le Roi naquit à Tours, le 8 août 1686. Sa vie fut extrêmement simple; aucun événement romanesque ne se mêla à sa vie d'artiste. Sa prédilection pour l'horlogerie se manifesta dès l'âge de douze ans. Ses moments de récréation étaient employés à l'exécution de quelques pièces de mécanique. Il parcourait avec avidité tous les livres qui pouvaient l'éclairer touchant les principes de la science à laquelle il se destinait et qu'il devait un jour illustrer par ses nombreuses et brillantes inventions.

Ses parents, loin de mettre obstacle à l'accomplissement de ses vœux, reconnurent sa vocation et le mirent en apprentissage chez un maître horloger qui lui donna d'assez bons principes.

En 1699, Julien vint à Paris, et, après avoir travaillé

pendant quelques années chez Le Bon et chez quelques autres horlogers de Paris, il fut reçu maître horloger de cette ville, en 1713.

Julien Le Roi se lia intimement avec les meilleurs artistes en horlogerie de la capitale, parmi lesquels il se fit d'abord remarquer par une singulière adresse de la main

Le Roi (Julien).

et par une célérité d'exécution presque incroyable. Cette célérité était telle que, si l'on en croit le témoignage de son fils aîné, Pierre Le Roi, il fit un mouvement de montre à répétition avec sa cadrature entre les deux fêtes Dieu, c'est-à-dire en une semaine. Mais ce grand artiste ne mit pas sa gloire à faire vite et bien des pièces d'horlogerie : il voulut fonder sa réputation sur des bases plus solides. Son but était l'amélioration progressive de l'horlogerie nationale.

Le premier ouvrage remarquable de Julien Le Roi fut une pendule à équation que l'Académie des sciences honora de ses suffrages. M. Saurin, qui fut chargé de faire un rapport sur cette horloge, disait : *M. Le Roi, quoique fort connu, ne l'est pas encore autant qu'il mérite de l'être; aidé des lumières de la géométrie, il a pénétré dans tous les recoins de son art, et à la plus fine*

théorie il joint l'adresse la plus délicate de la main, etc. Cette justice que M. Saurin rendait à Julien Le Roi lui fut également rendue par tous les savants de son époque.

Nous avons déjà dit, dans un autre ouvrage, que l'horlogerie lui doit la compensation des effets de la chaleur et du froid, sur les régulateurs, par le moyen de l'allongement inégal de divers métaux; on sait qu'il fut aussi l'inventeur des horloges dites horizontales, et qu'il perfectionna divers échappements, ainsi que les montres ordinaires et à *réveille-matin*, etc.; mais ce que l'on ne sait pas aussi généralement, ce sont les inventions dont il a enrichi la gnomonique. On sait par les mémoires qu'il fit imprimer à la suite de la règle artificielle du temps par Sully qu'il fut l'inventeur d'un cadran universel à boussole et à pinule, propre à tracer une méridienne, pour trouver la déclinaison de l'aimant; qu'il fît aussi un cadran horizontal universel, propre à tracer des méridiennes au moyen de l'axe de cet instrument, etc.; ce cadran, que nous ne faisons qu'indiquer ici, fut trouvé si ingénieux par la Société royale de Londres, qu'elle chargea le docteur Désaguilliers de le donner à un habile ouvrier anglais pour qu'il en fît de semblables.

On voit dans les mêmes mémoires qu'il inventa une méthode pour faire marquer juste l'heure du soleil aux cadrans horizontaux ordinaires ou anciens, en quelque lieu de la terre qu'ils fussent placés. Il fit aussi deux cadrans équinoxiaux, à boussole et à micromètre, qui, n'ayant pas plus de six pouces en longueur et en largeur, marquaient cependant les minutes aussi distinctement qu'un cadran long et large de neuf pieds. L'Académie des sciences approuva ces deux cadrans, qui furent achetés, l'un par le roi de Pologne, duc de Lorraine et de Bar, l'autre par Sa Majesté Louis XV.

Si le célèbre artiste dont nous racontons brièvement la vie enrichit l'art chronométrique par ses beaux et nombreux ouvrages, ses procédés généreux envers ceux qui, sous sa direction, cultivèrent le même art, ne contribuèrent pas moins à le perfectionner.

« Jamais homme, dit Pierre Le Roi, à qui nous empruntons une partie de cette notice, ne fut plus accessible, plus communicatif, plus prodigue de ses connaissances. N'a-t-il pas employé autant d'industrie à mettre ses ouvrages sous les yeux des gens de l'art que les Anglais en mirent d'abord pour les leur cacher? Où est l'artiste qui ignore les peines qu'il s'est données pour former de bons ouvriers, lorsqu'ils étaient aussi rares qu'ils sont actuellement communs? Qui ne sait qu'il y a sacrifié une partie de sa fortune; qu'il ne se bornait pas à les encourager par ses conseils et par ses exemples, qu'il y ajoutait les récompenses, autant que ses moyens le lui permettaient?

» En effet, loin d'être de ces hommes mercenaires dont le but est de s'approprier le fruit des talents et des travaux des autres, et de s'engraisser, pour ainsi dire, de leur sub-tance, cent ouvriers dans Paris attesteront que M. Julien Le Roi était le premier à augmenter le prix de leurs ouvrages lorsqu'ils avaient réussi, et que souvent il portait ce prix bien au delà de leur attente. »

En 1714, peu de temps après avoir reçu sa maîtrise, Julien Le Roi avait épousé Jeanne de Lafons : ce fut une union heureuse qui dura quarante-cinq ans. Dans le cours des dix premières années de son mariage, madame Julien Le Roi mit au monde quatre fils, qui tous se distinguèrent dans des arts différents. L'aîné fut Pierre Le Roi, dont nous parlerons bientôt; le second, Jean Le Roi, fut membre de l'Académie des sciences; le troisième, Julien-David Le Roi, fut membre de l'Académie d'architecture et de l'Institut de Bologne, auteur d'un livre estimé, intitulé *Les Ruines de la Grèce*;

le quatrième, Charles Le Roi, fut membre de l'Académie royale de Montpellier, correspondant de celle des sciences de Paris et professeur de médecine de l'Université de Montpellier.

Julien Le Roi demeurait rue de Harlay, près du Palais-de-Justice; mais, ayant été nommé horloger du roi en 1739, il eut son logement particulier dans les galeries du Louvre. M. le cardinal de Fleury lui dit en lui remettant son brevet que Sa Majesté y ajouterait bientôt une pension; mais, quoique pauvre, le grand artiste ne sollicita jamais cette faveur, par conséquent elle ne lui fut pas accordée. A la mort de Sully, Julien Le Roi pouvait sans beaucoup d'efforts devenir à son tour pensionnaire du roi; mais cet homme, aussi généreux qu'il était pauvre, ayant appris que madame Sully, la femme de son ami le plus cher, sollicitait pour elle-même la modique pension de son mari, refusa non-seulement de lui faire concurrence, mais encore ce fut d'après ses propres instances que le roi continua à cette dame la pension dont avait joui de son vivant le célèbre auteur de la règle artificielle du temps.

Julien Le Roi mourut à Paris en 1759, dans sa soixante-quatorzième année. Ce fut vraiment un jour de deuil pour tous ses confrères, pour tous les savants, en un mot pour toutes les personnes qui l'avaient connu, et, lorsque l'on conduisit son corps à sa dernière demeure, on remarqua, derrière son convoi funèbre, un immense concours d'ouvriers qui pleuraient amèrement, et qui tous disaient qu'ils avaient perdu leur soutien, leur ami, leur père.

Cette mort fut déplorée non-seulement en France, mais encore en Angleterre : les plus illustres horlogers de ce pays oublièrent que Julien Le Roi avait été toujours leur rival, souvent leur maître, mais quelques-uns d'entre eux savaient aussi qu'il avait été leur ami, qu'il avait concouru avec eux aux progrès de la science; et, par ces raisons, ils l'avaient estimé durant sa vie, ils l'honoraient après sa mort : c'était justice. D'ailleurs, les hommes de génie qui font progresser les sciences et les arts sont utiles au monde entier, par conséquent ils ont le monde entier pour patrie.

Qu'il nous soit permis de dire encore ici un mot que nous adressons à la patrie particulière de Julien Le Roi, à la ville qui l'a vu naître et qui doit en être fière. Pourquoi les habitants de Tours et ceux de la Touraine tout entière n'ont-ils jamais pensé à élever un monument à la mémoire de celui de ses enfants qui s'est le plus illustré, qui a rendu les plus éminents services à la patrie, et dont les travaux firent dire à Voltaire, parlant à Pierre Le Roi : « *Monsieur, votre père et le maréchal de Saxe ont vaincu l'Angleterre!* »

Espérons que les Tourangeaux répareront bientôt leur oubli, et que l'on verra enfin sur l'une des places publiques de Tours la statue de Julien Le Roi! D'ailleurs, nous en avons la certitude, pour l'érection de ce monuuent, ce ne seront pas seulement les habitants de la Touraine qui souscriront, ce sont tous les véritables horlogers de Paris, tous ceux de nos provinces, et peut-être ceux de la Suisse, de la Belgique et de l'Angleterre.

Pour notre compte, nous promettons dès aujourd'hui de souscrire un des premiers, et de coopérer autant que nous le pourrons au succès de la souscription.

LE ROI (PIERRE).

De tous les horlogers qui se sont illustrés au dix-huitième siècle, soit en France, soit en Angleterre, sans en excepter ni F. Berthoud, ni Harisson, ni Arnold, celui que nous préférons est Pierre Le Roi, et cependant sa réputation n'est pas universelle comme celle des horlogers que nous venons de citer; il n'est bien connu que par un petit nombre d'hommes compétents qui ont étudié avec soin l'horlogerie du dix-huitième siècle et qui ont pesé consciencieusement dans la balance de l'art les œuvres qu'ont produits les grands artistes de cette époque mémorable. La raison pour laquelle le nom de Pierre Le Roi n'est pas aussi populaire que ceux de quelques-uns de ses compétiteurs s'explique facilement : cet homme, doué des plus solides qualités, se renfermait presque exclusivement dans son atelier ou dans son cabinet; il était peu visiteur, point solliciteur, et, lorsqu'on lui montrait un bel ouvrage d'horlogerie, loin de le déprécier, il en faisait publiquement l'éloge, et par là mettait l'auteur en évidence. Si quelqu'un de ses confrères contrefaisait un de ses ouvrages, il ne s'en plaignait qu'avec modération. Il écrivait bien mieux que Berthoud peut-être, et cependant il ne mettait la main à la plume que quand il le fallait absolument, et c'était rarement pour répondre aux écrits dont le contenu pouvait lui porter préjudice; ce ne fut que pour obéir en quelque sorte aux instances de ses amis qu'il se décida à répondre, par un mémoire, à Ferdinand Berthoud, qui, dans son livre sur les montres à longitudes, s'était vanté d'être l'unique inventeur des horloges marines.

Pierre Le Roi fut le digne successeur de son père; il le surpassa par la grandeur de ses conceptions; il fut estimé de tous ses confrères de la France et de l'étranger. S'il eût écrit un gros livre sur l'horlogerie, et il le pouvait mieux que personne; si dans ce livre il eût su grandir habilement ses plus minimes inventions et s'attribuer celles de ses compétiteurs; si, chez les grands seigneurs, chez les riches financiers, chez les artistes, il eût sans cesse préconisé ses ouvrages sans jamais parler de ceux des autres, à moins que ce ne fût pour les dénigrer; si, enfin, il se fût mis en correspondance avec tous les grands horlogers étrangers de son époque, avec les membres des académies et surtout avec les auteurs en renom et les journalistes, il eût joui pendant sa vie d'une réputation universelle; peut-être même fût-il parvenu à se faire recevoir membre de l'Académie des sciences et de plusieurs autres sociétés savantes de l'Europe : mais Pierre Le Roi était doué de cette noblesse du cœur, de cette délicatesse de l'esprit, de cette loyauté enfin qui ne lui permettaient pas d'employer des moyens que la morale réprouve pour se glisser subrepticement à un rang trop élevé. D'ailleurs un jour vient où l'histoire, avec sa plume inexorable, débrouillant le chaos des faits antérieurs, fait justice des mensonges intéressés ou involontaires, rétablit la vérité et place enfin chaque artiste sur le piédestal plus ou moins élevé qui lui appartient légitimement.

Pierre Le Roi a laissé plusieurs opuscules sur l'horlogerie dans lesquels il a montré sa science et laissé les traces de son génie. Ces opuscules nous ont été quelquefois d'un grand secours pour écrire quelques-uns de nos chapitres, qui ne sont pas les moins intéressants. Nous en rendons hommage à Pierre Le Roi.

MUDGE (THOMAS).

L'horlogerie doit beaucoup à cet habile artiste, dont la réputation a égalé celle des plus savants horlogers de son époque. Quelques historiens lui contestent avec peu de raison l'invention de l'échappement à ancre pour les montres.

M. Vulliamy, horloger de la reine d'Angleterre, nous a assuré qu'il avait vu une montre à échappement à ancre que Mudge avait faite pour la reine Charlotte, femme de Georges III, en 1772. Berthoud a amélioré cet échappement et s'en est servi dans ses montres marines. Plus tard Robert Robin le modifia, et en 92 il en donna la description dans un mémoire imprimé.

Le gouvernement anglais, qui ne manqua jamais de récompenser les artistes d'élite, accorda 12,500 fr. à Thomas Mudge, pour les améliorations qu'il avait introduites dans les horloges marines. Cet artiste célèbre mourut à Londres en 1794, âgé de soixante-dix-neuf ans. Son fils, qui lui succéda, fut aussi un horloger capable, et se distingua comme constructeur de chronomètres.

Vers la fin du dernier siècle trois horlogers se distinguèrent particulièrement en Angleterre : ce furent les deux Arnolds, père et fils, et Earnshaw; celui-ci reçut du gouvernement britannique 75,000 francs de récompense pour ses belles inventions chronométriques.

SULLY.

Élève de *Gretton*, célèbre horloger de Londres, Sully, très-jeune encore, s'appliqua à l'étude de la mécanique et de quelques autres sciences qui ont pour base les mathématiques. Il fit, dès l'âge de dix-huit ans, des recherches sur l'astronomie qui le firent connaître et estimer du grand philosophe Newton; il passa ensuite en Hollande, de là à Vienne, où il s'occupa de la lecture des mémoires de l'Académie et de tous les livres qui pouvaient l'éclairer. Étant venu en France pendant la minorité de Louis XV, Sully se lia particulièrement avec Julien Le Roi, dont la réputation commençait à grandir.

Pendant son séjour à Paris, Sully fut présenté au duc d'Orléans, régent de France, qui, après s'être entretenu quelque temps avec lui sur les sciences mathématiques, lui donna une gratification de 1,500 fr., et le chargea d'aller chercher à Londres des ouvriers horlogers habiles pour établir à Versailles une manufacture d'horlogerie. Elle fut établie en effet; et il en fut nommé directeur. Cette place lui fut d'abord très-avantageuse et très-lucrative, malheureusement il ne la conserva pas longtemps. Sully à cette époque n'avait pas une conduite régulière, il était prodigue à l'excès, et malgré tout son talent la perturbation s'introduisit dans la manufacture, et il devint nécessaire de lui donner un successeur : ce fut Gaudron, horloger du régent, qui le remplaça.

Peu de temps après cette disgrâce, l'artiste anglais, aidé par M. le maréchal de Noailles, établit une autre manufacture à Saint-Germain; et celle-ci ne tarda pas à surpasser celle de Versailles. Cependant, soit que ces fabriques fussent mal dirigées, soit que le goût de l'horlogerie ne fût pas encore bien vif en France, elles ne tardèrent pas à tomber l'une et l'autre : l'Angleterre en profita pour engager Sully à revenir dans sa patrie avec tous les ouvriers qu'il lui serait possible d'amener avec lui. Sully retourna donc à Londres; mais le peu de secours qu'il y trouva, joint à son inclination pour la France, le ramena bientôt à Versailles; là devenu plus laborieux et moins prodigue, il acquit en peu de temps l'estime de toute la cour, et il se trouva bientôt par son travail non-seulement en état de subvenir à tous ses besoins, mais aussi de satisfaire à ses engagements antérieurs.

Ce fut alors que, libre et l'esprit tranquille, il construisit son horloge à levier horizontal pour l'usage de la marine. Il appliqua son nouvel échappement à cette machine, et il la présenta à l'Académie. Bientôt le roi lui accorda une pension de 600 livres, qu'il conserva jusqu'à sa mort.

L'horloge de Sully était travaillée avec beaucoup de soin, et elle marcha pendant plusieurs semaines avec une régularité parfaite. Ce mode d'horloge eut d'abord un grand succès, mais il ne dura pas longtemps. Le nouvel échappement de Sully ne valait rien, et l'auteur lui-même fut obligé de le remplacer par celui à roue de rencontre.

En 1726, Sully fit un voyage à Bordeaux pour faire sur mer des expériences propres à constater le degré de régularité de son horloge. On peut voir les détails qu'il publia à cette occasion dans une brochure intitulée : *Description d'une horloge d'une nouvelle invention*, etc.

Sully, après avoir été très-bien accueilli à Bordeaux, revint à Paris, où il trouva ses affaires dérangées; le chagrin qu'il en éprouva altéra sa santé et il resta longtemps malade. Dès qu'il fut rétabli, il entreprit l'exécution de la méridienne de Saint-Sulpice.

En 1728, il publia un petit ouvrage dont le titre était : *Méthode pour régler les montres et les pendules*, dans lequel il donnait le plan d'un grand traité d'horlogerie qu'il espérait peut-être un jour mettre à exécution.

Sully publia successivement la *Règle artificielle du temps, la nouvelle pratique pour connaître plus exactement la longitude dans la navigation*.

Ce célèbre horloger fut un de ceux qui créèrent la société des arts, qui, protégée et présidée par le régent, rendit de grands services à la science chronométrique.

Après avoir employé beaucoup d'énergie pour étendre l'influence de cette société, Sully en devint le martyr. Son zèle l'entraîna trop loin. Un jour, dit-on, ayant appris qu'une personne qui demeurait dans un quartier éloigné avait l'intention de présenter un ouvrage de nouvelle invention, il n'eut pas la patience d'attendre que l'auteur apportât cet ouvrage à la société, il alla lui-même le chercher; et, comme on lui avait donné une adresse inexacte, il se donna beaucoup de peine pour trouver l'artiste. La fatigue qu'il éprouva lui occasionna une fluxion de poitrine dont il mourut, au mois d'octobre 1728. Il fut inhumé à Saint-Sulpice dans un pied du sanctuaire, non loin de la méridienne qui était son ouvrage.

Sully fut un de ces génies heureux qui font honneur à leur état et à leur siècle ; on ne peut disconvenir qu'il n'ait eu une très-grande part à la révolution qui s'opéra dans l'horlogerie européenne, et qui eut pour résultat de mettre définitivement le sceptre de l'art entre les mains des horlogers de la France.

TOMPION.

Thomas Tompion fut un des plus célèbres horlogers de l'Angleterre. On sait qu'il est avec Barlow et Quare l'inventeur des montres à répétition, et qu'il apporta de grands perfectionnements aux calibres des montres et des horloges en usage à son époque.

Quelques-unes des montres de Tompion existent encore aujourd'hui en Angleterre, mais elles ne sont plus qu'un objet de curiosité. Quant aux horloges qui furent faites par cet horloger, on en compte un assez grand nombre en Angleterre, et d'après le témoignage de M. Vulliamy, qui a eu occasion d'en voir plusieurs dans des châteaux royaux et dans des édifices publics, elles sont généralement fort bien faites ; quelques-unes vont sans être remontées, un mois, trois mois et même un an.

Tompion était né en 1677, il mourut en 1754 dans sa soixante-quinzième année. Barlow, Quare, le docteur Hook et Clément sont les horlogers anglais qui se sont le plus distingués au dix-septième siècle.

On peut citer aussi, parmi les horlogers ou savants français ou étrangers qui se sont illustrés à différentes époques dans l'art de mesurer le temps, Gerbert (le pape Sylvestre II) ; Jacques de Dondis, Richard Walinford, Jannellus Turianus, Conrad d'Azipode, Guillaume Harisson, Galilée, Lebon, Arnold, Enderlin, Dutertre, Hautefeuille d'Orléans, le père Alexandre, Thiout l'aîné, Dauthiau, Passement, Amirault, Lépine, Romilly, Robin, Régnaud, Charles Oudin.

TABLE DES MATIÈRES.

TROISIÈME PARTIE.

QUATRIÈME PARTIE.

AVIS AU RELIEUR

CLASSEMENT DES PLANCHES DE L'HISTOIRE DE L'HORLOGERIE.

www.ingramcontent.com/pod-product-compliance
Lightning Source LLC
Chambersburg PA
CBHW060524220326
41599CB00022B/3418